철도법령집(Ⅱ)

2023

노 해 출 판 사

목 차

철도안전법 · 시행령 · 시행규칙

철도안전법 · 시행령 · 시행규칙 목차

법

철도안전법

(2004 · 10 · 22
법률 제7245호 제정)

개정 2005 · 3 · 31 법률 제7428호
(채무자 회생 및 파산에 관한 법률)
2005 · 11 · 8 법률 제7692호
(항공 · 철도 사고조사에 관한 법률)
2005 · 12 · 29 법률 제7796호(國家公務員法)
2007 · 5 · 25 법률 제8486호
(산업표준화법 전부개정법률)
2008 · 2 · 29 법률 제8852호
(정부조직법 전부개정법률)
2009 · 4 · 1 법률 제 9610호
2012 · 1 · 17 법률 제11193호
2012 · 6 · 1 법률 제11476호
2012 · 12 · 18 법률 제11591호
2013 · 3 · 23 법률 제11690호
(정부조직법 전부개정법률)
2013 · 8 · 6 법률 제12024호
2014 · 1 · 7 법률 제12216호
(도시철도법 전부개정법률)
2014 · 5 · 21 법률 제12648호
2015 · 1 · 6 법률 제12992호
2015 · 7 · 24 법률 제13436호
2016 · 1 · 19 법률 제13807호
2017 · 1 · 17 법률 제14548호
2017 · 8 · 9 법률 제14868호
2017 · 10 · 24 법률 제14953호
2018 · 2 · 21 법률 제15404호
2018 · 3 · 13 법률 제15460호
(철도건설법 일부개정법률)

시 행 령

철도안전법 시행령

(2005 · 6 · 30
대통령령 제18933호 제정)

개정 2006 · 6 · 15 대통령령 제19531호
(항공 · 철도 사고조사에 관한 법률 시행령)
2008 · 2 · 29 대통령령 제20722호
(국토해양부와 그 소속기관 직제)
2008 · 5 · 21 대통령령 제20789호
(산업표준화법시행령 전부개정령)
2008 · 10 · 20 대통령령 제21087호
(행정기관 소속 위원회의 정비를 위한 평생교육법 시행령 등 일부개정령)
2008 · 12 · 31 대통령령 제21214호
(행정안전부와 그 소속기관 직제 일부개정령)
2009 · 6 · 25 대통령령 제21552호
2009 · 12 · 21 대통령령 제21897호
2011 · 2 · 9 대통령령 제22666호
2011 · 4 · 4 대통령령 제22829호
(경제활성화 및 친서민 국민불편해소 등을 위한 개발제한구역의 지정 및 관리에 관한 특별조치법 시행령 등 일부개정령)
2012 · 11 · 30 대통령령 제24212호
2013 · 3 · 23 대통령령 제24443호
(국토교통부와 그 소속기관 직제)
2013 · 12 · 30 대통령령 제25050호
(행정규제기본법 개정에 따른 규제 재검토기한 설정을 위한 주택법 시행령 등 일부개정령)
2014 · 3 · 18 대통령령 제25264호
2014 · 7 · 7 대통령령 제25448호
(도시철도법 시행령 전부개정령)

시 행 규 칙

철도안전법 시행규칙

(2005 · 7 · 13
건설교통부령 제456호 제정)

개정 2006 · 6 · 21 건설교통부령 제522호
(항공 · 철도 사고조사에 관한 법률 시행규칙)
2006 · 8 · 7 건설교통부령 제530호
(행정정보의 공동이용 및 문서감축을 위한 개발이익환수에관한법률시행규칙 등 일부개정령)
2008 · 3 · 14 국토해양부령 제 4호
(정부조직법의 개정에 따른 감정평가에 관한 규칙 등 일부개정령)
2008 · 12 · 16 국토해양부령 제 77호
2009 · 2 · 27 국토해양부령 제103호
2009 · 6 · 25 국토해양부령 제143호
2009 · 12 · 21 국토해양부령 제195호
2010 · 3 · 30 국토해양부령 제232호
2010 · 9 · 16 국토해양부령 제283호
2011 · 2 · 9 국토해양부령 제330호
2011 · 4 · 11 국토해양부령 제350호
(행정정보의 공동이용 및 문서감축을 위한 개발이익 환수에 관한 법률 시행규칙 등 일부개정령)
2011 · 12 · 15 국토해양부령 제411호
2012 · 12 · 10 국토해양부령 제549호
2013 · 3 · 23 국토교통부령 제1호
(국토교통부와 그 소속기관 직제 시행규칙)
2013 · 12 · 30 국토교통부령 제54호
(행정규제기본법 개정에 따른 규제 재검토기한 설정을 위한 개발이익환수에 관한 법률 시행규칙 등 일부개정령)
2014 · 3 · 19 국토교통부령 제81호

법	시 행 령	시 행 규 칙
2018 · 6 · 12 법률 제15683호 2018 · 8 · 14 법률 제15740호 2019 · 4 · 23 법률 제16395호 2019 · 11 · 26 법률 제16638호 2020 · 4 · 7 법률 제17239호 2020 · 6 · 9 법률 제17453호 (법률용어 정비를 위한 국토교통위원회 소관 78개 법률 일부개정을 위한 법률) 2020 · 6 · 9 법률 제17457호 2020 · 12 · 22 법률 제17746호 2022 · 1 · 18 법률 제18786호 2022 · 11 · 15 법률 제19057호	2014 · 12 · 9 대통령령 제25836호 (유해화학물질 관리법 시행령 전부개정령) 2016 · 1 · 22 대통령령 제26929호 2016 · 12 · 30 대통령령 제27741호 2017 · 1 · 20 대통령령 제27799호 2017 · 7 · 24 대통령령 제28208호 2018 · 2 · 9 대통령령 제28634호 2018 · 10 · 23 대통령령 제29255호 2018 · 12 · 11 대통령령 제29360호 (건설기술 진흥법 시행령 일부개정령) 2018 · 12 · 11 대통령령 제29362호 2019 · 3 · 12 대통령령 제29617호 (철도건설법 시행령 일부개정령) 2019 · 6 · 4 대통령령 제29806호 2019 · 10 · 22 대통령령 제30150호 2020 · 5 · 26 대통령령 제30716호 2020 · 9 · 10 대통령령 제31012호 (한국철도시설공단법 시행령 일부개정령) 2020 · 10 · 8 대통령령 제31106호 2021 · 6 · 23 대통령령 제31826호 2022 · 5 · 9 대통령령 제32638호 (공익사업을 위한 토지 등의 취득 및 보상에 관한 법률 시행령 일부개정령) 2023 · 1 · 10 대통령령 제33224호	2014 · 5 · 22 국토교통부령 제94호 (건설기술관리법 시행규칙 전부개정령) 2014 · 12 · 31 국토교통부령 제169호 (규제 재검토기한 설정 등을 위한 건축물의 분양에 관한 법률 시행규칙 등 일부개정령) 2015 · 10 · 2 국토교통부령 제236호 2016 · 8 · 10 국토교통부령 제352호 2016 · 12 · 30 국토교통부령 제380호 2016 · 12 · 30 국토교통부령 제382호 (규제 재검토기한 설정 등을 위한 감정평가 및 감정평가사에 관한 법률 시행규칙 등 일부개정령) 2017 · 1 · 20 국토교통부령 제392호 2017 · 7 · 25 국토교통부령 제442호 2017 · 10 · 20 국토교통부령 제454호 (자격요건에서의 불합리한 학력차별을 시정하기 위한 개발이익 환수에 관한 법률 시행규칙 등 4개 국토교통부령 일부개정령) 2018 · 2 · 9 국토교통부령 제489호 2018 · 11 · 9 국토교통부령 제554호 2019 · 1 · 4 국토교통부령 제581호 2019 · 2 · 21 국토교통부령 제598호 2019 · 3 · 20 국토교통부령 제609호 (철도건설법시행규칙 일부개정령) 2019 · 6 · 18 국토교통부령 제626호 2019 · 10 · 23 국토교통부령 제662호 2020 · 5 · 27 국토교통부령 제731호 2020 · 8 · 4 국토교통부령 제752호 2020 · 10 · 7 국토교통부령 제767호 2021 · 6 · 23 국토교통부령 제859호 2021 · 8 · 27 국토교통부령 제882호 (어려운 법령용어 정비를 위한 80개 국토교통부령 일부개정령) 2022 · 12 · 19 국토교통부령 제1168호 (자격 취득 등에 요구되는 실무경력의 인정범위 확대 등을 위한 3개 법령의 일부개정에 관한 국토교통부령 2023 · 1 · 18 국토교통부령 제1189호

법	시행령	시행규칙
제1장 총칙 〈개정 12·6·1〉 제1조(목적) 이 법은 철도안전을 확보하기 위하여 필요한 사항을 규정하고 철도안전 관리체계를 확립함으로써 공공복리의 증진에 이바지함을 목적으로 한다. [전문개정 12·6·1]	제1조(목적) 이 영은 「철도안전법」에서 위임된 사항과 그 시행에 필요한 사항을 규정함을 목적으로 한다. [전문개정 12·11·30]	제1조(목적) 이 규칙은 「철도안전법」 및 같은 법 시행령에서 위임된 사항과 그 시행에 필요한 사항을 규정함을 목적으로 한다. [전문개정 12·12·10]
제2조(정의) 이 법에서 사용하는 용어의 뜻은 다음과 같다. 〈개정 12·12·18, 15·7·24, 18·6·12, 20·4·7〉 1. "철도"란 「철도산업발전기본법」(이하 "기본법"이라 한다) 제3조제1호에 따른 철도를 말한다. 2. "전용철도"란 「철도사업법」 제2조제5호에 따른 전용철도를 말한다. 3. "철도시설"이란 기본법 제3조제2호에 따른 철도시설을 말한다. 4. "철도운영"이란 기본법 제3조제3호에 따른 철도운영을 말한다. 5. "철도차량"이란 기본법 제3조제4호에 따른 철도차량을 말한다. 5의2. "철도용품"이란 철도시설 및 철도차량 등에 사용되는 부품·기기·장치 등을 말한다. 6. "열차"란 선로를 운행할 목적으로 철도운영자가 편성하여 열차번호를 부여한 철도차량을 말한다.	제2조(정의) 이 영에서 사용하는 용어의 뜻은 다음 각 호와 같다.〈개정 20·5·26〉 1. "정거장"이란 여객의 승하차(여객 이용시설 및 편의시설을 포함한다), 화물의 적하(積荷), 열차의 조성(조성: 철도차량을 연결하거나 분리하는 작업을 말한다), 열차의 교차통행 또는 대피를 목적으로 사용되는 장소를 말한다. 2. "선로전환기"란 철도차량의 운행선로를 변경시키는 기기를 말한다. [전문개정 12·11·30]	

법	시 행 령	시 행 규 칙
7. "선로"란 철도차량을 운행하기 위한 궤도와 이를 받치는 노반(路盤) 또는 인공구조물로 구성된 시설을 말한다. 8. "철도운영자"란 철도운영에 관한 업무를 수행하는 자를 말한다. 9. "철도시설관리자"란 철도시설의 건설 또는 관리에 관한 업무를 수행하는 자를 말한다. 10. "철도종사자"란 다음 각 목의 어느 하나에 해당하는 사람(이하 "여객역무원"이라 한다)을 말한다. 가. 철도차량의 운전업무에 종사하는 사람(이하 "운전업무종사자"라 한다) 나. 철도차량의 운행을 집중 제어 · 통제 · 감시하는 업무(이하 "관제업무"라 한다)에 종사하는 사람 다. 여객에게 승무(乘務) 서비스를 제공하는 사람(이하 "여객승무원"이라 한다) 라. 여객에게 역무(驛務) 서비스를 제공하는 사람 마. 철도차량의 운행선로 또는 그 인근에서 철도시설의 건설 또는 관리와 관련한 작업의 협의 · 지휘 · 감독 · 안전관리 등의 업무에 종사하도록 철도운영자 또는 철도시설관리자가 지정한 사람(이하 "작업책임자"라 한다) 바. 철도차량의 운행선로 또는 그 인근에서	제3조(안전운행 또는 질서유지 철도종사자) 「철도안전법」(이하 "법"이라 한다) 제2조제10호사목에서 "대통령령으로 정하는 사람"이란 다음 각 호의 어느 하나에 해당하는 사람을 말한다. 〈개정 14 · 3 · 18, 17 · 7 · 24, 18 · 12 · 11, 20 · 10 · 8, 21 · 6 · 23〉 1. 철도사고, 철도준사고 및 운행장애(이하 "철도사고등"이라 한다)가 발생한 현장에서 조사 · 수습 · 복구 등의 업무를 수행하는 사람 2. 철도차량의 운행선로 또는 그 인근에서 철도시설의 건설 또는 관리와 관련된 작업의 현장감독업무를 수행하는 사람 3. 철도시설 또는 철도차량을 보호하기 위한 순회점검업무 또는 경비업무를 수행하는 사람 4. 정거장에서 철도신호기 · 선로전환기 또는 조작판 등을 취급하거나 열차의 조성업무를 수행하는 사람 5. 철도에 공급되는 전력의 원격제어장치를 운영하는 사람	

법	시행령	시행규칙
철도시설의 건설 또는 관리와 관련한 작업의 일정을 조정하고 해당 선로를 운행하는 열차의 운행일정을 조정하는 사람(이하 "철도운행안전관리자"라 한다) 사. 그 밖에 철도운영 및 철도시설관리와 관련하여 철도차량의 안전운행 및 질서유지와 철도차량 및 철도시설의 점검·정비 등에 관한 업무에 종사하는 사람으로서 대통령령으로 정하는 사람 11. "철도사고"란 철도운영 또는 철도시설관리와 관련하여 사람이 죽거나 다치거나 물건이 파손되는 사고로 국토교통부령으로 정하는 것을 말한다.	6. 「사법경찰관리의 직무를 수행할 자와 그 직무범위에 관한 법률」 제5조제11호에 따른 철도경찰 사무에 종사하는 국가공무원 7. 철도차량 및 철도시설의 점검·정비 업무에 종사하는 사람 [전문개정 12·11·30]	제1조의2(철도사고의 범위) 「철도안전법」(이하 "법"이라 한다) 제2조제11호에서 "국토교통부령으로 정하는 것"이란 다음 각 호의 어느 하나에 해당하는 것을 말한다. 1. 철도교통사고: 철도차량의 운행과 관련된 사고로서 다음 각 목의 어느 하나에 해당하는 사고 가. 충돌사고: 철도차량이 다른 철도차량 또는 장애물(동물 및 조류는 제외한다)과 충돌하거나 접촉한 사고 나. 탈선사고: 철도차량이 궤도를 이탈하는 사고 다. 열차화재사고: 철도차량에서 화재가 발생하는 사고 라. 기타철도교통사고: 가목부터 다목까지의 사고에 해당하지 않는 사고로서 철도차량의 운행과 관련된 사고

법	시 행 령	시 행 규 칙
		2. 철도안전사고: 철도시설 관리와 관련된 사고로서 다음 각 목의 어느 하나에 해당하는 사고. 다만, 「재난 및 안전관리 기본법」 제3조제1호가목에 따른 자연재난으로 인한 사고는 제외한다. 가. 철도화재사고: 철도역사, 기계실 등 철도시설에서 화재가 발생하는 사고 나. 철도시설파손사고: 교량 · 터널 · 선로, 신호 · 전기 · 통신 설비 등의 철도시설이 파손되는 사고 다. 기타철도안전사고: 가목 및 나목에 해당하지 않는 사고로서 철도시설 관리와 관련된 사고 [본조신설 20 · 10 · 7]
12. "철도준사고"란 철도안전에 중대한 위해를 끼쳐 철도사고로 이어질 수 있었던 것으로 국토교통부령으로 정하는 것을 말한다.		**제1조의3(철도준사고의 범위)** 법 제2조제12호에서 "국토교통부령으로 정하는 것"이란 다음 각 호의 어느 하나에 해당하는 것을 말한다. 1. 운행허가를 받지 않은 구간으로 열차가 주행하는 경우 2. 열차가 운행하려는 선로에 장애가 있음에도 진행을 지시하는 신호가 표시되는 경우. 다만, 복구 및 유지 보수를 위한 경우로서 관제 승인을 받은 경우에는 제외한다. 3. 열차 또는 철도차량이 승인 없이 정지신호를 지난 경우 4. 열차 또는 철도차량이 역과 역사이로 미끄

법	시행령	시행규칙
13. "운행장애"란 철도사고 및 철도준사고 외에 철도차량의 운행에 지장을 주는 것으로서 국토교통부령으로 정하는 것을 말한다.		러진 경우 5. 열차운행을 중지하고 공사 또는 보수작업을 시행하는 구간으로 열차가 주행한 경우 6. 안전운행에 지장을 주는 레일 파손이나 유지보수 허용범위를 벗어난 선로 뒤틀림이 발생한 경우 7. 안전운행에 지장을 주는 철도차량의 차륜, 차축, 차축베어링에 균열 등의 고장이 발생한 경우 8. 철도차량에서 화약류 등 「철도안전법 시행령」(이하 "영"이라 한다) 제45조에 따른 위험물 또는 제78조제1항에 따른 위해물품이 누출된 경우 9. 제1호부터 제8호까지의 준사고에 준하는 것으로서 철도사고로 이어질 수 있는 것 [본조신설 20·10·7] **제1조의4(운행장애의 범위)** 법 제2조제13호에서 "국토교통부령으로 정하는 것"이란 다음 각 호의 어느 하나에 해당하는 것을 말한다. 1. 관제의 사전승인 없는 정차역 통과 2. 다음 각 목의 구분에 따른 운행 지연. 다만, 다른 철도사고 또는 운행장애로 인한 운행 지연은 제외한다. 가. 고속열차 및 전동열차: 20분 이상 나. 일반여객열차: 30분 이상 다. 화물열차 및 기타열차: 60분 이상 [본조신설 20·10·7]

법	시행령	시행규칙
14. "철도차량정비"란 철도차량(철도차량을 구성하는 부품 · 기기 · 장치를 포함한다)을 점검 · 검사, 교환 및 수리하는 행위를 말한다. 15. "철도차량정비기술자"란 철도차량정비에 관한 자격, 경력 및 학력 등을 갖추어 제24조의2에 따라 국토교통부장관의 인정을 받은 사람을 말한다. [전문개정 12 · 6 · 1] **제3조(다른 법률과의 관계)** 철도안전에 관하여 다른 법률에 특별한 규정이 있는 경우를 제외하고는 이 법에서 정하는 바에 따른다. [전문개정 12 · 6 · 1] **제3조의2(조약과의 관계)** 국제철도(대한민국을 포함한 둘 이상의 국가에 걸쳐 운행되는 철도를 말한다)를 이용한 화물 및 여객 운송에 관하여 대한민국과 외국 간 체결된 조약에 이 법과 다른 규정이 있는 때에는 그 조약의 규정에 따른다. 다만, 이 법의 규정내용이 조약의 안전기준보다 강화된 기준을 포함하는 때에는 그러하지 아니하다. [본조신설 22 · 11 · 15] **제4조(국가 등의 책무)** ① 국가와 지방자치단체는 국민의 생명 · 신체 및 재산을 보호하기 위하여 철도안전시책을 마련하여 성실히 추진하여야 한다. ② 철도운영자 및 철도시설관리자(이하 "철도		

법	시 행 령	시 행 규 칙
운영자등"이라 한다)는 철도운영이나 철도시설관리를 할 때에는 법령에서 정하는 바에 따라 철도안전을 위하여 필요한 조치를 하고, 국가나 지방자치단체가 시행하는 철도안전시책에 적극 협조하여야 한다. [전문개정 12·6·1]		
제2장 철도안전 관리체계 〈개정 12·6·1〉		
제5조(철도안전 종합계획) ① 국토교통부장관은 5년마다 철도안전에 관한 종합계획(이하 "철도안전 종합계획"이라 한다)을 수립하여야 한다. 〈개정 13·3·23〉 ② 철도안전 종합계획에는 다음 각 호의 사항이 포함되어야 한다. 〈개정 13·3·23, 20·12·22〉 1. 철도안전 종합계획의 추진 목표 및 방향 2. 철도안전에 관한 시설의 확충, 개량 및 점검 등에 관한 사항 3. 철도차량의 정비 및 점검 등에 관한 사항 4. 철도안전 관계 법령의 정비 등 제도개선에 관한 사항 5. 철도안전 관련 전문 인력의 양성 및 수급관리에 관한 사항 6. 철도종사자의 안전 및 근무환경 향상에 관한 사항 7. 철도안전 관련 교육훈련에 관한 사항 8. 철도안전 관련 연구 및 기술개발에 관한	**제4조(철도안전 종합계획의 경미한 변경)** 법 제5조제3항 후단에서 "대통령령으로 정하는 경미한 사항의 변경"이란 다음 각 호의 어느 하나에 해당하는 변경을 말한다. 1. 법 제5조제1항에 따른 철도안전 종합계획(이하 "철도안전 종합계획"이라 한다)에서 정한 총사업비를 원래 계획의 100분의 10 이내에서의 변경 2. 철도안전 종합계획에서 정한 시행기한 내에 단위사업의 시행시기의 변경 3. 법령의 개정, 행정구역의 변경 등과 관련하여 철도안전 종합계획을 변경하는 등 당초 수립된 철도안전 종합계획의 기본방향에 영향을 미치지 아니하는 사항의 변경 [전문개정 12·11·30]	

법	시 행 령	시 행 규 칙
사항 9. 그 밖에 철도안전에 관한 사항으로서 국토교통부장관이 필요하다고 인정하는 사항 ③ 국토교통부장관은 철도안전 종합계획을 수립할 때에는 미리 관계 중앙행정기관의 장 및 철도운영자등과 협의한 후 기본법 제6조제1항에 따른 철도산업위원회의 심의를 거쳐야 한다. 수립된 철도안전 종합계획을 변경(대통령령으로 정하는 경미한 사항의 변경은 제외한다)할 때에도 또한 같다. 〈개정 13·3·23〉 ④ 국토교통부장관은 철도안전 종합계획을 수립하거나 변경하기 위하여 필요하다고 인정하면 관계 중앙행정기관의 장 또는 특별시장·광역시장·특별자치시장·도지사·특별자치도지사(이하 "시·도지사"라 한다)에게 관련 자료의 제출을 요구할 수 있다. 자료 제출 요구를 받은 관계 중앙행정기관의 장 또는 시·도지사는 특별한 사유가 없으면 이에 따라야 한다. 〈개정 13·3·23〉 ⑤ 국토교통부장관은 제3항에 따라 철도안전 종합계획을 수립하거나 변경하였을 때에는 이를 관보에 고시하여야 한다. 〈개정 13·3·23〉 [전문개정 12·6·1]		
제6조(시행계획) ① 국토교통부장관, 시·도지사 및 철도운영자등은 철도안전 종합계획에 따라 소관별로 철도안전 종합계획의 단계적 시행에 필요	**제5조(시행계획 수립절차 등)** ① 법 제6조에 따라 특별시장·광역시장·특별자치시장·도지사 또는 특별자치도지사(이하 "시·도지사"라	

법	시 행 령	시 행 규 칙
한 연차별 시행계획(이하 "시행계획"이라 한다)을 수립·추진하여야 한다. 〈개정 13·3·23〉 ② 시행계획의 수립 및 시행절차 등에 관하여 필요한 사항은 대통령령으로 정한다. [전문개정 12·6·1]	한다)와 철도운영자 및 철도시설관리자(이하 "철도운영자등"이라 한다)는 다음 연도의 시행계획을 매년 10월 말까지 국토교통부장관에게 제출하여야 한다. 〈개정 13·3·23〉 ② 시·도지사 및 철도운영자등은 전년도 시행계획의 추진실적을 매년 2월 말까지 국토교통부장관에게 제출하여야 한다. 〈개정 13·3·23〉 ③ 국토교통부장관은 제1항에 따라 시·도지사 및 철도운영자등이 제출한 다음 연도의 시행계획이 철도안전 종합계획에 위반되거나 철도안전 종합계획을 원활하게 추진하기 위하여 보완이 필요하다고 인정될 때에는 시·도지사 및 철도운영자등에게 시행계획의 수정을 요청할 수 있다. 〈개정 13·3·23〉 ④ 제3항에 따른 수정 요청을 받은 시·도지사 및 철도운영자등은 특별한 사유가 없는 한 이를 시행계획에 반영하여야 한다. [전문개정 12·11·30]	〈종전의 제1조의2〉 〈개정 20·10·7〉
제6조의2(철도안전투자의 공시) ① 철도운영자는 철도차량의 교체, 철도시설의 개량 등 철도 안전 분야에 투자(이하 이 조에서 "철도안전투자"라 한다)하는 예산 규모를 매년 공시하여야 한다. ② 제1항에 따른 철도안전투자의 공시 기준, 항목, 절차 등에 필요한 사항은 국토교통부령으로 정한다.		**제1조의5(철도안전투자의 공시 기준 등)** ① 철도운영자는 법 제6조의2제1항에 따라 철도안전투자(이하 "철도안전투자"라 한다)의 예산 규모를 공시하는 경우에는 다음 각 호의 기준에 따라야 한다.〈개정 20·10·7〉 1. 예산 규모에는 다음 각 목의 예산이 모두 포함되도록 할 것 가. 철도차량 교체에 관한 예산

법	시　행　령	시　행　규　칙
[본조신설 18 · 6 · 12]		나. 철도시설 개량에 관한 예산 다. 안전설비의 설치에 관한 예산 라. 철도안전 교육훈련에 관한 예산 마. 철도안전 연구개발에 관한 예산 바. 철도안전 홍보에 관한 예산 사. 그 밖에 철도안전에 관련된 예산으로서 국토교통부장관이 정해 고시하는 사항 2. 다음 각 목의 사항이 모두 포함된 예산 규모를 공시할 것 가. 과거 3년간 철도안전투자의 예산 및 그 집행 실적 나. 해당 년도 철도안전투자의 예산 다. 향후 2년간 철도안전투자의 예산 3. 국가의 보조금, 지방자치단체의 보조금 및 철도운영자의 자금 등 철도안전투자 예산의 재원을 구분해 공시할 것 4. 그 밖에 철도안전투자와 관련된 예산으로서 국토교통부장관이 정해 고시하는 예산을 포함해 공시할 것 ② 철도운영자는 철도안전투자의 예산 규모를 매년 5월말까지 공시해야 한다. ③ 제2항에 따른 공시는 법 제71조제1항에 따라 구축된 철도안전정보종합관리시스템과 해당 철도운영자의 인터넷 홈페이지에 게시하는 방법으로 한다. ④ 제1항부터 제3항까지에서 규정한 사항 외

<table>
<tr><th>법</th><th>시행령</th><th>시행규칙</th></tr>
<tr><td>제7조(안전관리체계의 승인) ① 철도운영자등(전용철도의 운영자는 제외한다. 이하 이 조 및 제8조에서 같다)은 철도운영을 하거나 철도시설을 관리하려는 경우에는 인력, 시설, 차량, 장비, 운영절차, 교육훈련 및 비상대응계획 등 철도 및 철도시설의 안전관리에 관한 유기적 체계(이하 "안전관리체계"라 한다)를 갖추어 국토교통부장관의 승인을 받아야 한다. 〈개정 13·3·23, 15·1·6〉</td><td></td><td>에 철도안전투자의 공시 기준 및 절차 등에 관해 필요한 사항은 국토교통부장관이 정해 고시한다.
[본조신설 19·1·4]
제2조(안전관리체계 승인 신청 절차 등) ① 철도운영자 및 철도시설관리자(이하 "철도운영자등"이라 한다)가 법 제7조제1항에 따른 안전관리체계(이하 "안전관리체계"라 한다)를 승인받으려는 경우에는 철도운용 또는 철도시설 관리 개시 예정일 90일 전까지 별지 제1호서식의 철도안전관리체계 승인신청서에 다음 각 호의 서류를 첨부하여 국토교통부장관에게 제출하여야 한다.〈개정 16·8·10, 19·1·4〉
1. 「철도사업법」 또는 「도시철도법」에 따른 철도사업면허증 사본
2. 조직·인력의 구성, 업무 분장 및 책임에 관한 서류
3. 다음 각 호의 사항을 적시한 철도안전관리시스템에 관한 서류
가. 철도안전관리시스템 개요
나. 철도안전경영
다. 문서화
라. 위험관리
마. 요구사항 준수
바. 철도사고 조사 및 보고
사. 내부 점검</td></tr>
</table>

법	시행령	시행규칙
		아. 비상대응 자. 교육훈련 차. 안전정보 카. 안전문화 4. 다음 각 호의 사항을 적시한 열차운행체계에 관한 서류 가. 철도운영 개요 나. 철도사업면허 다. 열차운행 조직 및 인력 라. 열차운행 방법 및 절차 마. 열차 운행계획 바. 승무 및 역무 사. 철도관제업무 아. 철도보호 및 질서유지 자. 열차운영 기록관리 차. 위탁 계약자 감독 등 위탁업무 관리에 관한 사항 5. 다음 각 호의 사항을 적시한 유지관리체계에 관한 서류 가. 유지관리 개요 나. 유지관리 조직 및 인력 다. 유지관리 방법 및 절차(법 제38조에 따른 종합시험운행 실시 결과(완료된 결과를 말한다. 이하 이 조에서 같다)를 반영한 유지관리 방법을 포함한다) 라. 유지관리 이행계획

법	시행령	시행규칙
		마. 유지관리 기록 바. 유지관리 설비 및 장비 사. 유지관리 부품 아. 철도차량 제작 감독 자. 위탁 계약자 감독 등 위탁업무 관리에 관한 사항 6. 법 제38조에 따른 종합시험운행 실시 결과 보고서
② 전용철도의 운영자는 자체적으로 안전관리체계를 갖추고 지속적으로 유지하여야 한다. ③ 철도운영자등은 제1항에 따라 승인받은 안전관리체계를 변경(제5항에 따른 안전관리기준의 변경에 따른 안전관리체계의 변경을 포함한다. 이하 이 조에서 같다)하려는 경우에는 국토교통부장관의 변경승인을 받아야 한다. 다만, 국토교통부령으로 정하는 경미한 사항을 변경하려는 경우에는 국토교통부장관에게 신고하여야 한다. 〈개정 13·3·23〉		② 철도운영자등이 법 제7조제3항 본문에 따라 승인받은 안전관리체계를 변경하려는 경우에는 변경된 철도운용 또는 철도시설 관리 개시 예정일 30일 전(제3조제1항제4호에 따른 변경사항의 경우에는 90일 전)까지 별지 제1호의2서식의 철도안전관리체계 변경승인신청서에 다음 각 호의 서류를 첨부하여 국토교통부장관에게 제출하여야 한다.〈개정 16·8·10, 20·5·27〉 1. 안전관리체계의 변경내용과 증빙서류 2. 변경 전후의 대비표 및 해설서 ③ 제1항 및 제2항에도 불구하고 철도운영자등이 안전관리체계의 승인 또는 변경승인을 신청하는 경우 제1항제5호다목 및 같은 항 제6호에 따른 서류는 철도운용 또는 철도시설 관리 개시 예정일 14일 전까지 제출할 수 있다. 〈신설 16·8·10, 19·1·4〉

법	시 행 령	시 행 규 칙
		④ 국토교통부장관은 제1항 및 제2항에 따라 안전관리체계의 승인 또는 변경승인 신청을 받은 경우에는 15일 이내에 승인 또는 변경승인에 필요한 검사 등의 계획서를 작성하여 신청인에게 통보하여야 한다.〈개정 16 · 8 · 10〉 [전문개정 14 · 3 · 19] **제3조(안전관리체계의 경미한 사항 변경)** ① 법 제7조제3항 단서에서 "국토교통부령으로 정하는 경미한 사항"이란 다음 각 호의 어느 하나에 해당하는 사항을 제외한 변경사항을 말한다.〈개정 16 · 8 · 10, 19 · 10 · 23〉 1. 안전 업무를 수행하는 전담조직의 변경(조직 부서명의 변경은 제외한다) 2. 열차운행 또는 유지관리 인력의 감소 3. 철도차량 또는 다음 각 목의 어느 하나에 해당하는 철도시설의 증가 가. 교량, 터널, 옹벽 나. 선로(레일) 다. 역사, 기지, 승강장안전문 라. 전차선로, 변전설비, 수전실, 수 · 배전선로 마. 연동장치, 열차제어장치, 신호기장치, 선로전환기장치, 궤도회로장치, 건널목보안장치 바. 통신선로설비, 열차무선설비, 전송설비 4. 철도노선의 신설 또는 개량 5. 사업의 합병 또는 양도 · 양수

법	시행령	시행규칙
④ 국토교통부장관은 제1항 또는 제3항 본문에 따른 안전관리체계의 승인 또는 변경승인의 신청을 받은 경우에는 해당 안전관리체계가 제5항에 따른 안전관리기준에 적합한지를 검사한 후 승인 여부를 결정하여야 한다. 〈개정 13·3·23〉		6. 유지관리 항목의 축소 또는 유지관리 주기의 증가 7. 위탁 계약자의 변경에 따른 열차운행체계 또는 유지관리체계의 변경 ② 철도운영자등은 법 제7조제3항 단서에 따라 경미한 사항을 변경하려는 경우에는 별지 제1호의3서식의 철도안전관리체계 변경신고서에 다음 각 호의 서류를 첨부하여 국토교통부장관에게 제출하여야 한다. 1. 안전관리체계의 변경내용과 증빙서류 2. 변경 전후의 대비표 및 해설서 ③ 국토교통부장관은 제2항에 따라 신고를 받은 때에는 제2항 각 호의 첨부서류를 확인한 후 별지 제1호의4서식의 철도안전관리체계 변경신고확인서를 발급하여야 한다. [전문개정 14·3·19] **제4조(안전관리체계의 승인 방법 및 증명서 발급 등)** ① 법 제7조제4항에 따른 안전관리체계의 승인 또는 변경승인을 위한 검사는 다음 각 호에 따른 서류검사와 현장검사로 구분하여 실시한다. 다만, 서류검사만으로 법 제7조제5항에 따른 안전관리에 필요한 기술기준(이하 "안전관리기준"이라 한다)에 적합 여부를 판단할 수 있는 경우에는 현장검사를 생략할 수 있다. 1. 서류검사: 제2조제1항 및 제2항에 따라 철도운영자등이 제출한 서류가 안전관리기준

법	시행령	시행규칙
⑤ 국토교통부장관은 철도안전경영, 위험관리, 사고 조사 및 보고, 내부점검, 비상대응계획,		에 적합한지 검사 2. 현장검사: 안전관리체계의 이행가능성 및 실효성을 현장에서 확인하기 위한 검사 ② 국토교통부장관은 「도시철도법」 제3조제2호에 따른 도시철도 또는 같은 법 제24조 또는 제42조에 따라 도시철도건설사업 또는 도시철도운송사업을 위탁받은 법인이 건설·운영하는 도시철도에 대하여 법 제7조제4항에 따른 안전관리체계의 승인 또는 변경승인을 위한 검사를 하는 경우에는 해당 도시철도의 관할 시·도지사와 협의할 수 있다. 이 경우 협의 요청을 받은 시·도지사는 협의를 요청받은 날부터 20일 이내에 의견을 제출하여야 하며, 그 기간 내에 의견을 제출하지 아니하면 의견이 없는 것으로 본다.〈신설 17·1·20〉 ③ 국토교통부장관은 제1항에 따른 검사 결과 안전관리기준에 적합하다고 인정하는 경우에는 별지 제2호서식의 철도안전관리체계 승인증명서를 신청인에게 발급하여야 한다.〈개정 17·1·20〉 ④ 제1항에 따른 검사에 관한 세부적인 기준, 절차 및 방법 등은 국토교통부장관이 정하여 고시한다.〈개정 17·1·20〉 [전문개정 14·3·19] **제5조(안전관리기준의 고시)** ① 국토교통부장관은 법 제7조제5항에 따른 안전관리기준을 정할

법	시 행 령	시 행 규 칙
비상대응훈련, 교육훈련, 안전정보관리, 운행안전관리, 차량·시설의 유지관리(차량의 기대수명에 관한 사항을 포함한다) 등 철도운영 및 철도시설의 안전관리에 필요한 기술기준을 정하여 고시하여야 한다. 〈개정 13·3·23, 15·1·6〉 ⑥ 제1항부터 제5항까지의 규정에 따른 승인절차, 승인방법, 검사기준, 검사방법, 신고절차 및 고시방법 등에 관하여 필요한 사항은 국토교통부령으로 정한다. 〈개정 13·3·23〉 [전문개정 12·12·18]		때 전문기술적인 사항에 대해 제44조에 따른 철도기술심의위원회의 심의를 거칠 수 있다. ② 국토교통부장관은 법 제7조제5항에 따른 안전관리기준을 정한 경우에는 이를 관보에 고시해야 한다. [전문개정 20·10·7]
제8조(안전관리체계의 유지 등) ① 철도운영자등은 철도운영을 하거나 철도시설을 관리하는 경우에는 제7조에 따라 승인받은 안전관리체계를 지속적으로 유지하여야 한다. ② 국토교통부장관은 안전관리체계 위반 여부 확인 및 철도사고 예방 등을 위하여 철도운영자등이 제1항에 따른 안전관리체계를 지속적으로 유지하는지 다음 각 호의 검사를 통해 국토교통부령으로 정하는 바에 따라 점검·확인할 수 있다.〈개정 13·3·23, 20·6·9〉 1. 정기검사: 철도운영자등이 국토교통부장관으로부터 승인 또는 변경승인 받은 안전관리체계를 지속적으로 유지하는지를 점검·확인하기 위하여 정기적으로 실시하는 검사 2. 수시검사: 철도운영자등이 철도사고 및 운행장애 등을 발생시키거나 발생시킬 우려가		제6조(안전관리체계의 유지·검사 등) ① 국토교통부장관은 법 제8조제2항제1호에 따른 정기검사를 1년마다 1회 실시해야 한다.〈개정 16·8·10, 20·10·7〉 ② 국토교통부장관은 법 제8조제2항에 따른 정기검사 또는 수시검사를 시행하려는 경우에는 검사 시행일 7일 전까지 다음 각 호의 내용이 포함된 검사계획을 검사 대상 철도운영자등에게 통보해야 한다. 다만, 철도사고, 철도준사고 및 운행장애(이하 "철도사고등"이라 한다)의 발생 등으로 긴급히 수시검사를 실시하는 경우에는 사전 통보를 하지 않을 수 있고, 검사 시작 이후 검사계획을 변경할 사유가 발생한 경우에는 철도운영자등과 협의하여 검사계획을 조정할 수 있다.〈개정 16·8·10, 19·10·23, 20·10·7〉

<table>
<tr><th>법</th><th>시 행 령</th><th>시 행 규 칙</th></tr>
<tr><td>있는 경우에 안전관리체계 위반사항 확인 및 안전관리체계 위해요인 사전예방을 위해 수행하는 검사
③ 국토교통부장관은 제2항에 따른 검사 결과 안전관리체계가 지속적으로 유지되지 아니하거나 그 밖에 철도안전을 위하여 필요하다고 인정하는 경우에는 국토교통부령으로 정하는 바에 따라 시정조치를 명할 수 있다. 〈개정 13 · 3 · 23, 20 · 6 · 9〉
[전문개정 12 · 12 · 18]</td><td></td><td>1. 검사반의 구성
2. 검사 일정 및 장소
3. 검사 수행 분야 및 검사 항목
4. 중점 검사 사항
5. 그 밖에 검사에 필요한 사항
③ 국토교통부장관은 다음 각 호의 사유로 철도운영자등이 안전관리체계 정기검사의 유예를 요청한 경우에 검사 시기를 유예하거나 변경할 수 있다.
1. 검사 대상 철도운영자등이 사법기관 및 중앙행정기관의 조사 및 감사를 받고 있는 경우
2. 「항공 · 철도 사고조사에 관한 법률」 제4조제1항에 따른 항공 · 철도사고조사위원회가 같은 법 제19조에 따라 철도사고에 대한 조사를 하고 있는 경우
3. 대형 철도사고의 발생, 천재지변, 그 밖의 부득이한 사유가 있는 경우
④ 국토교통부장관은 정기검사 또는 수시검사를 마친 경우에는 다음 각 호의 사항이 포함된 검사 결과보고서를 작성하여야 한다.〈개정 19 · 10 · 23〉
1. 안전관리체계의 검사 개요 및 현황
2. 안전관리체계의 검사 과정 및 내용
3. 법 제8조제3항에 따른 시정조치 사항
4. 제6항에 따라 제출된 시정조치계획서에 따른 시정조치명령의 이행 정도</td></tr>
</table>

법	시 행 령	시 행 규 칙
		5. 철도사고에 따른 사망자·중상자의 수 및 철도사고등에 따른 재산피해액 ⑤ 국토교통부장관은 법 제8조제3항에 따라 철도운영자등에게 시정조치를 명하는 경우에는 시정에 필요한 적정한 기간을 주어야 한다. ⑥ 철도운영자등이 법 제8조제3항에 따라 시정조치명령을 받은 경우에 14일 이내에 시정조치계획서를 작성하여 국토교통부장관에게 제출하여야 하고, 시정조치를 완료한 경우에는 지체 없이 그 시정내용을 국토교통부장관에게 통보하여야 한다. ⑦ 제1항부터 제6항까지의 규정에서 정한 사항 외에 정기검사 또는 수시검사에 관한 세부적인 기준·방법 및 절차는 국토교통부장관이 정하여 고시한다. [전문개정 14·3·19]
제9조(승인의 취소 등) ① 국토교통부장관은 안전관리체계의 승인을 받은 철도운영자등이 다음 각 호의 어느 하나에 해당하는 경우에는 그 승인을 취소하거나 6개월 이내의 기간을 정하여 업무의 제한이나 정지를 명할 수 있다. 다만, 제1호에 해당하는 경우에는 그 승인을 취소하여야 한다. 〈개정 13·3·23〉 1. 거짓이나 그 밖의 부정한 방법으로 승인을 받은 경우 2. 제7조제3항을 위반하여 변경승인을 받지		**제7조(안전관리체계 승인의 취소 등 처분기준)** 법 제9조에 따른 철도운영자등의 안전관리체계 승인의 취소 또는 업무의 제한·정지 등의 처분기준은 별표 1과 같다. [전문개정 14·3·19]

법	시 행 령	시 행 규 칙
아니하거나 변경신고를 하지 아니하고 안전관리체계를 변경한 경우 3. 제8조제1항을 위반하여 안전관리체계를 지속적으로 유지하지 아니하여 철도운영이나 철도시설의 관리에 중대한 지장을 초래한 경우 4. 제8조제3항에 따른 시정조치명령을 정당한 사유 없이 이행하지 아니한 경우 ② 제1항에 따른 승인 취소, 업무의 제한 또는 정지의 기준 및 절차 등에 관하여 필요한 사항은 국토교통부령으로 정한다. 〈개정 13·3·23〉 [전문개정 12·12·18]		
제9조의2(과징금) ① 국토교통부장관은 제9조제1항에 따라 철도운영자등에 대하여 업무의 제한이나 정지를 명하여야 하는 경우로서 그 업무의 제한이나 정지가 철도 이용자 등에게 심한 불편을 주거나 그 밖에 공익을 해할 우려가 있는 경우에는 업무의 제한이나 정지를 갈음하여 30억원 이하의 과징금을 부과할 수 있다. 〈개정 13·3·23〉 ② 제1항에 따라 과징금을 부과하는 위반행위의 종류, 과징금의 부과기준 및 징수방법, 그 밖에 필요한 사항은 대통령령으로 정한다. ③ 국토교통부장관은 제1항에 따른 과징금을 내야 할 자가 납부기한까지 과징금을 내지 아니하는 경우에는 국세 체납처분의 예에 따라	**제6조(안전관리체계 관련 과징금의 부과기준)** 법 제9조의2제2항에 따른 과징금을 부과하는 위반행위의 종류와 과징금의 금액은 별표 1과 같다. [전문개정 16·12·30] **제7조(과징금의 부과 및 납부)** ① 국토교통부장관은 법 제9조의2제1항에 따라 과징금을 부과할 때에는 그 위반행위의 종류와 해당 과징금의 금액을 명시하여 이를 납부할 것을 서면으로 통지하여야 한다. ② 제1항에 따라 통지를 받은 자는 통지를 받은 날부터 20일 이내에 국토교통부장관이 정하는 수납기관에 과징금을 내야 한다. 다만, 천재지변이나 그 밖의 부득이한 사유로 그 기간	

법	시행령	시행규칙
징수한다. 〈개정 13·3·23〉 [본조신설 12·12·18]	에 과징금을 낼 수 없는 경우에는 그 사유가 없어진 날부터 7일 이내에 내야 한다. ③ 제2항에 따라 과징금을 받은 수납기관은 그 과징금을 낸 자에게 영수증을 내주어야 한다. ④ 과징금의 수납기관은 제2항에 따른 과징금을 받으면 지체 없이 그 사실을 국토교통부장관에게 통보하여야 한다. [전문개정 14·3·18] **제8조 및 제9조** 삭제 〈14·3·18〉	
제9조의3(철도운영자등에 대한 안전관리 수준평가) ① 국토교통부장관은 철도운영자등의 자발적인 안전관리를 통한 철도안전 수준의 향상을 위하여 철도운영자등의 안전관리 수준에 대한 평가를 실시할 수 있다. ② 국토교통부장관은 제1항에 따른 안전관리 수준평가를 실시한 결과 그 평가결과가 미흡한 철도운영자등에 대하여 제8조제2항에 따른 검사를 시행하거나 같은 조 제3항에 따른 시정조치 등 개선을 위하여 필요한 조치를 명할 수 있다. ③ 제1항에 따른 안전관리 수준평가의 대상, 기준, 방법, 절차 등에 필요한 사항은 국토교통부령으로 정한다. [본조신설 18·6·12]		**제8조(철도운영자등에 대한 안전관리 수준평가의 대상 및 기준 등)** ① 법 제9조의3제1항에 따른 철도운영자등의 안전관리 수준에 대한 평가(이하 "안전관리 수준평가"라 한다)의 대상 및 기준은 다음 각 호와 같다. 다만, 철도시설관리자에 대해서 안전관리 수준평가를 하는 경우 제2호를 제외하고 실시할 수 있다. 1. 사고 분야 가. 철도교통사고 건수 나. 철도안전사고 건수 다. 운행장애 건수 라. 사상자 수 2. 철도안전투자 분야: 철도안전투자의 예산 규모 및 집행 실적 3. 안전관리 분야 가. 안전성숙도 수준 나. 정기검사 이행실적

법	시 행 령	시 행 규 칙
제9조의4(철도안전 우수운영자 지정) ① 국토교통부장관은 제9조의3에 따른 안전관리 수준평가 결과에 따라 철도운영자등을 대상으로 철도안전 우수운영자를 지정할 수 있다. ② 제1항에 따른 철도안전 우수운영자로 지정을 받은 자는 철도차량, 철도시설이나 관련 문서 등에 철도안전 우수운영자로 지정되었음을		4. 그 밖에 안전관리 수준평가에 필요한 사항으로서 국토교통부장관이 정해 고시하는 사항 ② 국토교통부장관은 매년 3월말까지 안전관리 수준평가를 실시한다. ③ 안전관리 수준평가는 서면평가의 방법으로 실시한다. 다만, 국토교통부장관이 필요하다고 인정하는 경우에는 현장평가를 실시할 수 있다. ④ 국토교통부장관은 안전관리 수준평가 결과를 해당 철도운영자등에게 통보해야 한다. 이 경우 해당 철도운영자등이 「지방공기업법」에 따른 지방공사인 경우에는 같은 법 제73조제1항에 따라 해당 지방공사의 업무를 관리·감독하는 지방자치단체의 장에게도 함께 통보할 수 있다. ⑤ 제1항부터 제4항까지에서 규정한 사항 외에 안전관리 수준평가의 기준, 방법 및 절차 등에 관해 필요한 사항은 국토교통부장관이 정해 고시한다. [본조신설 19·1·4] 제9조(철도안전 우수운영자 지정 대상 등) ① 국토교통부장관은 법 제9조의4제1항에 따라 안전관리 수준평가 결과가 최상위 등급인 철도운영자등을 철도안전 우수운영자(이하 "철도안전 우수운영자"라 한다)로 지정하여 철도안전 우수운영자로 지정되었음을 나타내는 표시를 사용하게 할 수 있다.

법	시 행 령	시 행 규 칙
나타내는 표시를 할 수 있다. ③ 제1항에 따른 지정을 받은 자가 아니면 철도차량, 철도시설이나 관련 문서 등에 우수운영자로 지정되었음을 나타내는 표시를 하거나 이와 유사한 표시를 하여서는 아니 된다. ④ 국토교통부장관은 제3항을 위반하여 우수운영자로 지정되었음을 나타내는 표시를 하거나 이와 유사한 표시를 한 자에 대하여 해당 표시를 제거하게 하는 등 필요한 시정조치를 명할 수 있다. ⑤ 제1항에 따른 철도안전 우수운영자 지정의 대상, 기준, 방법, 절차 등에 필요한 사항은 국토교통부령으로 정한다. [본조신설 18·6·12] **제9조의5(우수운영자 지정의 취소)** 국토교통부장관은 제9조의4에 따라 철도안전 우수운영자 지정을 받은 자가 다음 각 호의 어느 하나에 해당하는 경우에는 그 지정을 취소할 수 있다. 다만, 제1호 또는 제2호에 해당하는 경우에는 지정을 취소하여야 한다. 1. 거짓이나 그 밖의 부정한 방법으로 철도안전 우수운영자 지정을 받은 경우 2. 제9조에 따라 안전관리체계의 승인이 취소된 경우 3. 제9조의4제5항에 따른 지정기준에 부적합하게 되는 등 그 밖에 국토교통부령으로 정		② 철도안전 우수운영자 지정의 유효기간은 지정받은 날부터 1년으로 한다. ③ 철도안전 우수운영자는 제1항에 따라 철도안전 우수운영자로 지정되었음을 나타내는 표시를 하려면 국토교통부장관이 정해 고시하는 표시를 사용해야 한다. ④ 국토교통부장관은 철도안전 우수운영자에게 포상 등의 지원을 할 수 있다. ⑤ 제1항부터 제4항까지에서 규정한 사항 외에 철도안전 우수운영자 지정 표시 및 지원 등에 관해 필요한 사항은 국토교통부장관이 정해 고시한다. [본조신설 19·1·4] **제9조의2(철도안전 우수운영자 지정의 취소)** 법 제9조의5제3호에서 "제9조의4제5항에 따른 지정기준에 부적합하게 되는 등 그 밖에 국토교통부령으로 정하는 사유"란 다음 각 호의 사유를 말한다. 1. 계산 착오, 자료의 오류 등으로 안전관리 수준평가 결과가 최상위 등급이 아닌 것으로 확인된 경우 2. 제9조제3항을 위반하여 국토교통부장관이 정해 고시하는 표시가 아닌 다른 표시를 사용한 경우 [본조신설 19·1·4]

<table>
<tr><th>법</th><th>시 행 령</th><th>시 행 규 칙</th></tr>
<tr><td>하는 사유가 발생한 경우
[본조신설 18 · 6 · 12]

제3장 철도종사자의 안전관리

제10조(철도차량 운전면허) ① 철도차량을 운전하려는 사람은 국토교통부장관으로부터 철도차량 운전면허(이하 “운전면허”라 한다)를 받아야 한다. 다만, 제16조에 따른 교육훈련 또는 제17조에 따른 운전면허시험을 위하여 철도차량을 운전하는 경우 등 대통령령으로 정하는 경우에는 그러하지 아니하다. 〈개정 13 · 3 · 23〉
② 「도시철도법」 제2조제2호에 따른 노면전차를 운전하려는 사람은 제1항에 따른 운전면허 외에 「도로교통법」 제80조에 따른 운전면허를 받아야 한다.〈신설 18 · 2 · 21〉</td><td>제10조(운전면허 없이 운전할 수 있는 경우) ① 법 제10조제1항 단서에서 “대통령령으로 정하는 경우”란 다음 각 호의 어느 하나에 해당하는 경우를 말한다.〈개정 17 · 7 · 24〉
1. 법 제16조제3항에 따른 철도차량 운전에 관한 전문 교육훈련기관(이하 “운전교육훈련기관”이라 한다)에서 실시하는 운전교육훈련을 받기 위하여 철도차량을 운전하는 경우
2. 법 제17조제1항에 따른 운전면허시험(이하 이 조에서”운전면허시험”이라 한다)을 치르기 위하여 철도차량을 운전하는 경우
3. 철도차량을 제작 · 조립 · 정비하기 위한 공장 안의 선로에서 철도차량을 운전하여 이동하는 경우
4. 철도사고등을 복구하기 위하여 열차운행이 중지된 선로에서 사고복구용 특수차량을 운전하여 이동하는 경우
② 제1항제1호 또는 제2호에 해당하는 경우에는 해당 철도차량에 운전교육훈련을 담당하는 사람이나 운전면허시험에 대한 평가를 담당하는 사람을 승차시켜야 하며, 국토교통부령으로</td><td></td></tr>
</table>

<table>
<tr><th>법</th><th>시행령</th><th>시행규칙</th></tr>
<tr><td>③ 제1항에 따른 운전면허는 대통령령으로 정하는 바에 따라 철도차량의 종류별로 받아야 한다.〈개정 18·2·21〉
[전문개정 12·6·1]</td><td>정하는 표지를 해당 철도차량의 앞면 유리에 붙여야 한다. 〈개정 13·3·23, 17·7·24〉
[전문개정 12·11·30]
제11조(운전면허 종류) ① 법 제10조제3항에 따른 철도차량의 종류별 운전면허는 다음 각 호와 같다.〈개정 17·1·20, 18·10·23〉
1. 고속철도차량 운전면허
2. 제1종 전기차량 운전면허
3. 제2종 전기차량 운전면허
4. 디젤차량 운전면허
5. 철도장비 운전면허
6. 노면전차(路面電車) 운전면허
② 제1항 각 호에 따른 운전면허(이하 "운전면허"라 한다)를 받은 사람이 운전할 수 있는 철도차량의 종류는 국토교통부령으로 정한다. 〈개정 13·3·23〉
[전문개정 12·11·30]</td><td>제10조(교육훈련 철도차량 등의 표지) 영 제10조제2항에 따른 표지는 별지 제3호서식에 따른다. 〈개정 14·3·19, 20·10·7〉
[전문개정 12·12·10]
제11조(운전면허의 종류에 따라 운전할 수 있는 철도차량의 종류) 영 제11조제1항에 따른 철도차량의 종류별 운전면허를 받은 사람이 운전할 수 있는 철도차량의 종류는 별표 1의2와 같다. 〈개정 14·3·19〉
[전문개정 12·12·10]</td></tr>
<tr><td>제11조(운전면허의 결격사유〈15·7·24〉) 다음 각 호의 어느 하나에 해당하는 사람은 운전면허를 받을 수 없다. 〈개정 14·5·21, 17·8·9, 20·6·9〉
1. 19세 미만인 사람
2. 철도차량 운전상의 위험과 장해를 일으킬 수 있는 정신질환자 또는 뇌전증환자로서 대통령령으로 정하는 사람
3. 철도차량 운전상의 위험과 장해를 일으킬</td><td>제12조(운전면허를 받을 수 없는 사람) 법 제11조제2호 및 제3호에서 "대통령령으로 정하는 사람"이란 해당 분야 전문의가 정상적인 운전을 할 수 없다고 인정하는 사람을 말한다.
[전문개정 20·10·8]</td><td></td></tr>
</table>

법	시 행 령	시 행 규 칙
수 있는 약물(「마약류 관리에 관한 법률」 제2조제1호에 따른 마약류 및 「화학물질관리법」 제22조제1항에 따른 환각물질을 말한다. 이하 같다) 또는 알코올 중독자로서 대통령령으로 정하는 사람 4. 두 귀의 청력 또는 두 눈의 시력을 완전히 상실한 사람 5. 운전면허가 취소된 날부터 2년이 지나지 아니하였거나 운전면허의 효력정지기간 중인 사람 [전문개정 12 · 6 · 1]		
제12조(운전면허의 신체검사〈개정 15 · 7 · 24〉) ① 운전면허를 받으려는 사람은 철도차량 운전에 적합한 신체상태를 갖추고 있는지를 판정받기 위하여 국토교통부장관이 실시하는 신체검사에 합격하여야 한다. 〈개정 13 · 3 · 23〉 ② 국토교통부장관은 제1항에 따른 신체검사를 제13조에 따른 의료기관에서 실시하게 할 수 있다. 〈개정 13 · 3 · 23〉 ③ 제1항에 따른 신체검사의 합격기준, 검사방법 및 절차 등에 관하여 필요한 사항은 국토교통부령으로 정한다. 〈개정 13 · 3 · 23〉 [전문개정 12 · 6 · 1]		제12조(신체검사 방법 · 절차 · 합격기준 등) ① 법 제12조제1항에 따른 운전면허의 신체검사 또는 법 제21조의5제1항에 따른 관제자격증명의 신체검사를 받으려는 사람은 별지 제4호서식의 신체검사 판정서에 성명 · 주민등록번호 등 본인의 기록사항을 작성하여 법 제13조에 따른 신체검사 실시 의료기관(이하 "신체검사의료기관"이라 한다)에 제출하여야 한다.〈개정 17 · 7 · 25〉 ② 법 제12조제3항 및 법 제21조의5제2항에 따른 신체검사의 항목과 합격기준은 별표 2 제1호와 같다.〈개정 17 · 7 · 25〉 ③ 신체검사의료기관은 별지 제4호서식의 신체검사 판정서의 각 신체검사 항목별로 신체검사를 실시한 후 합격여부를 기록하여 신청

법	시 행 령	시 행 규 칙
		인에게 발급하여야 한다. ④ 그 밖에 신체검사의 방법 및 절차 등에 관하여 필요한 세부사항은 국토교통부장관이 정하여 고시한다. 〈개정 13・3・23〉 [전문개정 12・12・10] 제13조부터 제15조부터 삭제 〈12・12・10〉
제13조(신체검사 실시 의료기관) 제12조제1항에 따른 신체검사를 실시할 수 있는 의료기관은 다음 각 호와 같다. 1. 「의료법」 제3조제2항제1호가목의 의원 2. 「의료법」 제3조제2항제3호가목의 병원 3. 「의료법」 제3조제2항제3호마목의 종합병원 [전문개정 12・6・1] 제14조 삭제 〈12・6・1〉		
제15조(운전적성검사〈개정 15・7・24〉) ① 운전면허를 받으려는 사람은 철도차량 운전에 적합한 적성을 갖추고 있는지를 판정받기 위하여 국토교통부장관이 실시하는 적성검사(이하 "운전적성검사"라 한다)에 합격하여야 한다. 〈개정 13・3・23, 15・7・24〉 ② 운전적성검사에 불합격한 사람 또는 운전적성검사 과정에서 부정행위를 한 사람은 다음 각 호의 구분에 따른 기간 동안 운전적성검사를 받을 수 없다.〈개정 15・7・24〉 1. 운전적성검사에 불합격한 사람: 검사일부터 3개월		제16조(적성검사 방법・절차 및 합격기준 등) ① 법 제15조제1항에 따른 운전적성검사(이하 "운전적성검사"라 한다) 또는 법 제21조의6제1항에 따른 관제적성검사(이하 "관제적성검사"라 한다)를 받으려는 사람은 별지 제9호서식의 적성검사 판정서에 성명・주민등록번호 등 본인의 기록사항을 작성하여 법 제15조제4항에 따른 운전적성검사기관(이하 "운전적성검사기관"이라 한다) 또는 법 제21조의6제3항에 따른 관제적성검사기관(이하 "관제적성검사기관"이라 한다)에 제출하여야 한다.〈개정 17・7・25〉 ② 법 제15조제3항 및 법 제21조의6제2항에

법	시 행 령	시 행 규 칙
2. 운전적성검사 과정에서 부정행위를 한 사람: 검사일부터 1년 ③ 운전적성검사의 합격기준, 검사의 방법 및 절차 등에 관하여 필요한 사항은 국토교통부령으로 정한다. 〈개정 13 · 3 · 23, 15 · 7 · 24〉		따른 적성검사의 항목 및 합격기준은 별표 4와 같다.〈개정 17 · 7 · 25〉 ③ 운전적성검사기관 또는 관제적성검사기관은 별지 제9호서식의 적성검사 판정서의 각 적성검사 항목별로 적성검사를 실시한 후 합격 여부를 기록하여 신청인에게 발급하여야 한다.〈개정 17 · 7 · 25〉 ④ 그 밖에 운전적성검사 또는 관제적성검사의 방법 · 절차 · 판정기준 및 항목별 배점기준 등에 관하여 필요한 세부사항은 국토교통부장관이 정한다. 〈개정 13 · 3 · 23, 17 · 7 · 25〉 [전문개정 12 · 12 · 10] **제17조(운전적성검사기관 또는 관제적성검사기관의 지정절차 등**〈개정 17 · 7 · 25〉**)** ① 운전적성검사기관 또는 관제적성검사기관으로 지정받으려는 자는 별지 제10호서식의 적성검사기관 지정신청서에 다음 각 호의 서류를 첨부하여 국토교통부장관에게 제출하여야 한다. 이 경우 국토교통부장관은 「전자정부법」 제36조제1항에 따른 행정정보의 공동이용을 통하여 법인 등기사항증명서(신청인이 법인인 경우만 해당한다)를 확인하여야 한다. 〈개정 13 · 3 · 23, 17 · 7 · 25〉 1. 운영계획서 2. 정관이나 이에 준하는 약정(법인 그 밖의 단체만 해당한다)

법	시 행 령	시 행 규 칙
		3. 운전적성검사 또는 관제적성검사를 담당하는 전문인력의 보유 현황 및 학력·경력·자격 등을 증명할 수 있는 서류 4. 운전적성검사시설 또는 관제적성검사시설 내역서 5. 운전적성검사장비 또는 관제적성검사장비 내역서 6. 운전적성검사기관 또는 관제적성검사기관에서 사용하는 직인의 인영 ② 국토교통부장관은 제1항에 따라 운전적성검사기관 또는 관제적성검사기관의 지정 신청을 받은 경우에는 영 제13조제2항(영 제20조의3에서 준용하는 경우를 포함한다)에 따라 그 지정 여부를 종합적으로 심사한 후 지정에 적합하다고 인정되는 경우 별지 제11호서식의 적성검사기관 지정서를 신청인에게 발급해야 한다. 〈개정 13·3·23, 17·7·25, 23·1·18〉 [전문개정 12·12·10]
④ 국토교통부장관은 운전적성검사에 관한 전문기관(이하 "운전적성검사기관"이라 한다)을 지정하여 운전적성검사를 하게 할 수 있다. 〈개정 13·3·23, 15·7·24〉	**제13조(운전적성검사기관 지정절차**〈개정 17·7·24〉**)** ① 법 제15조제4항에 따른 운전적성검사에 관한 전문기관(이하 "운전적성검사기관"이라 한다)으로 지정을 받으려는 자는 국토교통부장관에게 지정 신청을 하여야 한다. 〈개정 13·3·23, 17·7·24〉 ② 국토교통부장관은 제1항에 따라 운전적성검사기관 지정 신청을 받은 경우에는 제14조	

법	시 행 령	시 행 규 칙
	에 따른 지정기준을 갖추었는지 여부, 운전적성검사기관의 운영계획, 운전업무종사자의 수급상황 등을 종합적으로 심사한 후 그 지정 여부를 결정하여야 한다. 〈개정 13·3·23, 16·1·22, 17·7·24〉 ③ 국토교통부장관은 제2항에 따라 운전적성검사기관을 지정한 경우에는 그 사실을 관보에 고시하여야 한다. 〈개정 13·3·23, 17·7·24〉 ④ 제1항부터 제3항까지의 규정에 따른 운전적성검사기관 지정절차에 관한 세부적인 사항은 국토교통부령으로 정한다. 〈개정 13·3·23, 17·7·24〉 [전문개정 12·11·30]	
⑤ 운전적성검사기관의 지정기준, 지정절차 등에 관하여 필요한 사항은 대통령령으로 정한다.〈개정 15·7·24〉 ⑥ 운전적성검사기관은 정당한 사유 없이 운전적성검사 업무를 거부하여서는 아니 되고, 거짓이나 그 밖의 부정한 방법으로 운전적성검사 판정서를 발급하여서는 아니 된다.〈개정 15·7·24〉 [전문개정 12·6·1]	제14조(운전적성검사기관 지정기준〈개정 17·7·24〉) ① 운전적성검사기관의 지정기준은 다음 각 호와 같다.〈개정 17·7·24〉 1. 운전적성검사 업무의 통일성을 유지하고 운전적성검사 업무를 원활히 수행하는데 필요한 상설 전담조직을 갖출 것 2. 운전적성검사 업무를 수행할 수 있는 전문검사인력을 3명 이상 확보할 것 3. 운전적성검사 시행에 필요한 사무실, 검사장과 검사 장비를 갖출 것 4. 운전적성검사기관의 운영 등에 관한 업무규정을 갖출 것 ② 제1항에 따른 적성검사기관 지정기준에 관	제18조(운전적성검사기관 및 관제적성검사기관의 세부 지정기준 등〈개정 17·7·25〉) ① 영 제14조제2항 및 영 제20조의3에 따른 운전적성검사기관 및 관제적성검사기관의 세부 지정기준은 별표 5와 같다.〈개정 17·7·25, 23·1·18〉 ② 국토교통부장관은 운전적성검사기관 또는 관제적성검사기관이 제1항 및 영 제14조제1항(영 제20조의3에서 준용하는 경우를 포함한다)에 따른 지정기준에 적합한지를 2년마다 심사해야 한다. 〈개정 13·3·23, 17·7·25, 23·1·18〉 ③ 영 제15조 및 영 제20조의3에 따른 운전적성검사기관 및 관제적성검사기관의 변경사항 통지는 별지 제11호의2서식에 따른다.〈개정 17·7·25,

법	시 행 령	시 행 규 칙
	한 세부적인 사항은 국토교통부령으로 정한다. 〈개정 13·3·23〉 [전문개정 12·11·30] 제15조(운전적성검사기관의 변경사항 통지〈개정 17·7·24〉) ① 운전적성검사기관은 그 명칭·대표자·소재지나 그 밖에 운전적성검사 업무의 수행에 중대한 영향을 미치는 사항의 변경이 있는 경우에는 해당 사유가 발생한 날부터 15일 이내에 국토교통부장관에게 그 사실을 알려야 한다. 〈개정 13·3·23, 17·7·24〉 ② 국토교통부장관은 제1항에 따라 통지를 받은 때에는 그 사실을 관보에 고시하여야 한다. 〈개정 13·3·23〉 [전문개정 12·11·30]	21·6·23, 23·1·18〉 [전문개정 12·12·10]
제15조의2(운전적성검사기관의 지정취소 및 업무정지〈개정 15·7·24〉) ① 국토교통부장관은 운전적성검사기관이 다음 각 호의 어느 하나에 해당할 때에는 지정을 취소하거나 6개월 이내의 기간을 정하여 업무의 정지를 명할 수 있다. 다만, 제1호 및 제2호에 해당할 때에는 지정을 취소하여야 한다. 〈개정 13·3·23, 15·7·24〉 1. 거짓이나 그 밖의 부정한 방법으로 지정을 받았을 때 2. 업무정지 명령을 위반하여 그 정지기간 중 운전적성검사 업무를 하였을 때		제19조(운전적성검사기관 및 관제적성검사기관의 지정취소 및 업무정지〈개정 17·7·25〉) ① 법 제15조의2제2항 및 법 제21조의6제5항에 따른 운전적성검사기관 및 관제적성검사기관의 지정취소 및 업무정지의 기준은 별표 6과 같다.〈개정 17·7·25〉 ② 국토교통부장관은 운전적성검사기관 또는 관제적성검사기관의 지정을 취소하거나 업무정지의 처분을 한 경우에는 지체 없이 운전적성검사기관 또는 관제적성검사기관에 별지 제11호의3서식의 지정기관 행정처분서를 통지하고, 그 사실을 관보에 고시하여야 한다. 〈개정

법	시 행 령	시 행 규 칙
3. 제15조제5항에 따른 지정기준에 맞지 아니하게 되었을 때 4. 제15조제6항을 위반하여 정당한 사유 없이 운전적성검사 업무를 거부하였을 때 5. 제15조제6항을 위반하여 거짓이나 그 밖의 부정한 방법으로 운전적성검사 판정서를 발급하였을 때 ② 제1항에 따른 지정취소 및 업무정지의 세부기준 등에 관하여 필요한 사항은 국토교통부령으로 정한다. 〈개정 13 · 3 · 23〉 ③ 국토교통부장관은 제1항에 따라 지정이 취소된 운전적성검사기관이나 그 기관의 설립 · 운영자 및 임원이 그 지정이 취소된 날부터 2년이 지나지 아니하고 설립 · 운영하는 검사기관을 적성검사기관으로 지정하여서는 아니 된다. 〈개정 13 · 3 · 23, 15 · 7 · 24〉 [본조신설 12 · 6 · 1]		13 · 3 · 23, 17 · 7 · 25〉 [전문개정 12 · 12 · 10]
제16조(운전교육훈련〈개정 15 · 7 · 24〉) ① 운전면허를 받으려는 사람은 철도차량의 안전한 운행을 위하여 국토교통부장관이 실시하는 운전에 필요한 지식과 능력을 습득할 수 있는 교육훈련(이하 "운전교육훈련"이라 한다)을 받아야 한다. 〈개정 13 · 3 · 23, 15 · 7 · 24〉 ② 운전교육훈련의 기간, 방법 등에 관하여 필요한 사항은 국토교통부령으로 정한다. 〈개정 13 · 3 · 23, 15 · 7 · 24〉	**제16조(운전교육훈련기관 지정절차**〈개정 17 · 7 · 24〉) ① 운전교육훈련기관으로 지정을 받으려는 자는 국토교통부장관에게 지정 신청을 하여야 한다. 〈개정 13 · 3 · 23, 17 · 7 · 24〉 ② 국토교통부장관은 제1항에 따라 운전교육훈련기관의 지정 신청을 받은 경우에는 제17조에 따른 지정기준을 갖추었는지 여부, 운전교육훈련기관의 운영계획 및 운전업무종사자의 수급 상황 등을 종합적으로 심사한 후 그	**제20조(운전교육훈련의 기간 및 방법 등**〈개정 17 · 7 · 25〉) ① 법 제16조제1항에 따른 교육훈련(이하 "운전교육훈련"이라 한다)은 운전면허 종류별로 실제 차량이나 모의운전연습기를 활용하여 실시한다.〈개정 17 · 7 · 25〉 ② 운전교육훈련을 받으려는 사람은 법 제16조제3항에 따른 운전교육훈련기관(이하 "운전교육훈련기관"이라 한다)에 운전교육훈련을 신청하여야 한다.〈개정 17 · 7 · 25〉

법	시행령	시행규칙
③ 국토교통부장관은 철도차량 운전에 관한 전문 교육훈련기관(이하 "운전교육훈련기관"이라 한다)을 지정하여 운전교육훈련을 실시하게 할 수 있다. 〈개정 13·3·23, 15·7·24〉 ④ 운전교육훈련기관의 지정기준, 지정절차 등에 관하여 필요한 사항은 대통령령으로 정한다.〈개정 15·7·24〉	지정 여부를 결정하여야 한다. 〈개정 13·3·23, 17·7·24〉 ③ 국토교통부장관은 제2항에 따라 운전교육훈련기관을 지정한 때에는 그 사실을 관보에 고시하여야 한다. 〈개정 13·3·23, 17·7·24〉 ④ 제1항부터 제3항까지의 규정에 따른 운전교육훈련기관의 지정절차에 관한 세부적인 사항은 국토교통부령으로 정한다. 〈개정 13·3·23, 17·7·24〉 [전문개정 12·11·30]	③ 운전교육훈련의 과목과 교육훈련시간은 별표 7과 같다.〈개정 17·7·25〉 ④ 운전교육훈련기관은 운전교육훈련과정별 교육훈련신청자가 적어 그 운전교육훈련과정의 개설이 곤란한 경우에는 국토교통부장관의 승인을 받아 해당 운전교육훈련과정을 개설하지 아니하거나 운전교육훈련시기를 변경하여 시행할 수 있다. 〈개정 13·3·23, 17·7·25〉 ⑤ 운전교육훈련기관은 운전교육훈련을 수료한 사람에게 별지 제12호서식의 운전교육훈련 수료증을 발급하여야 한다.〈개정 17·7·25〉 ⑥ 그 밖에 운전교육훈련의 절차·방법 등에 관하여 필요한 세부사항은 국토교통부장관이 정한다. 〈개정 13·3·23, 17·7·25〉 [전문개정 12·12·10] **제21조(운전교육훈련기관의 지정절차 등**〈개정 17·7·25〉) ① 운전교육훈련기관으로 지정받으려는 자는 별지 제13호서식의 운전교육훈련기관 지정신청서에 다음 각 호의 서류를 첨부하여 국토교통부장관에게 제출하여야 한다. 이 경우 국토교통부장관은 「전자정부법」 제36조제1항에 따른 행정정보의 공동이용을 통하여 법인 등기사항증명서(신청인이 법인인 경우만 해당한다)를 확인하여야 한다. 〈개정 13·3·23, 17·7·25〉 1. 운전교육훈련계획서(운전교육훈련평가계획을 포함한다)

법	시 행 령	시 행 규 칙
		2. 운전교육훈련기관 운영규정 3. 정관이나 이에 준하는 약정(법인 그 밖의 단체에 한정한다) 4. 운전교육훈련을 담당하는 강사의 자격 · 학력 · 경력 등을 증명할 수 있는 서류 및 담당업무 5. 운전교육훈련에 필요한 강의실 등 시설 내역서 6. 운전교육훈련에 필요한 철도차량 또는 모의운전연습기 등 장비 내역서 7. 운전교육훈련기관에서 사용하는 직인의 인영 ② 국토교통부장관은 제1항에 따라 운전교육훈련기관의 지정 신청을 받은 때에는 영 제16조제2항에 따라 그 지정 여부를 종합적으로 심사한 후 별지 제14호서식의 교육훈련기관 지정서를 신청인에게 발급하여야 한다. 〈개정 13 · 3 · 23, 17 · 7 · 25〉 [전문개정 12 · 12 · 10]
	제17조(운전교육훈련기관 지정기준〈개정 17 · 7 · 24〉) ① 운전교육훈련기관 지정기준은 다음 각 호와 같다.〈개정 17 · 7 · 24〉 1. 운전교육훈련 업무 수행에 필요한 상설 전담조직을 갖출 것 2. 운전면허의 종류별로 운전교육훈련 업무를 수행할 수 있는 전문인력을 확보할 것 3. 운전교육훈련 시행에 필요한 사무실 · 교육장과 교육 장비를 갖출 것	제22조(운전교육훈련기관의 세부 지정기준 등〈개정 17 · 7 · 25〉) ① 영 제17조제2항에 따른 운전교육훈련기관의 세부 지정기준은 별표 8과 같다.〈개정 17 · 7 · 25〉 ② 국토교통부장관은 운전교육훈련기관이 제1항 및 영 제17조제1항에 따른 지정기준에 적합한 지의 여부를 2년마다 심사하여야 한다. 〈개정 13 · 3 · 23, 17 · 7 · 25〉 ③ 영 제18조에 따른 운전교육훈련기관의 변

법	시 행 령	시 행 규 칙
⑤ 운전교육훈련기관의 지정취소 및 업무정지 등에 관하여는 제15조제6항 및 제15조의2를 준용한다. 이 경우 "운전적성검사기관"은 "운전교육훈련기관"으로, "운전적성검사 업무"는 "운전교육훈련 업무"로, "제15조제5항"은 "제16조제4항"으로, "운전적성검사 판정서"는 "운전교육훈련 수료증"으로 본다.〈개정 15·7·24〉 [전문개정 12·6·1]	4. 운전교육훈련기관의 운영 등에 관한 업무 규정을 갖출 것 ② 제1항에 따른 운전교육훈련기관 지정기준에 관한 세부적인 사항은 국토교통부령으로 정한다. 〈개정 13·3·23, 17·7·24〉 [전문개정 12·11·30] 제18조(운전교육훈련기관의 변경사항 통지〈개정 17·7·24〉) ① 운전교육훈련기관은 그 명칭·대표자·소재지나 그 밖에 운전교육훈련 업무의 수행에 중대한 영향을 미치는 사항의 변경이 있는 경우에는 해당 사유가 발생한 날부터 15일 이내에 국토교통부장관에게 그 사실을 알려야 한다. 〈개정 13·3·23, 17·7·24〉 ② 국토교통부장관은 제1항에 따라 통지를 받은 경우에는 그 사실을 관보에 고시하여야 한다. 〈개정 13·3·23〉 [전문개정 12·11·30]	경사항 통지는 별지 제11호의2서식에 따른다. 〈개정 17·7·25〉 [전문개정 12·12·10] 제23조(운전교육훈련기관의 지정취소 및 업무정지 등〈개정 17·7·25〉) ① 법 제16조제5항에 따른 운전교육훈련기관의 지정취소 및 업무정지의 기준은 별표 9와 같다. 〈개정 14·3·19, 17·7·25〉 ② 국토교통부장관은 운전교육훈련기관의 지정을 취소하거나 업무정지의 처분을 한 경우에는 지체 없이 그 운전교육훈련기관에 별지 제11호의3서식의 지정기관 행정처분서를 통지하고 그

법	시 행 령	시 행 규 칙
第17条(운전면허시험) ① 운전면허를 받으려는 사람은 국토교통부장관이 실시하는 철도차량 운전면허시험(이하 "운전면허시험"이라 한다)에 합격하여야 한다. 〈개정 13 · 3 · 23〉 ② 운전면허시험에 응시하려는 사람은 제12조에 따른 신체검사 및 운전적성검사에 합격한 후 운전교육훈련을 받아야 한다.〈개정 15 · 7 · 24〉 ③ 운전면허시험의 과목, 절차 등에 관하여 필요한 사항은 국토교통부령으로 정한다. 〈개정 13 · 3 · 23〉 [전문개정 12 · 6 · 1]		사실을 관보에 고시하여야 한다. 〈개정 13 · 3 · 23, 17 · 7 · 25〉 [전문개정 12 · 12 · 10] 第24条(운전면허시험의 과목 및 합격기준) ① 법 第17条第1항에 따른 철도차량 운전면허시험(이하 "운전면허시험"이라 한다)은 영 제11조제1항에 따른 운전면허의 종류별로 필기시험과 기능시험으로 구분하여 시행한다. 이 경우 기능시험은 실제차량이나 모의운전연습기를 활용하여 시행한다. ② 제1항에 따른 필기시험과 기능시험의 과목 및 합격기준은 별표 10과 같다. 이 경우 기능시험은 필기시험을 합격한 경우에만 응시할 수 있다. ③ 제1항에 따른 필기시험에 합격한 사람에 대해서는 필기시험에 합격한 날부터 2년이 되는 날이 속하는 해의 12월 31일까지 실시하는 운전면허시험에 있어 필기시험의 합격을 유효한 것으로 본다. ④ 운전면허시험의 방법 · 절차, 기능시험 평가위원의 선정 등에 관하여 필요한 세부사항은 국토교통부장관이 정한다. 〈개정 13 · 3 · 23, 17 · 7 · 25〉 [전문개정 12 · 12 · 10] 第25条(운전면허시험 시행계획의 공고) ① 「한국교통안전공단법」에 따른 한국교통안전공단(이하 "한국교통안전공단"이라 한다)은 운전

법	시 행 령	시 행 규 칙
		면허시험을 실시하려는 때에는 매년 11월 30일까지 필기시험 및 기능시험의 일정·응시과목 등을 포함한 다음 해의 운전면허시험 시행계획을 인터넷 홈페이지 등에 공고하여야 한다.〈개정 17·7·25, 19·1·4〉 ② 한국교통안전공단은 운전면허시험의 응시수요 등을 고려하여 필요한 경우에는 제1항에 따라 공고한 시행계획을 변경할 수 있다. 이 경우에는 미리 국토교통부장관의 승인을 받아야 한다. 이 경우 미리 국토교통부장관의 승인을 받아야 하며 변경되기 전의 필기시험일 또는 기능시험일(필기시험일 또는 기능시험일이 앞당겨진 경우에는 변경된 필기시험일 또는 기능시험일을 말한다)의 7일 전까지 그 변경사항을 인터넷 홈페이지 등에 공고하여야 한다. 〈개정 13·3·23, 17·7·25, 19·1·4〉 [전문개정 12·12·10] **제26조(운전면허시험 응시원서의 제출 등**〈개정 17·7·25〉) ① 운전면허시험에 응시하려는 사람은 필기시험 응시 전까지 별지 제15호서식의 운전면허시험 응시원서에 다음 각 호의 서류를 첨부하여 한국교통안전공단에 제출해야 한다. 다만, 제3호의 서류는 기능시험 응시 전까지 제출할 수 있다.〈개정 17·7·25, 19·1·4, 20·5·27, 23·1·18〉 1. 신체검사의료기관이 발급한 신체검사 판정

법	시행령	시행규칙
		서(철도차량 운전면허시험 응시원서 접수일 이전 2년 이내인 것에 한정한다) 2. 운전적성검사기관이 발급한 운전적성검사 판정서(운전면허시험 응시원서 접수일 이전 10년 이내인 것에 한정한다) 3. 운전교육훈련기관이 발급한 운전교육훈련 수료증명서 3의2. 법 제16조제3항에 따라 운전교육훈련기관으로 지정받은 대학의 장이 발급한 철도운전관련 교육과목 이수 증명서(별표 7 제6호바목에 따라 이론교육 과목의 이수로 인정받으려는 경우에만 해당한다) 4. 철도차량 운전면허증의 사본(철도차량 운전면허 소지자가 다른 철도차량 운전면허를 취득하고자 하는 경우에 한정한다) 5. 관제자격증명서 사본[제38조의12제2항에 따라 관제자격증명서를 발급받은 사람(이하 "관제자격증명 취득자"라 한다)만 제출한다] 6. 운전업무 수행 경력증명서(고속철도차량 운전면허시험에 응시하는 경우에 한정한다) ② 한국교통안전공단은 제1항제1호부터 제5호까지의 서류를 영 제63조제1항제7호에 따라 관리하는 정보체계에 따라 확인할 수 있는 경우에는 그 서류를 제출하지 않도록 할 수 있다.〈개정 17·7·25, 19·1·4, 23·1·18〉 ③ 한국교통안전공단은 제1항에 따라 운전면

법	시 행 령	시 행 규 칙
		허시험 응시원서를 접수한 때에는 별지 제16호서식의 철도차량 운전면허시험 응시원서 접수대장에 기록하고 별지 제15호서식의 운전면허시험 응시표를 응시자에게 발급하여야 한다. 다만, 응시원서 접수 사실을 영 제63조제1항제7호에 따라 관리하는 정보체계에 따라 관리하는 경우에는 응시원서 접수 사실을 철도차량 운전면허시험 응시원서 접수대장에 기록하지 아니할 수 있다.〈개정 19·1·4〉 ④ 한국교통안전공단은 운전면허시험 응시원서 접수마감 7일 이내에 시험일시 및 장소를 한국교통안전공단 게시판 또는 인터넷 홈페이지 등에 공고하여야 한다.〈개정 17·7·25, 19·1·4〉 [전문개정 12·12·10] **제27조(운전면허시험 응시표의 재발급)** 운전면허시험 응시표를 발급받은 사람이 응시표를 잃어버리거나 헐어서 못 쓰게 된 경우에는 사진(3.5센티미터 × 4.5센티미터) 1장을 첨부하여 한국교통안전공단에 재발급을 신청(「정보통신망 이용촉진 및 정보보호 등에 관한 법률」 제2조제1항제1호에 따른 정보통신망을 이용한 신청을 포함한다)하여야 하고, 한국교통안전공단은 응시원서 접수 사실을 확인한 후 운전면허시험 응시표를 신청인에게 재발급하여야 한다.〈개정 16·8·10, 19·1·4〉 [전문개정 12·12·10]

법	시 행 령	시 행 규 칙
제18조(운전면허증의 발급 등) ① 국토교통부장관은 운전면허시험에 합격하여 운전면허를 받은 사람에게 국토교통부령으로 정하는 바에 따라 철도차량 운전면허증(이하 "운전면허증"이라 한다)을 발급하여야 한다. 〈개정 13·3·23〉 ② 제1항에 따라 운전면허를 받은 사람(이하 "운전면허 취득자"라 한다)이 운전면허증을 잃어버렸거나 운전면허증이 헐어서 쓸 수 없게 되었을 때 또는 운전면허증의 기재사항이 변경되었을 때에는 국토교통부령으로 정하는 바에 따라 운전면허증의 재발급이나 기재사항의 변경을 신청할 수 있다. 〈개정 13·3·23〉 [전문개정 12·6·1]		제28조(시험실시결과의 게시 등) ① 한국교통안전공단은 운전면허시험을 실시하여 합격자를 결정한 때에는 한국교통안전공단 게시판 또는 인터넷 홈페이지에 게재하여야 한다.〈개정 17·7·25, 19·1·4〉 ②한국교통안전공단은 운전면허시험을 실시한 경우에는 운전면허 종류별로 필기시험 및 기능시험 응시자 및 합격자 현황 등의 자료를 국토교통부장관에게 보고하여야 한다. 〈개정 08·3·14, 13·3·23, 19·1·4〉 제29조(운전면허증의 발급 등) ① 운전면허시험에 합격한 사람은 한국교통안전공단에 별지 제17호서식의 철도차량 운전면허증 (재)발급신청서를 제출(「정보통신망 이용촉진 및 정보보호 등에 관한 법률」 제2조제1항제1호에 따른 정보통신망을 이용한 제출을 포함한다)하여야 한다.〈개정 16·8·10, 19·1·4〉 ② 제1항에 따라 철도차량 운전면허증 발급 신청을 받은 한국교통안전공단은 법 제18조제1항에 따라 별지 제18호서식의 철도차량 운전면허증을 발급하여야 한다.〈개정 17·7·25, 19·1·4〉 ③ 제2항에 따라 철도차량 운전면허증을 발급받은 사람(이하 "운전면허 취득자"라 한다)이 철도차량 운전면허증을 잃어버렸거나 헐어 못 쓰게 된 때에는 별지 제17호서식의 철도차량 운전면허증 (재)발급신청서에 분실사유서나 헐어

법	시 행 령	시 행 규 칙
		못 쓰게 된 운전면허증을 첨부하여 한국교통안전공단에 제출하여야 한다.〈개정 19·1·4〉 ④ 한국교통안전공단은 제1항 및 제3항에 따라 철도차량 운전면허증을 발급이나 재발급한 때에는 별지 제19호서식의 철도차량 운전면허증 관리대장에 이를 기록·관리하여야 한다. 다만, 철도차량 운전면허증의 발급이나 재발급 사실을 영 제63조제1항제7호에 따라 관리하는 정보체계에 따라 관리하는 경우에는 별지 제19호서식의 철도차량 운전면허증 관리대장에 이를 기록·관리하지 아니할 수 있다.〈개정 17·7·25, 19·1·4〉 [전문개정 12·12·10] 제30조(철도차량 운전면허증 기록사항 변경) ① 운전면허 취득자가 주소 등 철도차량 운전면허증의 기록사항을 변경하려는 경우에는 이를 증명할 수 있는 서류를 첨부하여 한국교통안전공단에 기록사항의 변경을 신청하여야 한다. 이 경우 한국교통안전공단은 기록사항을 변경한 때에는 별지 제19호서식의 철도차량 운전면허증 관리대장에 이를 기록·관리하여야 한다.〈개정 17·7·25, 19·1·4〉 ② 제1항 후단에도 불구하고 철도차량 운전면허증의 기록 사항의 변경을 영 제63조제1항제7호에 따라 관리하는 정보체계에 따라 관리하는 경우에는 별지 제19호서식의 철도차량 운

법	시 행 령	시 행 규 칙
		전면허증 관리대장에 이를 기록 · 관리하지 아니할 수 있다.〈개정 17 · 7 · 25〉 [전문개정 12 · 12 · 10]
제19조(운전면허의 갱신) ① 운전면허의 유효기간은 10년으로 한다. 〈개정 13 · 8 · 6〉 ② 운전면허 취득자로서 제1항에 따른 유효기간 이후에도 그 운전면허의 효력을 유지하려는 사람은 운전면허의 유효기간 만료 전에 국토교통부령으로 정하는 바에 따라 운전면허의 갱신을 받아야 한다. 〈개정 13 · 3 · 23〉		제31조(운전면허의 갱신절차) ① 법 제19조제2항에 따라 철도차량운전면허(이하 "운전면허"라 한다)를 갱신하려는 사람은 운전면허의 유효기간 만료일 전 6개월 이내에 별지 제20호 서식의 철도차량 운전면허 갱신신청서에 다음 각 호의 서류를 첨부하여 한국교통안전공단에 제출하여야 한다.〈개정 19 · 1 · 4〉 1. 철도차량 운전면허증 2. 법 제19조제3항 각 호에 해당함을 증명하는 서류 ② 제1항에 따라 갱신받은 운전면허의 유효기간은 종전 운전면허 유효기간의 만료일 다음 날부터 기산한다. [전문개정 12 · 12 · 10]
③ 국토교통부장관은 제2항 및 제5항에 따라 운전면허의 갱신을 신청한 사람이 다음 각 호의 어느 하나에 해당하는 경우에는 운전면허증을 갱신하여 발급하여야 한다. 〈개정 13 · 3 · 23, 13 · 8 · 6〉 1. 운전면허의 갱신을 신청하는 날 전 10년 이내에 국토교통부령으로 정하는 철도차량의 운전업무에 종사한 경력이 있거나 국토교통부령으로 정하는 바에 따라 이와 같은		제32조(운전면허 갱신에 필요한 경력 등) ① 법 제19조제3항제1호에서 "국토교통부령으로 정하는 철도차량의 운전업무에 종사한 경력"이란 운전면허의 유효기간 내에 6개월 이상 해당 철도차량을 운전한 경력을 말한다. 〈개정 13 · 3 · 23〉 ② 법 제19조제3항제1호에서 "이와 같은 수준 이상의 경력"이란 다음 각 호의 어느 하나에 해당하는 업무에 2년 이상 종사한 경력을 말

법	시행령	시행규칙
수준 이상의 경력이 있다고 인정되는 경우 2. 국토교통부령으로 정하는 교육훈련을 받은 경우		한다.〈개정 17·7·25〉 1. 관제업무 2. 운전교육훈련기관에서의 운전교육훈련업무 3. 철도운영자등에게 소속되어 철도차량 운전자를 지도·교육·관리하거나 감독하는 업무 ③ 법 제19조제3항제2호에서 "국토교통부령으로 정하는 교육훈련을 받은 경우"란 운전교육훈련기관이나 철도운영자등이 실시한 철도차량 운전에 필요한 교육훈련을 운전면허 갱신신청일 전까지 20시간 이상 받은 경우를 말한다. 〈개정 13·3·23, 17·7·25〉 ④ 제1항 및 제2항에 따른 경력의 인정, 제3항에 따른 교육훈련의 내용 등 운전면허 갱신에 필요한 세부사항은 국토교통부장관이 정하여 고시한다. 〈개정 13·3·23〉 [전문개정 12·12·10]
④ 운전면허 취득자가 제2항에 따른 운전면허의 갱신을 받지 아니하면 그 운전면허의 유효기간이 만료되는 날의 다음 날부터 그 운전면허의 효력이 정지된다. ⑤ 제4항에 따라 운전면허의 효력이 정지된 사람이 6개월의 범위에서 대통령령으로 정하는 기간 내에 운전면허의 갱신을 신청하여 운전면허의 갱신을 받지 아니하면 그 기간이 만료되는 날의 다음 날부터 그 운전면허는 효력을 잃는다.	**제19조(운전면허 갱신 등)** ① 법 제19조제4항에 따라 운전면허의 효력이 정지된 사람이 제2항에 따른 기간 내에 운전면허 갱신을 받은 경우 해당 운전면허의 유효기간은 갱신 받기 전 운전면허의 유효기간 만료일 다음 날부터 기산한다. ② 법 제19조제5항에서 "대통령령으로 정하는 기간"이란 6개월을 말한다. [전문개정 12·11·30]	**제33조(운전면허 갱신 안내 통지)** ① 한국교통안전공단은 법 제19조제4항에 따라 운전면허의 효력이 정지된 사람이 있는 때에는 해당 운전면허의 효력이 정지된 날부터 30일 이내에 해당 운전면허 취득자에게 이를 통지하여야 한다.〈개정 19·1·4〉 ② 한국교통안전공단은 법 제19조제6항에 따라 운전면허의 유효기간 만료일 6개월 전까지 해당 운전면허 취득자에게 운전면허 갱신에 관한 내용을 통지하여야 한다.〈개정 19·1·4〉

법	시행령	시행규칙
⑥ 국토교통부장관은 운전면허 취득자에게 그 운전면허의 유효기간이 만료되기 전에 국토교통부령으로 정하는 바에 따라 운전면허의 갱신에 관한 내용을 통지하여야 한다. 〈개정 13·3·23〉		③ 제2항에 따른 운전면허 갱신에 관한 통지는 별지 제21호서식의 철도차량 운전면허 갱신통지서에 따른다. ④ 제1항 및 제2항에 따른 통지를 받을 사람의 주소 등을 통상적인 방법으로 확인할 수 없거나 통지서를 송달할 수 없는 경우에는 한국교통안전공단 게시판 또는 인터넷 홈페이지에 14일 이상 공고함으로써 통지에 갈음할 수 있다.〈개정 17·7·25, 19·1·4〉 [전문개정 12·12·10]
⑦ 국토교통부장관은 제5항에 따라 운전면허의 효력이 실효된 사람이 운전면허를 다시 받으려는 경우 대통령령으로 정하는 바에 따라 그 절차의 일부를 면제할 수 있다. 〈개정 13·3·23〉 [전문개정 12·6·1]	제20조(운전면허 취득절차의 일부 면제) 법 제19조제7항에 따라 운전면허의 효력이 실효된 사람이 운전면허가 실효된 날부터 3년 이내에 실효된 운전면허와 동일한 운전면허를 취득하려는 경우에는 다음 각 호의 구분에 따라 운전면허 취득절차의 일부를 면제한다.〈개정 17·7·24〉 1. 법 제19조제3항 각 호에 해당하지 아니하는 경우: 법 제16조에 따른 운전교육훈련 면제 2. 법 제19조제3항 각 호에 해당하는 경우: 법 제16조에 따른 운전교육훈련과 법 제17조에 따른 운전면허시험 중 필기시험 면제 [전문개정 12·11·30]	
제19조의2(운전면허증의 대여 등 금지) 누구든지 운전면허증을 다른 사람에게 빌려주거나 빌리거나 이를 알선하여서는 아니 된다.		

법	시행령	시행규칙
[전문개정 20·12·22] **제20조(운전면허의 취소·정지 등)** ① 국토교통부장관은 운전면허 취득자가 다음 각 호의 어느 하나에 해당할 때에는 운전면허를 취소하거나 1년 이내의 기간을 정하여 운전면허의 효력을 정지시킬 수 있다. 다만, 제1호부터 제4호까지의 규정에 해당할 때에는 운전면허를 취소하여야 한다. 〈개정 13·3·23, 15·7·24, 18·6·12, 20·12·22〉 1. 거짓이나 그 밖의 부정한 방법으로 운전면허를 받았을 때 2. 제11조제2호부터 제4호까지의 규정에 해당하게 되었을 때 3. 운전면허의 효력정지기간 중 철도차량을 운전하였을 때 4. 제19조의2를 위반하여 운전면허증을 다른 사람에게 빌려주었을 때 5. 철도차량을 운전 중 고의 또는 중과실로 철도사고를 일으켰을 때 5의2. 제40조의2제1항 또는 제5항을 위반하였을 때 6. 제41조제1항을 위반하여 술을 마시거나 약물을 사용한 상태에서 철도차량을 운전하였을 때 7. 제41조제2항을 위반하여 술을 마시거나 약물을 사용한 상태에서 업무를 하였다고 인		**제34조(운전면허의 취소 및 효력정지 처분의 통지 등)** ① 국토교통부장관은 법 제20조제1항에 따라 운전면허의 취소나 효력정지 처분을 한 때에는 별지 제22호서식의 철도차량 운전면허 취소·효력정지 처분 통지서를 해당 처분대상자에게 발송하여야 한다. 〈개정 13·3·23〉 ② 국토교통부장관은 제1항에 따른 처분대상자가 철도운영자등에게 소속되어 있는 경우에는 철도운영자등에게 그 처분 사실을 통지하여야 한다. 〈개정 13·3·23〉 ③ 제1항에 따른 처분대상자의 주소 등을 통상적인 방법으로 확인할 수 없거나 별지 제22호서식의 철도차량 운전면허 취소·효력정지 처분 통지서를 송달할 수 없는 경우에는 운전면허시험기관인 한국교통안전공단 게시판 또는 인터넷 홈페이지에 14일 이상 공고함으로써 제1항에 따른 통지에 갈음할 수 있다.〈개정 17·7·25, 19·1·4〉 ④ 제1항에 따라 운전면허의 취소 또는 효력정지 처분의 통지를 받은 사람은 통지를 받은 날부터 15일 이내에 운전면허증을 한국교통안전공단에 반납하여야 한다.〈개정 19·1·4〉 [전문개정 12·12·10]

<table>
<tr><th>법</th><th>시 행 령</th><th>시 행 규 칙</th></tr>
<tr><td>정할 만한 상당한 이유가 있음에도 불구하고 국토교통부장관 또는 시·도지사의 확인 또는 검사를 거부하였을 때
8. 이 법 또는 이 법에 따라 철도의 안전 및 보호와 질서유지를 위하여 한 명령·처분을 위반하였을 때
② 국토교통부장관이 제1항에 따라 운전면허의 취소 및 효력정지 처분을 하였을 때에는 국토교통부령으로 정하는 바에 따라 그 내용을 해당 운전면허 취득자와 운전면허 취득자를 고용하고 있는 철도운영자등에게 통지하여야 한다. 〈개정 13·3·23〉
③ 제2항에 따른 운전면허의 취소 또는 효력정지 통지를 받은 운전면허 취득자는 그 통지를 받은 날부터 15일 이내에 운전면허증을 국토교통부장관에게 반납하여야 한다. 〈개정 13·3·23〉
④ 국토교통부장관은 제3항에 따라 운전면허의 효력이 정지된 사람으로부터 운전면허증을 반납받았을 때에는 보관하였다가 정지기간이 끝나면 즉시 돌려주어야 한다. 〈개정 13·3·23〉
⑤ 제1항에 따른 취소 및 효력정지 처분의 세부기준 및 절차는 그 위반의 유형 및 정도에 따라 국토교통부령으로 정한다. 〈개정 13·3·23〉
⑥ 국토교통부장관은 국토교통부령으로 정하는 바에 따라 운전면허의 발급, 갱신, 취소 등</td><td></td><td>제35조(운전면허의 취소 또는 효력정지 처분의 세부기준) 법 제20조제5항에 따른 운전면허의 취소 또는 효력정지 처분의 세부기준은 별표 10의2와 같다.〈개정 20·5·27〉
[전문개정 12·12·10]</td></tr>
</table>

법	시 행 령	시 행 규 칙
에 관한 자료를 유지·관리하여야 한다. 〈개정 13·3·23〉 [전문개정 12·6·1]		제36조(운전면허의 유지·관리) 한국교통안전공단은 운전면허 취득자의 운전면허의 발급·갱신·취소 등에 관한 사항을 별지 제23호서식의 철도차량 운전면허 발급대장에 기록하고 유지·관리하여야 한다.〈개정 19·1·4〉 [전문개정 12·12·10]
제21조(운전업무 실무수습) 철도차량의 운전업무에 종사하려는 사람은 국토교통부령으로 정하는 바에 따라 실무수습을 이수하여야 한다. [본조신설 15·7·24] 제21조의2(무자격자의 운전업무 금지 등) 철도운영자등은 운전면허를 받지 아니하거나(제20조에 따라 운전면허가 취소되거나 그 효력이 정지된 경우를 포함한다) 제21조에 따른 실무수습을 이수하지 아니한 사람을 철도차량의 운전업무에 종사하게 하여서는 아니 된다. [본조신설 15·7·24]		제37조(운전업무 실무수습) 법 제21조에 따라 철도차량의 운전업무에 종사하려는 사람이 이수하여야 하는 실무수습의 세부기준은 별표 11과 같다. [전문개정 20·5·27]
제21조의3(관제자격증명) ① 관제업무에 종사하려는 사람은 국토교통부장관으로부터 철도교통관제사 자격증명(이하 "관제자격증명"이라 한다)을 받아야 한다.〈개정 22·1·18〉 ② 관제자격증명은 대통령령으로 정하는 바에 따라 관제업무의 종류별로 받아야 한다.〈신설 22·1·18〉 [본조신설 15·7·24]	제20조의2(관제자격증명의 종류) 법 제21조의3 제1항에 따른 철도교통관제사 자격증명(이하 "관제자격증명"이라 한다)은 같은 조 제2항에 따라 다음 각 호의 구분에 따른 관제업무의 종류별로 받아야 한다. 1. 「도시철도법」 제2조제2호에 따른 도시철도차량에 관한 관제업무: 도시철도 관제자격증명	

법	시 행 령	시 행 규 칙
제21조의4(관제자격증명의 결격사유) 관제자격증명의 결격사유에 관하여는 제11조를 준용한다. 이 경우 “운전면허”는 “관제자격증경”으로, “철도차량 운전”은 “관제업무”로 본다. [본조신설 15 · 7 · 24] **제21조의5(관제자격증명의 신체검사)** ① 관제자격증명을 받으려는 사람은 관제업무에 적합한 신체상태를 갖추고 있는지 판정받기 위하여 국토교통부장관이 실시하는 신체검사에 합격하여야 한다. ② 제1항에 따른 신체검사의 방법 및 절차 등에 관하여는 제12조 및 제13조를 준용한다. 이 경우 “운전면허”는 “관제자격증명”으로, “철도차량 운전”은 “관제업무”로 본다. [본조신설 15 · 7 · 24] **제21조의6(관제적성검사)** ① 관제자격증명을 받으려는 사람은 관제업무에 적합한 적성을 갖추고 있는지 판정받기 위하여 국토교통부장관이 실시하는 적성검사(이하 “관제적성검사”라 한다)에 합격하여야 한다. ② 관제적성검사의 방법 및 절차 등에 관하여는 제15조제2항 및 제3항을 준용한다. 이 경우	2. 철도차량에 관한 관제업무(제1호에 따른 도시철도 차량에 관한 관제업무를 포함한다): 철도 관제자격증명 [본조신설 23 · 1 · 10] **〈종전의 제20조의2〉** 〈개정 23 · 1 · 10〉 **제20조의3(관제적성검사기관의 지정절차 등)** 법 제21조의6제3항에 따른 관제적성검사에 관한 전문기관(이하 “관제적성검사기관”이라 한다)의 지정절차, 지정기준 및 변경사항 통지에 관하여는 제13조부터 제15조까지의 규정을 준용한다. 이 경우 “운전적성검사기관”은 “관제적성검사기관”으로, “운전업무종사자”는 “관제업	

법	시 행 령	시 행 규 칙
"운전적성검사"는 "관제적성검사"로 본다. ③ 국토교통부장관은 관제적성검사에 관한 전문기관(이하 "관제적성검사기관"이라 한다)을 지정하여 관제적성검사를 하게 할 수 있다. ④ 관제적성검사기관의 지정기준 및 지정절차 등에 필요한 사항은 대통령령으로 정한다. ⑤ 관제적성검사기관의 지정취소 및 업무정지 등에 관하여는 제15조제6항 및 제15조의2를 준용한다. 이 경우 "운전적성검사기관"은 "관제적성검사기관"으로, "운전적성검사"는 "관제적성검사"로, "제15조제5항"은 "제21조의6제4항"으로 본다. [본조신설 15·7·24]	무종사자"로, "운전적성검사"는 "관제적성검사"로 본다. [본조신설 17·7·24]	
제21조의7(관제교육훈련) ① 관제자격증명을 받으려는 사람은 관제업무의 안전한 수행을 위하여 국토교통부장관이 실시하는 관제업무에 필요한 지식과 능력을 습득할 수 있는 교육훈련(이하 "관제교육훈련"이라 한다)을 받아야 한다. 다만, 다음 각 호의 어느 하나에 해당하는 사람에게는 국토교통부령으로 정하는 바에 따라 관제교육훈련의 일부를 면제할 수 있다. 〈개정 22·1·18〉 1. 「고등교육법」 제2조에 따른 학교에서 국토교통부령으로 정하는 관제업무 관련 교과목을 이수한 사람 2. 다음 각 목의 어느 하나에 해당하는 업무	〈종전의 제20조의3〉 〈개정 23·1·10〉 제20조의4(관제교육훈련기관의 지정절차 등) 법 제21조의7제3항에 따른 관제업무에 관한 전문 교육훈련기관(이하 "관제교육훈련기관"이라 한다)의 지정절차, 지정기준 및 변경사항 통지에 관하여는 제16조부터 제18조까지의 규정을 준용한다. 이 경우 "운전교육훈련기관"은 "관제교육훈련기관"으로, "운전업무종사자"는 "관제업무종사자"로, "운전교육훈련"은 "관제교육훈련"으로 본다. [본조신설 17·7·24]	제38조(운전업무 실무수습의 관리 등) 철도운영자등은 철도차량의 운전업무에 종사하려는 사람이 제37조에 따른 운전업무 실무수습을 이수한 경우에는 별지 제24호서식의 운전업무종사자 실무수습 관리대장에 운전업무 실무수습을 받은 구간 등을 기록하고 그 내용을 한국교통안전공단에 통보해야 한다. [전문개정 20·10·7] 제38조의2(관제교육훈련의 기간·방법 등) ① 법 제21조의7에 따른 관제교육훈련(이하 "관제교육훈련"이라 한다)은 모의관제시스템을 활용하여 실시한다. ② 관제교육훈련의 과목과 교육훈련시간은 별

법	시행령	시행규칙
에 대하여 5년 이상의 경력을 취득한 사람 가. 철도차량의 운전업무 나. 철도신호기 · 선로전환기 · 조작판의 취급 업무 3. 관제자격증명을 받은 후 제21조의3제2항에 따른 다른 종류의 관제자격증명을 받으려는 사람 ② 관제교육훈련의 기간 및 방법 등에 필요한 사항은 국토교통부령으로 정한다. ③ 국토교통부장관은 관제업무에 관한 전문 교육훈련기관(이하 "관제교육훈련기관"이라 한다)을 지정하여 관제교육훈련을 실시하게 할 수 있다. ④ 관제교육훈련기관의 지정기준 및 지정절차 등에 필요한 사항은 대통령령으로 정한다. ⑤ 관제교육훈련기관의 지정취소 및 업무정지 등에 관하여는 제15조제6항 및 제15조의2를 준용한다. 이 경우 "운전적성검사기관"은 "관제교육훈련기관"으로, "운전적성검사"는 "관제교육훈련"으로, "제15조제5항"은 "제21조의7제4항"으로, "운전적성검사 판정서"는 "관제교육훈련 수료증"으로 본다. [본조신설 15 · 7 · 24]		표 11의2와 같다. ③ 법 제21조의7제3항에 따른 관제교육훈련기관(이하 "관제교육훈련기관"이라 한다)은 관제교육훈련을 수료한 사람에게 별지 제24호의2서식의 관제교육훈련 수료증을 발급하여야 한다. ④ 관제교육훈련의 신청, 관제교육훈련과정의 개설 및 그 밖에 관제교육훈련의 절차 · 방법 등에 관하여는 제20조제2항 · 제4항 및 제6항을 준용한다. 이 경우 "운전교육훈련"은 "관제교육훈련"으로, "운전교육훈련기관"은 "관제교육훈련기관"으로 본다. [본조신설 17 · 7 · 25] **제38조의3(관제교육훈련의 일부 면제)** ① 법 제21조의7제1항 단서에 따른 관제교육훈련의 일부 면제 대상 및 기준은 별표 11의2와 같다. 〈신설 23 · 1 · 18〉 ② 법 제21조의7제1항제1호에서 "국토교통부령으로 정하는 관제업무 관련 교과목"이란 별표 11의2에 따른 관제교육훈련의 과목 중 어느 하나의 과목과 교육내용이 동일한 교과목을 말한다.〈개정 23 · 1 · 18〉 [본조신설 17 · 7 · 25] **제38조의4(관제교육훈련기관 지정절차 등)** ① 관제교육훈련기관으로 지정받으려는 자는 별지 제24호의3서식의 관제교육훈련기관 지정신청서에 다음 각 호의 서류를 첨부하여 국토교

법	시행령	시행규칙
		통부장관에게 제출하여야 한다. 이 경우 국토교통부장관은 「전자정부법」 제36조제1항에 따른 행정정보의 공동이용을 통하여 법인 등기사항증명서(신청인이 법인인 경우만 해당한다)를 확인하여야 한다. 1. 관제교육훈련계획서(관제교육훈련평가계획을 포함한다) 2. 관제교육훈련기관 운영규정 3. 정관이나 이에 준하는 약정(법인 그 밖의 단체에 한정한다) 4. 관제교육훈련을 담당하는 강사의 자격·학력·경력 등을 증명할 수 있는 서류 및 담당업무 5. 관제교육훈련에 필요한 강의실 등 시설 내역서 6. 관제교육훈련에 필요한 모의관제시스템 등 장비 내역서 7. 관제교육훈련기관에서 사용하는 직인의 인영 ② 국토교통부장관은 제1항에 따라 관제교육훈련기관의 지정 신청을 받은 때에는 영 제20조의4에서 준용하는 영 제16조제2항에 따라 그 지정 여부를 종합적으로 심사한 후 별지 제24호의4서식의 관제교육훈련기관 지정서를 신청인에게 발급해야 한다.〈개정 23·1·18〉 [본조신설 17·7·25] **제38조의5(관제교육훈련기관의 세부 지정기준**

법	시행령	시행규칙
제21조의8(관제자격증명시험) ① 관제자격증명을 받으려는 사람은 관제업무에 필요한 지식 및 실무역량에 관하여 국토교통부장관이 실시하는 학과시험 및 실기시험(이하 "관제자격증명시험"이라 한다)에 합격하여야 한다. ② 관제자격증명시험에 응시하려는 사람은 제	〈종전의 제20조의4〉〈개정 23 · 1 · 10〉 제20조의5(관제자격증명 갱신 및 취득절차의 일부 면제) 관제자격증명의 갱신 및 취득절차의 일부 면제에 관하여는 제19조 및 제20조를 준용한다. 이 경우 "운전면허"는 "관제자격증명"으로, "운전교육훈련"은 "관제교육훈련"으로, "운전면허시험 중 필기시험"은 "관제자격증명	등) ① 영 제20조의4에 따른 관제교육훈련기관의 세부 지정기준은 별표 11의3과 같다.〈개정 23 · 1 · 18〉 ② 국토교통부장관은 관제교육훈련기관이 제1항 및 영 제20조의4에서 준용하는 영 제17조제1항에 따른 지정기준에 적합한지를 2년마다 심사해야 한다.〈개정 23 · 1 · 18〉 ③ 관제교육훈련기관의 변경사항 통지에 관하여는 제22조제3항을 준용한다. 이 경우 "운전교육훈련기관"은 "관제교육훈련기관"으로 본다. [본조신설 17 · 7 · 25] 제38조의6(관제교육훈련기관의 지정취소 · 업무정지 등) ① 법 제21조의7제5항에서 준용하는 법 제15조의2에 따른 관제교육훈련기관의 지정취소 및 업무정지의 기준은 별표 9와 같다. ② 관제교육훈련기관 지정취소 · 업무정지의 통지 등에 관하여는 제23조제2항을 준용한다. 이 경우 "운전교육훈련기관"은 "관제교육훈련기관"으로 본다. [본조신설 17 · 7 · 25] 제38조의7(관제자격증명시험의 과목 및 합격기준) ① 법 제21조의8제1항에 따른 관제자격증명시험(이하 "관제자격증명시험"이라 한다) 중 실기시험은 모의관제시스템을 활용하여 시행한다. ② 관제자격증명시험의 과목 및 합격기준은

법	시 행 령	시 행 규 칙
21조의5제1항에 따른 신체검사와 관제적성검사에 합격한 후 관제교육훈련을 받아야 한다. ③ 국토교통부장관은 다음 각 호의 어느 하나에 해당하는 사람에게는 국토교통부령으로 정하는 바에 따라 관제자격증명시험의 일부를 면제할 수 있다.〈개정 22·1·18〉 1. 운전면허를 받은 사람 2. 삭제 〈22·1·18〉 3. 관제자격증명을 받은 후 제21조의3제2항에 따른 다른 종류의 관제자격증명에 필요한 시험에 응시하려는 사람 ④ 관제자격증명시험의 과목, 방법 및 절차 등에 필요한 사항은 국토교통부령으로 정한다. [본조신설 15·7·24]	시험 중 학과시험"으로 본다.〈개정 23·1·10〉 [본조신설 17·7·24]	별표 11의4와 같다. 이 경우 실기시험은 학과시험을 합격한 경우에만 응시할 수 있다. ③ 관제자격증명시험 중 학과시험에 합격한 사람에 대해서는 학과시험에 합격한 날부터 2년이 되는 날이 속하는 해의 12월 31일까지 실시하는 관제자격증명시험에 있어 학과시험의 합격을 유효한 것으로 본다. ④ 관제자격증명시험의 방법·절차, 실기시험 평가위원의 선정 등에 관하여 필요한 세부사항은 국토교통부장관이 정한다. [본조신설 17·7·25] **제38조의8(관제자격증명시험 시행계획의 공고)** 관제자격증명시험 시행계획의 공고에 관하여는 제25조를 준용한다. 이 경우 "운전면허시험"은 "관제자격증명시험"으로, "필기시험 및 기능시험"은 "학과시험 및 실기시험"으로 본다. [본조신설 17·7·25] **제38조의9(관제자격증명시험의 일부 면제)** 법 제21조의8제3항에 따른 관제자격증명시험의 일부 면제 대상 및 기준은 별표 11의4와 같다. [전문개정 23·1·18] **제38조의10(관제자격증명시험 응시원서의 제출 등)** ① 관제자격증명시험에 응시하려는 사람은 별지 제24호의5서식의 관제자격증명시험 응시원서에 다음 각 호의 서류를 첨부하여 한국교통안전공단에 제출해야 한다.〈개정 19·1·4, 23·1·18〉

법	시 행 령	시 행 규 칙
		1. 신체검사의료기관이 발급한 신체검사 판정서(관제자격증명시험 응시원서 접수일 이전 2년 이내인 것에 한정한다) 2. 관제적성검사기관이 발급한 관제적성검사 판정서(관제자격증명시험 응시원서 접수일 이전 10년 이내인 것에 한정한다) 3. 관제교육훈련기관이 발급한 관제교육훈련 수료증명서 4. 철도차량 운전면허증의 사본(철도차량 운전면허 소지자만 제출한다) 5. 도시철도 관제자격증명서의 사본(도시철도 관제자격증명 취득자만 제출한다) ② 한국교통안전공단은 제1항제1호부터 제4호까지의 서류를 영 제63조제1항제7호에 따라 관리하는 정보체계에 따라 확인할 수 있는 경우에는 그 서류를 제출하지 아니하도록 할 수 있다. 〈개정 19 · 1 · 4〉 ③ 한국교통안전공단은 제1항에 따라 관제자격증명시험 응시원서를 접수한 때에는 별지 제24호의6서식의 관제자격증명시험 응시원서 접수대장에 기록하고 별지 제24호의5서식의 관제자격증명시험 응시표를 응시자에게 발급하여야 한다. 다만, 응시원서 접수 사실을 영 제63조제1항제7호에 따라 관리하는 정보체계에 따라 관리하는 경우에는 응시원서 접수 사실을 관제자격증명시험 응시원서 접수대장에 기록하지 아니할

법	시행령	시행규칙
		수 있다.〈개정 19·1·4〉 ④ 한국교통안전공단은 관제자격증명시험 응시원서 접수마감 7일 이내에 시험일시 및 장소를 한국교통안전공단 게시판 또는 인터넷 홈페이지 등에 공고하여야 한다.〈개정 19·1·4〉 [본조신설 17·7·25] 제38조의11(관제자격증명시험 응시표의 재발급 등) 관제자격증명시험 응시표의 재발급 및 관제자격증명시험결과의 게시 등에 관하여는 제27조 및 제28조를 준용한다. 이 경우 "운전면허시험"은 "관제자격증명시험"으로, "필기시험 및 기능시험"은 "학과시험 및 실기시험"으로 본다. [본조신설 17·7·25] 제38조의12(관제자격증명서의 발급 등) ① 관제자격증명시험에 합격한 사람은 한국교통안전공단에 별지 제24호의7서식의 관제자격증명서 발급신청서에 다음 각 호의 서류를 첨부하여 제출(「정보통신망 이용촉진 및 정보보호 등에 관한 법률」 제2조제1항제1호에 따른 정보통신망을 이용한 제출을 포함한다)해야 한다.〈개정 19·1·4, 23·1·18〉 1. 주민등록증 사본 2. 증명사진(3.5센티미터×4.5센티미터) ② 제1항에 따라 관제자격증명서 발급 신청을 받은 한국교통안전공단은 별지 제24호의8서식의 철도교통 관제자격증명서를 발급하여야 한

법	시 행 령	시 행 규 칙
		다.〈개정 19 · 1 · 4〉 ③ 관제자격증명 취득자가 관제자격증명서를 잃어버렸거나 관제자격증명서가 헐거나 훼손되어 못 쓰게 된 때에는 별지 제24호의7서식의 관제자격증명서 재발급신청서에 다음 각 호의 서류를 첨부하여 한국교통안전공단에 제출해야 한다.〈개정 19 · 1 · 4, 23 · 1 · 18〉 1. 관제자격증명서(헐거나 훼손되어 못쓰게 된 경우만 제출한다) 2. 분실사유서(분실한 경우만 제출한다) 3. 증명사진(3.5센티미터×4.5센티미터) ④ 제3항에 따라 관제자격증명서 재발급 신청을 받은 한국교통안전공단은 별지 제24호의8서식의 철도교통 관제자격증명서를 재발급하여야 한다.〈개정 19 · 1 · 4〉 ⑤ 한국교통안전공단은 제2항 및 제4항에 따라 관제자격증명서를 발급하거나 재발급한 때에는 별지 제24호의9서식의 관제자격증명서 관리대장에 이를 기록 · 관리하여야 한다. 다만, 관제자격증명서의 발급이나 재발급 사실을 영 제63조제1항제7호에 따라 관리하는 정보체계에 따라 관리하는 경우에는 별지 제24호의9서식의 관제자격증명서 관리대장에 이를 기록 · 관리하지 아니할 수 있다.〈개정 19 · 1 · 4〉 [본조신설 17 · 7 · 25] 제38조의13(관제자격증명서 기록사항 변경) 관제

법	시 행 령	시 행 규 칙
제21조의9(관제자격증명서의 발급 및 관제자격증명의 갱신 등) 관제자격증명서의 발급 및 관제자격증명의 갱신 등에 관하여는 제18조 및 제19조를 준용한다. 이 경우 "운전면허시험"은 "관제자격증명시험"으로, "운전면허"는 "관제자격증명"으로, "운전면허증"은 "관제자격증명서"로, "철도차량의 운전업무"는 "관제업무"로 본다. [본조신설 15·7·24]		자격증명서의 기록사항 변경에 관하여는 제30조를 준용한다. 이 경우 "운전면허 취득자"는 "관제자격증명 취득자"로, "철도차량 운전면허증"은 "관제자격증명서"로, "별지 제19호서식의 철도차량 운전면허증 관리대장"은 "별지 제24호의9서식의 관제자격증명서 관리대장"으로 본다. [본조신설 17·7·25] 제38조의14(관제자격증명의 갱신절차) ① 법 제21조의9에 따라 관제자격증명을 갱신하려는 사람은 관제자격증명의 유효기간 만료일 전 6개월 이내에 별지 제24호의10서식의 관제자격증명 갱신신청서에 다음 각 호의 서류를 첨부하여 한국교통안전공단에 제출하여야 한다.〈개정 19·1·4〉 1. 관제자격증명서 2. 법 제21조의9에 따라 준용되는 법 제19조제3항 각 호에 해당함을 증명하는 서류 ② 제1항에 따라 갱신받은 관제자격증명의 유효기간은 종전 관제자격증명 유효기간의 만료일 다음 날부터 기산한다. [본조신설 17·7·25] 제38조의15(관제자격증명 갱신에 필요한 경력 등) ① 법 제21조의9에 따라 준용되는 법 제19조제3항제1호에서 "국토교통부령으로 정하는 관제업무에 종사한 경력"이란 관제자격증명의 유효기간 내에 6개월 이상 관제업무에

법	시 행 령	시 행 규 칙
제21조의10(관제자격증명서의 대여 등 금지) 누		종사한 경력을 말한다. ② 법 제21조의9에 따라 준용되는 법 제19조제3항제1호에서 "이와 같은 수준 이상의 경력"이란 다음 각 호의 어느 하나에 해당하는 업무에 2년 이상 종사한 경력을 말한다. 1. 관제교육훈련기관에서의 관제교육훈련업무 2. 철도운영자등에게 소속되어 관제업무종사자를 지도 · 교육 · 관리하거나 감독하는 업무 ③ 법 제21조의9에 따라 준용되는 법 제19조제3항제2호에서 "국토교통부령으로 정하는 교육훈련을 받은 경우"란 관제교육훈련기관이나 철도운영자등이 실시한 관제업무에 필요한 교육훈련을 관제자격증명 갱신신청일 전까지 40시간 이상 받은 경우를 말한다. ④ 제1항 및 제2항에 따른 경력의 인정, 제3항에 따른 교육훈련의 내용 등 관제자격증명 갱신에 필요한 세부사항은 국토교통부장관이 정하여 고시한다. 제38조의16(관제자격증명 갱신 안내 통지) 관제자격증명 갱신 안내 통지에 관하여는 제33조를 준용한다. 이 경우 "운전면허"는 "관제자격증명"으로, "별지 제21호서식의 철도차량 운전면허 갱신통지서"는 "별지 제24호의11서식의 관제자격증명 갱신통지서"로 본다. [본조신설 17 · 7 · 25]

법	시 행 령	시 행 규 칙
구든지 관제자격증명서를 다른 사람에게 빌려주거나 빌리거나 이를 알선하여서는 아니 된다. [전문개정 20·12·22] **제21조의11(관제자격증명의 취소·정지 등)** ① 국토교통부장관은 관제자격증명을 받은 사람이 다음 각 호의 어느 하나에 해당할 때에는 관제자격증명을 취소하거나 1년 이내의 기간을 정하여 관제자격증명의 효력을 정지시킬 수 있다. 다만, 제1호부터 제4호까지의 어느 하나에 해당할 때에는 관제자격증명을 취소하여야 한다.〈개정 20·12·22〉 1. 거짓이나 그 밖의 부정한 방법으로 관제자격증명을 취득하였을 때 2. 제21조의4에서 준용하는 제11조제2호부터 제4호까지의 어느 하나에 해당하게 되었을 때 3. 관제자격증명의 효력정지 기간 중에 관제업무를 수행하였을 때 4. 제21조의10을 위반하여 관제자격증명서를 다른 사람에게 빌려주었을 때 5. 관제업무 수행 중 고의 또는 중과실로 철도사고의 원인을 제공하였을 때 6. 제40조의2제2항을 위반하였을 때 7. 제41조제1항을 위반하여 술을 마시거나 약물을 사용한 상태에서 관제업무를 수행하였을 때 8. 제41조제2항을 위반하여 술을 마시거나 약		**제38조의17(관제자격증명의 취소 및 효력정지 처분의 통지 등)** 관제자격증명의 취소 및 효력정지 처분의 통지 등에 관하여는 제34조를 준용한다. 이 경우 "운전면허"는 "관제자격증명"으로, "별지 제22호서식의 철도차량 운전면허 취소·효력정지 처분 통지서"는 "별지 제24호의12서식의 관제자격증명 취소·효력정지 처분 통지서"로, "운전면허증"은 "관제자격증명서"로 본다. [본조신설 17·7·25] **제38조의18(관제자격증명의 취소 또는 효력정지 처분의 세부기준)** 법 제21조의11제1항에 따른 관제자격증명의 취소 또는 효력정지 처분의 세부기준은 별표 11의5와 같다. [본조신설 17·7·25] **제38조의19(관제자격증명의 유지·관리)** 한국교통안전공단은 관제자격증명 취득자의 관제자격증명의 발급·갱신·취소 등에 관한 사항을 별지 제24호의13서식의 관제자격증명서 발급대장에 기록하고 유지·관리하여야 한다.〈개정 19·1·4〉 [본조신설 17·7·25]

법	시 행 령	시 행 규 칙
물을 사용한 상태에서 관제업무를 하였다고 인정할 만한 상당한 이유가 있음에도 불구하고 국토교통부장관 또는 시·도지사의 확인 또는 검사를 거부하였을 때 ② 제1항에 따른 관제자격증명의 취소 또는 효력정지의 기준 및 절차 등에 관하여는 제20조제2항부터 제6항까지를 준용한다. 이 경우 "운전면허"는 "관제자격증명"으로, "운전면허증"은 "관제자격증명서"로 본다. [본조신설 15·7·24]		
제22조(관제업무 실무수습) 관제업무에 종사하려는 사람은 국토교통부령으로 정하는 바에 따라 실무수습을 이수하여야 한다. [전문개정 15·7·24]		**제39조(관제업무 실무수습)** ① 법 제22조에 따라 관제업무에 종사하려는 사람은 다음 각 호의 관제업무 실무수습을 모두 이수하여야 한다. 1. 관제업무를 수행할 구간의 철도차량 운행의 통제·조정 등에 관한 관제업무 실무수습 2. 관제업무 수행에 필요한 기기 취급방법 및 비상 시 조치방법 등에 대한 관제업무 실무수습 ② 철도운영자등은 제1항에 따른 관제업무 실무수습의 항목 및 교육시간 등에 관한 실무수습 계획을 수립하여 시행하여야 한다. 이 경우 총 실무수습 시간은 100시간 이상으로 하여야 한다. ③ 제2항에도 불구하고 관제업무 실무수습을 이수한 사람으로서 관제업무를 수행할 구간 또는 관제업무 수행에 필요한 기기의 변경으로 인하여 다시 관제업무 실무수습을 이수하

법	시 행 령	시 행 규 칙
제22조의2(무자격자의 관제업무 금지 등) 철도운영자등은 관제자격증명을 받지 아니하거나(제21조의11에 따라 관제자격증명이 취소되거나 그 효력이 정지된 경우를 포함한다) 제22조에 따른 실무수습을 이수하지 아니한 사람		여야 하는 사람에 대해서는 별도의 실무수습 계획을 수립하여 시행할 수 있다. ④ 제1항에 따른 관제업무 실무수습의 방법·평가 등에 관하여 필요한 세부사항은 국토교통부장관이 정하여 고시한다. [전문개정 17·7·25] 제39조의2(관제업무 실무수습의 관리 등) ① 철도운영자등은 제39조제2항 및 제3항에 따른 실무수습 계획을 수립한 경우에는 그 내용을 한국교통안전공단에 통보하여야 한다.〈개정 19·1·4〉 ② 철도운영자등은 관제업무에 종사하려는 사람이 제39조제1항에 따른 관제업무 실무수습을 이수한 경우에는 별지 제25호서식의 관제업무종사자 실무수습 관리대장에 실무수습을 받은 구간 등을 기록하고 그 내용을 한국교통안전공단에 통보하여야 한다.〈개정 19·1·4〉 ③ 철도운영자등은 관제업무에 종사하려는 사람이 제39조제1항에 따라 관제업무 실무수습을 받은 구간 외의 다른 구간에서 관제업무를 수행하게 하여서는 아니 된다. [본조신설 17·7·25]

법	시 행 령	시 행 규 칙
을 관제업무에 종사하게 하여서는 아니 된다. [본조신설 15 · 7 · 24]		
제23조(운전업무종사자 등의 관리) ① 철도차량 운전 · 관제업무 등 대통령령으로 정하는 업무에 종사하는 철도종사자는 정기적으로 신체검사와 적성검사를 받아야 한다. ② 제1항에 따른 신체검사 · 적성검사의 시기, 방법 및 합격기준 등에 관하여 필요한 사항은 국토교통부령으로 정한다. 〈개정 13 · 3 · 23〉 ③ 철도운영자등은 제1항에 따른 업무에 종사하는 철도종사자가 같은 항에 따른 신체검사 · 적성검사에 불합격하였을 때에는 그 업무에 종사하게 하여서는 아니 된다. ④ 제1항에 따른 업무에 종사하는 철도종사자로서 적성검사에 불합격한 사람 또는 적성검사 과정에서 부정행위를 한 사람은 제15조제2항 각 호의 구분에 따른 기간 동안 적성검사를 받을 수 없다.〈신설 20 · 6 · 9〉 ⑤ 철도운영자등은 제1항에 따른 신체검사와 적성검사를 제13조에 따른 신체검사 실시 의료기관 및 운전적성검사기관 · 관제적성검사기관에 각각 위탁할 수 있다. 〈개정 20 · 6 · 9〉 [전문개정 12 · 6 · 1]	제21조(신체검사 등을 받아야 하는 철도종사자) 법 제23조제1항에서 "대통령령으로 정하는 업무에 종사하는 철도종사자"란 다음 각 호의 어느 하나에 해당하는 철도종사자를 말한다. 1. 운전업무종사자 2. 관제업무종사자 3. 정거장에서 철도신호기 · 선로전환기 및 조작판 등을 취급하는 업무를 수행하는 사람 [전문개정 12 · 11 · 30]	제40조(운전업무종사자 등에 대한 신체검사) ① 법 제23조제1항에 따른 철도종사자에 대한 신체검사는 다음 각 호와 같이 구분하여 실시한다. 1. 최초검사: 해당 업무를 수행하기 전에 실시하는 신체검사 2. 정기검사: 최초검사를 받은 후 2년마다 실시하는 신체검사 3. 특별검사: 철도종사자가 철도사고등을 일으키거나 질병 등의 사유로 해당 업무를 적절히 수행하기가 어렵다고 철도운영자등이 인정하는 경우에 실시하는 신체검사 ② 영 제21조제1호 또는 제2호에 따른 운전업무종사자 또는 관제업무종사자는 법 제12조 또는 법 제21조의5에 따른 운전면허의 신체검사 또는 관제자격증명의 신체검사를 받은 날에 제1항제1호에 따른 최초검사를 받은 것으로 본다. 다만, 해당 신체검사를 받은 날부터 2년 이상이 지난 후에 운전업무나 관제업무에 종사하는 사람은 제1항제1호에 따른 최초검사를 받아야 한다.〈개정 17 · 7 · 25〉 ③ 정기검사는 최초검사나 정기검사를 받은 날부터 2년이 되는 날(이하 "신체검사 유효기간 만료일"이라 한다) 전 3개월 이내에 실시한다. 이 경우 정기검사의 유효기간은 신체검

법	시 행 령	시 행 규 칙
		사 유효기간 만료일의 다음날부터 기산한다. ④ 제1항에 따른 신체검사의 방법 및 절차 등에 관하여는 제12조를 준용하며, 그 합격기준은 별표 2 제2호와 같다. [전문개정 12·12·10] **제41조(운전업무종사자 등에 대한 적성검사)** ① 법 제23조제1항에 따른 철도종사자에 대한 적성검사는 다음 각 호와 같이 구분하여 실시한다.〈개정 19·1·4〉 1. 최초검사: 해당 업무를 수행하기 전에 실시하는 적성검사 2. 정기검사: 최초검사를 받은 후 10년(50세 이상인 경우에는 5년)마다 실시하는 적성검사 3. 특별검사: 철도종사자가 철도사고등을 일으키거나 질병 등의 사유로 해당 업무를 적절히 수행하기 어렵다고 철도운영자등이 인정하는 경우에 실시하는 적성검사 ② 영 제21조제1호 또는 제2호에 따른 운전업무종사자 또는 관제업무종사자는 운전적성검사 또는 관제적성검사를 받은 날에 제1항제1호에 따른 최초검사를 받은 것으로 본다. 다만, 해당 "운전적성검사 또는 관제적성검사를 받은 날부터 10년(50세 이상인 경우에는 5년) 이상이 지난 후에 운전업무나 관제업무에 종사하는 사람은 제1항제1호에 따른 최초검사를 받아야 한다.〈개정 17·7·25, 19·1·4〉

법	시행령	시행규칙
제24조(철도종사자에 대한 안전 및 직무교육〈개정 20·4·7〉) ① 철도운영자등 또는 철도운영자등과의 계약에 따라 철도운영이나 철도시설 등의 업무에 종사하는 사업주(이하 이 조에서 "사업주"라 한다)는 자신이 고용하고 있는 철도종사자에 대하여 정기적으로 철도안전에 관한 교육을 실시하여야 한다.〈개정 20·6·9〉 ② 철도운영자등은 자신이 고용하고 있는 철도종사자가 적정한 직무수행을 할 수 있도록 정기적으로 직무교육을 실시하여야 한다.〈개정 20·4·7〉 ③ 철도운영자등은 제1항에 따른 사업주의 안전교육 실시 여부를 확인하여야 하고, 확인 결과 사업주가 안전교육을 실시하지 아니한 경우 안전교육을 실시하도록 조치하여야 한다.		③ 정기검사는 최초검사나 정기검사를 받은 날부터 10년(50세 이상인 경우에는 5년)이 되는 날(이하 "적성검사 유효기간 만료일"이라 한다) 전 12개월 이내에 실시한다. 이 경우 정기검사의 유효기간은 적성검사 유효기간 만료일의 다음날부터 기산한다.〈개정 16·8·10, 19·1·4〉 ④ 제1항에 따른 적성검사의 방법·절차 등에 관하여는 제16조를 준용하며, 그 합격기준은 별표 13과 같다. [전문개정 12·12·10] 제41조의2(철도종사자의 안전교육 대상 등) ① 법 제24조제1항에 따라 철도운영자등 및 철도운영자등과 계약에 따라 철도운영이나 철도시설 등의 업무에 종사하는 사업주(이하 이 조에서 "사업주"라 한다)가 철도안전에 관한 교육(이하 "철도안전교육"이라 한다)을 실시하여야 하는 대상은 다음 각 호와 같다.〈개정 20·10·7〉 1. 법 제2조제10호가목부터 라목까지에 해당하는 사람 2. 영 제3조제2호부터 제5호까지 및 같은 조 제7호에 해당하는 사람 ② 철도운영자등 및 사업주는 철도안전교육을 강의 및 실습의 방법으로 매 분기마다 6시간 이상 실시하여야 한다. 다만, 다른 법령에 따라

법	시 행 령	시 행 규 칙
〈신설 20·6·9〉 ④ 제1항 및 제2항에 따라 철도운영자등 및 사업주가 실시하여야 하는 교육의 대상, 내용 및 그 밖에 필요한 사항은 국토교통부령으로 정한다.〈신설 20·4·7, 20·6·9〉 [본조신설 17·10·24]		시행하는 교육에서 제3항에 따른 내용의 교육을 받은 경우 그 교육시간은 철도안전교육을 받은 것으로 본다.〈개정 20·10·7〉 ③ 철도안전교육의 내용은 별표 13의2와 같다. ④ 철도운영자등 및 사업주는 철도안전교육을 법 제69조에 따른 안전전문기관 등 안전에 관한 업무를 수행하는 전문기관에 위탁하여 실시할 수 있다.〈개정 20·10·7〉 ⑤ 제1항부터 제4항까지에서 규정한 사항 외에 철도안전교육의 평가방법 등에 필요한 세부사항은 국토교통부장관이 정하여 고시한다. [본조신설 18·11·9] 제41조의3(철도종사자의 직무교육 등) ① 다음 각 호의 어느 하나에 해당하는 사람(철도운영자등이 철도직무교육 담당자로 지정한 사람은 제외한다)은 법 제24조제2항에 따라 철도운영자등이 실시하는 직무교육(이하 "철도직무교육"이라 한다)을 받아야 한다. 1. 법 제2조제10호가목부터 다목까지에 해당하는 사람 2. 영 제3조제4호부터 제5호까지 및 같은 조 제7호에 해당하는 사람 ② 철도직무교육의 내용·시간·방법 등은 별표 13의3과 같다. [전문개정 20·10·7]
제24조의2(철도차량정비기술자의 인정 등) ①	제21조의2(철도차량정비기술자의 인정 기준) 법	제42조(철도차량정비기술자의 인정 신청) 법 제

법	시 행 령	시 행 규 칙
철도차량정비기술자로 인정을 받으려는 사람은 국토교통부장관에게 자격 인정을 신청하여야 한다. ② 국토교통부장관은 제1항에 따른 신청인이 대통령령으로 정하는 자격, 경력 및 학력 등 철도차량정비기술자의 인정 기준에 해당하는 경우에는 철도차량정비기술자로 인정하여야 한다. ③ 국토교통부장관은 제1항에 따른 신청인을 철도차량정비기술자로 인정하면 철도차량정비기술자로서의 등급 및 경력 등에 관한 증명서(이하 "철도차량정비경력증"이라 한다)를 그 철도차량정비기술자에게 발급하여야 한다. ④ 제1항부터 제3항까지의 규정에 따른 인정의 신청, 철도차량정비경력증의 발급 및 관리 등에 필요한 사항은 국토교통부령으로 정한다. [본조신설 18 · 6 · 12]	제24조의2제2항에 따른 철도차량정비기술자의 인정 기준은 별표 1의2와 같다. [본조신설 19 · 6 · 4]	24조의2제1항에 따라 철도차량정비기술자로 인정(등급변경 인정을 포함한다)을 받으려는 사람은 별지 제25호의2서식의 철도차량정비기술자 인정 신청서에 다음 각 호의 서류를 첨부하여 한국교통안전공단에 제출해야 한다. 1. 별지 제25호의3서식의 철도차량정비업무 경력확인서 2. 국가기술자격증 사본(영 별표 1의2에 따른 자격별 경력점수에 포함되는 국가기술자격의 종목에 한정한다) 3. 졸업증명서 또는 학위취득서(해당하는 사람에 한정한다) 4. 사진 5. 철도차량정비경력증(등급변경 인정 신청의 경우에 한정한다) 6. 정비교육훈련 수료증(등급변경 인정 신청의 경우에 한정한다) [본조신설 19 · 6 · 18] 제42조의2(철도차량정비경력증의 발급 및 관리) ① 한국교통안전공단은 제42조에 따라 철도차량정비기술자의 인정(등급변경 인정을 포함한다) 신청을 받으면 영 제21조의2에 따른 철도차량정비기술자 인정 기준에 적합한지를 확인한 후 별지 제25호의4서식의 철도차량정비경력증을 신청인에게 발급해야 한다. ② 한국교통안전공단은 제42조에 따라 철도차

법	시 행 령	시 행 규 칙
		량정비기술자의 인정 또는 등급변경을 신청한 사람이 영 제21조의2에 따른 철도차량정비기술자 인정 기준에 부적합하다고 인정한 경우에는 그 사유를 신청인에게 서면으로 통지해야 한다. ③ 철도차량정비경력증의 재발급을 받으려는 사람은 별지 제25호의5서식의 철도차량정비경력증 재발급 신청서에 사진을 첨부하여 한국교통안전공단에 제출해야 한다. ④ 한국교통안전공단은 제3항에 따른 철도차량정비경력증 재발급 신청을 받은 경우 특별한 사유가 없으면 신청인에게 철도차량정비경력증을 재발급해야 한다. ⑤ 한국교통안전공단은 제1항 또는 제4항에 따라 철도차량정비경력증을 발급 또는 재발급 하였을 때에는 별지 제25호의6서식의 철도차량정비경력증 발급대장에 발급 또는 재발급에 관한 사실을 기록·관리해야 한다. 다만, 철도차량정비경력증의 발급이나 재발급 사실을 영 제63조제1항제7호에 따른 정보체계로 관리하는 경우에는 따로 기록·관리하지 않아도 된다. ⑥ 한국교통안전공단은 철도차량정비경력증의 발급(재발급을 포함한다) 및 취소 현황을 매 반기의 말일을 기준으로 다음 달 15일까지 별지 제25호의7서식에 따라 국토교통부장관에게 제출해야 한다. [본조신설 19·6·18]

법	시행령	시행규칙
제24조의3(철도차량정비기술자의 명의 대여금지 등) ① 철도차량정비기술자는 자기의 성명을 사용하여 다른 사람에게 철도차량정비 업무를 수행하게 하거나 철도차량정비경력증을 빌려 주어서는 아니 된다. ② 누구든지 다른 사람의 성명을 사용하여 철도차량정비 업무를 수행하거나 다른 사람의 철도차량정비경력증을 빌려서는 아니 된다. ③ 누구든지 제1항이나 제2항에서 금지된 행위를 알선해서는 아니 된다. [본조신설 18 · 6 · 12]		
제24조의4(철도차량정비기술교육훈련) ① 철도차량정비기술자는 업무 수행에 필요한 소양과 지식을 습득하기 위하여 대통령령으로 정하는 바에 따라 국토교통부장관이 실시하는 교육 · 훈련(이하 "정비교육훈련"이라 한다)을 받아야 한다.	제21조의3(정비교육훈련 실시기준) ① 법 제24조의4제1항에 따른 정비교육훈련(이하 "정비교육훈련"이라 한다)의 실시기준은 다음 각 호와 같다. 1. 교육내용 및 교육방법: 철도차량정비에 관한 법령, 기술기준 및 정비기술 등 실무에 관한 이론 및 실습 교육 2. 교육시간: 철도차량정비업무의 수행기간 5년마다 35시간 이상 ② 제1항에서 정한 사항 외에 정비교육훈련에 필요한 구체적인 사항은 국토교통부령으로 정한다. [본조신설 19 · 6 · 4]	제42조의3(정비교육훈련의 기준 등) ① 영 제21조의3제1항에 따른 정비교육훈련의 실시시기 및 시간 등은 별표 13의4와 같다.〈개정 21 · 6 · 23〉 ② 철도차량정비기술자가 철도차량정비기술자의 상위 등급으로 등급변경의 인정을 받으려는 경우 제1항에 따른 정비교육훈련을 받아야 한다. [본조신설 19 · 6 · 18]
② 국토교통부장관은 철도차량정비기술자를 육성하기 위하여 철도차량정비 기술에 관한 전문	제21조의4(정비교육훈련기관 지정기준 및 절차) ① 법 제24조의4제2항에 따른 정비교육훈련기	제42조의4(정비교육훈련기관의 세부 지정기준 등) ① 영 제21조의4제1항에 따른 정비교육훈련기

법	시행령	시행규칙
교육훈련기관(이하 "정비교육훈련기관"이라 한다)을 지정하여 정비교육훈련을 실시하게 할 수 있다. ③ 정비교육훈련기관의 지정기준 및 절차 등에 필요한 사항은 대통령령으로 정한다.	관(이하 "정비교육훈련기관"이라 한다)의 지정기준은 다음 각 호와 같다. 1. 정비교육훈련 업무 수행에 필요한 상설 전담조직을 갖출 것 2. 정비교육훈련 업무를 수행할 수 있는 전문인력을 확보할 것 3. 정비교육훈련에 필요한 사무실, 교육장 및 교육 장비를 갖출 것 4. 정비교육훈련기관의 운영 등에 관한 업무규정을 갖출 것 ② 정비교육훈련기관으로 지정을 받으려는 자는 제1항에 따른 지정기준을 갖추어 국토교통부장관에게 정비교육훈련기관 지정 신청을 해야 한다. ③ 국토교통부장관은 제2항에 따라 정비교육훈련기관 지정 신청을 받으면 제1항에 따른 지정기준을 갖추었는지 여부 및 철도차량정비기술자의 수급 상황 등을 종합적으로 심사한 후 그 지정 여부를 결정해야 한다. ④ 국토교통부장관은 정비교육훈련기관을 지정한 때에는 다음 각 호의 사항을 관보에 고시해야 한다. 1. 정비교육훈련기관의 명칭 및 소재지 2. 대표자의 성명 3. 그 밖에 정비교육훈련에 중요한 영향을 미친다고 국토교통부장관이 인정하는 사항	관(이하 "정비교육훈련기관"이라 한다)의 세부 지정기준은 별표 13의5와 같다.〈개정 21·6·23〉 ② 국토교통부장관은 정비교육훈련기관이 제1항에 따른 정비교육훈련기관의 지정기준에 적합한지의 여부를 2년마다 심사해야 한다. ③ 정비교육훈련기관의 변경사항 통지에 관하여는 제22조제3항을 준용한다. 이 경우 "운전교육훈련기관"은 "정비교육훈련기관"으로 본다. [본조신설 19·6·18] **제42조의5(정비교육훈련기관의 지정의 신청 등)** ① 영 제21조의4제2항에 따라 정비교육훈련기관으로 지정을 받으려는 자는 별지 제25호의8서식의 정비교육훈련기관 지정신청서에 다음 각 호의 서류를 첨부하여 국토교통부장관에게 제출해야 한다. 이 경우 국토교통부장관은 「전자정부법」 제36조제1항에 따른 행정정보의 공동이용을 통하여 법인 등기사항증명서(신청인이 법인이 경우에만 해당한다)를 확인해야 한다. 1. 정비교육훈련계획서(정비교육훈련평가계획을 포함한다) 2. 정비교육훈련기관 운영규정 3. 정관이나 이에 준하는 약정(법인 및 단체에 한정한다) 4. 정비교육훈련을 담당하는 강사의 자격·학력·경력 등을 증명할 수 있는 서류 및 담당업무

법	시행령	시행규칙
	⑤ 제1항부터 제4항까지에서 규정한 사항 외에 정비교육훈련기관의 지정기준 및 절차 등에 관한 세부적인 사항은 국토교통부령으로 정한다. [본조신설 19 · 6 · 4]	5. 정비교육훈련에 필요한 강의실 등 시설 내역서 6. 정비교육훈련에 필요한 실습 시행 방법 및 절차 7. 정비교육훈련기관에서 사용하는 직인의 인영(印影: 도장 찍은 모양) ② 국토교통부장관은 영 제21조의4제4항에 따라 정비교육훈련기관으로 지정한 때에는 별지 제25호의9서식의 정비교육훈련기관 지정서를 신청인에게 발급해야 한다. [본조신설 19 · 6 · 18]
④ 정비교육훈련기관은 정당한 사유 없이 정비교육훈련 업무를 거부하여서는 아니 되고, 거짓이나 그 밖의 부정한 방법으로 정비교육훈련 수료증을 발급하여서는 아니 된다.	**제21조의5(정비교육훈련기관의 변경사항 통지 등)** ① 정비교육훈련기관은 제21조의4제4항 각 호의 사항이 변경된 때에는 그 사유가 발생한 날부터 15일 이내에 국토교통부장관에게 그 내용을 통지해야 한다. ② 국토교통부장관은 제1항에 따른 통지를 받은 때에는 그 내용을 관보에 고시해야 한다. [본조신설 19 · 6 · 4]	
⑤ 정비교육훈련기관의 지정취소 및 업무정지 등에 관하여는 제15조의2를 준용한다. 이 경우 "운전적성검사기관"은 "정비교육훈련기관"으로, "운전적성검사 업무"는 "정비교육훈련 업무"로, "제15조제5항"은 "제24조의4제3항"으로, "제15조제6항"은 "제24조의4제4항"으로, "운전적성검사 판정서"는 "정비교육훈련 수료증"으		**제42조의6(정비교육훈련기관의 지정취소 등)** ① 법 제24조의4제5항에서 준용하는 법 제15조의2에 따른 정비교육 훈련기관의 지정취소 및 업무정지의 기준은 별표 13의6과 같다.〈개정 21 · 6 · 23〉 ② 국토교통부장관은 정비교육훈련기관의 지정을 취소하거나 업무정지의 처분을 한 경우

법	시 행 령	시 행 규 칙
로 본다. [본조신설 18·6·12] 제24조의5(철도차량정비기술자의 인정취소 등) ① 국토교통부장관은 철도차량정비기술자가 다음 각 호의 어느 하나에 해당하는 경우 그 인정을 취소하여야 한다. 1. 거짓이나 그 밖의 부정한 방법으로 철도차량정비기술자로 인정받은 경우 2. 제24조의2제2항에 따른 자격기준에 해당하지 아니하게 된 경우 3. 철도차량정비 업무 수행 중 고의로 철도사고의 원인을 제공한 경우 ② 국토교통부장관은 철도차량정비기술자가 다음 각 호의 어느 하나에 해당하는 경우 1년의 범위에서 철도차량정비기술자의 인정을 정지시킬 수 있다. 1. 다른 사람에게 철도차량정비경력증을 빌려준 경우 2. 철도차량정비 업무 수행 중 중과실로 철도사고의 원인을 제공한 경우 [본조신설 18·6·12] **제4장 철도시설 및 철도차량의 안전관리** 제25조 삭제 〈18·3·13〉		에는 지체 없이 그 정비교육훈련기관에 별지 제11호의3서식의 지정기관 행정처분서를 통지하고 그 사실을 관보에 고시해야 한다. [본조신설 19·6·18]

법	시 행 령	시 행 규 칙
제25조의2(승하차용 출입문 설비의 설치) 철도시설관리자는 선로로부터의 수직거리가 국토교통부령으로 정하는 기준 이상인 승강장에 열차의 출입문과 연동되어 열리고 닫히는 승하차용 출입문 설비를 설치하여야 한다. 다만, 여러 종류의 철도차량이 함께 사용하는 승강장 등 국토교통부령으로 정하는 승강장의 경우에는 그러하지 아니하다. [본조신설 18 · 8 · 14]		**제43조(승하차용 출입문 설비의 설치)** ① 법 제25조의2 본문에서 "국토교통부령으로 정하는 기준"이란 1,135밀리미터를 말한다. ② 법 제25조의2 단서에서 "여러 종류의 철도차량이 함께 사용하는 승강장 등 국토교통부령으로 정하는 승강장"이란 다음 각 호의 어느 하나에 해당하는 승강장으로서 제44조에 따른 철도기술심의위원회에서 승강장에 열차의 출입문과 연동되어 열리고 닫히는 승하차용 출입문 설비(이하 "승강장안전문"이라 한다)를 설치하지 않아도 된다고 심의 · 의결한 승강장을 말한다. 1. 여러 종류의 철도차량이 함께 사용하는 승강장으로서 열차 출입문의 위치가 서로 달라 승강장안전문을 설치하기 곤란한 경우 2. 열차가 정차하지 않는 선로 쪽 승강장으로서 승객의 선로 추락 방지를 위해 안전난간 등의 안전시설을 설치한 경우 3. 여객의 승하차 인원, 열차의 운행 횟수 등을 고려하였을 때 승강장안전문을 설치할 필요가 없다고 인정되는 경우 [본조신설 19 · 2 · 21] **제44조(철도기술심의위원회의 설치)** 국토교통부장관은 다음 각 호의 사항을 심의하게 하기 위하여 철도기술심의위원회(이하 "기술위원회"라 한다)를 설치한다. 〈개정 13 · 3 · 23, 14 ·

법	시행령	시행규칙
제26조(철도차량 형식승인) ① 국내에서 운행하는 철도차량을 제작하거나 수입하려는 자는		3·19, 17·1·20, 19·3·20〉 1. 법 제7조제5항·제26조제3항·제26조의3제2항·제27조제2항 및 제27조의2제2항에 따른 기술기준의 제정·개정 또는 폐지 2. 법 제27조제1항에 따른 형식승인 대상 철도용품의 선정·변경 및 취소 3. 법 제34조제1항에 따른 철도차량·철도용품 표준규격의 제정·개정 또는 폐지 4. 영 제63조제4항에 따른 철도안전에 관한 전문기관이나 단체의 지정 5. 그 밖에 국토교통부장관이 필요로 하는 사항 [전문개정 12·12·10] **제45조(철도기술심의위원회의 구성·운영 등)** ① 기술위원회는 위원장을 포함한 15인 이내의 위원으로 구성하며 위원장은 위원중에서 호선한다. ②기술위원회에 상정할 안건을 미리 검토하고 기술위원회가 위임한 안건을 심의하기 위하여 기술위원회에 기술분과별 전문위원회(이하 "전문위원회"라 한다)를 둘 수 있다. ③이 규칙에서 정한 것 외에 기술위원회 및 전문위원회의 구성·운영 등에 관하여 필요한 사항은 국토교통부장관이 정한다. 〈개정 08·3·14, 13·3·23〉 **제46조(철도차량 형식승인 신청 절차 등)** ① 법 제26조제1항에 따라 철도차량 형식승인을 받

법	시 행 령	시 행 규 칙
국토교통부령으로 정하는 바에 따라 해당 철도차량의 설계에 관하여 국토교통부장관의 형식승인을 받아야 한다. 〈개정 13 · 3 · 23〉		으려는 자는 별지 제26호서식의 철도차량 형식승인신청서에 다음 각 호의 서류를 첨부하여 국토교통부장관에게 제출하여야 한다. 1. 법 제26조제3항에 따른 철도차량의 기술기준(이하 "철도차량기술기준"이라 한다)에 대한 적합성 입증계획서 및 입증자료 2. 철도차량의 설계도면, 설계 명세서 및 설명서(적합성 입증을 위하여 필요한 부분에 한정한다) 3. 법 제26조제4항에 따른 형식승인검사의 면제 대상에 해당하는 경우 그 입증서류 4. 제48조제1항제3호에 따른 차량형식 시험 절차서 5. 그 밖에 철도차량기술기준에 적합함을 입증하기 위하여 국토교통부장관이 필요하다고 인정하여 고시하는 서류 ② 법 제26조제2항 본문에 따라 철도차량 형식승인을 받은 사항을 변경하려는 경우에는 별지 제26호의2서식의 철도차량 형식변경승인신청서에 다음 각 호의 서류를 첨부하여 국토교통부장관에게 제출하여야 한다. 1. 해당 철도차량의 철도차량 형식승인증명서 2. 제1항 각 호의 서류(변경되는 부분 및 그와 연관되는 부분에 한정한다) 3. 변경 전후의 대비표 및 해설서 ③ 국토교통부장관은 제1항 및 제2항에 따라

법	시 행 령	시 행 규 칙
② 제1항에 따라 형식승인을 받은 자가 승인받은 사항을 변경하려는 경우에는 국토교통부장관의 변경승인을 받아야 한다. 다만, 국토교통부령으로 정하는 경미한 사항을 변경하려는 경우에는 국토교통부장관에게 신고하여야 한다. 〈개정 13·3·23〉		철도차량 형식승인 또는 변경승인 신청을 받은 경우에 15일 이내에 승인 또는 변경승인에 필요한 검사 등의 계획서를 작성하여 신청인에게 통보하여야 한다. [전문개정 14·3·19] **제47조(철도차량 형식승인의 경미한 사항 변경)** ① 법 제26조제2항 단서에서 "국토교통부령으로 정하는 경미한 사항을 변경하려는 경우"란 다음 각 호의 어느 하나에 해당하는 변경을 말한다. 1. 철도차량의 구조안전 및 성능에 영향을 미치지 아니하는 차체 형상의 변경 2. 철도차량의 안전에 영향을 미치지 아니하는 설비의 변경 3. 중량분포에 영향을 미치지 아니하는 장치 또는 부품의 배치 변경 4. 동일 성능으로 입증할 수 있는 부품의 규격 변경 5. 그 밖에 철도차량의 안전 및 성능에 영향을 미치지 아니한다고 국토교통부장관이 인정하는 사항의 변경 ② 법 제26조제2항 단서에 따라 경미한 사항을 변경하려는 경우에는 별지 제27호서식의 철도차량 형식변경신고서에 다음 각 호의 서류를 첨부하여 국토교통부장관에게 제출하여야 한다.

법	시 행 령	시 행 규 칙
③ 국토교통부장관은 제1항에 따른 형식승인 또는 제2항 본문에 따른 변경승인을 하는 경우에는 해당 철도차량이 국토교통부장관이 정하여 고시하는 철도차량의 기술기준에 적합한지에 대하여 형식승인검사를 하여야 한다. 〈개정 13·3·23〉		1. 해당 철도차량의 철도차량 형식승인증명서 2. 제1항 각 호에 해당함을 증명하는 서류 3. 변경 전후의 대비표 및 해설서 4. 변경 후의 주요 제원 5. 철도차량기술기준에 대한 적합성 입증자료(변경되는 부분 및 그와 연관되는 부분에 한정한다) ③ 국토교통부장관은 제2항에 따라 신고를 받은 때에는 제2항 각 호의 첨부서류를 확인한 후 별지 제27호의2서식의 철도차량 형식변경 신고확인서를 발급하여야 한다. [전문개정 14·3·19] **제48조(철도차량 형식승인검사의 방법 및 증명서 발급 등)** ① 법 제26조제3항에 따른 철도차량 형식승인검사는 다음 각 호의 구분에 따라 실시한다. 1. 설계적합성 검사: 철도차량의 설계가 철도차량기술기준에 적합한지 여부에 대한 검사 2. 합치성 검사: 철도차량이 부품단계, 구성품단계, 완성차단계에서 제1호에 따른 설계와 합치하게 제작되었는지 여부에 대한 검사 3. 차량형식 시험: 철도차량이 부품단계, 구성품단계, 완성차단계, 시운전단계에서 철도차량기술기준에 적합한지 여부에 대한 시험 ② 국토교통부장관은 제1항에 따른 검사 결과 철도차량기술기준에 적합하다고 인정하는 경

법	시 행 령	시 행 규 칙
		우에는 별지 제28호서식의 철도차량 형식승인증명서 또는 별지 제28호의2서식의 철도차량 형식변경승인증명서에 형식승인자료집을 첨부하여 신청인에게 발급하여야 한다. ③ 제2항에 따라 철도차량 형식승인증명서 또는 철도차량 형식변경승인증명서를 발급받은 자가 해당 증명서를 잃어버렸거나 헐어 못쓰게 되어 재발급을 받으려는 경우에는 별지 제29호서식의 철도차량 형식승인증명서 재발급 신청서에 헐어 못쓰게 된 증명서(헐어 못쓰게 된 경우만 해당한다)를 첨부하여 국토교통부장관에게 제출하여야 한다. ④ 제1항에 따른 철도차량 형식승인검사에 관한 세부적인 기준·절차 및 방법은 국토교통부장관이 정하여 고시한다. [본조신설 14·3·19]
④ 국토교통부장관은 제3항에도 불구하고 다음 각 호의 어느 하나에 해당하는 경우에는 형식승인검사의 전부 또는 일부를 면제할 수 있다. 〈개정 13·3·23〉 1. 시험·연구·개발 목적으로 제작 또는 수입되는 철도차량으로서 대통령령으로 정하는 철도차량에 해당하는 경우 2. 수출 목적으로 제작 또는 수입되는 철도차량으로서 대통령령으로 정하는 철도차량에 해당하는 경우	**제22조(형식승인검사를 면제할 수 있는 철도차량 등)** ① 법 제26조제4항제1호에서 "대통령령으로 정하는 철도차량"이란 여객 및 화물 운송에 사용되지 아니하는 철도차량을 말한다. ② 법 제26조제4항제2호에서 "대통령령으로 정하는 철도차량"이란 국내에서 철도운영에 사용되지 아니하는 철도차량을 말한다. ③ 법 제26조제4항에 따라 철도차량별로 형식승인검사를 면제할 수 있는 범위는 다음 각 호의 구분과 같다.〈개정 16·1·22〉	**제49조(철도차량 형식승인검사의 면제 절차 등)** ① 영 제22조제3항제3호에서 "국토교통부령으로 정하는 검사"란 제48조제1항제1호에 따른 설계적합성 검사, 같은 항 제2호에 따른 합치성 검사 및 같은 항 제3호에 따른 차량형식 시험(시운전단계에서의 시험은 제외한다)을 말한다.〈개정 16·8·10〉 ② 국토교통부장관은 제46조제1항제3호에 따른 서류의 검토 결과 해당 철도차량이 형식승인검사의 면제 대상에 해당된다고 인정하는

법	시 행 령	시 행 규 칙
3. 대한민국이 체결한 협정 또는 대한민국이 가입한 협약에 따라 형식승인검사가 면제되는 철도차량의 경우 4. 그 밖에 철도시설의 유지·보수 또는 철도차량의 사고복구 등 특수한 목적을 위하여 제작 또는 수입되는 철도차량으로서 국토교통부장관이 정하여 고시하는 경우 ⑤ 누구든지 제1항에 따른 형식승인을 받지 아니한 철도차량을 운행하여서는 아니 된다. ⑥ 제1항부터 제4항까지의 규정에 따른 승인절차, 승인방법, 신고절차, 검사절차, 검사방법 및 면제절차 등에 관하여 필요한 사항은 국토교통부령으로 정한다. 〈개정 13·3·23〉 [전문개정 12·12·18] **제26조의2(형식승인의 취소 등)** ① 국토교통부장관은 제26조에 따라 형식승인을 받은 자가 다음 각 호의 어느 하나에 해당하는 경우에는 그 형식승인을 취소할 수 있다. 다만, 제1호에 해당하는 경우에는 그 형식승인을 취소하여야 한다. 〈개정 13·3·23〉 1. 거짓이나 그 밖의 부정한 방법으로 형식승인을 받은 경우 2. 제26조제3항에 따른 기술기준에 중대하게	1. 법 제26조제4항제1호 및 제2호에 해당하는 철도차량: 형식승인검사의 전부 2. 법 제26조제4항제3호에 해당하는 철도차량: 대한민국이 체결한 협정 또는 대한민국이 가입한 협약에서 정한 면제의 범위 3. 법 제26조제4항제4호에 해당하는 철도차량: 형식승인검사 중 철도차량의 시운전단계에서 실시하는 검사를 제외한 검사로서 국토교통부령으로 정하는 검사 [전문개정 14·3·18]	경우에는 신청인에게 면제사실과 내용을 통보하여야 한다. [전문개정 14·3·19]

법	시 행 령	시 행 규 칙
위반되는 경우 3. 제2항에 따른 변경승인명령을 이행하지 아니한 경우 ② 국토교통부장관은 제26조제1항에 따른 형식승인이 같은 조 제3항에 따른 기술기준에 위반(이 조 제1항제2호에 해당하는 경우는 제외한다)된다고 인정하는 경우에는 그 형식승인을 받은 자에게 국토교통부령으로 정하는 바에 따라 변경승인을 받을 것을 명하여야 한다. 〈개정 13·3·23〉 ③ 제1항제1호에 해당되는 사유로 형식승인이 취소된 경우에는 그 취소된 날부터 2년간 동일한 형식의 철도차량에 대하여 새로 형식승인을 받을 수 없다. [본조신설 12·12·18]		**제50조(철도차량 형식 변경승인의 명령 등)** ① 국토교통부장관은 법 제26조의2제2항에 따라 변경승인을 받을 것을 명하려는 경우에는 그 사유를 명시하여 철도차량 형식승인을 받은 자에게 통보하여야 한다. ② 제1항에 따라 변경승인 명령을 받은 자는 명령을 통보받은 날부터 30일 이내에 법 제26조제2항 본문에 따라 철도차량 형식승인의 변경승인을 신청하여야 한다. [전문개정 14·3·19]
제26조의3(철도차량 제작자승인) ① 제26조에 따라 형식승인을 받은 철도차량을 제작(외국에서 대한민국에 수출할 목적으로 제작하는 경우를 포함한다)하려는 자는 국토교통부령으로 정하는 바에 따라 철도차량의 제작을 위한 인력, 설비, 장비, 기술 및 제작검사 등 철도차량의 적합한 제작을 위한 유기적 체계(이하 "철도차량 품질관리체계"라 한다)를 갖추고 있는지에 대하여 국토교통부장관의 제작자승인을 받아야 한다. 〈개정 13·3·23〉 ② 국토교통부장관은 제1항에 따른 제작자승	**제23조(철도차량 제작자승인 등을 면제할 수 있는 경우 등)** ① 법 제26조의3제3항에서 "대한민국이 체결한 협정 또는 대한민국이 가입한 협약에 따라 제작자승인이 면제되는 경우 등 대통령령으로 정하는 경우"란 다음 각 호의 어느 하나에 해당하는 경우를 말한다. 1. 대한민국이 체결한 협정 또는 대한민국이 가입한 협약에 따라 제작자승인이 면제되거나 제작자승인검사의 전부 또는 일부가 면제되는 경우 2. 철도시설의 유지·보수 또는 철도차량의	**제51조(철도차량 제작자승인의 신청 등)** ① 법 제26조의3제1항에 따라 철도차량 제작자승인을 받으려는 자는 별지 제30호서식의 철도차량 제작자승인신청서에 다음 각 호의 서류를 첨부하여 국토교통부장관에게 제출하여야 한다. 다만, 영 제23조제1항제1호에 따라 제작자승인이 면제되는 경우에는 제4호의 서류만 첨부한다. 1. 법 제26조의3제2항에 따른 철도차량의 제작관리 및 품질유지에 필요한 기술기준(이하 "철도차량제작자승인기준"이라 한다)에

법	시 행 령	시 행 규 칙
인을 하는 경우에는 해당 철도차량 품질관리체계가 국토교통부장관이 정하여 고시하는 철도차량의 제작관리 및 품질유지에 필요한 기술기준에 적합한지에 대하여 국토교통부령으로 정하는 바에 따라 제작자승인검사를 하여야 한다. 〈개정 13 · 3 · 23〉 ③ 국토교통부장관은 제1항 및 제2항에도 불구하고 대한민국이 체결한 협정 또는 대한민국이 가입한 협약에 따라 제작자승인이 면제되는 경우 등 대통령령으로 정하는 경우에는 제작자승인 대상에서 제외하거나 제작자승인검사의 전부 또는 일부를 면제할 수 있다. 〈개정 13 · 3 · 23〉 [본조신설 12 · 12 · 18]	사고복구 등 특수한 목적을 위하여 제작 또는 수입되는 철도차량으로서 국토교통부장관이 정하여 고시하는 철도차량에 해당하는 경우 ② 법 제26조의3제3항에 따라 제작자승인 또는 제작자승인검사를 면제할 수 있는 범위는 다음 각 호의 구분과 같다. 1. 제1항제1호에 해당하는 경우: 대한민국이 체결한 협정 또는 대한민국이 가입한 협약에서 정한 제작자승인 또는 제작자승인검사의 면제 범위 2. 제1항제2호에 해당하는 경우: 제작자승인검사의 전부 [전문개정 14 · 3 · 18]	대한 적합성 입증계획서 및 입증자료 2. 철도차량 품질관리체계서 및 설명서 3. 철도차량 제작 명세서 및 설명서 4. 법 제26조의3제3항에 따라 제작자승인 또는 제작자승인검사의 면제 대상에 해당하는 경우 그 입증서류 5. 그 밖에 철도차량제작자승인기준에 적합함을 입증하기 위하여 국토교통부장관이 필요하다고 인정하여 고시하는 서류 ② 철도차량 제작자승인을 받은 자가 법 제26조의8에서 준용하는 법 제7조제3항 본문에 따라 철도차량 제작자승인 받은 사항을 변경하려는 경우에는 별지 제30호의2서식의 철도차량 제작자변경승인신청서에 다음 각 호의 서류를 첨부하여 국토교통부장관에게 제출하여야 한다. 1. 해당 철도차량의 철도차량 제작자승인증명서 2. 제1항 각 호의 서류(변경되는 부분 및 그와 연관되는 부분에 한정한다) 3. 변경 전후의 대비표 및 해설서 ③ 국토교통부장관은 제1항 및 제2항에 따라 철도차량 제작자승인 또는 변경승인 신청을 받은 경우에 15일 이내에 승인 또는 변경승인에 필요한 검사 등의 계획서를 작성하여 신청인에게 통보하여야 한다. [전문개정 14 · 3 · 19] **제53조(철도차량 제작자승인검사의 방법 및 증**

법	시 행 령	시 행 규 칙
		명서 발급 등) ① 법 제26조의3제2항에 따른 철도차량 제작자승인검사는 다음 각 호의 구분에 따라 실시한다. 1. 품질관리체계 적합성검사: 해당 철도차량의 품질관리체계가 철도차량제작자승인기준에 적합한지 여부에 대한 검사 2. 제작검사: 해당 철도차량에 대한 품질관리체계의 적용 및 유지 여부 등을 확인하는 검사 ② 국토교통부장관은 제1항에 따른 검사 결과 철도차량제작자승인기준에 적합하다고 인정하는 경우에는 다음 각 호의 서류를 신청인에게 발급하여야 한다. 1. 별지 제32호서식의 철도차량 제작자승인증명서 또는 별지 제32호의2서식의 철도차량 제작자변경승인증명서 2. 제작할 수 있는 철도차량의 형식에 대한 목록을 적은 제작자승인지정서 ③ 제2항제1호에 따른 철도차량 제작자승인증명서 또는 철도차량 제작자변경승인증명서를 발급받은 자가 해당 증명서를 잃어버렸거나 헐어 못쓰게 되어 재발급을 받으려는 경우에는 별지 제29호서식의 철도차량 제작자승인증명서 재발급 신청서에 헐어 못쓰게 된 증명서(헐어 못쓰게 된 경우만 해당한다)를 첨부하여 국토교통부장관에게 제출하여야 한다.

법	시 행 령	시 행 규 칙
		④ 제1항에 따른 철도차량 제작자승인검사에 관한 세부적인 기준 · 절차 및 방법은 국토교통부장관이 정하여 고시한다. [전문개정 14 · 3 · 19] **제54조(철도차량 제작자승인 등의 면제 절차)** 국토교통부장관은 제51조제1항제4호에 따른 서류의 검토 결과 철도차량이 제작자승인 또는 제작자승인검사의 면제 대상에 해당된다고 인정하는 경우에는 신청인에게 면제사실과 내용을 통보하여야 한다. [전문개정 14 · 3 · 19]
제26조의4(결격사유) 다음 각 호의 어느 하나에 해당하는 자는 철도차량 제작자승인을 받을 수 없다.〈개정 20 · 6 · 9〉 1. 피성년후견인 2. 파산선고를 받고 복권되지 아니한 사람 3. 이 법 또는 대통령령으로 정하는 철도 관계 법령을 위반하여 징역형의 실형을 선고받고 그 집행이 종료(집행이 종료된 것으로 보는 경우를 포함한다)되거나 집행이 면제된 날부터 2년이 지나지 아니한 사람 4. 이 법 또는 대통령령으로 정하는 철도 관계 법령을 위반하여 징역형의 집행유예를 선고받고 그 유예기간 중에 있는 사람 5. 제작자승인이 취소된 후 2년이 지나지 아니한 자	**제24조(철도 관계 법령의 범위)** 법 제26조의4제3호 및 제4호에서 "대통령령으로 정하는 철도 관계 법령"이란 각각 다음 각 호의 어느 하나에 해당하는 법령을 말한다.〈개정 19 · 3 · 12, 20 · 9 · 10〉 1. 「건널목 개량촉진법」 2. 「도시철도법」 3. 「철도의 건설 및 철도시설 유지관리에 관한 법률」 4. 「철도사업법」 5. 「철도산업발전 기본법」 6. 「한국철도공사법」 7. 「국가철도공단법」 8. 「항공 · 철도 사고조사에 관한 법률」 [전문개정 14 · 3 · 18]	

법	시행령	시행규칙
6. 임원 중에 제1호부터 제5호까지의 어느 하나에 해당하는 사람이 있는 법인 [본조신설 12·12·18]		
제26조의5(승계) ① 제26조의3에 따라 철도차량 제작자승인을 받은 자가 그 사업을 양도하거나 사망한 때 또는 법인의 합병이 있는 때에는 양수인, 상속인 또는 합병 후 존속하는 법인이나 합병에 의하여 설립되는 법인은 제작자승인을 받은 자의 지위를 승계한다. ② 제1항에 따라 철도차량 제작자승인의 지위를 승계하는 자는 승계일부터 1개월 이내에 국토교통부령으로 정하는 바에 따라 그 승계사실을 국토교통부장관에게 신고하여야 한다. 〈개정 13·3·23〉 ③ 제1항에 따라 제작자승인의 지위를 승계하는 자에 대하여는 제26조의4를 준용한다. 다만, 제26조의4 각 호의 어느 하나에 해당하는 상속인이 피상속인이 사망한 날부터 3개월 이내에 그 사업을 다른 사람에게 양도한 경우에는 피상속인의 사망일부터 양도일까지의 기간 동안 피상속인의 제작자승인은 상속인의 제작자승인으로 본다. [본조신설 12·12·18]		**제55조(지위승계의 신고 등)** ① 법 제26조의5제2항에 따라 철도차량 제작자승인의 지위를 승계하는 자는 별지 제33서식의 철도차량 제작자승계신고서에 다음 각 호의 서류를 첨부하여 국토교통부장관에게 제출하여야 한다. 1. 철도차량 제작자승인증명서 2. 사업 양도의 경우: 양도·양수계약서 사본 등 양도 사실을 입증할 수 있는 서류 3. 사업 상속의 경우: 사업을 상속받은 사실을 확인할 수 있는 서류 4. 사업 합병의 경우: 합병계약서 및 합병 후 존속하거나 합병에 따라 신설된 법인의 등기사항증명서 ② 국토교통부장관은 제1항에 따라 신고를 받은 경우에 지위승계 사실을 확인한 후 철도차량 제작자승인증명서를 지위승계자에게 발급하여야 한다. [전문개정 14·3·19]
제26조의6(철도차량 완성검사) ① 제26조의3에 따라 철도차량 제작자승인을 받은 자는 제작한 철도차량을 판매하기 전에 해당 철도차량		**제56조(철도차량 완성검사의 신청 등)** ① 법 제26조의6제1항에 따라 철도차량 완성검사를 받으려는 자는 별지 제34서식의 철도차량 완성

법	시 행 령	시 행 규 칙
이 제26조에 따른 형식승인을 받은대로 제작되었는지를 확인하기 위하여 국토교통부장관이 시행하는 완성검사를 받아야 한다. 〈개정 13 · 3 · 23〉 ② 국토교통부장관은 철도차량이 제1항에 따른 완성검사에 합격한 경우에는 철도차량제작자에게 국토교통부령으로 정하는 완성검사증명서를 발급하여야 한다. 〈개정 13 · 3 · 23, 20 · 6 · 9〉 ③ 제1항에 따른 철도차량 완성검사의 절차 및 방법 등에 관하여 필요한 사항은 국토교통부령으로 정한다. 〈개정 13 · 3 · 23〉 [본조신설 12 · 12 · 18]		검사신청서에 다음 각 호의 서류를 첨부하여 국토교통부장관에게 제출하여야 한다. 1. 철도차량 형식승인증명서 2. 철도차량 제작자승인증명서 3. 형식승인된 설계와의 형식동일성 입증계획서 및 입증서류 4. 제57조제1항제2호에 따른 주행시험 절차서 5. 그 밖에 형식동일성 입증을 위하여 국토교통부장관이 필요하다고 인정하여 고시하는 서류 ② 국토교통부장관은 제1항에 따라 완성검사 신청을 받은 경우에 15일 이내에 완성검사의 계획서를 작성하여 신청인에게 통보하여야 한다. [전문개정 14 · 3 · 19] **제57조(철도차량 완성검사의 방법 및 검사증명서 발급 등**〈개정 20 · 10 · 7〉**)** ① 법 제26조의6제1항에 따른 철도차량 완성검사는 다음 각 호의 구분에 따라 실시한다. 1. 완성차량검사: 안전과 직결된 주요 부품의 안전성 확보 등 철도차량이 철도차량기술기준에 적합하고 형식승인 받은 설계대로 제작되었는지를 확인하는 검사 2. 주행시험: 철도차량이 형식승인 받은대로 성능과 안전성을 확보하였는지 운행선로 시운전 등을 통하여 최종 확인하는 검사 ② 국토교통부장관은 제1항에 따른 검사 결과 철도차량이 철도차량기술기준에 적합하고 형

법	시 행 령	시 행 규 칙
제26조의7(철도차량 제작자승인의 취소 등) ① 국토교통부장관은 제26조의3에 따라 철도차량 제작자승인을 받은 자가 다음 각 호의 어느 하나에 해당하는 경우에는 그 승인을 취소하거나 6개월 이내의 기간을 정하여 업무의 제한이나 정지를 명할 수 있다. 다만, 제1호 또는 제5호에 해당하는 경우에는 제작자승인을 취소하여야 한다. 〈개정 13·3·23〉 1. 거짓이나 그 밖의 부정한 방법으로 제작자승인을 받은 경우 2. 제26조의8에서 준용하는 제7조제3항을 위반하여 변경승인을 받지 아니하거나 변경신고를 하지 아니하고 철도차량을 제작한 경우		식승인 받은 설계대로 제작되었다고 인정하는 경우에는 별지 제35호서식의 철도차량 완성검사증명서를 신청인에게 발급하여야 한다.〈개정 20·10·7〉 ③ 제1항에 따른 완성검사에 필요한 세부적인 기준·절차 및 방법은 국토교통부장관이 정하여 고시한다. [전문개정 14·3·19] 제58조(철도차량 제작자승인의 취소 등 처분기준) 법 제26조의7에 따른 철도차량 제작자승인의 취소 또는 업무의 제한·정지 등의 처분기준은 별표 14와 같다. [전문개정 14·3·19]

법	시 행 령	시 행 규 칙
3. 제26조의8에서 준용하는 제8조제3항에 따른 시정조치명령을 정당한 사유 없이 이행하지 아니한 경우 4. 제32조제1항에 따른 명령을 이행하지 아니하는 경우 5. 업무정지 기간 중에 철도차량을 제작한 경우 ② 제1항에 따른 철도차량 제작자승인의 취소, 업무의 제한 또는 정지의 기준 및 절차 등에 관하여 필요한 사항은 국토교통부령으로 정한다. 〈개정 13 · 3 · 23〉 [본조신설 12 · 12 · 18]		
제26조의8(준용규정) 철도차량 제작자승인의 변경, 철도차량 품질관리체계의 유지 · 검사 및 시정조치, 과징금의 부과 · 징수 등에 관하여는 제7조제3항, 제8조, 제9조 및 제9조의2를 준용한다. 이 경우 "안전관리체계"는 "철도차량 품질관리체계"로 본다. [본조신설 12 · 12 · 18]	**제25조(철도차량 제작자승인 관련 과징금의 부과기준)** ① 법 제26조의8에서 준용하는 법 제9조의2제2항에 따른 과징금을 부과하는 위반행위의 종류와 과징금의 금액은 별표 2와 같다. ② 제1항에 따른 과징금의 부과에 관하여는 제6조제2항 및 제7조를 준용한다. [전문개정 14 · 3 · 18]	**제52조(철도차량 제작자승인의 경미한 사항 변경)** ① 법 제26조의8에서 준용하는 법 제7조제3항 단서에서 "국토교통부령으로 정하는 경미한 사항을 변경하려는 경우"란 다음 각 호의 어느 하나에 해당하는 변경을 말한다. 1. 철도차량 제작자의 조직변경에 따른 품질관리조직 또는 품질관리책임자에 관한 사항의 변경 2. 법령 또는 행정구역의 변경 등으로 인한 품질관리규정의 세부내용 변경 3. 서류간 불일치 사항 및 품질관리규정의 기본방향에 영향을 미치지 아니하는 사항으로서 그 변경근거가 분명한 사항의 변경 ② 법 제26조의8에서 준용하는 법 제7조제3항 단서에 따라 경미한 사항을 변경하려는 경우

법	시 행 령	시 행 규 칙
		에는 별지 제31호서식의 철도차량 제작자승인 변경신고서에 다음 각 호의 서류를 첨부하여 국토교통부장관에게 제출하여야 한다. 1. 해당 철도차량의 철도차량 제작자승인증명서 2. 제1항 각 호에 해당함을 증명하는 서류 3. 변경 전후의 대비표 및 해설서 4. 변경 후의 철도차량 품질관리체계 5. 철도차량제작자승인기준에 대한 적합성 입증자료(변경되는 부분 및 그와 연관되는 부분에 한정한다) ③ 국토교통부장관은 제2항에 따라 신고를 받은 때에는 제2항 각 호의 첨부서류를 확인한 후 별지 제31호의2서식의 철도차량 제작자승인변경신고확인서를 발급하여야 한다. [전문개정 14·3·19] **제59조(철도차량 품질관리체계의 유지 등)** ① 국토교통부장관은 법 제26조의8에서 준용하는 법 제8조제2항에 따라 철도차량 품질관리체계에 대하여 1년마다 1회의 정기검사를 실시하고, 철도차량의 안전 및 품질 확보 등을 위하여 필요하다고 인정하는 경우에는 수시로 검사할 수 있다. ② 국토교통부장관은 제1항에 따라 정기검사 또는 수시검사를 시행하려는 경우에는 검사 시행일 15일 전까지 다음 각 호의 내용이 포함된 검사계획을 철도차량 제작자승인을 받은

법	시 행 령	시 행 규 칙
		자에게 통보하여야 한다. 1. 검사반의 구성 2. 검사 일정 및 장소 3. 검사 수행 분야 및 검사 항목 4. 중점 검사 사항 5. 그 밖에 검사에 필요한 사항 ③ 국토교통부장관은 정기검사 또는 수시검사를 마친 경우에는 다음 각 호의 사항이 포함된 검사 결과보고서를 작성하여야 한다. 1. 철도차량 품질관리체계의 검사 개요 및 현황 2. 철도차량 품질관리체계의 검사 과정 및 내용 3. 법 제26조의8에서 준용하는 제8조제3항에 따른 시정조치 사항 ④ 국토교통부장관은 법 제26조의8에서 준용하는 법 제8조제3항에 따라 철도차량 제작자승인을 받은 자에게 시정조치를 명하는 경우에는 시정에 필요한 적정한 기간을 주어야 한다.〈개정 16 · 8 · 10〉 ⑤ 법 제26조의8에서 준용하는 제8조제3항에 따라 시정조치명령을 받은 철도차량 제작자승인을 받은 자는 시정조치를 완료한 경우에는 지체 없이 그 시정내용을 국토교통부장관에게 통보하여야 한다. ⑥ 제1항부터 제5항까지의 규정에서 정한 사항 외에 정기검사 또는 수시검사에 관한 세부적인 기준 · 방법 및 절차는 국토교통부장관이

법	시 행 령	시 행 규 칙
제27조(철도용품 형식승인) ① 국토교통부장관이 정하여 고시하는 철도용품을 제작하거나 수입하려는 자는 국토교통부령으로 정하는 바에 따라 해당 철도용품의 설계에 대하여 국토교통부장관의 형식승인을 받아야 한다. 〈개정 13·3·23〉 ② 국토교통부장관은 제1항에 따른 형식승인을 하는 경우에는 해당 철도용품이 국토교통부장관이 정하여 고시하는 철도용품의 기술기준에 적합한지에 대하여 국토교통부령으로 정하는 바에 따라 형식승인검사를 하여야 한다. 〈개정 13·3·23〉 ③ 누구든지 제1항에 따른 형식승인을 받지 아니한 철도용품(국토교통부장관이 정하여 고시하는 철도용품만 해당한다)을 철도시설 또는 철도차량 등에 사용하여서는 아니 된다. 〈개정 13·3·23〉 ④ 철도용품 형식승인의 변경, 형식승인검사의 면제, 형식승인의 취소, 변경승인명령 및 형식승인의 금지기간 등에 관하여는 제26조제2항·제4항·제6항 및 제26조의2를 준용한다. 이 경우 "철도차량"은 "철도용품"으로 본다. [전문개정 12·12·18]	제26조(형식승인검사를 면제할 수 있는 철도용품) ① 법 제27조제4항에서 준용하는 법 제26조제4항에 따라 형식승인검사를 면제할 수 있는 철도용품은 법 제26조제4항제1호부터 제3호까지의 어느 하나에 해당하는 경우로 한다. ② 법 제27조제4항에서 준용하는 법 제26조제4항제1호에서 "대통령령으로 정하는 철도용품"이란 철도차량 또는 철도시설에 사용되지 아니하는 철도용품을 말한다. ③ 법 제27조제4항에서 준용하는 법 제26조제4항제2호에서 "대통령령으로 정하는 철도용품"이란 국내에서 철도운영에 사용되지 아니하는 철도용품을 말한다. ④ 법 제27조제4항에서 준용하는 법 제26조제4항에 따라 철도용품별로 형식승인검사를 면제할 수 있는 범위는 다음 각 호의 구분과 같다. 1. 법 제26조제4항제1호 및 제2호에 해당하는 철도용품: 형식승인검사의 전부 2. 법 제26조제4항제3호에 해당하는 철도용품: 대한민국이 체결한 협정 또는 대한민국이 가입한 협약에서 정한 면제의 범위 [전문개정 14·3·18]	정하여 고시한다. [전문개정 14·3·19] 제60조(철도용품 형식승인 신청 절차 등) ① 법 제27조제1항에 따라 철도용품 형식승인을 받으려는 자는 별지 제36호서식의 철도용품 형식승인신청서에 다음 각 호의 서류를 첨부하여 국토교통부장관에게 제출하여야 한다. 1. 법 제27조제2항에 따른 철도용품의 기술기준(이하 "철도용품기술기준"이라 한다)에 대한 적합성 입증계획서 및 입증자료 2. 철도용품의 설계도면, 설계 명세서 및 설명서 3. 법 제27조제4항에서 준용하는 법 제26조제4항에 따른 형식승인검사의 면제 대상에 해당하는 경우 그 입증서류 4. 제61조제1항제3호에 따른 용품형식 시험절차서 5. 그 밖에 철도용품기술기준에 적합함을 입증하기 위하여 국토교통부장관이 필요하다고 인정하여 고시하는 서류 ② 법 제27조제4항에서 준용하는 법 제26조제2항 본문에 따라 철도용품 형식승인 받은 사항을 변경하려는 경우에는 별지 제36호의2서식의 철도용품 형식변경승인신청서에 다음 각 호의 서류를 첨부하여 국토교통부장관에게 제출하여야 한다. 1. 해당 철도용품의 철도용품 형식승인증명서

법	시 행 령	시 행 규 칙
		2. 제1항 각 호의 서류(변경되는 부분 및 그와 연관되는 부분에 한정한다) 3. 변경 전후의 대비표 및 해설서 ③ 국토교통부장관은 제1항 및 제2항에 따라 철도용품 형식승인 또는 변경승인 신청을 받은 경우에 15일 이내에 승인 또는 변경승인에 필요한 검사 등의 계획서를 작성하여 신청인에게 통보하여야 한다. [전문개정 14 · 3 · 19] **제61조(철도용품 형식승인의 경미한 사항 변경)** ① 법 제27조제4항에서 준용하는 법 제26조제2항 단서에서 "국토교통부령으로 정하는 경미한 사항을 변경하려는 경우"란 다음 각 호의 어느 하나에 해당하는 변경을 말한다. 1. 철도용품의 안전 및 성능에 영향을 미치지 아니하는 형상 변경 2. 철도용품의 안전에 영향을 미치지 아니하는 설비의 변경 3. 중량분포 및 크기에 영향을 미치지 아니하는 장치 또는 부품의 배치 변경 4. 동일 성능으로 입증할 수 있는 부품의 규격 변경 5. 그 밖에 철도용품의 안전 및 성능에 영향을 미치지 아니한다고 국토교통부장관이 인정하는 사항의 변경 ② 법 제27조제4항에서 준용하는 법 제26조제2

법	시 행 령	시 행 규 칙
		항 단서에 따라 경미한 사항을 변경하려는 경우에는 별지 제37호서식의 철도용품 형식변경신고서에 다음 각 호의 서류를 첨부하여 국토교통부장관에게 제출하여야 한다. 1. 해당 철도용품의 철도용품 형식승인증명서 2. 제1항 각 호에 해당함을 증명하는 서류 3. 변경 전후의 대비표 및 해설서 4. 변경 후의 주요 제원 5. 철도용품기술기준에 대한 적합성 입증자료(변경되는 부분 및 그와 연관되는 부분에 한정한다) ③ 국토교통부장관은 제2항에 따라 신고를 받은 때에는 제2항 각 호의 첨부서류를 확인한 후 별지 제37호의2서식의 철도용품 형식변경신고확인서를 발급하여야 한다. [전문개정 14·3·19] 제62조(철도용품 형식승인검사의 방법 및 증명서 발급 등) ① 법 제27조제2항에 따른 철도용품 형식승인검사는 다음 각 호의 구분에 따라 실시한다. 1. 설계적합성 검사: 철도용품의 설계가 철도용품기술기준에 적합한지 여부에 대한 검사 2. 합치성 검사: 철도용품이 부품단계, 구성품단계, 완성품단계에서 제1호에 따른 설계와 합치하게 제작되었는지 여부에 대한 검사 3. 용품형식 시험: 철도용품이 부품단계, 구성

법	시행령	시행규칙
		품단계, 완성품단계, 시운전단계에서 철도용품기술기준에 적합한지 여부에 대한 시험 ② 국토교통부장관은 제1항에 따른 검사 결과 철도용품기술기준에 적합하다고 인정하는 경우에는 별지 제38호의 철도용품 형식승인증명서 또는 별지 제38호의2서식의 철도용품 형식변경승인증명서에 형식승인자료집을 첨부하여 신청인에게 발급하여야 한다. ③ 국토교통부장관은 제2항에 따른 철도용품 형식승인증명서 또는 철도용품 형식변경승인증명서를 발급할 때에는 해당 철도용품이 장착될 철도차량 또는 철도시설을 지정할 수 있다. ④ 제2항에 따라 철도용품 형식승인증명서 또는 철도용품 형식변경승인증명서를 발급받은 자가 해당 증명서를 잃어버렸거나 헐어 못쓰게 되어 재발급 받으려는 경우에는 별지 제29호서식의 철도용품 형식승인증명서 재발급 신청서에 헐어 못쓰게 된 증명서(헐어 못쓰게 된 경우만 해당한다)를 첨부하여 국토교통부장관에게 제출하여야 한다. ⑤ 제1항에 따른 철도용품 형식승인검사에 관한 세부적인 기준·절차 및 방법은 국토교통부장관이 정하여 고시한다. [전문개정 14·3·19] **제63조(철도용품 형식승인검사의 면제 절차)** 국토교통부장관은 제60조제1항제3호에 따른 서

법	시 행 령	시 행 규 칙
		류의 검토 결과 해당 철도용품이 형식승인검사의 면제 대상에 해당된다고 인정하는 경우에는 신청인에게 면제사실과 내용을 통보하여야 한다. [전문개정 14 · 3 · 19]
제27조의2(철도용품 제작자승인) ① 제27조에 따라 형식승인을 받은 철도용품을 제작(외국에서 대한민국에 수출할 목적으로 제작하는 경우를 포함한다)하려는 자는 국토교통부령으로 정하는 바에 따라 철도용품의 제작을 위한 인력, 설비, 장비, 기술 및 제작검사 등 철도용품의 적합한 제작을 위한 유기적 체계(이하 "철도용품 품질관리체계"라 한다)를 갖추고 있는지에 대하여 국토교통부장관으로부터 제작자승인을 받아야 한다. 〈개정 13 · 3 · 23〉 ② 국토교통부장관은 제1항에 따른 제작자승인을 하는 경우에는 해당 철도용품 품질관리체계가 국토교통부장관이 정하여 고시하는 철도용품의 제작관리 및 품질유지에 필요한 기술기준에 적합한지에 대하여 국토교통부령으로 정하는 바에 따라 철도용품 제작자승인검사를 하여야 한다. 〈개정 13 · 3 · 23〉 ③ 제1항에 따라 제작자승인을 받은 자는 해당 철도용품에 대하여 국토교통부령으로 정하는 바에 따라 형식승인을 받은 철도용품임을 나타내는 형식승인표시를 하여야 한다. 〈개정	제27조(철도용품 제작자승인 관련 과징금의 부과기준) ① 법 제27조의2제4항에서 준용하는 법 제9조의2제2항에 따른 과징금을 부과하는 위반행위의 종류와 과징금의 금액은 별표 3과 같다. ② 제1항에 따른 과징금의 부과에 관하여는 제6조제2항 및 제7조를 준용한다. [전문개정 14 · 3 · 18] 제28조(철도용품 제작자승인 등을 면제할 수 있는 경우 등) ① 법 제27조의2제4항에서 준용하는 법 제26조의3제3항에서 "대한민국이 체결한 협정 또는 대한민국이 가입한 협약에 따라 제작자승인이 면제되는 경우 등 대통령령으로 정하는 경우"란 대한민국이 체결한 협정 또는 대한민국이 가입한 협약에 따라 제작자승인이 면제되거나 제작자승인검사의 전부 또는 일부가 면제되는 경우를 말한다. ② 제1항에 해당하는 경우에 제작자승인 또는 제작자승인검사를 면제할 수 있는 범위는 대한민국이 체결한 협정 또는 대한민국이 가입한 협약에서 정한 면제의 범위에 따른다.	제64조(철도용품 제작자승인의 신청 등) ① 법 제27조의2제1항에 따라 철도용품 제작자승인을 받으려는 자는 별지 제39호서식의 철도용품 제작자승인신청서에 다음 각 호의 서류를 첨부하여 국토교통부장관에게 제출하여야 한다. 다만, 영 제28조제1항에 따라 제작자승인이 면제되는 경우에는 제4호의 서류만 첨부한다. 1. 법 제27조의2제2항에 따른 철도용품의 제작관리 및 품질유지에 필요한 기술기준(이하 "철도용품제작자승인기준"이라 한다)에 대한 적합성 입증계획서 및 입증자료 2. 철도용품 품질관리체계서 및 설명서 3. 철도용품 제작 명세서 및 설명서 4. 법 제27조의2제4항에서 준용하는 법 제26조의3제3항에 따라 제작자승인 또는 제작자승인검사의 면제 대상에 해당하는 경우 그 입증서류 5. 그 밖에 철도용품제작자승인기준에 적합함을 입증하기 위하여 국토교통부장관이 필요하다고 인정하여 고시하는 서류 ② 철도용품 제작자승인을 받은 자가 법 제27

법	시 행 령	시 행 규 칙
13 · 3 · 23〉 ④ 제1항에 따른 철도용품 제작자승인의 변경, 철도용품 품질관리체계의 유지 · 검사 및 시정조치, 과징금의 부과 · 징수, 제작자승인 등의 면제, 제작자승인의 결격사유 및 지위승계, 제작자승인의 취소, 업무의 제한 · 정지 등에 관하여는 제7조제3항, 제8조, 제9조, 제9조의2, 제26조의3제3항, 제26조의4, 제26조의5 및 제26조의7을 준용한다. 이 경우 "안전관리체계"는 "철도용품 품질관리체계"로, "철도차량"은 "철도용품"으로 본다. [본조신설 12 · 12 · 18]	[전문개정 14 · 3 · 18]	조의2제4항에서 준용하는 법 제7조제3항 본문에 따라 철도용품 제작자승인 받은 사항을 변경하려는 경우에는 별지 제39호의2서식의 철도용품 제작자변경승인신청서에 다음 각 호의 서류를 첨부하여 국토교통부장관에게 제출하여야 한다. 1. 해당 철도용품의 철도용품 제작자승인증명서 2. 제1항 각 호의 서류(변경되는 부분 및 그와 연관되는 부분에 한정한다) 3. 변경 전후의 대비표 및 해설서 ③ 국토교통부장관은 제1항 및 제2항에 따라 철도용품 제작자승인 또는 변경승인 신청을 받은 경우에 15일 이내에 승인 또는 변경승인에 필요한 검사 등의 계획서를 작성하여 신청인에게 통보하여야 한다. [전문개정 14 · 3 · 19] 제65조(철도용품 제작자승인의 경미한 사항 변경) ① 법 제27조의2제4항에서 준용하는 법 제7조제3항의 단서에서 "국토교통부령으로 정하는 경미한 사항을 변경하는 경우"란 다음 각 호의 어느 하나에 해당하는 경우를 말한다. 1. 철도용품 제작자의 조직변경에 따른 품질관리조직 또는 품질관리책임자에 관한 사항의 변경 2. 법령 또는 행정구역의 변경 등으로 인한 품질관리규정의 세부내용의 변경

법	시 행 령	시 행 규 칙
		3. 서류간 불일치 사항 및 품질관리규정의 기본방향에 영향을 미치지 아니하는 사항으로써 그 변경근거가 분명한 사항의 변경 ② 법 제27조의2제4항에서 준용하는 법 제7조제3항 단서에 따라 경미한 사항을 변경하려는 경우에는 별지 제40호서식의 철도용품 제작자 변경신고서에 다음 각 호의 서류를 첨부하여 국토교통부장관에게 제출하여야 한다. 1. 해당 철도용품의 철도용품 제작자승인증명서 2. 제1항 각 호에 해당함을 증명하는 서류 3. 변경 전후의 대비표 및 해설서 4. 변경 후의 철도용품 품질관리체계 5. 철도용품제작자승인기준에 대한 적합성 입증자료(변경되는 부분 및 그와 연관되는 부분에 한정한다) ③ 국토교통부장관은 제2항에 따라 신고를 받은 때에는 제2항 각 호의 첨부서류를 확인한 후 별지 제40호의2서식의 철도용품 제작자승인변경신고확인서를 발급하여야 한다. [전문개정 14·3·19] **제66조(철도용품 제작자승인검사의 방법 및 증명서 발급 등)** ① 법 제27조의2제2항에 따른 철도용품 제작자승인검사는 다음 각 호의 구분에 따라 실시한다. 1. 품질관리체계의 적합성검사: 해당 철도용품의 품질관리체계가 철도용품제작자승인기

법	시 행 령	시 행 규 칙
		준에 적합한지 여부에 대한 검사 2. 제작검사: 해당 철도용품에 대한 품질관리체계 적용 및 유지 여부 등을 확인하는 검사 ② 국토교통부장관은 제1항에 따른 검사 결과 철도용품제작자승인기준에 적합하다고 인정하는 경우에는 다음 각 호의 서류를 신청인에게 발급하여야 한다. 1. 별지 제41호서식의 철도용품 제작자승인증명서 또는 별지 제41호의2서식의 철도용품 제작자변경승인증명서 2. 제작할 수 있는 철도용품의 형식에 대한 목록을 적은 제작자승인지정서 ③ 제2항제1호에 따른 철도용품 제작자승인증명서 또는 철도용품 제작자변경승인증명서를 발급받은 자가 해당 증명서를 잃어버렸거나 헐어 못쓰게 되어 재발급 받으려는 경우에는 별지 제29호서식의 철도용품 제작자승인증명서 재발급 신청서에 헐어 못쓰게 된 증명서(헐어 못쓰게 된 경우만 해당한다)를 첨부하여 국토교통부장관에게 제출하여야 한다. ④ 제1항에 따른 철도용품 제작자승인검사에 관한 세부적인 기준·절차 및 방법은 국토교통부장관이 정하여 고시한다. [전문개정 14·3·19] **제67조(철도용품 제작자승인 등의 면제 절차)** 국토교통부장관은 제64조제1항제4호에 따른

법	시 행 령	시 행 규 칙
		서류의 검토 결과 철도용품이 제작자승인 또는 제작자승인검사의 면제 대상에 해당된다고 인정하는 경우에는 신청인에게 면제사실과 내용을 통보하여야 한다.〈개정 15·10·2〉 [전문개정 14·3·19] 제68조(형식승인을 받은 철도용품의 표시) ① 법 제27조의2제3항에 따라 철도용품 제작자승인을 받은 자는 해당 철도용품에 다음 각 호의 사항을 포함하여 형식승인을 받은 철도용품(이하 "형식승인품"이라 한다)임을 나타내는 표시를 하여야 한다. 1. 형식승인품명 및 형식승인번호 2. 형식승인품명의 제조일 3. 형식승인품의 제조자명(제조자임을 나타내는 마크 또는 약호를 포함한다) 4. 형식승인기관의 명칭 ② 제1항에 따른 형식승인품의 표시는 국토교통부장관이 정하여 고시하는 표준도안에 따른다. [전문개정 14·3·19] 제69조(지위승계의 신고 등) ① 법 제27조의2제4항에서 준용하는 법 제26조의5제2항에 따라 철도용품 제작자승인의 지위를 승계하는 자는 별지 제42호서식의 철도용품 제작자승계신고서에 다음 각 호의 서류를 첨부하여 국토교통부장관에게 제출하여야 한다. 1. 철도용품 제작자승인증명서

법	시 행 령	시 행 규 칙
		2. 사업 양도의 경우: 양도 · 양수계약서 사본 등 양도 사실을 입증할 수 있는 서류 3. 사업 상속의 경우: 사업을 상속받은 사실을 확인할 수 있는 서류 4. 사업 합병의 경우: 합병계약서 및 합병 후 존속하거나 합병에 따라 신설된 법인의 등기사항증명서 ② 국토교통부장관은 제1항에 따라 신고를 받은 경우에 지위승계 사실을 확인한 후 철도용품 제작자승인증명서를 지위승계자에게 발급하여야 한다. [전문개정 14 · 3 · 19] **제70조(철도용품 제작자승인의 취소 등 처분기준)** 법 27조의2제4항에서 준용하는 법 제26조의7에 따른 철도용품 제작자승인의 취소 또는 업무의 제한 · 정지 등의 처분기준은 별표 15와 같다. [전문개정 14 · 3 · 19] **제71조(철도용품 품질관리체계의 유지 등)** ① 국토교통부장관은 법 제27조의2제4항에서 준용하는 법 제8조제2항에 따라 철도용품 품질관리체계에 대하여 1년마다 1회의 정기검사를 실시하고, 철도용품의 안전 및 품질 확보 등을 위하여 필요하다고 인정하는 경우에는 수시로 검사할 수 있다. ② 국토교통부장관은 제1항에 따라 정기검사

법	시 행 령	시 행 규 칙
		또는 수시검사를 시행하려는 경우에는 검사 시행일 15일 전까지 다음 각 호의 내용이 포함된 검사계획을 철도용품 제작자승인을 받은 자에게 통보하여야 한다. 1. 검사반의 구성 2. 검사 일정 및 장소 3. 검사 수행 분야 및 검사 항목 4. 중점 검사 사항 5. 그 밖에 검사에 필요한 사항 ③ 국토교통부장관은 정기검사 또는 수시검사를 마친 경우에는 다음 각 호의 사항이 포함된 검사 결과보고서를 작성하여야 한다. 1. 철도용품 품질관리체계의 검사 개요 및 현황 2. 철도용품 품질관리체계의 검사 과정 및 내용 3. 법 제27조의2제4항에서 준용하는 제8조제3항에 따른 시정조치 사항 ④ 국토교통부장관은 법제27조 의2제4항에서 준용하는 법 제8조제3항에 따라 철도용품 제작자승인을 받은 자에게 시정조치를 명하는 경우에는 시정에 필요한 적정한 기간을 주어야 한다. ⑤ 법 제27조의2제4항에서 준용하는 제8조제3항에 따라 시정조치명령을 받은 철도용품 제작자승인을 받은 자는 시정조치를 완료한 경우에는 지체 없이 그 시정내용을 국토교통부장관에게 통보하여야 한다.

법	시 행 령	시 행 규 칙
		⑥ 제1항부터 제5항까지의 규정에서 정한 사항 외에 정기검사 또는 수시검사에 관한 세부적인 기준 · 방법 및 절차는 국토교통부장관이 정하여 고시한다. [전문개정 14 · 3 · 19]
제27조의3(검사 업무의 위탁) 국토교통부장관은 다음 각 호의 업무를 대통령령으로 정하는 바에 따라 관련 기관 또는 단체에 위탁할 수 있다. 1. 제26조제3항에 따른 철도차량 형식승인검사 2. 제26조의3제2항에 따른 철도차량 제작자승인검사 3. 제26조의6제1항에 따른 철도차량 완성검사 4. 제27조제2항에 따른 철도용품 형식승인검사 5. 제27조의2제2항에 따른 철도용품 제작자승인검사 [본조신설 20 · 6 · 9] 제28조부터 제30조까지 삭제 〈12 · 12 · 18〉	제28조의2(검사 업무의 위탁) ① 국토교통부장관은 법 제27조의3에 따라 다음 각 호의 업무를 「과학기술분야 정부출연연구기관 등의 설립 · 운영 및 육성에 관한 법률」 제8조에 따라 설립된 한국철도기술연구원(이하 "한국철도기술연구원"이라 한다) 및 「한국교통안전공단법」에 따른 한국교통안전공단(이하 "한국교통안전공단"이라 한다)에 위탁한다.〈개정 21 · 6 · 23〉 1. 법 제26조제3항에 따른 철도차량 형식승인검사 2. 법 제26조의3제2항에 따른 철도차량 제작자승인검사 3. 법 제26조의6제1항에 따른 철도차량 완성검사(제2항에 따라 국토교통부령으로 정하는 업무는 제외한다) 4. 법 제27조제2항에 따른 철도용품 형식승인검사 5. 법 제27조의2제2항에 따른 철도용품 제작자승인검사 ② 국토교통부장관은 법 제27조의3에 따라 법 제26조의6제1항에 따른 철도차량 완성검사 업	제71조의2(검사 업무의 위탁) 영 제28조의2제2항에서 "국토교통부령으로 정하는 업무"란 제57조제1항제1호에 따른 완성차량검사를 말한다. [본조신설 20 · 10 · 7]

법	시 행 령	시 행 규 칙
제31조(형식승인 등의 사후관리) ① 국토교통부장관은 제26조 또는 제27조에 따라 형식승인을 받은 철도차량 또는 철도용품의 안전 및 품질의 확인·점검을 위하여 필요하다고 인정하는 경우에는 소속 공무원으로 하여금 다음 각 호의 조치를 하게 할 수 있다. 〈개정 13·3·23〉 1. 철도차량 또는 철도용품이 제26조제3항 또는 제27조제2항에 따른 기술기준에 적합한지에 대한 조사 2. 철도차량 또는 철도용품 형식승인 및 제작자승인을 받은 자의 관계 장부 또는 서류의 열람·제출 3. 철도차량 또는 철도용품에 대한 수거·검사 4. 철도차량 또는 철도용품의 안전 및 품질에 대한 전문연구기관에의 시험·분석 의뢰 5. 그 밖에 철도차량 또는 철도용품의 안전 및 품질에 대한 긴급한 조사를 위하여 국토교통부령으로 정하는 사항 ② 철도차량 또는 철도용품 형식승인 및 제작자승인을 받은 자와 철도차량 또는 철도용품의 소유자·점유자·관리인 등은 정당한 사유 없이 제1항에 따른 조사·열람·수거 등을 거	무 중 국토교통부령으로 정하는 업무를 국토교통부장관이 지정하여 고시하는 철도안전에 관한 전문기관 또는 단체에 위탁한다. [본조신설 20·10·8]	제72조(형식승인 등의 사후관리 대상 등) ① 법 제31조제1항제5호에서 "국토교통부령으로 정하는 사항"이란 다음 각 호의 어느 하나에 해당하는 사항을 말한다. 1. 사고가 발생한 철도차량 또는 철도용품에 대한 철도운영 적합성 조사 2. 장기 운행한 철도차량 또는 철도용품에 대한 철도운영 적합성 조사 3. 철도차량 또는 철도용품에 결함이 있는지의 여부에 대한 조사 4. 그 밖에 철도차량 또는 철도용품의 안전 및 품질에 관하여 국토교통부장관이 필요하다고 인정하여 고시하는 사항 ② 법 제31조제3항에 따른 공무원의 권한을 표시하는 증표는 별지 제43호서식에 따른다. [전문개정 14·3·19]

법	시 행 령	시 행 규 칙
부 · 방해 · 기피하여서는 아니 된다. ③ 제1항에 따라 조사 · 열람 또는 검사 등을 하는 공무원은 그 권한을 표시하는 증표를 지니고 이를 관계인에게 내보여야 한다. 이 경우 그 증표에 관하여 필요한 사항은 국토교통부령으로 정한다. 〈개정 13 · 3 · 23〉 ④ 제26조의6제1항에 따라 철도차량 완성검사를 받은 자가 해당 철도차량을 판매하는 경우 다음 각 호의 조치를 하여야 한다.〈신설 18 · 6 · 12〉 1. 철도차량정비에 필요한 부품을 공급할 것 2. 철도차량을 구매한 자에게 철도차량정비에 필요한 기술지도 · 교육과 정비매뉴얼 등 정비 관련 자료를 제공할 것		제72조의2(철도차량 부품의 안정적 공급 등) ① 법 제31조제4항에 따라 철도차량 완성검사를 받아 해당 철도차량을 판매한 자(이하 "철도차량 판매자"라 한다)는 그 철도차량의 완성검사를 받은 날부터 20년 이상 다음 각 호에 따른 부품을 해당 철도차량을 구매한 자(해당 철도차량을 구매한 자와 계약에 따라 해당 철도차량을 정비하는 자를 포함한다. 이하 "철도차량 구매자"라 한다)에게 공급해야 한다. 다만, 철도차량 판매자가 철도차량 구매자와 협의하여 철도차량 판매자가 공급하는 부품 외의 다른 부품의 사용이 가능하다고 약정하는 경우에는 철도차량 판매자는 해당 부품을 철도차량 구매자에게 공급하지 않을 수 있다. 1. 「철도안전법」 제26조에 따라 국토교통부장관이 형식승인 대상으로 고시하는 철도용품 2. 철도차량의 동력전달장치(엔진, 변속기, 감속기, 견인전동기 등), 주행 · 제동장치 또는 제어장치 등이 고장난 경우 해당 철도차량 자력(自力)으로 계속 운행이 불가능하여 다

법	시 행 령	시 행 규 칙
		른 철도차량의 견인을 받아야 운행할 수 있는 부품 3. 그 밖에 철도차량 판매자와 철도차량 구매자의 계약에 따라 공급하기로 약정한 부품 ② 제1항에 따라 철도차량 판매자가 철도차량 구매자에게 제공하는 부품의 형식 및 규격은 철도차량 판매자가 판매한 철도차량과 일치해야 한다. ③ 철도차량 판매자는 자신이 판매 또는 공급하는 부품의 가격을 결정할 때 해당 부품의 제조원가(개발비용을 포함한다) 등을 고려하여 신의성실의 원칙에 따라 합리적으로 결정해야 한다. [본조신설 19·6·18] 제72조의3(자료제공·기술지도 및 교육의 시행) ① 법 제31조제4항에 따라 철도차량 판매자는 해당 철도차량의 구매자에게 다음 각 호의 자료를 제공해야 한다. 1. 해당 철도차량이 최적의 상태로 운용되고 유지보수 될 수 있도록 철도차량시스템 및 각 장치의 개별부품에 대한 운영 및 정비 방법 등에 관한 유지보수 기술문서 2. 철도차량 운전 및 주요 시스템의 작동방법, 응급조치 방법, 안전규칙 및 절차 등에 대한 설명서 및 고장수리 절차서 3. 철도차량 판매자 및 철도차량 구매자의 계

법	시 행 령	시 행 규 칙
		약에 따라 공급하기로 약정하는 각종 기술문서 4. 해당 철도차량에 대한 고장진단기(고장진단기의 원활한 작동을 위한 소프트웨어를 포함한다) 및 그 사용 설명서 5. 철도차량의 정비에 필요한 특수공기구 및 시험기와 그 사용 설명서 6. 그 밖에 철도차량 판매자와 철도차량 구매자의 계약에 따라 제공하기로 한 자료 ② 제1항제1호에 따른 유지보수 기술문서에는 다음 각 호의 사항이 포함되어야 한다. 1. 부품의 재고관리, 주요 부품의 교환주기, 기록관리 사항 2. 유지보수에 필요한 설비 또는 장비 등의 현황 3. 유지보수 공정의 계획 및 내용(일상 유지보수, 정기 유지보수, 비정기 유지보수 등) 4. 철도차량이 최적의 상태를 유지할 수 있도록 유지보수 단계별로 필요한 모든 기능 및 조치를 상세하게 적은 기술문서 ③ 철도차량 판매자는 철도차량 구매자에게 다음 각 호에 따른 방법으로 기술지도 또는 교육을 시행해야 한다. 1. 시디(CD), 디브이디(DVD) 등 영상녹화물의 제공을 통한 시청각 교육 2. 교재 및 참고자료의 제공을 통한 서면 교육

법	시 행 령	시 행 규 칙
		3. 그 밖에 철도차량 판매자와 철도차량 구매자의 계약 또는 협의에 따른 방법 ④ 철도차량 판매자는 다음 각 호의 어느 하나에 해당하는 경우에는 해당 철도차량 구매자에게 집합교육 또는 현장교육을 실시해야 한다. 이 경우 철도차량 판매자와 철도차량 구매자는 집합교육 또는 현장교육의 시기, 대상, 기간, 내용 및 비용 등을 협의해야 한다. 1. 철도차량 판매자가 해당 철도차량 정비기술의 효과적인 보급을 위하여 필요하다고 인정하는 경우 2. 철도차량 구매자가 해당 철도차량 정비기술을 효과적으로 배우기 위해 집합교육 또는 현장교육이 필요하다고 요청하는 경우 ⑤ 철도차량 판매자는 철도차량 구매자에게 해당 철도차량의 인도예정일 3개월 전까지 제1항에 따른 자료를 제공하고 제4항 또는 제5항에 따른 교육을 시행해야 한다. 다만, 철도차량 구매자가 따로 요청하거나 철도차량 판매자와 철도차량 구매자가 합의하는 경우에는 기술지도 또는 교육의 시기, 기간 및 방법 등을 따로 정할 수 있다. ⑥ 철도차량 판매자가 해당 철도차량 구매자에게 고장진단기 등 장비·기구 등의 제공 및 기술지도·교육을 유상으로 시행하는 경우에는 유사 장비·물품의 가격 및 유사 교육비용

법	시 행 령	시 행 규 칙
⑤ 제4항 각 호에 따른 정비에 필요한 부품의 종류 및 공급하여야 하는 기간, 기술지도 · 교육 대상과 방법, 철도차량정비 관련 자료의 종류 및 제공 방법 등에 필요한 사항은 국토교통부령으로 정한다.〈신설 18 · 6 · 12〉 ⑥ 국토교통부장관은 제26조의6제1항에 따라 철도차량 완성검사를 받아 해당 철도차량을 판매한 자가 제4항에 따른 조치를 이행하지 아니한 경우에는 그 이행을 명할 수 있다.〈신설 18 · 6 · 12〉 [전문개정 12 · 12 · 18]		등을 기초로 하여 합리적인 기준에 따라 비용을 결정해야 한다. [본조신설 19 · 6 · 18] **제72조의4(철도차량 판매자에 대한 이행명령)** ① 국토교통부장관은 법 제31조제6항에 따라 철도차량 판매자에게 이행명령을 하려면 해당 철도차량 판매자가 이행해야 할 구체적인 조치사항 및 이행 기간 등을 명시하여 서면(전자문서를 포함한다)으로 통지해야 한다. ② 국토교통부장관은 제1항의 이행명령을 통지하기 전에 철도차량 판매자와 해당 철도차량 구매자 간의 분쟁 조정 등을 위하여 철도차량 부품 제작업체, 철도차량 정밀안전진단기관 또는 학계 등 관련분야 전문가의 의견을 들을 수 있다. [본조신설 19 · 6 · 18]
제32조(제작 또는 판매 중지 등) ① 국토교통부장관은 제26조 또는 제27조에 따라 형식승인을 받은 철도차량 또는 철도용품이 다음 각 호의 어느 하나에 해당하는 경우에는 그 철도차량 또는 철도용품의 제작 · 수입 · 판매 또는	**제29조(시정조치의 면제 신청 등)** ① 법 제32조제3항에 따라 시정조치의 면제를 받으려는 제작자는 법 제32조제1항에 따른 중지명령을 받은 날부터 15일 이내에 법 제32조제2항 단서에 따른 경미한 경우에 해당함을 증명하는 서	**제73조(시정조치계획의 제출 및 보고 등)** ① 법 제32조제2항 본문에 따라 중지명령을 받은 철도차량 또는 철도용품의 제작자는 다음 각 호의 사항이 포함된 시정조치계획서를 국토교통부장관에게 제출하여야 한다.

법	시행령	시행규칙
사용의 중지를 명할 수 있다. 다만, 제1호에 해당하는 경우에는 제작·수입·판매 또는 사용의 중지를 명하여야 한다. 〈개정 13·3·23〉 1. 제26조의2제1항(제27조제4항에서 준용하는 경우를 포함한다)에 따라 형식승인이 취소된 경우 2. 제26조의2제2항(제27조제4항에서 준용하는 경우를 포함한다)에 따라 변경승인 이행명령을 받은 경우 3. 제26조의6에 따른 완성검사를 받지 아니한 철도차량을 판매한 경우(판매 또는 사용의 중지명령만 해당한다) 4. 형식승인을 받은 내용과 다르게 철도차량 또는 철도용품을 제작·수입·판매한 경우 ② 제1항에 따른 중지명령을 받은 철도차량 또는 철도용품의 제작자는 국토교통부령으로 정하는 바에 따라 해당 철도차량 또는 철도용품의 회수 및 환불 등에 관한 시정조치계획을 작성하여 국토교통부장관에게 제출하고 이 계획에 따른 시정조치를 하여야 한다. 다만, 제1항제2호 및 제3호에 해당하는 경우로서 그 위반경위, 위반정도 및 위반효과 등이 국토교통부령으로 정하는 경미한 경우에는 그러하지 아니하다. 〈개정 13·3·23〉 ③ 제2항 단서에 따라 시정조치의 면제를 받으려는 제작자는 대통령령으로 정하는 바에	류를 국토교통부장관에게 제출하여야 한다. ② 국토교통부장관은 제1항에 따른 서류를 제출받은 경우에 시정조치의 면제 여부를 결정하고 결정이유, 결정기준과 결과를 신청자에게 통지하여야 한다. [전문개정 14·3·18]	1. 해당 철도차량 또는 철도용품의 명칭, 형식승인번호 및 제작연월일 2. 해당 철도차량 또는 철도용품의 위반경위, 위반정도 및 위반결과 3. 해당 철도차량 또는 철도용품의 제작 수 및 판매 수 4. 해당 철도차량 또는 철도용품의 회수, 환불, 교체, 보수 및 개선 등 시정계획 5. 해당 철도차량 또는 철도용품의 소유자·점유자·관리자 등에 대한 통지문 또는 공고문 ② 법 제32조제2항 단서에서 "국토교통부령으로 정하는 경미한 경우"란 다음 각 호의 어느 하나에 해당하는 경우를 말한다. 1. 구조안전 및 성능에 영향을 미치지 아니하는 형상의 변경 위반 2. 안전에 영향을 미치지 아니하는 설비의 변경 위반 3. 중량분포에 영향을 미치지 아니하는 장치 또는 부품의 배치 변경 위반 4. 동일 성능으로 입증할 수 있는 부품의 규격 변경 위반 5. 안전, 성능 및 품질에 영향을 미치지 아니하는 제작과정의 변경 위반 6. 그 밖에 철도차량 또는 철도용품의 안전 및 성능에 영향을 미치지 아니한다고 국토

법	시 행 령	시 행 규 칙
따라 국토교통부장관에게 그 시정조치의 면제를 신청하여야 한다. 〈개정 13·3·23〉 ④ 철도차량 또는 철도용품의 제작자는 제2항 본문에 따라 시정조치를 하는 경우에는 국토교통부령으로 정하는 바에 따라 해당 시정조치의 진행 상황을 국토교통부장관에게 보고하여야 한다. 〈개정 13·3·23〉 [전문개정 12·12·18] 제33조 삭제 〈12·12·18〉 제34조(표준화) ① 국토교통부장관은 철도의 안전과 호환성의 확보 등을 위하여 철도차량 및 철도용품의 표준규격을 정하여 철도운영자등 또는 철도차량을 제작·조립 또는 수입하려는 자 등(이하 "차량제작자등"이라 한다)에게 권고할 수 있다. 다만, 「산업표준화법」에 따른 한국산업표준이 제정되어 있는 사항에 대하여는 그 표준에 따른다. 〈개정 13·3·23〉 ② 제1항에 따른 표준규격의 제정·개정 등에 필요한 사항은 국토교통부령으로 정한다. 〈개정 13·3·23〉 [전문개정 12·6·1] 제35조부터 제37조까지 삭제 〈12·12·18〉		교통부장관이 인정하여 고시하는 경우 ③ 철도차량 또는 철도용품 제작자가 시정조치를 하는 경우에는 법 제32조제4항에 따라 시정조치가 완료될 때까지 매 분기마다 분기 종료 후 20일 이내에 국토교통부장관에게 시정조치의 진행상황을 보고하여야 하고, 시정조치를 완료한 경우에는 완료 후 20일 이내에 그 시정내용을 국토교통부장관에게 보고하여야 한다. [전문개정 14·3·19] 제74조(철도표준규격의 제정 등) ① 국토교통부장관은 법 제34조에 따른 철도차량이나 철도용품의 표준규격(이하 "철도표준규격"이라 한다)을 제정·개정하거나 폐지하려는 경우에는 기술위원회의 심의를 거쳐야 한다. ② 국토교통부장관은 철도표준규격을 제정·개정하거나 폐지하는 경우에 필요한 경우에는 공청회 등을 개최하여 이해관계인의 의견을 들을 수 있다. ③ 국토교통부장관은 철도표준규격을 제정한 경우에는 해당 철도표준규격의 명칭·번호 및 제정 연월일 등을 관보에 고시하여야 한다. 고시한 철도표준규격을 개정하거나 폐지한 경우에도 또한 같다. ④ 국토교통부장관은 제3항에 따라 철도표준규격을 고시한 날부터 3년마다 타당성을 확인

법	시행령	시행규칙
		하여 필요한 경우에는 철도표준규격을 개정하거나 폐지할 수 있다. 다만, 철도기술의 향상 등으로 인하여 철도표준규격을 개정하거나 폐지할 필요가 있다고 인정하는 때에는 3년 이내에도 철도표준규격을 개정하거나 폐지할 수 있다. ⑤ 철도표준규격의 제정·개정 또는 폐지에 관하여 이해관계가 있는 자는 별지 제44호서식의 철도표준규격 제정·개정·폐지 의견서에 다음 각 호의 서류를 첨부하여 「과학기술분야 정부출연연구기관 등의 설립·운영 및 육성에 관한 법률」에 따른 한국철도기술연구원(이하 "한국철도기술연구원"이라 한다)에 제출할 수 있다. 1. 철도표준규격의 제정·개정 또는 폐지안 2. 철도표준규격의 제정·개정 또는 폐지안에 대한 의견서 ⑥ 제5항에 따른 의견서를 받은 한국철도기술연구원은 이를 검토한 후 그 검토 결과를 해당 이해관계인에게 통보하여야 한다. ⑦ 철도표준규격의 관리 등에 필요한 세부사항은 국토교통부장관이 정하여 고시한다. [전문개정 14·3·19]
제38조(종합시험운행) ① 철도운영자등은 철도노선을 새로 건설하거나 기존노선을 개량하여 운영하려는 경우에는 정상운행을 하기 전에 종합		제75조(종합시험운행의 시기·절차 등) ① 철도운영자등이 법 제38조제1항에 따라 실시하는 종합시험운행(이하 "종합시험운행"이라 한다)

법	시 행 령	시 행 규 칙
시험운행을 실시한 후 그 결과를 국토교통부장관에게 보고하여야 한다. 〈개정 13 · 3 · 23〉		은 해당 철도노선의 영업을 개시하기 전에 실시한다. 〈개정 14 · 3 · 19〉 ② 종합시험운행은 철도운영자와 합동으로 실시한다. 이 경우 철도운영자는 종합시험운행의 원활한 실시를 위하여 철도시설관리자로부터 철도차량, 소요인력 등의 지원 요청이 있는 경우 특별한 사유가 없는 한 이에 응하여야 한다. ③ 철도시설관리자는 종합시험운행을 실시하기 전에 철도운영자와 협의하여 다음 각 호의 사항이 포함된 종합시험운행계획을 수립하여야 한다. 1. 종합시험운행의 방법 및 절차 2. 평가항목 및 평가기준 등 3. 종합시험운행의 일정 4. 종합시험운행의 실시 조직 및 소요인원 5. 종합시험운행에 사용되는 시험기기 및 장비 6. 종합시험운행을 실시하는 사람에 대한 교육훈련계획 7. 안전관리조직 및 안전관리계획 8. 비상대응계획 9. 그 밖에 종합시험운행의 효율적인 실시와 안전 확보를 위하여 필요한 사항 ④ 철도시설관리자는 종합시험운행을 실시하기 전에 철도운영자와 합동으로 해당 철도노선에 설치된 철도시설물에 대한 기능 및 성능 점검결과를 설명한 서류에 대한 검토 등 사전

법	시 행 령	시 행 규 칙
		검토를 하여야 한다. ⑤ 종합시험운행은 다음 각 호의 절차로 구분하여 순서대로 실시한다. 1. 시설물검증시험: 해당 철도노선에서 허용되는 최고속도까지 단계적으로 철도차량의 속도를 증가시키면서 철도시설의 안전상태, 철도차량의 운행적합성이나 철도시설물과의 연계성(Interface), 철도시설물의 정상 작동 여부 등을 확인·점검하는 시험 2. 영업시운전: 시설물검증시험이 끝난 후 영업 개시에 대비하기 위하여 열차운행계획에 따른 실제 영업상태를 가정하고 열차운행체계 및 철도종사자의 업무숙달 등을 점검하는 시험 ⑥ 철도시설관리자는 기존 노선을 개량한 철도노선에 대한 종합시험운행을 실시하는 경우에는 철도운영자와 협의하여 제2항에 따른 종합시험운행 일정을 조정하거나 그 절차의 일부를 생략할 수 있다. ⑦ 철도시설관리자는 제5항 및 제6항에 따라 종합시험운행을 실시하는 경우에는 철도운영자와 합동으로 종합시험운행의 실시내용·실시결과 및 조치내용 등을 확인하고 이를 기록·관리하여야 하며, 그 결과를 국토교통부장관에게 보고하여야 한다. 〈개정 14·3·19〉 ⑧ 철도운영자등은 제75조의2제2항에 따라 철

법	시 행 령	시 행 규 칙
② 국토교통부장관은 제1항에 따른 보고를 받		도시설의 개선 · 시정명령을 받은 경우나 열차 운행체계 또는 운행준비에 대한 개선 · 시정명령을 받은 경우에는 이를 개선 · 시정하여야 하고, 개선 · 시정을 완료한 후에는 종합시험운행을 다시 실시하여 국토교통부장관에게 그 결과를 보고하여야 한다. 이 경우 제5항 각 호의 종합시험운행절차 중 일부를 생략할 수 있다. 〈개정 14 · 3 · 19, 16 · 8 · 10〉 ⑨ 철도운영자등이 종합시험운행을 실시하는 때에는 안전관리책임자를 지정하여 다음 각 호의 업무를 수행하도록 하여야 한다. 〈개정 14 · 3 · 19〉 1. 「산업안전보건법」 등 관련 법령에서 정한 안전조치사항의 점검 · 확인 2. 종합시험운행을 실시하기 전의 안전점검 및 종합시험운행 중 안전관리 감독 3. 종합시험운행에 사용되는 철도차량에 대한 안전 통제 4. 종합시험운행에 사용되는 안전장비의 점검 · 확인 5. 종합시험운행 참여자에 대한 안전교육 ⑩ 그 밖에 종합시험운행의 세부적인 절차 · 방법 등에 관하여 필요한 사항은 국토교통부장관이 정하여 고시한다. 〈개정 13 · 3 · 23〉 [전문개정 12 · 12 · 10] **제75조의2(종합시험운행 결과의 검토 및 개선명**

법	시행령	시행규칙
은 경우에는 「철도의 건설 및 철도시설 유지관리에 관한 법률」 제19조제1항에 따른 기술기준에의 적합 여부, 철도시설 및 열차운행체계의 안전성 여부, 정상운행 준비의 적절성 여부 등을 검토하여 필요하다고 인정하는 경우에는 개선·시정할 것을 명할 수 있다. 〈개정 13·3·23, 18·3·13〉 ③ 제1항 및 제2항에 따른 종합시험운행의 실시 시기·방법·기준과 개선·시정 명령 등에 필요한 사항은 국토교통부령으로 정한다. 〈개정 13·3·23〉 [전문개정 12·12·18]		령 등) ① 법 제38조제2항에 따라 실시되는 종합시험운행의 결과에 대한 검토는 다음 각 호의 절차로 구분하여 순서대로 실시한다.〈개정 19·3·20〉 1. 「철도의 건설 및 철도시설 유지관리에 관한 법률」 제19조제1항 및 제2항에 따른 기술기준에의 적합여부 검토 2. 철도시설 및 열차운행체계의 안전성 여부 검토 3. 정상운행 준비의 적절성 여부 검토 ② 국토교통부장관은 「도시철도법」 제3조제2호에 따른 도시철도 또는 같은 법 제24조 또는 제42조에 따라 도시철도건설사업 또는 도시철도운송사업을 위탁받은 법인이 건설·운영하는 도시철도에 대하여 제1항에 따른 검토를 하는 경우에는 해당 도시철도의 관할 시·도지사와 협의할 수 있다. 이 경우 협의 요청을 받은 시·도지사는 협의를 요청받은 날부터 7일 이내에 의견을 제출하여야 하며, 그 기간 내에 의견을 제출하지 아니하면 의견이 없는 것으로 본다.〈신설 17·1·20〉 ③ 국토교통부장관은 제1항에 따른 검토 결과 해당 철도시설의 개선·보완이 필요하거나 열차운행체계 또는 운행준비에 대한 개선·보완이 필요한 경우에는 법 제38조제2항에 따라 철도운영자등에게 이를 개선·시정할 것을 명

법	시　　행　　령	시　　행　　규　　칙
		할 수 있다.〈개정 17 · 1 · 20〉 ④ 제1항에 따른 종합시험운행의 결과 검토에 대한 세부적인 기준 · 절차 및 방법에 관하여 필요한 사항은 국토교통부장관이 정하여 고시한다.〈개정 17 · 1 · 20〉 [본조신설 14 · 3 · 19]
제38조의2(철도차량의 개조 등) ① 철도차량을 소유하거나 운영하는 자(이하 "소유자등"이라 한다)는 철도차량 최초 제작 당시와 다르게 구조, 부품, 장치 또는 차량성능 등에 대한 개량 및 변경 등(이하 "개조"라 한다)을 임의로 하고 운행하여서는 아니 된다. ② 소유자등이 철도차량을 개조하여 운행하려면 제26조제3항에 따른 철도차량의 기술기준에 적합한지에 대하여 국토교통부령으로 정하는 바에 따라 국토교통부장관의 승인(이하 "개조승인"이라 한다)을 받아야 한다. 다만, 국토교통부령으로 정하는 경미한 사항을 개조하는 경우에는 국토교통부장관에게 신고(이하 "개조신고"라 한다)하여야 한다. ③ 소유자등이 철도차량을 개조하여 개조승인을 받으려는 경우에는 국토교통부령으로 정하는 바에 따라 적정 개조능력이 있다고 인정되는 자가 개조 작업을 수행하도록 하여야 한다. ④ 국토교통부장관은 개조승인을 하려는 경우에는 해당 철도차량이 제26조제3항에 따라 고		제75조의3(철도차량 개조승인의 신청 등) ① 법 제38조의2제2항 본문에 따라 철도차량을 소유하거나 운영하는 자(이하 "소유자등"이라 한다)는 철도차량 개조승인을 받으려면 별지 제45호서식에 따른 철도차량 개조승인신청서에 다음 각 호의 서류를 첨부하여 국토교통부장관에게 제출하여야 한다. 1. 개조 대상 철도차량 및 수량에 관한 서류 2. 개조의 범위, 사유 및 작업 일정에 관한 서류 3. 개조 전 · 후 사양 대비표 4. 개조에 필요한 인력, 장비, 시설 및 부품 또는 장치에 관한 서류 5. 개조작업수행 예정자의 조직 · 인력 및 장비 등에 관한 현황과 개조작업수행에 필요한 부품, 구성품 및 용역의 내용에 관한 서류. 다만, 개조작업수행 예정자를 선정하기 전인 경우에는 개조작업수행 예정자 선정기준에 관한 서류 6. 개조 작업지시서 7. 개조하고자 하는 사항이 철도차량기술기준

법	시 행 령	시 행 규 칙
시하는 철도차량의 기술기준에 적합한지에 대하여 개조승인검사를 하여야 한다. ⑤ 제2항 및 제4항에 따른 개조승인절차, 개조신고절차, 승인방법, 검사기준, 검사방법 등에 대하여 필요한 사항은 국토교통부령으로 정한다. [본조신설 17·10·24]		에 적합함을 입증하는 기술문서 ② 국토교통부장관은 제1항에 따라 철도차량 개조승인 신청을 받은 경우에는 그 신청서를 받은 날부터 15일 이내에 개조승인에 필요한 검사내용, 시기, 방법 및 절차 등을 적은 개조검사 계획서를 신청인에게 통지하여야 한다. [본조신설 18·11·9] **제75조의4(철도차량의 경미한 개조)** ① 법 제38조의2제2항 단서에서 "국토교통부령으로 정하는 경미한 사항을 개조하는 경우"란 다음 각 호의 어느 하나에 해당하는 경우를 말한다.〈개정 20·8·4〉 1. 차체구조 등 철도차량 구조체의 개조로 인하여 해당 철도차량의 허용 적재하중 등 철도차량의 강도가 100분의 5 미만으로 변동되는 경우 2. 설비의 변경 또는 교체에 따라 해당 철도차량의 중량 및 중량분포가 다음 각 목에 따른 기준 이하로 변동되는 경우 가. 고속철도차량 및 일반철도차량의 동력차(기관차): 100분의 2 나. 고속철도차량 및 일반철도차량의 객차·화차·전기동차·디젤동차: 100분의 4 다. 도시철도차량: 100분의 5 3. 다음 각 목의 어느 하나에 해당하지 아니하는 장치 또는 부품의 개조 또는 변경

법	시 행 령	시 행 규 칙
		가. 주행장치 중 주행장치틀, 차륜 및 차축 나. 제동장치 중 제동제어장치 및 제어기 다. 추진장치 중 인버터 및 컨버터 라. 보조전원장치 마. 차상신호장치(지상에 설치된 신호장치로부터 열차의 운행조건 등에 관한 정보를 수신하여 철도차량의 운전실에 속도감속 또는 정지 등 철도차량의 운전에 필요한 정보를 제공하기 위하여 철도차량에 설치된 장치를 말한다) 바. 차상통신장치 사. 종합제어장치 아. 철도차량기술기준에 따른 화재시험 대상인 부품 또는 장치. 다만, 「화재예방, 소방시설 설치 · 유지 및 안전관리에 관한 법률」 제9조제1항에 따른 화재안전기준을 충족하는 부품 또는 장치는 제외한다. 4. 법 제27조에 따라 국토교통부장관으로부터 철도용품 형식승인을 받은 용품으로 변경하는 경우(제1호 및 제2호에 따른 요건을 모두 충족하는 경우로서 소유자등이 지상에 설치되어 있는 설비와 철도차량의 부품 · 구성품 등이 상호 접속되어 원활하게 그 기능이 확보되는지에 대하여 확인한 경우에 한한다) 5. 철도차량 제작자와의 계약에 따른 성능개

법	시행령	시행규칙
		선을 위한 장치 또는 부품의 변경 6. 철도차량 개조의 타당성 및 적합성 등에 관한 검토·시험을 위한 대표편성 철도차량의 개조에 대하여 「과학기술분야 정부출연연구기관 등의 설립·운영 및 육성에 관한 법률」에 따른 한국철도기술연구원의 승인을 받은 경우 7. 철도차량의 장치 또는 부품을 개조한 이후 개조 전의 장치 또는 부품과 비교하여 철도차량의 고장 또는 운행장애가 증가하여 개조 전의 장치 또는 부품으로 긴급히 교체하는 경우 8. 그 밖에 철도차량의 안전, 성능 등에 미치는 영향이 미미하다고 국토교통부장관으로부터 인정을 받은 경우 ② 제1항을 적용할 때 다음 각 호의 어느 하나에 해당하는 경우에는 철도차량의 개조로 보지 아니한다.〈개정 20·8·4〉 1. 철도차량의 유지보수(점검 또는 정비 등) 계획에 따라 일상적·반복적으로 시행하는 부품이나 구성품의 교체·교환 1의2. 철도차량 제작자와의 하자보증계약에 따른 장치 또는 부품의 변경 2. 차량 내·외부 도색 등 미관이나 내구성 향상을 위하여 시행하는 경우 3. 승객의 편의성 및 쾌적성 제고와 청결·위

법	시 행 령	시 행 규 칙
		생 · 방역을 위한 차량 유지관리 4. 다음 각 목의 장치와 관련되지 아니한 소프트웨어의 수정 가. 견인장치 나. 제동장치 다. 차량의 안전운행 또는 승객의 안전과 관련된 제어장치 라. 신호 및 통신 장치 5. 차체 형상의 개선 및 차내 설비의 개선 6. 철도차량 장치나 부품의 배치위치 변경 7. 기존 부품과 동등 수준 이상의 성능임을 제시하거나 입증할 수 있는 부품의 규격 수정 8. 소유자등이 철도차량 개조의 타당성 등에 관한 사전 검토를 위하여 여객 또는 화물 운송을 목적으로 하지 아니하고 철도차량의 시험운행을 위한 전용선로 또는 영업 중인 선로에서 영업운행 종료 이후 30분이 경과된 시점부터 다음 영업운행 개시 30분 전까지 해당 철도차량을 운행하는 경우(소유자등이 안전운행 확보방안을 수립하여 시행하는 경우에 한한다) 9. 「철도사업법」에 따른 전용철도 노선에서만 운행하는 철도차량에 대한 개조 10. 그 밖에 제1호부터 제7호까지에 준하는 사항으로 국토교통부장관으로부터 인정을 받은 경우

법	시행령	시행규칙
		③ 소유자등이 제1항에 따른 경미한 사항의 철도차량 개조신고를 하려면 해당 철도차량에 대한 개조작업 시작예정일 10일 전까지 별지 제45호의2서식에 따른 철도차량 개조신고서에 다음 각 호의 서류를 첨부하여 국토교통부장관에게 제출하여야 한다. 1. 제1항 각 호의 어느 하나에 해당함을 증명하는 서류 2. 제1호와 관련된 제75조의3제1항제1호부터 제6호까지의 서류 ④ 국토교통부장관은 제3항에 따라 소유자등이 제출한 철도차량 개조신고서를 검토한 후 적합하다고 판단하는 경우에는 별지 제45호의3서식에 따른 철도차량 개조신고확인서를 발급하여야 한다. [본조신설 18·11·9] **제75조의5(철도차량 개조능력이 있다고 인정되는 자)** 법 제38조의2제3항에서 "국토교통부령으로 정하는 적정 개조능력이 있다고 인정되는 자"란 다음 각 호의 어느 하나에 해당하는 자를 말한다. 1. 개조 대상 철도차량 또는 그와 유사한 성능의 철도차량을 제작한 경험이 있는 자 2. 개조 대상 부품 또는 장치 등을 제작하여 납품한 실적이 있는 자 3. 개조 대상 부품·장치 또는 그와 유사한

법	시 행 령	시 행 규 칙
		성능의 부품 · 장치 등을 1년 이상 정비한 실적이 있는 자 4. 법 제38조의7제2항에 따른 인증정비조직 5. 개조 전의 부품 또는 장치 등과 동등 수준 이상의 성능을 확보할 수 있는 부품 또는 장치 등의 신기술을 개발하여 해당 부품 또는 장치를 철도차량에 설치 또는 개량하는 자 [본조신설 18 · 11 · 9] **제75조의6(개조승인 검사 등)** ① 법 제38조의2제4항에 따른 개조승인 검사는 다음 각 호의 구분에 따라 실시한다. 1. 개조적합성 검사: 철도차량의 개조가 철도차량기술기준에 적합한지 여부에 대한 기술문서 검사 2. 개조합치성 검사: 해당 철도차량의 대표편성에 대한 개조작업이 제1호에 따른 기술문서와 합치하게 시행되었는지 여부에 대한 검사 3. 개조형식시험: 철도차량의 개조가 부품단계, 구성품단계, 완성차단계, 시운전단계에서 철도차량기술기준에 적합한지 여부에 대한 시험 ② 국토교통부장관은 제1항에 따른 개조승인 검사 결과 철도차량기술기준에 적합하다고 인정하는 경우에는 별지 제45호의4서식에 따른 철도차량 개조승인증명서에 철도차량 개조승인 자료집

법	시행령	시행규칙
		을 첨부하여 신청인에게 발급하여야 한다. ③ 제1항 및 제2항에서 정한 사항 외에 개조승인의 절차 및 방법 등에 관한 세부사항은 국토교통부장관이 정하여 고시한다. [본조신설 18·11·9]
제38조의3(철도차량의 운행제한) ① 국토교통부장관은 다음 각 호의 어느 하나에 해당하는 사유가 있다고 인정되면 소유자등에게 철도차량의 운행제한을 명할 수 있다. 1. 소유자등이 개조승인을 받지 아니하고 임의로 철도차량을 개조하여 운행하는 경우 2. 철도차량이 제26조제3항에 따른 철도차량의 기술기준에 적합하지 아니한 경우 ② 국토교통부장관은 제1항에 따라 운행제한을 명하는 경우 사전에 그 목적, 기간, 지역, 제한내용 및 대상 철도차량의 종류와 그 밖에 필요한 사항을 해당 소유자등에게 통보하여야 한다. [본조신설 17·10·24]		제75조의7(철도차량의 운행제한 처분기준) 법 제38조의3제1항에 따른 소유자등에 대한 철도차량의 운행제한 처분기준은 별표 16과 같다. [본조신설 18·11·9]
제38조의4(준용규정) 철도차량 운행제한에 대한 과징금의 부과·징수에 관하여는 제9조의2를 준용한다. 이 경우 "철도운영자등"은 "소유자등"으로, "업무의 제한이나 정지"는 "철도차량의 운행제한"으로 본다. [본조신설 17·10·24]	제29조의2(철도차량 운행제한 관련 과징금의 부과기준) 법 제38조의4에서 준용하는 법 제9조의2에 따라 과징금을 부과하는 위반행위의 종류와 과징금의 금액은 별표 4와 같다. [본조신설 18·10·23]	
제38조의5(철도차량의 이력관리) ① 소유자등은		

법	시　행　령	시　행　규　칙
보유 또는 운영하고 있는 철도차량과 관련한 제작, 운용, 철도차량정비 및 폐차 등 이력을 관리하여야 한다. ② 제1항에 따라 이력을 관리하여야 할 철도차량, 이력관리 항목, 전산망 등 관리체계, 방법 및 절차 등에 필요한 사항은 국토교통부장관이 정하여 고시한다. ③ 누구든지 제1항에 따라 관리하여야 할 철도차량의 이력에 대하여 다음 각 호의 행위를 하여서는 아니 된다. 1. 이력사항을 고의 또는 과실로 입력하지 아니하는 행위 2. 이력사항을 위조·변조하거나 고의로 훼손하는 행위 3. 이력사항을 무단으로 외부에 제공하는 행위 ④ 소유자등은 제1항의 이력을 국토교통부장관에게 정기적으로 보고하여야 한다. ⑤ 국토교통부장관은 제4항에 따라 보고된 철도차량과 관련한 제작, 운용, 철도차량정비 및 폐차 등 이력을 체계적으로 관리하여야 한다. [본조신설 18·6·12]		
제38조의6(철도차량정비 등) ① 철도운영자등은 운행하려는 철도차량의 부품, 장치 및 차량성능 등이 안전한 상태로 유지될 수 있도록 철도차량정비가 된 철도차량을 운행하여야 한다. ② 국토교통부장관은 제1항에 따른 철도차량		**제75조의8(철도차량정비 또는 원상복구 명령 등)** ① 국토교통부장관은 법 제38조의6제3항에 따라 철도운영자등에게 철도차량정비 또는 원상복구를 명하는 경우에는 그 시정에 필요한 기간을 주어야 한다.

법	시 행 령	시 행 규 칙
을 운행하기 위하여 철도차량을 정비하는 때에 준수하여야 할 항목, 주기, 방법 및 절차 등에 관한 기술기준(이하 "철도차량정비기술기준"이라 한다)을 정하여 고시하여야 한다. ③ 국토교통부장관은 철도차량이 다음 각 호의 어느 하나에 해당하는 경우에 철도운영자등에게 해당 철도차량에 대하여 국토교통부령으로 정하는 바에 따라 철도차량정비 또는 원상복구를 명할 수 있다. 다만, 제2호 또는 제3호에 해당하는 경우에는 국토교통부장관은 철도운영자등에게 철도차량정비 또는 원상복구를 명하여야 한다. 1. 철도차량기술기준에 적합하지 아니하거나 안전운행에 지장이 있다고 인정되는 경우 2. 소유자등이 개조승인을 받지 아니하고 철도차량을 개조한 경우 3. 국토교통부령으로 정하는 철도사고 또는 운행장애 등이 발생한 경우 [본조신설 18·6·12]		② 국토교통부장관은 제1항에 따라 철도운영자등에게 철도차량정비 또는 원상복구를 명하는 경우 대상 철도차량 및 사유 등을 명시하여 서면(전자문서를 포함한다. 이하 이 조에서 같다)으로 통지해야 한다. ③ 철도운영자등은 법 제38조의6제3항에 따라 국토교통부장관으로부터 철도차량정비 또는 원상복구 명령을 받은 경우에는 그 명령을 받은 날부터 14일 이내에 시정조치계획서를 작성하여 서면으로 국토교통부장관에게 제출해야 하고, 시정조치를 완료한 경우에는 지체 없이 그 시정내용을 국토교통부장관에게 서면으로 통지해야 한다. ④ 법 제38조의6제3항제3호에서 "국토교통부령으로 정하는 철도사고 또는 운행장애 등"이란 다음 각 호의 경우를 말한다. 1. 철도차량의 고장 등 철도차량 결함으로 인해 법 제61조 및 이 규칙 제86조제3항에 따른 보고대상이 되는 열차사고 또는 위험사고가 발생한 경우 2. 철도차량의 고장 등 철도차량 결함에 따른 철도사고로 사망자가 발생한 경우 3. 동일한 부품·구성품 또는 장치 등의 고장으로 인해 법 제61조 및 이 규칙 제86조제3항에 따른 보고대상이 되는 지연운행이 1년에 3회 이상 발생한 경우 4. 그 밖에 철도 운행안전 확보 등을 위해 국

법	시 행 령	시 행 규 칙
제38조의7(철도차량 정비조직인증) ① 철도차량 정비를 하려는 자는 철도차량정비에 필요한 인력, 설비 및 검사체계 등에 관한 기준(이하 "정비조직인증기준"이라 한다)을 갖추어 국토교통부장관으로부터 인증을 받아야 한다. 다만, 국토교통부령으로 정하는 경미한 사항의 경우에는 그러하지 아니하다. ② 제1항에 따라 정비조직의 인증을 받은 자(이하 "인증정비조직"이라 한다)가 인증받은 사항을 변경하려는 경우에는 국토교통부장관의 변경인증을 받아야 한다. 다만, 국토교통부령으로 정하는 경미한 사항을 변경하는 경우에는 국토교통부장관에게 신고하여야 한다. ③ 국토교통부장관은 정비조직을 인증하려는 경우에는 국토교통부령으로 정하는 바에 따라 철도차량정비의 종류 · 범위 · 방법 및 품질관리절차 등을 정한 세부 운영기준(이하 "정비조직운영기준"이라 한다)을 해당 정비조직에 발급하여야 한다. ④ 제1항부터 제3항까지에 따른 정비조직인증기준, 인증절차, 변경인증절차 및 정비조직운영기준 등에 필요한 사항은 국토교통부령으로 정한다. [본조신설 18 · 6 · 12]		토교통부장관이 정하여 고시하는 경우 [본조신설 19 · 6 · 18] 제75조의9(정비조직인증의 신청 등) ① 법 제38조의7제1항에 따른 정비조직인증기준(이하 "정비조직인증기준"이라 한다)은 다음 각 호와 같다. 1. 정비조직의 업무를 적절하게 수행할 수 있는 인력을 갖출 것 2. 정비조직의 업무범위에 적합한 시설 · 장비 등 설비를 갖출 것 3. 정비조직의 업무범위에 적합한 철도차량 정비매뉴얼, 검사체계 및 품질관리체계 등을 갖출 것 ② 법 제38조의7제1항에 따라 철도차량 정비조직의 인증을 받으려는 자는 철도차량 정비업무 개시예정일 60일 전까지 별지 제45호의5서식의 철도차량 정비조직인증 신청서에 정비조직인증기준을 갖추었음을 증명하는 자료를 첨부하여 국토교통부장관에게 제출해야 한다. ③ 법 제38조의7제1항 따라 철도차량 정비조직의 인증을 받은 자(이하 "인증정비조직"이라 한다)가 같은 조 제2항 따라 인증정비조직의 변경인증을 받으려면 변경내용의 적용 예정일 30일 전까지 별지 제45호의6서식의 인증정비조직 변경인증 신청서에 다음 각 호의 서류를 첨부하여 국토교통부장관에게 제출해야

법	시 행 령	시 행 규 칙
		한다. 1. 변경하고자 하는 내용과 증명서류 2. 변경 전후의 대비표 및 설명서 ④ 제1항 및 제2항에서 정한 사항 외에 정비조직인증에 관한 세부적인 기준·방법 및 절차 등은 국토교통부장관이 정하여 고시한다. [본조신설 19·6·18] **제75조의10(정비조직인증서의 발급 등)** ① 국토교통부장관은 제75조의9제2항 및 제3항에 따른 철도차량 정비조직인증 또는 변경인증의 신청을 받으면 제75조의9제1항에 따른 정비조직인증기준에 적합한지 여부를 확인해야 한다. ② 국토교통부장관은 제1항에 따른 확인 결과 정비조직인증기준에 적합하다고 인정하는 경우에는 별지 제45호의7서식의 철도차량 정비조직인증서에 철도차량정비의 종류·범위·방법 및 품질관리절차 등을 정한 운영기준(이하 "정비조직운영기준"이라 한다)을 첨부하여 신청인에게 발급해야 한다. ③ 인증정비조직은 정비조직운영기준에 따라 정비조직을 운영해야 한다. ④ 제1항에 따른 세부적인 기준, 절차 및 방법과 제2항에 따른 정비조직운영기준 등에 관한 세부사항은 국토교통부장관이 정하여 고시한다. ⑤ 국토교통부장관은 제2항에 따라 철도차량 정비조직인증서를 발급한 때에는 그 사실을

법	시 행 령	시 행 규 칙
		관보에 고시해야 한다. [본조신설 19 · 6 · 18] 제75조의11(정비조직인증기준의 경미한 변경 등) ① 법 제38조의7제1항 단서에서 "국토교통부령으로 정하는 경미한 사항"이란 다음 각 호의 어느 하나에 해당하는 정비조직을 말한다. 1. 철도차량 정비업무에 상시 종사하는 사람이 50명 미만의 조직 2. 「중소기업기본법 시행령」 제8조에 따른 소기업 중 해당 기업의 주된 업종이 운수 및 창고업에 해당하는 기업(「통계법」 제22조에 따라 통계청장이 고시하는 한국표준산업분류의 대분류에 따른 운수 및 창고업을 말한다) 3. 「철도사업법」에 따른 전용철도 노선에서만 운행하는 철도차량을 정비하는 조직 ② 법 제38조의7제2항 단서에서 "국토교통부령으로 정하는 경미한 사항의 변경"이란 다음 각 호의 어느 하나에 해당하는 사항의 변경을 말한다. 1. 철도차량 정비를 위한 사업장을 기준으로 철도차량 정비와 관련된 업무를 수행하는 인력의 100분의 10 이하 범위에서의 변경 2. 철도차량 정비를 위한 사업장을 기준으로 철도차량 정비에 직접 사용되는 토지 면적의 1만제곱미터 이하 범위에서의 변경 3. 그 밖에 철도차량 정비의 안전 및 품질 등

법	시 행 령	시 행 규 칙
		에 중대한 영향을 초래하지 않는 설비 또는 장비 등의 변경 ③ 제2항에도 불구하고 인증정비조직은 다음 각 호의 어느 하나에 해당하는 경우 정비조직인증의 변경에 관한 신고(이하 이 조에서 "인증변경신고"라 한다)를 하지 않을 수 있다. 1. 철도차량 정비를 위한 사업장을 기준으로 철도차량 정비와 관련된 업무를 수행하는 인력이 100분의 5 이하 범위에서 변경되는 경우 2. 철도차량 정비를 위한 사업장을 기준으로 철도차량 정비에 직접 사용되는 면적이 3천제곱미터 이하 범위에서 변경되는 경우 3. 철도차량 정비를 위한 설비 또는 장비 등의 교체 또는 개량 4. 그 밖에 철도차량 정비의 안전 및 품질 등에 영향을 초래하지 않는 사항의 변경 ④ 인증정비조직은 법 제38조의7제2항 단서에 따라 인증정비조직의 경미한 사항의 변경에 관한 신고를 하려면 별지 제45호의8서식의 인증정비조직 변경신고서에 다음 각 호의 서류를 첨부하여 국토교통부장관에게 제출해야 한다. 1. 변경 예정인 내용과 증명서류 2. 변경 전후의 대비표 및 설명서 ⑤ 국토교통부장관은 제4항에 따른 인증정비조직 변경신고서를 받은 때에는 정비조직인증

법	시 행 령	시 행 규 칙
제38조의8(결격사유) 다음 각 호의 어느 하나에 해당하는 자는 정비조직의 인증을 받을 수 없다. 법인인 경우에는 임원 중 다음 각 호의 어느 하나에 해당하는 사람이 있는 경우에도 또한 같다. 1. 피성년후견인 및 피한정후견인 2. 파산선고를 받은 자로서 복권되지 아니한 자 3. 제38조의10에 따라 정비조직의 인증이 취소(제38조의10제1항제4호에 따라 제1호 및 제2호에 해당되어 인증이 취소된 경우는 제외한다)된 후 2년이 지나지 아니한 자 4. 이 법을 위반하여 징역 이상의 실형을 선고받고 그 집행이 끝나거나 그 집행이 면제된 날부터 2년이 지나지 아니한 사람 5. 이 법을 위반하여 징역 이상의 형의 집행유예를 선고받고 그 유예기간 중에 있는 사람 [본조신설 18 · 6 · 12] 제38조의9(인증정비조직의 준수사항) 인증정비		기준에 적합한지 여부를 확인한 후 별지 제45호의9서식의 인증정비조직 변경신고확인서를 발급해야 한다. ⑥ 제2항부터 제5항까지의 규정에서 정한 사항 외에 인증변경신고에 관한 세부적인 방법 및 절차 등은 국토교통부장관이 정하여 고시한다. [본조신설 19 · 6 · 18]

법	시 행 령	시 행 규 칙
조직은 다음 각 호의 사항을 준수하여야 한다. 1. 철도차량정비기술기준을 준수할 것 2. 정비조직인증기준에 적합하도록 유지할 것 3. 정비조직운영기준을 지속적으로 유지할 것 4. 중고 부품을 사용하여 철도차량정비를 할 경우 그 적정성 및 이상 여부를 확인할 것 5. 철도차량정비가 완료되지 않은 철도차량은 운행할 수 없도록 관리할 것 [본조신설 18·6·12] **제38조의10(인증정비조직의 인증 취소 등)** ① 국토교통부장관은 인증정비조직이 다음 각 호의 어느 하나에 해당하면 인증을 취소하거나 6개월 이내의 기간을 정하여 업무의 제한이나 정지를 명할 수 있다. 다만, 제1호, 제2호(고의에 의한 경우로 한정한다) 및 제4호에 해당하는 경우에는 그 인증을 취소하여야 한다. 1. 거짓이나 그 밖의 부정한 방법으로 인증을 받은 경우 2. 고의 또는 중대한 과실로 국토교통부령으로 정하는 철도사고 및 중대한 운행장애를 발생시킨 경우 3. 제38조의7제2항을 위반하여 변경인증을 받지 아니하거나 변경신고를 하지 아니하고 인증받은 사항을 변경한 경우 4. 제38조의8제1호 및 제2호에 따른 결격사유에 해당하게 된 경우		**제75조의12(인증정비조직의 인증 취소 등)** ① 법 제38조의10제1항제2호에서 "국토교통부령으로 정하는 철도사고 및 중대한 운행장애"란 다음 각 호의 어느 하나에 해당하는 경우를 말한다. 1. 철도사고로 사망자가 발생한 경우 2. 철도사고 또는 운행장애로 5억원 이상의 재산피해가 발생한 경우 ② 법 제38조의10제2항에 따른 정비조직인증의 취소, 업무의 제한 또는 정지 등 처분기준은 별표 17과 같다. ③ 국토교통부장관은 제2항에 따른 처분을 한 경우에는 지체 없이 그 인증정비조직에 별지 제11호의3서식의 지정기관 행정처분서를 통지하고 그 사실을 관보에 고시해야 한다. [본조신설 19·6·18]

<table>
<tr><th>법</th><th>시행령</th><th>시행규칙</th></tr>
<tr><td>5. 제38조의9에 따른 준수사항을 위반한 경우
② 제1항에 따른 정비조직인증의 취소, 업무의 제한 또는 정지의 기준 및 절차 등에 필요한 사항은 국토교통부령으로 정한다.
[본조신설 18 · 6 · 12]</td><td></td><td></td></tr>
<tr><td>제38조의11(준용규정) 인증정비조직에 대한 과징금의 부과 · 징수에 관하여는 제9조의2를 준용한다. 이 경우 "제9조제1항"은 "제38조의10제1항"으로, "철도운영자등"은 "인증정비조직"으로 본다.
[본조신설 18 · 6 · 12]</td><td>제29조의3(인증정비조직 관련 과징금의 부과기준) 법 제38조의11에서 준용하는 법 제9조의2에 따른 과징금의 부과기준은 별표 4의2와 같다.
[본조신설 19 · 6 · 4]</td><td></td></tr>
<tr><td>제38조의12(철도차량 정밀안전진단) ① 소유자등은 철도차량이 제작된 시점(제26조의6제2항에 따라 완성검사증명서를 발급받은 날부터 기산한다)부터 국토교통부령으로 정하는 일정기간 또는 일정주행거리가 지나 노후된 철도차량을 운행하려는 경우 일정기간마다 물리적 사용가능 여부 및 안전성능 등에 대한 진단(이하 "정밀안전진단"이라 한다)을 받아야 한다.〈개정 20 · 6 · 9〉
② 국토교통부장관은 철도사고 및 중대한 운행장애 등이 발생된 철도차량에 대하여는 소유자등에게 정밀안전진단을 받을 것을 명할 수 있다. 이 경우 소유자등은 특별한 사유가 없으면 이에 따라야 한다.
③ 국토교통부장관은 제1항 및 제2항에 따른</td><td></td><td>제75조의13(정밀안전진단의 시행시기) ① 법 제38조의12제1항에 따라 소유자등은 다음 각 호의 구분에 따른 기간이 경과하기 전에 해당 철도차량의 물리적 사용가능 여부 및 안전성능 등에 대한 정밀안전진단(이하 "최초 정밀안전진단"이라 한다)을 받아야 한다. 다만, 잦은 고장 · 화재 · 충돌 등으로 다음 각 호 구분에 따른 기간이 도래하기 이전에 정밀안전진단을 받은 경우에는 그 정밀안전진단을 최초 정밀안전진단으로 본다.〈개정 20 · 10 · 7〉
1. 2014년 3월 19일 이후 구매계약을 체결한 철도차량: 법 제26조의6제2항에 따른 철도차량 완성검사증명서를 발급받은 날부터 20년
2. 2014년 3월 18일까지 구매계약을 체결한 철도차량: 제75조제5항제2호에 따른 영업시</td></tr>
</table>

법	시 행 령	시 행 규 칙
정밀안전진단 대상이 특정 시기에 집중되는 경우나 그 밖의 부득이한 사유로 소유자등이 정밀안전진단을 받을 수 없다고 인정될 때에는 그 기간을 연장하거나 유예(猶豫)할 수 있다. ④ 소유자등은 정밀안전진단 대상이 제1항 및 제2항에 따른 정밀안전진단을 받지 아니하거나 정밀안전진단 결과 또는 제38조의14제1항에 따른 정밀안전진단 결과에 대한 평가 결과 계속 사용이 적합하지 아니하다고 인정되는 경우에는 해당 철도차량을 운행해서는 아니 된다.〈개정 22·1·18〉 ⑤ 소유자등은 제38조의13제1항에 따른 정밀안전진단기관으로부터 정밀안전진단을 받아야 한다.〈개정 22·1·18〉 ⑥ 제1항부터 제3항까지의 정밀안전진단 등의 기준·방법·절차 등에 필요한 사항은 국토교통부령으로 정한다. [본조신설 18·6·12]		운전을 시작한 날부터 20년 ② 제1항에도 불구하고 국토교통부장관은 철도차량의 정비주기·방법 등 철도차량 정비의 특수성을 고려하여 최초 정밀안전진단 시기 및 방법 등을 따로 정할 수 있고, 사고복구용·작업용·시험용 철도차량 등 법 제26조제4항제4호에 따른 철도차량과 「철도사업법」에 따른 전용철도 노선에서만 운행하는 철도차량은 해당 철도차량의 제작설명서 또는 구매계약서에 명시된 기대수명 전까지 최초 정밀안전진단을 받을 수 있다.〈개정 21·8·27〉 ③ 소유자등은 제1항 및 제2항에 따른 정밀안전진단 결과 계속 사용할 수 있다고 인정을 받은 철도차량에 대하여 제1항 각 호에 따른 기간을 기준으로 5년 마다 해당 철도차량의 물리적 사용가능 여부 및 안전성능 등에 대하여 다시 정밀안전진단(이하 "정기 정밀안전진단"라 한다)을 받아야 하며, 정기 정밀안전진단 결과 계속 사용할 수 있다고 인정을 받은 경우에도 또한 같다. 다만, 국토교통부장관은 철도차량의 정비주기·방법 등 철도차량 정비의 특수성을 고려하여 정기 정밀안전진단 시기 및 방법 등을 따로 정할 수 있다.〈개정 21·8·27〉 ④ 제3항에도 불구하고 최초 정밀안전진단 또는 정기 정밀안전진단 후 운행 중 충돌·추

법	시 행 령	시 행 규 칙
		돌 · 탈선 · 화재 등 중대한 사고가 발생되어 철도차량의 안전성 또는 성능 등에 대한 정밀안전진단이 필요한 철도차량에 대하여는 해당 철도차량을 운행하기 전에 정밀안전진단을 받아야 한다. 이 경우 정기 정밀안전진단 시기는 직전의 정기 정밀안전진단 결과 계속 사용이 적합하다고 인정을 받은 날을 기준으로 산정한다. ⑤ 제3항에도 불구하고 최초 정밀안전진단 또는 정기 정밀안전진단 후 전기 · 전자장치 또는 그 부품의 전기특성 · 기계적 특성에 따른 반복적 고장이 3회 이상 발생(실제 운행편성 단위를 기준으로 한다)한 철도차량은 반복적 고장이 3회 발생한 날부터 1년 이내에 해당 철도차량의 고장특성에 따른 상태 평가 및 안전성 평가를 시행해야 한다. [본조신설 19 · 6 · 18] **제75조의14(정밀안전진단의 신청 등)** ① 소유자등은 정밀안전진단 대상 철도차량의 정밀안전진단 완료 시기가 도래하기 60일 전까지 별지 제45호의10서식의 철도차량 정밀안전진단 신청서에 다음 각 호의 사항을 증명하거나 참고할 수 있는 서류를 첨부하여 법 제38조의13제1항에 따라 국토교통부장관이 지정한 정밀안전진단기관(이하 "정밀안전진단기관"이라 한다)에 제출해야 한다.〈개정 23 · 1 · 18〉

법	시 행 령	시 행 규 칙
		1. 정밀안전진단 계획서 2. 정밀안전진단 판정을 위한 제작사양, 도면 및 검사성적서, 허용오차 등의 기술자료 3. 철도차량의 중대한 사고 내역(해당되는 경우에 한정한다) 4. 철도차량의 주요 부품의 교체 내역(해당되는 경우에 한정한다) 5. 정밀안전진단 대상 항목의 개조 및 수리 내역(해당되는 경우에 한정한다) 6. 전기특성검사 및 전선열화검사(電線劣化檢査: 전선을 대상으로 외부적·내부적 영향에 따른 화학적·물리적 변화를 측정하는 검사) 시험성적서(해당되는 경우에 한정한다) ② 제1항제1호에 따른 정밀안전진단 계획서에는 다음 각 호의 사항을 포함해야 한다. 1. 정밀안전진단 대상 차량 및 수량 2. 정밀안전진단 대상 차종별 대상항목 3. 정밀안전진단 일정·장소 4. 안전관리계획 5. 정밀안전진단에 사용될 장비 등의 사용에 관한 사항 6. 그 밖에 정밀안전진단에 필요한 참고자료 ③ 정밀안전진단기관은 제1항에 따라 소유자 등으로부터 제출 받은 정밀안전진단 신청서의 보완을 요청할 수 있다. ④ 정밀안전진단기관은 제1항에 따른 철도차

법	시 행 령	시 행 규 칙
		량 정밀안전진단의 신청을 받은 때에는 제출된 서류를 검토한 후 신청인과 협의하여 정밀안전진단 계획서를 확정하고 신청인 및 한국교통안전공단에 이를 통보해야 한다.〈개정 23·1·18〉 ⑤ 정밀안전진단 신청인은 제4항에 따른 정밀안전진단 계획서의 변경이 필요한 경우 정밀안전진단기관에게 다음 각 호의 서류를 제출하여 변경을 요청할 수 있다. 이 경우 요청을 받은 정밀안전진단기관은 변경되는 사항의 안전상의 영향 등을 검토하여 적합하다고 인정되는 경우에는 정밀안전진단 계획서를 변경할 수 있다. 1. 변경하고자 하는 내용 2. 변경하고자 하는 사유 및 설명자료 [본조신설 19·6·18] **제75조의15(철도차량 정밀안전진단의 연장 또는 유예)** ① 법 제38조의12제3항에 따라 소유자등은 정밀안전진단 대상 철도차량이 특정 시기에 집중되거나 그 밖의 부득이한 사유로 국토교통부장관으로부터 철도차량 정밀안전진단 기간의 연장 또는 유예를 받고자 하는 경우 정밀안전진단 시기가 도래하기 5년 전까지 정밀안전진단 기간의 연장 또는 유예를 받고자 하는 철도차량의 종류, 수량, 연장 또는 유예하고자 하는 기간 및 그 사유를 명시하여 국

법	시 행 령	시 행 규 칙
제38조의13(정밀안전진단기관의 지정 등) ① 국토교통부장관은 원활한 정밀안전진단 업무 수		토교통부장관에게 신청해야 한다. 다만, 긴급한 사유 등이 있는 경우 정밀안전진단 기간이 도래하기 1년 이전에 신청할 수 있다. ② 국토교통부장관은 제1항에 따라 소유자등으로부터 정밀안전진단 기간의 연장 또는 유예의 신청을 받은 경우 열차운행계획, 정밀안전진단과 유사한 성격의 점검 또는 정비 시행 여부, 정밀안전진단 시행 여건 및 철도차량의 안전성 등에 관한 타당성을 검토하여 해당 철도차량에 대한 정밀안전진단 기간의 연장 또는 유예를 할 수 있다. [본조신설 19·6·18] 제75조의16(철도차량 정밀안전진단의 방법 등) ① 법 제38조의12제1항에 따른 정밀안전진단은 다음 각 호의 구분에 따라 시행한다. 1. 상태 평가: 철도차량의 치수 및 외관검사 2. 안전성 평가: 결함검사, 전기특성검사 및 전선열화검사 3. 성능 평가: 역행시험, 제동시험, 진동시험 및 승차감시험 ② 제75조의14 및 제1항에서 정한 사항 외에 정밀안전진단의 시기, 기준, 방법 및 절차 등에 관하여 필요한 사항은 국토교통부장관이 정하여 고시한다. 제75조의17(정밀안전진단기관의 지정기준 및 절차 등) ① 법 제38조의13제1항에 따라 정밀안

법	시 행 령	시 행 규 칙
행을 위하여 철도차량 정밀안전진단기관(이하 "정밀안전진단기관"이라 한다)을 지정하여야 한다.〈개정 22·1·18〉 ② 정밀안전진단기관의 지정기준, 지정절차 등에 필요한 사항은 국토교통부령으로 정한다. ③ 국토교통부장관은 정밀안전진단기관이 다음 각 호의 어느 하나에 해당하는 경우에 그 지정을 취소하거나 6개월 이내의 기간을 정하여 그 업무의 전부 또는 일부의 정지를 명할 수 있다. 다만, 제1호부터 제3호까지의 어느 하나에 해당하는 경우에는 그 지정을 취소하여야 한다.〈개정 20·6·9, 22·1·18〉 1. 거짓이나 그 밖의 부정한 방법으로 지정을 받은 경우 2. 이 조에 따른 업무정지명령을 위반하여 업무정지 기간 중에 정밀안전진단 업무를 한 경우 3. 정밀안전진단 업무와 관련하여 부정한 금품을 수수(收受)하거나 그 밖의 부정한 행위를 한 경우 4. 정밀안전진단 결과를 조작한 경우 5. 정밀안전진단 결과를 거짓으로 기록하거나 고의로 결과를 기록하지 아니한 경우 6. 성능검사 등을 받지 아니한 검사용 기계·기구를 사용하여 정밀안전진단을 한 경우 7. 제38조의14제1항에 따라 정밀안전진단 결과		전진단기관으로 지정을 받으려는 자는 별지 제45호의11서식의 철도차량 정밀안전진단기관 지정신청서에 다음 각 호의 서류를 첨부하여 국토교통부장관에게 제출해야 한다. 1. 운영계획서 2. 정관이나 이에 준하는 약정(법인이나 단체의 경우만 해당한다) 3. 정밀안전진단을 담당하는 전문 인력의 보유 현황 및 기술 인력의 자격·학력·경력 등을 증명할 수 있는 서류 4. 정밀안전진단업무규정 5. 정밀안전진단에 필요한 시설 및 장비 내역서 6. 정밀안전진단기관에서 사용하는 직인의 인영 ② 법 제38조의13제1항에 따른 정밀안전진단기관의 지정기준은 다음 각 호와 같다. 1. 정밀안전진단업무를 수행할 수 있는 상설 전담조직을 갖출 것 2. 정밀안전진단업무를 수행할 수 있는 기술 인력을 확보할 것 3. 정밀안전진단업무를 수행하기 위한 설비와 장비를 갖출 것 4. 정밀안전진단기관의 운영 등에 관한 업무규정을 갖출 것 5. 지정 신청일 1년 이내에 법 제38조의13제3항에 따른 정밀안전진단기관 지정취소 또는 업무정지를 받은 사실이 없을 것

법	시 행 령	시 행 규 칙
를 평가한 결과 고의 또는 중대한 과실로 사실과 다르게 진단하는 등 정밀안전진단 업무를 부실하게 수행한 것으로 평가된 경우 ④ 제3항에 따른 처분의 세부기준과 그 밖에 필요한 사항은 국토교통부령으로 정한다.〈신설 22·1·18〉 [본조신설 18·6·12]		6. 정밀안전진단 외의 업무를 수행하고 있는 경우 그 업무를 수행함으로 인하여 정밀안전진단업무가 불공정하게 수행될 우려가 없을 것 7. 철도차량을 제조 또는 판매하는 자가 아닐 것 8. 그 밖에 국토교통부장관이 정하여 고시하는 정밀안전진단기관의 지정 세부기준에 맞을 것 ③ 제1항에 따른 정밀안전진단기관의 지정 신청을 받은 국토교통부장관은 제2항 각 호의 지정기준에 따라 지정 여부를 심사한 후 적합하다고 인정되는 경우에는 별지 제45호의12서식의 철도차량 정밀안전진단기관 지정서를 그 신청인에게 발급해야 한다. ④ 국토교통부장관은 정밀안전진단기관이 제2항에 따른 지정기준에 적합한 지의 여부를 매년 심사해야 한다. ⑤ 제3항에 따라 국토교통부장관으로부터 정밀안전진단기관으로 지정 받은 자가 그 명칭·대표자·소재지나 그 밖에 정밀안전진단 업무의 수행에 중대한 영향을 미치는 사항의 변경이 있는 경우에는 그 사유가 발생한 날부터 15일 이내에 국토교통부장관에게 그 사실을 통보해야 한다. ⑥ 국토교통부장관은 제3항에 따라 정밀안전진단기관을 지정하거나 제5항에 따른 통보를

법	시 행 령	시 행 규 칙
		받은 경우에는 지체 없이 관보에 고시해야 한다. 다만, 국토교통부장관이 정하여 고시하는 경미한 사항은 제외한다. ⑦ 그 밖에 정밀안전진단기관의 지정기준 및 지정절차 등에 관하여 필요한 사항은 국토교통부장관이 정하여 고시한다. [본조신설 19 · 6 · 18] 제75조의18(정밀안전진단기관의 업무) 정밀안전진단기관의 업무 범위는 다음 각 호와 같다. 1. 해당 업무분야의 철도차량에 대한 정밀안전진단 시행 2. 정밀안전진단의 항목 및 기준에 대한 조사 · 검토 3. 정밀안전진단의 항목 및 기준에 대한 제정 · 개정 요청 4. 정밀안전진단의 기록 보존 및 보호에 관한 업무 5. 그 밖에 국토교통부장관이 필요하다고 인정하는 업무 [본조신설 19 · 6 · 18] 제75조의19(정밀안전진단기관의 지정취소 등) ① 법 제38조의13제3항에 따른 정밀안전진단기관의 지정취소 및 업무정지의 기준은 별표 18과 같다. ② 국토교통부장관은 법 제38조의13제3항에 따라 정밀안전진단기관의 지정을 취소하거나

법	시 행 령	시 행 규 칙
제38조의14(정밀안전진단 결과의 평가) ① 국토교통부장관은 정밀안전진단기관의 부실 진단을 방지하기 위하여 제38조의12제1항 및 제2항에 따라 소유자등이 정밀안전진단을 받은 경우 정밀안전진단기관이 수행한 해당 정밀안전진단의 결과를 평가할 수 있다. ② 국토교통부장관은 정밀안전진단기관 또는 소유자등에게 제1항에 따른 평가에 필요한 자료를 제출하도록 요구할 수 있다. 이 경우 자료의 제출을 요구받은 자는 특별한 사유가 없으면 이에 따라야 한다. ③ 제1항에 따른 평가의 대상, 방법, 절차 등에 필요한 사항은 국토교통부령으로 정한다. [본조신설 22·1·18]		업무정지의 처분을 한 경우에는 지체 없이 그 정밀안전진단기관에 별지 제11호의3서식의 정밀안전진단기관 행정처분서를 통지하고 그 사실을 관보에 고시해야 한다. [본조신설 19·6·18] 제75조의20(정밀안전진단 결과의 평가) ① 한국교통안전공단은 다음 각 호의 어느 하나에 해당하는 경우 법 제38조의14제1항에 따라 정밀안전진단기관이 수행한 해당 정밀안전진단의 결과(이하 "정밀안전진단결과"라 한다)를 평가한다. 1. 정밀안전진단 실시 후 5년 이내에 차량바퀴가 장착된 틀이나 차체에 균열이 발생하는 등 철도운행안전에 중대한 위험을 발생시킬 우려가 있는 결함이 발견된 경우로서 소유자등이 의뢰하는 경우 2. 정밀안전진단기관이 법 또는 법에 따른 명령을 위반하여 정밀안전진단을 실시함으로써 부실 진단의 우려가 있다고 인정되는 경우 3. 그 밖에 정밀안전진단의 부실을 방지하기 위하여 국토교통부장관이 정하여 고시하는 경우 ② 한국교통안전공단이 정밀안전진단결과 평가를 하는 경우에는 다음 각 호의 사항을 포함하여 평가해야 한다. 1. 제75조의16제1항 각 호에 따른 평가의 방

법	시 행 령	시 행 규 칙
		법 및 그 결과의 적정성 2. 정밀안전진단결과 보고서의 종합 검토 3. 그 밖에 철도차량의 운행안전을 위하여 국토교통부장관이 정하여 고시하는 사항 ③ 정밀안전진단결과 평가는 다음 각 호의 구분에 따른 방법으로 실시한다. 다만, 서류평가만으로 부실 진단 여부를 판단할 수 있다고 인정되는 경우에는 현장평가를 생략할 수 있다. 1. 서류평가: 제75조의16제2항에 따른 시행지침에 따라 정밀안전진단을 적합하게 수행하였는지를 판단하기 위하여 정밀안전진단기관이 제출한 정밀안전진단 계획서 및 정밀안전진단결과 보고서를 대상으로 실시하는 평가 2. 현장평가: 사실관계를 확인하기 위하여 현장에서 실시하는 평가 ④ 한국교통안전공단은 정밀안전진단결과를 평가한 때에는 평가 종료 후 그 결과를 다음 각 호의 자 또는 기관에 통보해야 한다. 다만, 정밀안전진단결과 평가가 종료되기 전에 정밀안전진단기관의 부실진단이 확인된 경우에는 즉시 그 사실을 국토교통부장관에게 보고해야 한다. 1. 법 제38조의12제1항 및 제2항에 따른 정밀안전진단을 요청한 소유자등 2. 법 제38조의12제5항에 따른 철도차량 정밀

법	시행령	시행규칙
		안전진단 업무를 수행한 정밀안전진단기관 3. 국토교통부장관 ⑤ 제1항부터 제4항까지에서 규정한 사항 외에 정밀안전진단결과 평가의 기준, 결과 통보 및 후속조치 등에 관하여 필요한 세부 사항은 국토교통부장관이 정하여 고시한다. [본조신설 23·1·18]
〈종전의 제38조의14〉〈개정 22·1·18〉 **제38조의15(준용규정)** 정밀안전진단기관에 대한 과징금의 부과·징수에 관하여는 제9조의2를 준용한다. 이 경우 "제9조제1항"은 "제38조의13제3항"으로, "철도운영자등"은 "정밀안전진단기관"으로 본다. [본조신설 18·6·12]	**제29조의4(정밀안전진단기관 관련 과징금의 부과기준)** 법 제38조의15에서 준용하는 법 제9조의2에 따른 과징금의 부과기준은 별표 4의3과 같다.〈개정 23·1·10〉 [본조신설 19·6·4]	
제5장 철도차량 운행안전 및 철도 보호 〈개정 12·6·1〉 **제39조(철도차량의 운행)** 열차의 편성, 철도차량 운전 및 신호방식 등 철도차량의 안전운행에 필요한 사항은 국토교통부령으로 정한다.〈개정 13·3·23〉 [전문개정 12·6·1]		
제39조의2(철도교통관제) ① 철도차량을 운행하는 자는 국토교통부장관이 지시하는 이동·출발·정지 등의 명령과 운행 기준·방법·절차 및 순서 등에 따라야 한다.〈개정 13·3·23〉		**제76조(철도교통관제업무의 대상 및 내용 등)** ① 다음 각 호의 어느 하나에 해당하는 경우에는 법 제39조의2에 따라 국토교통부장관이 행하는 철도교통관제업무(이하 "관제업무"라

법	시 행 령	시 행 규 칙
② 국토교통부장관은 철도차량의 안전하고 효율적인 운행을 위하여 철도시설의 운용상태 등 철도차량의 운행과 관련된 조언과 정보를 철도종사자 또는 철도운영자등에게 제공할 수 있다. 〈개정 13 · 3 · 23〉 ③ 국토교통부장관은 철도차량의 안전한 운행을 위하여 철도시설 내에서 사람, 자동차 및 철도차량의 운행제한 등 필요한 안전조치를 취할 수 있다. 〈개정 13 · 3 · 23〉 ④ 제1항부터 제3항까지의 규정에 따라 국토교통부장관이 행하는 업무의 대상, 내용 및 절차 등에 관하여 필요한 사항은 국토교통부령으로 정한다. 〈개정 13 · 3 · 23〉 [본조신설 12 · 12 · 18]		한다)의 대상에서 제외한다. 1. 정상운행을 하기 전의 신설선 또는 개량선에서 철도차량을 운행하는 경우 2. 「철도산업발전 기본법」 제3조제2호나목에 따른 철도차량을 보수 · 정비하기 위한 차량정비기지 및 차량유치시설에서 철도차량을 운행하는 경우 ② 법 제39조의2제4항에 따라 국토교통부장관이 행하는 관제업무의 내용은 다음 각 호와 같다. 1. 철도차량의 운행에 대한 집중 제어 · 통제 및 감시 2. 철도시설의 운용상태 등 철도차량의 운행과 관련된 조언과 정보의 제공 업무 3. 철도보호지구에서 법 제45조제1항 각호의 어느 하나에 해당하는 행위를 할 경우 열차운행 통제 업무 4. 철도사고등의 발생 시 사고복구, 긴급구조 · 구호 지시 및 관계 기관에 대한 상황 보고 · 전파 업무 5. 그 밖에 국토교통부장관이 철도차량의 안전운행 등을 위하여 지시한 사항 ③ 철도운영자등은 철도사고등이 발생하거나 철도시설 또는 철도차량 등이 정상적인 상태에 있지 아니하다고 의심되는 경우에는 이를 신속히 국토교통장관에 통보하여야 한다.

법	시 행 령	시 행 규 칙
제39조의3(영상기록장치의 설치·운영 등〈개정 19·11·26〉) ① 철도운영자등은 철도차량의 운행상황 기록, 교통사고 상황 파악, 안전사고 방지, 범죄 예방 등을 위하여 다음 각 호의 철도차량 또는 철도시설에 영상기록장치를 설치·운영하여야 한다. 이 경우 영상기록장치의 설치 기준, 방법 등은 대통령령으로 정한다.〈개정 19·11·26, 20·12·22〉 1. 철도차량 중 대통령령으로 정하는 동력차 및 객차 2. 승강장 등 대통령령으로 정하는 안전사고의 우려가 있는 역 구내 3. 대통령령으로 정하는 차량정비기지 4. 변전소 등 대통령령으로 정하는 안전확보가 필요한 철도시설	제30조(영상기록장치 설치대상〈개정 20·5·26〉) ① 법 제39조의3제1항제1호에서 "대통령령으로 정하는 동력차 및 객차"란 다음 각 호의 동력차 및 객차를 말한다.〈개정 20·5·26, 21·6·23〉 1. 열차의 맨 앞에 위치한 동력차로서 운전실 또는 운전설비가 있는 동력차 2. 승객 설비를 갖추고 여객을 수송하는 객차 ② 법 제39조의3제1항제2호에서 "승강장 등 대통령령으로 정하는 안전사고의 우려가 있는 역 구내"란 승강장, 대합실 및 승강설비를 말한다.〈신설 20·5·26〉 ③ 법 제39조의3제1항제3호에서 "대통령령으로 정하는 차량정비기지"란 다음 각 호의 차량정비기지를 말한다.〈신설 20·5·26〉 1. 「철도사업법」 제4조의2제1호에 따른 고속철도차량을 정비하는 차량정비기지 2. 철도차량을 중정비(철도차량을 완전히 분해하여 검수·교환하거나 탈선·화재 등으로 중대하게 훼손된 철도차량을 정비하는 것을 말한다)하는 차량정비기지 3. 대지면적이 3천제곱미터 이상인 차량정비	④ 관제업무에 관한 세부적인 기준·절차 및 방법은 국토교통부장관이 정하여 고시한다. [본조신설 14·3·19] 제76조의2 삭제 〈21·6·23〉

법	시 행 령	시 행 규 칙
② 철도운영자등은 제1항에 따라 영상기록장치를 설치하는 경우 운전업무종사자, 여객 등이 쉽게 인식할 수 있도록 대통령령으로 정하는 바에 따라 안내판 설치 등 필요한 조치를 하여야 한다.〈개정 19 · 11 · 26, 20 · 12 · 22〉	기지 ④ 법 제39조의3제1항제4호에서 "변전소 등 대통령령으로 정하는 안전확보가 필요한 철도시설"이란 다음 각 호의 철도시설을 말한다. 〈신설 20 · 5 · 26〉 1. 변전소(구분소를 포함한다), 무인기능실(전철전력설비, 정보통신설비, 신호 또는 열차제어설비 운영과 관련된 경우만 해당한다) 2. 노선이 분기되는 구간에 설치된 분기기(선로전환기를 포함한다), 역과 역 사이에 설치된 건넘선 3. 「통합방위법」 제21조제4항에 따라 국가중요시설로 지정된 교량 및 터널 4. 「철도의 건설 및 철도시설 유지관리에 관한 법률」 제2조제2호에 따른 고속철도에 설치된 길이 1킬로미터 이상의 터널 [본조신설 17 · 1 · 20] **제30조의2(영상기록장치의 설치 기준 및 방법)** 법 제39조의3제1항에 따른 영상기록장치의 설치 기준 및 방법은 별표 4의4와 같다. [본조신설 21 · 6 · 23] **제31조(영상기록장치 설치 안내)** 철도운영자등은 법 제39조의3제2항에 따라 운전업무종사자 및 여객 등 「개인정보 보호법」 제2조제3호에 따른 정보주체가 쉽게 인식할 수 있는 운전실 및 객차 출입문 등에 다음 각 호의 사항이 표	

법	시행령	시행규칙
③ 철도운영자등은 설치 목적과 다른 목적으로 영상기록장치를 임의로 조작하거나 다른 곳을 비추어서는 아니 되며, 운행기간 외에는 영상기록(음성기록을 포함한다. 이하 같다)을 하여서는 아니 된다.〈개정 19·11·26〉 ④ 철도운영자등은 다음 각 호의 어느 하나에 해당하는 경우 외에는 영상기록을 이용하거나 다른 자에게 제공하여서는 아니 된다.〈개정 19·11·26〉 1. 교통사고 상황 파악을 위하여 필요한 경우 2. 범죄의 수사와 공소의 제기 및 유지에 필요한 경우 3. 법원의 재판업무수행을 위하여 필요한 경우	시된 안내판을 설치해야 한다.〈개정 20·5·26, 21·6·23〉 1. 영상기록장치의 설치 목적 2. 영상기록장치의 설치 위치, 촬영 범위 및 촬영 시간 3. 영상기록장치 관리 책임 부서, 관리책임자의 성명 및 연락처 4. 그 밖에 철도운영자등이 필요하다고 인정하는 사항 [본조신설 17·1·20]	
⑤ 철도운영자등은 영상기록장치에 기록된 영상이 분실·도난·유출·변조 또는 훼손되지 아니하도록 대통령령으로 정하는 바에 따라	제32조(영상기록장치의 운영·관리 지침) 철도운영자등은 법 제39조의3제5항에 따라 영상기록장치에 기록된 영상이 분실·도난·유출·	제76조의3(영상기록의 보관기준 및 보관기간) ① 철도운영자등은 영상기록장치에 기록된 영상기록을 영 제32조에 따른 영상기록장치 운

법	시 행 령	시 행 규 칙
영상기록장치의 운영 · 관리 지침을 마련하여야 한다.〈개정 19 · 11 · 26〉	변조 또는 훼손되지 않도록 다음 각 호의 사항이 포함된 영상기록장치 운영 · 관리 지침을 마련해야 한다.〈개정 20 · 5 · 26〉 1. 영상기록장치의 설치 근거 및 설치 목적 2. 영상기록장치의 설치 대수, 설치 위치 및 촬영 범위 3. 관리책임자, 담당 부서 및 영상기록에 대한 접근 권한이 있는 사람 4. 영상기록의 촬영 시간, 보관기간, 보관장소 및 처리방법 5. 철도운영자등의 영상기록 확인 방법 및 장소 6. 정보주체의 영상기록 열람 등 요구에 대한 조치 7. 영상기록에 대한 접근 통제 및 접근 권한의 제한 조치 8. 영상기록을 안전하게 저장 · 전송할 수 있는 암호화 기술의 적용 또는 이에 상응하는 조치 9. 영상기록 침해사고 발생에 대응하기 위한 접속기록의 보관 및 위조 · 변조 방지를 위한 조치 10. 영상기록에 대한 보안프로그램의 설치 및 갱신 11. 영상기록의 안전한 보관을 위한 보관시설의 마련 또는 잠금장치의 설치 등 물리적 조치	영 · 관리 지침에서 정하는 보관기간(이하 "보관기간"이라 한다) 동안 보관하여야 한다. 이 경우 보관기간은 3일 이상의 기간이어야 한다.〈개정 20 · 5 · 27〉 ② 철도운영자등은 보관기간이 지난 영상기록을 삭제하여야 한다. 다만, 보관기간 내에 법 제39조의3제4항 각 호의 어느 하나에 해당하여 영상기록에 대한 제공을 요청 받은 경우에는 해당 영상기록을 제공하기 전까지는 영상기록을 삭제해서는 아니 된다.〈개정 20 · 5 · 27〉 [본조신설 17 · 1 · 20]

법	시 행 령	시 행 규 칙
⑥ 영상기록장치의 설치·관리 및 영상기록의 이용·제공 등은 「개인정보 보호법」에 따라야 한다. ⑦ 제4항에 따른 영상기록의 제공과 그 밖에 영상기록의 보관 기준 및 보관 기간 등에 필요한 사항은 국토교통부령으로 정한다.〈개정 20·12·22〉 [본조신설 16·1·19] **제40조(열차운행의 일시 중지)** ① 철도운영자는 다음 각 호의 어느 하나에 해당하는 경우로서 열차의 안전운행에 지장이 있다고 인정하는 경우에는 열차운행을 일시 중지할 수 있다.〈개정 20·4·7〉 1. 지진, 태풍, 폭우, 폭설 등 천재지변 또는 악천후로 인하여 재해가 발생하였거나 재해가 발생할 것으로 예상되는 경우 2. 그 밖에 열차운행에 중대한 장애가 발생하였거나 발생할 것으로 예상되는 경우 ② 철도종사자는 철도사고 및 운행장애의 징후가 발견되거나 발생 위험이 높다고 판단되는 경우에는 관제업무종사자에게 열차운행을 일시 중지할 것을 요청할 수 있다. 이 경우 요	12. 그 밖에 영상기록장치의 설치·운영 및 관리에 필요한 사항 **제33조부터 제42조까지** 삭제〈14·3·18〉 **제43조** 삭제 〈19·1·4〉	

법	시 행 령	시 행 규 칙
청을 받은 관제업무종사자는 특별한 사유가 없으면 즉시 열차운행을 중지하여야 한다.〈신설 20·4·7〉 ③ 철도종사자는 제2항에 따른 열차운행의 중지 요청과 관련하여 고의 또는 중대한 과실이 없는 경우에는 민사상 책임을 지지 아니한다.〈신설 20·4·7〉 ④ 누구든지 제2항에 따라 열차운행의 중지를 요청한 철도종사자에게 이를 이유로 불이익한 조치를 하여서는 아니 된다.〈신설 20·4·7〉 [전문개정 12·6·1] **제40조의2(철도종사자의 준수사항)** ① 운전업무종사자는 철도차량의 운전업무 수행 중 다음 각 호의 사항을 준수하여야 한다. 1. 철도차량 출발 전 국토교통부령으로 정하는 조치 사항을 이행할 것 2. 국토교통부령으로 정하는 철도차량 운행에 관한 안전 수칙을 준수할 것		〈종전의 제76조의2〉〈개정 17·1·20〉 **제76조의4(운전업무종사자의 준수사항)** ① 법 제40조의2제1항제1호에서 "철도차량 출발 전 국토교통부령으로 정하는 조치사항"이란 다음 각 호를 말한다. 1. 철도차량이 「철도산업발전기본법」 제3조제2호나목에 따른 차량정비기지에서 출발하는 경우 다음 각 목의 기능에 대하여 이상 여부를 확인할 것 가. 운전제어와 관련된 장치의 기능 나. 제동장치 기능 다. 그 밖에 운전 시 사용하는 각종 계기판의 기능 2. 철도차량이 역시설에서 출발하는 경우 여객의 승하차 여부를 확인할 것. 다만, 여객승무원이 대신하여 확인하는 경우에는 그러

법	시 행 령	시 행 규 칙
		하지 아니하다. ② 법 제40조의2제1항제2호에서 "국토교통부령으로 정하는 철도차량 운행에 관한 안전 수칙"이란 다음 각 호를 말한다. 1. 철도신호에 따라 철도차량을 운행할 것 2. 철도차량의 운행 중에 휴대전화 등 전자기기를 사용하지 아니할 것. 다만, 다음 각 목의 어느 하나에 해당하는 경우로서 철도운영자가 운행의 안전을 저해하지 아니하는 범위에서 사전에 사용을 허용한 경우에는 그러하지 아니하다. 가. 철도사고등 또는 철도차량의 기능장애가 발생하는 등 비상상황이 발생한 경우 나. 철도차량의 안전운행을 위하여 전자기기의 사용이 필요한 경우 다. 그 밖에 철도운영자가 철도차량의 안전운행에 지장을 주지 아니한다고 판단하는 경우 3. 철도운영자가 정하는 구간별 제한속도에 따라 운행할 것 4. 열차를 후진하지 아니할 것. 다만, 비상상황 발생 등의 사유로 관제업무종사자의 지시를 받는 경우에는 그러하지 아니하다. 5. 정거장 외에는 정차를 하지 아니할 것. 다만, 정지신호의 준수 등 철도차량의 안전운행을 위하여 정차를 하여야 하는 경우에는

법	시 행 령	시 행 규 칙
② 관제업무종사자는 관제업무 수행 중 다음 각 호의 사항을 준수하여야 한다.〈개정 20 · 4 · 7〉 1. 국토교통부령으로 정하는 바에 따라 운전업무종사자 등에게 열차 운행에 관한 정보를 제공할 것 2. 철도사고, 철도준사고 및 운행장애(이하 "철도사고등"이라 한다) 발생 시 국토교통부령으로 정하는 조치 사항을 이행할 것		그러하지 아니하다. 6. 운행구간의 이상이 발견된 경우 관제업무종사자에게 즉시 보고할 것 7. 관제업무종사자의 지시를 따를 것 [본조신설 16 · 8 · 10] 〈종전의 제76조의3〉〈개정 17 · 1 · 20〉 **제76조의5(관제업무종사자의 준수사항)** ① 법 제40조의2제2항제1호에 따라 관제업무종사자는 다음 각 호의 정보를 운전업무종사자, 여객승무원 또는 영 제3조제4호에 따른 사람에게 제공하여야 한다. 1. 열차의 출발, 정차 및 노선변경 등 열차 운행의 변경에 관한 정보 2. 열차 운행에 영향을 줄 수 있는 다음 각 목의 정보 가. 철도차량이 운행하는 선로 주변의 공사 · 작업의 변경 정보 나. 철도사고등에 관련된 정보 다. 재난 관련 정보 라. 테러 발생 등 그 밖의 비상상황에 관한 정보 ② 법 제40조의2제2항제2호에서 "국토교통부령으로 정하는 조치사항"이란 다음 각 호를 말한다.〈개정 16 · 12 · 30, 20 · 10 · 7〉 1. 철도사고등이 발생하는 경우 여객 대피 및 철도차량 보호 조치 여부 등 사고현장 현황

법	시행령	시행규칙
		을 파악할 것 2. 철도사고등의 수습을 위하여 필요한 경우 다음 각 목의 조치를 할 것 가. 사고현장의 열차운행 통제 나. 의료기관 및 소방서 등 관계기관에 지원 요청 다. 사고 수습을 위한 철도종사자의 파견 요청 라. 2차 사고 예방을 위하여 철도차량이 구르지 아니하도록 하는 조치 지시 마. 안내방송 등 여객 대피를 위한 필요한 조치 지시 바. 전차선(전차선, 선로를 통하여 철도차량에 전기를 공급하는 장치를 말한다)의 전기공급 차단 조치 사. 구원(救援)열차 또는 임시열차의 운행 지시 아. 열차의 운행간격 조정 3. 철도사고등의 발생사유, 지연시간 등을 사실대로 기록하여 관리할 것 [본조신설 16·8·10]
③ 작업책임자는 철도차량의 운행선로 또는 그 인근에서 철도시설의 건설 또는 관리와 관련된 작업 수행 중 다음 각 호의 사항을 준수하여야 한다.〈신설 18·6·12〉 1. 국토교통부령으로 정하는 바에 따라 작업 수행 전에 작업원을 대상으로 안전교육을		**제76조의6(작업책임자의 준수사항)** ① 법 제2조제10호마목에 따른 작업책임자(이하 "작업책임자"라 한다)는 법 제40조의2제3항제1호에 따라 작업 수행 전에 작업원을 대상으로 다음 각 호의 사항이 포함된 안전교육을 실시해야 한다.

법	시 행 령	시 행 규 칙
실시할 것 2. 국토교통부령으로 정하는 작업안전에 관한 조치 사항을 이행할 것		1. 해당 작업일의 작업계획(작업량, 작업일정, 작업순서, 작업방법, 작업원별 임무 및 작업장 이동방법 등을 포함한다) 2. 안전장비 착용 등 작업원 보호에 관한 사항 3. 작업특성 및 현장여건에 따른 위험요인에 대한 안전조치 방법 4. 작업책임자와 작업원의 의사소통 방법, 작업통제 방법 및 그 준수에 관한 사항 5. 건설기계 등 장비를 사용하는 작업의 경우에는 철도사고 예방에 관한 사항 6. 그 밖에 안전사고 예방을 위해 필요한 사항으로서 국토교통부장관이 정해 고시하는 사항 ② 법 제40조의2제3항제2호에서 "국토교통부령으로 정하는 작업안전에 관한 조치 사항"이란 다음 각 호를 말한다. 1. 법 제40조의2제4항제1호 및 제2호에 따른 조정 내용에 따라 작업계획 등의 조정·보완 2. 작업 수행 전 다음 각 목의 조치 가. 작업원의 안전장비 착용상태 점검 나. 작업에 필요한 안전장비·안전시설의 점검 다. 그 밖에 작업 수행 전에 필요한 조치로서 국토교통부장관이 정해 고시하는 조치 3. 작업시간 내 작업현장 이탈 금지 4. 작업 중 비상상황 발생 시 열차방호 등의 조치 5. 해당 작업으로 인해 열차운행에 지장이 있

법	시 행 령	시 행 규 칙
④ 철도운행안전관리자는 철도차량의 운행선로 또는 그 인근에서 철도시설의 건설 또는 관리와 관련된 작업 수행 중 다음 각 호의 사항을 준수하여야 한다.〈신설 18·6·12〉 1. 작업일정 및 열차의 운행일정을 작업수행 전에 조정할 것 2. 제1호의 작업일정 및 열차의 운행일정을 작업과 관련하여 관할 역의 관리책임자(정거장에서 철도신호기·선로전환기 또는 조작판 등을 취급하는 사람을 포함한다) 및 관제업무종사자와 협의하여 조정할 것 3. 국토교통부령으로 정하는 열차운행 및 작업안전에 관한 조치 사항을 이행할 것		는지 여부 확인 6. 작업완료 시 상급자에게 보고 7. 그 밖에 작업안전에 필요한 사항으로서 국토교통부장관이 정해 고시하는 사항 [본조신설 19·1·4] **제76조의7(철도운행안전관리자의 준수사항)** 법 제40조의2제4항제3호에서 "국토교통부령으로 정하는 열차운행 및 작업안전에 관한 조치 사항"이란 다음 각 호를 말한다. 1. 법 제40조의2제4항제1호 및 제2호에 따른 조정 내용을 작업책임자에게 통지 2. 영 제59조제2항제1호에 따른 업무 3. 작업 수행 전 다음 각 목의 조치 가. 「산업안전보건기준에 관한 규칙」 제407조제1항에 따라 배치한 열차운행감시인의 안전장비 착용상태 및 휴대물품 현황 점검 나. 그 밖에 작업 수행 전에 필요한 조치로서 국토교통부장관이 정해 고시하는 조치 4. 관할 역의 관리책임자(정거장에서 철도신호기·선로전환기 또는 조작판 등을 취급하는 사람을 포함한다) 및 작업책임자와의 연락체계 구축 5. 작업시간 내 작업현장 이탈 금지 6. 작업이 지연되거나 작업 중 비상상황 발생 시 작업일정 및 열차의 운행일정 재조정 등에 관한 조치

법	시행령	시행규칙
⑤ 철도사고등이 발생하는 경우 해당 철도차량의 운전업무종사자와 여객승무원은 철도사고등의 현장을 이탈하여서는 아니 되며, 철도차량 내 안전 및 질서유지를 위하여 승객 구호조치 등 국토교통부령으로 정하는 후속조치를 이행하여야 한다. 다만, 의료기관으로의 이송이 필요한 경우 등 국토교통부령으로 정하는 경우에는 그러하지 아니하다.〈개정 18·6·12, 19·4·23〉 [본조신설 15·7·24]		7. 그 밖에 열차운행 및 작업안전에 필요한 사항으로서 국토교통부장관이 정해 고시하는 사항 [본조신설 19·1·4] 〈종전의 제76조의6〉〈개정 19·1·4〉 **제76조의8(철도사고등의 발생 시 후속조치 등)** ① 법 제40조의2제5항 본문에 따라 운전업무종사자와 여객승무원은 다음 각 호의 후속조치를 이행하여야 한다. 이 경우 운전업무종사자와 여객승무원은 후속조치에 대하여 각각의 역할을 분담하여 이행할 수 있다.〈개정 19·1·4〉 1. 관제업무종사자 또는 인접한 역시설의 철도종사자에게 철도사고등의 상황을 전파할 것 2. 철도차량 내 안내방송을 실시할 것. 다만, 방송장치로 안내방송이 불가능한 경우에는 확성기 등을 사용하여 안내하여야 한다. 3. 여객의 안전을 확보하기 위하여 필요한 경우 철도차량 내 여객을 대피시킬 것 4. 2차 사고 예방을 위하여 철도차량이 구르지 아니하도록 하는 조치를 할 것 5. 여객의 안전을 확보하기 위하여 필요한 경우 철도차량의 비상문을 개방할 것 6. 사상자 발생 시 응급환자를 응급처치하거나 의료기관에 긴급히 이송되도록 지원할 것 ② 법 제40조의2제3항 단서에서 "의료기관으로의 이송이 필요한 경우 등 국토교통부령으

법	시행령	시행규칙
		로 정하는 경우"란 다음 각 호의 어느 하나에 해당하는 경우를 말한다. 1. 운전업무종사자 또는 여객승무원이 중대한 부상 등으로 인하여 의료기관으로의 이송이 필요한 경우 2. 관제업무종사자 또는 철도사고등의 관리책임자로부터 철도사고등의 현장 이탈이 가능하다고 통보받은 경우 3. 여객을 안전하게 대피시킨 후 운전업무종사자와 여객승무원의 안전을 위하여 현장을 이탈하여야 하는 경우 [본조신설 16·8·10]
제41조(철도종사자의 음주 제한 등) ① 다음 각 호의 어느 하나에 해당하는 철도종사자(실무수습 중인 사람을 포함한다)는 술(「주세법」 제3조제1호에 따른 주류를 말한다. 이하 같다)을 마시거나 약물을 사용한 상태에서 업무를 하여서는 아니 된다. 〈개정 14·5·21, 17·8·9, 18·6·12〉 1. 운전업무종사자 2. 관제업무종사자 3. 여객승무원 4. 작업책임자 5. 철도운행안전관리자 6. 정거장에서 철도신호기·선로전환기 및 조작판 등을 취급하거나 열차의 조성(組成:	제43조의2(철도종사자의 음주 등에 대한 확인 또는 검사) ① 삭제 〈16·1·22〉 ② 법 제41조제2항에 따른 술을 마셨는지에 대한 확인 또는 검사는 호흡측정기 검사의 방법으로 실시하고, 검사 결과에 불복하는 사람에 대해서는 그 철도종사자의 동의를 받아 혈액 채취 등의 방법으로 다시 측정할 수 있다. 〈개정 16·1·22〉 ③ 법 제41조제2항에 따른 약물을 사용하였는지에 대한 확인 또는 검사는 소변 검사 또는 모발 채취 등의 방법으로 실시한다.〈개정 16·1·22〉 ④ 제2항 및 제3항에 따른 확인 또는 검사의 세부절차와 방법 등 필요한 사항은 국토교통	

법	시 행 령	시 행 규 칙
철도차량을 연결하거나 분리하는 작업을 말한다)업무를 수행하는 사람 7. 철도차량 및 철도시설의 점검 · 정비 업무에 종사하는 사람 ② 국토교통부장관 또는 시 · 도지사(「도시철도법」 제3조제2호에 따른 도시철도 및 같은 법 제24조에 따라 지방자치단체로부터 도시철도의 건설과 운영의 위탁을 받은 법인이 건설 · 운영하는 도시철도만 해당한다. 이하 이 조, 제42조, 제45조, 제46조 및 제82조제6항에서 같다)는 철도안전과 위험방지를 위하여 필요하다고 인정하거나 제1항에 따른 철도종사자가 술을 마시거나 약물을 사용한 상태에서 업무를 하였다고 인정할 만한 상당한 이유가 있을 때에는 철도종사자에 대하여 술을 마셨거나 약물을 사용하였는지 확인 또는 검사할 수 있다. 이 경우 그 철도종사자는 국토교통부장관 또는 시 · 도지사의 확인 또는 검사를 거부하여서는 아니 된다. 〈개정 12 · 12 · 18, 13 · 3 · 23, 14 · 1 · 7, 20 · 4 · 7, 20 · 6 · 9〉 ③ 제2항에 따른 확인 또는 검사 결과 철도종사자가 술을 마시거나 약물을 사용하였다고 판단하는 기준은 다음 각 호의 구분과 같다. 〈신설 14 · 5 · 21, 17 · 8 · 9〉 1. 술: 혈중 알코올농도가 0.02퍼센트(제1항제4호부터 제6호까지의 철도종사자는 0.03퍼센	부장관이 정한다. 〈개정 13 · 3 · 23, 16 · 1 · 22〉 [본조신설 12 · 11 · 30]	

법	시 행 령	시 행 규 칙
트) 이상인 경우 2. 약물: 양성으로 판정된 경우 ④ 제2항에 따른 확인 또는 검사의 방법·절차 등에 관하여 필요한 사항은 대통령령으로 정한다. 〈개정 14·5·21〉 [전문개정 12·6·1]		
제42조(위해물품의 휴대 금지) ① 누구든지 무기, 화약류, 유해화학물질 또는 인화성이 높은 물질 등 공중(公衆)이나 여객에게 위해를 끼치거나 끼칠 우려가 있는 물건 또는 물질(이하 "위해물품"이라 한다)을 열차에서 휴대하거나 적재(積載)할 수 없다. 다만, 국토교통부장관 또는 시·도지사의 허가를 받은 경우 또는 국토교통부령으로 정하는 특정한 직무를 수행하기 위한 경우에는 그러하지 아니하다. 〈개정 12·12·18, 13·3·23〉		제77조(위해물품 휴대금지 예외) 법 제42조제1항 단서에서 "국토교통부령으로 정하는 특정한 직무를 수행하기 위한 경우"란 다음 각 호의 사람이 직무를 수행하기 위하여 위해물품을 휴대·적재하는 경우를 말한다. 〈개정 13·3·23〉 1. 「사법경찰관리의 직무를 수행할 자와 그 직무범위에 관한 법률」 제5조제11호에 따른 철도공안 사무에 종사하는 국가공무원 2. 「경찰관직무집행법」 제2조의 경찰관 직무를 수행하는 사람 3. 「경비업법」 제2조에 따른 경비원 4. 위험물품을 운송하는 군용열차를 호송하는 군인 [전문개정 12·12·10]
② 위해물품의 종류, 휴대 또는 적재 허가를 받은 경우의 안전조치 등에 관하여 필요한 세부사항은 국토교통부령으로 정한다. 〈개정 13·3·23〉 [전문개정 12·6·1]		제78조(위해물품의 종류 등) ① 법 제42조제2항에 따른 위해물품의 종류는 다음 각 호와 같다. 〈개정 16·8·10〉 1. 화약류: 「총포·도검·화약류 등의 안전관리에 관한 법률」에 따른 화약·폭약·화공

법	시 행 령	시 행 규 칙
		품과 그 밖에 폭발성이 있는 물질 2. 고압가스: 섭씨 50도 미만의 임계온도를 가진 물질, 섭씨 50도에서 300킬로파스칼을 초과하는 절대압력(진공을 0으로 하는 압력을 말한다. 이하 같다)을 가진 물질, 섭씨 21.1도에서 280킬로파스칼을 초과하거나 섭씨 54.4도에서 730킬로파스칼을 초과하는 절대압력을 가진 물질이나, 섭씨 37.8도에서 280킬로파스칼을 초과하는 절대가스압력(진공을 0으로 하는 가스압력을 말한다)을 가진 액체상태의 인화성 물질 3. 인화성 액체: 밀폐식 인화점 측정법에 따른 인화점이 섭씨 60.5도 이하인 액체나 개방식 인화점 측정법에 따른 인화점이 섭씨 65.6도 이하인 액체 4. 가연성 물질류: 다음 각 목에서 정하는 물질 가. 가연성고체: 화기 등에 의하여 용이하게 점화되며 화재를 조장할 수 있는 가연성 고체 나. 자연발화성 물질: 통상적인 운송상태에서 마찰·습기흡수·화학변화 등으로 인하여 자연발열하거나 자연발화하기 쉬운 물질 다. 그 밖의 가연성물질: 물과 작용하여 인화성 가스를 발생하는 물질 5. 산화성 물질류: 다음 각 목에서 정하는 물질 가. 산화성 물질: 다른 물질을 산화시키는 성

법	시 행 령	시 행 규 칙
		질을 가진 물질로서 유기과산화물 외의 것 나. 유기과산화물: 다른 물질을 산화시키는 성질을 가진 유기물질 6. 독물류: 다음 각 목에서 정하는 물질 가. 독물: 사람이 흡입·접촉하거나 체내에 섭취한 경우에 강력한 독작용이나 자극을 일으키는 물질 나. 병독을 옮기기 쉬운 물질: 살아 있는 병원체 및 살아 있는 병원체를 함유하거나 병원체가 부착되어 있다고 인정되는 물질 7. 방사성 물질: 「원자력안전법」 제2조에 따른 핵물질 및 방사성물질이나 이로 인하여 오염된 물질로서 방사능의 농도가 킬로그램당 74킬로베크렐(그램당 0.002마이크로큐리) 이상인 것 8. 부식성 물질: 생물체의 조직에 접촉한 경우 화학반응에 의하여 조직에 심한 위해를 주는 물질이나 열차의 차체·적하물 등에 접촉한 경우 물질적 손상을 주는 물질 9. 마취성 물질: 객실승무원이 정상근무를 할 수 없도록 극도의 고통이나 불편함을 발생시키는 마취성이 있는 물질이나 그와 유사한 성질을 가진 물질 10. 총포·도검류 등: 「총포·도검·화약류 등 단속법」에 따른 총포·도검 및 이에 준하는 흉기류

법	시 행 령	시 행 규 칙
		11. 그 밖의 유해물질: 제1호부터 제10호까지 외의 것으로서 화학변화 등에 의하여 사람에게 위해를 주거나 열차 안에 적재된 물건에 물질적인 손상을 줄 수 있는 물질 ② 철도운영자등은 제1항에 따른 위해물품에 대하여 휴대나 적재의 적정성, 포장 및 안전조치의 적정성 등을 검토하여 휴대나 적재를 허가할 수 있다. 이 경우 해당 위해물품이 위해물품임을 나타낼 수 있는 표지를 포장 바깥면 등 잘 보이는 곳에 붙여야 한다. [전문개정 12 · 12 · 10]
제43조(위험물의 운송위탁 및 운송 금지〈개정 20 · 6 · 9〉) 누구든지 점화류(點火類) 또는 점폭약류(點爆藥類)를 붙인 폭약, 니트로글리세린, 건조한 기폭약(起爆藥), 뇌홍질화연(雷汞窒化鉛)에 속하는 것 등 대통령령으로 정하는 위험물의 운송을 위탁할 수 없으며, 철도운영자는 이를 철도로 운송할 수 없다.〈개정 20 · 6 · 9〉 [전문개정 12 · 6 · 1]	제44조(운송위탁 및 운송 금지 위험물 등〈개정 20 · 10 · 8〉) 법 제43조에서 "점화류(點火類) 또는 점폭약류(點爆藥類)를 붙인 폭약, 니트로글리세린, 건조한 기폭약(起爆藥), 뇌홍질화연(雷汞窒化鉛)에 속하는 것 등 대통령령으로 정하는 위험물"이란 다음 각 호의 위험물을 말한다. 〈개정 13 · 3 · 23〉 1. 점화 또는 점폭약류를 붙인 폭약 2. 니트로글리세린 3. 건조한 기폭약 4. 뇌홍질화연에 속하는 것 5. 그 밖에 사람에게 위해를 주거나 물건에 손상을 줄 수 있는 물질로서 국토교통부장관이 정하여 고시하는 위험물 [전문개정 12 · 11 · 30]	

법	시 행 령	시 행 규 칙
제44조(위험물의 운송) ① 대통령령으로 정하는 위험물을 철도로 운송하려는 철도운영자는 국토교통부령으로 정하는 바에 따라 운송 중의 위험 방지 및 인명(人命) 보호를 위하여 안전하게 포장·적재하고 운송하여야 한다. 〈개정 13·3·23〉 ② 위험물의 운송을 위탁하여 철도로 운송하려는 자는 위험물을 안전하게 운송하기 위하여 철도운영자의 안전조치 등에 따라야 한다. 〈개정 20·6·9〉 [전문개정 12·6·1]	제45조(운송취급주의 위험물) 법 제44조제1항에서 "대통령령으로 정하는 위험물"이란 다음 각호의 어느 하나에 해당하는 것으로서 국토교통부령으로 정하는 것을 말한다. 〈개정 13·3·23〉 1. 철도운송 중 폭발할 우려가 있는 것 2. 마찰·충격·흡습(吸濕) 등 주위의 상황으로 인하여 발화할 우려가 있는 것 3. 인화성·산화성 등이 강하여 그 물질 자체의 성질에 따라 발화할 우려가 있는 것 4. 용기가 파손될 경우 내용물이 누출되어 철도차량·레일·기구 또는 다른 화물 등을 부식시키거나 침해할 우려가 있는 것 5. 유독성 가스를 발생시킬 우려가 있는 것 6. 그 밖에 화물의 성질상 철도시설·철도차량·철도종사자·여객 등에 위해나 손상을 끼칠 우려가 있는 것 [전문개정 12·11·30]	
제45조(철도보호지구에서의 행위제한 등〈개정 14·5·21〉) ① 철도경계선(가장 바깥쪽 궤도의 끝선을 말한다)으로부터 30미터 이내[「도시철도법」 제2조제2호에 따른 도시철도 중 노면전차(이하 "노면전차"라 한다)의 경우에는 10미터 이내]의 지역(이하 "철도보호지구"라 한다)에서 다음 각 호의 어느 하나에 해당하는 행위를 하려는 자는 대통령령으로 정하는 바에 따라 국	제46조(철도보호지구에서의 행위 신고절차) ① 법 제45조제1항에 따라 신고하려는 자는 해당 행위의 목적, 공사기간 등이 기재된 신고서에 설계도서(필요한 경우에 한정한다) 등을 첨부하여 국토교통부장관 또는 시·도지사에게 제출하여야 한다. 신고한 사항을 변경하는 경우에도 또한 같다. 〈개정 13·3·23, 14·3·18〉 ② 국토교통부장관 또는 시·도지사는 제1항	

법	시 행 령	시 행 규 칙
토교통부장관 또는 시 · 도지사에게 신고하여야 한다. 〈개정 12 · 12 · 18, 13 · 3 · 23, 17 · 1 · 17〉 1. 토지의 형질변경 및 굴착(掘鑿) 2. 토석, 자갈 및 모래의 채취 3. 건축물의 신축 · 개축(改築) · 증축 또는 인공구조물의 설치 4. 나무의 식재(대통령령으로 정하는 경우만 해당한다) 5. 그 밖에 철도시설을 파손하거나 철도차량의 안전운행을 방해할 우려가 있는 행위로서 대통령령으로 정하는 행위	에 따라 신고나 변경신고를 받은 경우에는 신고인에게 법 제45조제3항에 따른 행위의 금지 또는 제한을 명령하거나 제49조에 따른 안전조치(이하 "안전조치등"이라 한다)를 명령할 필요성이 있는지를 검토하여야 한다. 〈개정 13 · 3 · 23, 14 · 3 · 18, 18 · 10 · 23〉 ③ 국토교통부장관 또는 시 · 도지사는 제2항에 따른 검토 결과 안전조치등을 명령할 필요가 있는 경우에는 제1항에 따른 신고를 받은 날부터 30일 이내에 신고인에게 그 이유를 분명히 밝히고 안전조치등을 명하여야 한다. 〈개정 13 · 3 · 23, 14 · 3 · 18〉 ④ 제1항부터 제3항까지에서 규정한 사항 외에 철도보호지구에서의 행위에 대한 신고와 안전조치등에 관하여 필요한 세부적인 사항은 국토교통부장관이 정하여 고시한다. 〈개정 13 · 3 · 23〉 [전문개정 12 · 11 · 30] **제47조(철도보호지구에서의 나무 식재)** 법 제45조제1항제4호에서 "대통령령으로 정하는 경우"란 다음 각 호의 어느 하나에 해당하는 경우를 말한다. 1. 철도차량 운전자의 전방 시야 확보에 지장을 주는 경우 2. 나뭇가지가 전차선이나 신호기 등을 침범하거나 침범할 우려가 있는 경우	

법	시 행 령	시 행 규 칙
② 노면전차 철도보호지구의 바깥쪽 경계선으	3. 호우나 태풍 등으로 나무가 쓰러져 철도시설물을 훼손시키거나 열차의 운행에 지장을 줄 우려가 있는 경우 [전문개정 12·11·30] **제48조(철도보호지구에서의 안전운행 저해행위 등)** 법 제45조제1항제5호에서 "대통령령으로 정하는 행위"란 다음 각 호의 어느 하나에 해당하는 행위를 말한다. 〈개정 13·3·23〉 1. 폭발물이나 인화물질 등 위험물을 제조·저장하거나 전시하는 행위 2. 철도차량 운전자 등이 선로나 신호기를 확인하는 데 지장을 주거나 줄 우려가 있는 시설이나 설비를 설치하는 행위 3. 철도신호등(鐵道信號燈)으로 오인할 우려가 있는 시설물이나 조명 설비를 설치하는 행위 4. 전차선로에 의하여 감전될 우려가 있는 시설이나 설비를 설치하는 행위 5. 시설 또는 설비가 선로의 위나 밑으로 횡단하거나 선로와 나란히 되도록 설치하는 행위 6. 그 밖에 열차의 안전운행과 철도 보호를 위하여 필요하다고 인정하여 국토교통부장관이 정하여 고시하는 행위 [전문개정 12·11·30] **제48조의2(노면전차의 안전운행 저해행위 등)**	

법	시 행 령	시 행 규 칙
로부터 20미터 이내의 지역에서 굴착, 인공구조물의 설치 등 철도시설을 파손하거나 철도차량의 안전운행을 방해할 우려가 있는 행위로서 대통령령으로 정하는 행위를 하려는 자는 대통령령으로 정하는 바에 따라 국토교통부장관 또는 시·도지사에게 신고하여야 한다.〈신설 17·1·17〉	① 법 제45조제2항에서 "대통령령으로 정하는 행위"란 다음 각 호의 어느 하나에 해당하는 행위를 말한다. 1. 깊이 10미터 이상의 굴착 2. 다음 각 목의 어느 하나에 해당하는 것을 설치하는 행위 가. 「건설기계관리법」 제2조제1항제1호에 따른 건설기계 중 최대높이가 10미터 이상인 건설기계 나. 높이가 10미터 이상인 인공구조물 3. 「위험물안전관리법」 제2조제1항제1호에 따른 위험물을 같은 항 제2호에 따른 지정수량 이상 제조·저장하거나 전시하는 행위 ② 법 제45조제2항에 따른 신고절차에 관하여는 제46조제1항부터 제4항까지의 규정을 준용한다. 이 경우 "법 제45조제1항"은 "법 제45조제2항"으로, "철도보호지구"는 "노면전차 철도보호지구의 바깥쪽 경계선으로부터 20미터 이내의 지역"으로 본다. [본조신설 20·5·26]	
③ 국토교통부장관 또는 시·도지사는 철도차량의 안전운행 및 철도 보호를 위하여 필요하다고 인정할 때에는 제1항 또는 제2항의 행위를 하는 자에게 그 행위의 금지 또는 제한을 명령하거나 대통령령으로 정하는 필요한 조치를 하도록 명령할 수 있다. 〈개정 12·12·18, 13·	**제49조(철도 보호를 위한 안전조치)** 법 제45조제3항에서 "대통령령으로 정하는 필요한 조치"란 다음 각 호의 어느 하나에 해당하는 조치를 말한다.〈개정 18·10·23〉 1. 공사로 인하여 약해질 우려가 있는 지반에 대한 보강대책 수립·시행	

법	시행령	시행규칙
3·23, 17·1·17〉 ④ 국토교통부장관 또는 시·도지사는 철도차량의 안전운행 및 철도 보호를 위하여 필요하다고 인정할 때에는 토지, 나무, 시설, 건축물, 그 밖의 공작물(이하 "시설등"이라 한다)의 소유자나 점유자에게 다음 각 호의 조치를 하도록 명령할 수 있다. 〈신설 14·5·21, 17·1·17〉 1. 시설등이 시야에 장애를 주면 그 장애물을 제거할 것 2. 시설등이 붕괴하여 철도에 위해(危害)를 끼치거나 끼칠 우려가 있으면 그 위해를 제거하고 필요하면 방지시설을 할 것 3. 철도에 토사 등이 쌓이거나 쌓일 우려가 있으면 그 토사 등을 제거하거나 방지시설을 할 것 ⑤ 철도운영자등은 철도차량의 안전운행 및 철도 보호를 위하여 필요한 경우 국토교통부장관 또는 시·도지사에게 제3항 또는 제4항에 따른 해당 행위 금지·제한 또는 조치 명령을 할 것을 요청할 수 있다. 〈개정 12·12·18, 13·3·23, 14·5·21, 17·1·17〉 [전문개정 12·6·1]	2. 선로 옆의 제방 등에 대한 흙막이공사 시행 3. 굴착공사에 사용되는 장비나 공법 등의 변경 4. 지하수나 지표수 처리대책의 수립·시행 5. 시설물의 구조 검토·보강 6. 먼지나 티끌 등이 발생하는 시설·설비나 장비를 운용하는 경우 방진막, 물을 뿌리는 설비 등 분진방지시설 설치 7. 신호기를 가리거나 신호기를 보는데 지장을 주는 시설이나 설비 등의 철거 8. 안전울타리나 안전통로 등 안전시설의 설치 9. 그 밖에 철도시설의 보호 또는 철도차량의 안전운행을 위하여 필요한 안전조치 [전문개정 12·11·30]	
제46조(손실보상) ① 국토교통부장관, 시·도지사 또는 철도운영자등은 제45조제3항 또는 제4항에 따른 행위의 금지·제한 또는 조치 명령으로 인하여 손실을 입은 자가 있을 때에는	**제50조(손실보상)** ① 법 제46조에 따른 행위의 금지 또는 제한으로 인하여 손실을 받은 자에 대한 손실보상 기준 등에 관하여는 「공익사업을 위한 토지 등의 취득 및 보상에 관한 법률」	

법	시행령	시행규칙
그 손실을 보상하여야 한다. 〈개정 12·12·18, 13·3·23, 14·5·21, 17·1·17〉 ② 제1항에 따른 손실의 보상에 관하여는 국토교통부장관, 시·도지사 또는 철도운영자등이 그 손실을 입은 자와 협의하여야 한다. 〈개정 12·12·18, 13·3·23〉 ③ 제2항에 따른 협의가 성립되지 아니하거나 협의를 할 수 없을 때에는 대통령령으로 정하는 바에 따라 「공익사업을 위한 토지 등의 취득 및 보상에 관한 법률」에 따른 관할 토지수용위원회에 재결(裁決)을 신청할 수 있다. ④ 제3항의 재결에 대한 이의신청에 관하여는 「공익사업을 위한 토지 등의 취득 및 보상에 관한 법률」 제83조부터 제86조까지의 규정을 준용한다. [전문개정 12·6·1]	제68조, 제70조제2항·제5항, 제71조, 제75조, 제75조의2, 제76조, 제77조 및 제78조제6항부터 제8항까지의 규정을 준용한다. 〈개정 22·5·9〉 ② 법 제46조제3항에 따른 재결신청에 대해서는 「공익사업을 위한 토지 등의 취득 및 보상에 관한 법률」 제80조제2항을 준용한다. [전문개정 12·11·30]	
제47조(여객열차에서의 금지행위) ① 여객은 여객열차에서 다음 각 호의 어느 하나에 해당하는 행위를 하여서는 아니 된다. 〈개정 13·3·23, 17·8·9, 18·6·12〉 1. 정당한 사유 없이 국토교통부령으로 정하는 여객출입 금지장소에 출입하는 행위 2. 정당한 사유 없이 운행 중에 비상정지버튼을 누르거나 철도차량의 옆면에 있는 승강용 출입문을 여는 등 철도차량의 장치 또는 기구 등을 조작하는 행위		**제79조(여객출입 금지장소)** 법 제47조제1항제1호에서 "국토교통부령으로 정하는 여객출입 금지장소"란 다음 각 호의 장소를 말한다. 〈개정 13·3·23, 19·1·4〉 1. 운전실 2. 기관실 3. 발전실 4. 방송실 [전문개정 12·12·10] **제80조(여객열차에서의 금지행위)** 법 제47조제1

법	시행령	시행규칙
3. 여객열차 밖에 있는 사람을 위험하게 할 우려가 있는 물건을 여객열차 밖으로 던지는 행위 4. 흡연하는 행위 5. 철도종사자와 여객 등에게 성적(性的) 수치심을 일으키는 행위 6. 술을 마시거나 약물을 복용하고 다른 사람에게 위해를 주는 행위 7. 그 밖에 공중이나 여객에게 위해를 끼치는 행위로서 국토교통부령으로 정하는 행위 ② 운전업무종사자, 여객승무원 또는 여객역무원은 제1항의 금지행위를 한 사람에 대하여 필요한 경우 다음 각 호의 조치를 할 수 있다.〈신설 18·6·12〉 1. 금지행위의 제지 2. 금지행위의 녹음·녹화 또는 촬영 ③ 철도운영자는 국토교통부령으로 정하는 바에 따라 제1항 각 호에 따른 여객열차에서의 금지행위에 관한 사항을 여객에게 안내하여야 한다.〈신설 20·12·22〉 [전문개정 12·6·1] 제48조(철도 보호 및 질서유지를 위한 금지행		항제7호에서 "국토교통부령으로 정하는 행위"란 다음 각 호의 행위를 말한다. 〈개정 13·3·23, 19·1·4〉 1. 여객에게 위해를 끼칠 우려가 있는 동식물을 안전조치 없이 여객열차에 동승하거나 휴대하는 행위 2. 타인에게 전염의 우려가 있는 법정 감염병자가 철도종사자의 허락 없이 여객열차에 타는 행위 3. 철도종사자의 허락 없이 여객에게 기부를 부탁하거나 물품을 판매·배부하거나 연설·권유 등을 하여 여객에게 불편을 끼치는 행위 [전문개정 12·12·10] 제80조의2(여객열차에서의 금지행위 안내방법) 철도운영자는 법 제47조제3항에 따른 여객열차에서의 금지행위를 안내하는 경우 여객열차 및 승강장 등 철도시설에서 다음 각 호의 어느 하나에 해당하는 방법으로 안내해야 한다. 1. 여객열차에서의 금지행위에 관한 게시물 또는 안내판 설치 2. 영상 또는 음성으로 안내 [본조신설 21·6·23]

법	시행령	시행규칙
위) 누구든지 정당한 사유 없이 철도 보호 및 질서유지를 해치는 다음 각 호의 어느 하나에 해당하는 행위를 하여서는 아니 된다. 〈개정 13·3·23〉 1. 철도시설 또는 철도차량을 파손하여 철도차량 운행에 위험을 발생하게 하는 행위 2. 철도차량을 향하여 돌이나 그 밖의 위험한 물건을 던져 철도차량 운행에 위험을 발생하게 하는 행위 3. 궤도의 중심으로부터 양측으로 폭 3미터 이내의 장소에 철도차량의 안전 운행에 지장을 주는 물건을 방치하는 행위 4. 철도교량 등 국토교통부령으로 정하는 시설 또는 구역에 국토교통부령으로 정하는 폭발물 또는 인화성이 높은 물건 등을 쌓아 놓는 행위		**제81조(폭발물 등 적치금지 구역)** 법 제48조제4호에서 "국토교통부령으로 정하는 구역 또는 시설"이란 다음 각 호의 구역 또는 시설을 말한다. 〈개정 13·3·23〉 1. 정거장 및 선로(정거장 또는 선로를 지지하는 구조물 및 그 주변지역을 포함한다) 2. 철도 역사 3. 철도 교량 4. 철도 터널 [전문개정 12·12·10] **제82조(적치금지 폭발물 등)** 법 제48조제4호에서 "국토교통부령으로 정하는 폭발물 또는 인화성이 높은 물건"이란 영 제44조 및 영 제45조에 따른 위험물로서 주변의 물건을 손괴할

법	시행령	시행규칙
		수 있는 폭발력을 지니거나 화재를 유발하거나 유해한 연기를 발생하여 여객이나 일반대중에게 위해를 끼칠 우려가 있는 물건이나 물질을 말한다. 〈개정 13·3·23〉 [전문개정 12·12·10]
5. 선로(철도와 교차된 도로는 제외한다) 또는 국토교통부령으로 정하는 철도시설에 철도운영자등의 승낙 없이 출입하거나 통행하는 행위		第83조(출입금지 철도시설) 법 제48조제5호에서 "국토교통부령으로 정하는 철도시설"이란 다음 각 호의 철도시설을 말한다. 〈개정 13·3·23〉 1. 위험물을 적하하거나 보관하는 장소 2. 신호·통신기기 설치장소 및 전력기기·관제설비 설치장소 3. 철도운전용 급유시설물이 있는 장소 4. 철도차량 정비시설 [전문개정 12·12·10]
6. 역시설 등 공중이 이용하는 철도시설 또는 철도차량에서 폭언 또는 고성방가 등 소란을 피우는 행위		
7. 철도시설에 국토교통부령으로 정하는 유해물 또는 열차운행에 지장을 줄 수 있는 오물을 버리는 행위		第84조(열차운행에 지장을 줄 수 있는 유해물) 법 제48조제7호에서 "국토교통부령으로 정하는 유해물"이란 철도시설이나 철도차량을 훼손하거나 정상적인 기능·작동을 방해하여 열차운행에 지장을 줄 수 있는 산업폐기물·생활폐기물을 말한다. 〈개정 13·3·23〉 [전문개정 12·12·10]
8. 역시설 또는 철도차량에서 노숙(露宿)하는 행위		

법	시 행 령	시 행 규 칙
9. 열차운행 중에 타고 내리거나 정당한 사유 없이 승강용 출입문의 개폐를 방해하여 열차운행에 지장을 주는 행위 10. 정당한 사유 없이 열차 승강장의 비상정지버튼을 작동시켜 열차운행에 지장을 주는 행위 11. 그 밖에 철도시설 또는 철도차량에서 공중의 안전을 위하여 질서유지가 필요하다고 인정되어 국토교통부령으로 정하는 금지행위 [전문개정 12·6·1]		제85조(질서유지를 위한 금지행위) 법 제48조제11호에서 "국토교통부령으로 정하는 금지행위"란 다음 각 호의 행위를 말한다. 〈개정 13·3·23, 16·8·10〉 1. 흡연이 금지된 철도시설이나 철도차량 안에서 흡연하는 행위 2. 철도종사자의 허락 없이 철도시설이나 철도차량에서 광고물을 붙이거나 배포하는 행위 3. 역시설에서 철도종사자의 허락 없이 기부를 부탁하거나 물품을 판매·배부하거나 연설·권유를 하는 행위 4. 철도종사자의 허락 없이 선로변에서 총포를 이용하여 수렵하는 행위 [전문개정 12·12·10]
제48조의2(여객 등의 안전 및 보안) ① 국토교통부장관은 철도차량의 안전운행 및 철도시설의 보호를 위하여 필요한 경우에는 「사법경찰관리의 직무를 수행할 자와 그 직무범위에 관한 법률」 제5조제11호에 규정된 사람(이하 "철도특별사법경찰관리"라 한다)으로 하여금		제85조의2(보안검색의 실시 방법 및 절차 등) ① 법 제48조의2제1항에 따라 실시하는 보안검색(이하 "보안검색"이라 한다)의 실시 범위는 다음 각 호의 구분에 따른다. 1. 전부검색: 국가의 중요 행사 기간이거나 국가 정보기관으로부터 테러 위험 등의 정

법	시 행 령	시 행 규 칙
여객열차에 승차하는 사람의 신체·휴대물품 및 수하물에 대한 보안검색을 실시하게 할 수 있다. 〈개정 13·3·23〉 ② 국토교통부장관은 제1항의 보안검색 정보 및 그 밖의 철도보안·치안 관리에 필요한 정보를 효율적으로 활용하기 위하여 철도보안정보체계를 구축·운영하여야 한다. 〈개정 18·6·12〉 ③ 국토교통부장관은 철도보안·치안을 위하여 필요하다고 인정하는 경우에는 차량 운행정보 등을 철도운영자에게 요구할 수 있고, 철도운영자는 정당한 사유 없이 그 요구를 거절할 수 없다. 〈개정 13·3·23, 18·6·12〉 ④ 국토교통부장관은 철도보안정보체계를 운영하기 위하여 철도차량의 안전운행 및 철도시설의 보호에 필요한 최소한의 정보만 수집·관리하여야 한다.〈신설 18·6·12〉 ⑤ 제1항에 따른 보안검색의 실시방법과 절차 및 보안검색장비 종류 등에 필요한 사항과 제2항에 따른 철도보안정보체계 및 제3항에 따른 정보 확인 등에 필요한 사항은 국토교통부령으로 정한다.〈신설 18·6·12, 19·4·23〉 [본조신설 12·6·1]		보를 통보받은 경우 등 국토교통부장관이 보안검색을 강화하여야 할 필요가 있다고 판단하는 경우에 국토교통부장관이 지정한 보안검색 대상 역에서 보안검색 대상 전부에 대하여 실시 2. 일부검색: 법 제42조에 따른 휴대·적재 금지 위해물품(이하 "위해물품"이라 한다)을 휴대·적재하였다고 판단되는 사람과 물건에 대하여 실시하거나 제1호에 따른 전부검색으로 시행하는 것이 부적합하다고 판단되는 경우에 실시 ② 위해물품을 탐지하기 위한 보안검색은 법 제48조의2제1항에 따른 보안검색장비(이하 "보안검색장비"라 한다)를 사용하여 검색한다. 다만, 다음 각 호의 어느 하나에 해당하는 경우에는 여객의 동의를 받아 직접 신체나 물건을 검색하거나 특정 장소로 이동하여 검색을 할 수 있다.〈개정 19·10·23〉 1. 보안검색장비의 경보음이 울리는 경우 2. 위해물품을 휴대하거나 숨기고 있다고 의심되는 경우 3. 보안검색장비를 통한 검색 결과 그 내용물을 판독할 수 없는 경우 4. 보안검색장비의 오류 등으로 제대로 작동하지 아니하는 경우 5. 보안의 위협과 관련한 정보의 입수에 따라

법	시 행 령	시 행 규 칙
		필요하다고 인정되는 경우 ③ 국토교통부장관은 법 제48조의2제1항에 따라 보안검색을 실시하게 하려는 경우에 사전에 철도운영자등에게 보안검색 실시계획을 통보하여야 한다. 다만, 범죄가 이미 발생하였거나 발생할 우려가 있는 경우 등 긴급한 보안검색이 필요한 경우에는 사전 통보를 하지 아니할 수 있다. ④ 제3항 본문에 따라 보안검색 실시계획을 통보받은 철도운영자등은 여객이 해당 실시계획을 알 수 있도록 보안검색 일정 · 장소 · 대상 및 방법 등을 안내문에 게시하여야 한다. ⑤ 법 제48조의2에 따라 철도특별사법경찰관리가 보안검색을 실시하는 경우에는 검색 대상자에게 자신의 신분증을 제시하면서 소속과 성명을 밝히고 그 목적과 이유를 설명하여야 한다. 다만, 다음 각 호의 어느 하나에 해당하는 경우에는 사전 설명 없이 검색할 수 있다. 1. 보안검색 장소의 안내문 등을 통하여 사전에 보안검색 실시계획을 안내한 경우 2. 의심물체 또는 장시간 방치된 수하물로 신고된 물건에 대하여 검색하는 경우 [본조신설 14 · 3 · 19] **제85조의3(보안검색장비의 종류**〈개정 19 · 1 · 4, 19 · 10 · 23〉) ① 법 제48조의2제1항에 따른 보안검색장비의 종류는 다음 각 호의 구분에 따른

법	시 행 령	시 행 규 칙
		다.〈개정 19·1·4, 19·10·23〉 1. 위해물품을 검색·탐지·분석하기 위한 장비: 엑스선 검색장비, 금속탐지장비(문형 금속탐지장비와 휴대용 금속탐지장비를 포함한다), 폭발물 탐지장비, 폭발물흔적탐지장비, 액체폭발물탐지장비 등 2. 보안검색 시 안전을 위하여 착용·휴대하는 장비: 방검복, 방탄복, 방폭 담요 등 3. 삭제 〈19·1·4〉 ② 삭제 〈19·10·23〉 ③ 삭제 〈19·1·4〉 [본조신설 14·3·19] **제85조의4(철도보안정보체계의 구축·운영 등)** ① 국토교통부장관은 법 제48조의2제2항에 따른 철도보안정보체계(이하 "철도보안정보체계"라 한다)를 구축·운영하기 위한 철도보안정보시스템을 구축·운영해야 한다. ② 국토교통부장관이 법 제48조의2제3항에 따라 철도운영자에게 요구할 수 있는 정보는 다음 각 호와 같다. 1. 법 제48조의2제1항에 따른 보안검색 관련 통계(보안검색 횟수 및 보안검색 장비 사용 내역 등을 포함한다) 2. 법 제48조의2제1항에 따른 보안검색을 실시하는 직원에 대한 교육 등에 관한 정보 3. 철도차량 운행에 관한 정보

법	시 행 령	시 행 규 칙
제48조의3(보안검색장비의 성능인증 등) ① 제48조의2제1항에 따른 보안검색을 하는 경우에는 국토교통부장관으로부터 성능인증을 받은 보안검색장비를 사용하여야 한다. ② 제1항에 따른 성능인증을 위한 기준·방법·절차 등 운영에 필요한 사항은 국토교통부령으로 정한다. ③ 국토교통부장관은 제1항에 따른 성능인증을 받은 보안검색장비의 운영, 유지관리 등에 관한 기준을 정하여 고시하여야 한다. ④ 국토교통부장관은 제1항에 따라 성능인증을 받은 보안검색장비가 운영 중에 계속하여 성능을 유지하고 있는지를 확인하기 위하여 국토교통부령으로 정하는 바에 따라 정기적으로 또는 수시로 점검을 실시하여야 한다. ⑤ 국토교통부장관은 제1항에 따른 성능인증을 받은 보안검색장비가 다음 각 호의 어느 하나에 해당하는 경우에는 그 인증을 취소할 수 있다. 다만, 제1호에 해당하는 때에는 그 인증을 취소하여야 한다.		4. 그 밖에 철도보안·치안을 위해 필요한 정보로서 국토교통부장관이 정해 고시하는 정보 ③ 국토교통부장관은 철도보안정보체계를 구축·운영하기 위해 관계 기관과 필요한 정보를 공유하거나 관련 시스템을 연계할 수 있다. [본조신설 19·1·4] 제85조의5(보안검색장비의 성능인증 기준) 법 제48조의3제1항에 따른 보안검색장비의 성능인증 기준은 다음 각 호와 같다. 1. 국제표준화기구(ISO)에서 정한 품질경영시스템을 갖출 것 2. 그 밖에 국토교통부장관이 정하여 고시하는 성능, 기능 및 안전성 등을 갖출 것 [본조신설 19·10·23] 제85조의6(보안검색장비의 성능인증 신청 등) ① 법 제48조의3제1항에 따른 보안검색장비의 성능인증을 받으려는 자는 별지 제45호의13서식의 철도보안검색장비 성능인증 신청서에 다음 각 호의 서류를 첨부하여 「과학기술분야 정부출연연구기관 등의 설립·운영 및 육성에 관한 법률」 제8조에 따라 설립된 한국철도기술연구원(이하 "한국철도기술연구원"이라 한다)에 제출해야 한다. 이 경우 한국철도기술연구원은 「전자정부법」 제36조제1항에 따른 행정정보의 공동이용을 통해서 법인 등기사항증명서(신청인이 법인인 경우만 해당한다)를 확

법	시 행 령	시 행 규 칙
1. 거짓이나 그 밖의 부정한 방법으로 인증을 받은 경우 2. 보안검색장비가 제2항에 따른 성능인증 기준에 적합하지 아니하게 된 경우 [본조신설 19 · 4 · 23]		인해야 한다. 1. 사업자등록증 사본 2. 대리인임을 증명하는 서류(대리인이 신청하는 경우에 한정한다) 3. 보안검색장비의 성능 제원표 및 시험용 물품(테스트 키트)에 관한 서류 4. 보안검색장비의 구조 · 외관도 5. 보안검색장비의 사용 · 운영방법 · 유지관리 등에 대한 설명서 6. 제85조의5에 따른 기준을 갖추었음을 증명하는 서류 ② 한국철도기술연구원은 제1항에 따른 신청을 받으면 법 제48조의4제1항에 따른 시험기관(이하 "시험기관"이라 한다)에 보안검색장비의 성능을 평가하는 시험(이하 "성능시험"이라 한다)을 요청해야 한다. 다만, 제1항제6호에 따른 서류로 성능인증 기준을 충족하였다고 인정하는 경우에는 해당 부분에 대한 성능시험을 요청하지 않을 수 있다. ③ 시험기관은 성능시험 계획서를 작성하여 성능시험을 실시하고, 별지 제45호의14서식의 철도보안검색장비 성능시험 결과서를 한국철도기술연구원에 제출해야 한다. ④ 한국철도기술연구원은 제3항에 따른 성능시험 결과가 제85조의5에 따른 성능인증 기준 등에 적합하다고 인정하는 경우에는 별지 제45

법	시 행 령	시 행 규 칙
		호의15서식의 철도보안검색장비 성능인증서를 신청인에게 발급해야 하며, 적합하지 않은 경우에는 그 결과를 신청인에게 통지해야 한다. ⑤ 한국철도기술연구원은 제85조의5에 따른 성능인증 기준에 적합여부 등을 심의하기 위하여 성능인증심사위원회를 구성·운영할 수 있다. ⑥ 제2항에 따른 성능시험 요청 및 제5항에 따른 성능인증심사위원회의 구성·운영 등에 필요한 세부사항은 국토교통부장관이 정하여 고시한다. [본조신설 19·10·23] 제85조의7(보안검색장비의 성능점검) 한국철도기술연구원은 법 제48조의3제4항에 따라 보안검색장비가 운영 중에 계속하여 성능을 유지하고 있는지를 확인하기 위해 다음 각 호의 구분에 따른 점검을 실시해야 한다. 1. 정기점검: 매년 1회 2. 수시점검: 보안검색장비의 성능유지 등을 위하여 필요하다고 인정하는 때 [본조신설 19·10·23]
제48조의4(시험기관의 지정 등) ① 국토교통부장관은 제48조의3에 따른 성능인증을 위하여 보안검색장비의 성능을 평가하는 시험(이하 "성능시험"이라 한다)을 실시하는 기관(이하 "시험기관"이라 한다)을 지정할 수 있다.	제50조의2(인증업무의 위탁) 국토교통부장관은 법 제48조의4제4항에 따라 법 제48조의3에 따른 보안검색장비의 성능 인증 및 점검 업무를 한국철도기술연구원에 위탁한다.〈개정 21·6·23〉 [본조신설 19·10·22]	제85조의8(시험기관의 지정 등) ① 법 제48조의4제2항에서 "국토교통부령으로 정하는 지정기준"이란 별표 19에 따른 기준을 말한다. ② 법 제48조의4제2항에 따라 시험기관으로 지정을 받으려는 자는 별지 제45호의16서식의

법	시 행 령	시 행 규 칙
② 제1항에 따라 시험기관의 지정을 받으려는 법인이나 단체는 국토교통부령으로 정하는 지정기준을 갖추어 국토교통부장관에게 지정신청을 하여야 한다. ③ 국토교통부장관은 제1항에 따라 시험기관으로 지정받은 법인이나 단체가 다음 각 호의 어느 하나에 해당하는 경우에는 그 지정을 취소하거나 1년 이내의 기간을 정하여 그 업무의 전부 또는 일부의 정지를 명할 수 있다. 다만, 제1호 또는 제2호에 해당하는 때에는 그 지정을 취소하여야 한다. 1. 거짓이나 그 밖의 부정한 방법을 사용하여 시험기관으로 지정을 받은 경우 2. 업무정지 명령을 받은 후 그 업무정지 기간에 성능시험을 실시한 경우 3. 정당한 사유 없이 성능시험을 실시하지 아니한 경우 4. 제48조의3제2항에 따른 기준·방법·절차 등을 위반하여 성능시험을 실시한 경우 5. 제48조의4제2항에 따른 시험기관 지정기준을 충족하지 못하게 된 경우 6. 성능시험 결과를 거짓으로 조작하여 수행한 경우 ④ 국토교통부장관은 인증업무의 전문성과 신뢰성을 확보하기 위하여 제48조의3에 따른 보안검색장비의 성능 인증 및 점검 업무를 대통		철도보안검색장비 시험기관 지정 신청서에 다음 각 호의 서류를 첨부하여 국토교통부장관에게 제출해야 한다. 이 경우 국토교통부장관은 「전자정부법」 제36조제1항에 따른 행정정보의 공동이용을 통해서 법인 등기사항증명서(신청인이 법인인 경우만 해당한다)를 확인해야 한다. 1. 사업자등록증 및 인감증명서(법인인 경우에 한정한다) 2. 법인의 정관 또는 단체의 규약 3. 성능시험을 수행하기 위한 조직·인력, 시험설비 등을 적은 사업계획서 4. 국제표준화기구(ISO) 또는 국제전기기술위원회(IEC)에서 정한 국제기준에 적합한 품질관리규정 5. 제1항에 따른 시험기관 지정기준을 갖추었음을 증명하는 서류 ③ 국토교통부장관은 제2항에 따라 시험기관 지정신청을 받은 때에는 현장평가 등이 포함된 심사계획서를 작성하여 신청인에게 통지하고 그 심사계획에 따라 심사해야 한다. ④ 국토교통부장관은 제3항에 따른 심사 결과 제1항에 따른 지정기준을 갖추었다고 인정하는 때에는 별지 제45호의17서식의 철도보안검색장비 시험기관 지정서를 발급하고 다음 각 호의 사항을 관보에 고시해야 한다.

법	시 행 령	시 행 규 칙
령령으로 정하는 기관(이하 "인증기관"이라 한다)에 위탁할 수 있다. [본조신설 19 · 4 · 23]		1. 시험기관의 명칭 2. 시험기관의 소재지 3. 시험기관 지정일자 및 지정번호 4. 시험기관의 업무수행 범위 ⑤ 제4항에 따라 시험기관으로 지정된 기관은 다음 각 호의 사항이 포함된 시험기관 운영규정을 국토교통부장관에게 제출해야 한다. 1. 시험기관의 조직 · 인력 및 시험설비 2. 시험접수 · 수행 절차 및 방법 3. 시험원의 임무 및 교육훈련 4. 시험원 및 시험과정 등의 보안관리 ⑥ 국토교통부장관은 제3항에 따른 심사를 위해 필요한 경우 시험기관지정심사위원회를 구성 · 운영할 수 있다. [본조신설 19 · 10 · 23] **제85조의9(시험기관의 지정취소 등)** ① 법 제48조의4제3항에 따른 시험기관의 지정취소 또는 업무정지 처분의 세부기준은 별표 20과 같다. ② 국토교통부장관은 제1항에 따라 시험기관의 지정을 취소하거나 업무의 정지를 명한 경우에는 그 사실을 해당시험 기관에 통지하고 지체 없이 관보에 고시해야 한다. ③ 제2항에 따라 시험기관의 지정취소 또는 업무정지 통지를 받은 시험기관은 그 통지를 받은 날부터 15일 이내에 철도보안검색장비 시험기관 지정서를 국토교통부장관에게 반납

<table>
<tr><th>법</th><th>시행령</th><th>시행규칙</th></tr>
<tr><td>〈종전의 제48조의3〉〈개정 19·4·23〉
제48조의5(직무장비의 휴대 및 사용 등) ① 철도특별사법경찰관리는 이 법 및 「사법경찰관리의 직무를 수행할 자와 그 직무범위에 관한 법률」 제6조제9호에 따른 직무를 수행하기 위하여 필요하다고 인정되는 상당한 이유가 있을 때에는 합리적으로 판단하여 필요한 한도에서 직무장비를 사용할 수 있다.
② 제1항에서의 "직무장비"란 철도특별사법경찰관리가 휴대하여 범인검거와 피의자 호송 등의 직무수행에 사용하는 수갑, 포승, 가스분사기, 전자충격기, 경비봉을 말한다.
③ 철도특별사법경찰관리가 제1항에 따라 직무수행 중 직무장비를 사용할 때 사람의 생명이나 신체에 위해를 끼칠 수 있는 직무장비(전자충격기 및 가스분사기를 말한다)를 사용하는 경우에는 사전에 필요한 안전교육과 안전검사를 받은 후 사용하여야 한다.〈개정 20·6·9〉
[본조신설 18·6·12]</td><td></td><td>해야 한다.
[본조신설 19·10·23]
〈종전의 제85조의5〉〈개정 19·10·23〉
제85조의10(직무장비의 사용기준) 법 제48조의5 제1항에 따라 철도특별사법경찰관리가 사용하는 직무장비의 사용기준은 다음 각 호와 같다.〈개정 19·10·23, 21·8·27〉
1. 가스분사기·가스발사총(고무탄은 제외한다)의 경우: 범인의 체포 또는 도주방지, 타인 또는 철도특별사법경찰관리의 생명·신체에 대한 방호, 공무집행에 대한 항거의 억제를 위해 필요한 경우에 최소한의 범위에서 사용하되, 1미터 이내의 거리에서 상대방의 얼굴을 향해 발사하지 말 것
2. 전자충격기의 경우: 14세 미만의 사람이나 임산부에게 사용해서는 안 되며, 전극침(電極針) 발사장치가 있는 전자충격기를 사용하는 경우에는 상대방의 얼굴을 향해 전극침을 발사하지 말 것
3. 경비봉의 경우: 타인 또는 철도특별사법경찰관리의 생명·신체의 위해와 공공시설·재산의 위험을 방지하기 위해 필요한 경우에 최소한의 범위에서 사용할 수 있으며, 인명 또는 신체에 대한 위해를 최소화하도록 할 것
4. 수갑·포승의 경우: 체포영장·구속영장의</td></tr>
</table>

법	시 행 령	시 행 규 칙
		집행, 신체의 자유를 제한하는 판결 또는 처분을 받은 사람을 법률에서 정한 절차에 따라 호송·수용하거나, 범인, 술에 취한 사람, 정신착란자의 자살 또는 자해를 방지하기 위해 필요한 경우에 최소한의 범위에서 사용할 것 [본조신설 19·1·4]
제49조(철도종사자의 직무상 지시 준수) ① 열차 또는 철도시설을 이용하는 사람은 이 법에 따라 철도의 안전·보호와 질서유지를 위하여 하는 철도종사자의 직무상 지시에 따라야 한다. ② 누구든지 폭행·협박으로 철도종사자의 직무집행을 방해하여서는 아니 된다. [전문개정 12·6·1]	제51조(철도종사자의 권한표시) ① 법 제49조에 따른 철도종사자는 복장·모자·완장·증표 등으로 그가 직무상 지시를 할 수 있는 사람임을 표시하여야 한다. ② 철도운영자등은 철도종사자가 제1항에 따른 표시를 할 수 있도록 복장·모자·완장·증표 등의 지급 등 필요한 조치를 하여야 한다. [전문개정 12·11·30]	
제50조(사람 또는 물건에 대한 퇴거 조치 등) 철도종사자는 다음 각 호의 어느 하나에 해당하는 사람 또는 물건을 열차 밖이나 대통령령으로 정하는 지역 밖으로 퇴거시키거나 철거할 수 있다. 〈개정 13·3·23, 14·5·21, 17·1·17, 18·6·12, 20·6·9〉 1. 제42조를 위반하여 여객열차에서 위해물품을 휴대한 사람 및 그 위해물품 2. 제43조를 위반하여 운송 금지 위험물을 운송위탁하거나 운송하는 자 및 그 위험물 3. 제45조제3항 또는 제4항에 따른 행위 금	제52조(퇴거지역의 범위) 법 제50조 각 호 외의 부분에서 "대통령령으로 정하는 지역"이란 다음 각 호의 어느 하나에 해당하는 지역을 말한다. 1. 정거장 2. 철도신호기·철도차량정비소·통신기기·전력설비 등의 설비가 설치되어 있는 장소의 담장이나 경계선 안의 지역 3. 화물을 적하하는 장소의 담장이나 경계선 안의 지역 [전문개정 12·11·30]	

법	시 행 령	시 행 규 칙
지·제한 또는 조치 명령에 따르지 아니하는 사람 및 그 물건 4. 제47조제1항을 위반하여 금지행위를 한 사람 및 그 물건 5. 제48조를 위반하여 금지행위를 한 사람 및 그 물건 6. 제48조의2에 따른 보안검색에 따르지 아니한 사람 7. 제49조를 위반하여 철도종사자의 직무상 지시를 따르지 아니하거나 직무집행을 방해하는 사람 [전문개정 12·6·1] **제6장 철도사고조사·처리** **제51조부터 제59조까지** 삭제 〈05·11·8〉	**제53조부터 제55조까지** 삭제 〈06·6·15〉	
제60조(철도사고등의 발생 시 조치) ① 철도운영자등은 철도사고등이 발생하였을 때에는 사상자 구호, 유류품(遺留品) 관리, 여객 수송 및 철도시설 복구 등 인명피해 및 재산피해를 최소화하고 열차를 정상적으로 운행할 수 있도록 필요한 조치를 하여야 한다.〈개정 15·7·24〉 ② 철도사고등이 발생하였을 때의 사상자 구호, 여객 수송 및 철도시설 복구 등에 필요한 사항은 대통령령으로 정한다. ③ 국토교통부장관은 제61조에 따라 사고 보고를 받은 후 필요하다고 인정하는 경우에는	**제56조(철도사고등의 발생 시 조치사항)** 법 제60조제2항에 따라 철도사고등이 발생한 경우 철도운영자등이 준수하여야 하는 사항은 다음 각 호와 같다. 〈개정 14·3·18〉 1. 사고수습이나 복구작업을 하는 경우에는 인명의 구조와 보호에 가장 우선순위를 둘 것 2. 사상자가 발생한 경우에는 법 제7조제1항에 따른 안전관리체계에 포함된 비상대응계획에서 정한 절차(이하 "비상대응절차"라 한다)에 따라 응급처치, 의료기관으로 긴급이송, 유관기관과의 협조 등 필요한 조치를	

법	시 행 령	시 행 규 칙
철도운영자등에게 사고 수습 등에 관하여 필요한 지시를 할 수 있다. 이 경우 지시를 받은 철도운영자등은 특별한 사유가 없으면 지시에 따라야 한다. 〈개정 13·3·23〉 [전문개정 12·6·1]	신속히 할 것 3. 철도차량 운행이 곤란한 경우에는 비상대응절차에 따라 대체교통수단을 마련하는 등 필요한 조치를 할 것 [전문개정 12·11·30]	
제61조(철도사고등 의무보고〈개정 20·4·7〉) ① 철도운영자등은 사상자가 많은 사고 등 대통령령으로 정하는 철도사고등이 발생하였을 때에는 국토교통부령으로 정하는 바에 따라 즉시 국토교통부장관에게 보고하여야 한다. 〈개정 13·3·23〉 ② 철도운영자등은 제1항에 따른 철도사고등을 제외한 철도사고등이 발생하였을 때에는 국토교통부령으로 정하는 바에 따라 사고 내용을 조사하여 그 결과를 국토교통부장관에게 보고하여야 한다. 〈개정 13·3·23〉 [전문개정 12·6·1]	제57조(국토교통부장관에게 즉시 보고하여야 하는 철도사고등〈개정 13·3·23〉) 법 제61조제1항에서 "사상자가 많은 사고 등 대통령령으로 정하는 철도사고등"이란 다음 각 호의 어느 하나에 해당하는 사고를 말한다. 1. 열차의 충돌이나 탈선사고 2. 철도차량이나 열차에서 화재가 발생하여 운행을 중지시킨 사고 3. 철도차량이나 열차의 운행과 관련하여 3명 이상 사상자가 발생한 사고 4. 철도차량이나 열차의 운행과 관련하여 5천만원 이상의 재산피해가 발생한 사고 [전문개정 12·11·30] 제58조 삭제 〈06·6·15〉	제86조(철도사고등의 의무보고〈개정 20·10·7〉) ① 철도운영자등은 법 제61조제1항에 따른 철도사고등이 발생한 때에는 다음 각 호의 사항을 국토교통부장관에게 즉시 보고하여야 한다. 〈개정 13·3·23〉 1. 사고 발생 일시 및 장소 2. 사상자 등 피해사항 3. 사고 발생 경위 4. 사고 수습 및 복구 계획 등 ② 철도운영자등은 법 제61조제2항에 따른 철도사고등이 발생한 때에는 다음 각 호의 구분에 따라 국토교통부장관에게 이를 보고하여야 한다. 〈개정 13·3·23〉 1. 초기보고: 사고발생현황 등 2. 중간보고: 사고수습·복구상황 등 3. 종결보고: 사고수습·복구결과 등 ③ 제1항 및 제2항에 따른 보고의 절차 및 방법 등에 관한 세부적인 사항은 국토교통부장관이 정하여 고시한다. 〈개정 13·3·23〉 [전문개정 12·12·10]
제61조의2(철도차량 등에 발생한 고장 등 보고		제87조(철도차량에 발생한 고장, 결함 또는 기능

법	시 행 령	시 행 규 칙
의무) ① 제26조 또는 제27조에 따라 철도차량 또는 철도용품에 대하여 형식승인을 받거나 제26조의3 또는 제27조의2에 따라 철도차량 또는 철도용품에 대하여 제작자승인을 받은 자는 그 승인받은 철도차량 또는 철도용품이 설계 또는 제작의 결함으로 인하여 국토교통부령으로 정하는 고장, 결함 또는 기능장애가 발생한 것을 알게 된 경우에는 국토교통부령으로 정하는 바에 따라 국토교통부장관에게 그 사실을 보고하여야 한다. ② 제38조의7에 따라 철도차량 정비조직인증을 받은 자가 철도차량을 운영하거나 정비하는 중에 국토교통부령으로 정하는 고장, 결함 또는 기능장애가 발생한 것을 알게 된 경우에는 국토교통부령으로 정하는 바에 따라 국토교통부장관에게 그 사실을 보고하여야 한다. [본조신설 20·4·7]		장애 보고) ① 법 제61조의2제1항에서 "국토교통부령으로 정하는 고장, 결함 또는 기능장애"란 다음 각 호의 어느 하나에 해당하는 고장, 결함 또는 기능장애를 말한다. 1. 법 제26조 및 제26조의3에 따른 승인내용과 다른 설계 또는 제작으로 인한 철도차량의 고장, 결함 또는 기능장애 2. 법 제27조 및 제27조의2에 따른 승인내용과 다른 설계 또는 제작으로 인한 철도용품의 고장, 결함 또는 기능장애 3. 하자보수 또는 피해배상을 해야 하는 철도차량 및 철도용품의 고장, 결함 또는 기능장애 4. 그 밖에 제1호부터 제3호까지의 규정에 따른 고장, 결함 또는 기능장애에 준하는 고장, 결함 또는 기능장애 ② 법 제61조의2제2항에서 "국토교통부령으로 정하는 고장, 결함 또는 기능장애"란 다음 각 호의 어느 하나에 해당하는 고장, 결함 또는 기능장애(법 제61조에 따라 보고된 고장, 결함 또는 기능장애는 제외한다)를 말한다. 1. 철도차량 중정비(철도차량을 완전히 분해하여 검수·교환하거나 탈선·화재 등으로 중대하게 훼손된 철도차량을 정비하는 것을 말한다)가 요구되는 구조적 손상 2. 차상신호장치, 추진장치, 주행장치 그 밖에 철도차량 주요장치의 고장 중 차량 안전에

법	시 행 령	시 행 규 칙
		중대한 영향을 주는 고장 3. 법 제26조제3항, 제26조의3제2항, 제27조제2항 및 제27조의2제2항에 따라 고시된 기술기준에 따른 최대허용범위(제작사가 기술자료를 제공하는 경우에는 그 기술자료에 따른 최대허용범위를 말한다)를 초과하는 철도차량 구조의 균열, 영구적인 변형이나 부식 4. 그 밖에 제1호부터 제3호까지의 규정에 따른 고장, 결함 또는 기능장애에 준하는 고장, 결함 또는 기능장애 ③ 법 제61조의2제1항 및 제2항에 따른 보고를 하려는 자는 별지 제45호의18서식의 고장 · 결함 · 기능장애 보고서를 국토교통부장관에게 제출하거나 국토교통부장관이 정하여 고시하는 방법으로 국토교통부장관에게 보고해야 한다. ④ 국토교통부장관은 제3항에 따른 보고를 받은 경우 관계 기관 등에게 이를 통보해야 한다. ⑤ 제4항에 따른 통보의 내용 및 방법 등에 관하여 필요한 사항은 국토교통부장관이 정하여 고시한다. [본조신설 20 · 10 · 7]
제61조의3(철도안전 자율보고) ① 철도안전을 해치거나 해칠 우려가 있는 사건 · 상황 · 상태 등(이하 "철도안전위험요인"이라 한다)을 발생시켰거나 철도안전위험요인이 발생한 것을 안 사람 또는 철도안전위험요인이 발생할 것		**제88조(철도안전 자율보고의 절차 등)** ① 법 제61조의3제1항에 따른 철도안전 자율보고를 하려는 자는 별지 제45호의19서식의 철도안전 자율보고서를 한국교통안전공단 이사장에게 제출하거나 국토교통부장관이 정하여 고시하

법	시행령	시행규칙
이 예상된다고 판단하는 사람은 국토교통부장관에게 그 사실을 보고할 수 있다. ② 국토교통부장관은 제1항에 따른 보고(이하 "철도안전 자율보고"라 한다)를 한 사람의 의사에 반하여 보고자의 신분을 공개해서는 아니 되며, 철도안전 자율보고를 사고예방 및 철도안전 확보 목적 외의 다른 목적으로 사용해서는 아니 된다. ③ 누구든지 철도안전 자율보고를 한 사람에 대하여 이를 이유로 신분이나 처우와 관련하여 불이익한 조치를 하여서는 아니 된다. ④ 제1항부터 제3항까지에서 규정한 사항 외에 철도안전 자율보고에 포함되어야 할 사항, 보고 방법 및 절차는 국토교통부령으로 정한다. [본조신설 20·4·7] 제62조부터 제67조까지 삭제 〈05·11·8〉 **제7장 철도안전기반 구축** **제68조(철도안전기술의 진흥)** 국토교통부장관은 철도안전에 관한 기술의 진흥을 위하여 연구·개발의 촉진 및 그 성과의 보급 등 필요한 시책을 마련하여 추진하여야 한다. 〈개정 13·3·23〉 [전문개정 12·6·1] **제69조(철도안전 전문기관 등의 육성)** ① 국토교통부장관은 철도안전에 관한 전문기관 또는 단		는 방법으로 한국교통안전공단 이사장에게 보고해야 한다. ② 한국교통안전공단 이사장은 제1항에 따른 보고를 받은 경우 관계기관 등에게 이를 통보해야 한다. ③ 제2항에 따른 통보의 내용 및 방법 등에 관하여 필요한 사항은 국토교통부장관이 정하여 고시한다. [본조신설 20·10·7] 제89조부터 제90조까지 삭제 〈06·6·21〉

법	시행령	시행규칙
체를 지도 · 육성하여야 한다. 〈개정 13 · 3 · 23〉 ② 국토교통부장관은 철도시설의 건설, 운영 및 관리와 관련된 안전점검업무 등 대통령령으로 정하는 철도안전업무에 종사하는 전문인력(이하 "철도안전 전문인력"이라 한다)을 원활하게 확보할 수 있도록 시책을 마련하여 추진하여야 한다. 〈개정 13 · 3 · 23〉	**제59조(철도안전 전문인력의 구분)** ① 법 제69조제2항에서 "대통령령으로 정하는 철도안전업무에 종사하는 전문인력"이란 다음 각 호의 어느 하나에 해당하는 인력을 말한다.〈개정 19 · 6 · 4〉 1. 철도운행안전관리자 2. 철도안전전문기술자 가. 전기철도 분야 철도안전전문기술자 나. 철도신호 분야 철도안전전문기술자 다. 철도궤도 분야 철도안전전문기술자 라. 철도차량 분야 철도안전전문기술자 ② 제1항에 따른 철도안전 전문인력(이하 "철도안전 전문인력"이라 한다)의 업무 범위는 다음 각 호와 같다.〈개정 19 · 6 · 4〉 1. 철도운행안전관리자의 업무 가. 철도차량의 운행선로나 그 인근에서 철도시설의 건설 또는 관리와 관련한 작업을 수행하는 경우에 작업일정의 조정 또는 작업에 필요한 안전장비 · 안전시설 등의 점검 나. 가목에 따른 작업이 수행되는 선로를 운행하는 열차가 있는 경우 해당 열차의 운행일정 조정 다. 열차접근경보시설이나 열차접근감시인의 배치에 관한 계획 수립 · 시행과 확인	

법	시 행 령	시 행 규 칙
	라. 철도차량 운전자나 관제업무종사자와 연락체계 구축 등 2. 철도안전전문기술자의 업무 가. 제1항제2호가목부터 다목까지의 철도안전전문기술자: 해당 철도시설의 건설이나 관리와 관련된 설계·시공·감리·안전점검 업무나 레일용접 등의 업무 나. 제1항제2호라목의 철도안전전문기술자: 철도차량의 설계·제작·개조·시험검사·정밀안전진단·안전점검 등에 관한 품질관리 및 감리 등의 업무 [전문개정 12·11·30]	
③ 국토교통부장관은 철도안전 전문인력의 분야별 자격을 다음 각 호와 같이 구분하여 부여할 수 있다. 〈개정 13·3·23〉 1. 철도운행안전관리자 2. 철도안전전문기술자	**제60조(철도안전 전문인력의 자격기준)** ① 법 제69조제3항제1호에 따른 철도운행안전관리자의 자격을 부여받으려는 사람은 국토교통부장관이 인정한 교육훈련기관에서 국토교통부령으로 정하는 교육훈련을 수료하여야 한다. 〈개정 13·3·23, 20·5·26〉 ② 법 제69조제3항제2호에 따른 철도안전전문기술자의 자격기준은 별표 5와 같다. [전문개정 12·11·30]	**제91조(철도안전 전문인력의 교육훈련)** ① 영 제60조제1항제2호 및 영 별표 5에 따른 철도안전 전문인력의 교육훈련은 별표 24에 따른다. ② 제1항에 따른 교육훈련의 방법·절차 등에 관하여 필요한 세부사항은 국토교통부장관이 정한다. 〈개정 13·3·23〉 [전문개정 12·12·10]
	제60조의2(철도안전 전문인력의 자격부여 절차 등) ① 법 제69조제3항에 따른 자격을 부여받으려는 사람은 국토교통부령으로 정하는 바에 따라 국토교통부장관에게 자격부여 신청을 하여야 한다. 〈개정 13·3·23〉	**제92조(철도안전 전문인력 자격부여 절차 등)** ① 영 제60조의2제1항에 따른 철도안전 전문인력의 자격을 부여받으려는 자는 별지 제46호서식의 철도안전 전문인력 자격부여(증명서 재발급) 신청서에 다음 각 호의 서류를 첨부

법	시 행 령	시 행 규 칙
	② 국토교통부장관은 제1항에 따라 자격부여 신청을 한 사람이 해당 자격기준에 적합한 경우에는 제59조제1항에 따른 전문인력의 구분에 따라 자격증명서를 발급하여야 한다. 〈개정 13 · 3 · 23〉 ③ 국토교통부장관은 제1항에 따라 자격부여 신청을 한 사람이 해당 자격기준에 적합한지를 확인하기 위하여 그가 소속된 기관이나 업체 등에 관계 자료 제출을 요청할 수 있다. 〈개정 13 · 3 · 23〉 ④ 국토교통부장관은 철도안전 전문인력의 자격부여에 관한 자료를 유지 · 관리하여야 한다. 〈개정 13 · 3 · 23〉 ⑤ 제1항부터 제4항까지의 규정에 따른 자격부여 절차와 방법, 자격증명서 발급 및 자격의 관리 등에 필요한 사항은 국토교통부령으로 정한다. 〈개정 13 · 3 · 23〉 [본조신설 12 · 11 · 30]	하여 법 제69조제5항에 따라 지정받은 안전전문기관(이하 "안전전문기관"이라 한다)에 제출하여야 한다. 〈개정 14 · 5 · 22, 16 · 8 · 10, 19 · 6 · 18〉 1. 경력을 확인할 수 있는 자료 2. 교육훈련 이수증명서(해당자에 한정한다) 3. 「전기공사업법」에 따른 전기공사 기술자, 「전력기술관리법」에 따른 전력기술인, 「정보통신공사업법」에 따른 정보통신기술자 경력수첩 또는 「건설기술 진흥법」에 따른 건설기술경력증 사본(해당자에 한정한다) 4. 국가기술자격증 사본(해당자에 한정한다) 5. 이 법에 따른 철도차량정비경력증 사본(해당자에 한정한다) 6. 사진(3.5센티미터×4.5센티미터) ② 안전전문기관은 제1항에 따른 신청인이 영 제60조제1항 및 제2항에 따른 자격기준에 적합한 경우에는 별지 제47호서식의 철도안전 전문인력 자격증명서를 신청인에게 발급하여야 한다. ③ 제2항에 따라 철도안전 전문인력 자격증명서를 발급받은 사람이 철도안전 전문인력 자격증명서를 잃어버렸거나 철도안전 전문인력 자격증명서가 헐거나 훼손되어 못 쓰게 된 때에는 별지 제46호서식의 철도안전 전문인력 자격증명서 재발급 신청서에 다음 각 호의 서

법	시행령	시행규칙
④ 철도안전 전문인력의 분야별 자격기준, 자격부여 절차 및 자격을 받기 위한 안전교육훈련 등에 관하여 필요한 사항은 대통령령으로 정한다. ⑤ 국토교통부장관은 철도안전에 관한 전문기관(이하 "안전전문기관"이라 한다)을 지정하여 철도안전 전문인력의 양성 및 자격관리 등의 업무를 수행하게 할 수 있다. 〈개정 13·3·23〉 ⑥ 안전전문기관의 지정기준, 지정절차 등에 관하여 필요한 사항은 대통령령으로 정한다.	제60조의3(안전전문기관 지정기준) ① 법 제69조제6항에 따른 안전전문기관으로 지정받을 수 있는 기관이나 단체는 다음 각 호의 어느 하나와 같다. 〈개정 13·3·23, 20·5·26〉	류를 첨부하여 안전전문기관에 신청해야 한다.〈개정 23·1·18〉 1. 철도안전 전문인력 자격증명서(헐거나 훼손되어 못 쓰게 된 경우만 제출한다) 2. 분실사유서(분실한 경우만 제출한다) 3. 증명사진(3.5센티미터×4.5센티미터) ④ 제3항에 따른 재발급 신청을 받은 안전전문기관은 자격부여 사실과 재발급 사유를 확인한 후 철도안전 전문인력 자격증명서를 신청인에게 재발급해야 한다.〈신설 23·1·18〉 ⑤ 안전전문기관은 해당 분야 자격 취득자의 자격증명서 발급 등에 관한 자료를 유지·관리하여야 한다.〈개정 23·1·18〉 [전문개정 12·12·10]

법	시 행 령	시 행 규 칙
	1. 삭제 〈20 · 5 · 26〉 2. 철도안전과 관련된 업무를 수행하는 학회 · 기관이나 단체 3. 철도안전과 관련된 업무를 수행하는 「민법」 제32조에 따라 국토교통부장관의 허가를 받아 설립된 비영리법인 ② 법 제69조제6항에 따른 안전전문기관의 지정기준은 다음 각 호와 같다. 1. 업무수행에 필요한 상설 전담조직을 갖출 것 2. 분야별 교육훈련을 수행할 수 있는 전문인력을 확보할 것 3. 교육훈련 시행에 필요한 사무실 · 교육시설과 필요한 장비를 갖출 것 4. 안전전문기관 운영 등에 관한 업무규정을 갖출 것	
	③ 국토교통부장관은 필요하다고 인정하는 경우에는 국토교통부령으로 정하는 바에 따라 분야별로 구분하여 안전전문기관을 지정할 수 있다. 〈개정 13 · 3 · 23〉	**제92조의2(분야별 안전전문기관 지정)** 국토교통부장관은 영 제60조의3제3항에 따라 다음 각 호의 분야별로 구분하여 전문기관을 지정할 수 있다. 〈개정 13 · 3 · 23, 19 · 6 · 18〉 1. 철도운행안전 분야 2. 전기철도 분야 3. 철도신호 분야 4. 철도궤도 분야 5. 철도차량 분야 [본조신설 12 · 12 · 10]
	④ 제2항에 따른 안전전문기관의 세부 지정기	**제92조의3(안전전문기관의 세부 지정기준 등)**

법	시 행 령	시 행 규 칙
	준은 국토교통부령으로 정한다. 〈개정 13·3·23〉 [본조신설 12·11·30]	① 영 제60조의3제4항에 따른 안전전문기관의 세부 지정기준은 별표 25와 같다. ② 영 제60조의5제1항에 따른 안전전문기관의 변경사항 통지는 별지 제11호의2서식에 따른다. [본조신설 12·12·10]
	제60조의4(안전전문기관 지정절차 등) ① 법 제69조제6항에 따른 안전전문기관으로 지정을 받으려는 자는 국토교통부령으로 정하는 바에 따라 철도안전 전문기관 지정신청서를 제출하여야 한다. 〈개정 13·3·23〉 ② 국토교통부장관은 제1항에 따라 안전전문기관의 지정 신청을 받은 경우에는 다음 각 호의 사항을 종합적으로 심사한 후 지정 여부를 결정하여야 한다. 〈개정 13·3·23〉 1. 제60조의3에 따른 지정기준에 관한 사항 2. 안전전문기관의 운영계획 3. 철도안전 전문인력 등의 수급에 관한 사항 4. 그 밖에 국토교통부장관이 필요하다고 인정하는 사항 ③ 국토교통부장관은 안전전문기관을 지정하였을 경우에는 국토교통부령으로 정하는 바에 따라 철도안전 전문기관 지정서를 발급하고 그 사실을 관보에 고시하여야 한다. 〈개정 13·3·23〉 [본조신설 12·11·30] **제60조의5(안전전문기관의 변경사항 통지)** ① 안	**제92조의4(안전전문기관 지정 신청 등)** ① 영 제60조의4제1항에 따라 안전전문기관으로 지정받으려는 자는 별지 제47호의2서식의 철도안전 전문기관 지정신청서(전자문서를 포함한다)에 다음 각 호의 서류를 첨부하여 국토교통부장관에게 제출하여야 한다. 〈개정 13·3·23, 19·6·18〉 1. 안전전문기관 운영 등에 관한 업무규정 2. 교육훈련이 포함된 운영계획서(교육훈련평가계획을 포함한다) 3. 정관이나 이에 준하는 약정(법인 그 밖의 단체의 경우만 해당한다) 4. 교육훈련, 철도시설 및 철도차량의 점검 등 안전업무를 수행하는 사람의 자격·학력·경력 등을 증명할 수 있는 서류 5. 교육훈련, 철도시설 및 철도차량의 점검에 필요한 강의실 등 시설·장비 등 내역서 6. 안전전문기관에서 사용하는 직인의 인영 ② 영 제60조의4제3항에 따른 철도안전 전문기관 지정서는 별지 제47호의3서식에 따른다. [본조신설 12·12·10]

법	시행령	시행규칙
	전문기관은 그 명칭 · 소재지나 그 밖에 안전전문기관의 업무수행에 중대한 영향을 미치는 사항의 변경이 있는 경우에는 해당 사유가 발생한 날부터 15일 이내에 국토교통부장관에게 그 사실을 알려야 한다. 〈개정 13 · 3 · 23〉 ② 국토교통부장관은 제1항에 따른 통지를 받은 경우에는 그 사실을 관보에 고시하여야 한다. 〈개정 13 · 3 · 23〉 [본조신설 12 · 11 · 30]	
⑦ 안전전문기관의 지정취소 및 업무정지 등에 관하여는 제15조제6항 및 제15조의2를 준용한다. 이 경우 "운전적성검사기관"은 "안전전문기관"으로, "운전적성검사 업무"는 "안전교육훈련 업무"로, "제15조제5항"은 "제69조제6항"으로, "운전적성검사 판정서"는 "안전교육훈련 수료증 또는 자격증명서"로 본다.〈개정 15 · 7 · 24〉 [전문개정 12 · 6 · 1]		제92조의5(안전전문기관의 지정취소 · 업무정지 등) ① 법 제69조제7항에서 준용하는 법 제15조의2에 따른 안전전문기관의 지정취소 및 업무정지의 기준은 별표 26과 같다. ② 국토교통부장관은 안전전문기관의 지정을 취소하거나 업무정지의 처분을 한 경우에는 지체 없이 그 안전전문기관에 별지 제11호의3 서식의 지정기관 행정처분서를 통지하고 그 사실을 관보에 고시하여야 한다. [본조신설 17 · 1 · 20]
제69조의2(철도운행안전관리자의 배치 등) ① 철도운영자등은 철도차량의 운행선로 또는 그 인근에서 철도시설의 건설 또는 관리와 관련한 작업을 시행할 경우 철도운행안전관리자를 배치하여야 한다. 다만, 철도운영자등이 자체적으로 작업 또는 공사 등을 시행하는 경우 등 대통령령으로 정하는 경우에는 그러하지	제60조의6(철도운행안전관리자의 배치) 법 제69조의2제1항 단서에서 "철도운영자등이 자체적으로 작업 또는 공사 등을 시행하는 경우 등 대통령령으로 정하는 경우"란 다음 각 호의 어느 하나에 해당하는 경우를 말한다. 1. 철도운영자등이 선로 점검 작업 등 3명 이하의 인원으로 할 수 있는 소규모 작업 또	제92조의6(철도운행안전관리자의 배치기준 등) ① 법 제69조의2제2항에 따른 철도운행안전관리자의 배치기준 등은 별표 27과 같다. ② 철도운행안전관리자는 배치된 기간 중에 수행한 업무에 대하여 별지 제47호의4서식의 근무상황일지를 작성하여 철도운영자등에게 제출해야 한다.

법	시행령	시행규칙
아니하다. ② 제1항에 따른 철도운행안전관리자의 배치기준, 방법 등에 관하여 필요한 사항은 국토교통부령으로 정한다. [본조신설 19·4·23]	는 공사 등을 자체적으로 시행하는 경우 2. 천재지변 또는 철도사고 등 부득이한 사유로 긴급 복구 작업 등을 시행하는 경우 [본조신설 19·10·22]	[본조신설 19·10·23]
제69조의3(철도안전 전문인력의 정기교육) ① 제69조에 따라 철도안전 전문인력의 분야별 자격을 부여받은 사람은 직무 수행의 적정성 등을 유지할 수 있도록 정기적으로 교육을 받아야 한다. ② 철도운영자등은 제1항에 따른 정기교육을 받지 아니한 사람을 관련 업무에 종사하게 하여서는 아니 된다. ③ 제1항에 따른 철도안전 전문인력에 대한 정기교육의 주기, 교육 내용, 교육 절차 등에 관하여 필요한 사항은 국토교통부령으로 정한다. [본조신설 19·4·23]		**제92조의7(철도안전 전문인력의 정기교육)** ① 법 제69조의3제1항에 따른 철도안전 전문인력에 대한 정기교육의 주기, 교육 내용, 교육 절차 등은 별표 28과 같다. ② 철도안전 전문인력의 정기교육은 안전전문기관에서 실시한다. ③ 제1항 및 제2항에서 규정한 사항 외에 철도안전 전문인력의 정기교육에 필요한 세부사항은 국토교통부장관이 정하여 고시한다. [본조신설 19·10·23]
제69조의4(철도안전 전문인력 분야별 자격의 대여 등 금지) 누구든지 제69조제3항에 따른 철도안전 전문인력 분야별 자격을 다른 사람에게 빌려주거나 빌리거나 이를 알선하여서는 아니 된다. [전문개정 20·12·22] **〈종전의 제69조의4〉** 〈개정 20·12·22〉 **제69조의5(철도안전 전문인력 분야별 자격의 취소·정지**〈개정 20·12·22〉**)** ① 국토교통부장관		**제92조의8(철도운행안전관리자의 자격 취소·정지)** ① 법 제69조의4제1항에 따른 철도운행안전관리자 자격의 취소 또는 효력정지 처분의 세부기준은 별표 29와 같다. ② 법 제69조의4제1항에 따른 철도운행안전관리자 자격의 취소 및 효력정지 처분의 통지 등에 관하여는 제34조를 준용한다. 이 경우 "운전면허"는 "철도운행안전관리자 자격"으로, "별지 제22호서식의 철도차량 운전면허 취소·

법	시 행 령	시 행 규 칙
은 철도운행안전관리자가 다음 각 호의 어느 하나에 해당할 때에는 철도운행안전관리자 자격을 취소하거나 1년 이내의 기간을 정하여 철도운행안전관리자 자격을 정지시킬 수 있다. 다만, 제1호부터 제3호까지의 규정에 해당할 때에는 철도운행안전관리자 자격을 취소하여야 한다.〈개정 20 · 12 · 22〉 1. 거짓이나 그 밖의 부정한 방법으로 철도운행안전관리자 자격을 받았을 때 2. 철도운행안전관리자 자격의 효력정지기간 중에 철도운행안전관리자 업무를 수행하였을 때 3. 제69조의4를 위반하여 철도운행안전관리자 자격을 다른 사람에게 빌려주었을 때 4. 철도운행안전관리자의 업무 수행 중 고의 또는 중과실로 인한 철도사고가 일어났을 때 5. 제41조제1항을 위반하여 술을 마시거나 약물을 사용한 상태에서 철도운행안전관리자 업무를 하였을 때 6. 제41조제2항을 위반하여 술을 마시거나 약물을 사용한 상태에서 업무를 하였다고 인정할 만한 상당한 이유가 있음에도 불구하고 국토교통부장관 또는 시 · 도지사의 확인 또는 검사를 거부하였을 때 ② 국토교통부장관은 철도안전전문기술자가 제69조의4를 위반하여 철도안전전문기술자 자		효력정지 처분 통지서"는 "별지 제47호의5서식의 철도운행안전관리자 자격 취소 · 효력정지 처분 통지서"로, "운전면허시험기관"은 "안전전문기관"으로, "한국교통안전공단"은 "해당 안전전문기관"으로, "운전면허증"은 "철도운행안전관리자 자격증명서"로 본다. [본조신설 19 · 10 · 23]

법	시 행 령	시 행 규 칙
격을 다른 사람에게 빌려주었을 때에는 그 자격을 취소하여야 한다.〈신설 20·12·22〉 ③ 제1항에 따른 철도운행안전관리자 자격의 취소 또는 효력정지의 기준 및 절차 등에 관하여는 제20조제2항부터 제6항까지를 준용한다. 이 경우 "운전면허"는 "철도운행안전관리자 자격"으로, "운전면허증"은 "철도운행안전관리자 자격증명서"로 본다.〈개정 20·12·22〉 [본조신설 19·4·23] **제70조(철도안전 지식의 보급 등)** 국토교통부장관은 철도안전에 관한 지식의 보급과 철도안전의식을 고취하기 위하여 필요한 시책을 마련하여 추진하여야 한다. 〈개정 13·3·23〉 [전문개정 12·6·1] **제71조(철도안전 정보의 종합관리 등)** ① 국토교통부장관은 이 법에 따른 철도안전시책을 효율적으로 추진하기 위하여 철도안전에 관한 정보를 종합관리하고, 관계 지방자치단체의 장 또는 철도운영자등, 운전적성검사기관, 관제적성검사기관, 운전교육훈련기관, 관제교육훈련기관, 인증기관, 시험기관, 안전전문기관 및 제77조제2항에 따라 업무를 위탁받은 기관 또는 단체(이하 "철도관계기관등"이라 한다)에 그 정보를 제공할 수 있다. 〈개정 12·12·18, 13·3·23, 15·7·24, 19·4·23〉 ② 국토교통부장관은 제1항에 따른 정보의 종		

<table>
<tr><th>법</th><th>시 행 령</th><th>시 행 규 칙</th></tr>
<tr><td>합관리를 위하여 관계 지방자치단체의 장 또는 철도관계기관등에 필요한 자료의 제출을 요청할 수 있다. 이 경우 요청을 받은 자는 특별한 이유가 없으면 요청을 따라야 한다. 〈개정 13 · 3 · 23, 20 · 6 · 9〉
[전문개정 12 · 6 · 1]
제72조(재정지원) 정부는 다음 각 호의 기관 또는 단체에 보조 등 재정적 지원을 할 수 있다. 〈개정 12 · 12 · 18, 15 · 7 · 24, 18 · 6 · 12, 19 · 4 · 23〉
1. 운전적성검사기관, 관제적성검사기관 또는 정밀안전진단기관
2. 운전교육훈련기관, 관제교육훈련기관 또는 정비교육훈련기관
3. 인증기관, 시험기관, 안전전문기관 및 철도안전에 관한 단체
4. 제77조제2항에 따라 업무를 위탁받은 기관 또는 단체
[전문개정 12 · 6 · 1]
제72조의2(철도횡단교량 개축 · 개량 지원) ① 국가는 철도의 안전을 위하여 철도횡단교량의 개축 또는 개량에 필요한 비용의 일부를 지원할 수 있다.
② 제1항에 따른 개축 또는 개량의 지원대상, 지원조건 및 지원비율 등에 관하여 필요한 사항은 대통령령으로 정한다.
[본조신설 12 · 1 · 17]</td><td></td><td></td></tr>
</table>

<table>
<tr><th>법</th><th>시행령</th><th>시행규칙</th></tr>
<tr>
<td>

제8장 보칙 〈개정 12·6·1〉

제73조(보고 및 검사) ① 국토교통부장관이나 관계 지방자치단체는 다음 각 호의 어느 하나에 해당하는 경우 대통령령으로 정하는 바에 따라 철도관계기관등에 대하여 필요한 사항을 보고하게 하거나 자료의 제출을 명할 수 있다. 〈개정 13·3·23, 15·7·24, 18·6·12, 19·4·23〉

1. 철도안전 종합계획 또는 시행계획의 수립 또는 추진을 위하여 필요한 경우

1의2. 제6조의2제1항에 따른 철도안전투자의 공시가 적정한지를 확인하려는 경우

2. 제8조제2항에 따른 점검·확인을 위하여 필요한 경우

2의2. 제9조의3제1항에 따른 안전관리 수준평가를 위하여 필요한 경우

3. 운전적성검사기관, 관제적성검사기관, 운전교육훈련기관, 관제교육훈련기관, 안전전문기관, 정비교육훈련기관, 정밀안전진단기관, 인증기관 또는 시험기관의 업무 수행 또는 지정기준 부합 여부에 대한 확인이 필요한 경우

4. 철도운영자등의 제21조의2, 제22조의2 또는 제23조제3항에 따른 철도종사자 관리의무 준수 여부에 대한 확인이 필요한 경우

4의2. 제31조제4항에 따른 조치의무 준수 여

</td>
<td>

제61조(보고 및 검사) ① 국토교통부장관 또는 관계 지방자치단체의 장은 법 제73조제1항에 따라 보고 또는 자료의 제출을 명할 때에는 7일 이상의 기간을 주어야 한다. 다만, 공무원이 철도사고등이 발생한 현장에 출동하는 등 긴급한 상황인 경우에는 그러하지 아니하다. 〈개정 13·3·23〉

② 국토교통부장관은 법 제73조제2항에 따른 검사 등의 업무를 효율적으로 수행하기 위하여 특히 필요하다고 인정하는 경우에는 철도안전에 관한 전문가를 위촉하여 검사 등의 업무에 관하여 자문에 응하게 할 수 있다. 〈개정 13·3·23〉

[전문개정 12·11·30]

</td>
<td>

제93조(검사공무원의 증표) 법 제73조제4항에 따른 증표는 별지 제48호서식에 따른다.

[전문개정 12·12·10]

</td>
</tr>
</table>

법	시행령	시행규칙
부를 확인하려는 경우 5. 제38조제2항에 따른 검토를 위하여 필요한 경우 5의2. 제38조의9에 따른 준수사항 이행 여부를 확인하려는 경우 6. 제40조에 따라 철도운영자가 열차운행을 일시 중지한 경우로서 그 결정 근거 등의 적정성에 대한 확인이 필요한 경우 7. 제44조제2항에 따른 철도운영자의 안전조치 등이 적정한지에 대한 확인이 필요한 경우 8. 제61조에 따른 보고와 관련하여 사실 확인 등이 필요한 경우 9. 제68조, 제69조제2항 또는 제70조에 따른 시책을 마련하기 위하여 필요한 경우 10. 제72조의2제1항에 따른 비용의 지원을 결정하기 위하여 필요한 경우 ② 국토교통부장관이나 관계 지방자치단체는 제1항 각 호의 어느 하나에 해당하는 경우 소속 공무원으로 하여금 철도관계기관등의 사무소 또는 사업장에 출입하여 관계인에게 질문하게 하거나 서류를 검사하게 할 수 있다. 〈개정 13·3·23, 15·7·24〉 ③ 제2항에 따라 출입·검사를 하는 공무원은 국토교통부령으로 정하는 바에 따라 그 권한을 표시하는 증표를 지니고 이를 관계인에게 보여주어야 한다. 〈개정 13·3·23〉		

법	시 행 령	시 행 규 칙
④ 제3항에 따른 증표에 관하여 필요한 사항은 국토교통부령으로 정한다. 〈개정 13·3·23〉 [전문개정 12·6·1]		
제74조(수수료) ① 이 법에 따른 교육훈련, 면허, 검사, 진단, 성능인증 및 성능시험 등을 신청하는 자는 국토교통부령으로 정하는 수수료를 내야 한다. 다만, 이 법에 따라 국토교통부장관의 지정을 받은 운전적성검사기관, 관제적성검사기관, 운전교육훈련기관, 관제교육훈련기관, 정비교육훈련기관, 정밀안전진단기관, 인증기관, 시험기관 및 안전전문기관(이하 이조에서 "대행기관"이라 한다) 또는 제77조제2항에 따라 업무를 위탁받은 기관(이하 이 조에서 "수탁기관"이라 한다)의 경우에는 대행기관 또는 수탁기관이 정하는 수수료를 대행기관 또는 수탁기관에 내야 한다. 〈개정 12·12·18, 13·3·23, 15·7·24, 18·6·12, 19·4·23〉 ② 제1항 단서에 따라 수수료를 정하려는 대행기관 또는 수탁기관은 그 기준을 정하여 국토교통부장관의 승인을 받아야 한다. 승인받은 사항을 변경하려는 경우에도 또한 같다. 〈개정 13·3·23〉 [전문개정 12·6·1]		**제94조(수수료의 결정절차)** ① 법 제74조제1항 단서에 따른 대행기관 또는 수탁기관(이하 이 조에서 "대행기관 또는 수탁기관"이라 한다)이 같은 조 제2항에 따라 수수료에 대한 기준을 정하려는 경우에는 해당 기관의 인터넷 홈페이지에 20일간 그 내용을 게시하여 이해관계인의 의견을 수렴하여야 한다. 다만, 긴급하다고 인정하는 경우에는 인터넷 홈페이지에 그 사유를 소명하고 10일간 게시할 수 있다. ② 제1항에 따라 대행기관 또는 수탁기관이 수수료에 대한 기준을 정하여 국토교통부장관의 승인을 얻은 경우에는 해당 기관의 인터넷 홈페이지에 그 수수료 및 산정내용을 공개하여야 한다. 〈개정 13·3·23〉 [본조신설 11·12·15] **제95조** 삭제 〈16·12·30〉
제75조(청문) 국토교통부장관은 다음 각 호의 어느 하나에 해당하는 처분을 하는 경우에는 청문을 하여야 한다. 〈개정 13·3·23, 15·7·24,		

법	시 행 령	시 행 규 칙
18 · 6 · 12, 19 · 4 · 23, 20 · 12 · 22〉 1. 제9조제1항에 따른 안전관리체계의 승인 취소 2. 제15조의2에 따른 운전적성검사기관의 지정취소(제16조제5항, 제21조의6제5항, 제21조의7제5항, 제24조의4제5항 또는 제69조제7항에서 준용하는 경우를 포함한다) 3. 삭제 4. 제20조제1항에 따른 운전면허의 취소 및 효력정지 4의2. 제21조의11제1항에 따른 관제자격증명의 취소 또는 효력정지 4의3. 제24조의5제1항에 따른 철도차량정비기술자의 인정 취소 5. 제26조의2제1항(제27조제4항에서 준용하는 경우를 포함한다)에 따른 형식승인의 취소 6. 제26조의7(제27조의2제4항에서 준용하는 경우를 포함한다)에 따른 제작자승인의 취소 7. 제38조의10제1항에 따른 인증정비조직의 인증 취소 8. 제38조의13제3항에 따른 정밀안전진단기관의 지정 취소 9. 제48조의4제3항에 따른 시험기관의 지정 취소 10. 제69조의5제1항에 따른 철도운행안전관리자의 자격 취소		

법	시 행 령	시 행 규 칙
11. 제69조의5제2항에 따른 철도안전전문기술자의 자격 취소 [전문개정 12·12·18] **제75조의2(통보 및 징계권고)** ① 국토교통부장관은 이 법 등 철도안전과 관련된 법규의 위반에 따른 범죄혐의가 있다고 인정할 만한 상당한 이유가 있을 때에는 관할 수사기관에 그 내용을 통보할 수 있다. ② 국토교통부장관은 이 법 등 철도안전과 관련된 법규의 위반에 따라 사고가 발생했다고 인정할 만한 상당한 이유가 있을 때에는 사고에 책임이 있는 사람을 징계할 것을 해당 철도운영자등에게 권고할 수 있다. 이 경우 권고를 받은 철도운영자등은 이를 존중하여야 하며 그 결과를 국토교통부장관에게 통보하여야 한다. [본조신설 20·4·7] **제76조(벌칙 적용에서 공무원 의제**〈개정 18·6·12〉**)** 다음 각 호의 어느 하나에 해당하는 사람은 「형법」 제129조부터 제132조까지의 규정을 적용할 때에는 공무원으로 본다.〈개정 15·7·24, 18·6·12, 19·4·23, 20·6·9〉 1. 운전적성검사 업무에 종사하는 운전적성검사기관의 임직원 또는 관제적성검사 업무에 종사하는 관제적성검사기관의 임직원 2. 운전교육훈련 업무에 종사하는 운전교육훈		

법	시 행 령	시 행 규 칙
련기관의 임직원 또는 관제교육훈련 업무에 종사하는 관제교육훈련기관의 임직원 2의2. 정비교육훈련 업무에 종사하는 정비교육훈련기관의 임직원 2의3. 정밀안전진단 업무에 종사하는 정밀안전진단기관의 임직원 2의4. 제27조의3에 따라 위탁받은 검사 업무에 종사하는 기관 또는 단체의 임직원 2의5. 제48조의4에 따른 성능시험 업무에 종사하는 시험기관의 임직원 및 성능인증·점검 업무에 종사하는 인증기관의 임직원 2의6. 제69조제5항에 따른 철도안전 전문인력의 양성 및 자격관리 업무에 종사하는 안전전문기관의 임직원 3. 제77조제2항에 따라 위탁업무에 종사하는 철도안전 관련 기관 또는 단체의 임직원 [전문개정 12·12·18]		
제77조(권한의 위임·위탁) ① 국토교통부장관은 이 법에 따른 권한의 일부를 대통령령으로 정하는 바에 따라 소속 기관의 장 또는 시·도지사에게 위임할 수 있다. 〈개정 13·3·23〉 ② 국토교통부장관은 이 법에 따른 업무의 일부를 대통령령으로 정하는 바에 따라 철도안전 관련 기관 또는 단체에 위탁할 수 있다. 〈개정 13·3·23〉 [전문개정 12·6·1]	제62조(권한의 위임) ① 국토교통부장관은 법 제77조제1항에 따라 해당 특별시·광역시·특별자치시·도 또는 특별자치도의 소관 도시철도(「도시철도법」 제3조제2호에 따른 도시철도 또는 같은 법 제24조 또는 제42조에 따라 도시철도건설사업 또는 도시철도운송사업을 위탁받은 법인이 건설·운영하는 도시철도를 말한다)에 대한 다음 각 호의 권한을 해당 시·도지사에게 위임한다. 〈개정 13·3·23, 14·3·18,	

법	시 행 령	시 행 규 칙
	14·7·7, 16·1·22, 20·10·8〉 1. 법 제39조의2제1항부터 제3항까지에 따른 이동·출발 등의 명령과 운행기준 등의 지시, 조언·정보의 제공 및 안전조치 업무 2. 법 제82조제1항제10호에 따른 과태료의 부과·징수 3.부터 5.까지 삭제 〈14·3·18〉 ② 국토교통부장관은 법 제77조제1항에 따라 다음 각 호의 권한을 「국토교통부와 그 소속기관 직제」 제40조에 따른 철도특별사법경찰대장에게 위임한다. 〈개정 13·3·23, 14·3·18, 16·12·30, 18·2·9, 18·12·11, 19·6·4, 20·10·8, 21·6·23〉 1. 법 제41조제2항에 따른 술을 마셨거나 약물을 사용하였는지에 대한 확인 또는 검사 2. 법 제48조의2제2항에 따른 철도보안정보체계의 구축·운영 3. 법 제82조제1항제14호, 같은 조 제2항제7호·제8호·제9호·제10호, 같은 조 제4항 및 같은 조 제5항제2호에 따른 과태료의 부과·징수 4. 삭제 〈20·10·8〉 [전문개정 12·11·30] **제63조(업무의 위탁**〈개정 18·12·11〉**)** ① 국토교통부장관은 법 제77조제2항에 따라 다음 각 호의 업무를 한국교통안전공단에 위탁한다. 〈개	

법	시 행 령	시 행 규 칙
	정 13 · 3 · 23, 14 · 3 · 18, 17 · 7 · 24, 19 · 6 · 4, 20 · 10 · 8, 21 · 6 · 23, 23 · 1 · 10〉 1. 법 제7조제4항에 따른 안전관리기준에 대한 적합 여부 검사 1의2. 법 제7조제5항에 따른 기술기준의 제정 또는 개정을 위한 연구 · 개발 1의3. 법 제8조제2항에 따른 안전관리체계에 대한 정기검사 또는 수시검사 1의4. 법 제9조의3제1항에 따른 철도운영자등에 대한 안전관리 수준평가 2. 법 제17조제1항에 따른 운전면허시험의 실시 3. 법 제18조제1항(법 제21조의9에서 준용하는 경우를 포함한다)에 따른 운전면허증 또는 관제자격증명서의 발급과 법 제18조제2항(법 제21조의9에서 준용하는 경우를 포함한다)에 따른 운전면허증 또는 관제자격증명서의 재발급이나 기재사항의 변경 4. 법 제19조제3항(법 제21조의9에서 준용하는 경우를 포함한다)에 따른 운전면허증 또는 관제자격증명서의 갱신 발급과 법 제19조제6항(법 제21조의9에서 준용하는 경우를 포함한다)에 따른 운전면허 또는 관제자격증명 갱신에 관한 내용 통지 5. 법 제20조제3항 및 제4항(법 제21조의11제2항에서 준용하는 경우를 포함한다)에 따른 운전면허증 또는 관제자격증명서의 반납의	

법	시행령	시행규칙
	수령 및 보관 6. 법 제20조제6항(법 제21조의11제2항에서 준용하는 경우를 포함한다)에 따른 운전면허 또는 관제자격증명의 발급·갱신·취소 등에 관한 자료의 유지·관리 6의2. 법 제21조의8제1항에 따른 관제자격증명시험의 실시 6의3. 법 제24조의2제1항부터 제3항까지에 따른 철도차량정비기술자의 인정 및 철도차량 정비경력증의 발급·관리 6의4. 법 제24조의5제1항 및 제2항에 따른 철도차량정비기술자 인정의 취소 및 정지에 관한 사항 6의5. 법 제38조제2항에 따른 종합시험운행 결과의 검토 6의6. 법 제38조의5제5항에 따른 철도차량의 이력관리에 관한 사항 6의7. 법 제38조의7제1항 및 제2항에 따른 철도차량 정비조직의 인증 및 변경인증의 적합 여부에 관한 확인 6의8. 법 제38조의7제3항에 따른 정비조직운영기준의 작성 6의9. 법 제38조의14제1항에 따른 정밀안전진단기관이 수행한 해당 정밀안전진단의 결과 평가 6의10. 법 제61조의3제1항에 따른 철도안전	

법	시 행 령	시 행 규 칙
	자율보고의 접수 7. 법 제70조에 따른 철도안전에 관한 지식 보급과 법 제71조에 따른 철도안전에 관한 정보의 종합관리를 위한 정보체계 구축 및 관리 7의2. 법 제75조제4호의3에 따른 철도차량정비기술자의 인정 취소에 관한 청문 ② 국토교통부장관은 법 제77조제2항에 따라 다음 각 호의 업무를 한국철도기술연구원에 위탁한다. 〈개정 13·3·23, 14·3·18, 18·10·23, 19·10·22, 20·10·8〉 1. 법 제25조제1항, 제26조제3항, 제26조의3제2항, 제27조제2항 및 제27조의2제2항에 따른 기술기준의 제정 또는 개정을 위한 연구·개발 2.부터 4.까지 삭제 〈20·10·8〉 5. 법 제26조의8 및 제27조의2제4항에서 준용하는 법 제8조제2항에 따른 정기검사 또는 수시검사 6. 및 7. 삭제 〈20·10·8〉 8. 법 제34조제1항에 따른 철도차량·철도용품 표준규격의 제정·개정 등에 관한 업무 중 다음 각 목의 업무 가. 표준규격의 제정·개정·폐지에 관한 신청의 접수 나. 표준규격의 제정·개정·폐지 및 확인	

법	시 행 령	시 행 규 칙
	대상의 검토 다. 표준규격의 제정·개정·폐지 및 확인에 대한 처리결과 통보 라. 표준규격서의 작성 마. 표준규격서의 기록 및 보관 9. 법 제38조의2제4항에 따른 철도차량 개조 승인검사 ③ 국토교통부장관은 법 제77조제2항에 따라 철도보호지구 등의 관리에 관한 다음 각 호의 업무를 「국가철도공단법」에 따른 국가철도공단에 위탁한다. 〈개정 13·3·23, 14·3·18, 20·5·26, 20·9·10〉 1. 법 제45조제1항에 따른 철도보호지구에서의 행위의 신고 수리 같은 조 제2항에 따른 노면전차 철도보호지구의 바깥쪽 경계선으로부터 20미터 이내의 지역에서의 행위의 신고 수리 및 같은 조 제3항에 따른 행위 금지·제한이나 필요한 조치명령 2. 법 제46조에 따른 손실보상과 손실보상에 관한 협의 ④ 국토교통부장관은 법 제77조제2항에 따라 다음 각 호의 업무를 국토교통부장관이 지정하여 고시하는 철도안전에 관한 전문기관이나 단체에 위탁한다. 〈개정 13·3·23, 14·3·18, 16·12·30, 20·10·8〉 1. 삭제 〈20·10·8〉	

법	시 행 령	시 행 규 칙
	2. 법 제69조제4항에 따른 자격부여 등에 관한 업무 중 제60조의2에 따른 자격부여신청 접수, 자격증명서 발급, 관계 자료 제출 요청 및 자격부여에 관한 자료의 유지 · 관리 업무 [전문개정 12 · 11 · 30] **제63조의2(민감정보 및 고유식별정보의 처리)** 국토교통부장관(제63조제1항에 따라 국토교통부장관의 권한을 위탁받은 자를 포함한다), 법 제13조에 따른 의료기관과 운전적성검사기관, 운전교육훈련기관, 관제적성검사기관 및 관제교육훈련기관은 다음 각 호의 사무를 수행하기 위하여 불가피한 경우 「개인정보 보호법」 제23조에 따른 건강에 관한 정보나 같은 법 시행령 제19조제1호 또는 제2호에 따른 주민등록번호 또는 여권번호가 포함된 자료를 처리할 수 있다.〈개정 17 · 7 · 24, 19 · 10 · 22〉 1. 법 제12조에 따른 운전면허의 신체검사에 관한 사무 2. 법 제15조에 따른 운전적성검사에 관한 사무 3. 법 제16조에 따른 운전교육훈련에 관한 사무 4. 법 제17조에 따른 운전면허시험에 관한 사무 5. 법 제21조의5에 따른 관제자격증명의 신체검사에 관한 사무 6. 법 제21조의6에 따른 관제적성검사에 관한 사무 7. 법 제21조의7에 따른 관제교육훈련에 관한	

법	시 행 령	시 행 규 칙
제9장 벌칙	사무 8. 법 제21조의8에 따른 관제자격증명시험에 관한 사무 9. 법 제24조의2에 따른 철도차량정비기술자의 인정에 관한 사무 10. 제1호부터 제9호까지의 규정에 따른 사무를 수행하기 위하여 필요한 사무 [본조신설 16·12·30] 〈종전의 제63조의2〉〈개정 16·12·30〉 **제63조의3(규제의 재검토)** 국토교통부장관은 다음 각 호의 사항에 대하여 다음 각 호의 기준일을 기준으로 3년마다(매 3년이 되는 해의 기준일과 같은 날 전까지를 말한다) 그 타당성을 검토하여 개선 등의 조치를 하여야 한다.〈개정 16·12·30, 20·10·8〉 1. 제44조에 따른 운송위탁 및 운송 금지 위험물 등: 2017년 1월 1일 2. 제60조에 따른 철도안전 전문인력의 자격기준: 2014년 1월 1일 [본조신설 13·12·30] **제64조(과태료 부과기준)** 법 제82조제1항부터 제5항까지의 규정에 따른 과태료 부과기준은 별표 6과 같다.〈개정 16·1·22, 20·10·8〉 [전문개정 12·11·30]	**제96조(규제의 재검토)** 국토교통부장관은 다음 각 호의 사항에 대하여 2020년 1월 1일을 기준으로 3년마다(매 3년이 되는 해의 1월 1일 전까지를 말한다) 그 타당성을 검토하여 개선 등의 조치를 하여야 한다.〈개정 20·5·27〉 1. 제12조에 따른 신체검사 방법·절차·합격기준 등 2. 제16조에 따른 적성검사 방법·절차 및 합격기준 등 3. 삭제 〈20·5·27〉 4. 제78조에 따른 위해물품의 종류 등 5. 제92조의3 및 별표 25에 따른 안전전문기관의 세부 지정기준 등 [전문개정 16·12·30]

법	시 행 령	시 행 규 칙
제78조(벌칙) ① 다음 각 호의 어느 하나에 해당하는 사람은 무기징역 또는 5년 이상의 징역에 처한다. 1. 사람이 탑승하여 운행 중인 철도차량에 불을 놓아 소훼(燒燬)한 사람 2. 사람이 탑승하여 운행 중인 철도차량을 탈선 또는 충돌하게 하거나 파괴한 사람 ② 제48조제1호를 위반하여 철도시설 또는 철도차량을 파손하여 철도차량 운행에 위험을 발생하게 한 사람은 10년 이하의 징역 또는 1억원 이하의 벌금에 처한다. ③ 과실로 제1항의 죄를 지은 사람은 1년 이하의 징역 또는 1천만원 이하의 벌금에 처한다. ④ 과실로 제2항의 죄를 지은 사람은 1천만원 이하의 벌금에 처한다. ⑤ 업무상 과실이나 중대한 과실로 제1항의 죄를 지은 사람은 3년 이하의 징역 또는 3천만원 이하의 벌금에 처한다. ⑥ 업무상 과실이나 중대한 과실로 제2항의 죄를 지은 사람은 2년 이하의 징역 또는 2천만원 이하의 벌금에 처한다. ⑦ 제1항 및 제2항의 미수범은 처벌한다. [본조신설 20·4·7] 〈종전의 제78조〉〈개정 20·4·7〉 제79조(벌칙) ① 제49조제2항을 위반하여 폭행·협박으로 철도종사자의 직무집행을 방해		

법	시 행 령	시 행 규 칙
한 자는 5년 이하의 징역 또는 5천만원 이하의 벌금에 처한다. 〈개정 12·6·1〉 ② 다음 각 호의 어느 하나에 해당하는 자는 3년 이하의 징역 또는 3천만원 이하의 벌금에 처한다. 〈개정 12·12·18, 15·7·24, 17·8·9, 17·10·24, 18·6·12, 20·4·7, 20·6·9〉 1. 제7조제1항을 위반하여 안전관리체계의 승인을 받지 아니하고 철도운영을 하거나 철도시설을 관리한 자 2. 제26조의3제1항을 위반하여 철도차량 제작자 승인을 받지 아니하고 철도차량을 제작한 자 3. 제27조의2제1항을 위반하여 철도용품 제작자 승인을 받지 아니하고 철도용품을 제작한 자 3의2. 제38조의2제2항을 위반하여 개조승인을 받지 아니하고 철도차량을 임의로 개조하여 운행한 자 3의3. 제38조의2제3항을 위반하여 적정 개조 능력이 있다고 인정되지 아니한 자에게 철도차량 개조 작업을 수행하게 한 자 3의4. 제38조의3제1항을 위반하여 국토교통부장관의 운행제한 명령을 따르지 아니하고 철도차량을 운행한 자 4. 철도사고등 발생 시 제40조의2제2항제2호 또는 제5항을 위반하여 사람을 사상(死傷)에 이르게 하거나 철도차량 또는 철도시설을 파손에 이르게 한 자		

법	시 행 령	시 행 규 칙
5. 제41조제1항을 위반하여 술을 마시거나 약물을 사용한 상태에서 업무를 한 사람 6. 제43조를 위반하여 운송 금지 위험물의 운송을 위탁하거나 그 위험물을 운송한 자 7. 제44조제1항을 위반하여 위험물을 운송한 자 8. 제48조제2호부터 제4호까지의 규정에 따른 금지행위를 한 자 ③ 다음 각 호의 어느 하나에 해당하는 자는 2년 이하의 징역 또는 2천만원 이하의 벌금에 처한다. 〈개정 12·12·18, 13·3·23, 15·7·24, 17·1·17, 17·8·9, 18·6·12, 20·4·7, 20·6·9, 22·1·18〉 1. 거짓이나 그 밖의 부정한 방법으로 제7조제1항에 따른 안전관리체계의 승인을 받은 자 2. 제8조제1항을 위반하여 철도운영이나 철도시설의 관리에 중대하고 명백한 지장을 초래한 자 3. 거짓이나 그 밖의 부정한 방법으로 제15조제4항, 제16조제3항, 제21조의6제3항, 제21조의7제3항, 제24조의4제2항, 제38조의13제1항 또는 제69조제5항에 따른 지정을 받은 자 4. 제15조의2(제16조제5항, 제21조의6제5항, 제21조의7제5항, 제24조의4제5항 또는 제69조제7항에서 준용하는 경우를 포함한다)에 따른 업무정지 기간 중에 해당 업무를 한 자 5. 거짓이나 그 밖의 부정한 방법으로 제26조		

법	시행령	시행규칙
제1항 또는 제27조제1항에 따른 형식승인을 받은 자 6. 제26조제5항을 위반하여 형식승인을 받지 아니한 철도차량을 운행한 자 7. 거짓이나 그 밖의 부정한 방법으로 제26조의3제1항 또는 제27조의2제1항에 따른 제작자승인을 받은 자 8. 거짓이나 그 밖의 부정한 방법으로 제26조의3제3항(제27조의2제4항에서 준용하는 경우를 포함한다)에 따른 제작자승인의 면제를 받은 자 9. 제26조의6제1항을 위반하여 완성검사를 받지 아니하고 철도차량을 판매한자 10. 제26조의7제1항제5호(제27조의2제4항에서 준용하는 경우를 포함한다)에 따른 업무정지 기간 중에 철도차량 또는 철도용품을 제작한 자 11. 제27조제3항을 위반하여 형식승인을 받지 아니한 철도용품을 철도시설 또는 철도차량 등에 사용한 자 11의2. 거짓이나 그 밖의 부정한 방법으로 제27조의3에 따라 위탁받은 검사 업무를 수행한 자 12. 제32조제1항에 따른 중지명령에 따르지 아니한 자 13. 제38조제1항을 위반하여 종합시험운행을		

법	시 행 령	시 행 규 칙
실시하지 아니하거나 실시한 결과를 국토교통부장관에게 보고하지 아니하고 철도노선을 정상운행한 자 13의2. 제38조의6제1항을 위반하여 철도차량 정비가 되지 않은 철도차량임을 알면서 운행한 자 13의3. 제38조의6제3항에 따른 철도차량정비 또는 원상복구 명령에 따르지 아니한 자 13의4. 거짓이나 그 밖의 부정한 방법으로 제38조의7제1항에 따른 철도차량 정비조직의 인증을 받은 자 13의5. 제38조의10제1항제2호에 해당하는 경우로서 고의 또는 중대한 과실로 철도사고 또는 중대한 운행장애를 발생시킨 자 13의6. 제38조의12제4항을 위반하여 정밀안전진단을 받지 아니하거나 정밀안전진단 결과 또는 정밀안전진단 결과에 대한 평가 결과 계속 사용이 적합하지 아니하다고 인정된 철도차량을 운행한 자 13의7. 제40조제2항 후단을 위반하여 특별한 사유 없이 열차운행을 중지하지 아니한 자 13의8. 제40조제4항을 위반하여 철도종사자에게 불이익한 조치를 한 자 14. 삭제 〈17 · 8 · 9〉 15. 제41조제2항에 따른 확인 또는 검사에 불응한 자		

법	시행령	시행규칙
16. 정당한 사유 없이 제42조제1항을 위반하여 위해물품을 휴대하거나 적재한 사람 17. 제45조제1항 및 제2항에 따른 신고를 하지 아니하거나 같은 조 제3항에 따른 명령에 따르지 아니한 자 18. 제47조제1항제2호를 위반하여 운행 중 비상정지버튼을 누르거나 승강용 출입문을 여는 행위를 한 사람 19. 제61조의3제3항을 위반하여 철도안전 자율보고를 한 사람에게 불이익한 조치를 한 자 ④ 다음 각 호의 어느 하나에 해당하는 자는 1년 이하의 징역 또는 1천만원 이하의 벌금에 처한다. 〈개정 12·6·1, 12·12·18, 15·7·24, 16·1·22, 17·8·9, 18·6·12, 19·4·23, 20·12·22〉 1. 제10조제1항을 위반하여 운전면허를 받지 아니하고(제20조에 따라 운전면허가 취소되거나 그 효력이 정지된 경우를 포함한다) 철도차량을 운전한 사람 2. 거짓이나 그 밖의 부정한 방법으로 운전면허를 받은 사람 2의2. 거짓이나 그 밖의 부정한 방법으로 관제자격증명을 받은 사람 2의3. 거짓이나 그 밖의 부정한 방법으로 철도차량정비기술자로 인정받은 사람 2의4. 제19조의2를 위반하여 운전면허증을 다른 사람에게 빌려주거나 빌리거나 이를 알		

법	시 행 령	시 행 규 칙
선한 사람 3. 제21조를 위반하여 실무수습을 이수하지 아니하고 철도차량의 운전업무에 종사한 사람 3의2. 제21조의2를 위반하여 운전면허를 받지 아니하거나(제20조에 따라 운전면허가 취소되거나 그 효력이 정지된 경우를 포함한다) 실무수습을 이수하지 아니한 사람을 철도차량의 운전업무에 종사하게 한 철도운영자등 3의3. 제21조의3을 위반하여 관제자격증명을 받지 아니하고(제21조의11에 따라 관제자격증명이 취소되거나 그 효력이 정지된 경우를 포함한다) 관제업무에 종사한 사람 3의4. 제21조의10을 위반하여 관제자격증명서를 다른 사람에게 빌려주거나 빌리거나 이를 알선한 사람 4. 제22조를 위반하여 실무수습을 이수하지 아니하고 관제업무에 종사한 사람 4의2. 제22조의2를 위반하여 관제자격증명을 받지 아니하거나(제21조의11에 따라 관제자격증명이 취소되거나 그 효력이 정지된 경우를 포함한다) 실무수습을 이수하지 아니한 사람을 관제업무에 종사하게 한 철도운영자등 5. 제23조제1항을 위반하여 신체검사와 적성검사를 받지 아니하거나 같은 조 제3항을 위반하여 신체검사와 적성검사에 합격하지 아니		

법	시 행 령	시 행 규 칙
하고 같은 조 제1항에 따른 업무를 한 사람 및 그로 하여금 그 업무에 종사하게 한 자 5의2. 제24조의3을 위반한 다음 각 목의 어느 하나에 해당하는 사람 가. 다른 사람에게 자기의 성명을 사용하여 철도차량정비 업무를 수행하게 하거나 자신의 철도차량정비경력증을 빌려 준 사람 나. 다른 사람의 성명을 사용하여 철도차량정비 업무를 수행하거나 다른 사람의 철도차량정비경력증을 빌린 사람 다. 가목 및 나목의 행위를 알선한 사람 6. 제26조제1항 또는 제27조제1항에 따른 형식승인을 받지 아니한 철도차량 또는 철도용품을 판매한 자 6의2. 제31조제6항에 따른 이행 명령에 따르지 아니한 자 7. 제38조제1항을 위반하여 종합시험운행 결과를 허위로 보고한 자 7의2. 제38조의7제1항을 위반하여 정비조직의 인증을 받지 아니하고 철도차량정비를 한 자 8. 제39조의2제1항에 따른 지시를 따르지 아니한 자 9. 제39조의3제3항을 위반하여 설치 목적과 다른 목적으로 영상기록장치를 임의로 조작하거나 다른 곳을 비춘 자 또는 운행기간 외에 영상기록을 한 자		

법	시 행 령	시 행 규 칙
10. 제39조의3제4항을 위반하여 영상기록을 목적 외의 용도로 이용하거나 다른 자에게 제공한 자 11. 제39조의3제5항을 위반하여 안전성 확보에 필요한 조치를 하지 아니하여 영상기록장치에 기록된 영상정보를 분실 · 도난 · 유출 · 변조 또는 훼손당한 자 12. 제47조제6호를 위반하여 술을 마시거나 약물을 복용하고 다른 사람에게 위해를 주는 행위를 한 사람 13. 거짓이나 부정한 방법으로 철도운행안전관리자 자격을 받은 사람 14. 제69조의2제1항을 위반하여 철도운행안전관리자를 배치하지 아니하고 철도시설의 건설 또는 관리와 관련한 작업을 시행한 철도운영자 15. 제69조의3제1항 및 제2항을 위반하여 정기교육을 받지 아니하고 업무를 한 사람 및 그로 하여금 그 업무에 종사하게 한 자 16. 제69조의4를 위반하여 철도안전 전문인력의 분야별 자격을 다른 사람에게 빌려주거나 빌리거나 이를 알선한 사람 ⑤ 제47조제1항제5호를 위반한 자는 500만원 이하의 벌금에 처한다. 〈신설 12 · 6 · 1, 18 · 6 · 12〉 〈종전의 제79조〉 〈개정 20 · 4 · 7〉 제80조(형의 가중) ① 제78조제1항의 죄를 지어		

법	시행령	시행규칙
사람을 사망에 이르게 한 자는 사형, 무기징역 또는 7년 이상의 징역에 처한다.〈신설 20·4·7〉 ② 제79조제1항, 제3항제16호 또는 제17호의 죄를 범하여 열차운행에 지장을 준 자는 그 죄에 규정된 형의 2분의 1까지 가중한다. 〈개정 12·12·18, 20·4·7〉 ③ 제79조제3항제16호 또는 제17호의 죄를 범하여 사람을 사상에 이르게 한 자는 5년 이하의 징역 또는 5천만원 이하의 벌금에 처한다. 〈개정 12·12·18, 15·7·24, 20·4·7〉 [전문개정 12·6·1] 〈종전의 제80조〉 〈개정 20·4·7〉 **제81조(양벌규정)** 법인의 대표자나 법인 또는 개인의 대리인, 사용인, 그 밖의 종업원이 그 법인 또는 개인의 업무에 관하여 제79조제2항, 같은 조 제3항(제16호는 제외한다) 및 제4항(제2호는 제외한다) 또는 제80조(제79조제3항제17호의 가중죄를 범한 경우만 해당한다)의 어느 하나에 해당하는 위반행위를 하면 그 행위자를 벌하는 외에 그 법인 또는 개인에게도 해당 조문의 벌금형을 과(科)한다. 다만, 법인 또는 개인이 그 위반행위를 방지하기 위하여 해당 업무에 관하여 상당한 주의와 감독을 게을리하지 아니한 경우에는 그러하지 아니하다. 〈개정 12·12·18, 20·4·7〉 [전문개정 09·4·1]		

법	시 행 령	시 행 규 칙
〈종전의 제81조〉 〈개정 20 · 4 · 7〉 제82조(과태료) ① 다음 각 호의 어느 하나에 해당하는 자에게는 1천만원 이하의 과태료를 부과한다. 〈개정 12 · 6 · 1, 12 · 12 · 18, 15 · 7 · 24, 17 · 8 · 9, 18 · 6 · 12, 19 · 4 · 23, 19 · 11 · 26, 20 · 4 · 7, 20 · 6 · 9, 22 · 1 · 18〉 1. 제7조제3항(제26조의8 및 제27조의2제4항에서 준용하는 경우를 포함한다)을 위반하여 안전관리체계의 변경승인을 받지 아니하고 안전관리체계를 변경한 자 2. 제8조제3항(제26조의8 및 제27조의2제4항에서 준용하는 경우를 포함한다)을 위반하여 정당한 사유 없이 시정조치 명령에 따르지 아니한 자 2의2. 제9조의4제4항을 위반하여 시정조치 명령을 따르지 아니한 자 3. 삭제 〈20 · 6 · 9〉 4. 제26조제2항(제27조제4항에서 준용하는 경우를 포함한다)을 위반하여 변경승인을 받지 아니한 자 5. 제26조의5제2항(제27조의2제4항에서 준용하는 경우를 포함한다)에 따른 신고를 하지 아니한 자 6. 제27조의2제3항을 위반하여 형식승인표시를 하지 아니한 자 7. 제31조제2항을 위반하여 조사 · 열람 · 수거		

법	시 행 령	시 행 규 칙
등을 거부, 방해 또는 기피한 자 8. 제32조제2항 또는 제4항을 위반하여 시정조치계획을 제출하지 아니하거나 시정조치의 진행 상황을 보고하지 아니한 자 9. 제38조제2항에 따른 개선·시정 명령을 따르지 아니한 자 9의2. 제38조의5제3항을 위반한 다음 각 목의 어느 하나에 해당하는 자 가. 이력사항을 고의로 입력하지 아니한 자 나. 이력사항을 위조·변조하거나 고의로 훼손한 자 다. 이력사항을 무단으로 외부에 제공한 자 9의3. 제38조의7제2항을 위반하여 변경인증을 받지 아니한 자 9의4. 제38조의9에 따른 준수사항을 지키지 아니한 자 9의5. 제38조의12제2항에 따른 정밀안전진단 명령을 따르지 아니한 자 9의6. 제38조의14제2항 후단을 위반하여 특별한 사유 없이 자료를 제출하지 아니하거나 거짓으로 제출한 자 10. 제39조의2제3항에 따른 안전조치를 따르지 아니한 자 10의2. 제39조의3제1항을 위반하여 영상기록장치를 설치·운영하지 아니한 자 11.부터 13.까지 삭제 〈20·6·9〉		

법	시 행 령	시 행 규 칙
13의2. 제48조의3제1항을 위반하여 국토교통부장관의 성능인증을 받은 보안검색장비를 사용하지 아니한 자 13의3. 삭제 〈20 · 6 · 9〉 14. 제49조제1항을 위반하여 철도종사자의 직무상 지시에 따르지 아니한 사람 15. 제61조제1항 및 제61조의2제1항·제2항에 따른 보고를 하지 아니하거나 거짓으로 보고한 자 15의2. 삭제 〈20 · 6 · 9〉 16. 제73조제1항에 따른 보고를 하지 아니하거나 거짓으로 보고한 자 17. 제73조제1항에 따른 자료제출을 거부, 방해 또는 기피한 자 18. 제73조제2항에 따른 소속 공무원의 출입 · 검사를 거부, 방해 또는 기피한 자 ② 다음 각 호의 어느 하나에 해당하는 자에게는 500만원 이하의 과태료를 부과한다.〈신설 15 · 7 · 24, 17 · 10 · 24, 18 · 6 · 12, 20 · 4 · 7, 20 · 6 · 9, 20 · 12 · 22〉 1. 제7조제3항(제26조의8 및 제27조의2제4항에서 준용하는 경우를 포함한다)을 위반하여 안전관리체계의 변경신고를 하지 아니하고 안전관리체계를 변경한 자 2. 제24조제1항을 위반하여 안전교육을 실시하지 아니한 자 또는 제24조제2항을 위반하여 직무교육을 실시하지 아니한 자		

법	시 행 령	시 행 규 칙
2의2. 제24조제3항을 위반하여 안전교육 실시 여부를 확인하지 아니하거나 안전교육을 실시하도록 조치하지 아니한 철도운영자등 3. 제26조제2항(제27조제4항에서 준용하는 경우를 포함한다)을 위반하여 변경신고를 하지 아니한 자 4. 제38조의2제2항 단서를 위반하여 개조신고를 하지 아니하고 개조한 철도차량을 운행한 자 5. 제38조의5제3항제1호를 위반하여 이력사항을 과실로 입력하지 아니한 자 6. 제38조의7제2항을 위반하여 변경신고를 하지 아니한 자 7. 제40조의2에 따른 준수사항을 위반한 자 8. 제47조제1항제1호 또는 제3호를 위반하여 여객출입 금지장소에 출입하거나 물건을 여객열차 밖으로 던지는 행위를 한 사람 8의2. 제47조제3항을 위반하여 여객열차에서의 금지행위에 관한 사항을 안내하지 아니한 자 9. 제48조제5호를 위반하여 철도시설(선로는 제외한다)에 승낙 없이 출입하거나 통행한 사람 10. 제48조제7호·제9호 또는 제10호를 위반하여 철도시설에 유해물 또는 오물을 버리거나 열차운행에 지장을 준 사람		

법	시 행 령	시 행 규 칙
11. 제48조의3제2항에 따른 보안검색장비의 성능인증을 위한 기준 · 방법 · 절차 등을 위반한 인증기관 및 시험기관 12. 제61조제2항에 따른 보고를 하지 아니하거나 거짓으로 보고한 자 ③ 다음 각 호의 어느 하나에 해당하는 자에게는 300만원 이하의 과태료를 부과한다.〈신설 15 · 7 · 24, 20 · 6 · 9〉 1. 제9조의4제3항을 위반하여 우수운영자로 지정되었음을 나타내는 표시를 하거나 이와 유사한 표시를 한 자 2. 및 3. 삭제 〈20 · 6 · 9〉 4. 제20조제3항(제21조의11제2항에서 준용하는 경우를 포함한다)을 위반하여 운전면허증을 반납하지 아니한 사람 ④ 다음 각 호의 어느 하나에 해당하는 자에게는 100만원 이하의 과태료를 부과한다.〈신설 14 · 5 · 21, 17 · 1 · 17, 20 · 6 · 9〉 1. 제47조제1항제4호를 위반하여 여객열차에서 흡연을 한 사람 2. 제48조제5호를 위반하여 선로에 승낙 없이 출입하거나 통행한 사람 ⑤ 다음 각 호의 어느 하나에 해당하는 자에게는 50만원 이하의 과태료를 부과한다.〈신설 20 · 6 · 9〉 1. 제45조제4항을 위반하여 조치명령을 따르		

법	시 행 령	시 행 규 칙
지 아니한 자 2. 제47조제1항제7호를 위반하여 공중이나 여객에게 위해를 끼치는 행위를 한 사람 ⑥ 제1항부터 제5항까지에 따른 과태료는 대통령령으로 정하는 바에 따라 국토교통부장관 또는 시·도지사(이 조 제1항제14호·제16호 및 제17호, 제2항제8호부터 제10호까지, 제4항제1호·제2호 및 제5항제1호·제2호만 해당한다)가 부과·징수한다. 〈개정 12·6·1, 12·12·18, 13·3·23, 14·5·21, 20·6·9〉 **제83조(과태료 규정의 적용 특례)** 제82조의 과태료에 관한 규정을 적용할 때 제9조의2(제26조의8, 제27조의2제4항, 제38조의4, 제38조의11 및 제38조의15에서 준용하는 경우를 포함한다)에 따라 과징금을 부과한 행위에 대해서는 과태료를 부과할 수 없다.〈개정 22·1·18〉 [본조신설 20·6·9]		

법	시행령	시행규칙
부칙 **제1조(시행일)** 이 법은 2005년 1월 1일부터 시행한다. 다만, 제10조 · 제17조 내지 제23조 및 제35조 내지 제38조의 규정은 2006년 7월 1일부터 시행한다. **제2조(철도시설의 안전기준에 관한 적용례)** 제25조제1항의 규정에 의한 철도시설의 안전기준은 이 법 시행후 최초로 기본설계에 착수하는 시설부터 적용한다. **제3조(철도차량의 안전기준에 관한 적용례)** 제26조제1항의 규정은 이 법 시행후 최초로 구매계약하는 철도차량부터 적용한다. **제4조(철도안전에 관한 일반적 경과조치)** 이 법 시행 당시 종전의 철도법의 규정에 의하여 행하여진 행정기관의 행위 또는 행정기관에 대한 행위는 그에 해당하는 이 법에 의한 행정기관의 행위 또는 행정기관에 대한 행위로 본다. **제5조(안전관리규정에 관한 경과조치)** 이 법 시행 당시 관계법률에 의하여 철도운영 또는 철도시설관리 업무를 하고 있는 자는 이 법 시행 후 1년 이내에 제7조의 규정에 의한 안전관리규정을 정하여 건설교통부장관의 승인을 얻어야 한다. **제6조(비상대응계획에 관한 경과조치)** 이 법 시행 당시 관계법률에 의하여 철도운영 또는 철	**부칙** **제1조(시행일)** 이 영은 공포한 날부터 시행한다. 다만, 제10조 · 제11조 · 제19조 내지 제21조 및 제29조 내지 제42조의 규정은 2006년 7월 1일부터 시행한다. **제2조(다른 법령의 폐지)** 다음 각 호의 대통령령은 이를 각각 폐지한다. 1. 철도보호에관한규정 2. 철도용지및퇴거지역의범위에관한규정 **제3조(운전면허취득요건의 인정에 관한 경과조치)** ①법 부칙 제7조제1항에서 "대통령령이 정하는 요건을 갖춘 자"라 함은 다음 각 호의 어느 하나에 해당하는 자를 말한다. 1. 2006년 7월 1일 당시 제11조제1항 각 호의 어느 하나에 해당하는 운전면허로 운전할 수 있는 철도차량을 운전하고 있는 자 2. 2006년 7월 1일 당시 제11조제1항 각 호의 어느 하나에 해당하는 운전면허로 운전할 수 있는 철도차량을 운전한 경력(제10조제1항 각 호의 규정에 의한 경력을 제외한다)이 있는 자 3. 2006년 7월 1일 당시 제11조제1항 각 호의 어느 하나에 해당하는 운전면허로 운전할 수 있는 철도차량을 운전하기 위하여 철도운영자등이 자체적으로 실시한 양성과정을	**부칙** ①(시행일) 이 규칙은 공포한 날부터 시행한다. 다만, 제11조 · 제24조 · 제26조 내지 제41조 및 제57조 내지 제75조의 규정은 2006년 7월 1일부터 시행한다. ②(종전의 연장된 사용내구연한에 관한 특례) 2006년 7월 1일 이전에 철도운영자등(종전의 철도청장을 포함한다)이 자체적으로 실시한 정밀진단에 합격하여 사용내구연한이 연장된 철도차량중 연장된 사용내구연한만료일이 2008년 6월 30일 이후인 경우에는 2008년 6월 30일을 당해 철도차량의 사용내구연한만료일로 본다. ③(전기기관차의 사용내구연한에 관한 경과조치) 2006년 7월 1일 당시 운행되고 있는 철도차량중 1991년 1월 1일 이전에 제작된 전기기관차의 사용내구연한은 제70조 및 별표 21의 규정에 불구하고 종전에 철도청장이 정한 사용내구연한으로 한다. **부칙** 〈06 · 6 · 21〉 **제1조(시행일)** 이 규칙은 2006년 7월 9일부터 시행한다. **제2조** 생략 **부칙** 〈06 · 8 · 7〉 이 규칙은 공포한 날부터 시행한다.

법	시행령	시행규칙
도시설관리 업무를 하고 있는 자는 이 법 시행후 1년 이내에 제8조의 규정에 의한 비상대응계획을 수립하여 건설교통부장관의 승인을 얻어야 한다. 제7조(운전면허에 관한 경과조치) ①2006년 7월 1일 당시 대통령령이 정하는 요건을 갖춘 자에 대하여는 제10조의 규정에 의한 해당 운전면허를 받은 것으로 본다. ②제1항의 규정에 해당하는 자는 2006년 7월 1일부터 1년 이내에 대통령령이 정하는 바에 의하여 건설교통부장관에게 운전면허증의 교부를 신청하여야 한다. 제8조(운전업무 및 관제업무 수행의 필요요건에 관한 경과조치) ①2006년 7월 1일 당시 대통령령이 정하는 요건을 갖춘 자에 대하여는 제21조제1항의 해당 운전업무수행에 필요한 요건을 갖춘 것으로 본다. ②2006년 7월 1일 당시 관제업무에 종사하고 있는 자 및 이 법 시행일 전 5년 이내에 관제업무에 1년 이상 종사한 경력이 있는 자는 제22조의 규정에 의한 관제업무 수행에 필요한 요건을 갖춘 것으로 본다. 제9조(신체검사 및 적성검사에 관한 경과조치) 2006년 7월 1일 당시 제23조제1항의 규정에 의한 철도종사자는 동조의 규정에 불구하고 동조에 의한 최초의 신체검사 및 적성검사를	모두 이수한 자. 다만, 2005년 7월 1일 이후에 철도운영자등이 실시하는 자체양성과정은 건설교통부장관이 인정하는 자체양성과정의 경우에 한한다. ②법 부칙 제7조제2항의 규정에 의하여 제1항 각 호의 어느 하나에 해당하는 자는 2006년 7월 1일부터 1년 이내에 제1항제1호 및 제2호의 규정에 의한 경력을 증명하는 서류 또는 제1항제3호의 규정에 의한 자체양성과정을 이수하였음을 증명할 수 있는 서류를 첨부하여 교통안전공단에 해당 운전면허증의 교부를 신청하여야 한다. 제4조(운전업무수행의 필요요건) 법 부칙 제8조제1항에서 "대통령령이 정하는 요건을 갖춘 자"라 함은 다음 각 호의 어느 하나에 해당하는 자를 말한다. 1. 부칙 제3조제1항제1호 및 제2호의 규정에 의한 요건을 갖춘 자 2. 부칙 제3조제1항제3호에 해당하는 자의 경우에는 2006년 7월 1일 당시 철도차량 및 운전구간 등에 대하여 철도운영자등이 자체적으로 실시한 실무수습(건설교통부장관이 인정한 경우에 한한다)을 이수한 자 부　　칙 〈06·6·15〉 ①(시행일) 이 영은 2006년 7월 9일부터 시행한다. ②(다른 법령의 개정) 철도안전법 시행령 일부	부　　칙 〈08·3·14〉 이 규칙은 공포한 날부터 시행한다. 부　　칙 〈08·12·16〉 이 규칙은 공포한 날부터 시행한다. 부　　칙 〈09·2·27〉 제1조(시행일) 이 규칙은 공포한 날부터 시행한다. 제2조(행정처분기준에 관한 경과조치) 이 규칙 시행 전의 위반행위에 대한 행정처분기준은 별표 3, 별표 6, 별표 9, 별표 11, 별표 16, 별표 18, 별표 20 및 별표 23의 개정규정에 따른다. 부　　칙 〈09·6·25〉 이 규칙은 공포한 날부터 시행한다. 부　　칙 〈10·3·30〉 제1조(시행일) 이 규칙은 공포한 날부터 시행한다. 제2조(교육훈련에 관한 적용례) 제20조의 개정규정은 이 규칙 시행 전에 종전의 규정에 따라 교육훈련을 받고 있는 자에 대하여도 적용한다. 제3조(교육훈련기관의 교수에 관한 경과조치) 이 규칙 시행 당시 종전의 규정에 따른 교육

법	시 행 령	시 행 규 칙
받은 것으로 본다. 제10조(철도용품의 품질인증에 관한 경과조치) 이 법 시행 이전에 철도청장으로부터 품질보장물품으로 지정을 받은 물품은 이 법에 의하여 건설교통부장관으로부터 품질인증을 받은 것으로 본다. 제11조(벌칙 및 과태료에 관한 경과조치) 이 법 시 행전의 행위에 대한 벌칙 및 과태료의 적용에 있어서는 종전의 철도법의 규정에 의한다. 제12조(다른 법률의 개정) 도시철도법중 다음과 같이 개정한다. 제25조의2를 삭제한다. 제13조(다른 법령과의 관계) 이 법 시행 당시 다른 법령에서 종전의 철도법 또는 철도법의 규정을 인용하고 있는 경우 이 법에 그에 해당하는 규정이 있는 때에는 이 법 또는 이 법의 해당 규정을 인용한 것으로 본다. 부 칙 〈05 · 3 · 31〉 제1조(시행일) 이 법은 공포 후 1년이 경과한 날부터 시행한다. 제2조 내지 제6조 생략 부 칙 〈05 · 11 · 8〉 제1조(시행일) 이 법은 공포 후 8월이 경과한 날부터 시행한다.〈단서 생략〉	를 다음과 같이 개정한다. 제53조 내지 제55조 및 제58조를 각각 삭제한다. 부 칙 〈08 · 2 · 29〉 제1조(시행일) 이 영은 공포한 날부터 시행한다. 다만, 부칙 제6조에 따라 개정되는 대통령령 중 이 영의 시행 전에 공포되었으나 시행일이 도래하지 아니한 대통령령을 개정한 부분은 각각 해당 대통령령의 시행일부터 시행한다. 제2조부터 제6조까지 생략 부 칙 〈08 · 5 · 21〉 제1조(시행일) 이 영은 2008년 5월 26일부터 시행한다. 제2조부터 제6조까지 생략 부 칙 〈08 · 10 · 20〉 제1조(시행일) 이 영은 공포한 날부터 시행한다. 〈단서 생략〉 제2조부터 제4조까지 생략 부 칙 〈08 · 12 · 31〉 제1조(시행일) 이 영은 공포한 날부터 시행한다. 〈단서 생략〉 제2조부터 제5조까지 생략	훈련기관의 이론분야의 교수 자격을 가진 자는 별표 8 제1호가목의 개정규정에 따른 교수의 자격을 가진 것으로 본다. 부 칙 〈10 · 9 · 16〉 제1조(시행일) 이 규칙은 공포한 날부터 시행한다. 제2조(철도차량의 사용내구연한에 관한 적용례) 제70조의 개정규정은 이 규칙 시행 후 철도운영자등이 최초로 발주하는 철도차량부터 적용한다. 부 칙 〈11 · 2 · 9〉 제1조(시행일) 이 규칙은 공포한 날부터 시행한다. 제2조(품질인증 유효기간 폐지에 따른 경과조치) 이 규칙 시행 당시 종전의 규정에 따른 철도용품 품질인증서는 별지 제27호서식의 개정규정에 따른 품질인증서로 본다. 다만, 품질인증기관의 장은 종전의 품질인증서를 발급받은 자가 요청하면 별지 제27호서식의 개정규정에 따른 품질인증서로 바꾸어 발급해 주어야 한다. 부 칙 〈11 · 4 · 11〉 이 규칙은 공포한 날부터 시행한다.

법	시 행 령	시 행 규 칙
제2조 내지 제4조 생략 부 칙 〈05·12·29〉 제1조(시행일) 이 법은 2006년 7월 1일부터 시행한다. 제2조 내지 제6조 생략 부 칙 〈07·5·25〉 제1조(시행일) 이 법은 공포 후 1년이 경과한 날부터 시행한다. 제2조 부터 제10조 생략 부 칙 〈08·2·29〉 제1조(시행일) 이 법은 공포한 날부터 시행한다. 다만, ···〈생략〉···, 부칙 제6조에 따라 개정되는 법률 중 이 법의 시행 전에 공포되었으나 시행일이 도래하지 아니한 법률을 개정한 부분은 각각 해당 법률의 시행일부터 시행한다. 제2조부터 제7조까지 생략 부 칙 〈09·4·1〉 이 법은 공포한 날부터 시행한다.	부 칙 〈09·6·25〉 제1조(시행일) 이 영은 공포한 날부터 시행한다. 제2조(경과조치) ① 이 영 시행 당시 종전의 규정에 따라 고속철도차량 분야와 동력차 분야에 대하여 제작검사기관으로 지정받은 기관은 별표 3 제1호란의 개정규정에 따른 고속철도차량·동력차 분야에 대하여 제작검사기관의 지정을 받은 것으로 보고, 종전의 규정에 따라 객차 분야와 화차·특수차 분야에 대하여 제작검사기관으로 지정받은 기관은 별표 3 제2호란의 개정규정에 따른 객차·화차·특수차 분야에 대하여 제작검사기관의 지정을 받은 것으로 본다. ② 제1항에 따라 제작검사기관의 지정을 받은 것으로 보는 기관은 이 영 시행 후 6개월 내에 제36조제1항제4호 및 제4호의2의 개정규정에 따른 제작검사기관의 지정기준에 적합하도록 하여야 한다. 부 칙 〈09·12·21〉 이 영은 공포한 날부터 시행한다. 부 칙 〈11·2·9〉 이 영은 공포한 날부터 시행한다.	

법	시 행 령	시 행 규 칙
부 칙 〈12 · 1 · 17〉 이 법은 공포한 날부터 시행한다. **부 칙** 〈12 · 6 · 1〉 제1조(시행일) 이 법은 공포 후 6개월이 경과한 날부터 시행한다. 제2조(신체검사 실시 의료기관에 관한 적용례) 제12조제2항의 개정규정은 이 법 시행 후 최초로 신체검사를 받는 사람부터 적용한다. 제3조(철도안전 전문인력 등에 관한 경과조치) 이 법 시행 당시 종전의 규정에 따라 철도안전 전문인력의 자격을 부여받거나 철도안전에 관한 전문기관 또는 단체로 지정받은 자는 제69조제3항의 개정규정에 따라 그 자격을 부여받거나 같은 조 제5항의 개정규정에 따라 안전전문기관으로 지정받은 것으로 본다. 제4조(다른 법률의 개정) ① 응급의료에 관한 법률 일부를 다음과 같이 개정한다. 제14조제1항제10호 중 "「철도안전법」 제2조제9호가목부터 다목까지"를 "「철도안전법」 제2조제10호가목부터 다목까지"로 한다. ② 철도사업법 일부를 다음과 같이 개정한다. 제12조제2항제4호 중 "「철도안전법」 제2조제10호"를 "「철도안전법」 제2조제11호"로 한다.	**부 칙** 〈11 · 4 · 4〉 제1조(시행일) 이 영은 공포한 날부터 시행한다. 제2조부터 제4조까지 생략 **부 칙** 〈12 · 11 · 30〉 이 영은 2012년 12월 2일부터 시행한다. **부 칙** 〈13 · 3 · 23〉 제1조(시행일) 이 영은 공포한 날부터 시행한다. 〈단서 생략〉 제2조부터 제6조까지 생략 **부 칙** 〈13 · 12 · 30〉 이 영은 2014년 1월 1일부터 시행한다. 〈단서 생략〉 **부 칙** 〈14 · 3 · 18〉 제1조(시행일) 이 영은 2014년 3월 19일부터 시행한다. 제2조(철도용품 형식승인의 표시로 보는 기간) 법률 제11591호 철도안전법 일부개정법률 부칙 제7조제3항에서 "대통령령으로 정하는 기간"이란 3년을 말한다. 제3조(다른 법령의 개정) 도시철도법 시행령 일	**부 칙** 〈11 · 12 · 15〉 제1조(시행일) 이 규칙은 공포한 날부터 시행한다. 제2조(지정기준 심사에 관한 적용례) 제18조제2항 및 제22조제2항의 개정규정은 국토해양부장관이 2011년도에 수행한 심사부터 적용한다. 제3조(수수료 결정에 관한 적용례) 제94조의 개정규정은 이 규칙 시행 후 최초로 정하는 수수료의 기준부터 적용한다. **부 칙** 〈12 · 12 · 10〉 이 규칙은 공포한 날부터 시행한다. 다만, 제25조는 2013년 1월 1일부터 시행한다. **부 칙** 〈13 · 3 · 23〉 제1조(시행일) 이 규칙은 공포한 날부터 시행한다. 〈단서 생략〉 제2조부터 제6조까지 생략 **부 칙** 〈13 · 12 · 30〉 이 규칙은 2014년 1월 1일부터 시행한다. **부 칙** 〈14 · 3 · 19〉 제1조(시행일) 이 규칙은 2014년 3월 19일부터 시행한다. 제2조(다른 법령의 폐지) 다음 각 호의 부령은

법	시 행 령	시 행 규 칙
부 칙 〈12·12·18〉 제1조(시행일) 이 법은 공포 후 1년 3개월이 경과한 날부터 시행한다. 제2조(철도차량 완성검사에 관한 적용례) 제26조의6의 개정규정은 이 법 시행 후 형식승인을 받아 제작하는 철도차량부터 적용한다. 제3조(청문에 관한 적용례) 제75조제4호의 개정규정(효력정지만 해당한다)은 이 법 시행 후 운전면허의 효력정지를 받은 것부터 적용한다. 제4조(안전관리규정 등 승인에 관한 경과조치) ① 이 법 시행 당시 종전의 규정에 따라 안전관리규정 및 비상대응계획의 승인을 받은 철도운영자등은 제7조제1항의 개정규정에 따라 안전관리체계의 승인을 받은 것으로 본다. 다만, 이 법 시행 후 1년 이내에 안전관리체계의 기준을 갖추어 국토해양부장관의 승인을 받아야 한다. ② 이 법 시행 당시 종전의 제7조제1항 후단 및 제8조제1항 후단에 따라 안전관리규정 및 비상대응계획의 변경절차가 진행 중인 경우에는 종전의 규정에 따른다. 제5조(철도시설 및 철도차량의 안전기준에 관한 경과조치) 이 법 시행 당시 종전의 안전기준에 따라 설치 또는 제작된 철도시설 또는 철도차량은 제25조제1항 및 제26조제3항의 개정	부를 다음과 같이 개정 한다. 제24조, 제25조 및 제25조의2부터 제25조의8까지를 각각 삭제한다. 별표 3의2, 별표 4, 별표 4의2, 별표 4의3 및 별표 5를 각각 삭제한다. **부 칙** 〈14·7·7〉 제1조(시행일) 이 영은 2014년 7월 8일부터 시행한다. 제2조부터 제4조까지 생략 **부 칙** 〈14·12·9〉 제1조(시행일) 이 영은 2015년 1월 1일부터 시행한다. 제2조부터 제6조까지 생략 **부 칙** 〈16·1·22〉 이 영은 공포한 날부터 시행한다. **부 칙** 〈16·12·30〉 제1조(시행일) 이 영은 공포한 날부터 시행한다. 다만, 제62조제2항제3호, 별표 6 제2호라목 및 하목부터 더목까지의 개정규정은 2017년 7월 25일부터 시행한다. 제2조(과징금의 부과기준에 관한 경과조치) 이	이를 각각 폐지한다. 1. 「철도시설 안전기준에 관한 규칙」 2. 「철도차량 안전기준에 관한 규칙」 3. 「도시철도차량 안전기준에 관한 규칙」 4. 「도시철도시설 안전기준에 관한 규칙」 5. 「도시철도차량 관리에 관한 규칙」 제3조(다른 법령의 개정) ① 도시철도법 시행규칙 일부를 다음과 같이 개정한다. 제3조 및 제4조를 각각 삭제한다. ② 철도사업법 시행규칙 일부를 다음과 같이 개정한다. 제17조 중 "「철도차량 안전기준에 관한 규칙」이 정하는 바에 따라 그 기록을 보존하여야 한다"를 "3년 동안 그 기록을 보존하여야 한다"로 한다. 별표 1의 철도차량의 사용연한란을 삭제하고, 철도차량의 규격란을 다음과 같이 한다. **부 칙** 〈14·5·22〉 제1조(시행일) 이 규칙은 2014년 5월 23일부터 시행한다. 제2조부터 제7조까지 생략 **부 칙** 〈15·10·2〉 이 규칙은 공포한 날부터 시행한다.

법	시 행 령	시 행 규 칙
규정에 따른 기술기준에 적합한 것으로 본다. **제6조(철도차량 성능시험 및 제작검사 등에 관한 경과조치)** ① 이 법 시행 당시 종전의 제35조 및 제36조에 따라 성능시험 및 제작검사에 합격한 철도차량(이 조 제2항에 따라 합격한 철도차량을 포함한다)은 제26조제1항 및 제26조의6의 개정규정에 따른 철도차량 형식승인 및 완성검사를 받은 것으로 본다. ② 이 법 시행 당시 종전의 제35조 및 제36조에 따라 철도차량의 성능시험 및 제작검사 절차가 진행 중인 경우에는 종전의 규정에 따른다. ③ 이 법 시행 당시 종전의 제35조 및 제36조에 따라 성능시험 및 제작검사에 합격한 철도차량을 제작하고 있는 자는 제26조의3제1항의 개정규정에 따른 철도차량 제작자승인을 받은 것으로 본다. 다만, 이 법 시행 후 1년 이내에 철도차량 품질관리체계의 기준을 갖추어 철도차량 제작자승인을 받아야 한다. **제7조(철도용품 품질인증 등에 관한 경과조치)** ① 이 법 시행 당시 종전의 제27조 및 제28조에 따라 품질인증을 받은 철도용품(이 조 제2항에 따라 품질인증을 받은 철도용품을 포함한다)은 제27조제1항의 개정규정에 따라 철도용품 형식승인을 받은 것으로 본다. ② 이 법 시행 당시 종전의 제27조 및 제28조에 따라 철도용품 품질인증 절차가 진행 중인	영 시행 전의 위반행위에 대한 과징금의 부과기준에 관하여는 별표 1 제2호나목의 개정규정에도 불구하고 종전의 규정에 따른다. **부 칙** 〈17 · 1 · 20〉 이 영은 공포한 날부터 시행한다. **부 칙** 〈17 · 7 · 24〉 **제1조(시행일)** 이 영은 2017년 7월 25일부터 시행한다. **제2조(운전면허 취득절차의 일부 면제에 관한 경과조치)** 법 제19조제5항에 따라 운전면허의 효력이 실효되어 운전면허를 다시 받으려는 사람 중 이 영 시행 전에 운전면허시험 응시원서를 제출한 사람에 대해서는 제20조의 개정규정에도 불구하고 종전의 규정에 따른다. **부 칙** 〈18 · 2 · 9〉 이 영은 2018년 2월 10일부터 시행한다. **부 칙** 〈18 · 10 · 23〉 이 영은 2018년 10월 25일부터 시행한다. **부 칙** 〈제29360호, 18 · 12 · 11〉 **제1조(시행일)** 이 영은 2018년 12월 13일부터 시행한다. 〈단서 생략〉 **제2조** 생략	**부 칙** 〈16 · 8 · 10〉 **제1조(시행일)** 이 규칙은 공포한 날부터 시행한다. **제2조(행정처분에 관한 적용례)** 별표 11 제5호, 제9호 및 제11호의 개정규정은 이 규칙 시행 전의 위반행위에 대한 행정처분의 경우에도 적용한다. **제3조(안전관리체계의 승인에 관한 경과조치)** 이 규칙 시행 전에 종전의 규정에 따라 안전관리체계의 승인을 신청한 경우 또는 해당 철도의 건설을 위한 실시계획 · 사업계획 등을 승인 받은 경우에는 제2조제1항의 개정규정에도 불구하고 종전의 규정에 따른다. **제4조(안전관리체계의 변경승인 또는 변경신고에 관한 경과조치)** 이 규칙 시행 전에 종전의 규정에 따라 철도안전관리체계의 변경승인 또는 변경신고를 신청한 경우에는 제2조제2항 및 제3조제1항의 개정규정에도 불구하고 종전의 규정에 따른다. **부 칙** 〈16 · 12 · 30, 제380호〉 **제1조(시행일)** 이 규칙은 공포한 날부터 시행한다. **제2조(행정처분기준에 관한 경과조치)** 이 규칙 시행 전의 위반행위에 대한 행정처분기준에 관하여는 별표 1 제2호나목의 개정규정에도 불구하고 종전의 규정에 따른다.

법	시 행 령	시 행 규 칙
경우에는 종전의 규정에 따른다. ③ 이 법 시행 당시 종전의 제27조제2항에 따라 철도용품에 표기한 품질인증의 표시는 이 법 시행 후 철도용품의 종류별로 대통령령으로 정하는 기간 동안 제27조의2제3항의 개정규정에 따른 형식승인의 표시로 본다. ④ 이 법 시행 당시 종전의 규정에 따라 품질인증을 받은 철도용품 제작자(부칙 제9조에 따라 철도용품 제작자의 지위를 승계한 경우를 포함한다)는 제27조의2제1항의 개정규정에 따른 철도용품 제작자승인을 받은 것으로 본다. 다만, 이 법 시행 후 1년 이내에 철도용품 품질관리체계의 기준을 갖추어 철도용품 제작자승인을 받아야 한다. **제8조(결격사유에 관한 경과조치)** ① 제26조의4(제27조의2제4항의 개정규정에서 준용하는 경우를 포함한다)의 개정규정은 부칙 제6조제3항 본문 및 부칙 제7조제4항 본문에 따라 철도차량 및 철도용품 제작자승인을 받은 것으로 보는 자에 대하여는 이 법 시행 후 3년까지 적용하지 아니한다. ② 제26조의4제1호(제27조의2제4항의 개정규정에서 준용하는 경우를 포함한다)의 개정규정에 따른 피성년후견인에는 법률 제10429호 민법 일부개정법률 부칙 제2조제2항에 따라 금치산 또는 한정치산 선고의 효력이 유지되는 사람을 포함하는 것으로 본다.	**부 칙** 〈제29362호, 18·12·11〉 이 영은 2018년 12월 13일부터 시행한다. **부 칙** 〈19·3·12〉 **제1조(시행일)** 이 영은 2019년 3월 14일부터 시행한다. **제2조부터 제4조까지** 생략 **부 칙** 〈19·6·4〉 **제1조(시행일)** 이 영은 2019년 6월 13일부터 시행한다. **제2조(다른 법령의 개정)** 철도사업법 시행령 일부를 다음과 같이 개정한다. 별표 2 제2호자목 및 차목을 각각 삭제한다. **부 칙** 〈19·10·22〉 **제1조(시행일)** 이 영은 2019년 10월 24일부터 시행한다. **제2조(과징금 부과기준에 관한 경과조치)** 이 영 시행 전의 위반행위에 대한 과징금의 부과에 관하여는 별표 1의 개정규정에도 불구하고 종전의 규정에 따른다. **부 칙** 〈20·5·26〉 **제1조(시행일)** 이 영은 2020년 5월 27일부터 시	**부 칙** 〈16·12·30, 제382호〉 **제1조(시행일)** 이 규칙은 공포한 날부터 시행한다. 〈단서 생략〉 **제2조부터 제4조까지** 생략 **부 칙** 〈17·1·20〉 **제1조(시행일)** 이 규칙은 공포한 날부터 시행한다. 다만, 제76조의2 및 제76조의3의 개정규정은 2017년 1월 20일부터 시행한다. **제2조(안전관리체계의 승인 또는 변경승인에 관한 적용례)** 제4조제2항의 개정규정은 이 규칙 시행 이후 안전관리체계의 승인 또는 변경승인을 신청하는 경우부터 적용한다. **제3조(종합시험운행 결과의 검토에 관한 적용례)** 제75조의2제2항의 개정규정은 이 규칙 시행 이후 법 제38조제1항에 따라 철도운영자등이 국토교통부장관에게 종합시험운행 결과를 보고하는 경우부터 적용한다. **부 칙** 〈17·7·25〉 이 규칙은 공포한 날부터 시행한다. **부 칙** 〈17·10·20〉 이 규칙은 공포한 날부터 시행한다.

법	시 행 령	시 행 규 칙
제9조(승계에 관한 경과조치) 이 법 시행 당시 종전의 제29조에 따라 품질인증을 받은 철도용품을 생산하는 자의 지위에 대한 승계절차가 진행 중인 경우에는 종전의 규정에 따른다. 다만, 그 지위를 승계한 자에 대하여는 제26조의5제3항을 적용한다. 제10조(품질인증 사후관리 등에 관한 경과조치) ① 이 법 시행 당시 종전의 제31조에 따라 품질인증의 사후관리 조치가 진행 중인 경우에는 종전의 규정에 따른다. ② 이 법 시행 당시 종전의 규정에 따라 품질인증을 받은 철도용품의 표시에 대한 제거·정지 또는 판매 정지 등의 절차가 진행 중인 경우에는 제32조제1항의 개정규정에 따른 절차가 진행 중인 것으로 본다. 이 경우 제32조제2항부터 제4항까지의 개정규정은 적용하지 아니한다. ③ 이 법 시행 당시 종전의 제33조 및 제75조제5호에 따라 품질인증을 받은 철도용품에 대하여 품질인증의 취소절차 및 청문절차가 진행 중인 경우에는 종전의 규정에 따른다. 제11조(철도차량의 내구연한에 관한 경과조치) 이 법 시행 당시 운행하고 있는 철도차량의 내구연한에 관하여는 부칙 제4조제1항 단서에 따라 안전관리체계의 승인을 받기 전까지는 종전의 제37조에 따른다.	행한다. 다만, 별표 1의2의 개정규정은 2020년 6월 15일부터 시행하고, 별표 6의 개정규정은 2022년 5월 27일부터 시행한다. 제2조(철도운행안전관리자의 자격기준에 관한 경과조치) 이 영 시행 당시에 종전의 규정에 따라 철도운행안전관리자의 자격을 부여받은 경우에는 제60조제1항의 개정규정에도 불구하고 종전의 규정에 따른다. 제3조(철도차량정비기술자의 인정 기준에 관한 경과조치) 부칙 제1조 단서에 따른 시행일 당시 종전의 규정에 따라 인정을 받거나 인정을 신청한 철도차량정비기술자의 인정 기준에 관하여는 별표 1의2의 개정규정에도 불구하고 종전의 규정에 따른다. 부 칙 〈20·9·10〉 제1조(시행일) 이 영은 2020년 9월 10일부터 시행한다. 제2조 및 제3조 생략 부 칙 〈20·10·8〉 이 영은 2020년 10월 8일부터 시행한다. 다만, 제12조, 제28조의2, 제63조제2항 및 같은 조 제4항의 개정규정은 2020년 12월 10일부터 시행한다. 부 칙 〈21·6·23〉 이 영은 공포한 날부터 시행한다.	부 칙 〈18·2·9〉 이 규칙은 2018년 2월 10일부터 시행한다. 부 칙 〈18·11·9〉 이 규칙은 공포한 날부터 시행한다. 부 칙 〈19·1·4〉 제1조(시행일) 이 규칙은 공포한 날부터 시행한다. 제2조(운전업무종사자 등에 대한 적성검사 주기 변경 등에 관한 경과조치) 이 규칙 시행 당시 50세 이상에 해당하는 사람으로서 제41조제1항제1호 또는 제2호에 따른 최초검사(같은 조 제2항 본문에 따라 최초검사를 받은 것으로 보는 경우를 포함한다. 이하 이 조에서 같다) 또는 정기검사를 받은 후 5년이 지난 사람은 제41조의 개정규정에도 불구하고 다음 각 호의 구분에 따라 적성검사를 받아야 한다. 1. 제41조제1항제1호 또는 제2호에 따른 최초검사 또는 정기검사를 받은 후 10년이 되는 날이 6개월 이상 남은 사람: 이 규칙 시행 후 6개월 이내에 제41조제1항제2호의 개정규정에 따른 정기검사 또는 같은 조 제2항 단서의 개정규정에 따른 최초검사를 받을 것 2. 제41조제1항제1호 또는 제2호에 따른 최초검사 또는 정기검사를 받은 후 10년이 되는

법	시행령	시행규칙
제12조(종합시험운행에 관한 경과조치) 이 법 시행 당시 종전의 제38조에 따라 종합시험운행절차가 진행 중인 경우에는 종전의 규정에 따른다. 제13조(철도차량의 운행에 관한 경과조치) 이 법 시행 당시 종전의 규정에 따라 실시한 철도차량의 안전운행에 필요한 기준 및 절차 등은 제39조의2제1항의 개정규정에 따른 철도교통관제로 본다. 제14조(수수료에 관한 경과조치) 이 법 시행 당시 부칙 제6조제2항·제7조제2항 및 제11조에 따른 성능시험·제작검사·품질인증 및 정밀진단의 절차가 진행 중인 경우에 해당 절차에 따른 수수료는 제74조제1항의 개정규정에도 불구하고 종전의 규정에 따른다. 제15조(벌칙에 관한 경과조치) 이 법 시행 전의 행위에 대하여 벌칙(과태료를 포함한다)을 적용할 때에는 종전의 규정에 따른다. 제16조(다른 법률의 개정) ① 도시철도법 일부를 다음과 같이 개정한다. 제19조제1항제11호 및 제12호를 각각 삭제한다. 제22조를 삭제한다. 제22조의2부터 제22조의6까지를 각각 삭제한다. 제23조의2를 삭제한다. 제26조의3을 삭제한다. 제26조의5 본문 중 "제26조의2부터 제26조의4까지"를 "제26조의2 및 제26조의4"로 한다.	**부 칙** 〈22·5·9〉 제1조(시행일) 이 영은 2022년 8월 4일부터 시행한다. 제2조 생략	날이 6개월 미만 남은 사람: 10년이 되는 날 전에 제41조제1항제2호의 개정규정에 따른 정기검사 또는 같은 조 제2항 단서의 개정규정에 따른 최초검사를 받을 것 제3조(서식에 관한 경과조치) 이 규칙 시행 당시 종전의 별지 제4호서식, 별지 제9호서식, 별지 제12호서식, 별지 제15호서식, 별지 제24호의2서식 및 별지 제24호의5서식은 2019년 3월 30일까지 이 규칙에 따른 개정서식(주민등록번호 개정 부분으로 한정한다. 이하 이 조에서 같다)과 함께 사용하거나 개정서식의 내용에 맞게 일부를 수정해 사용할 수 있다. **부 칙** 〈19·2·21〉 이 규칙은 공포한 날부터 시행한다. **부 칙** 〈19·3·20〉 제1조(시행일) 이 규칙은 공포한 날부터 시행한다. 제2조 생략 **부 칙** 〈19·6·18〉 제1조(시행일) 이 규칙은 공포한 날부터 시행한다. 제2조(다른 법령의 개정) 철도사업법 시행규칙 일부를 다음과 같이 개정한다. 제17조 및 제18조를 각각 삭제한다. 제3조(정밀안전진단에 관한 특례 등) ① 제75조

법	시 행 령	시 행 규 칙
② 산업표준화법 일부를 다음과 같이 개정한다. 제26조제13호 중 "품질인증"을 "형식승인"으로 하고, 같은 조 제15호를 삭제한다. **제17조(다른 법률의 개정에 따른 경과조치)** ① 이 법 시행 당시 「도시철도법」 제3조제7호에 따른 도시철도운영자는 제7조제1항의 개정규정에 따라 안전관리체제의 승인을 받은 것으로 본다. 다만, 이 법 시행 후 1년 이내에 안전관리체제의 기준을 갖추어 국토해양부장관의 승인을 받아야 한다. ② 이 법 시행 전의 종전의 「도시철도법」 위반행위에 대하여는 「도시철도법」 제19조제1항제11호 및 제12호의 개정규정에도 불구하고 종전의 규정에 따른다. ③ 이 법 시행 당시 종전의 「도시철도법」 제22조제1항에 따른 도시철도차량을 제작하거나 조립하고 있는 자는 제26조의3제1항의 개정규정에 따른 철도차량 제작자승인을 받은 것으로 본다. 다만, 이 법 시행 후 1년 이내에 철도차량 품질관리체계의 기준을 갖추어 국토해양부장관의 승인을 받아야 한다. ④ 이 법 시행 당시 종전의 「도시철도법」 제22조의2에 따라 설치·제작된 철도시설 또는 철도차량은 제25조제1항 및 제26조제3항의 개정규정에 따른 기술기준에 적합하게 설치·제작된 것으로 본다.		의13제1항의 개정규정에도 불구하고 2007년 12월 31일까지 취득한 철도차량의 최초 정밀안전진단 시기는 다음 각 호의 구분에 따른다. 1. 1996년 12월 31일 이전에 취득한 철도차량: 철도안전관리체계 기술기준에 따른 기대수명 이전까지 2. 1997년 1월 1일부터 2000년 12월 31일 까지 취득한 철도차량: 제75조제5항제2호에 따른 영업시운전을 시작한 날부터 25년 이전까지 3. 2001년 1월 1일부터 2003년 12월 31일까지 취득한 철도차량: 2026년 12월 31일 이전까지 4. 2004년 1월 1일부터 2006년 12월 31일까지 취득한 철도차량: 2027년 12월 31일 이전까지 5. 2007년 1월 1일부터 2007년 12월 31일까지 취득한 철도차량: 2028년 12월 31일 이전까지 ② 종전의 규정에 따라 2014년 3월 18일까지 정밀진단 또는 자체안전진단을 시행한 철도차량 및 이 규칙 시행 당시 법 제7조제5항에 따라 국토교통부장관이 고시한 철도안전관리체계 기술기준에 따라 철도차량 정밀안전진단을 받은 철도차량은 제75조의13제1항의 개정규정에 따른 최초 정밀안전진단을 받은 것으로 본다. ③ 이 규칙 시행 전에 반수명정비(Half Life Operation)를 시행한 고속철도차량은 제75조의13제1항의 개정규정에 따른 최초 정밀안전진단을 받은 것으로 본다.

<table>
<tr><th>법</th><th>시 행 령</th><th>시 행 규 칙</th></tr>
<tr><td>⑤ 이 법 시행 당시 종전의 「도시철도법」 제22조의3제1항에 따라 성능시험에 합격한 도시철도차량은 제26조제1항 및 제26조의6의 개정규정에 따른 철도차량 형식승인 및 완성검사를 받은 것으로 본다.
⑥ 이 법 시행 당시 종전의 「도시철도법」 제22조의4제1항에 따른 품질인증을 받은 도시철도용품 제작자는 제27조의2제1항의 개정규정에 따른 철도용품 제작자승인을 받은 것으로 본다. 다만, 이 법 시행 후 1년 이내에 철도용품 품질관리체계의 기준을 갖추어 국토해양부장관의 승인을 받아야 한다.
⑦ 이 법 시행 당시 종전의 「도시철도법」 제22조의4제1항에 따라 품질인증을 받은 도시철도용품은 제27조제1항의 개정규정에 따라 형식승인을 받은 것으로 본다. 이 경우 해당 형식승인의 유효기간은 종전의 규정에 따른다.
⑧ 이 법 시행 당시 종전의 「도시철도법」 제22조의3에 따른 성능시험, 제22조의4에 따른 품질인증, 제22조의5에 따른 정밀진단의 절차가 진행 중인 경우에는 해당 개정규정에도 불구하고 그 종전의 규정에 따른다. 이 경우 수수료에 관하여는 종전의 「도시철도법」 제23조의2제1항에 따른다.
⑨ 이 법 시행 당시 도시철도차량의 사용내구연한에 관하여는 제1항 단서에 따라 안전관리</td><td></td><td>부　　칙 〈19・10・23〉
제1조(시행일) 이 규칙은 공포한 날부터 시행한다.
제2조(철도차량 운전면허 및 철도교통 관제자격 취득을 위한 교육시간에 관한 경과조치) 이 규칙 시행 당시 종전의 규정에 따라 철도차량 운전면허 및 철도교통 관제자격 취득을 위한 교육시간 단축을 받은 사람에 대해서는 별표 7 및 별표 11의 개정규정에도 불구하고 종전의 규정에 따른다.
제3조(철도안전 전문인력의 정기교육에 관한 경과조치) 이 규칙 시행 당시 철도안전 전문인력의 자격을 부여받은 사람에 대하여 제92조의7의 개정규정을 적용할 때에는 이 규칙 시행일을 자격을 취득한 날로 본다.

부　　칙 〈20・5・27〉
제1조(시행일) 이 규칙은 2020년 5월 27일부터 시행한다. 다만, 별표 7의 개정규정은 2021년 1월 1일부터 시행한다.
제2조(철도차량 운전면허시험 합격기준에 관한 경과조치) 이 규칙 시행 전에 철도차량 운전면허시험 응시원서를 접수한 자에 대해서는 별표 10의 개정규정에도 불구하고 종전의 규정을 적용한다.
제3조(운전면허취소・효력정지 처분기준에 관한</td></tr>
</table>

법	시행령	시행규칙
체계의 승인을 받기 전까지는 종전의 「도시철도법」 제22조의5에 따른다. ⑩ 이 법 시행 이전의 종전의 「도시철도법」 위반행위에 대하여 벌칙을 적용할 때에는 종전의 규정에 따른다. 제18조(다른 법령과의 관계) 이 법 시행 당시 다른 법령에서 종전의 「철도안전법」의 규정을 인용한 경우에 이 법 가운데 그에 해당하는 규정이 있을 때에는 종전의 규정을 갈음하여 이 법의 해당 규정을 인용한 것으로 본다. 부칙 〈13 · 3 · 23〉 제1조(시행일) ① 이 법은 공포한 날부터 시행한다. ② 생략 제2조부터 제7조까지 생략 부칙 〈13 · 8 · 6〉 이 법은 공포한 날부터 시행한다. 부칙 〈14 · 1 · 7〉 제1조(시행일) 이 법은 공포 후 6개월이 경과한 날부터 시행한다. 제2조부터 제6조까지 생략		경과조치) 이 규칙 시행 전 위반사항에 대해서는 별표 10의2의 개정규정에도 불구하고 종전의 규정을 적용한다. 제4조(실무수습 · 교육에 관한 경과조치) 이 규칙 시행 전에 종전의 규정에 따라 받은 실무수습 · 교육은 별표 11 제1호의 개정규정에 따른 교육으로 본다. 부칙 〈20 · 8 · 4〉 제1조(시행일) 이 규칙은 공포한 날부터 시행한다. 제2조(철도차량 개조신고에 관한 적용례) 제75조의4의 개정규정은 이 규칙 시행 후 하자보증계약에 따라 장치 또는 부품을 변경하는 경우부터 적용한다. 부칙 〈20 · 10 · 7〉 제1조(시행일) 이 규칙은 2020년 10월 8일부터 시행한다. 다만, 제71조의2의 개정규정은 2020년 12월 10일부터 시행한다. 제2조(철도직무교육의 주기에 관한 경과조치) 이 규칙 시행 당시 제41조의3제1항의 개정규정에 따른 철도직무를 수행하고 있는 사람은 별표 13의3 제2호가목 본문의 개정규정에도 불구하고 2021년 1월 1일을 기준으로 철도직무교육의 주기를 계산한다.

법	시행령	시행규칙
부　　칙 〈14·5·21〉 이 법은 공포 후 3개월이 경과한 날부터 시행한다. 다만, 제11조제1호 및 제41조의 개정규정은 공포한 날부터 시행한다. **부　　칙** 〈15·1·6〉 이 법은 공포한 날부터 시행한다. **부　　칙** 〈15·7·24〉 **제1조(시행일)** 이 법은 공포 후 2년이 경과한 날부터 시행한다. 다만, 제20조제1항제7호, 제73조제1항·제2항, 제76조제2호의2 및 제81조제2항의 개정규정은 공포한 날부터 시행하고, 제2조제10호, 제20조제1항제5호의2, 제40조의2, 제60조제1항, 제78조제2항제3호의2 및 제79조제2항의 개정규정은 공포 후 1년이 경과한 날부터 시행한다. **제2조(관제자격증명의 결격사유에 관한 적용례)** 제21조의4의 개정규정은 이 법 시행 당시 종전의 제22조제1항에 따라 전문교육훈련을 이수한 사람에 대해서도 적용한다. **제3조(관제자격증명 등에 관한 경과조치)** ① 이 법 시행 당시 종전의 제22조제1항에 따라 신체검사 또는 적성검사에 합격한 사람은 각각 제21조의5제1항의 개정규정에 따른 신체검사		**부　　칙** 〈21·6·23〉 이 규칙은 공포한 날부터 시행한다. **부　　칙** 〈21·8·27〉 이 규칙은 공포한 날부터 시행한다. 〈단서 생략〉 **부　　칙** 〈22·12·19〉 이 규칙은 공포한 날부터 시행한다. **부　　칙** 〈23·1·18〉 **제1조(시행일)** 이 규칙은 2023년 1월 19일부터 시행한다. **제2조(운전면허시험 응시원서 첨부서류 제출에 관한 적용례)** ① 제26조제1항 단서의 개정규정은 2023년 7월 1일 이후 응시원서를 접수하는 철도차량 운전면허 기능시험부터 적용한다. ② 제26조제1항제5호 및 별지 제15호서식의 개정규정은 2023년 2월 1일 이후 응시원서를 접수하는 철도차량 운전면허 필기시험부터 적용한다. **제3조(정밀안전진단 신청서 첨부서류 제출에 관한 적용례)** 제75조의14제1항제2호의 개정규정은 이 규칙 시행 이후 정밀안전진단 신청서를 제출하는 경우부터 적용한다. **제4조(관제자격증명 취득자에 대한 운전면허시험**

법	시 행 령	시 행 규 칙
또는 제21조의6제1항의 개정규정에 따른 관제적성검사에 합격한 사람으로 본다. ② 이 법 시행 당시 종전의 제22조제1항에 따라 전문교육훈련을 이수한 사람은 제21조의3의 개정규정에 따른 관제자격증명을 받은 사람으로 본다. ③ 이 법 시행 당시 종전의 제22조제1항에 따라 실무수습·교육을 이수한 사람은 제22조의 개정규정에 따른 관제업무 실무수습을 이수한 사람으로 본다. ④ 이 법 시행 당시 종전의 제22조제1항에 따라 전문교육훈련 또는 실무수습·교육 중인 사람은 그 전문교육훈련 또는 실무수습·교육을 이수하였을 때에 각각 제21조의7제1항의 개정규정에 따른 관제교육훈련 또는 제22조의 개정규정에 따른 관제실무수습을 이수한 것으로 본다. ⑤ 제2항에도 불구하고 이 법 시행 당시 전문교육훈련을 이수한 사람 중 관제업무 경력이 없거나 2년 미만인 사람은 이 법 시행 후 2년 이내에 관제자격증명시험에 합격하였을 때에 같은 항에 따라 관제자격증명을 받은 것으로 본다. 다만, 종전의 제22조제1항에 따라 실무수습·교육을 이수한 사람에 대해서는 국토교통부령으로 정하는 바에 따라 관제자격증명시험의 일부를 면제할 수 있다.		과목 및 합격기준에 관한 적용례) 별표 10 제1호 및 제4호의 개정규정은 2023년 2월 1일 이후 응시원서를 접수하는 철도차량 운전면허 필기시험부터 적용한다. **제5조(관제자격증명 종류별 관제교육훈련에 관한 적용례)** 별표 11의2 제1호·제2호 및 별지 제24호의2서식의 개정규정은 제25조 및 제38조의8에 따라 공고하는 2024년도 관제자격증명시험 시행계획에서 정하는 관제자격증명시험에 응시하는 경우부터 적용한다. **제6조(관제자격증명 종류별 관제자격증명시험의 과목 및 합격기준에 관한 적용례)** 별표 11의4의 개정규정은 제25조 및 제38조의8에 따라 공고하는 2024년도 관제자격증명시험 시행계획에서 정하는 관제자격증명시험에 응시하는 경우부터 적용한다. **제7조(관제자격증명 취득자의 운전면허 취득을 위한 교육시간 및 교육훈련과목에 관한 경과조치)** 이 규칙 시행 전에 별표 7 제1호에 따른 교육훈련을 이수한 관제자격증명 취득자는 같은 표 제3호가목 및 나목의 개정규정에 따른 교육훈련을 각각 이수한 것으로 본다.

<table>
<tr><th>법</th><th>시 행 령</th><th>시 행 규 칙</th></tr>
<tr><td>⑥ 제2항에 따라 관제자격증명을 받은 것으로 보는 사람에 대한 관제자격증명서의 발급 및 절차 등에 대해서는 국토교통부령으로 정한다.
제4조(다른 법률의 개정) 응급의료에 관한 법률 일부를 다음과 같이 개정한다.
제14조제1항제10호 중 "「철도안전법」 제2조제10호가목부터 다목까지"를 "「철도안전법」 제2조제10호가목부터 라목까지"로 한다.

부 칙 〈16·1·19〉
이 법은 공포 후 1년이 경과한 날부터 시행한다.

부 칙 〈17·1·17〉
이 법은 공포 후 1년이 경과한 날부터 시행한다.

부 칙 〈17·8·9〉
이 법은 공포 후 6개월이 경과한 날부터 시행한다. 다만, 제11조제3호의 개정규정은 공포한 날부터 시행한다.

부 칙 〈17·10·24〉
제1조(시행일) 이 법은 공포 후 1년이 경과한 날부터 시행한다.
제2조(철도차량 개조에 관한 적용례) 제38조의2, 제38조의3제1항제1호, 제78조제2항제3호의2·제3호의3 및 제81조제2항제4호의 개정규정은 이 법 시행 후 최초로 개조승인을 받거나 개</td><td></td><td></td></tr>
</table>

<table>
<tr><th>법</th><th>시 행 령</th><th>시 행 규 칙</th></tr>
<tr><td>조신고를 하는 철도차량부터 적용한다.

부 칙 〈18 · 2 · 21〉

이 법은 공포 후 1개월이 경과한 날부터 시행한다.

부 칙 〈18 · 3 · 13〉

제1조(시행일) 이 법은 공포 후 1년이 경과한 날부터 시행한다.
제2조 및 제3조 생략

부 칙 〈18 · 6 · 12〉

제1조(시행일) 이 법은 공포 후 6개월이 경과한 날부터 시행한다. 다만, 제2조제13호 · 제14호, 제24조의2부터 제24조의5까지, 제31조제4항부터 제6항까지, 제38조의5부터 제38조의14까지, 제72조제1호 · 제2호, 제73조제1항제3호 · 제4호의2 · 제5호의2, 제74조제1항, 제75조제2호 · 제4호의3 · 제7호 · 제8호, 제76조제2호의2 · 제2호의3, 제78조제3항제3호 · 제4호 및 제13호의2부터 제13호의6까지, 제78조제4항제2호의3 · 제5호의2 · 제6호의2 · 제7호의2, 제81조제1항제9호의2부터 제9호의5까지, 같은 조 제2항제5호 및 부칙 제6조의 개정규정은 공포 후 1년이 경과한 날부터 시행한다.
제2조(형식승인 등의 사후관리에 관한 적용례) 제31조제4항부터 제6항까지의 개정규정은 이</td><td></td><td></td></tr>
</table>

법	시 행 령	시 행 규 칙
법 시행 후 최초로 발주하는 철도차량 구매계약부터 적용한다. 제3조(정밀안전진단에 관한 적용례) 제38조의12의 개정규정에 따른 정밀안전진단은 이 법 시행 후 최초로 계약이 이루어진 정밀안전진단부터 적용한다. 제4조(철도차량정비기술자에 관한 경과조치) 이 법 시행 당시 철도차량정비 경력 또는 철도차량정비 관련 교육의 이수 등 대통령령으로 정하는 요건을 갖춘 자는 제24조의2의 개정규정에 따라 철도차량정비기술자의 인정을 받은 것으로 본다. 이 경우 철도차량정비기술자의 인정을 받은 것으로 보는 자는 이 법 시행 후 1년 이내에 같은 조 제2항의 개정규정에 따른 자격기준을 갖추어 국토교통부장관에게 철도차량정비기술자 인정의 신청을 하여야 한다. 제5조(철도차량 정비조직인증에 관한 경과조치) 이 법 시행 당시 철도차량을 정비하고 있는 자는 제38조의7의 개정규정에 따른 정비조직의 인증을 받은 것으로 본다. 이 경우 정비조직의 인증을 받은 것으로 보는 자는 이 법 시행 후 1년 이내에 정비조직인증기준을 갖추어 국토교통부장관에게 철도차량 정비조직인증의 신청을 하여야 한다. 제6조(다른 법률의 개정) 철도사업법 일부를 다음과 같이 개정한다.		

법	시 행 령	시 행 규 칙
제25조, 제51조제2항제2호 및 같은 조 제3항제2호를 각각 삭제한다. 부 칙 〈18 · 8 · 14〉 이 법은 공포 후 6개월이 경과한 날부터 시행한다. 부 칙 〈19 · 4 · 23〉 **제1조(시행일)** 이 법은 공포 후 6개월이 경과한 날부터 시행한다. **제2조(보안검색장비의 성능인증에 관한 경과조치)** ① 이 법 시행 당시 종전의 규정에 따라 보안검색에 사용되고 있는 장비는 제48조의3의 개정규정에 따른 보안검색장비의 성능인증을 받은 것으로 본다. ② 제48조의3제1항의 개정규정에도 불구하고 국토교통부장관으로부터 성능인증을 받고 생산 중인 보안검색장비가 각기 다른 제작사의 장비로서 종류별로 2종 이상이 인증되기 이전까지는 제작국가 등의 인증 공인기관으로부터 성능을 인증받은 장비를 사용할 수 있다. **제3조(철도운행안전관리자에 대한 경과조치)** 이 법 시행 당시 철도운행안전관리자 자격을 부여받은 사람 중 관제업무에 종사한 경력이 2년 이상인 사람에 해당하여 자격을 부여받은 사람은 이 법 시행 후 1년 이내에 제69조의3제1항에 따른 정기교육을 받아야 한다.		

법	시 행 령	시 행 규 칙
부 칙 〈19·11·26, 20·4·7〉 이 법은 공포 후 6개월이 경과한 날부터 시행한다. 다만, 제82조제1항제10호의2의 개정규정은 공포 후 2년 6개월이 경과한 날부터 시행한다. 〈개정 20·4·7〉 **부 칙** 〈20·4·7〉 이 법은 공포 후 6개월이 경과한 날부터 시행한다. **부 칙** 〈법률 제17453호, 20·6·9〉 이 법은 공포한 날부터 시행한다. 〈단서 생략〉 **부 칙** 〈법률, 제17457호, 20·6·9〉 **제1조(시행일)** 이 법은 공포 후 6개월이 경과한 날부터 시행한다. 다만, 법률 제17239호 철도안전법 일부개정법률 제24조제1항·제3항 및 제4항, 제41조제2항, 제79조제3항, 제82조 및 제83조의 개정규정은 2020년 10월 8일부터 시행한다. **제2조(적성검사 응시 제한기간에 관한 적용례)** 제23조제4항의 개정규정은 이 법 시행 후 최초로 적성검사에 불합격하거나 적성검사 과정에서 부정행위를 한 철도종사자부터 적용한다. **제3조(과태료 규정의 적용 특례에 관한 적용례)** 법률 제17239호 철도안전법 일부개정법률 제		

법	시 행 령	시 행 규 칙
83조의 개정규정은 이 법 시행 이후 제9조의2(제26조의8, 제27조의2제4항, 제38조의4, 제38조의11 및 제38조의14에서 준용하는 경우를 포함한다)에 따라 과징금을 부과하는 경우부터 적용한다. 제4조(과태료에 관한 경과조치) 법률 제17239호 철도안전법 일부개정법률 제82조 및 제83조의 개정규정 시행 전의 행위에 대하여 과태료 규정을 적용할 때에는 종전의 규정에 따른다. 부 칙 〈법률 제17746호, 20 · 12 · 22〉 제1조(시행일) 이 법은 공포 후 6개월이 경과한 날부터 시행한다. 다만, 제5조제2항의 개정규정은 공포한 날부터 시행한다. 제2조(철도안전 종합계획에 관한 적용례) 제5조제2항의 개정규정은 이 법 시행 이후 철도안전 종합계획을 수립하거나 변경하는 경우부터 적용한다. 제3조(객차 내 영상기록장치 설치에 관한 경과조치) 철도운영자는 이 법 시행 당시 운행 중인 철도차량에 대해서는 이 법 시행 후 3년 이내에 제39조의3제1항의 개정규정에 따라 객차에 영상기록장치를 설치하여야 한다. 부 칙 〈법률 제18786호, 22 · 1 · 18〉 제1조(시행일) 이 법은 공포 후 1년이 경과한		

법	시 행 령	시 행 규 칙
날부터 시행한다. 제2조(관제자격증명에 관한 경과조치) 이 법 시행 당시 종전의 규정에 따라 관제자격증명을 받은 사람은 제21조의3제2항의 개정규정에 따라 대통령령으로 정하는 관제자격증명 중 모든 종류의 관제업무 수행에 필요한 관제자격증명을 받은 것으로 본다. **부 칙** 〈법률 제19057호, 22·11·15〉 이 법은 공포한 날부터 시행한다.		

철도안전법 시행령 [별표]

[별표 1] 〈개정 14·3·18, 16·12·30, 18·10·23, 19·10·22〉

안전관리체계 관련 과징금의 부과기준(제6조 관련)

1. 일반기준

가. 위반행위의 횟수에 따른 과징금의 가중된 부과기준은 최근 2년간 같은 위반행위로 과징금 부과처분을 받은 경우에 적용한다. 이 경우 기간의 계산은 위반행위에 대하여 과징금 부과처분을 받은 날과 그 처분 후 다시 같은 위반행위를 하여 적발된 날을 기준으로 한다.

나. 가목에 따라 가중된 부과처분을 하는 경우 가중처분의 적용 차수는 그 위반행위 전 부과처분 차수(가목에 따른 기간 내에 과징금 부과처분이 둘 이상 있었던 경우에는 높은 차수를 말한다)의 다음 차수로 한다.

다. 위반행위가 둘 이상인 경우로서 각 처분내용이 모두 업무정지인 경우에는 각 처분기준에 따른 과징금을 합산한 금액을 넘지 않는 범위에서 무거운 처분기준에 해당하는 과징금 금액의 2분의 1의 범위에서 가중할 수 있다.

라. 국토교통부장관은 다음의 어느 하나에 해당하는 경우에는 제2호의 개별기준에 따른 과징금 금액의 2분의 1 범위에서 그 금액을 줄일 수 있다. 다만, 과징금을 체납하고 있는 위반행위자의 경우에는 그렇지 않다.

1) 위반행위가 사소한 부주의나 오류로 인한 것으로 인정되는 경우
2) 위반행위자가 법 위반상태를 시정하거나 해소하기 위한 노력이 인정되는 경우
3) 그 밖에 사업 규모, 사업 지역의 특수성, 위반행위의 정도, 위반행위의 동기와 그 결과 및 위반 횟수 등을 고려하여 과징금 금액을 줄일 필요가 있다고 인정되는 경우

마. 국토교통부장관은 다음의 어느 하나에 해당하는 경우에는 제2호의 개별기준에 따른 과징금 금액의 2분의 1 범위에서 그 금액을 늘릴 수 있다. 다만, 법 제9조의2제1항에 따른 과징금 금액의 상한을 넘을 경우 상한금액으로 한다.

1) 위반의 내용 및 정도가 중대하여 공중에게 미치는 피해가 크다고 인정되는 경우
2) 법 위반상태의 기간이 6개월 이상인 경우
3) 그 밖에 사업 규모, 사업 지역의 특수성, 위반행위의 정도, 위반행위의 동기와 그 결과 및 위반 횟수 등을 고려하여 과징금 금액을 늘릴 필요가 있다고 인정되는 경우

2. 개별기준

(단위 : 백만원)

위반행위	근거 법조문	과징금 금액
가. 법 제7조제3항을 위반하여 변경승인을 받지 않고 안전관리체계를 변경한 경우	법 제9조 제1항제2호	
1) 1차 위반		120
2) 2차 위반		240
3) 3차 위반		480
4) 4차 이상 위반		960
나. 법 제7조제3항을 위반하여 변경신고를 하지 않고 안전관리체계를 변경한 경우	법 제9조 제1항제2호	
1) 1차 위반		경고
2) 2차 위반		120
3) 3차 이상 위반		240
다. 법 제8조제1항을 위반하여 안전관리체계를 지속적으로 유지하지 않아 철도운영이나 철도시설의 관리에 중대한 지장을 초래한 경우	법 제9조 제1항제3호	
1) 철도사고로 인한 사망자 수		
가) 1명 이상 3명 미만		360
나) 3명 이상 5명 미만		720
다) 5명 이상 10명 미만		1,440
라) 10명 이상		2,160
2) 철도사고로 인한 중상자 수		
가) 5명 이상 10명 미만		180
나) 10명 이상 30명 미만		360
다) 30명 이상 50명 미만		720
라) 50명 이상 100명 미만		1,440
마) 100명 이상		2,160
3) 철도사고 또는 운행장애로 인한 재산피해액		
가) 5억원 이상 10억원 미만		180

위반행위	근거 법조문	과징금 금액
나) 10억원 이상 20억원 미만		360
다) 20억원 이상		720
라. 법 제8조제3항에 따른 시정조치명령을 정당한 사유 없이 이행하지 않은 경우	법 제9조 제1항제4호	
1) 1차 위반		240
2) 2차 위반		480
3) 3차 위반		960
4) 4차 이상 위반		1,920

비고
1. "사망자"란 철도사고가 발생한 날부터 30일 이내에 그 사고로 사망한 사람을 말한다.
2. "중상자"란 철도사고로 인해 부상을 입은 날부터 7일 이내 실시된 의사의 최초 진단결과 24시간 이상 입원 치료가 필요한 상해를 입은 사람(의식불명, 시력상실을 포함)를 말한다.
3. "재산피해액"이란 시설피해액(인건비와 자재비등 포함), 차량피해액(인건비와 자재비등 포함), 운임환불 등을 포함한 직접손실액을 말한다.
4. 위 표의 다목 1)부터 3)까지의 규정에 따른 과징금을 부과하는 경우에 사망자, 중상자, 재산피해가 동시에 발생한 경우는 각각의 과징금을 합산하여 부과한다. 다만, 합산한 금액이 법 제9조의2제1항에 따른 과징금 금액의 상한을 초과하는 경우에는 법 제9조의2제1항에 따른 상한금액을 과징금으로 부과한다.
5. 위 표 및 제4호에 따른 과징금 금액이 해당 철도운영자등의 전년도(위반행위가 발생한 날이 속하는 해의 직전 연도를 말한다) 매출액의 100분의 4를 초과하는 경우에는 전년도 매출액의 100분의 4에 해당하는 금액을 과징금으로 부과한다.

[별표 1의2] 〈신설 19·6·4, 20·5·26〉

철도차량정비기술자의 인정 기준(제21조의2 관련)

1. 철도차량정비기술자는 자격, 경력 및 학력에 따라 등급별로 구분하여 인정하되, 등급별 세부기준은 다음 표와 같다.

등급구분	역량지수
1등급 철도차량정비기술자	80점 이상
2등급 철도차량정비기술자	60점 이상 80점 미만
3등급 철도차량정비기술자	40점 이상 60점 미만
4등급 철도차량정비기술자	10점 이상 40점 미만

2. 제1호에 따른 역량지수의 계산식은 다음과 같다.

역량지수 = 자격별 경력점수 + 학력점수

가. 자격별 경력점수

국가기술자격 구분	점수
기술사 및 기능장	10점/년
기사	8점/년
산업기사	7점/년
기능사	6점/년
국가기술자격증이 없는 경우	3점/년

1) 철도차량정비기술자의 자격별 경력에 포함되는 「국가기술자격법」에 따른 국가기술자격의 종목은 국토교통부장관이 정하여 고시한다. 이 경우 둘 이상의 다른 종목 국가기술자격을 보유한 사람의 경우 그 중 점수가 높은 종목의 경력점수만 인정한다.
2) 경력점수는 다음 업무를 수행한 기간에 따른 점수의 합을 말하며, 마) 및 바)의 경력의 경우 100분의 50을 인정한다.
가) 철도차량의 부품·기기·장치 등의 마모·손상, 변화 상태 및 기능을 확인하는 등 철도차량 점검 및 검사에 관한 업무
나) 철도차량의 부품·기기·장치 등의 수리, 교체, 개량 및 개조 등 철도차량 정비 및 유지관리에 관한 업무

다) 철도차량 정비 및 유지관리 등에 관한 계획수립 및 관리 등에 관한 행정업무
라) 철도차량의 안전에 관한 계획수립 및 관리, 철도차량의 점검·검사, 철도차량에 대한 설계·기술검토·규격관리 등에 관한 행정업무
마) 철도차량 부품의 개발 등 철도차량 관련 연구 업무 및 철도관련 학과 등에서의 강의 업무
바) 그 밖에 기계설비·장치 등의 정비와 관련된 업무

3) 2)를 적용할 때 다음의 어느 하나에 해당하는 경력은 제외한다.
가) 18세 미만인 기간의 경력(국가기술자격을 취득한 이후의 경력은 제외한다)
나) 주간학교 재학 중의 경력(「직업교육훈련 촉진법」 제9조에 따른 현장실습계약에 따라 산업체에 근무한 경력은 제외한다)
다) 이중취업으로 확인된 기간의 경력
라) 철도차량정비업무 외의 경력으로 확인된 기간의 경력

4) 경력점수는 월 단위까지 계산한다. 이 경우 월 단위의 기간으로 산입되지 않는 일수의 합이 30일 이상인 경우 1개월로 본다.

나. 학력점수

학력 구분	점 수	
	철도차량정비 관련 학과	철도차량정비 관련 학과 외의 학과
석사 이상	25점	10점
학사	20점	9점
전문학사(3년제)	15점	8점
전문학사(2년제)	10점	7점
고등학교 졸업	5점	

1) "철도차량정비 관련 학과"란 철도차량 유지보수와 관련된 학과 및 기계·전기·전자·통신 관련 학과를 말한다. 다만, 대상이 되는 학력점수가 둘 이상인 경우 그 중 점수가 높은 학력점수에 따른다.

2) 철도차량정비 관련 학과의 학위 취득자 및 졸업자의 학력 인정 범위는 다음과 같다.
가) 석사 이상
(1) 「고등교육법」에 따른 학교에서 철도차량정비 관련 학과의 석사 또는 박사 학위과정을 이수하고 졸업한 사람
(2) 그 밖에 관계 법령에 따라 국내 또는 외국에서 (1)과 같은 수준 이상의 학력이 있다고 인정되는 사람
나) 학사
(1) 「고등교육법」에 따른 학교에서 철도차량정비 관련 학과의 학사 학위과정을 이수하고 졸업한 사람
(2) 그 밖에 관계 법령에 따라 국내 또는 외국에서 (1)과 같은 수준의 학력이 있다고 인정되는 사람
다) 전문학사(3년제)
(1) 「고등교육법」에 따른 학교에서 철도차량정비 관련 학과의 전문학사 학위과정을 이수하고 졸업한 사람(철도차량정비 관련 학과의 학위과정 3년을 이수한 사람을 포함한다)
(2) 그 밖의 관계 법령에 따라 국내 또는 외국에서 (1)과 같은 수준의 학력이 있다고 인정되는 사람
라) 전문학사(2년제)
(1) 「고등교육법」에 따른 4년제 대학, 2년제 대학 또는 전문대학에서 2년 이상 철도차량정비 관련 학과의 교육과정을 이수한 사람
(2) 그 밖에 관계 법령에 따라 국내 또는 외국에서 (1)과 같은 수준의 학력이 있다고 인정되는 사람
마) 고등학교 졸업
(1) 「초·중등교육법」에 따른 해당 학교에서 철도차량정비 관련 학과의 고등학교 과정을 이수하고 졸업한 사람
(2) 그 밖에 관계 법령에 따라 국내 또는 외국에서 (1)과 같은 수준의 학력이 있다고 인정되는 사람

3) 철도차량정비 관련 학과 외의 학위 취득자 및 졸업자의 학력 인정 범위는 다음과 같다.
가) 석사 이상
(1) 「고등교육법」에 따른 학교에서 석사 또는 박사 학위과정을 이수하고 졸업한 사람
(2) 그 밖에 관계 법령에 따라 국내 또는 외국에서 (1)과 같은 수준 이상의 학력이 있다고 인정되는 사람
나) 학사
(1) 「고등교육법」에 따른 학교에서 학사 학위과정을 이수하고 졸업한 사람
(2) 그 밖에 관계 법령에 따라 국내 또는 외국에서 (1)과 같은 수준의 학력이 있다고 인정되는 사람

다) 전문학사(3년제)

(1) 「고등교육법」에 따른 학교에서 전문학사 학위과정을 이수하고 졸업한 사람(전문학사 학위과정 3년을 이수한 사람을 포함한다)

(2) 그 밖의 관계 법령에 따라 국내 또는 외국에서 (1)과 같은 수준의 학력이 있다고 인정되는 사람

라) 전문학사(2년제)

(1) 「고등교육법」에 따른 4년제 대학, 2년제 대학 또는 전문대학에서 2년 이상 교육과정을 이수한 사람

(2) 그 밖에 관계 법령에 따라 국내 또는 외국에서 (1)과 같은 수준의 학력이 있다고 인정되는 사람

마) 고등학교 졸업

(1) 「초·중등교육법」에 따른 해당 학교에서 고등학교 과정을 이수하고 졸업한 사람

(2) 그 밖에 관계 법령에 따라 국내 또는 외국에서 (1)과 같은 수준의 학력이 있다고 인정되는 사람

[별표 2] 〈개정 14·3·18〉

철도차량 제작자승인 관련 과징금의 부과기준(제25조 관련)

위반행위	근거 법조문	과징금 금액(단위: 백만원)	
		업무정지(업무제한) 3개월	업무정지(업무제한) 6개월
1. 법 제26조의8에서 준용하는 법 제7조제3항을 위반하여 변경승인을 받지 않고 철도차량을 제작한 경우	법 제26조의7제1항제2호	30	60
2. 법 제26조의8에서 준용하는 법 제7조제3항을 위반하여 변경신고를 하지 않고 철도차량을 제작한 경우		30	60
3. 법 제26조의8에서 준용하는 법 제8조제3항에 따른 시정조치명령을 정당한 사유 없이 이행하지 않은 경우	법 제26조의7제1항제3호	30	60
4. 법 제32조제1항에 따른 명령을 이행하지 않은 경우	법 제26조의7제1항제4호	30	60

[별표 3] 〈개정 09·6·25, 14·3·18〉

철도용품 제작자승인 관련 과징금의 부과기준(제27조 관련)

위반행위	근거 법조문	과징금 금액(단위: 백만원)	
		업무정지(업무제한) 3개월	업무정지(업무제한) 6개월
1. 법 제27조의2제4항에서 준용하는 법 제7조제3항을 위반하여 변경승인을 받지 않고 철도용품을 제작한 경우	법 제27조의2제4항에서 준용하는 법 제26조의7제1항제2호	10	20
2. 법 제27조의2제4항에서 준용하는 법 제7조제3항을 위반하여 변경신고를 하지 않고 철도용품을 제작한 경우		10	20
3. 법 제27조의2제4항에서 준용하는 법 제8조제3항에 따른 시정조치명령을 정당한 사유 없이 이행하지 않은 경우	법 제27조의2제4항에서 준용하는 법 제26조의7제1항제3호	10	20
4. 법 제32조제1항에 따른 명령을 이행하지 않은 경우	법 제27조의2제4항에서 준용하는 법 제26조의7제1항제4호	10	20

[별표 4] 〈신설 18·10·23〉

철도차량의 운행제한 관련 과징금의 부과기준(제29조의2 관련)

1. 일반기준

가. 위반행위의 횟수에 따른 과징금의 가중된 부과기준은 최근 2년간 같은 위반행위로 과징금 부과처분을 받은 경우에 적용한다. 이 경우 기간의 계산은 위반행위에 대하여 과징금 부과처분을 받은 날과 그 처분 후 다시 같은 위반행위를 하여 적발된 날을 기준으로 한다.

나. 가목에 따라 가중된 부과처분을 하는 경우 가중처분의 적용 차수는 그 위반행위 전 부과처분 차수(가목에 따른 기간 내에 과징금 부과처분이 둘 이상 있었던 경우에는 높은 차수를 말한다)의 다음 차수로 한다.

다. 위반행위가 둘 이상인 경우로서 각 처분내용이 모두 운행제한인 경우에는 각 처분기준에 따른 과징금을 합산한 금액을 넘지 않는 범위에서 무거운 처분기준에 해당하는 과징금 금액의 2분의 1의 범위에서 가중할 수 있다.

라. 국토교통부장관은 다음의 어느 하나에 해당하는 경우에는 제2호의 개별기준에 따른 과징금 금액의 2분의 1 범위에서 그 금액을 줄일 수 있다. 다만, 과징금을 체납하고 있는 위반행위자의 경우에는 그렇지 않다.

1) 위반행위가 사소한 부주의나 오류로 인한 것으로 인정되는 경우
2) 위반행위자가 법 위반상태를 시정하거나 해소하기 위한 노력이 인정되는 경우
3) 그 밖에 위반행위의 정도, 위반행위의 동기와 그 결과 등을 고려하여 과징금을 줄일 필요가 있다고 인정되는 경우

마. 국토교통부장관은 다음의 어느 하나에 해당하는 경우에는 제2호의 개별기준에 따른 과징금 금액의 2분의 1 범위에서 그 금액을 늘릴 수 있다. 다만, 법 제9조의2제1항에 따른 과징금 금액의 상한을 넘을 수 없다.

1) 위반의 내용 및 정도가 중대하여 공중에게 미치는 피해가 크다고 인정되는 경우
2) 법 위반상태의 기간이 6개월 이상인 경우
3) 그 밖에 위반행위의 정도, 위반행위의 동기와 그 결과 등을 고려하여 과징금을 늘릴 필요가 있다고 인정되는 경우

2. 개별기준

위반행위	근거 법조문	과징금 금액(단위: 백만원)			
		1차 위반	2차 위반	3차 위반	4차 이상 위반
가. 철도차량이 법 제26조제3항에 따른 철도차량의 기술기준에 적합하지 않은 경우	법 제38조의3제1항제2호	-	5	15	30
나. 법 제38조의2제2항 본문을 위반하여 소유자등이 개조승인을 받지 않고 임의로 철도차량을 개조하여 운행하는 경우	법 제38조의3제1항제1호	5	15	30	50

[별표 4의2] 〈신설 19·6·4〉

인증정비조직 관련 과징금의 부과기준(제29조의3 관련)

1. 일반기준
   가. 위반행위의 횟수에 따른 과징금의 가중된 부과기준은 최근 2년간 같은 위반행위로 과징금 부과처분을 받은 경우에 적용한다. 이 경우 기간의 계산은 위반행위에 대하여 과징금 부과처분을 받은 날과 그 처분 후 다시 같은 위반행위를 하여 적발된 날을 기준으로 한다.
   나. 가목에 따라 가중된 부과처분을 하는 경우 가중처분의 적용 차수는 그 위반행위 전 부과처분 차수(가목에 따른 기간 내에 과징금 부과처분이 둘 이상 있었던 경우에는 높은 차수를 말한다)의 다음 차수로 한다.
   다. 위반행위가 둘 이상인 경우로서 각 처분내용이 업무정지에 갈음하여 부과하는 과징금인 경우에는 각 처분기준에 따른 과징금을 합산한 금액을 넘지 않는 범위에서 가장 무거운 처분기준에 해당하는 과징금 금액의 2분의 1의 범위까지 늘릴 수 있다.
   라. 국토교통부장관은 다음의 어느 하나에 해당하는 경우에는 제2호의 개별기준에 따른 과징금 금액의 2분의 1의 범위에서 그 금액을 줄일 수 있다. 다만, 과징금을 체납하고 있는 위반행위자의 경우에는 그렇지 않다.
      1) 위반행위가 사소한 부주의나 오류로 인한 것으로 인정되는 경우
      2) 위반행위자가 법 위반상태를 시정하거나 해소하기 위한 노력이 인정되는 경우
      3) 그 밖에 위반행위의 정도, 위반행위의 동기와 그 결과 등을 고려하여 과징금을 줄일 필요가 있다고 인정되는 경우
   마. 국토교통부장관은 다음의 어느 하나에 해당하는 경우에는 제2호의 개별기준에 따른 과징금 금액의 2분의 1의 범위에서 그 금액을 늘릴 수 있다. 다만, 법 제9조의2제1항에 따른 과징금 금액의 상한을 넘을 수 없다.
      1) 위반의 내용 및 정도가 중대하여 공중에게 미치는 피해가 크다고 인정되는 경우
      2) 법 위반상태의 기간이 6개월 이상인 경우
      3) 그 밖에 위반행위의 정도, 위반행위의 동기와 그 결과 등을 고려하여 과징금을 늘릴 필요가 있다고 인정되는 경우

2. 개별기준
   가. 법 제38조의10제1항제2호 관련

위반행위	근거 법조문	과징금 금액
인증정비조직의 중대한 과실로 철도사고 및 중대한 운행장애를 발생시킨 경우	법 제38조의10제1항제2호	
1) 철도사고로 인하여 다음의 인원이 사망한 경우		
가) 1명 이상 3명 미만		2억원
나) 3명 이상 5명 미만		6억원
다) 5명 이상 10명 미만		12억원
라) 10명 이상		20억원
2) 철도사고 또는 운행장애로 인하여 다음의 재산 피해액이 발생한 경우		
가) 5억원 이상 10억원 미만		1억원
나) 10억원 이상 20억원 미만		2억원
다) 20억원 이상		6억원

   나. 법 제38조의10제1항제3호 및 제5호 관련

위반행위	근거 법조문	과징금 금액(단위: 백만원)			
		1차 위반	2차 위반	3차 위반	4차 이상 위반
1) 법 제38조의7제2항을 위반하여 변경인증을 받지 않거나 변경신고를 하지 않고 인증받은 사항을 변경한 경우	법 제38조의10제1항제3호	5	15	30	50
2) 법 제38조의9에 따른 준수사항을 위반한 경우	법 제38조의10제1항제5호	5	15	30	50

[별표 4의3] 〈신설 19·6·4, 23·1·10〉

정밀안전진단기관 관련 과징금의 부과기준(제29조의4 관련)

1. 일반기준

가. 위반행위의 횟수에 따른 과징금의 가중된 부과기준은 최근 2년간 같은 위반행위로 과징금 부과처분을 받은 경우에 적용한다. 이 경우 기간의 계산은 위반행위에 대하여 과징금 부과처분을 받은 날과 그 처분 후 다시 같은 위반행위를 하여 적발된 날을 기준으로 한다.

나. 가목에 따라 가중된 부과처분을 하는 경우 가중처분의 적용 차수는 그 위반행위 전 부과처분 차수(가목에 따른 기간 내에 과징금 부과처분이 둘 이상 있었던 경우에는 높은 차수를 말한다)의 다음 차수로 한다.

다. 위반행위가 둘 이상인 경우로서 각 처분내용이 업무정지에 갈음하여 부과하는 과징금인 경우에는 각 처분기준에 따른 과징금을 합산한 금액을 넘지 않는 범위에서 가장 무거운 처분기준에 해당하는 과징금 금액의 2분의 1의 범위까지 늘릴 수 있다.

라. 국토교통부장관은 다음의 어느 하나에 해당하는 경우에는 제2호의 개별기준에 따른 과징금 금액의 2분의 1의 범위에서 그 금액을 줄일 수 있다. 다만, 과징금을 체납하고 있는 위반행위자의 경우에는 그렇지 않다.

1) 위반행위가 사소한 부주의나 오류로 인한 것으로 인정되는 경우

2) 위반행위자가 법 위반상태를 시정하거나 해소하기 위한 노력이 인정되는 경우

3) 그 밖에 위반행위의 정도, 위반행위의 동기와 그 결과 등을 고려하여 과징금을 줄일 필요가 있다고 인정되는 경우

마. 국토교통부장관은 다음의 어느 하나에 해당하는 경우에는 제2호의 개별기준에 따른 과징금 금액의 2분의 1의 범위에서 그 금액을 늘릴 수 있다. 다만, 법 제9조의2제1항에 따른 과징금 금액의 상한을 넘을 수 없다.

1) 위반의 내용 및 정도가 중대하여 공중에게 미치는 피해가 크다고 인정되는 경우

2) 법 위반상태의 기간이 6개월 이상인 경우

3) 그 밖에 위반행위의 정도, 위반행위의 동기와 그 결과 등을 고려하여 과징금을 늘릴 필요가 있다고 인정되는 경우

2. 개별기준

위반행위	근거 법조문	과징금 금액(단위: 백만원)			
		1차 위반	2차 위반	3차 위반	4차 이상 위반
1) 법 제38조의13제3항제4호를 위반하여 정밀안전진단 결과를 조작한 경우	법 제38조의13 제3항 제4호 및 제38조의15	15	50		
2) 법 제38조의13제3항제5호를 위반하여 정밀안전진단 결과를 거짓으로 기록하거나 고의로 결과를 기록하지 않은 경우	법 제38조의13 제3항 제5호 및 제38조의15	15	50		
3) 법 제38조의13제3항제6호를 위반하여 성능검사 등을 받지 않은 검사용 기계·기구를 사용하여 정밀안전진단을 한 경우	법 제38조의13 제3항 제6호 및 제38조의15	5	15	30	50
4) 법 제38조의14제1항에 따라 정밀안전진단결과를 평가한 결과 고의 또는 중대한 과실로 사실과 다르게 진단하는 등 정밀안전진단 업무를 부실하게 수행한 것으로 평가된 경우	법 제38조의13 제3항 제7호 및 제38조의15	15	50		

[별표 4의4] 〈신설 21 · 6 · 23〉

영상기록장치의 설치 기준 및 방법(제30조의2 관련)

1. 법 제39조의3제1항제1호에 따른 동력차에는 다음 각 목의 기준에 따라 영상기록장치를 설치해야 한다.
   가. 다음의 상황을 촬영할 수 있는 영상기록장치를 각각 설치할 것
      1) 선로변을 포함한 철도차량 전방의 운행 상황
      2) 운전실의 운전조작 상황
   나. 가목에도 불구하고 다음의 어느 하나에 해당하는 철도차량의 경우에는 같은 목 2)의 상황을 촬영할 수 있는 영상기록장치는 설치하지 않을 수 있다.
      1) 운행정보의 기록장치 등을 통해 철도차량의 운전조작 상황을 파악할 수 있는 철도차량
      2) 무인운전 철도차량
      3) 전용철도의 철도차량
2. 법 제39조의3제1항제1호에 따른 객차에는 다음 각 목의 기준에 따라 영상기록장치를 설치해야 한다.
   가. 영상기록장치의 해상도는 범죄 예방 및 범죄 상황 파악 등에 지장이 없는 정도일 것
   나. 객차 내에 사각지대가 없도록 설치할 것
   다. 여객 등이 영상기록장치를 쉽게 인식할 수 있는 위치에 설치할 것
3. 법 제39조의3제1항제2호부터 제4호까지의 규정에 따른 시설에는 다음 각 목의 기준에 따라 영상기록장치를 설치해야 한다.
   가. 다음의 상황을 촬영할 수 있는 영상기록장치를 모두 설치할 것
      1) 여객의 대기 · 승하차 및 이동 상황
      2) 철도차량의 진출입 및 운행 상황
      3) 철도시설의 운영 및 현장 상황
   나. 철도차량 또는 철도시설이 충격을 받거나 화재가 발생한 경우 등 정상적이지 않은 환경에서도 영상기록장치가 최대한 보호될 수 있을 것

[별표 5] 〈개정 08 · 2 · 29, 08 · 12 · 31, 13 · 3 · 23, 16 · 1 · 22, 18 · 12 · 11, 19 · 6 · 4〉

철도안전전문기술자의 자격기준(제60조제2항 관련)

구분	자격 부여 범위
1. 특급	가. 「전력기술관리법」, 「전기공사업법」, 「정보통신공사업법」이나 「건설기술 진흥법」(이하 "관계법령"이라 한다)에 따른 특급기술자 · 특급기술인 · 특급감리원 · 수석감리사 또는 특급전기공사기술자로서 다음의 어느 하나에 해당하는 사람 1) 「국가기술자격법」에 따른 철도의 해당 기술 분야의 기술사 또는 기사자격 취득자 2) 3년 이상 철도의 해당 기술 분야에 종사한 경력이 있는 사람 나. 별표 1의2에 따른 1등급 철도차량정비기술자로서 경력에 포함되는 기술자격의 종목과 관련된 기술사, 기능장 또는 기사자격 취득자
2. 고급	가. 관계법령에 따른 특급기술자 · 특급기술인 · 특급감리원 · 수석감리사 또는 특급공사기술자로서 1년 6개월 이상 철도의 해당 기술 분야에 종사한 경력이 있는 사람 나. 관계법령에 따른 고급기술자 · 고급기술인 · 고급감리원 · 감리사 또는 고급전기공사기술자로서 다음의 어느 하나에 해당하는 사람 1) 「국가기술자격법」에 따른 철도의 해당 기술 분야의 기사 또는 산업기사 자격 취득자 2) 3년 이상 철도의 해당 기술 분야에 종사한 경력이 있는 사람 다. 별표 1의2에 따른 2등급 철도차량정비기술자로서 경력에 포함되는 기술자격의 종목과 관련된 기사 또는 산업기사 자격 취득자
3. 중급	가. 관계법령에 따른 고급기술자 · 고급기술인 · 고급감리원 · 감리사 또는 고급전기공사기술자로서 1년 6개월 이상 철도의 해당 기술 분야에 종사한 경력이 있는 사람 나. 관계법령에 따른 중급기술자 · 중급기술인 · 중급감리원 또는 중급전기공사기술자로서 다음의 어느 하나에 해당하는 사람 1) 「국가기술자격법」에 따른 철도의 해당 기술 분야의 기사, 산업기사 또는 기능사 자격 취득자 2) 3년 이상 철도의 해당 기술 분야에 종사한 경력이 있는 사람 다. 별표 1의2에 따른 3등급 철도차량정비기술자로서 경력에 포함되는 기술자격의 종목과 관련된 기사, 산업기사 또는 기능사 자격 취득자
4. 초급	가. 관계법령에 따른 중급기술자 · 중급기술인 · 중급감리원 또는 중급전기공사기술자로서 1년 6개월 이상 철도의 해당 기술 분야에 종사한 경력이 있는 사람

구분	자격 부여 범위
	나. 관계법령에 따른 초급기술자 · 초급기술인 · 초급감리원 · 감리사보 또는 초급전기공사 기술자로서 다음의 어느 하나에 해당하는 사람 1) 「국가기술자격법」에 따른 철도의 해당 기술 분야의 기사, 산업기사 또는 기능사 자격 취득자 2) 3년 이상 철도의 해당 기술 분야에 종사한 경력이 있는 사람 다. 국토교통부령으로 정하는 철도의 해당 기술 분야의 설계 · 감리 · 시공 · 안전점검 관련 교육과정을 수료하고 수료 시 시행하는 검정시험에 합격한 사람 라. 「국가기술자격법」에 따른 용접자격을 취득한 사람으로서 국토교통부장관이 지정한 전문기관 또는 단체의 레일용접인정자격시험에 합격한 사람 마. 별표 1의2에 따른 4등급 철도차량정비기술자로서 경력에 포함되는 기술자격의 종목과 관련된 기사, 산업기사 또는 기능사 자격 취득자

[별표 6] 〈개정 11 · 4 · 4, 14 · 3 · 18, 16 · 1 · 22, 16 · 12 · 30, 18 · 2 · 9, 18 · 12 · 11, 19 · 6 · 4, 19 · 10 · 22, 20 · 5 · 26, 20 · 10 · 8, 21 · 6 · 23, 23 · 1 · 10〉

과태료 부과기준 (제64조 관련)

1. 일반기준

가. 위반행위의 횟수에 따른 과태료의 가중된 부과기준은 최근 1년간 같은 위반행위로 과태료 부과처분을 받은 경우에 적용한다. 이 경우 기간의 계산은 위반행위에 대하여 과태료 부과처분을 받은 날과 그 처분 후 다시 같은 위반행위를 하여 적발된 날을 기준으로 한다.

나. 가목에 따라 가중된 부과처분을 하는 경우 가중처분의 적용 차수는 그 위반행위 전 부과처분 차수(가목에 따른 기간 내에 과태료 부과처분이 둘 이상 있었던 경우에는 높은 차수를 말한다)의 다음 차수로 한다.

다. 하나의 행위가 둘 이상의 위반행위에 해당하는 경우에는 그 중 무거운 과태료의 부과기준에 따른다.

라. 부과권자는 다음의 어느 하나에 해당하는 경우에는 제2호에 따른 과태료 금액의 2분의 1 범위에서 그 금액을 줄일 수 있다. 다만, 과태료를 체납하고 있는 위반행위자의 경우에는 그렇지 않다.

1) 삭제 〈20 · 10 · 8〉

2) 위반행위가 사소한 부주의나 오류로 인한 것으로 인정되는 경우

3) 위반행위자가 법 위반상태를 시정하거나 해소하기 위해 노력한 것이 인정되는 경우

4) 그 밖에 위반행위의 정도, 위반행위의 동기와 그 결과 등을 고려하여 과태료를 줄일 필요가 있다고 인정되는 경우

마. 부과권자는 다음의 어느 하나에 해당하는 경우에는 제2호의 개별기준에 따른 과태료 금액의 2분의 1 범위에서 그 금액을 늘릴 수 있다. 다만, 법 제82조제1항부터 제5항까지의 규정에 따른 과태료 금액의 상한을 넘을 수 없다.

1) 위반의 내용 · 정도가 중대하여 공중(公衆)에게 미치는 피해가 크다고 인정되는 경우

2) 그 밖에 위반행위의 정도, 위반행위의 동기와 그 결과 등을 고려하여 늘릴 필요가 있다고 인정되는 경우

2. 개별기준

위반행위	근거 법조문	과태료 금액 (단위: 만원)		
		1회 위반	2회 위반	3회 이상 위반
가. 법 제7조제3항(법 제26조의8 및 제27조의2제4항에서 준용하는 경우를 포함한다)을 위반하여 안전관리체계의 변경승인을 받지 않고 안전관리체계를 변경한 경우	법 제82조제1항 제1호	300	600	900
나. 법 제7조제3항(법 제26조의8 및 제27조의2제4항에서 준용하는 경우를 포함한다)을 위반하여 안전관리체계의 변경신고를 하지 않고 안전관리체계를 변경한 경우	법 제82조제2항 제1호	150	300	450
다. 법 제8조제3항(법 제26조의8 및 제27조의2제4항에서 준용하는 경우를 포함한다)을 위반하여 정당한 사유 없이 시정조치 명령에 따르지 않은 경우	법 제82조제1항 제2호	300	600	900
라. 법 제9조의4제3항을 위반하여 우수운영자로 지정되었음을 나타내는 표시를 하거나 이와 유사한 표시를 한 경우	법 제82조제3항 제1호	90	180	270
마. 법 제9조의4제4항을 위반하여 시정조치명령을 따르지 않은 경우	법 제82조제1항 제2호의2	300	600	900
바. 법 제20조제3항(법 제21조의11제2항에서 준용하는 경우를 포함한다)을 위반하여 운전면허증을 반납하지 않은 경우	법 제82조제3항 제4호	90	180	270
사. 법 제24조제1항을 위반하여 안전교육을 실시하지 않거나 같은 조 제2항을 위반하여 직무교육을 실시하지 않은 경우	법 제82조제2항 제2호	150	300	450
아. 법 제24제3항을 위반하여 철도운영자등이 안전교육 실시 여부를 확인하지 않거나 안전교육을 실시하도록 조치하지 않은 경우	법 제82조제2항 제2호의2	150	300	450
자. 법 제26조제2항 본문(법 제27조제4항에서 준용하는 경우를 포함한다)을 위반하여 변경승인을 받지 않은 경우	법 제82조제1항 제4호	300	600	900
차. 법 제26조제2항 단서(법 제27조제4항에서 준용하는 경우를 포함한다)를 위반하여 변경신고를 하지 않은 경우	법 제82조제2항 제3호	150	300	450
카. 법 제26조의5제2항(법 제27조의2제4항에서 준용하는 경우를 포함한다)에 따른 신고를 하지 않은 경우	법 제82조제1항 제5호	300	600	900
타. 법 제27조의2제3항을 위반하여 형식승인표시를 하지 않은 경우	법 제82조제1항 제6호	300	600	900
파. 법 제31조제2항을 위반하여 조사・열람・수거 등을 거부, 방해 또는 기피한 경우	법 제82조제1항 제7호	300	600	900
하. 법 제32조제2항 또는 제4항을 위반하여 시정조치계획을 제출하지 않거나 시정조치의 진행 상황을 보고하지 않은 경우	법 제82조제1항 제8호	300	600	900
거. 법 제38조제2항에 따른 개선・시정명령을 따르지 않은 경우	법 제82조제1항 제9호	300	600	900
너. 법 제38조의2제2항 단서를 위반하여 개조신고를 하지 않고 개조한 철도차량을 운행한 경우	법 제82조제2항 제4호	150	300	450
더. 제38조의5제3항을 위반한 다음의 어느 하나에 해당하는 경우 1) 이력사항을 고의로 입력하지 않은 경우 2) 이력사항을 위조・변조하거나 고의로 훼손한 경우 3) 이력사항을 무단으로 외부에 제공한 경우	법 제82조제1항 제9호의2	300	600	900
러. 법 제38조의5제3항제1호를 위반하여 이력사항을 과실로 입력하지 않은 경우	법 제82조제2항 제5호	150	300	450

위반행위	근거 법조문	과태료 금액 (단위: 만원)		
		1회 위반	2회 위반	3회 이상 위반
머. 법 제38조의7제2항을 위반하여 변경인증을 받지 않은 경우	법 제82조제1항제9호의3	300	600	900
버. 법 제38조의7제2항을 위반하여 변경신고를 하지 않은 경우	법 제82조제2항제6호	150	300	450
서. 법 제38조의9에 따른 준수사항을 지키지 않은 경우	법 제82조제1항제9호의4	300	600	900
어. 법 제38조의12제2항에 따른 정밀안전진단 명령을 따르지 않은 경우	법 제82조제1항제9호의5	300	600	900
저. 법 제38조의14제2항 후단을 위반하여 특별한 사유 없이 자료를 제출하지 않거나 거짓으로 제출한 경우	법 제82조제1항제9호의6	300	600	900
처. 법 제39조의2제3항에 따른 안전조치를 따르지 않은 경우	법 제82조제1항제10호	300	600	900
커. 법 제39조의3제1항을 위반하여 영상기록장치를 설치·운영하지 않은 경우	법 제82조제1항제10호의2	300	600	900
터. 법 제40조의2에 따른 준수사항을 위반한 경우	법 제82조제2항제7호	150	300	450
퍼. 법 제45조제4항을 위반하여 조치명령을 따르지 않은 경우	법 제82조제5항제1호	15	30	45
허. 법 제47조제1항제1호 또는 제3호를 위반하여 여객출입 금지장소에 출입하거나 물건을 여객열차 밖으로 던지는 행위를 한 경우	법 제82조제2항제8호	150	300	450
고. 법 제47조제1항제4호를 위반하여 여객열차에서 흡연을 한 경우	법 제82조제4항제1호	30	60	90
노. 법 제47조제3항에 따른 여객열차에서의 금지행위에 관한 사항을 안내하지 않은 경우	법 제82조제2항제10호의2	150	300	450
도. 법 제47조제1항제7호를 위반하여 공중이나 여객에게 위해를 끼치는 행위를 한 경우	법 제82조제5항제2호	15	30	45
로. 법 제48조제5호를 위반하여 철도시설(선로는 제외한다)에 승낙 없이 출입하거나 통행한 경우	법 제82조제2항제9호	150	300	450
모. 법 제48조제5호를 위반하여 선로에 승낙 없이 출입하거나 통행한 경우	법 제82조제4항제2호	30	60	90
보. 법 제48조제7호·제9호 또는 제10호를 위반하여 철도시설에 유해물 또는 오물을 버리거나 열차운행에 지장을 준 경우	법 제82조제2항제10호	150	300	450
소. 법 제48조의3제1항을 위반하여 국토교통부장관의 성능인증을 받은 보안검색장비를 사용하지 않은 경우	법 제82조제1항제13호의2	300	600	900
오. 인증기관 및 시험기관이 법 제48조의3제2항에 따른 보안검색장비의 성능인증을 위한 기준·방법·절차 등을 위반한 경우	법 제82조제2항제11호	150	300	450
조. 법 제49조제1항을 위반하여 철도종사자의 직무상 지시에 따르지 않은 경우	법 제82조제1항제14호	300	600	900
초. 법 제61조제1항에 따른 보고를 하지 않거나 거짓으로 보고한 경우	법 제82조제1항제15호	300	600	900
코. 법 제61조제2항에 따른 보고를 하지 않거나 거짓으로 보고한 경우	법 제82조제2항제12호	150	300	450
토. 법 제61조의2제1항·제2항에 따른 보고를 하지 않거나 거짓으로 보고한 경우	법 제82조제1항제15호	300	600	900
포. 법 제73조제1항에 따른 보고를 하지 않거나 거짓으로 보고한 경우	법 제82조제1항제16호	300	600	900
호. 법 제73조제1항에 따른 자료제출을 거부, 방해 또는 기피한 경우	법 제82조제1항제17호	300	600	900
구. 법 제73조제2항에 따른 소속 공무원의 출입·검사를 거부, 방해 또는 기피한 경우	법 제82조제1항제18호	300	600	900

철도안전법 시행규칙 [별표 · 별지서식]

【시행규칙 별표】

[별표 1] 〈신설 14·3·19, 16·12·30, 19·10·23〉

안전관리체계 관련 처분기준(제7조 관련)

1. 일반기준

가. 위반행위의 횟수에 따른 행정처분의 가중된 부과기준은 최근 2년간 같은 위반행위로 행정처분을 받은 경우에 적용한다. 이 경우 기간의 계산은 위반행위에 대하여 행정처분을 받은 날과 그 처분 후 다시 같은 위반행위를 하여 적발된 날을 기준으로 한다.

나. 가목에 따라 가중된 부과처분을 하는 경우 가중처분의 적용 차수는 그 위반행위 전 부과처분 차수(가목에 따른 기간 내에 행정처분이 둘 이상 있었던 경우에는 높은 차수를 말한다)의 다음 차수로 한다.

다. 위반행위가 둘 이상인 경우로서 그에 해당하는 각각의 처분기준이 다른 경우에는 그 중 무거운 처분기준(무거운 처분기준이 같을 때에는 그 중 하나의 처분기준을 말한다)에 따르며, 둘 이상의 처분기준이 같은 업무제한·정지인 경우에는 무거운 처분기준의 2분의 1 범위에서 가중할 수 있되, 각 처분기준을 합산한 기간을 초과할 수 없다.

라. 국토교통부장관은 다음의 어느 하나에 해당하는 경우에는 제2호의 개별기준에 따른 업무제한·정지 기간의 2분의 1 범위에서 그 기간을 줄일 수 있다.

1) 위반행위가 사소한 부주의나 오류로 인한 것으로 인정되는 경우
2) 위반행위자가 법 위반상태를 시정하거나 해소하기 위한 노력이 인정되는 경우
3) 그 밖에 위반행위의 정도, 위반행위의 동기와 그 결과 등을 고려하여 업무제한·정지 기간을 줄일 필요가 있다고 인정되는 경우

마. 국토교통부장관은 다음의 어느 하나에 해당하는 경우에는 제2호의 개별기준에 따른 업무제한·정지 기간의 2분의 1 범위에서 그 기간을 늘릴 수 있다. 다만, 법 제9조제1항에 따른 업무제한·정지 기간의 상한을 넘을 수 없다.

1) 위반의 내용 및 정도가 중대하여 공중에게 미치는 피해가 크다고 인정되는 경우
2) 법 위반상태의 기간이 6개월 이상인 경우
3) 그 밖에 위반행위의 정도, 위반행위의 동기와 그 결과 등을 고려하여 업무제한·정지 기간을 늘릴 필요가 있다고 인정되는 경우

2. 개별기준

위반행위	근거 법조문	처분 기준
가. 거짓이나 그 밖의 부정한 방법으로 승인을 받은 경우	법 제9조제1항제1호	
1) 1차 위반		승인취소
나. 법 제7조제3항을 위반하여 변경승인을 받지 않고 안전관리체계를 변경한 경우	법 제9조제1항제2호	
1) 1차 위반		업무정지(업무제한) 10일
2) 2차 위반		업무정지(업무제한) 20일
3) 3차 위반		업무정지(업무제한) 40일
4) 4차 이상 위반		업무정지(업무제한) 80일
다. 법 제7조제3항을 위반하여 변경신고를 하지 않고 안전관리체계를 변경한 경우	법 제9조제1항제2호	
1) 1차 위반		경고
2) 2차 위반		업무정지(업무제한) 10일
3) 3차 이상 위반		업무정지(업무제한) 20일
라. 법 제8조제1항을 위반하여 안전관리체계를 지속적으로 유지하지 않아 철도운영이나 철도시설의 관리에 중대한 지장을 초래한 경우	법 제9조제1항제3호	
1) 철도사고로 인한 사망자 수		
가) 1명 이상 3명 미만		업무정지(업무제한) 30일
나) 3명 이상 5명 미만		업무정지(업무제한) 60일
다) 5명 이상 10명 미만		업무정지(업무제한) 120일
라) 10명 이상		업무정지(업무제한) 180일
2) 철도사고로 인한 중상자 수		
가) 5명 이상 10명 미만		업무정지(업무제한) 15일
나) 10명 이상 30명 미만		업무정지(업무제한) 30일
다) 30명 이상 50명 미만		업무정지(업무제한) 60일
라) 50명 이상 100명 미만		업무정지(업무제한) 120일
마) 100명 이상		업무정지(업무제한) 180일
3) 철도사고 또는 운행장애로 인한 재산피해액		
가) 5억원 이상 10억원 미만		업무정지(업무제한) 15일
나) 10억원 이상 20억원 미만		업무정지(업무제한) 30일
다) 20억원 이상		업무정지(업무제한) 60일

위반행위	근거 법조문	처분 기준
마. 법 제8조제3항에 따른 시정조치명령을 정당한 사유 없이 이행하지 않은 경우		
1) 1차 위반	법 제9조 제1항제4호	업무정지(업무제한) 20일
2) 2차 위반		업무정지(업무제한) 40일
3) 3차 위반		업무정지(업무제한) 80일
4) 4차 이상 위반		업무정지(업무제한) 160일

비고
1. "사망자"란 철도사고가 발생한 날부터 30일 이내에 그 사고로 사망한 경우를 말한다.
2. "중상자"란 철도사고로 인해 부상을 입은 날부터 7일 이내 실시된 의사의 최초 진단결과 24시간 이상 입원 치료가 필요한 상해를 입은 사람(의식불명, 시력상실을 포함)을 말한다.
3. "재산피해액"이란 시설피해액(인건비와 자재비등 포함), 차량피해액(인건비와 자재비등 포함), 운임환불 등을 포함한 직접손실액을 말한다.

[별표 1의2] 〈개정 08·3·14, 14·3·19, 17·1·20, 21·6·23〉

철도차량 운전면허 종류별 운전이 가능한 철도차량(제11조 관련)

운전면허의 종류	운전할 수 있는 철도차량의 종류
1. 고속철도차량 운전면허	가. 고속철도차량 나. 철도장비 운전면허에 따라 운전할 수 있는 차량
2. 제1종 전기차량 운전면허	가. 전기기관차 나. 철도장비 운전면허에 따라 운전할 수 있는 차량
3. 제2종 전기차량 운전면허	가. 전기동차 나. 철도장비 운전면허에 따라 운전할 수 있는 차량
4. 디젤차량 운전면허	가. 디젤기관차 나. 디젤동차 다. 증기기관차 라. 철도장비 운전면허에 따라 운전할 수 있는 차량
5. 철도장비 운전면허	가. 철도건설과 유지보수에 필요한 기계나 장비 나. 철도시설의 검측장비 다. 철도·도로를 모두 운행할 수 있는 철도복구장비 라. 전용철도에서 시속 25킬로미터 이하로 운전하는 차량 마. 사고복구용 기중기 바. 입환(入換)작업을 위해 원격제어가 가능한 장치를 설치하여 시속 25킬로미터 이하로 운전하는 동력차
6. 노면전차 운전면허	노면전차

비고:
1. 시속 100킬로미터 이상으로 운행하는 철도시설의 검측장비 운전은 고속철도차량 운전면허, 제1종 전기차량 운전면허, 제2종 전기차량 운전면허, 디젤차량 운전면허 중 하나의 운전면허가 있어야 한다.
2. 선로를 시속 200킬로미터 이상의 최고운행 속도로 주행할 수 있는 철도차량을 고속철도차량으로 구분한다.
3. 동력장치가 집중되어 있는 철도차량을 기관차, 동력장치가 분산되어 있는 철도차량을 동차로 구분한다.
4. 도로 위에 부설한 레일 위를 주행하는 철도차량은 노면전차로 구분한다.
5. 철도차량 운전면허(철도장비 운전면허는 제외한다) 소지자는 철도차량 종류에 관계없이 차량기지 내에서 시속 25킬로미터 이하로 운전하는 철도차량을 운전할 수 있다. 이 경우 다른 운전면허의 철도차량을 운전하는 때에는 국토교통부장관이 정하는 교육훈련을 받아야 한다.
6. "전용철도"란 「철도사업법」 제2조제5호에 따른 전용철도를 말한다.

[별표 2] 〈개정 08·12·16, 10·3·30, 12·12·10, 15·10·2, 17·7·25, 19·1·4, 21·8·27, 23·1·18〉

신체검사 항목 및 불합격 기준(제12조제2항 및 제40조제4항 관련)

1. 운전면허 또는 관제자격증명 취득을 위한 신체검사

검사 항목	불합격 기준
가. 일반 결함	1) 신체 각 장기 및 각 부위의 악성종양 2) 중증인 고혈압증(수축기 혈압 180㎜Hg 이상이고, 확장기 혈압 110㎜Hg 이상인 사람) 3) 이 표에서 달리 정하지 아니한 법정 감염병 중 직접 접촉, 호흡기 등을 통하여 전파가 가능한 감염병
나. 코·구강·인후 계통	의사소통에 지장이 있는 언어장애나 호흡에 장애를 가져오는 코, 구강, 인후, 식도의 변형 및 기능장애
다. 피부 질환	다른 사람에게 감염될 위험성이 있는 만성 피부질환자 및 한센병 환자
라. 흉부 질환	1) 업무수행에 지장이 있는 급성 및 만성 늑막질환 2) 활동성 폐결핵, 비결핵성 폐질환, 중증 만성천식증, 중증 만성기관지염, 중증 기관지확장증 3) 만성폐쇄성 폐질환
마. 순환기 계통	1) 심부전증 2) 업무수행에 지장이 있는 발작성 빈맥(분당 150회 이상)이나 기질성 부정맥 3) 심한 방실전도장애 4) 심한 동맥류 5) 유착성 심낭염 6) 폐성심 7) 확진된 관상동맥질환(협심증 및 심근경색증)
바. 소화기 계통	1) 빈혈증 등의 질환과 관계있는 비장종대 2) 간경변증이나 업무수행에 지장이 있는 만성 활동성 간염 3) 거대결장, 게실염, 회장염, 궤양성 대장염으로 고치기 어려운 경우
사. 생식이나 비뇨기 계통	1) 만성 신장염 2) 중증 요실금 3) 만성 신우염 4) 고도의 수신증이나 농신증 5) 활동성 신결핵이나 생식기 결핵 6) 고도의 요도협착 7) 진행성 신기능장애를 동반한 양측성 신결석 및 요관결석 8) 진행성 신기능장애를 동반한 만성신증후군
아. 내분비 계통	1) 중증의 갑상샘 기능 이상 2) 거인증이나 말단비대증 3) 애디슨병 4) 그 밖에 쿠싱증후근 등 뇌하수체의 이상에서 오는 질환 5) 중증인 당뇨병(식전 혈당 140 이상) 및 중증의 대사질환(통풍 등)
자. 혈액이나 조혈 계통	1) 혈우병 2) 혈소판 감소성 자반병 3) 중증의 재생불능성 빈혈 4) 용혈성 빈혈(용혈성 황달) 5) 진성적혈구 과다증 6) 백혈병
차. 신경 계통	1) 다리·머리·척추 등 그 밖에 이상으로 앉아 있거나 걷지 못하는 경우 2) 중추신경계 염증성 질환에 따른 후유증으로 업무수행에 지장이 있는 경우 3) 업무에 적응할 수 없을 정도의 말초신경질환 4) 머리뼈 이상, 뇌 이상이나 뇌 순환장애로 인한 후유증(신경이나 신체증상)이 남아 업무수행에 지장이 있는 경우 5) 뇌 및 척추종양, 뇌기능장애가 있는 경우 6) 전신성·중증 근무력증 및 신경근 접합부 질환 7) 유전성 및 후천성 만성근육질환 8) 만성 진행성·퇴행성 질환 및 탈수조성 질환(유전성 무도병, 근위축성 측색경화증, 보행실조증, 다발성경화증)

검사 항목	불합격 기준
카. 사지	1) 손의 필기능력과 두 손의 악력이 없는 경우 2) 난치의 뼈·관절 질환이나 기형으로 업무수행에 지장이 있는 경우 3) 한쪽 팔이나 한쪽 다리 이상을 쓸 수 없는 경우(운전업무에만 해당한다)
타. 귀	귀의 청력이 500Hz, 1000Hz, 2000Hz에서 측정하여 측정치의 산술평균이 두 귀 모두 40dB 이상인 사람
파. 눈	1) 두 눈의 나안(맨눈) 시력 중 어느 한쪽의 시력이라도 0.5 이하인 경우(다만, 한쪽 눈의 시력이 0.7 이상이고 다른 쪽 눈의 시력이 0.3 이상인 경우는 제외한다)로서 두 눈의 교정시력 중 어느 한쪽의 시력이라도 0.8 이하인 경우(다만, 한쪽 눈의 교정시력이 1.0 이상이고 다른 쪽 눈의 교정시력이 0.5 이상인 경우는 제외한다) 2) 시야의 협착이 1/3 이상인 경우 3) 안구 및 그 부속기의 기질성·활동성·진행성 질환으로 인하여 시력 유지에 위협이 되고, 시기능장애가 되는 질환 4) 안구 운동장애 및 안구진탕 5) 색각이상(색약 및 색맹)
하. 정신 계통	1) 업무수행에 지장이 있는 지적장애 2) 업무에 적응할 수 없을 정도의 성격 및 행동장애 3) 업무에 적응할 수 없을 정도의 정신장애 4) 마약·대마·향정신성 의약품이나 알코올 관련 장애 등 5) 뇌전증 6) 수면장애(폐쇄성 수면 무호흡증, 수면발작, 몽유병, 수면이상증 등)이나 공황장애

비고
1. 철도차량 운전면허 소지자가 다른 종류의 철도차량 운전면허를 취득하려는 경우에는 운전면허 취득을 위한 신체검사를 받은 것으로 본다.
2. 도시철도 관제자격증명을 취득한 사람이 철도 관제자격증명을 취득하려는 경우에는 관제자격증명 취득을 위한 신체검사를 받은 것으로 본다.
3. 철도차량 운전면허 소지자가 관제자격증명을 취득하려는 경우 또는 관제자격증명 취득자가 철도차량 운전면허를 취득하려는 경우에는 관제자격증명 또는 운전면허 취득을 위한 신체검사를 받은 것으로 본다.

2. 운전업무종사자 등에 대한 신체검사

검사항목	불합격 기준	
	최초검사·특별검사	정기검사
가. 일반 결함	1) 신체 각 장기 및 각 부위의 악성종양 2) 중증인 고혈압증(수축기 혈압 180mmHg 이상이고, 확장기 혈압 110mmHg 이상인 경우) 3) 이 표에서 달리 정하지 아니한 법정 감염병 중 직접 접촉, 호흡기 등을 통하여 전파가 가능한 감염병	1) 업무수행에 지장이 있는 악성종양 2) 조절되지 아니하는 중증인 고혈압증 3) 이 표에서 달리 정하지 아니한 법정 감염병 중 직접 접촉, 호흡기 등을 통하여 전파가 가능한 감염병
나. 코·구강·인후 계통	의사소통에 지장이 있는 언어장애나 호흡에 장애를 가져오는 코·구강·인후·식도의 변형 및 기능장애	의사소통에 지장이 있는 언어장애나 호흡에 장애를 가져오는 코·구강·인후·식도의 변형 및 기능장애
다. 피부 질환	다른 사람에게 감염될 위험성이 있는 만성 피부질환자 및 한센병 환자	
라. 흉부 질환	1) 업무수행에 지장이 있는 급성 및 만성 늑막질환 2) 활동성 폐결핵, 비결핵성 폐질환, 중증 만성천식증, 중증 만성기관지염, 중증 기관지확장증 3) 만성 폐쇄성 폐질환	1) 업무수행에 지장이 있는 활동성 폐결핵, 비결핵성 폐질환, 만성 천식증, 만성 기관지염, 기관지확장증 2) 업무수행에 지장이 있는 만성 폐쇄성 폐질환
마. 순환기 계통	1) 심부전증 2) 업무수행에 지장이 있는 발작성 빈맥(분당 150회 이상)이나 기질성 부정맥 3) 심한 방실전도장애 4) 심한 동맥류 5) 유착성 심낭염 6) 폐성심 7) 확진된 관상동맥질환(협심증 및 심근경색증)	1) 업무수행에 지장이 있는 심부전증 2) 업무수행에 지장이 있는 발작성 빈맥(분당 150회 이상)이나 기질성 부정맥 3) 업무수행에 지장이 있는 심한 방실전도장애 4) 업무수행에 지장이 있는 심한 동맥류 5) 업무수행에 지장이 있는 유착성 심낭염 6) 업무수행에 지장이 있는 폐

		성심 7) 업무수행에 지장이 있는 관상동맥질환(협심증 및 심근경색증)
바. 소화기 계통	1) 빈혈증 등의 질환과 관계있는 비장종대 2) 간경변증이나 업무수행에 지장이 있는 만성 활동성 간염 3) 거대결장, 게실염, 회장염, 궤양성 대장염으로 난치인 경우	업무수행에 지장이 있는 만성 활동성 간염이나 간경변증
사. 생식이나 비뇨기 계통	1) 만성 신장염 2) 중증 요실금 3) 만성 신우염 4) 고도의 수신증이나 농신증 5) 활동성 신결핵이나 생식기 결핵 6) 고도의 요도협착 7) 진행성 신기능장애를 동반한 양측성 신결석 및 요관결석 8) 진행성 신기능장애를 동반한 만성신증후군	1) 업무수행에 지장이 있는 만성 신장염 2) 업무수행에 지장이 있는 진행성 신기능장애를 동반한 양측성 신결석 및 요관결석
아. 내분비 계통	1) 중증의 갑상샘 기능 이상 2) 거인증이나 말단비대증 3) 애디슨병 4) 그 밖에 쿠싱증후군 등 뇌하수체의 이상에서 오는 질환 5) 중증인 당뇨병(식전 혈당 140 이상) 및 중증의 대사질환(통풍 등)	업무수행에 지장이 있는 당뇨병, 내분비질환, 대사질환(통풍 등)
자. 혈액이나 조혈 계통	1) 혈우병 2) 혈소판 감소성 자반병 3) 중증의 재생불능성 빈혈 4) 용혈성 빈혈(용혈성 황달) 5) 진성적혈구 과다증 6) 백혈병	1) 업무수행에 지장이 있는 혈우병 2) 업무수행에 지장이 있는 혈소판 감소성 자반병 3) 업무수행에 지장이 있는 재생불능성 빈혈 4) 업무수행에 지장이 있는 용혈성 빈혈(용혈성 황달) 5) 업무수행에 지장이 있는 진

		성적혈구 과다증 6) 업무수행에 지장이 있는 백혈병
차. 신경 계통	1) 다리·머리·척추 등 그 밖에 이상으로 앉아 있거나 걷지 못하는 경우 2) 중추신경계 염증성 질환에 따른 후유증으로 업무수행에 지장이 있는 경우 3) 업무에 적응할 수 없을 정도의 말초신경질환 4) 머리뼈 이상, 뇌 이상이나 뇌순환장애로 인한 후유증(신경이나 신체증상)이 남아 업무수행에 지장이 있는 경우 5) 뇌 및 척추종양, 뇌기능장애가 있는 경우 6) 전신성·중증 근무력증 및 신경근 접합부 질환 7) 유전성 및 후천성 만성근육질환 8) 만성 진행성·퇴행성 질환 및 탈수조성 질환(유전성 무도병, 근위축성 측색경화증, 보행 실조증, 다발성 경화증)	1) 다리·머리·척추 등 그 밖에 이상으로 앉아 있거나 걷지 못하는 경우 2) 중추신경계 염증성 질환에 따른 후유증으로 업무수행에 지장이 있는 경우 3) 업무에 적응할 수 없을 정도의 말초신경질환 4) 머리뼈 이상, 뇌 이상이나 뇌순환장애로 인한 후유증(신경이나 신체증상)이 남아 업무수행에 지장이 있는 경우 5) 뇌 및 척추종양, 뇌기능장애가 있는 경우 6) 전신성·중증 근무력증 및 신경근 접합부 질환 7) 유전성 및 후천성 만성근육질환 8) 업무수행에 지장이 있는 만성 진행성·퇴행성 질환 및 탈수조성 질환(유전성 무도병, 근위축성 측색경화증, 보행 실조증, 다발성 경화증)
카. 사지	1) 손의 필기능력과 두 손의 악력이 없는 경우 2) 난치의 뼈·관절 질환이나 기형으로 업무수행에 지장이 있는 경우 3) 한쪽 팔이나 한쪽 다리 이상을 쓸 수 없는 경우(운전업무에만 해당한다)	1) 손의 필기능력과 두 손의 악력이 없는 경우 2) 난치의 뼈·관절 질환이나 기형으로 업무수행에 지장이 있는 경우 3) 한쪽 팔이나 한쪽 다리 이상을 쓸 수 없는 경우(운전업무에만 해당한다)
타. 귀	귀의 청력이 500Hz, 1000Hz, 2000Hz에서 측정하여 측정치의 산술평균이 두 귀 모두 40dB 이상인 경우	귀의 청력이 500Hz, 1000Hz, 2000Hz에서 측정하여 측정치의 산술평균이 두 귀 모두 40dB 이상인 경우

파. 눈	1) 두 눈의 나안 시력 중 어느 한쪽의 시력이라도 0.5 이하인 경우(다만, 한쪽 눈의 시력이 0.7 이상이고 다른 쪽 눈의 시력이 0.3 이상인 경우는 제외한다)로서 두 눈의 교정시력 중 어느 한쪽의 시력이라도 0.8 이하인 경우(다만, 한쪽 눈의 교정시력이 1.0 이상이고 다른 쪽 눈의 교정시력이 0.5 이상인 경우는 제외한다) 2) 시야의 협착이 1/3 이상인 경우 3) 안구 및 그 부속기의 기질성, 활동성, 진행성 질환으로 인하여 시력 유지에 위협이 되고, 시기능장애가 되는 질환 4) 안구 운동장애 및 안구진탕 5) 색각이상(색약 및 색맹)	1) 두 눈의 나안 시력 중 어느 한쪽의 시력이라도 0.5 이하인 경우(다만, 한쪽 눈의 시력이 0.7 이상이고 다른 쪽 눈의 시력이 0.3 이상인 경우는 제외한다)로서 두 눈의 교정시력 중 어느 한쪽의 시력이라도 0.8 이하인 경우(다만, 한쪽 눈의 교정시력이 1.0 이상이고 다른 쪽 눈의 교정시력이 0.5 이상인 경우는 제외한다) 2) 시야의 협착이 1/3 이상인 경우 3) 안구 및 그 부속기의 기질성, 활동성, 진행성 질환으로 인하여 시력 유지에 위협이 되고, 시기능장애가 되는 질환 4) 안구 운동장애 및 안구진탕 5) 색각이상(색약 및 색맹)
하. 정신 계통	1) 업무수행에 지장이 있는 지적장애 2) 업무에 적응할 수 없을 정도의 성격 및 행동장애 3) 업무에 적응할 수 없을 정도의 정신장애 4) 마약·대마·향정신성 의약품이나 알코올 관련 장애 등 5) 뇌전증 6) 수면장애(폐쇄성 수면 무호흡증, 수면발작, 몽유병, 수면 이상증 등)이나 공황장애	1) 업무수행에 지장이 있는 정신지체 2) 업무에 적응할 수 없을 정도의 성격 및 행동장애 3) 업무에 적응할 수 없을 정도의 정신장애 4) 마약·대마·향정신성 의약품 이나 알코올 관련 장애 등 5) 뇌전증 6) 업무수행에 지장이 있는 수면장애(폐쇄성 수면 무호흡증, 수면발작, 몽유병, 수면 이상증 등)이나 공황장애

[별표 3] 삭제 〈12·12·10〉

[별표 4] 〈개정 12·12·10, 17·1·20, 17·7·25, 20·10·7, 23·1·18〉

적성검사 항목 및 불합격 기준(제16조제2항 관련)

검사대상	검사항목		불합격기준
	문답형 검사	반응형 검사	
1. 고속철도차량 · 제1종전기차량 · 제2종전기차량 · 디젤차량 · 노면전차 · 철도장비 운전업무종사자	· 인성 -일반성격 -안전성향	· 주의력 -복합기능 -선택주의 -지속주의 · 인식 및 기억력 -시각변별 -공간지각 · 판단 및 행동력 -추론 -민첩성	· 문답형 검사항목 중 안전성향 검사에서 부적합으로 판정된 사람 · 반응형 검사 평가점수가 30점 미만인 사람
2. 철도교통관제사 자격증명 응시자	· 인성 -일반성격 -안전성향	· 주의력 -복합기능 -선택주의 · 인식 및 기억력 -시각변별 -공간지각 -작업기억 · 판단 및 행동력 -추론 -민첩성	· 문답형 검사항목 중 안전성향 검사에서 부적합으로 판정된 사람 · 반응형 검사 평가점수가 30점 미만인 사람

비고:
1. 문답형 검사 판정은 적합 또는 부적합으로 한다.
2. 반응형 검사 점수 합계는 70점으로 한다.
3. 안전성향검사는 전문의(정신건강의학) 진단결과로 대체 할 수 있으며, 부적합 판정을 받은 자에 대해서는 당일 1회에 한하여 재검사를 실시하고 그 재검사 결과를 최종적인 검사결과로 할 수 있다.
4. 철도차량 운전면허 소지자가 다른 종류의 철도차량 운전면허를 취득하려는 경우에는 운전적성검사를 받은 것으로 본다. 다만, 철도장비 운전면허 소지자(2020년 10월 8일 이전에 적성검사를 받은 사람만 해당한다)가 다른 종류의 철도차량 운전면허를 취득하려는 경우에는 적성검사를 받아야 한다.
5. 도시철도 관제자격증명을 취득한 사람이 철도 관제자격증명을 취득하려는 경우에는 관제적성검사를 받은 것으로 본다.

[별표 5] 〈개정 08·3·14, 13·3·23, 17·7·25, 17·10·20, 21·6·23, 22·12·19〉

운전적성검사기관 또는 관제적성검사기관의 세부 지정기준(제18조제1항 관련)

1. 검사인력

가. 자격기준

등급	자격자	학력 및 경력자
책임 검사관	1) 정신건강임상심리사 1급 자격을 취득한 사람 2) 정신건강임상심리사 2급 자격을 취득한 사람으로서 2년 이상 적성검사 분야에 근무한 경력이 있는 사람 3) 임상심리사 1급 자격을 취득한 사람 4) 임상심리사 2급 자격을 취득한 사람으로서 2년 이상 적성검사 분야에 근무한 경력이 있는 사람	1) 심리학 관련 분야 박사학위를 취득한 사람 2) 심리학 관련 분야 석사학위 취득한 사람으로서 2년 이상 적성검사 분야에 근무한 경력이 있는 사람 3) 대학을 졸업한 사람(법령에 따라 이와 같은 수준 이상의 학력이 있다고 인정되는 사람을 포함한다)으로서 선임검사관 경력이 2년 이상 있는 사람
선임 검사관	1) 정신건강임상심리사 2급 자격을 취득한 사람 2) 임상심리사 2급 자격을 취득한 사람	1) 심리학 관련 분야 석사학위를 취득한 사람 2) 심리학 관련 분야 학사학위 취득한 사람으로서 2년 이상 적성검사 분야에 근무한 경력이 있는 사람 3) 대학을 졸업한 사람(법령에 따라 이와 같은 수준 이상의 학력이 있다고 인정되는 사람을 포함한다)으로서 검사관 경력이 5년 이상 있는 사람
검사관		학사학위 이상 취득자

비고: 가목의 자격기준 중 책임검사관 및 선임검사관의 경력은 해당 자격·학위·졸업 또는 학력을 취득·인정받기 전과 취득·인정받은 후의 경력을 모두 포함한다.

나. 보유기준

1) 운전적성검사 또는 관제적성검사(이하 이 표에서 "적성검사"라 한다) 업무를 수행하는 상설 전담조직을 1일 50명을 검사하는 것을 기준으로 하며, 책임검사관과 선임검사관 및 검사관은 각각 1명 이상 보유하여야 한다.

2) 1일 검사인원이 25명 추가될 때마다 적성검사를 진행할 수 있는 검사관을 1명씩 추가로 보유하여야 한다.

2. 시설 및 장비

가. 시설기준

1) 1일 검사능력 50명(1회 25명) 이상의 검사장(70㎡ 이상이어야 한다)을 확보하여야 한다. 이 경우 분산된 검사장은 제외한다.

나. 장비기준

1) 별표 4 또는 별표 13에 따른 문답형 검사 및 반응형 검사를 할 수 있는 검사장비와 프로그램을 갖추어야 한다.

2) 적성검사기관 공동으로 활용할 수 있는 프로그램(별표 4 및 별표 13에 따른 문답형 검사 및 반응형 검사)을 개발할 수 있어야 한다.

3. 업무규정

가. 조직 및 인원

나. 검사 인력의 업무 및 책임

다. 검사체제 및 절차

라. 각종 증명의 발급 및 대장의 관리

마. 장비운용·관리계획

바. 자료의 관리·유지

사. 수수료 징수기준

아. 그 밖에 국토교통부장관이 적성검사 업무수행에 필요하다고 인정하는 사항

4. 일반사항

가. 국토교통부장관은 2개 이상의 운전적성검사기관 또는 관제적성검사기관을 지정한 경우에는 모든 운전적성검사기관 또는 관제적성검사기관에서 실시하는 적성검사의 방법 및 검사항목 등이 동일하게 이루어지도록 필요한 조치를 하여야 한다.

나. 국토교통부장관은 철도차량운전자 등의 수급계획과 운영계획 및 검사에 필요한 프로그램개발 등을 종합 검토하여 필요하다고 인정하는 경우에는 1개 기관만 지정할 수 있다. 이 경우 전국의 분산된 5개 이상의 장소에서 검사를 할 수 있어야 한다.

[별표 6] 〈개정 09·2·27, 12·12·10, 17·1·20, 17·7·25〉

운전적성검사기관 및 관제적성검사기관의 지정취소 및 업무정지의 기준

(제19조제1항 관련)

위반사항	해당 법조문	처분기준			
		1차 위반	2차 위반	3차 위반	4차 위반
1. 거짓이나 그 밖의 부정한 방법으로 지정을 받은 경우	법 제15조의2 제1항제1호	지정취소			
2. 업무정지 명령을 위반하여 그 정지기간 중 운전적성검사업무 또는 관제적성검사업무를 한 경우	법 제15조의2 제1항제2호	지정취소			
3. 법 제15조제5항 또는 제21조의6제4항에 따른 지정기준에 맞지 아니하게 된 경우	법 제15조의2 제1항제3호	경고 또는 보완명령	업무정지 1개월	업무정지 3개월	지정취소
4. 정당한 사유 없이 운전적성검사업무 또는 관제적성검사업무를 거부한 경우	법 제15조의2 제1항제4호	경고	업무정지 1개월	업무정지 3개월	지정취소
5. 법 제15조제6항을 위반하여 거짓이나 그 밖의 부정한 방법으로 운전적성검사판정서 또는 관제적성검사판정서를 발급한 경우	법 제15조의2 제1항제5호	업무정지 1개월	업무정지 3개월	지정취소	

비 고

1. 위반행위가 둘 이상인 경우로서 그에 해당하는 각각의 처분기준이 다른 경우에는 그 중 무거운 처분기준에 따르며, 위반행위가 둘 이상인 경우로서 그에 해당하는 각각의 처분기준이 같은 경우에는 무거운 처분기준의 2분의 1까지 가중할 수 있되, 각 처분기준을 합산한 기간을 초과할 수 없다.
2. 위반행위의 횟수에 따른 행정처분의 가중된 부과기준은 최근 1년간 같은 위반행위로 행정처분을 받은 경우에 적용한다. 이 경우 기간의 계산은 위반행위에 대하여 행정처분을 받은 날과 그 처분 후 다시 같은 위반행위를 하여 적발된 날을 기준으로 한다.
3. 비고 제2호에 따라 가중된 행정처분을 하는 경우 가중처분의 적용 차수는 그 위반행위 전 부과처분 차수(비고 제2호에 따른 기간 내에 행정처분이 둘 이상 있었던 경우에는 높은 차수를 말한다)의 다음 차수로 한다.
4. 처분권자는 위반행위의 동기·내용 및 위반의 정도 등 다음 각 목에 해당하는 사유를 고려하여 그 처분을 감경할 수 있다. 이 경우 그 처분이 업무정지인 경우에는 그 처분기준의 2분의 1 범위에서 감경할 수 있고, 지정취소인 경우(거짓이나 그 밖의 부정한 방법으로 지정을 받은 경우나 업무정지 명령을 위반하여 그 정지기간 중 적성검사업무를 한 경우는 제외한다)에는 3개월의 업무정지 처분으로 감경할 수 있다.
   가. 위반행위가 고의나 중대한 과실이 아닌 사소한 부주의나 오류로 인한 것으로 인정되는 경우
   나. 위반의 내용·정도가 경미하여 이해관계인에게 미치는 피해가 적다고 인정되는 경우

[별표 7] 〈개정 10·3·30, 12·12·10, 17·1·20, 19·10·23, 20·5·27, 23·1·18〉

운전면허 취득을 위한 교육훈련 과정별 교육시간 및 교육훈련과목

(제20조제3항 관련)

1. 일반응시자

교육과정	교육과목 및 시간 이론교육	교육과목 및 시간 기능교육
가. 디젤차량 운전면허 (810)	• 철도관련법(50) • 철도시스템 일반(60) • 디젤 차량의 구조 및 기능(170) • 운전이론 일반(30) • 비상시 조치(인적오류 예방 포함) 등(30)	• 현장실습교육 • 운전실무 및 모의운행 훈련 • 비상시 조치 등
	340시간	470시간
나. 제1종 전기 차량 운전면허 (810)	• 철도관련법(50) • 철도시스템 일반(60) • 전기기관차의 구조 및 기능(170) • 운전이론 일반(30) • 비상시 조치(인적오류 예방 포함) 등(30)	• 현장실습교육 • 운전실무 및 모의운행 훈련 • 비상시 조치 등
	340시간	470시간
다. 제2종 전기 차량 운전면허 (680)	• 철도관련법(50) • 도시철도시스템 일반(50) • 전기동차의 구조 및 기능(110) • 운전이론 일반(30) • 비상시 조치(인적오류 예방 포함) 등(30)	• 현장실습교육 • 운전실무 및 모의운행 훈련 • 비상시 조치 등
	270시간	410시간
라. 철도장비 운전면허 (340)	• 철도관련법(50) • 철도시스템 일반(40) • 기계·장비의 구조 및 기능(60) • 비상시 조치(인적오류 예방 포함) 등(20)	• 현장실습교육 • 운전실무 및 모의운행 훈련 • 비상시 조치 등
	170시간	170시간
마. 노면전차 운전면허 (440)	• 철도관련법(50) • 노면전차 시스템 일반(40) • 노면전차의 구조 및 기능(80) • 비상시 조치(인적오류 예방 포함) 등(30)	• 현장실습교육 • 운전실무 및 모의운행 훈련 • 비상시 조치 등
	200시간	240시간

* 이론교육의 과목별 교육시간은 100분의 20 범위 내에서 조정 가능.

2. 운전면허 소지자

( ) : 시간

소지면허	교육과정	교육과목 및 시간 이론교육	교육과목 및 시간 기능교육
가. 디젤차량운전면허·제1종전기차량운전면허·제2종전기차량 운전면허	고속철도차량 운전면허 (420)	• 고속철도 시스템 일반(15) • 고속전기차량의 구조 및 기능(85) • 고속철도 운전이론 일반(10) • 고속철도 운전관련 규정(20) • 비상시 조치(인적오류 예방 포함) 등(10)	• 현장실습교육 • 운전실무 및 모의운행 훈련 • 비상시 조치 등
		140시간	280시간
나. 디젤차량 운전면허	1) 제1종 전기차량운전면허 (85)	• 전기기관차의 구조 및 기능(40) • 비상시 조치(인적오류 예방 포함) 등(10)	• 현장실습교육 • 운전실무 및 모의운행 훈련
		50시간	35시간
	2) 제2종 전기차량운전면허 (85)	• 도시철도 시스템 일반(10) • 전기동차의 구조 및 기능(30) • 비상시 조치(인적오류 예방 포함) 등(10)	• 현장실습교육 • 운전실무 및 모의운행 훈련
		50시간	35시간
	3) 노면전차 운전면허 (60)	• 노면전차 시스템 일반(10) • 노면전차의 구조 및 기	• 현장실습교육 • 운전실무 및 모의운행 훈련

소지면허	교육과목 및 시간		
	교육과정	이론교육	기능교육
		능(25) • 비상시 조치(인적오류 예방 포함) 등(5)	
		40시간	20시간
다. 제1종전기 차량운전면허	1) 디젤차량 운전면허 (85)	• 디젤 차량의 구조 및 기능(40) • 비상시 조치(인적오류 예방 포함) 등(10)	• 현장실습교육 • 운전실무 및 모의운행 훈련
		50시간	35시간
	2) 제2종 전기 차량운전면허 (85)	• 도시철도 시스템 일반 (10) • 전기동차의 구조 및 기능(30) • 비상시 조치(인적오류 예방 포함) 등(10)	• 현장실습교육 • 운전실무 및 모의운행 훈련
		50시간	35시간
	3) 노면전차 운전면허 (50)	• 노면전차 시스템 일반 (10) • 노면전차의 구조 및 기능(15) • 비상시 조치(인적오류 예방 포함) 등(5)	• 현장실습교육 • 운전실무 및 모의운행 훈련
		30시간	20시간
라. 제2종전기 차량운전면허	1) 디젤차량 운전면허 (130)	• 철도시스템 일반(10) • 디젤 차량의 구조 및 기능(45) • 비상시 조치(인적오류 예방 포함) 등(5)	• 현장실습교육 • 운전실무 및 모의운행 훈련
		60시간	70시간
	2) 제1종 전기 차량운전면허 (130)	• 철도시스템 일반(10) • 전기기관차의 구조 및 기능(45) • 비상시 조치(인적오류 예방 포함) 등(5)	• 현장실습교육 • 운전실무 및 모의운행 훈련
		60시간	70시간

소지면허	교육과목 및 시간		
	교육과정	이론교육	기능교육
	3) 노면전차 운전면허 (50)	• 노면전차 시스템 일반 (10) • 노면전차의 구조 및 기능(15) • 비상시 조치(인적오류 예방 포함) 등(5)	• 현장실습교육 • 운전실무 및 모의운행 훈련
		30시간	20시간
마. 철도장비 운전면허	1) 디젤차량 운전면허 (460)	• 철도관련법(30) • 철도시스템 일반(30) • 디젤차량의 구조 및 기능(100) • 운전이론(30) • 비상시 조치(인적오류 예방 포함) 등(10)	• 현장실습교육 • 운전실무 및 모의운행 훈련 • 비상시 조치 등
		200시간	260시간
	2) 제1종 전기 차량운전면허 (460)	• 철도관련법(30) • 철도시스템 일반(30) • 전기기관차의 구조 및 기능(100) • 운전이론(30) • 비상시 조치(인적오류 예방 포함) 등(10)	• 현장실습교육 • 운전실무 및 모의운행 훈련 • 비상시 조치 등
		200시간	260시간
	3) 제2종 전기 차량운전면허 (340)	• 철도관련법(30) • 도시철도시스템 일반(30) • 전기동차의 구조 및 기능(70) • 운전이론(30) • 비상시 조치(인적오류 예방 포함) 등(10)	• 현장실습교육 • 운전실무 및 모의운행 훈련 • 비상시 조치 등
		170시간	170시간
	4) 노면전차 운전면허 (220)	• 철도관련법(30) • 노면전차시스템 일반 (20) • 노면전차의 구조 및 기	• 현장실습교육 • 운전실무 및 모의운행 훈련 • 비상시 조치 등

소지면허	교육과목 및 시간		
	교육과정	이론교육	기능교육
		능(60) • 비상시 조치(인적오류 예방 포함) 등(10)	
		120시간	100시간
바. 노면전차 운전면허	1) 디젤차량 운전면허 (320)	• 철도관련법(30) • 철도시스템 일반(30) • 디젤 차량의 구조 및 기능(100) • 운전이론(30) • 비상시 조치(인적오류 예방 포함) 등(10)	• 현장실습교육 • 운전실무 및 모의운행 훈련 • 비상시 조치 등
		200시간	120시간
	2) 제1종 전기차량운전면허 (320)	• 철도관련법(30) • 철도시스템 일반(30) • 전기기관차의 구조 및 기능(100) • 운전이론(30) • 비상시 조치(인적오류 예방 포함) 등(10)	• 현장실습교육 • 운전실무 및 모의운행 훈련 • 비상시 조치 등
		200시간	120시간
	3) 제2종 전기차량운전면허 (275)	• 철도관련법(30) • 도시철도시스템 일반(30) • 전기동차의 구조 및 기능(70) • 운전이론(30) • 비상시 조치(인적오류 예방 포함) 등(10)	• 현장실습교육 • 운전실무 및 모의운행 훈련 • 비상시 조치 등
		170시간	105시간
	4) 철도장비 운전면허 (165)	• 철도관련법(30) • 철도시스템 일반(20) • 기계 · 장비의 구조 및 기능(60) • 비상시 조치(인적오류 예방 포함) 등(10)	• 현장실습교육 • 운전실무 및 모의운행 훈련 • 비상시 조치 등
		120시간	45시간

* 이론교육의 과목별 교육시간은 100분의 20 범위 내에서 조정 가능.

3. 관제자격증명 취득자

( ): 시간

소지면허	교육과목 및 시간		
	교육과정	이론교육	기능교육
가. 철도 관제 자격증명	1) 디젤차량 운전면허 (260)	• 디젤 차량의 구조 및 기능(100) • 운전이론(30) • 비상시 조치(인적오류 예방 포함) 등(10)	• 현장실습교육 • 운전실무 및 모의운행 훈련 • 비상시 조치 등
		140시간	120시간
	2) 제1종 전기차량운전면허 (260)	• 전기기관차의 구조 및 기능(100) • 운전이론(30) • 비상시 조치(인적오류 예방 포함) 등(10)	• 현장실습교육 • 운전실무 및 모의운행 훈련 • 비상시 조치 등
		140시간	120시간
	3) 제2종 전기차량운전면허 (215)	• 전기동차의 구조 및 기능(70) • 운전이론(30) • 비상시 조치(인적오류 예방 포함) 등(10)	• 현장실습교육 • 운전실무 및 모의운행 훈련 • 비상시 조치 등
		110시간	105시간
	4) 철도장비 운전면허 (115)	• 기계 · 장비의 구조 및 기능(60) • 비상시 조치(인적오류 예방 포함) 등(10)	• 현장실습교육 • 운전실무 및 모의운행 훈련 • 비상시 조치 등
		70시간	45시간
	5) 노면전차 운전면허 (170)	• 노면전차의 구조 및 기능(60) • 비상시 조치(인적오류 예방 포함) 등(10)	• 현장실습교육 • 운전실무 및 모의운행 훈련 • 비상시 조치 등
		70시간	100시간
나. 도시철도 관제자격증명	1) 디젤차량 운전면허 (290)	• 철도시스템 일반(30) • 디젤 차량의 구조 및 기능(100) • 운전이론(30) • 비상시 조치(인적오류 예방 포함) 등(10)	• 현장실습교육 • 운전실무 및 모의운행 훈련 • 비상시 조치 등
		170시간	120시간

소지면허	교육과목 및 시간		
	교육과정	이론교육	기능교육
	2) 제1종 전기차량운전면허 (290)	• 철도시스템 일반(30) • 전기기관차의 구조 및 기능(100) • 운전이론(30) • 비상시 조치(인적오류 예방 포함) 등(10)	• 현장실습교육 • 운전실무 및 모의운행 훈련 • 비상시 조치 등
		170시간	120시간
	3) 제2종 전기차량운전면허 (215)	• 전기동차의 구조 및 기능(70) • 운전이론(30) • 비상시 조치(인적오류 예방 포함) 등(10)	• 현장실습교육 • 운전실무 및 모의운행 훈련 • 비상시 조치 등
		110시간	105시간
	4) 철도장비 운전면허 (135)	• 철도시스템 일반(20) • 기계 · 장비의 구조 및 기능(60) • 비상시 조치(인적오류 예방 포함) 등(10)	• 현장실습교육 • 운전실무 및 모의운행 훈련 • 비상시 조치 등
		90시간	45시간
	5) 노면전차 운전면허 (170)	• 노면전차의 구조 및 기능(60) • 비상시 조치(인적오류 예방 포함) 등(10)	• 현장실습교육 • 운전실무 및 모의운행 훈련 • 비상시 조치 등
		70시간	100시간

* 이론교육의 과목별 교육시간은 100분의 20 범위 내에서 조정 가능

4. 철도차량 운전 관련 업무경력자

( ) : 시간

경력	교육과목 및 시간		
	교육과정	이론교육	기능교육
가. 철도차량 운전업무 보조경력 1년 이상(철도장비의 경우 철도장비운전업무수행경력 3년 이상)	디젤 또는 제1종 차량 운전면허 (290)	• 철도관련법(30) • 철도시스템 일반(20) • 디젤 차량 또는 전기기관차의 구조 및 기능(100) • 운전이론 일반(20) • 비상시 조치(인적오류 예방 포함) 등(20)	• 현장실습교육 • 운전실무 및 모의운행 훈련 • 비상시 조치 등
		190시간	100시간
나. 철도차량 운전업무 보조경력 1년 이상 또는 전동차 차장 경력이 2년 이상	1) 제2종 전기차량운전면허 (290)	• 철도관련법(30) • 도시철도시스템 일반(30) • 전기동차의 구조 및 기능(90) • 운전이론 일반(30) • 비상시 조치(인적오류 예방 포함) 등(10)	• 현장실습교육 • 운전실무 및 모의운행 훈련 • 비상시 조치 등
		190시간	100시간
	2) 노면전차 운전면허 (140)	• 철도관련법(20) • 노면전차시스템 일반(10) • 노면전차의 구조 및 기능(40) • 비상시 조치(인적오류 예방 포함) 등(10)	• 현장실습교육 • 운전실무 및 모의운행 훈련 • 비상시 조치 등
		80시간	60시간
다. 철도차량 운전업무 보조경력 1년 이상	철도장비 운전면허 (100)	• 철도관련법(20) • 철도시스템 일반(10) • 기계·장비의 구	• 현장실습교육 • 운전실무 및 모의운행 훈련 • 비상시 조치 등

경력	교육과목 및 시간		
	교육과정	이론교육	기능교육
		조 및 기능(40) • 비상시 조치(인적오류 예방 포함) 등(10)	
		80시간	20시간
라. 철도건설 및 유지보수에 필요한 기계 또는 장비작업경력 1년 이상	철도장비 운전면허 (185)	• 철도관련법(20) • 철도시스템 일반(20) • 기계·장비의 구조 및 기능(70) • 비상시 조치(인적오류 예방 포함) 등(10)	• 현장실습교육 • 운전실무 및 모의운행 훈련 • 비상시 조치 등
		120시간	65시간

* 이론교육의 과목별 교육시간은 100분의 20 범위 내에서 조정 가능.

5. 철도 관련 업무경력자

( ) : 시간

경력	교육과목 및 시간		
	교육과정	이론교육	기능교육
철도운영자에 소속되어 철도 관련 업무에 종사한 경력 3년 이상인 사람	1) 디젤 또는 제1종 차량 운전면허 (395)	• 철도관련법(30) • 철도시스템 일반(30) • 디젤 차량 또는 전기기관차의 구조 및 기능(150) • 운전이론 일반(20) • 비상시 조치(인적오류 예방 포함) 등(20)	• 현장실습교육 • 운전실무 및 모의운행 훈련 • 비상시 조치 등
		250시간	145시간
	2) 제2종 전기차량 운전면허 (340)	• 철도관련법(30) • 도시철도시스템 일반(30) • 전기동차의 구조 및 기능(100) • 운전이론 일반(20) • 비상시 조치(인적오류 예방 포함) 등(20)	• 현장실습교육 • 운전실무 및 모의운행 훈련 • 비상시 조치 등
		200시간	140시간
	3) 철도장비 운전면허 (215)	• 철도관련법(30) • 철도시스템 일반(20) • 기계·장비의 구조 및 기능(70) • 비상시 조치(인적오류 예방 포함) 등(10)	• 현장실습교육 • 운전실무 및 모의운행 훈련 • 비상시 조치 등
		130시간	85시간
	4) 노면전차 운전면허 (215)	• 철도관련법(30) • 노면전차시스템 일반(20) • 노면전차의 구조 및 기능(70) • 비상시 조치(인적오류 예방 포함) 등(10)	• 현장실습교육 • 운전실무 및 모의운행 훈련 • 비상시 조치 등
		130시간	85시간

* 이론교육의 과목별 교육시간은 100분의 20 범위 내에서 조정 가능.

6. 버스 운전 경력자

( ) : 시간

경력	교육과목 및 시간		
	교육과정	이론교육	기능교육
「여객자동차운수사업법 시행령」 제3조제1호에 따른 노선 여객자동차운송사업에 종사한	노면전차 운전면허 (250)	• 철도관련법(30) • 노면전차시스템 일반(20) • 노면전차의 구조 및 기능(70) • 비상시 조치(인	• 현장실습교육 • 운전실무 및 모의운행 훈련 • 비상시 조치 등

경력	교육과목 및 시간		
	교육과정	이론교육	기능교육
경력이 1년 이상인 사람		적오류 예방 포함) 등(10)	
		130시간	120시간

* 이론교육의 과목별 교육시간은 100분의 20 범위 내에서 조정 가능.

7. 일반사항

가. 철도관련법은 「철도안전법」과 그 하위법령 및 철도차량운전에 필요한 규정을 말한다.

나. 고속철도차량 운전면허를 취득하기 위해 교육훈련을 받으려는 사람은 법 제21조에 따른 디젤차량, 제1종 전기차량 또는 제2종 전기차량의 운전업무 수행경력이 3년 이상 있어야 한다. 이 경우 운전업무 수행경력이란 운전업무종사자로서 운전실에 탑승하여 전방 선로감시 및 운전관련 기기를 실제로 취급한 기간을 말한다.

다. 모의운행훈련은 전(全) 기능 모의운전연습기를 활용한 교육훈련과 병행하여 실시하는 기본기능 모의운전연습기 및 컴퓨터지원교육시스템을 활용한 교육훈련을 포함한다.

라. 노면전차 운전면허를 취득하기 위한 교육훈련을 받으려는 사람은 「도로교통법」 제80조에 따른 운전면허를 소지하여야 한다.

마. 법 제16조제3항에 따른 운전훈련교육기관으로 지정받은 대학의 장은 해당 대학의 철도운전 관련 학과의 정규과목 이수를 제1호부터 제5호까지의 규정에 따른 이론교육의 과목 이수로 인정할 수 있다.

바. 제1호부터 제6호까지에 동시에 해당하는 자에 대해서는 이론교육 · 기능교육 훈련 시간의 합이 가장 적은 기준을 적용한다.

[별표 8] 〈개정 08 · 3 · 14, 10 · 3 · 30, 13 · 3 · 23, 17 · 1 · 20, 22 · 12 · 19〉

교육훈련기관의 세부 지정기준(제22조제1항 관련)

1. 인력기준

가. 자격기준

등 급	학력 및 경력
책임교수	1) 박사학위 소지자로서 철도교통에 관한 업무에 10년 이상 또는 철도차량 운전 관련 업무에 5년 이상 근무한 경력이 있는 사람 2) 석사학위 소지자로서 철도교통에 관한 업무에 15년 이상 또는 철도차량 운전 관련 업무에 8년 이상 근무한 경력이 있는 사람 3) 학사학위 소지자로서 철도교통에 관한 업무에 20년 이상 또는 철도차량 운전 관련 업무에 10년 이상 근무한 경력이 있는 사람 4) 철도 관련 4급 이상의 공무원 경력 또는 이와 같은 수준 이상의 자격 및 경력이 있는 사람 5) 대학의 철도차량 운전 관련 학과에서 조교수 이상으로 재직한 경력이 있는 사람 6) 선임교수 경력이 3년 이상 있는 사람
선임교수	1) 박사학위 소지자로서 철도교통에 관한 업무에 5년 이상 또는 철도차량 운전 관련 업무에 3년 이상 근무한 경력이 있는 사람 2) 석사학위 소지자로서 철도교통에 관한 업무에 10년 이상 또는 철도차량 운전 관련 업무에 5년 이상 근무한 경력이 있는 사람 3) 학사학위 소지자로서 철도교통에 관한 업무에 15년 이상 또는 철도차량 운전 관련 업무에 8년 이상 근무한 경력이 있는 사람 4) 철도차량 운전업무에 5급 이상의 공무원 경력 또는 이와 같은 수준 이상의 자격 및 경력이 있는 사람 5) 대학의 철도차량 운전 관련 학과에서 전임강사 이상으로 재직한 경력이 있는 사람 6) 교수 경력이 3년 이상 있는 사람
교 수	1) 학사학위 소지자로서 철도차량 운전업무수행자에 대한 지도교육 경력이 2년 이상 있는 사람 2) 전문학사학위 소지자로서 철도차량 운전업무수행자에 대한 지도교육 경력이 3년 이상 있는 사람 3) 고등학교 졸업자로서 철도차량 운전업무수행자에 대한 지도교육 경력이 5년 이상 있는 사람 4) 철도차량 운전과 관련된 교육기관에서 강의 경력이 1년 이상 있는 사람

비고:
1. "철도교통에 관한 업무"란 철도운전·안전·차량·기계·신호·전기·시설에 관한 업무를 말한다.
2. "철도차량운전 관련 업무"란 철도차량 운전업무수행자에 대한 안전관리·지도교육 및 관리감독 업무를 말한다.
3. 교수의 경우 해당 철도차량 운전업무 수행경력이 3년 이상인 사람으로서 학력 및 경력의 기준을 갖추어야 한다.
4. 고속철도차량 교수의 경우 종전 철도청에서 실시한 교수요원 양성과정(해외교육 이수자를 포함한다) 이수자 중 학력 및 경력 미달자도 고속철도차량 교수를 할 수 있다.
5. 해당 철도차량 운전업무 수행경력이 있는 사람으로서 현장 지도교육의 경력은 운전업무 수행경력으로 합산할 수 있다.
6. 책임교수·선임교수의 학력 및 경력란 1)부터 3)까지의 "근무한 경력" 및 교수의 학력 및 경력란 1)부터 3)까지의 "지도교육 경력"은 해당 학위를 취득 또는 졸업하기 전과 취득 또는 졸업한 후의 경력을 모두 포함한다.

나. 보유기준
1) 1회 교육생 30명을 기준으로 철도차량 운전면허 종류별 전임 책임교수, 선임교수, 교수를 각 1명 이상 확보하여야 하며, 운전면허 종류별 교육인원이 15명 추가될 때마다 운전면허 종류별 교수 1명 이상을 추가로 확보하여야 한다. 이 경우 추가로 확보하여야 하는 교수는 비전임으로 할 수 있다.
2) 두 종류 이상의 운전면허 교육을 하는 지정기관의 경우 책임교수는 1명만 둘 수 있다.

2. 시설기준
가. 강의실
- 면적은 교육생 30명 이상 한 번에 수용할 수 있어야 한다(60제곱미터 이상). 이 경우 1제곱미터당 수용인원은 1명을 초과하지 아니하여야 한다.

나. 기능교육장
1) 전 기능 모의운전연습기·기본기능 모의운전연습기 등을 설치할 수 있는 실습장을 갖추어야 한다.
2) 30명이 동시에 실습할 수 있는 컴퓨터지원시스템 실습장(면적 90㎡ 이상)을 갖추어야 한다.

다. 그 밖에 교육훈련에 필요한 사무실·편의시설 및 설비를 갖출 것

3. 장비기준
가. 실제차량
- 철도차량 운전면허별로 교육훈련기관으로 지정받기 위하여 고속철도차량·전기기관차·전기동차·디젤기관차·철도장비·노면전차를 각각 보유하고, 이를 운용할 수 있는 선로, 전기·신호 등의 철도시스템을 갖출 것

나. 모의운전연습기

장 비 명	성능기준	보유기준	비고
전 기능 모의운전연습기	• 운전실 및 제어용 컴퓨터시스템 • 선로영상시스템 • 음향시스템 • 고장처치시스템 • 교수제어대 및 평가시스템	1대 이상 보유	
	• 플랫홈시스템 • 구원운전시스템 • 진동시스템	권장	
기본기능 모의운전연습기	• 운전실 및 제어용 컴퓨터시스템 • 선로영상시스템 • 음향시스템 • 고장처치시스템	5대 이상 보유	1회 교육수요(10명 이하)가 적어 실제차량으로 대체하는 경우 1대 이상으로 조정할 수 있음
	• 교수제어대 및 평가시스템	권장	

비고:
1. "전 기능 모의운전연습기"란 실제차량의 운전실과 유사하게 제작한 장비를 말한다.
2. "기본기능 모의운전연습기"란 철도차량의 운전훈련에 꼭 필요한 부분만을 제작한 장비를 말한다.
3. "보유"란 교육훈련을 위하여 설비나 장비를 필수적으로 갖추어야 하는 것을 말한다.
4. "권장"이란 원활한 교육의 진행을 위하여 설비나 장비를 향후 갖추어야 하는 것을 말한다.
5. 교육훈련기관으로 지정받기 위하여 철도차량 운전면허 종류별로 모의운전연습기나 실제차량을 갖추어야 한다. 다만, 부득이한 경우 등 국토교통부장관이 인정하는 경우에는 기본기능 모의운전연습기의 보유기준은 조정할 수 있다.

다. 컴퓨터지원교육시스템

성능기준	보유기준	비고
• 운전 기기 설명 및 취급법 • 운전 이론 및 규정 • 신호(ATS, ATC, ATO, ATP) 및 제동이론 • 차량의 구조 및 기능 • 고장처치 목록 및 절차 • 비상 시 조치 등	지원교육프로그램 및 컴퓨터 30대 이상 보유	컴퓨터지원교육시스템은 차종별 프로그램만 갖추면 다른 차종과 공유하여 사용할 수 있음

비 고: "컴퓨터지원교육시스템"이란 컴퓨터의 멀티미디어 기능을 활용하여 운전·차량·신호 등을 학습할 수 있도록 제작된 프로그램 및 이를 지원하는 컴퓨터시스템 일체를 말한다.

라. 제1종 전기차량 운전면허 및 제2종 전기차량 운전면허의 경우는 팬터그래프, 변압기, 컨버터, 인버터, 견인전동기, 제동장치에 대한 설비교육이 가능한 실제 장비를 추가로 갖출 것. 다만, 현장교육이 가능한 경우에는 장비를 갖춘 것으로 본다.

4. 국토교통부장관이 정하는 필기시험 출제범위에 적합한 교재를 갖출 것

5. 교육훈련기관 업무규정의 기준
가. 교육훈련기관의 조직 및 인원
나. 교육생 선발에 관한 사항
다. 연간 교육훈련계획: 교육과정 편성, 교수인력의 지정 교과목 및 내용 등
라. 교육기관 운영계획
마. 교육생 평가에 관한 사항
바. 실습설비 및 장비 운용방안
사. 각종 증명의 발급 및 대장의 관리
아. 교수인력의 교육훈련
자. 기술도서 및 자료의 관리·유지
차. 수수료 징수에 관한 사항
카. 그 밖에 국토교통부장관이 철도전문인력 교육에 필요하다고 인정하는 사항

[별표 9] 〈개정 09·2·27, 12·12·10, 17·1·20, 17·7·25〉

운전교육훈련기관의 지정취소 및 업무정지기준(제23조제1항 관련)

위반사항	근거 법조문	처분기준			
		1차 위반	2차 위반	3차 위반	4차 위반
1. 거짓이나 그 밖의 부정한 방법으로 지정을 받은 경우	법 제16조제5항제1호	지정취소			
2. 업무정지 명령을 위반하여 그 정지기간 중 운전교육훈련업무를 한 경우	법 제16조제5항제2호	지정취소			
3. 법 제16조제4항에 따른 지정기준에 맞지 아니한 경우	법 제16조제5항제3호	경고 또는 보완명령	업무정지 1개월	업무정지 3개월	지정취소
4. 정당한 사유 없이 운전교육훈련업무를 거부한 경우	법 제16조제5항제4호	경고	업무정지 1개월	업무정지 3개월	지정취소
5. 법 제16조제5항을 위반하여 거짓이나 그 밖의 부정한 방법으로 운전교육훈련 수료증을 발급한 경우	법 제16조제5항제5호	업무정지 1개월	업무정지 3개월	지정취소	

비고:
1. 위반행위가 둘 이상인 경우로서 그에 해당하는 각각의 처분기준이 다른 경우에는 그 중 무거운 처분기준에 따르며, 위반행위가 둘 이상인 경우로서 그에 해당하는 각각의 처분기준이 같은 경우에는 무거운 처분기준의 2분의 1까지 가중할 수 있되, 각 처분기준을 합산한 기간을 초과할 수 없다.
2. 위반행위의 횟수에 따른 행정처분의 가중된 부과기준은 최근 1년간 같은 위반행위로 행정처분을 받은 경우에 적용한다. 이 경우 기간의 계산은 위반행위에 대하여 행정처분을 받은 날과 그 처분 후 다시 같은 위반행위를 하여 적발된 날을 기준으로 한다.
3. 비고 제2호에 따라 가중된 행정처분을 하는 경우 가중처분의 적용 차수는 그 위반행위 전 부과처분 차수(비고 제2호에 따른 기간 내에 행정처분이 둘 이상 있었던 경우에는 높은 차수를 말한다)의 다음 차수로 한다.
4. 처분권자는 위반행위의 동기·내용 및 위반의 정도 등 다음 각 목에 해당하는 사유를 고려하여 그 처분을 감경할 수 있다. 이 경우 그 처분이 업무정지인 경우에는 그 처분기준의 2분의 1 범위에서 감경할 수 있고, 지정취소인 경우(거짓이나 그 밖의 부정한 방법으로 지정을 받은 경우나 업무정지 명령을 위반하여 정지기간 중 교육훈련업무를 한 경우는 제외한다)에는 3개월의 업무정지 처분으로 감경할 수 있다.
가. 위반행위가 고의나 중대한 과실이 아닌 사소한 부주의나 오류로 인한 것으로 인정되는 경우
나. 위반의 내용·정도가 경미하여 이해관계인에게 미치는 피해가 적다고 인정되는 경우

[별표 10] 〈개정 10·3·30, 12·12·10, 17·1·20, 20·5·27, 23·1·18〉

철도차량 운전면허시험의 과목 및 합격기준(제24조제2항 관련)

1. 운전면허 시험의 응시자별 면허시험 과목

가. 일반응시자·철도차량 운전 관련 업무경력자·철도 관련 업무 경력자·버스 운전 경력자

응시면허	필기시험	기능시험
디젤차량 운전면허	• 철도 관련 법 • 철도시스템 일반 • 디젤차량의 구조 및 기능 • 운전이론 일반 • 비상 시 조치 등	• 준비점검 • 제동취급 • 제동기 외의 기기 취급 • 신호준수, 운전취급, 신호·선로 숙지 • 비상 시 조치 등
제1종 전기차량 운전면허	• 철도 관련 법 • 철도시스템 일반 • 전기기관차의 구조 및 기능 • 운전이론 일반 • 비상 시 조치 등	• 준비점검 • 제동취급 • 제동기 외의 기기 취급 • 신호준수, 운전취급, 신호·선로 숙지 • 비상 시 조치 등
제2종 전기차량 운전면허	• 철도 관련 법 • 도시철도시스템 일반 • 전기동차의 구조 및 기능 • 운전이론 일반 • 비상 시 조치 등	• 준비점검 • 제동취급 • 제동기 외의 기기 취급 • 신호준수, 운전취급, 신호·선로 숙지 • 비상 시 조치 등
철도장비 운전면허	• 철도 관련 법 • 철도시스템 일반 • 기계·장비차량의 구조 및 기능 • 비상 시 조치 등	• 준비점검 • 제동취급 • 제동기 외의 기기 취급 • 신호준수, 운전취급, 신호·선로 숙지 • 비상 시 조치 등
노면전차 운전면허	• 철도 관련 법 • 노면전차 시스템 일반 • 노면전차의 구조 및 기능 • 비상 시 조치 등	• 준비점검 • 제동취급 • 제동기 외의 기기 취급 • 신호준수, 운전취급, 신호·선로 숙지 • 비상 시 조치 등

비고

1. "철도 관련 법"은 「철도안전법」과 그 하위 법령 및 철도차량 운전에 필요한 규정을 말한다.

나. 운전면허 소지자

소지면허	응시면허	필기시험	기능시험
1) 디젤차량 운전면허 제1종 전기차량 운전면허 제2종 전기차량 운전면허	고속철도 차량 운전면허	• 고속철도 시스템 일반 • 고속철도차량의 구조 및 기능 • 고속철도 운전이론 일반 • 고속철도 운전 관련 규정 • 비상 시 조치 등	• 준비점검 • 제동 취급 • 제동기 외의 기기 취급 • 신호 준수, 운전 취급, 신호·선로 숙지 • 비상 시 조치 등
		주) 고속철도차량 운전면허시험 응시자는 디젤차량, 제1종 전기차량 또는 제2종 전기차량에 대한 운전업무 수행 경력이 3년 이상 있어야 한다.	
2) 디젤차량 운전면허	제1종 전기차량 운전면허	• 전기기관차의 구조 및 기능	• 준비점검 • 제동 취급 • 제동기 외의 기기 취급 • 비상 시 조치 등
		주) 디젤차량 운전업무수행 경력이 2년 이상 있고 별표 7 제2호에 따른 교육훈련을 받은 사람은 필기시험 및 기능시험을 면제한다.	
	제2종 전기차량 운전면허	• 도시철도 시스템 일반 • 전기동차의 구조 및 기능	• 준비점검 • 제동 취급 • 제동기 외의 기기 취급 • 비상 시 조치 등
		주) 디젤차량 운전업무수행 경력이 2년 이상 있고 별표 7 제2호에 따른 교육훈련을 받은 사람은 필기시험을 면제한다.	
	노면전차 운전면허	• 노면전차 시스템 일반 • 노면전차의 구조 및 기능	• 준비점검 • 제동 취급 • 제동기 외의 기기 취급 • 비상 시 조치 등
		주) 디젤차량 운전업무수행 경력이 2년 이상 있고 별표 7 제2호에 따른 교육훈련을 받은 사람은 필기시험을 면제한다.	

소지면허	응시면허	필기시험	기능시험
3) 제1종 전기차량 운전면허	디젤차량 운전면허	• 디젤차량의 구조 및 기능	• 준비점검 • 제동 취급 • 제동기 외의 기기 취급 • 비상 시 조치 등
		주) 제1종 전기차량 운전업무수행 경력이 2년 이상 있고 별표 7 제2호에 따른 교육훈련을 받은 사람은 필기시험 및 기능시험을 면제 한다.	
	제2종 전기차량 운전면허	• 도시철도 시스템 일반 • 전기동차의 구조 및 기능	• 준비점검 • 제동 취급 • 제동기 외의 기기 취급 • 비상 시 조치 등
		주) 제1종 전기차량 운전업무수행 경력이 2년 이상 있고 별표 7 제2호에 따른 교육훈련을 받은 사람은 필기시험을 면제 한다.	
	노면전차 운전면허	• 노면전차 시스템 일반 • 노면전차의 구조 및 기능	• 준비점검 • 제동 취급 • 제동기 외의 기기 취급 • 비상 시 조치 등
		주) 제1종 전기차량 운전업무수행 경력이 2년 이상 있고 별표 7 제2호에 따른 교육훈련을 받은 사람은 필기시험을 면제 한다.	
4) 제2종 전기차량 운전면허	디젤차량 운전면허	• 철도시스템 일반 • 디젤차량의 구조 및 기능	• 준비점검 • 제동 취급 • 제동기 외의 기기 취급 • 비상 시 조치 등
		주) 제2종 전기차량 운전업무수행 경력이 2년 이상 있고 별표 7 제2호에 따른 교육훈련을 받은 사람은 필기시험을 면제 한다.	
	제1종 전기차량 운전면허	• 철도시스템 일반 • 전기기관차의 구조 및 기능	• 준비점검 • 제동 취급 • 제동기 외의 기기 취급 • 비상 시 조치 등
		주) 제2종 전기차량 운전업무수행 경력이 2년 이상 있고 별표 7 제2호에 따른 교육훈련을 받은 사람은 필기시험을 면제 한다.	
	노면전차 운전면허	• 노면전차 시스템 일반 • 노면전차의 구조 및 기능	• 준비점검 • 제동 취급 • 제동기 외의 기기 취급 • 비상 시 조치 등
		주) 제2종 전기차량 운전업무수행 경력이 2년 이상 있고 별표 7 제2호에 따른 교육훈련을 받은 사람은 필기시험을 면제 한다.	
5) 철도장비 운전면허	디젤차량 운전면허	• 철도 관련 법 • 철도시스템 일반 • 디젤차량의 구조 및 기능	• 준비점검 • 제동 취급 • 제동기 외의 기기 취급 • 신호 준수, 운전 취급, 신호·선로 숙지 • 비상 시 조치 등
	제1종 전기차량 운전면허	• 철도 관련 법 • 철도시스템 일반 • 전기기관차의 구조 및 기능	
	제2종 전기차량 운전면허	• 철도 관련 법 • 도시철도 시스템 일반 • 전기동차의 구조 및 기능	
	노면전차 운전면허	• 철도 관련 법 • 노면전차 시스템 일반 • 노면전차의 구조 및 기능	
6) 노면전차 운전면허	디젤차량 운전면허	• 철도 관련 법 • 철도시스템 일반 • 디젤차량의 구조 및 기능 • 운전이론 일반	• 준비점검 • 제동 취급 • 제동기 외의 기기 취급 • 신호 준수, 운전 취급, 신호·선로 숙지 • 비상 시 조치 등
	제1종 전기차량 운전면허	• 철도 관련 법 • 철도시스템 일반 • 전기기관차의 구조 및 기능 • 운전이론 일반	
	제2종 전기차량 운전면허	• 철도 관련 법 • 도시철도 시스템 일반 • 전기동차의 구조 및 기능 • 운전이론 일반	
	철도장비 운전면허	• 철도 관련 법 • 철도시스템 일반 • 기계·장비차량의 구조 및 기능	

비고: 운전면허 소지자가 다른 종류의 운전면허를 취득하기 위하여 운전면허시험에 응시하는 경우에는 신체검사 및 적성검사의 증명서류를 운전면허증 사본으로 갈음한다. 다만, 철도장비 운전면허 소지자의 경우에는 적성검사 증명서류를 첨부하여야 한다.

다. 관제자격증명 취득자

소지면허	응시면허	필기시험	기능시험
1) 철도 관제 자격증명	디젤차량 운전면허	• 디젤차량의 구조 및 기능 • 운전이론 일반 • 비상 시 조치 등	• 준비점검 • 제동 취급 • 제동기 외의 기기 취급 • 신호 준수, 운전 취급, 신호·선로 숙지 • 비상 시 조치 등
	제1종 전기차량 운전면허	• 전기기관차의 구조 및 기능 • 운전이론 일반 • 비상 시 조치 등	
	제2종 전기차량 운전면허	• 전기동차의 구조 및 기능 • 운전이론 일반 • 비상 시 조치 등	
	철도장비 운전면허	• 기계·장비차량의 구조 및 기능 • 비상 시 조치 등	
	노면전차 운전면허	• 노면전차의 구조 및 기능 • 비상 시 조치 등	
2) 도시철도 관제 자격증명	디젤차량 운전면허	• 철도시스템 일반 • 디젤차량의 구조 및 기능 • 운전이론 일반 • 비상 시 조치 등	• 준비점검 • 제동 취급 • 제동기 외의 기기 취급 • 신호 준수, 운전 취급, 신호·선로 숙지 • 비상 시 조치 등
	제1종 전기차량 운전면허	• 철도시스템 일반 • 전기기관차의 구조 및 기능 • 운전이론 일반 • 비상 시 조치 등	
	제2종 전기차량 운전면허	• 전기동차의 구조 및 기능 • 운전이론 일반 • 비상 시 조치 등	
	철도장비 운전면허	• 철도시스템 일반 • 기계·장비차량의 구조 및 기능 • 비상 시 조치 등	
	노면전차 운전면허	• 노면전차의 구조 및 기능 • 비상 시 조치 등	

2. 철도차량 운전면허 시험의 합격기준은 다음과 같다.

가. 필기시험 합격기준은 과목당 100점을 만점으로 하여 매 과목 40점 이상(철도 관련 법의 경우 60점 이상), 총점 평균 60점 이상 득점한 사람

나. 기능시험의 합격기준은 시험 과목당 60점 이상, 총점 평균 80점 이상 득점한 사람

3. 기능시험은 실제차량이나 모의운전연습기를 활용한다.

4. 제1호나목 및 다목에 동시에 해당하는 경우에는 나목을 우선 적용한다. 다만, 응시자가 원하는 경우에는 다목의 규정을 적용할 수 있다.

[별표 10의2] 〈개정 08·12·16, 09·2·27, 12·12·10, 15·10·2, 16·8·10, 18·2·9, 19·10·23, 20·5·27, 21·6·23〉

운전면허취소·효력정지 처분의 세부기준(제35조 관련)

처분대상	근거 법조문	처분기준			
		1차 위반	2차 위반	3차 위반	4차 위반
1. 거짓이나 그 밖의 부정한 방법으로 운전면허를 받은 경우	법 제20조제1항제1호	면허취소			
2. 법 제11조제2호부터 제4호까지의 규정에 해당하는 경우 가. 철도차량 운전상의 위험과 장해를 일으킬 수 있는 정신질환자 또는 뇌전증환자로서 해당 분야 전문의가 정상적인 운전을 할 수 없다고 인정하는 사람 나. 철도차량 운전상의 위험과 장해를 일으킬 수 있는 약물(「마약류 관리에 관한 법률」 제2조제1호에 따른 마약류 및 「화학물질관리법」 제22조제1항에 따른 환각물질을 말한다) 또는 알코올 중독자로서 해당 분야 전문의가 정상적인 운전을 할 수 없다고 인정하는 사람 다. 두 귀의 청력을 완전히 상실한 사람, 두 눈의 시력을 완전히 상실한 사람 라.부터 아.까지 삭제 〈21·6·23〉	법 제20조제1항제2호	면허취소			
3. 운전면허의 효력정지 기간 중 철도차량을 운전한 경우	법 제20조제1항제3호	면허취소			
4. 운전면허증을 타인에게 대여한 경우	법 제20조제1항제4호	면허취소			

위반사항 및 내용		근거 법조문	처분기준			
			1차 위반	2차 위반	3차 위반	4차 위반
5. 철도차량을 운전 중 고의 또는 중과실로 철도사고를 일으킨 경우	사망자가 발생한 경우	법 제20조제1항제5호	면허취소			
	부상자가 발생한 경우		효력정지 3개월	면허취소		
	1천만원 이상 물적 피해가 발생한 경우		효력정지 2개월	효력정지 3개월	면허취소	
5의2. 법 제40조의2제1항을 위반한 경우		법 제20조제1항제5호의2	경고	효력정지 1개월	효력정지 2개월	효력정지 3개월
5의3. 법 제40조의2제5항을 위반한 경우		법 제20조제1항제5호의2	효력정지 1개월	면허취소		
6. 법 제41조제1항을 위반하여 술에 만취한 상태(혈중 알코올농도 0.1퍼센트 이상)에서 운전한 경우		법 제20조제1항제6호	면허취소			
7. 법 제41조제1항을 위반하여 술을 마신 상태의 기준(혈중 알코올농도 0.02퍼센트 이상)을 넘어서 운전을 하다가 철도사고를 일으킨 경우		법 제20조제1항제6호	면허취소			
8. 법 제41조제1항을 위반하여 약물을 사용한 상태에서 운전한 경우		법 제20조제1항제6호	면허취소			
9. 법 제41조제1항을 위반하여 술을 마신 상태(혈중 알코올농도 0.02퍼센트 이상 0.1퍼센트 미만)에서 운전한 경우		법 제20조제1항제6호	효력정지 3개월	면허취소		
10. 법 제41조제2항을 위반하여 술을 마시거나 약물을 사용한 상태에서 업무를 하였다고 인정할 만한 상당한 이유가 있음에도 불구하고 확인이나 검사 요구에 불응한 경우		법 제20조제1항제7호	면허취소			
11. 철도차량 운전규칙을 위반하여 운전을 하다가 열차운행에 중대한 차질을 초래한 경우		법 제20조제1항제8호	효력정지 1개월	효력정지 2개월	효력정지 3개월	면허취소

비고:
1. 위반행위가 둘 이상인 경우로서 그에 해당하는 각각의 처분기준이 다른 경우에는 그 중 무거운 처분기준에 따르며, 위반행위가 둘 이상인 경우로서 그에 해당하는 각각의 처분기준이 같은 경우에는 무거운 처분기준의 2분의 1까지 가중할 수 있되, 각 처분기준을 합산한 기간을 초과할 수 없다.
2. 위반행위의 횟수에 따른 행정처분의 기준은 최근 1년간 같은 위반행위로 행정처분을 받은 경우에 적용한다. 이 경우 행정처분 기준의 적용은 같은 위반행위에 대하여 최초로 행정처분을 한 날과 그 처분 후의 위반행위가 다시 적발된 날을 기준으로 한다.
3. 국토교통부장관은 다음 어느 하나에 해당하는 경우에는 위 표 제5호, 제5호의2, 제5호의3 및 제11호에 따른 효력정지기간(위반행위가 둘 이상인 경우에는 비고 제1호에 따른 효력정지기간을 말한다)을 2분의 1의 범위에서 이를 늘리거나 줄일 수 있다. 다만, 효력정지기간을 늘리는 경우에도 1년을 넘을 수 없다.
   1) 효력정지기간을 줄여서 처분할 수 있는 경우
      가) 철도안전에 대한 위험을 피하기 위한 부득이한 사유가 있는 경우
      나) 그 밖에 위반행위의 정도, 위반행위의 동기와 그 결과 등을 고려하여 처분을 줄일 필요가 있다고 인정되는 경우
   2) 효력정지기간을 늘려서 처분할 수 있는 경우
      가) 고의 또는 중과실에 의해 위반행위가 발생한 경우
      나) 다른 열차의 운행안전 및 여객·공중(公衆)에 상당한 영향을 미친 경우
      다) 그 밖에 위반행위의 정도, 위반행위의 동기와 그 결과 등을 고려하여 처분을 늘릴 필요가 있다고 인정되는 경우

[별표 11] 〈신설 20·5·27, 21·6·23〉

실무수습·교육의 세부기준(제37조관련)

1. 운전면허취득 후 실무수습·교육 기준

가. 철도차량 운전면허 실무수습 이수경력이 없는 사람

면허종별	실무수습·교육항목	실무수습·교육시간 또는 거리
제1종 전기차량 운전면허	• 선로·신호 등 시스템 • 운전취급 관련 규정 • 제동기 취급 • 제동기 외의 기기취급 • 속도관측 • 비상시 조치 등	400시간 이상 또는 8,000킬로미터 이상
디젤차량 운전면허		400시간 이상 또는 8,000킬로미터 이상
제2종 전기차량 운전면허		400시간 이상 또는 6,000킬로미터 이상(단, 무인운전 구간의 경우 200시간 이상 또는 3,000킬로미터 이상)
철도장비 운전면허		300시간 이상 또는 3,000킬로미터 이상(입환(入換)작업을 위해 원격제어가 가능한 장치를 설치하여 시속 25킬로미터 이하로 동력차를 운전할 경우 150시간 이상)
노면전차 운전면허		300시간 이상 또는 3,000킬로미터 이상

나. 철도차량 운전면허 실무수습 이수경력이 있는 사람

면허종별	실무수습·교육항목	실무수습·교육시간 또는 거리
고속철도차량 운전면허	• 선로·신호 등 시스템 • 운전취급 관련 규정 • 제동기 취급 • 제동기 외의 기기취급 • 속도관측 • 비상시조치 등	200시간 이상 또는 10,000킬로미터 이상
제1종 전기차량 운전면허		200시간 이상 또는 4,000킬로미터 이상
디젤차량 운전면허		200시간 이상 또는 4,000킬로미터 이상

면허종별	실무수습 · 교육항목	실무수습 · 교육시간 또는 거리
제2종 전기차량 운전면허		200시간 이상 또는 3,000킬로미터 이상(단,무인운전 구간의 경우 100시간 이상 또는 1,500킬로미터 이상)
철도장비 운전면허		150시간 이상 또는 1,500킬로미터 이상
노면전차 운전면허		150시간 이상 또는 1,500킬로미터 이상

2. 그 밖의 철도차량 운행을 위한 실무수습 · 교육 기준

가. 운전업무종사자가 운전업무 수행경력이 없는 구간을 운전하려는 때에는 60시간 이상 또는 1,200킬로미터 이상의 실무수습 · 교육을 받아야 한다. 다만, 철도장비 운전업무를 수행하는 경우는 30시간 이상 또는 600킬로미터 이상으로 한다.

나. 운전업무종사자가 기기취급방법, 작동원리, 조작방식 등이 다른 철도차량을 운전하려는 때는 해당 철도차량의 운전면허를 소지하고 30시간 이상 또는 600킬로미터 이상의 실무수습 · 교육을 받아야 한다.

다. 연장된 신규 노선이나 이설선로의 경우에는 수습구간의 거리에 따라 다음과 같이 실무수습 교육을 실시한다. 다만, 제75조제10항에 따라 영업시운전을 생략할 수 있는 경우에는 영상자료 등 교육자료를 활용한 선로견습으로 실무수습을 실시할 수 있다.

1) 수습구간이 10킬로미터 미만: 1왕복 이상
2) 수습구간이 10킬로미터 이상~20킬로미터 미만: 2왕복 이상
3) 수습구간이 20킬로미터 이상: 3왕복 이상

라. 철도장비 운전면허 취득 후 원격제어가 가능한 장치를 설치한 동력차의 운전을 위한 실무수습 · 교육을 150시간 이상 이수한 사람이 다른 철도장비 운전업무에 종사하려는 경우 150시간 이상의 실무수습 · 교육을 받아야 한다.

3. 일반사항

가. 제1호 및 제2호에서 운전실무수습 · 교육의 시간은 교육시간, 준비점검시간 및 차량점검시간과 실제운전시간을 모두 포함한다.

나. 실무수습 교육거리는 선로견습, 시운전, 실제 운전거리를 포함한다.

4. 제1호부터 제3호까지에서 규정한 사항 외에 운전업무 실무수습의 방법 · 평가 등에 관하여 필요한 세부사항은 국토교통부장관이 정하여 고시한다.

[별표 11의2] 〈신설 17 · 7 · 25, 19 · 10 · 23, 23 · 1 · 18〉

관제교육훈련의 과목 및 교육훈련시간(제38조의2제2항 관련)

1. 관제교육훈련의 과목 및 교육훈련시간

관제자격증명 종류	관제교육훈련 과목	교육훈련시간
가. 철도 관제자격증명	• 열차운행계획 및 실습 • 철도관제(노면전차 관제를 포함한다)시스템 운용 및 실습 • 열차운행선 관리 및 실습 • 비상 시 조치 등	360시간
나. 도시철도 관제자격증명	• 열차운행계획 및 실습 • 도시철도관제(노면전차 관제를 포함한다)시스템 운용 및 실습 • 열차운행선 관리 및 실습 • 비상 시 조치 등	280시간

2. 관제교육훈련의 일부 면제

가. 법 제21조의7제1항제1호에 따라 「고등교육법」 제2조에 따른 학교에서 제1호에 따른 관제교육훈련 과목 중 어느 하나의 과목과 교육내용이 동일한 교과목을 이수한 사람에게는 해당 관제교육훈련 과목의 교육훈련을 면제한다. 이 경우 교육훈련을 면제받으려는 사람은 해당 교과목의 이수 사실을 증명할 수 있는 서류를 관제교육훈련기관에 제출하여야 한다

나. 법 제21조의7제1항제2호에 따라 철도차량의 운전업무 또는 철도신호기 · 선로전환기 · 조작판의 취급업무에 5년 이상의 경력을 취득한 사람에 대한 철도 관제자격증명 또는 도시철도 관제자격증명의 교육훈련시간은 105시간으로 한다. 이 경우 교육훈련을 면제받으려는 사람은 해당 경력을 증명할 수 있는 서류를 관제교육훈련기관에 제출하여야 한다.

다. 법 제21조의7제1항제3호에 따라 도시철도 관제자격증명을 취득한 사람에 대한 철도 관제자격증명의 교육훈련시간은 80시간으로 한다. 이 경우 교육 훈련을 면제받으려는 사람은 도시철도 관제자격증명서 사본을 관제교육훈련기관에 제출해야 한다.

3. 삭제 〈19 · 10 · 23〉

[별표 11의3] 〈신설 17·7·25, 22·12·19〉

관제교육훈련기관의 세부 지정기준(제38조의5제1항 관련)

1. 인력기준

가. 자격기준

등급	학력 및 경력
책임교수	1) 박사학위 소지자로서 철도교통에 관한 업무에 10년 이상 또는 철도교통관제 업무에 5년 이상 근무한 경력이 있는 사람 2) 석사학위 소지자로서 철도교통에 관한 업무에 15년 이상 또는 철도교통관제 업무에 8년 이상 근무한 경력이 있는 사람 3) 학사학위 소지자로서 철도교통에 관한 업무에 20년 이상 또는 철도교통관제 업무에 10년 이상 근무한 경력이 있는 사람 4) 철도 관련 4급 이상의 공무원 경력 또는 이와 같은 수준 이상의 자격 및 경력이 있는 사람 5) 대학의 철도교통관제 관련 학과에서 조교수 이상으로 재직한 경력이 있는 사람 6) 선임교수 경력이 3년 이상 있는 사람
선임교수	1) 박사학위 소지자로서 철도교통에 관한 업무에 5년 이상 또는 철도교통관제 업무나 철도차량 운전 관련 업무에 3년 이상 근무한 경력이 있는 사람 2) 석사학위 소지자로서 철도교통에 관한 업무에 10년 이상 또는 철도교통관제 업무나 철도차량 운전 관련 업무에 5년 이상 근무한 경력이 있는 사람 3) 학사학위 소지자로서 철도교통에 관한 업무에 15년 이상 또는 철도교통관제 업무나 철도차량 운전 관련 업무에 8년 이상 근무한 경력이 있는 사람 4) 철도 관련 5급 이상의 공무원 경력 또는 이와 같은 수준 이상의 자격 및 경력이 있는 사람 5) 대학의 철도교통관제 관련 학과에서 전임강사 이상으로 재직한 경력이 있는 사람 6) 교수 경력이 3년 이상 있는 사람
교수	철도교통관제 업무에 1년 이상 또는 철도차량 운전업무에 3년 이상 근무한 경력이 있는 사람으로서 다음의 어느 하나에 해당하는 학력 및 경력을 갖춘 사람 1) 학사학위 소지자로서 철도교통관제사나 철도차량 운전업무수행자에 대한 지도교육 경력이 2년 이상 있는 사람 2) 전문학사학위 소지자로서 철도교통관제사나 철도차량 운전업무수행자에 대한 지도교육 경력이 3년 이상 있는 사람 3) 고등학교 졸업자로서 철도교통관제사나 철도차량 운전업무수행자에 대한 지도교육 경력이 5년 이상 있는 사람 4) 철도교통관제와 관련된 교육기관에서 강의 경력이 1년 이상 있는 사람

비고
1. 철도교통에 관한 업무란 철도운전·신호취급·안전에 관한 업무를 말한다.
2. 철도교통에 관한 업무 경력에는 책임교수의 경우 철도교통관제 업무 3년 이상, 선임교수의 경우 철도교통관제 업무 2년 이상이 포함되어야 한다.
3. 철도차량운전 관련 업무란 철도차량 운전업무수행자에 대한 안전관리·지도교육 및 관리감독 업무를 말한다.
4. 철도차량 운전업무나 철도교통관제 업무 수행경력이 있는 사람으로서 현장 지도교육의 경력은 운전업무나 관제업무 수행경력으로 합산할 수 있다.
5. 책임교수·선임교수의 학력 및 경력란 1)부터 3)까지의 "근무한 경력" 및 교수의 학력 및 경력란 1)부터 3)까지의 "지도교육 경력"은 해당 학위를 취득 또는 졸업하기 전과 취득 또는 졸업한 후의 경력을 모두 포함한다.

나. 보유기준

1회 교육생 30명을 기준으로 철도교통관제 전임 책임교수 1명, 비전임 선임교수, 교수를 각 1명 이상 확보하여야 하며, 교육인원이 15명 추가될 때마다 교수 1명 이상을 추가로 확보하여야 한다. 이 경우 추가로 확보하여야 하는 교수는 비전임으로 할 수 있다.

2. 시설기준

가. 강의실

면적 60제곱미터 이상의 강의실을 갖출 것. 다만, 1제곱미터당 교육인원은 1명을 초과하지 아니하여야 한다.

나. 실기교육장
1) 모의관제시스템을 설치할 수 있는 실습장을 갖출 것
2) 30명이 동시에 실습할 수 있는 면적 90제곱미터 이상의 컴퓨터지원시스템 실습장을 갖출 것

다. 그 밖에 교육훈련에 필요한 사무실·편의시설 및 설비를 갖출 것

3. 장비기준

장 비 명	성능기준	보유기준
전 기능 모의관제 시스템	· 제어용 서버 시스템 · 대형 표시반 및 Wall Controller 시스템 · 음향시스템 · 관제사 콘솔 시스템 · 교수제어대 및 평가시스템	1대 이상 보유

가. 모의관제시스템

나. 컴퓨터지원교육시스템

장 비 명	성능기준	보유기준
컴퓨터지원교육시스템	· 열차운행계획 · 철도관제시스템 운용 및 실무 · 열차운행선 관리 · 비상 시 조치 등	관련 프로그램 및 컴퓨터 30대 이상 보유

비고:
1. 컴퓨터지원교육시스템이란 컴퓨터의 멀티미디어 기능을 활용하여 관제교육훈련을 시행할 수 있도록 제작된 기본기능 모의관제시스템 및 이를 지원하는 컴퓨터시스템 일체를 말한다.
2. 기본기능 모의관제시스템이란 철도 관제교육훈련에 꼭 필요한 부분만을 제작한 시스템을 말한다.

4. 관제교육훈련에 필요한 교재를 갖출 것

5. 다음 각 목의 사항을 포함한 업무규정을 갖출 것

가. 관제교육훈련기관의 조직 및 인원
나. 교육생 선발에 관한 사항
다. 연간 교육훈련계획: 교육과정 편성, 교수인력의 지정 교과목 및 내용 등
라. 교육기관 운영계획
마. 교육생 평가에 관한 사항
바. 실습설비 및 장비 운용방안
사. 각종 증명의 발급 및 대장의 관리
아. 교수인력의 교육훈련
자. 기술도서 및 자료의 관리·유지
차. 수수료 징수에 관한 사항
카. 그 밖에 국토교통부장관이 관제교육훈련에 필요하다고 인정하는 사항

[별표 11의4] 〈신설 17·7·25, 23·1·18〉

관제자격증명시험의 과목 및 합격기준 등(제38조의7제2항 및 제38조의9 관련)

1. 과목

관제자격증명 종류	학과시험 과목	실기시험 과목
가. 철도 관제자격증명	• 철도 관련 법 • 관제 관련 규정 • 철도시스템 일반 • 철도교통 관제 운영 • 비상 시 조치 등	• 열차운행계획 • 철도관제 시스템 운용 및 실무 • 열차운행선 관리 • 비상 시 조치 등
나. 도시철도 관제자격증명	• 철도 관련 법 • 관제 관련 규정 • 도시철도시스템 일반 • 도시철도교통 관제 운영 • 비상 시 조치 등	• 열차운행계획 • 도시철도관제 시스템 운용 및 실무 • 도시열차운행선 관리 • 비상 시 조치 등

비고
1. 위 표의 학과시험 과목란 및 실기시험 과목란의 "관제"는 노면전차 관제를 포함한다.
2. 위 표의 "철도 관련 법"은 「철도안전법」, 같은 법 시행령 및 시행규칙과 관련 지침을 포함한다.
3. "관제 관련 규정"은 「철도차량운전규칙」 또는 「도시철도운전규칙」, 이 규칙 제76조제4항에 따른 규정 등 철도교통 운전 및 관제에 필요한 규정을 말한다.

2. 시험의 일부 면제

가. 철도차량 운전면허 소지자
제1호의 학과시험 과목 중 철도 관련 법 과목 및 철도·도시철도 시스템 일반 과목 면제

나. 관제자격증명 취득자
1) 학과시험 과목
제1호가목의 철도 관제자격증명 학과시험 과목 중 철도 관련 법 과목 및 관제 관련 규정 과목 면제
2) 실기시험 과목
열차운행계획, 철도관제시스템 운용 및 실무 과목 면제

3. 합격기준

가. 학과시험 합격기준: 과목당 100점을 만점으로 하여 시험 과목당 40점 이상(관제 관련 규정의 경우 60점 이상), 총점 평균 60점 이상 득점할 것
나. 실기시험의 합격기준: 시험 과목당 60점 이상, 총점 평균 80점 이상 득점할 것

[별표 11의5] 〈신설 17·7·25, 18·2·9〉

관제자격증명의 취소 또는 효력정지 처분의 세부기준(제38조의18 관련)

위반사항 및 내용		근거 법조문	처분기준			
			1차 위반	2차 위반	3차 위반	4차 위반
1. 거짓이나 그 밖의 부정한 방법으로 관제자격증명을 취득한 경우		법 제21조의11제1항제1호	자격증명 취소			
2. 법 제21조의4에서 준용하는 법 제11조제2호부터 제4호까지의 어느 하나에 해당하게 된 경우		법 제21조의11제1항제2호	자격증명 취소			
3. 관제자격증명의 효력정지 기간 중에 관제업무를 수행한 경우		법 제21조의11제1항제3호	자격증명 취소			
4. 법 제21조의10을 위반하여 관제자격증명서를 다른 사람에게 대여한 경우		법 제21조의11제1항제4호	자격증명 취소			
5. 관제업무 수행 중 고의 또는 중과실로 철도사고의 원인을 제공한 경우	사망자가 발생한 경우	법 제21조의11제1항제5호	자격증명 취소			
	부상자가 발생한 경우		효력정지 3개월	자격증명 취소		
	1천만원 이상 물적 피해가 발생한 경우		효력정지 15일	효력정지 3개월	자격증명 취소	
6. 법 제40조의2제2항제1호를 위반한 경우		법 제21조의11제1항제6호	효력정지 1개월	효력정지 2개월	효력정지 3개월	효력정지 4개월
7. 법 제40조의2제2항제2호를 위반한 경우		법 제21조의11제1항제6호	효력정지 1개월	자격증명 취소		
8. 법 제41조제1항을 위반하여 술을 마신 상태(혈중 알코올농도 0.1퍼센트 이상)에서 관제업무를 수행한 경우		법 제21조의11제1항제7호	자격증명 취소			
9. 법 제41조제1항을 위반하여 술을 마신 상태(혈중 알코올농도 0.02퍼센트 이상 0.1퍼센트 미만)에서 관제업무를 수행하다가 철도사고의 원인을 제공한 경우		법 제21조의11제1항제7호	자격증명 취소			
10. 법 제41조제1항을 위반하여 술을 마신 상태(혈중 알코올농도 0.02퍼센트 이상 0.1퍼센트 미만)에서 관제업무를 수행한 경우(제9호의 경우는 제외한다)		법 제21조의11제1항제7호	효력정지 3개월	자격증명 취소		
11. 법 제41조제1항을 위반하여 약물을 사용한 상태에서 관제업무를 수행한 경우		법 제21조의11제1항제7호	자격증명 취소			
12. 법 제41조제2항을 위반하여 술을 마시거나 약물을 사용한 상태에서 관제업무를 하였다고 인정할 만한 상당한 이유가 있음에도 불구하고 국토교통부장관 또는 시·도지사의 확인 또는 검사를 거부한 경우		법 제21조의11제1항제8호	자격증명 취소			

비고
1. 위반행위가 둘 이상인 경우로서 그에 해당하는 각각의 처분기준이 다른 경우에는 그 중 무거운 처분기준에 따르며, 위반행위가 둘 이상인 경우로서 그에 해당하는 각각의 처분기준이 같은 경우에는 무거운 처분기준의 2분의 1까지 가중할 수 있되, 각 처분기준을 합산한 기간을 초과할 수 없다.
2. 위반행위의 횟수에 따른 행정처분의 가중된 부과기준은 최근 1년간 같은 위반행위로 행정처분을 받은 경우에 적용한다. 이 경우 기간의 계산은 위반행위에 대하여 행정처분을 받은 날과 그 처분 후 다시 같은 위반행위를 하여 적발된 날을 기준으로 한다.
3. 비고 제2호에 따라 가중된 행정처분을 하는 경우 가중처분의 적용 차수는 그 위반행위 전 부과처분 차수(비고 제2호에 따른 기간 내에 행정처분이 둘 이상 있었던 경우에는 높은 차수를 말한다)의 다음 차수로 한다.

[별표 12] 삭제〈10·3·30〉

[별표 13] 〈개정 12・12・10, 16・8・10, 17・1・20, 20・10・7, 21・6・23〉

운전업무종사자등의 적성검사 항목 및 불합격기준

(제41조제4항 관련)

검사대상		검사주기	검사항목		불합격기준
			문답형 검사	반응형 검사	
1. 영 제21조제1호의 운전업무종사자	고속철도차량・제1종전기차량・제2종전기차량・디젤차량・노면전차・철도장비운전업무종사자	정기검사	・인성 -일반성격 -안전성향 -스트레스	・주의력 -복합기능 -선택주의 -지속주의 ・인식 및 기억력 -시각변별 -공간지각 ・판단 및 행동력 -민첩성	・문답형 검사항목 중 안전성향 검사에서 부적합으로 판정된 사람 ・반응형 검사 항목 중 부적합(E등급)이 2개 이상인 사람
		특별검사	・인성 -일반성격 -안전성향 -스트레스	・주의력 -복합기능 -선택주의 -지속주의 ・인식 및 기억력 -시각변별 -공간지각 ・판단 및 행동력 -추론 -민첩성	・문답형 검사항목 중 안전성향 검사에서 부적합으로 판정된 사람 ・반응형 검사 항목 중 부적합(E등급)이 2개 이상인 사람
2. 영 제21조제2호의 관제업무종사자		정기검사	・인성 -일반성격 -안전성향 -스트레스	・주의력 -복합기능 -선택주의 ・인식 및 기억력 -시각변별 -공간지각 -작업기억 ・판단 및 행동력 -민첩성	・문답형 검사항목 중 안전성향 검사에서 부적합으로 판정된 사람 ・반응형 검사 항목 중 부적합(E등급)이 2개 이상인 사람
		특별검사	・인성 -일반성격 -안전성향 -스트레스	・주의력 -복합기능 -선택주의 ・인식 및 기억력 -시각변별 -공간지각 -작업기억 ・판단 및 행동력 -추론 -민첩성	・문답형 검사항목 중 안전성향 검사에서 부적합으로 판정된 사람 ・반응형 검사 항목 중 부적합(E등급)이 2개 이상인 사람
3. 영 제21조제3호의 정거장에서 철도신호기・선로전환기 및 조작판 등을 취급하는 업무를 수행하는 사람		최초검사	・인성 -일반성격 -안전성향	・주의력 -복합기능 -선택주의 ・인식 및 기억력 -시각변별 -공간지각 -작업기억 ・판단 및 행동력 -추론 -민첩성	・문답형 검사항목 중 안전성향 검사에서 부적합으로 판정된 사람 ・반응형 검사 평가점수가 30점 미만인 사람
		정기검사	・인성 -일반성격 -안전성향 -스트레스	・주의력 -복합기능 -선택주의 ・인식 및 기억력 -시각변별 -공간지각 -작업기억 ・판단 및 행동력 -민첩성	・문답형 검사항목 중 안전성향 검사에서 부적합으로 판정된 사람 ・반응형 검사 항목 중 부적합(E등급)이 2개 이상인 사람

검사대상	검사주기	검사항목		불합격기준
		문답형 검사	반응형 검사	
	특별검사	· 인성 -일반성격 -안전성향 -스트레스	· 주의력 -복합기능 -선택주의 · 인식 및 기억력 -시각변별 -공간지각 -작업기억 · 판단 및 행동력 -추론 -민첩성	· 문답형 검사항목 중 안전성향 검사에서 부적합으로 판정된 사람 · 반응형 검사 항목 중 부적합(E등급)이 2개 이상인 사람

비고:
1. 문답형 검사 판정은 적합 또는 부적합으로 한다.
2. 반응형 검사 점수 합계는 70점으로 한다. 다만, 정기검사와 특별검사는 검사항목별 등급으로 평가한다.
3. 특별검사의 복합기능(운전) 및 시각변별(관제/신호) 검사는 시뮬레이터 검사기로 시행한다.
4. 안전성향검사는 전문의(정신건강의학) 진단결과로 대체 할 수 있으며, 부적합 판정을 받은 자에 대해서는 당일 1회에 한하여 재검사를 실시하고 그 재검사 결과를 최종적인 검사결과로 할 수 있다.

[별표 13의2] 〈신설 18·11·9〉

철도종사자에 대한 안전교육의 내용(제41조의2제3항 관련)

교 육 내 용	교육방법
• 철도안전법령 및 안전관련 규정 • 철도운전 및 관제이론 등 분야별 안전업무수행 관련 사항 • 철도사고 사례 및 사고예방대책 • 철도사고 및 운행장애 등 비상 시 응급조치 및 수습복구대책 • 안전관리의 중요성 등 정신교육 • 근로자의 건강관리 등 안전·보건관리에 관한 사항 • 철도안전관리체계 및 철도안전관리시스템(Safety Management System) • 위기대응체계 및 위기대응 매뉴얼 등	강의 및 실습

[별표 13의3] 〈신설 20·10·7〉

철도직무교육의 내용·시간·방법 등(제41조의3제2항 관련)

1. 철도직무교육의 내용 및 시간

가. 법 제2조제10호가목에 따른 운전업무종사자

교육내용	교육시간
1) 철도시스템 일반 2) 철도차량의 구조 및 기능 3) 운전이론 4) 운전취급 규정 5) 철도차량 기기취급에 관한 사항 6) 직무관련 기타사항 등	5년 마다 35시간 이상

나. 법 제2조제10호나목에 따른 관제업무 종사자

교육내용	교육시간
1) 열차운행계획 2) 철도관제시스템 운용 3) 열차운행선 관리 4) 관제 관련 규정 5) 직무관련 기타사항 등	5년 마다 35시간 이상

다. 법 제2조제10호다목에 따른 여객승무원

교육내용	교육시간
1) 직무관련 규정 2) 여객승무 위기대응 및 비상시 응급조치 3) 통신 및 방송설비 사용법 4) 고객응대 및 서비스 매뉴얼 등 5) 여객승무 직무관련 기타사항 등	5년 마다 35시간 이상

라. 영 제3조제4호에 따른 철도신호기·선로전환기·조작판 취급자

교육내용	교육시간
1) 신호관제 장치 2) 운전취급 일반 3) 전기·신호·통신 장치 실무 4) 선로전환기 취급방법 5) 직무관련 기타사항 등	5년 마다 21시간 이상

마. 영 제3조제4호에 따른 열차의 조성업무 수행자

교육내용	교육시간
1) 직무관련 규정 및 안전관리 2) 무선통화 요령 3) 철도차량 일반 4) 선로, 신호 등 시스템의 이해 5) 열차조성 직무관련 기타사항 등	5년 마다 21시간 이상

바. 영 제3조제5호에 따른 철도에 공급되는 전력의 원격제어장치 운영자

교육내용	교육시간
1) 변전 및 전차선 일반 2) 전력설비 일반 3) 전기·신호·통신 장치 실무 4) 비상전력 운용계획, 전력공급원격제어장치(SCADA) 5) 직무관련 기타사항 등	5년 마다 21시간 이상

사. 영 제3조제7호에 따른 철도차량 점검·정비 업무 종사자

교육내용	교육시간
1) 철도차량 일반 2) 철도시스템 일반 3) 「철도안전법」 및 철도안전관리체계(철도차량 중심) 4) 철도차량 정비 실무 5) 직무관련 기타사항 등	5년 마다 35시간 이상

아. 영 제3조제7호에 따른 철도시설 중 전기·신호·통신 시설 점검·정비 업무 종사자

교육내용	교육시간
1) 철도전기, 철도신호, 철도통신 일반 2) 「철도안전법」 및 철도안전관리체계(전기분야 중심) 3) 철도전기, 철도신호, 철도통신 실무 4) 직무관련 기타사항 등	5년 마다 21시간 이상

자. 영 제3조제7호에 따른 철도시설 중 궤도·토목·건축 시설 점검·정비 업무 종사자

교육내용	교육시간
1) 궤도, 토목, 시설, 건축 일반 2) 「철도안전법」 및 철도안전관리체계(시설분야 중심) 3) 궤도, 토목, 시설, 건축 일반 실무 4) 직무관련 기타사항 등	5년 마다 21시간 이상

2. 철도직무교육의 주기 및 교육 인정 기준

가. 철도직무교육의 주기는 철도직무교육 대상자로 신규 채용되거나 전직된 연도의 다음 년도 1월 1일부터 매 5년이 되는 날까지로 한다. 다만, 휴직 · 파견 등으로 6개월 이상 철도직무를 수행하지 아니한 경우에는 철도직무의 수행이 중단된 연도의 1월 1일부터 철도직무를 다시 시작하게 된 연도의 12월 31일까지의 기간을 제외하고 직무교육의 주기를 계산한다.

나. 철도직무교육 대상자는 질병이나 자연재해 등 부득이한 사유로 철도직무교육을 제1호에 따른 기간 내에 받을 수 없는 경우에는 철도운영자등의 승인을 받아 철도직무교육을 받을 시기를 연기할 수 있다. 이 경우 철도직무교육 대상자가 승인받은 기간 내에 철도직무교육을 받은 경우에는 제1호에 따른 기간 내에 철도직무교육을 받은 것으로 본다.

다. 철도운영자등은 철도직무교육 대상자가 다른 법령에서 정하는 철도직무에 관한 교육을 받은 경우에는 해당 교육시간을 제1호에 따른 철도직무교육시간으로 인정할 수 있다.

라. 철도차량정비기술자가 법 제24조의4에 따라 받은 철도차량정비기술교육훈련은 위 표에 따른 철도직무교육으로 본다.

3. 철도직무교육의 실시방법

가. 철도운영자등은 업무현장 외의 장소에서 집합교육의 방식으로 철도직무교육을 실시해야 한다. 다만, 철도직무교육시간의 10분의 5의 범위에서 다음의 어느 하나에 해당하는 방법으로 철도직무교육을 실시할 수 있다.

1) 부서별 직장교육

2) 사이버교육 또는 화상교육 등 전산망을 활용한 원격교육

나. 가목에도 불구하고 재해 · 감염병 발생 등 부득이한 사유가 있는 경우로서 국토교통부장관의 승인을 받은 경우에는 철도직무교육시간의 10분의 5를 초과하여 가목1) 또는 2)에 해당하는 방법으로 철도직무교육을 실시할 수 있다.

다. 철도운영자등은 가목1)에 따른 부서별 직장교육을 실시하려는 경우에는 매년 12월 31일까지 다음 해에 실시될 부서별 직장교육 실시계획을 수립해야 하고, 교육내용 및 이수현황 등에 관한 사항을 기록 · 유지해야 한다.

라. 철도운영자등은 필요한 경우 다음의 어느 하나에 해당하는 기관에게 철도직무교육을 위탁하여 실시할 수 있다.

1) 다른 철도운영자등의 교육훈련기관

2) 운전 또는 관제 교육훈련기관

3) 철도관련 학회 · 협회

4) 그 밖에 철도직무교육을 실시할 수 있는 비영리 법인 또는 단체

마. 철도운영자등은 철도직무교육시간의 10분의 3 이하의 범위에서 철도운영기관의 실정에 맞게 교육내용을 변경하여 철도직무교육을 실시할 수 있다.

바. 2가지 이상의 직무에 동시에 종사하는 사람의 교육시간 및 교육내용은 다음과 같이 한다.

1) 교육시간: 종사하는 직무의 교육시간 중 가장 긴 시간

2) 교육내용: 종사하는 직무의 교육내용 가운데 전부 또는 일부를 선택

4. 제1호부터 제3호까지에서 규정한 사항 외에 철도직무교육에 필요한 사항은 국토교통부장관이 정하여 고시한다.

[별표 13의4] 〈신설 19 · 6 · 18, 20 · 10 · 7〉

정비교육훈련의 실시시기 및 시간 등(제42조의3 관련)

1. 정비교육훈련의 시기 및 시간

교육훈련 시기	교육훈련 시간
기존에 정비 업무를 수행하던 철도차량 차종이 아닌 새로운 철도차량 차종의 정비에 관한 업무를 수행하는 경우 그 업무를 수행하는 날부터 1년 이내	35시간 이상
철도차량정비업무의 수행기간 5년 마다	35시간 이상

비고: 위 표에 따른 35시간 중 인터넷 등을 통한 원격교육은 10시간의 범위에서 인정할 수 있다.

2. 정비교육훈련의 면제 및 연기
 가. 「고등교육법」에 따른 학교, 철도차량 또는 철도용품 제작회사, 「과학기술분야 정부출연연구기관 등의 설립 · 운영 및 육성에 관한 법률」 등 관계법령에 따라 설립된 연구기관 · 교육기관 및 주무관청의 허가를 받아 설립된 학회 · 협회 등에서 철도차량정비와 관련된 교육훈련을 받은 경우 위 표에 따른 정비교육훈련을 받은 것으로 본다. 이 경우 해당 기관으로부터 교육과목 및 교육시간이 명시된 증명서(교육수료증 또는 이수증 등)를 발급 받은 경우에 한정한다.
 나. 철도차량정비기술자는 질병 · 입대 · 해외출장 등 불가피한 사유로 정비교육훈련을 받아야 하는 기한까지 정비교육훈련을 받지 못할 경우에는 정비교육훈련을 연기할 수 있다. 이 경우 연기 사유가 없어진 날부터 1년 이내에 정비교육훈련을 받아야 한다.

3. 정비교육훈련은 강의 · 토론 등으로 진행하는 이론교육과 철도차량정비 업무를 실습하는 실기교육으로 시행하되, 실기교육을 30% 이상 포함해야 한다.

4. 그 밖에 정비교육훈련의 교육과목 및 교육내용, 교육의 신청 방법 및 절차 등에 관한 사항은 국토교통부장관이 정하여 고시한다.

[별표 13의5] 〈신설 19 · 6 · 18, 20 · 10 · 7〉

정비교육훈련기관의 세부 지정기준(제42조의4제1항 관련)

1. 인력기준
 가. 자격기준

등 급	학력 및 경력
책임교수	1) 1등급 철도차량정비경력증 소지자로서 철도교통에 관한 업무에 10년 이상 또는 철도차량정비에 관한 업무에 5년 이상 근무한 경력이 있는 사람 2) 2등급 철도차량정비경력증 소지자로서 철도교통에 관한 업무에 15년 이상 또는 철도차량정비에 관한 업무에 8년 이상 근무한 경력이 있는 사람 3) 3등급 철도차량정비경력증 소지자로서 철도교통에 관한 업무에 20년 이상 또는 철도차량정비에 관한 업무에 10년 이상 근무한 경력이 있는 사람 4) 철도 관련 4급 이상의 공무원 경력 또는 이와 같은 수준 이상의 자격 및 경력이 있는 사람 5) 대학의 철도차량정비 관련 학과에서 조교수 이상으로 재직한 경력이 있는 사람 6) 선임교수 경력이 3년 이상 있는 사람
선임교수	1) 1등급 철도차량정비경력증 소지자로서 철도교통에 관한 업무에 5년 이상 또는 철도차량정비에 관한 업무에 3년 이상 근무한 경력이 있는 사람 2) 2등급 철도차량정비경력증 소지자로서 철도교통에 관한 업무에 10년 이상 또는 철도차량정비에 관한 업무에 5년 이상 근무한 경력이 있는 사람 3) 3등급 철도차량정비경력증 소지자로서 철도교통에 관한 업무에 15년 이상 또는 철도차량정비에 관한 업무에 8년 이상 근무한 경력이 있는 사람 4) 철도 관련 5급 이상의 공무원 경력 또는 이와 같은 수준 이상의 자격 및 경력이 있는 사람 5) 대학의 철도차량정비 관련 학과에서 전임강사 이상으로 재직한 경력이 있는 사람 6) 교수 경력이 3년 이상 있는 사람
교수	1) 1등급 철도차량정비경력증 소지자로서 철도차량정비 업무에 근무한 경력이 있는 사람

등 급	학력 및 경력
교수	2) 2등급 철도차량정비경력증 소지자로서 철도교통에 관한 업무에 5년 이상 또는 철도차량정비에 관한 업무에 3년 이상 근무한 경력이 있는 사람 3) 3등급 철도차량정비경력증 소지자로서 철도차량 정비업무수행자에 대한 지도교육 경력이 2년 이상 있는 사람 4) 4등급 철도차량정비경력증 소지자로서 철도차량 정비업무수행자에 대한 지도교육 경력이 3년 이상 있는 사람 5) 철도차량 정비와 관련된 교육기관에서 강의 경력이 1년 이상 있는 사람

비고
1. "철도교통에 관한 업무"란 철도안전·기계·신호·전기에 관한 업무를 말한다.
2. 책임교수의 경우 철도차량정비에 관한 업무를 3년 이상, 선임교수의 경우 철도차량정비에 관한 업무를 2년 이상 수행한 경력이 있어야 한다.
3. "철도차량정비에 관한 업무"란 철도차량 정비업무의 수행, 철도차량 정비계획의 수립·관리, 철도차량 정비에 관한 안전관리·지도교육 및 관리·감독 업무를 말한다.
4. "철도차량정비 관련 학과"란 철도차량 유지보수와 관련된 학과 및 기계·전기·전자·통신 관련 학과를 말한다.
5. "철도관련 공무원 경력"이란 「국가공무원법」 제2조에 따른 공무원 신분으로 철도관련 업무를 수행한 경력을 말한다.

나. 보유기준
1. 1회 교육생 30명을 기준으로 상시적으로 철도차량정비에 관한 교육을 전담하는 책임교수와 선임교수 및 교수를 각각 1명 이상 확보해야 하며, 교육인원이 15명 추가될 때마다 교수 1명 이상을 추가로 확보해야 한다. 이 경우 선임교수, 교수 및 추가로 확보해야 하는 교수는 비전임으로 할 수 있다.
2. 1회 교육생이 30명 미만인 경우 책임교수 또는 선임교수 1명 이상을 확보해야 한다.

2. 시설기준
가. 이론교육장: 기준인원 30명 기준으로 면적 60제곱미터 이상의 강의실을 갖추어야 하며, 기준인원 초과 시 1명마다 2제곱미터씩 면적을 추가로 확보해야 한다. 다만, 1회 교육생이 30명 미만인 경우 교육생 1명마다 2제곱미터 이상의 면적을 확보해야 한다.
나. 실기교육장: 교육생 1명마다 3제곱미터 이상의 면적을 확보해야 한다. 다만, 교육훈련기관 외의 장소에서 철도차량 등을 직접 활용하여 실습하는 경우에는 제외한다.
다. 그 밖에 교육훈련에 필요한 사무실·편의시설 및 설비를 갖추어야 한다.

3. 장비기준
가. 컴퓨터지원교육시스템

장 비 명	성능기준	보유기준
컴퓨터지원교육시스템	철도차량정비 관련 프로그램	1명당 컴퓨터 1대

비고: 컴퓨터지원교육시스템이란 컴퓨터의 멀티미디어 기능을 활용하여 정비교육훈련을 시행할 수 있도록 지원하는 컴퓨터시스템 일체를 말한다.

[별표 13의6] 〈신설 19·6·18, 20·10·7〉

정비교육훈련기관의 지정취소 및 업무정지의 기준(제42조의6제1항 관련)

1. 일반기준

가. 위반행위의 횟수에 따른 행정처분의 가중된 부과기준은 최근 1년간 같은 위반행위로 행정처분을 받은 경우에 적용한다. 이 경우 기간의 계산은 위반행위에 대하여 행정처분을 받은 날과 그 처분 후 다시 같은 위반행위를 하여 적발된 날을 기준으로 한다.

나. 비고 제1호에 따라 가중된 행정처분을 하는 경우 가중처분의 적용 차수는 그 위반행위 전 부과처분 차수(비고 제1호에 따른 기간 내에 행정처분이 둘 이상 있었던 경우에는 높은 차수를 말한다)의 다음 차수로 한다.

다. 위반행위가 둘 이상인 경우로서 그에 해당하는 각각의 처분기준이 다른 경우에는 그 중 무거운 처분기준(무거운 처분기준이 같을 때에는 그 중 하나의 처분기준을 말한다)에 따르며, 위반행위가 둘 이상인 경우로서 그에 해당하는 각각의 처분기준이 같은 경우에는 무거운 처분기준의 2분의 1까지 가중할 수 있되, 각 처분기준을 합산한 기간을 초과할 수 없다.

라. 처분권자는 위반행위의 동기·내용 및 위반의 정도 등 다음 각 목에 해당하는 사유를 고려하여 그 처분을 감경할 수 있다. 이 경우 그 처분이 업무정지인 경우에는 그 처분기준의 2분의 1의 범위에서 감경할 수 있고, 지정취소인 경우(거짓이나 그 밖의 부정한 방법으로 지정을 받은 경우나 업무정지 명령을 위반하여 그 정지기간 중 적성검사업무를 한 경우는 제외한다)에는 3개월의 업무정지 처분으로 감경할 수 있다.

1) 위반행위가 고의나 중대한 과실이 아닌 사소한 부주의나 오류로 인한 것으로 인정되는 경우

2) 위반의 내용·정도가 경미하여 이해관계인에게 미치는 피해가 적다고 인정되는 경우

2. 개별기준

위반사항	해당 법조문	처분기준			
		1차 위반	2차 위반	3차 위반	4차 위반
1. 거짓이나 그 밖의 부정한 방법으로 지정을 받은 경우	법 제15조의2제1항제1호	지정취소			
2. 업무정지 명령을 위반하여 그 정지기간 중 정비교육훈련업무를 한 경우	법 제15조의2제1항제2호	지정취소			
3. 법 제24조의4제3항에 따른 지정기준에 맞지 않은 경우	법 제15조의2제1항제3호	경고 또는 보완명령	업무정지 1개월	업무정지 3개월	지정취소
4. 법 제24조의4제4항을 위반하여 정당한 사유 없이 정비교육훈련업무를 거부한 경우	법 제15조의2제1항제4호	경고	업무정지 1개월	업무정지 3개월	지정취소
5. 법 제24조의4제4항을 위반하여 거짓이나 그 밖의 부정한 방법으로 정비교육훈련 수료증을 발급한 경우	법 제15조의2제1항제5호	업무정지 1개월	업무정지 3개월	지정취소	

[별표 14] 〈개정 14·3·19〉

철도차량 제작자승인 관련 처분기준(제58조제1항 관련)

1. 일반기준

가. 위반행위가 둘 이상인 경우로서 그에 해당하는 각각의 처분기준이 다른 경우에는 그 중 무거운 처분기준(무거운 처분기준이 같을 때에는 그 중 하나의 처분기준을 말한다)에 따르며, 둘 이상의 처분기준이 같은 업무제한·정지인 경우에는 무거운 처분기준의 2분의 1의 범위에서 가중할 수 있되, 각 처분기준을 합산한 기간을 초과할 수 없다.

나. 위반행위의 횟수에 따른 행정처분 기준은 최근 2년간 같은 위반행위로 업무정지 처분을 받은 경우에 적용한다. 이 경우 위반횟수는 같은 위반행위에 대하여 최초로 처분을 한 날과 다시 같은 위반행위를 적발한 날을 기준으로 한다.

다. 처분권자는 다음 각 목의 어느 하나에 해당하는 경우에는 업무제한·정지 처분의 2분의 1의 범위에서 감경할 수 있다. 이 경우 그 처분이 업무제한·정지인 경우에는 그 처분기준의 2분의 1의 범위에서 감경할 수 있고, 승인취소인 경우(법 제26조의7제1항제1호 또는 제5호에 해당하는 경우는 제외한다)에는 6개월의 업무정지 처분으로 감경할 수 있다.

1) 위반행위가 고의나 중대한 과실이 아닌 사소한 부주의나 오류로 인한 것으로 인정되는 경우
2) 위반상태를 시정하거나 해소하기 위해 노력한 것이 인정되는 경우
3) 그 밖에 위반행위의 정도, 위반행위의 동기와 그 결과 등을 고려하여 업무제한·정지 기간을 줄일 필요가 있다고 인정되는 경우

라. 처분권자는 다음 각 목의 어느 하나에 해당하는 경우에는 업무제한·정지 처분의 2분의 1의 범위에서 가중할 수 있다. 다만, 각 업무정지를 합산한 기간이 법 제9조제1항에서 정한 기간을 초과할 수 없다.

1) 위반의 내용·정도가 중대하여 공중에게 미치는 피해가 크다고 인정되는 경우
2) 그 밖에 위반행위의 정도, 위반행위의 동기와 그 결과 등을 고려하여 가중할 필요가 있다고 인정되는 경우

2. 개별기준

위반사항	근거법조문	처분기준			
		1차 위반	2차 위반	3차 위반	4차 이상 위반
가. 거짓이나 그 밖의 부정한 방법으로 제작자승인을 받은 경우	법 제26조의7 제1항제1호	승인취소			
나. 법 제26조의8에서 준용하는 법 제7조제3항을 위반하여 변경승인을 받지 않고 철도차량을 제작한 경우	법 제26조의7 제1항제2호	업무정지(업무제한) 3개월	업무정지(업무제한) 6개월	승인취소	
다. 법 제26조의8에서 준용하는 법 제7조제3항을 위반하여 변경신고를 하지 않고 철도차량을 제작한 경우		경고	업무정지(업무제한) 3개월	업무정지(업무제한) 6개월	승인취소
라. 법 제26조의8에서 준용하는 법 제8조제3항에 따른 시정조치명령을 정당한 사유 없이 이행하지 않은 경우	법 제26조의7 제1항제3호	경고	업무정지(업무제한) 3개월	업무정지(업무제한) 6개월	승인취소
마. 법 제32조제1항에 따른 명령을 이행하지 않은 경우	법 제26조의7 제1항제4호	업무정지(업무제한) 3개월	업무정지(업무제한) 6개월	승인취소	
바. 업무정지 기간 중에 철도차량을 제작한 경우	법 제26조의7 제1항제5호	승인취소			

[별표 15] 〈개정 08·3·14, 14·3·19〉

철도용품 제작자승인 관련 처분기준(제70조 관련)

1. 일반기준

가. 위반행위가 둘 이상인 경우로서 그에 해당하는 각각의 처분기준이 다른 경우에는 그 중 무거운 처분기준(무거운 처분기준이 같을 때에는 그 중 하나의 처분기준을 말한다)에 따르며, 둘 이상의 처분기준이 같은 업무제한·정지인 경우에는 무거운 처분기준의 2분의 1의 범위에서 가중할 수 있되, 각 처분기준을 합산한 기간을 초과할 수 없다.

나. 위반행위의 횟수에 따른 행정처분 기준은 최근 2년간 같은 위반행위로 업무제한·정지 처분을 받은 경우에 적용한다. 이 경우 위반횟수는 같은 위반행위에 대하여 최초로 처분을 한 날과 다시 같은 위반행위를 적발한 날을 기준으로 한다.

다. 처분권자는 다음 각 목의 어느 하나에 해당하는 경우에는 업무제한·정지 처분의 2분의 1의 범위에서 감경할 수 있다. 이 경우 그 처분이 업무제한·정지인 경우에는 그 처분기준의 2분의 1의 범위에서 감경할 수 있고, 승인취소인 경우(법 제27조의2제4항에 따라 준용되는 법 제26조의7제1항제1호 또는 제5호에 해당하는 경우는 제외한다)에는 6개월의 업무정지 처분으로 감경할 수 있다.

1) 위반행위가 고의나 중대한 과실이 아닌 사소한 부주의나 오류로 인한 것으로 인정되는 경우
2) 위반상태를 시정하거나 해소하기 위해 노력한 것이 인정되는 경우
3) 그 밖에 위반행위의 정도, 위반행위의 동기와 그 결과 등을 고려하여 업무제한·정지 기간을 줄일 필요가 있다고 인정되는 경우

라. 처분권자는 다음 각 목의 어느 하나에 해당하는 경우에는 업무제한·정지 처분의 2분의 1의 범위에서 가중할 수 있다. 다만, 각 업무정지를 합산한 기간이 법 제9조제1항에서 정한 기간을 초과할 수 없다.

1) 위반의 내용·정도가 중대하여 공중에게 미치는 피해가 크다고 인정되는 경우
2) 그 밖에 위반행위의 정도, 위반행위의 동기와 그 결과 등을 고려하여 가중할 필요가 있다고 인정되는 경우

2. 개별기준

위반사항	근거법조문	처분기준			
		1차 위반	2차 위반	3차 위반	4차 이상 위반
가. 거짓이나 그 밖의 부정한 방법으로 제작자승인을 받은 경우	법 제27조의2 제4항	승인취소			
나. 법 제27조의2에서 준용하는 법 제7조제3항을 위반하여 변경승인을 받지 않고 철도차량을 제작한 경우	법 제27조의2 제4항	업무정지(업무제한) 3개월	업무정지(업무제한) 6개월	승인취소	
다. 법 제27조의2에서 준용하는 법 제7조제3항을 위반하여 변경신고를 하지 않고 철도차량을 제작한 경우	법 제27조의2 제4항	경고	업무정지(업무제한) 3개월	업무정지(업무제한) 6개월	승인취소
라. 법 제27조의2제4항에서 준용하는 법 제8조제3항에 따른 시정조치명령을 정당한 사유 없이 이행하지 않은 경우	법 제27조의2 제4항	경고	업무정지(업무제한) 3개월	업무정지(업무제한) 6개월	승인취소
마. 법 제32조제1항에 따른 명령을 이행하지 않은 경우	법 제27조의2 제4항	업무정지(업무제한) 3개월	업무정지(업무제한) 6개월	승인취소	
바. 업무정지 기간 중에 철도용품을 제작한 경우	법 제27조의2 제4항	승인취소			

[별표 16] 〈신설 18·11·9〉

철도차량의 운행제한 관련 처분기준(제75조의7 관련)

1. 일반기준

가. 위반행위의 횟수에 따른 행정처분의 가중된 부과기준은 최근 2년 동안 같은 위반행위로 행정처분을 받은 경우에 적용한다. 이 경우 기간의 계산은 위반행위에 대하여 행정처분을 받은 날과 그 처분 후 다시 같은 위반행위를 하여 적발된 날을 기준으로 한다.

나. 가목에 따라 가중된 부과처분을 하는 경우 가중처분의 적용 차수는 그 위반행위 전 부과처분 차수(가목에 따른 기간 내에 행정처분이 둘 이상 있었던 경우에는 높은 차수를 말한다)의 다음 차수로 한다.

다. 위반행위가 둘 이상인 경우로서 각 처분내용이 모두 운행제한·정지인 경우에는 그 중 무거운 처분기준에 해당하는 운행제한·정지 기간의 2분의 1의 범위에서 가중할 수 있다. 다만, 가중하는 경우에도 각 처분기준에 따른 운행제한·정지 기간을 합산한 기간 및 6개월을 넘을 수 없다.

라. 국토교통부장관은 다음의 어느 하나에 해당하는 경우에는 제2호의 개별기준에 따른 운행제한·정지 기간의 2분의 1 범위에서 그 기간을 줄일 수 있다.

1) 위반행위가 사소한 부주의나 오류로 인한 것으로 인정되는 경우
2) 위반행위자가 법 위반상태를 시정하거나 해소하기 위한 노력이 인정되는 경우
3) 그 밖에 위반행위의 정도, 위반행위의 동기와 그 결과 등을 고려하여 운행제한·정지 기간을 줄일 필요가 있다고 인정되는 경우

마. 국토교통부장관은 다음의 어느 하나에 해당하는 경우에는 제2호의 개별기준에 따른 운행제한·정지 기간의 2분의 1 범위에서 그 기간을 늘릴 수 있다. 다만, 늘리는 경우에도 6개월을 넘을 수 없다.

1) 위반의 내용 및 정도가 중대하여 공중에게 미치는 피해가 크다고 인정되는 경우
2) 법 위반상태의 기간이 6개월 이상인 경우
3) 그 밖에 위반행위의 정도, 위반행위의 동기와 그 결과 등을 고려하여 운행제한·정지 기간을 늘릴 필요가 있다고 인정되는 경우

2. 개별기준

위반 행위	근거 법조문	처 분 기 준			
		1차 위반	2차 위반	3차 위반	4차 위반
가. 철도차량이 법 제26조제3항에 따른 철도차량의 기술기준에 적합하지 않은 경우	법 제38조의3제1항제2호	시정명령	해당 철도차량 운행정지 1개월	해당 철도차량 운행정지 2개월	해당 철도차량 운행정지 4개월
나. 소유자등이 법 제38조의2제2항 본문을 위반하여 개조승인을 받지 않고 임의로 철도차량을 개조하여 운행하는 경우	법 제38조의3제1항제1호	해당 철도차량 운행정지 1개월	해당 철도차량 운행정지 2개월	해당 철도차량 운행정지 4개월	해당 철도차량 운행정지 6개월

[별표 17] 〈신설 19·6·18〉

인증정비조직 관련 처분기준(제75조의12제2항 관련)

1. 일반기준

가. 위반행위의 횟수에 따른 행정처분의 가중된 부과기준은 최근 2년간 같은 위반행위로 행정처분을 받은 경우에 적용한다. 이 경우 기간의 계산은 위반행위에 대하여 행정처분을 받은 날과 그 처분 후 다시 같은 위반행위를 하여 적발된 날을 기준으로 한다.

나. 가목에 따라 가중된 부과처분을 하는 경우 가중처분의 적용 차수는 그 위반행위 전 부과처분 차수(가목에 따른 기간 내에 행정처분이 둘 이상 있었던 경우에는 높은 차수를 말한다)의 다음 차수로 한다.

다. 위반행위가 둘 이상인 경우로서 그에 해당하는 각각의 처분기준이 다른 경우에는 그 중 무거운 처분기준(무거운 처분기준이 같을 때에는 그 중 하나의 처분기준을 말한다)에 따르며, 둘 이상의 처분기준이 같은 업무제한·정지인 경우에는 무거운 처분기준의 2분의 1의 범위에서 가중할 수 있되, 각 처분기준을 합산한 기간을 초과할 수 없다.

라. 국토교통부장관은 다음의 어느 하나에 해당하는 경우에는 제2호의 개별기준에 따른 업무제한·정지 기간의 2분의 1의 범위에서 그 기간을 줄일 수 있다.

1) 위반행위가 사소한 부주의나 오류로 인한 것으로 인정되는 경우
2) 위반행위자가 법 위반상태를 시정하거나 해소하기 위한 노력이 인정되는 경우
3) 그 밖에 위반행위의 정도, 위반행위의 동기와 그 결과 등을 고려하여 업무제한·정지 기간을 줄일 필요가 있다고 인정되는 경우

마. 국토교통부장관은 다음의 어느 하나에 해당하는 경우에는 제2호의 개별기준에 따른 업무제한·정지 기간의 2분의 1의 범위에서 그 기간을 늘릴 수 있다. 다만, 법 제38조10제1항에 따른 업무제한·정지 기간의 상한을 넘을 수 없다.

1) 위반의 내용 및 정도가 중대하여 공중에게 미치는 피해가 크다고 인정되는 경우
2) 법 위반상태의 기간이 6개월 이상인 경우
3) 그 밖에 위반행위의 정도, 위반행위의 동기와 그 결과 등을 고려하여 업무제한·정지 기간을 늘릴 필요가 있다고 인정되는 경우

2. 개별기준

가. 법 제38조의10제1항제1호, 제3호, 제4호 및 제5호 관련

위반행위	근거 법조문	처분 기준			
		1차 위반	2차 위반	3차 위반	4차 이상 위반
1) 거짓이나 그 밖의 부정한 방법으로 인증을 받은 경우	법 제38조의10제1항 제1호	인증 취소	-	-	-
2) 법 제38조의7제2항을 위반하여 변경인증을 받지 않거나 변경신고를 하지 않고 인증받은 사항을 변경한 경우	법 제38조의10제1항 제3호	업무정지(업무제한) 1개월	업무정지(업무제한) 2개월	업무정지(업무제한) 4개월	업무정지(업무제한) 6개월
3) 법 제38조의8제1호 및 제2호에 따른 결격사유에 해당하게 된 경우	법 제38조의10제1항 제4호	인증 취소	-	-	-
4) 법 제38조의9에 따른 준수사항을 위반한 경우	법 제38조의10제1항 제5호	업무정지(업무제한) 1개월	업무정지(업무제한) 2개월	업무정지(업무제한) 4개월	업무정지(업무제한) 6개월

나. 법 제38조의10제1항제2호 관련

위반행위	근거 법조문	처 분 기 준
1) 인증정비조직의 고의에 따른 철도사고로 사망자가 발생하거나 운행장애로 5억원 이상의 재산피해가 발생한 경우	법 제38조의10제1항 제2호	인증 취소
2) 인증정비조직의 중대한 과실로 철도사고 및 운행장애를 발생시킨 경우	법 제38조의10제1항 제2호	
가) 철도사고로 인한 사망자 수		
(1) 1명 이상 3명 미만		업무정지(업무제한) 1개월
(2) 3명 이상 5명 미만		업무정지(업무제한) 2개월
(3) 5명 이상 10명 미만		업무정지(업무제한) 4개월
(4) 10명 이상		업무정지(업무제한) 6개월
나) 철도사고 또는 운행장애로 인한 재산피해액		
(1) 5억원 이상 10억원 미만		업무정지(업무제한) 15일
(2) 10억원 이상 20억원 미만		업무정지(업무제한) 1개월
(3) 20억원 이상		업무정지(업무제한) 2개월

[별표 18] 〈신설 19·6·18, 23·1·18〉

정밀안전진단기관의 지정취소 및 업무정지의 기준(제75조의19제1항 관련)

1. 일반기준

가. 위반행위의 횟수에 따른 행정처분의 가중된 부과기준은 최근 2년간 같은 위반행위로 행정처분을 받은 경우에 적용한다. 이 경우 기간의 계산은 위반행위에 대하여 행정처분을 받은 날과 그 처분 후 다시 같은 위반행위를 하여 적발된 날을 기준으로 한다.

나. 가목에 따라 가중된 부과처분을 하는 경우 가중처분의 적용 차수는 그 위반행위 전 부과처분 차수(가목에 따른 기간 내에 행정처분이 둘 이상 있었던 경우에는 높은 차수를 말한다)의 다음 차수로 한다.

다. 위반행위가 둘 이상인 경우로서 그에 해당하는 각각의 처분기준이 다른 경우에는 그 중 무거운 처분기준(무거운 처분기준이 같을 때에는 그 중 하나의 처분기준을 말한다)에 따르며, 위반행위가 둘 이상인 경우로서 그에 해당하는 각각의 처분기준이 업무정지인 경우에는 처분기준의 2분의 1까지 가중할 수 있되, 각 처분기준을 합산한 기간을 초과할 수 없다.

라. 국토교통부장관은 위반행위의 동기·내용 및 위반의 정도 등 다음의 어느 하나에 해당하는 사유를 고려하여 그 처분을 감경할 수 있다. 이 경우 그 처분이 업무정지인 경우에는 그 처분기준의 2분의 1의 범위에서 감경할 수 있고, 지정취소인 경우(법 제38조의13제3항제1호부터 제3호까지에 해당하는 경우는 제외한다)에는 6개월의 업무정지 처분으로 감경할 수 있다.

1) 위반행위가 고의나 중대한 과실이 아닌 사소한 부주의나 오류로 인한 것으로 인정되는 경우.

2) 위반의 내용·정도가 경미하여 이해관계인에게 미치는 피해가 적다고 인정되는 경우

2. 개별기준

위반사항	근거 법조문	처분기준			
		1차 위반	2차 위반	3차 위반	4차 이상 위반
가. 거짓이나 그 밖의 부정한 방법으로 지정을 받은 경우	법 제38조의13제3항제1호	지정 취소			
나. 업무정지명령을 위반하여 업무정지 기간 중에 정밀안전진단 업무를 한 경우	법 제38조의13제3항제2호	지정 취소			
다. 정밀안전진단 업무와 관련하여 부정한 금품을 수수하거나 그 밖의 부정한 행위를 한 경우	법 제38조의13제3항제3호	지정 취소			
라. 정밀안전진단 결과를 조작한 경우	법 제38조의13제3항제4호	업무 정지 2개월	업무 정지 6개월	지정 취소	
마. 정밀안전진단 결과를 거짓으로 기록하거나 고의로 결과를 기록하지 않은 경우	법 제38조의13제3항제5호	업무 정지 2개월	업무 정지 6개월	지정 취소	
바. 성능검사 등을 받지 않은 검사용 기계·기구를 사용하여 정밀안전진단을 한 경우	법 제38조의13제3항제6호	업무 정지 1개월	업무 정지 2개월	업무 정지 4개월	업무 정지 6개월
사. 법 제38조의14제1항에 따라 정밀안전진단 결과를 평가한 결과 고의 또는 중대한 과실로 사실과 다르게 진단하는 등 정밀안전진단 업무를 부실하게 수행한 것으로 평가된 경우	법 제38조의13제3항제7호	업무 정지 2개월	업무 정지 6개월	지정 취소	

[별표 19] 〈신설 19·10·23〉

시험기관의 지정기준(제85조의8제1항 관련)

1. 다음 각 목의 요건을 모두 갖춘 법인 또는 단체일 것
  가. 「공공기관의 운영에 관한 법률」 제4조에 따른 공공기관일 것
  나. 「보안업무규정」 제10조에 따른 비밀취급 인가를 받은 기관일 것
  다. 「국가표준기본법」 제23조 및 같은 법 시행령 제16조제2항에 따른 인정기구(이하 "인정기구"라 한다)에서 인정받은 시험기관일 것

2. 다음 각 목의 요건을 갖춘 기술인력을 보유할 것. 다만, 나목 또는 다목의 인력이 라목에 따른 위험물안전관리자의 자격을 보유한 경우에는 라목의 기준을 갖춘 것으로 본다.
  가. 「보안업무규정」 제8조에 따른 비밀취급 인가를 받은 인력을 보유할 것
  나. 인정기구에서 인정받은 시험기관에서 시험업무 경력이 3년 이상인 사람 2명 이상
  다. 보안검색에 사용하는 장비의 시험·평가 또는 관련 연구 경력이 3년 이상인 사람 2명 이상
  라. 「위험물안전관리법」 제15조제1항에 따른 위험물안전관리자 자격 보유자 1명 이상

3. 다음 각 목의 시설 및 장비를 모두 갖출 것
  가. 다음의 시설을 모두 갖춘 시험실
    1) 항온항습 시설
    2) 철도보안검색장비 성능시험 시설
    3) 화학물질 보관 및 취급을 위한 시설
    4) 그 밖에 국토교통부장관이 정하여 고시하는 시설
  나. 엑스선검색장비 이미지품질평가용 시험용 장비(테스트 키트)
  다. 엑스선검색장비 표면방사선량률 측정장비
  라. 엑스선검색장비 연속동작시험용 시설
  마. 엑스선검색장비 등 대형장비용 온도·습도시험실(장비)
  바. 폭발물검색장비·액체폭발물검색장비·폭발물흔적탐지장비 시험용 유사폭발물 시료
  사. 문형금속탐지장비·휴대용금속탐지장비·시험용 금속물질 시료
  아. 휴대용 금속탐지장비 및 시험용 낙하시험 장비
  자. 시험데이터 기록 및 저장 장비
  차. 그 밖에 국토교통부장관이 정하여 고시하는 장비

[별표 20] 〈신설 19·10·23〉

시험기관의 지정취소 및 업무정지의 기준(제85조의9제1항 관련)

1. 일반기준
  가. 위반행위가 둘 이상인 경우 또는 한 개의 위반행위가 둘 이상의 처분기준에 해당하는 경우에는 그 중 무거운 처분기준을 적용한다.
  나. 위반행위의 횟수에 따른 행정처분의 기준은 최근 3년 동안 같은 위반행위로 처분을 받은 경우에 적용한다. 이 경우 기간의 계산은 위반행위에 대해서 처분을 받은 날과 그 처분 후 다시 같은 위반행위를 해서 적발된 날을 기준으로 한다.
  다. 나목에 따라 가중된 행정처분을 하는 경우 가중처분의 적용 차수는 그 위반행위 전 처분 차수(나목에 따른 기간 내에 행정처분이 둘 이상 있었던 경우에는 높은 차수를 말한다)의 다음 차수로 한다.
  라. 국토교통부장관은 다음의 어느 하나에 해당하는 경우에는 제2호의 개별기준에 따른 업무정지 기간의 2분의 1의 범위에서 그 기간을 줄일 수 있다.
    1) 위반행위가 사소한 부주의나 오류로 인한 것으로 인정되는 경우
    2) 위반행위자의 법 위반상태를 시정하거나 해소하기 위한 노력이 인정되는 경우
    3) 그 밖에 위반행위의 정도, 위반행위의 동기와 그 결과 등을 고려해서 처분기간을 감경할 필요가 있다고 인정되는 경우
  마. 국토교통부장관은 다음의 어느 하나에 해당하는 경우에는 제2호의 개별기준에 따른 업무정지 기간의 2분의 1의 범위에서 그 기간을 늘릴 수 있다.
    1) 위반의 내용 및 정도가 중대해서 공중에게 미치는 피해가 크다고 인정되는 경우
    2) 법 위반 상태의 기간이 3개월 이상인 경우
    3) 그 밖에 위반행위의 정도, 위반행위의 동기와 그 결과 등을 고려해서 업무정지 기간을 늘릴 필요가 있다고 인정되는 경우

2. 개별기준

위반행위 또는 사유	근거 법조문	처분기준		
		1차 위반	2차 위반	3차 이상 위반
가. 거짓이나 그 밖의 부정한 방법을 사용해서 시험기관으로 지정을 받은 경우	법 제48조의4제3항제1호	지정취소		

위반행위 또는 사유	근거 법조문	처분기준		
		1차 위반	2차 위반	3차 이상 위반
나. 업무정지 명령을 받은 후 그 업무정지 기간에 성능시험을 실시한 경우	법 제48조의4 제3항제2호	지정취소		
다. 정당한 사유 없이 성능시험을 실시하지 않은 경우	법 제48조의4 제3항제3호	업무정지 (30일)	업무정지 (60일)	지정취소
라. 법 제48조의3제2항에 따른 기준·방법·절차 등을 위반하여 성능시험을 실시한 경우	법 제48조의4 제3항제4호	업무정지 (60일)	업무정지 (120일)	지정취소
마. 법 제48조의4제2항에 따른 시험기관 지정기준을 충족하지 못하게 된 경우	법 제48조의4 제3항제5호	경고	경고	지정취소
바. 성능시험 결과를 거짓으로 조작해서 수행한 경우	법 제48조의4 제3항제6호	업무정지 (90일)	지정 취소	

[별표 21]부터 [별표 23]까지 삭제 〈14·3·19〉

[별표 24] 〈개정 12·12·10〉

철도안전 전문인력의 교육훈련(제91조제1항 관련)

대상자	교육시간	교육내용	교육시기
철도운행안전 관리자	ㅇ 120시간(3주) - 직무관련 : 100시간 - 교양교육 : 20시간	- 열차운행의 통제와 조정 - 안전관리 일반 - 관계법령 - 비상 시 조치 등	- 철도운행안전관리자로 인정받으려는 경우
철도안전전문 기술자(초급)	ㅇ 120시간(3주) - 직무관련 : 100시간 - 교양교육 : 20시간	- 기초전문 직무교육 - 안전관리 일반 - 관계법령 - 실무실습	- 철도안전전문초급기술자로 인정받으려는 경우

[별표 25] 〈신설 12·12·10, 15·10·2, 16·8·10, 19·6·18, 21·8·27, 22·12·19〉

철도안전 전문기관 세부 지정기준(제92조의3 관련)

1. 기술인력의 기준

가. 자격기준

등급	기술자격자	학력 및 경력자
교 육 책임자	1) 철도 관련 해당 분야 기술사 또는 이와 같은 수준 이상의 자격을 취득한 사람으로서 10년 이상 철도 관련 분야에 근무한 경력이 있는 사람 2) 철도 관련 해당 분야 기사 자격을 취득한 사람으로서 15년 이상 철도 관련 분야에 근무한 경력이 있는 사람 3) 철도 관련 해당 분야 산업기사 자격을 취득한 사람으로서 20년 이상 철도 관련 분야에 근무한 경력이 있는 사람	1) 철도 관련 분야 박사학위를 취득한 사람으로서 10년 이상 철도 관련 분야에 근무한 경력이 있는 사람 2) 철도 관련 분야 석사학위를 취득한 사람으로서 15년 이상 철도 관련 분야에 근무한 경력이 있는 사람 3) 철도 관련 분야 학사학위를 취득한 사람으로서 20년 이상 철도 관련 분야에 근무한 경력이 있는 사람 4) 관련 분야 4급 이상 공무원 경력자 또는 이와 같은 수준 이상의 경력자로서 철도 관련 분야 재직경력이 10년 이상인 사람

	4) 「근로자직업능력 개발법」 제33조에 따라 직업능력개발훈련교사자격증을 취득한 사람으로서 철도 관련 분야 재직경력이 10년 이상인 사람	
이론교관	1) 철도 관련 해당분야 기술사 또는 이와 같은 수준 이상의 자격을 취득한 사람 2) 철도 관련 해당분야 기사 자격을 취득한 사람으로서 10년 이상 철도 관련 분야에 근무한 경력이 있는 사람 3) 철도 관련 해당 분야 산업기사 자격을 취득한 사람으로서 15년 이상 철도 관련 분야에 근무한 경력이 있는 사람	1) 철도 관련 분야 박사학위를 취득한 사람으로서 5년 이상 철도 관련 분야에 근무한 경력이 있는 사람 2) 철도 관련 분야 석사학위를 취득한 사람으로서 10년 이상 철도 관련 분야에 근무한 경력이 있는 사람 3) 철도 관련 분야 학사학위를 취득한 사람으로서 15년 이상 철도 관련 분야에 근무한 경력이 있는 사람 4) 철도 관련 분야 6급 이상의 공무원 경력자 또는 이와 같은 수준 이상의 경력자로서 철도 관련 분야 재직경력이 10년 이상인 사람
기능교관	1) 철도 관련 해당 분야 기사 이상의 자격을 취득한 사람으로서 2년 이상 철도 관련 분야에 근무한 경력이 있는 사람 2) 철도 관련 해당 분야 산업기사 이상의 자격을 취득한 사람으로서 3년 이상 철도 관련 분야에 근무한 경력이 있는 사람	1) 철도 관련 분야 석사학위를 취득한 사람으로서 2년 이상 철도 관련 분야에 근무한 경력이 있는 사람 2) 철도 관련 분야 학사학위를 취득한 사람으로서 3년 이상 철도 관련 분야에 근무한 경력이 있는 사람 3) 철도 관련 분야 7급 이상의 공무원 경력자 또는 이와 같은 수준 이상의 경력자로서 철도 관련 분야 재직 경력이 10년 이상인 사람

비고:
1. 박사 · 석사 · 학사 학위는 학위수여학과에 관계없이 학위 취득 시 학위논문 제목에 철도 관련 연구임이 명확하게 기록되어야 함.
2. "철도 관련 분야"란 철도안전, 철도차량 운전, 관제, 전기철도, 신호, 궤도, 통신 및 철도차량 분야를 말한다.
3. "철도 관련 분야에 근무한 경력" 및 교육책임자의 기술자격자란4)의 "철도 관련 분야 재직경력"은 해당 학위 또는 자격증을 취득하기 전과 취득한 후의 경력을 모두 포함한다.

나. 보유기준
1) 최소보유기준: 교육책임자 1명, 이론교관 3명, 기능교관을 2명 이상 확보하여야 한다.
2) 1회 교육생 30명을 기준으로 교육인원이 10명 추가될 때마다 이론교관을 1명 이상 추가로 확보하여야 한다. 다만 추가로 확보하여야 하는 이론교관은 비전임으로 할 수 있다.
3) 이론교관 중 기능교관 자격을 갖춘 사람은 기능교관을 겸임할 수 있다.
4) 안전점검 업무를 수행하는 경우에는 영 제59조에 따른 분야별 철도안전 전문인력 8명(특급 3명, 고급 이상 2명, 중급 이상 3명) 이상, 열차운행 분야의 경우에는 철도운행안전관리자 3명 이상을 확보할 것

2. 시설 · 장비의 기준

가. 강의실: 60㎡ 이상(의자, 탁자 및 교육용 비품을 갖추고 1㎡당 수용인원이 1명을 초과하지 않도록 한다)
나. 실습실: 125㎡(20명 이상이 동시에 실습할 수 있는 실습실 및 실습 장비를 갖추어야 한다)이상이어야 한다. 다만, 철도운행안전관리자의 경우 60㎡ 이상으로 할 수 있으며, 강의실에 실습 장비를 함께 설치하여 활용할 수 있는 경우는 제외한다.
다. 시청각 기자재: 텔레비젼 · 비디오 1세트, 컴퓨터 1세트, 빔 프로젝터 1대 이상
라. 철도차량 운행, 전기철도, 신호, 궤도 및 철도안전 등 관련 도서 100권 이상
마. 그 밖에 교육훈련에 필요한 사무실 · 집기류 · 편의시설 등을 갖추어야 한다.
바. 전기철도 · 신호 · 궤도분야의 경우 다음과 같은 교육 설비를 확보하여야 한다.
1) 전기철도 분야: 모터카 진입이 가능한 궤도와 전차선로 600㎡ 이상의 실습장을 확보하여 절연 구분장치, 브래킷, 스팬선, 스프링밸런서, 균압선, 행거, 드롭퍼, 콘크리트 및 H형 강주 등이 설치되어 전차선가선 시공기술을 반복하여 실습할 수 있는 설비를 확보할 것
2) 철도신호 분야: 계전연동장치, 신호기장치, 자동폐색장치, 궤도회로장치, 선로전환장치, 신호용 전력공급장치, ATS장치 등을 갖춘 실습장을 확보하여 신호보안장치 시공기술을 반복하여 실습할 수 있는 설비를 확보할 것
3) 궤도 분야: 표준 궤간의 철도선로 200m 이상과 평탄한 광장 90㎡ 이상의 실습장을 확보하여 장대레일 재설정, 받침목다짐, GAS압접, 테르밋용접 등을 반복하여 실습할 수 있는 설비를 확보할 것
사. 장비 및 자재기준
1) 전기철도 분야: 교육을 실시할 수 있는 사다리차, 전선크램프, 도르레, 절연저항측정기, 전차선 가선측정기, 특고압 검전기, 접지걸이, 장선기, 가스누설측정기, 활선용 피뢰기 진단기, 적외선 온도측정기, 콘크리트 강도 측정기,

아연도금 피막 측정기, 토오크 측정기, 슬리브 압축기, 애자 인장기, 자분탐상기, 초저항 측정기, 접지저항 측정기, 초음파 측정기 등 장비와 실습용으로 사용할 수 있는 크램프, 금구, 급전선, 행거이어, 조가선, 애자, 드롭퍼용 전선, 슬리브, 완철, 전차선, 구분장치, 브래킷, 밴드, 장력조정장치, 표지, 전기철도자재 샘플보드 등 자재를 보유할 것

2) 신호 분야: 오실로스코프(전압의 변화를 화면으로 보여주는 장치), 접지저항계, 절연저항계, 클램프미터, 습도계(Hygrometer), 멀티미터(Mulimeter), 선로전환기 전환력 측정기, 전기회로시험기, 인터그레터, ATS지상자 측정기 등 장비를 보유할 것

3) 궤도 분야: 레일 절단기, 레일 연마기, 레일 다지기, 양로기, 레일 가열기, 샤링머신, 연마기, 그라인더, 얼라이먼트, 가스압접기, 테르밋 용접기, 고압펌프, 압력평행기, 발전기, 단면기, 초음파 탐상기, 레일단면 측정기 등 장비와 레일 온도계, 팬드롤바, 크램프척, 버너(불판) 등 공구를 보유할 것

4) 철도운행안전관리자는 열차운행선 공사(작업) 시 안전조치에 관한 교육을 실시할 수 있는 무전기 등 장비와 단락용 동선 등 교육자재를 갖출 것

5) 철도차량 분야: 절연저항측정기, 내전압시험기, 온도측정기, 습도계, 전기측정기(AC/DC 전류, 전압, 주파수 등), 차상신호장치 시험기, 자분탐상기, 초음파 탐상기, 음향측정기, 다채널 데이터 측정기(소음, 진동 등), 거리측정기(비접촉), 속도측정기, 윤중(輪重: 철도차량 바퀴에 의하여 철도선로에 수직으로 가해지는 중량) 동시 측정기, 제동압력 시험기 등의 장비·공구를 확보하여 철도차량 설계·제작·개조·개량·정밀안전진단 안전점검 기술을 반복하여 실습할 수 있는 설비를 갖출 것

[별표 26] 〈신설 17·1·20〉

안전전문기관의 지정취소 및 업무정지의 기준(제92조의5제1항 관련)

위반사항	해당 법조문	처분기준			
		1차 위반	2차 위반	3차 위반	4차 위반
1. 거짓이나 그 밖의 부정한 방법으로 지정을 받은 경우	법 제15조의2 제1항제1호 및 제69조제7항	지정 취소			
2. 업무정지 명령을 위반하여 그 정지기간 중 안전교육훈련업무를 한 경우	법 제15조의2 제1항제2호 및 제69조제7항	지정 취소			
3. 법 제69조제6항에 따른 지정기준에 맞지 아니하게 된 경우	법 제15조의2 제1항제3호 및 제69조제7항	경고 또는 보완 명령	업무 정지 1개월	업무 정지 3개월	지정 취소
4. 정당한 사유 없이 안전교육훈련업무를 거부한 경우	법 제15조의2 제1항제4호 및 제69조제7항	경고	업무 정지 1개월	업무 정지 3개월	지정 취소
5. 법 제15조제6항을 위반하여 거짓이나 그 밖의 부정한 방법으로 안전교육훈련 수료증 또는 자격증명서를 발급한 경우	법 제15조의2 제1항제5호 및 제69조제7항	업무 정지 1개월	업무 정지 3개월	지정 취소	

비고:
1. 위반행위가 둘 이상인 경우로서 그에 해당하는 각각의 처분기준이 다른 경우에는 그 중 무거운 처분기준에 따르며, 위반행위가 둘 이상인 경우로서 그에 해당하는 각각의 처분기준이 같은 경우에는 무거운 처분기준의 2분의 1까지 가중할 수 있되, 각 처분기준을 합산한 기간을 초과할 수 없다.
2. 위반행위의 횟수에 따른 행정처분의 가중된 부과기준은 최근 1년간 같은 위반행위로 행정처분을 받은 경우에 적용한다. 이 경우 기간의 계산은 위반행위에 대하여 행정처분을 받은 날과 그 처분 후 다시 같은 위반행위를 하여 적발된 날을 기준으로 한다.
3. 비고 제2호에 따라 가중된 행정처분을 하는 경우 가중처분의 적용 차수는 그 위반행위 전 부과처분 차수(비고 제2호에 따른 기간 내에 행정처분이 둘 이상 있었던 경우에는 높은 차수를 말한다)의 다음 차수로 한다.
4. 처분권자는 위반행위의 동기·내용 및 위반의 정도 등 다음 각 목에 해당하는 사유를 고려하여 그 처분을 감경할 수 있다. 이 경우 그 처분이 업무정지인 경우에는 그 처분기준의 2분의 1 범위에서 감경할 수 있고, 지정취소인 경우(거짓이나 그 밖의 부정한 방법으로 지정을 받은 경우나 업무정지 명령을 위반하여 그 정지기간 중 안전교육훈련업무를 한 경우는 제외한다)에는 3개월의 업무정지 처분으로 감경할 수 있다.
 가. 위반행위가 고의나 중대한 과실이 아닌 사소한 부주의나 오류로 인한 것으로 인정되는 경우
 나. 위반의 내용·정도가 경미하여 이해관계인에게 미치는 피해가 적다고 인정되는 경우

[별표 27] 〈신설 19·10·23〉

철도운행안전관리자의 배치기준 등(제92조의6제1항 관련)

1. 철도운영자등은 작업 또는 공사가 다음 각 목의 어느 하나에 해당하는 경우에는 작업 또는 공사 구간 별로 철도운행안전관리자를 1명 이상 별도로 배치해야 한다. 다만, 열차의 운행 빈도가 낮아 위험이 적은 경우에는 국토교통부장관과 사전 협의를 거쳐 작업책임자가 철도운행안전관리자 업무를 수행하게 할 수 있다.
   가. 도급 및 위탁 계약 방식의 작업 또는 공사
      1) 철도운영자등이 도급(공사)계약 방식으로 시행하는 작업 또는 공사
      2) 철도운영자등이 자체 유지·보수 작업을 전문용역업체 등에 위탁하여 6개월 이상 장기간 수행하는 작업 또는 공사.
   나. 철도운영자등이 직접 수행하는 작업 또는 공사로서 4명 이상의 직원이 수행하는 작업 또는 공사

2. 철도운영자등은 작업 또는 공사의 효율적인 수행을 위해서는 제1호에도 불구하고 제1호가목2) 및 같은 호 나목에 따른 작업 또는 공사에 대해 철도운행안전관리자를 작업 또는 공사를 수행하는 직원으로 지정할 수 있고, 제1호 각 목에 따른 작업 또는 공사에 대해 철도운행안전관리자 2명 이상이 3개 이상의 인접한 작업 또는 공사 구간을 관리하게 할 수 있다.

[별표 28] 〈신설 19·10·23〉

철도안전 전문인력의 정기교육(제92조의7제2항 관련)

1. 정기교육의 주기: 3년
2. 정기교육 시간: 15시간 이상
3. 교육 내용 및 절차
   가. 철도운행안전관리자

교육과목	교육내용	교육절차
직무전문 교육	철도운행선 안전관리자로서 전문지식과 업무수행능력 배양 1) 열차운행선 지장작업의 순서와 절차 및 철도운행안전협의사항, 기타 안전조치 등에 관한 사항 2) 선로지장작업 관련 사고사례 분석 및 예방 대책 3) 철도인프라(정거장, 선로, 전철전력시스템, 열차제어시스템) 4) 일반 안전 및 직무 안전관리 등	강의 및 토의
철도안전 관련법령	철도안전법령 및 관련규정의 이해 1) 철도안전 정책 2) 철도안전법 및 관련 규정 3) 열차운행선 지장작업에 따른 관련 규정 및 취급절차 등 4) 운전취급관련 규정 등	강의 및 토의
실무실습	철도운행안전관리자의 실무능력 배양 1) 열차운행조정 협의 2) 선로작업의 시행 절차 3) 작업시행 전 작업원 안전교육(작업원, 건널목임시관리원, 열차감시원, 전기철도안전관리자) 4) 이례운전취급에 따른 안전조치 요령 등	토의 및 실습

   나. 전기철도분야 안전전문기술자

교육과목	교육내용	교육절차
직무전문 교육	전기철도에 대한 직무전문지식의 습득과 전문운용능력 배양 1) 전기철도공학 및 전기철도구조물공학 2) 철도 송·변전 및 철도배전설비 3) 전기철도 설계기준 및 급전제어규정 4) 전기철도 급전계통 특성 이해 5) 전기철도 고장장애 복구·대책 수립 6) 전기철도 사고사례 및 안전관리 등	강의 및 토의

교육과목	교육내용	교육절차
철도안전 관련법령	철도안전법령 및 관련 행정규칙의 준수 및 이해도 향상 1) 철도안전정책 2) 철도안전법령 및 행정규칙 3) 열차운행선로 지장작업 업무 요령	강의 및 토의
실무실습	전기철도설비의 운용 및 안전확보를 위한 전문실무실습 1) 가공·강체전차선로 시공 및 유지보수 2) 철도 송·변전 및 철도배전설비 시공 및 유지보수 3) 전기철도 시설물 점검방법 등	현장실습

다. 철도신호분야 안전전문기술자

교육과목	교육내용	교육절차
직무전문 교육	철도신호에 대한 직무전문지식의 습득과 운용능력 배양 1) 신호기장치, 선로전환기장치, 궤도회로 및 연동장치 등 2) 신호 설계기준 및 신호설비 유지보수 세칙 3) 선로전환기 동작계통 및 연동도표 이해 4) 철도신호 장애 복구·대책 수립 요령 5) 철도신호 품질안전 및 안전관리 등	강의 및 토의
철도안전 관련법령	철도안전법령 및 관련 행정규칙의 준수 및 이해도 향상 1) 철도안전 정책 2) 철도안전 법령 및 행정규칙 3) 열차운행선로 지장작업 업무요령	강의 및 토의
실무실습	철도신호 설비의 운용 및 안전 확보를 위한 전문실무실습 1) 신호기, 선로전환기, 궤도회로 및 연동장치 유지보수 실습 2) 철도신호 시설물 점검요령 실습	현장실습

라. 철도시설분야 안전전문기술자

교육과목	교육내용	교육절차
직무전문 교육	철도시설(궤도)에 대한 전문지식의 습득과 운용능력 배양 1) 철도공학: 궤도보수, 궤도장비, 궤도역학 2) 선로일반: 궤도구조, 궤도재료, 인접분야인터페이스 3) 궤도설계: 궤도설계기준, 궤도구조, 궤도재료, 궤도설계기법, 궤도와 구조물인터페이스 4) 용접이론: 레일용접 관련지침 및 공법해설 5) 시설안전·재해업무 관련 규정 6) 사고사례 및 안전관리 등	강의 및 토의

교육과목	교육내용	교육절차
철도안전 관련법령	철도안전법령 및 관련 행정규칙의 준수 및 이해도 향상 1) 철도안전법령 및 행정규칙 2) 선로지장취급절차, 열차 방호 요령 3) 철도차량 운전규칙, 열차운전 취급절차 규정 4) 선로유지관리지침 및 보선작업지침 해설	강의 및 토의
실무실습	철도시설의 운용 및 안전 확보를 위한 전문실무실습 1) 선로시공 및 보수 일반 2) 중대형 보선장비 제원 및 작업 견학	현장실습

마. 철도차량분야 안전전문기술자

교육과목	교육내용	교육절차
직무전문 교육	철도차량에 대한 직무전문지식의 습득과 운용능력 배양 1) 철도차량시스템 일반 2) 철도차량 신뢰성 및 품질관리 3) 철도차량 리스크(위험도) 평가 4) 철도차량 시험 및 검사 5) 철도 사고 사례 및 안전관리 등	강의 및 토의
철도안전 관련법령	철도안전법령 및 관련 행정규칙의 준수 및 이해도 향상 1) 철도안전 정책 2) 철도안전 법령 및 행정규칙 3) 철도차량 관련 표준 및 정비관련 규정	강의 및 토의
실무실습	철도차량의 운용 및 안전 확보를 위한 전문실무실습 1) 철도차량의 안전조치(작업 전/작업 후) 2) 철도차량 기능검사 및 응급조치 3) 철도차량 기술검토, 제작검사	현장실습

비고

1. 정기교육은 철도안전 전문인력의 분야별 자격을 취득한 날 또는 종전의 정기교육 유효기간 만료일부터 3년이 되는 날 전 1년 이내에 받아야 한다. 이 경우 그 정기교육의 유효기간은 자격 취득 후 3년이 되는 날 또는 종전 정기교육 유효기간 만료일의 다음 날부터 기산한다.
2. 철도안전 전문인력이 제1호 전단에 따른 기간이 지난 후에 정기교육을 받은 경우 그 정기교육의 유효기간은 정기교육을 받은 날부터 기산한다.

[별표 29] 〈신설 19·10·23〉

철도운행안전관리자 자격취소·효력정지 처분의 세부기준(제92조의8 관련)

1. 일반기준

가. 위반행위가 둘 이상인 경우로서 그에 해당하는 각각의 처분기준이 다른 경우에는 그 중 무거운 처분기준에 따르며, 위반행위가 둘 이상인 경우로서 그에 해당하는 각각의 처분기준이 같은 경우에는 무거운 처분기준의 2분의 1까지 가중하되, 각 처분기준을 합산한 기간을 초과할 수 없다.

나. 위반행위의 횟수에 따른 행정처분의 기준은 최근 1년간 같은 위반행위로 행정처분을 받은 경우에 적용한다. 이 경우 행정처분 기준의 적용은 같은 위반행위에 대하여 최초로 행정처분을 한 날과 그 처분 후의 위반행위가 다시 적발된 날을 기준으로 한다.

2. 개별기준

위반사항 및 내용	근거 법조문	처분기준		
		1차 위반	2차 위반	3차 위반
가. 거짓이나 그 밖의 부정한 방법으로 철도운행안전관리자 자격을 받은 경우	법 제69조의4 제1항제1호	자격취소		
나. 철도운행안전관리자 자격의 효력정지 기간 중 철도운행안전관리자 업무를 수행한 경우	법 제69조의4 제1항제2호	자격취소		
다. 철도운행안전관리자 자격을 다른 사람에게 대여한 경우	법 제69조의4 제1항제3호	자격취소		
라. 철도운행안전관리자의 업무 수행 중 고의 또는 중과실로 인한 철도사고가 일어난 경우	법 제69조의4 제1항제4호			
1) 사망자가 발생한 경우		자격취소		
2) 부상자가 발생한 경우		효력정지 6개월	자격취소	
3) 1천만 원 이상 물적 피해가 발생한 경우		효력정지 3개월	효력정지 6개월	자격취소
마. 법 제41조제1항을 위반한 경우	법 제69조의4 제1항제5호			
1) 법 제41조제1항을 위반하여 약물을 사용한 상태에서 철도운행안전관리자 업무를 수행한 경우		자격취소		
2) 법 제41조제1항을 위반하여 술에 만취한 상태(혈중 알코올농도 0.1퍼센트 이상)에서 철도운행안전관리자 업무를 수행한 경우		자격취소		
3) 법 제41조제1항을 위반하여 술을 마신 상태의 기준(혈중 알코올농도 0.03퍼센트 이상)을 넘어서 철도운행안전관리자 업무를 하다가 철도사고를 일으킨 경우		자격취소		
4) 법 제41조제1항을 위반하여 술을 마신 상태(혈중 알코올농도 0.03퍼센트 이상 0.1퍼센트 미만)에서 철도운행안전관리자 업무를 수행한 경우		효력정지 3개월	자격취소	
바. 법 제41조제2항을 위반하여 술을 마시거나 약물을 사용한 상태에서 업무를 하였다고 인정할 만한 상당한 이유가 있음에도 불구하고 확인이나 검사 요구에 불응한 경우	법 제69조의4 제1항제6호	자격취소		

【시행규칙 별지서식】

[별지 제1호서식] 〈개정 14·3·19, 19·1·4〉

철도안전관리체계 승인신청서

※ [ ]에는 해당되는 곳에 √표시를 합니다.

접수번호	접수일자	처리기간 90일	
신청인	상호 또는 명칭		
	성 명 (대표자)	사업자등록번호 (법인등록번호)	
	소재지	전화번호	
구분	[ ] 철도시설관리자	[ ] 고속철도 [ ] 일반철도 [ ] 도시철도	
	[ ] 철도운영자	[ ] 고속철도 [ ] 일반철도 [ ] 도시철도	
	[ ] 철도안전관리시스템(SMS) [ ] 열차운행체계 [ ] 유지관리체계		

「철도안전법」 제7조제1항 및 같은 법 시행규칙 제2조제1항에 따라 철도안전관리체계 승인을 신청합니다.

년 월 일

신청인 (서명 또는 인)

국토교통부장관 귀하

첨부서류	1. 제2조제1항제1호부터 제6호까지의 서류	수수료 없 음

처리절차

신청서 작성 →	접 수 →	검 사 →	승 인 →	증명서 발급
신청인	처리기관 (철도안전관리체계승인기관)	처리기관 (철도안전관리체계승인기관)	처리기관 (철도안전관리체계승인기관)	처리기관 (철도안전관리체계승인기관)

210mm×297mm[백상지 80g/㎡(재활용품)]

[별지 제1호의2서식] 〈신설 14·3·19〉

철도안전관리체계 변경승인신청서

※ [ ]에는 해당되는 곳에 √표시를 합니다.

접수번호	접수일자	처리기간 90일	
신청인	상호 또는 명칭		
	성 명 (대표자)	사업자등록번호 (법인등록번호)	
	소재지	전화번호	
구분	[ ] 철도시설관리자	[ ] 고속철도 [ ] 일반철도 [ ] 도시철도	
	[ ] 철도운영자	[ ] 고속철도 [ ] 일반철도 [ ] 도시철도	
	[ ] 철도안전관리시스템(SMS) [ ] 열차운행체계 [ ] 유지관리체계		
변경사유	※ 공간이 부족할 경우에는 자료를 첨부할 수 있습니다.	변경예정일	

「철도안전법」 제7조제3항 본문 및 같은 법 시행규칙 제2조제2항에 따라 철도안전관리체계의 변경승인을 신청합니다.

년 월 일

신청인 (서명 또는 인)

국토교통부장관 귀하

첨부서류	1. 안전관리체계의 변경내용과 증빙서류 2. 변경 전후의 대비표 및 해설서	수수료 없 음

처리절차

신청서 작성 →	접 수 →	검 사 →	변경 승인
신청인	처리기관 (철도안전관리체계승인기관)	처리기관 (철도안전관리체계 승인기관)	처리기관 (철도안전관리체계 승인기관)

210mm×297mm[백상지 80g/㎡(재활용품)]

[별지 제1호의3서식] 〈신설 14·3·19〉

철도안전관리체계 변경신고서

※ [ ]에는 해당되는 곳에 √표시를 합니다.

접수번호		접수일자		
신고인	회사명			
	성 명 (대표자)		사업자등록번호 (법인등록번호)	
	소재지		전화번호	
변경신고 구분	[ ] 철도시설관리자	[ ] 고속철도	[ ] 일반철도	[ ] 도시철도
	[ ] 철도운영자	[ ] 고속철도	[ ] 일반철도	[ ] 도시철도
	[ ] 철도안전관리시스템(SMS) [ ] 열차운행체계 [ ] 유지관리체계			
변경신고 사유	※ 공간이 부족할 경우 자료를 첨부할 수 있습니다.			

「철도안전법」 제7조제3항 단서 및 같은 법 시행규칙 제3조제2항에 따라 철도안전관리체계의 변경을 신고합니다.

년 월 일

신고인 (서명 또는 인)

국토교통부장관 귀하

첨부서류	1. 안전관리체계의 변경내용과 증빙서류 2. 변경 전후의 대비표 및 해설서	수수료 없 음

처리절차

변경신고서 작성	→	접 수	→	검 토	→	변경신고 확인
신청인		처리기관 (철도안전관리체계 승인기관)		처리기관 (철도안전관리체계 승인기관)		처리기관 (철도안전관리체계승인기관)

210mm×297mm[백상지 80g/㎡(재활용품)]

[별지 제1호의4서식] 〈신설 14·3·19〉

제 호

철도안전관리체계 변경신고확인서

1. 회사명 :

2. 대표자 :

3. 소재지 :

4. 구 분

[ ] 철도시설관리자 [ ] 고속철도 [ ] 일반철도 [ ] 도시철도

[ ] 철도운영자 [ ] 고속철도 [ ] 일반철도 [ ] 도시철도

5. 주요변경내용 :

「철도안전법」 제7조제3항 단서 및 같은 법 시행규칙 제3조제3항에 따라 위 철도안전관리체계 변경신고확인서를 발급합니다.

년 월 일

국토교통부장관 직인

210mm×297mm[백상지 120g/㎡]

[별지 제2호서식] 〈개정14・3・19〉

제　　　호

철도안전관리체계 승인증명서

1. 회사명 :

2. 대표자 :

3. 소재지 :

4. 구　분

[ ] 철도시설관리자　[ ] 고속철도　[ ] 일반철도　[ ] 도시철도
[ ] 철도운영자　　　[ ] 고속철도　[ ] 일반철도　[ ] 도시철도

「철도안전법」 제7조 및 같은 법 시행규칙 제4조제2항에 따라 위 철도안전관리체계 승인을 증명합니다.

년　　월　　일

국토교통부장관 직인

210mm×297mm[백상지 120g/㎡]

(뒤 쪽)

철도안전관리체계 승인증명서 변경 기록

증명번호	발급일자	주요변경내용
제　호		

210mm×297mm[백상지 80g/㎡(재활용품)]

[별지 제3호서식] 〈개정 12 · 12 · 10〉

교육훈련 철도차량 등의 표지

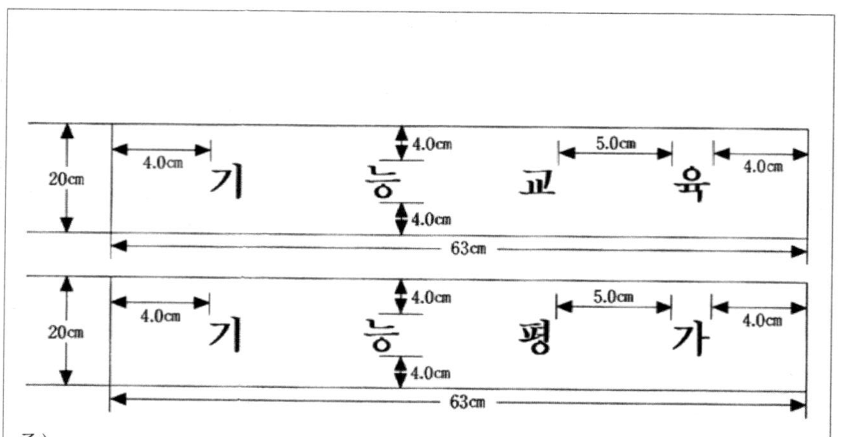

주)
1. 바탕은 파란색, 글씨는 노란색으로 합니다.
2. 앞면 유리 오른쪽(운전석 중심으로) 윗부분에 부착합니다.

[별지 제4호서식] 〈개정 12 · 12 · 10, 16 · 8 · 10, 17 · 7 · 25, 19 · 1 · 4〉

판정번호

신체검사 판정서

성명		생년월일		사 진 (모자를 쓰지 않고 배경 없이 촬영한 것) (3.5cm×4.5cm)
소속기관명	*해당자만 적습니다.			
검사구분	[ ]최초 [ ]정기 [ ]특별			
검사분야	[ ]운전면허 취득 [ ]관제자격증명 취득 [ ]운전업무 [ ]관제업무 [ ]신호기 등 취급업무			

검사항목	검사결과		검사항목	검사결과	
신장			체중		
시력	나안 좌	우	청력	좌	
	교정 좌	우		우	
혈압(최고/최저)			생식/비뇨기 계통		
일반 결핵			내분비 계통		
코 · 구강 · 인후 계통			혈액/조혈 계통		
피부 질환			신경 계통		
흉부 질환			사지		
순환기 계통			눈(시력 제외)		
소화기 계통			정신 계통		

위와 같이 검사하였습니다.

년 월 일

검사자(담당의사) (서명 또는 인)

검사결과 적격 여부	[ ]합격	
	[ ]판정 보류	* 필요시 소견서 별도 첨부
	[ ]불합격	* 불합격 사유

「철도안전법 시행규칙」 제12조제3항 및 제40조제4항에 따라 위와 같이 판정하였음을 증명합니다.

년 월 일

○○**병원(의원)장** 직인

비고: 신체검사의료기관에서는 신체검사를 하기 전에 문진표를 작성할 수 있습니다.

210mm×297mm[백상지 120g/㎡]

[별지 제5호서식]부터 [별지 제8호서식]까지 삭제 〈12 · 12 · 10〉

[별지 제9호서식] 〈개정 12·12·10, 16·8·10, 17·7·25, 19·1·4, 20·10·7〉

적성검사 판정서

성명		생년월일	
소속 기관명 *해당자만 적습니다.		검사 구분	[ ]최초 [ ]정기 [ ]특별
검사일		발급번호	
검사 분야	[ ]운전면허 취득(○ 일반차량, ○ 철도장비) [ ]관제자격증명 취득 [ ]운전업무 종사(○ 일반차량, ○ 철도장비) [ ]관제업무 종사 [ ]신호기 등 취급업무 종사		

검사항목 및 판정

구분	문답형 검사	반응형 검사								종합 점수
검사 항목	인성	주의			인식 및 기억			판단 및 행동		
		복합 기능	선택적 주의	지속적 주의	시각 변별	공간 지각	작업 기억	추론	민첩성	
등급										
점수	╳									

종합 판정	판정 형태	검사관 의견
	[ ]합격	
	[ ]불합격	

「철도안전법 시행규칙」 제16조제3항 및 제41조제4항에 따라 위와 같이 판정하였음을 증명합니다.

담당 검사관 (서명 또는 인)

년 월 일

적성검사기관의 장 [직인]

210mm×297mm[백상지 120g/㎡]

[별지 제10호서식] 〈개정 06·8·7, 08·3·14, 10·3·30, 13·3·23, 17·7·25, 23·1·18〉

적성검사기관 지정신청서

접수번호	접수일		처리기간 60일
신청인	기관명(대표자)	사업자등록번호 (법인등록번호)	
	주 소(법인소재지)	전화번호	자택
			휴대폰
신청내용	적성검사기관명		
	적성검사기관 소재지		
	검사가능 항목 [ ]운전적성검사 [ ]관제적성검사 [ ]운전업무종사자 등의 적성검사		
	검사기기 종별 (모델번호 표시)		
	적성검사 예정 연월일		

「철도안전법」 제15조제4항·제21조의6제3항, 같은 법 시행령 제13조제1항·제20조의3 및 같은 법 시행규칙 제17조제1항에 따라 적성검사기관으로 지정받고자 신청합니다.

년 월 일

신청인 (서명 또는 인)

국토교통부장관 귀하

신청인 제출서류	1. 운영계획서 2. 정관이나 이에 준하는 약정(법인 그 밖의 단체만 해당합니다) 3. 운전적성검사 또는 관제적성검사를 담당하는 전문인력의 보유 현황 및 학력·경력·자격 등을 증명할 수 있는 서류 4. 운전적성검사시설 또는 관제적성검사시설 내역서 5. 운전적성검사장비 또는 관제적성검사장비 내역서 6. 운전적성검사기관 또는 관제적성검사기관에서 사용하는 직인의 인영	수수료 없음
담당 공무원 확인사항	법인 등기사항증명서(법인인 경우만 해당합니다)	

처리절차

신청서 작성 → 접 수 → 검 토 → 결 재 → 지정서 발급

신청인 / 처리기관(국토교통부) / 처리기관(국토교통부) / 처리기관(국토교통부)

210mm×297mm[백상지 80g/㎡(재활용품)]

[별지 제11호서식] 〈개정 13·3·23, 17·7·25, 23·1·18〉

제　　호

적성검사기관 지정서

1. 기관명:

2. 대표자:

3. 주소(법인소재지):

4. 사업자등록번호(법인등록번호):

5. 검사가능항목:

「철도안전법」 제15조제4항·제21조의6제3항, 같은 법 시행령 제13조제2항·제20조의3 및 같은 법 시행규칙 제17조제2항에 따라 적성검사기관으로 지정합니다.

년　　월　　일

국토교통부장관 직인

210mm×297mm[백상지 120g/㎡]

[별지 제11호의2서식] 〈개정 13·3·23, 17·1·20, 17·7·25, 19·6·18, 23·1·18〉

지정기관 변경사항 통지서

통지인	기관명	사업자등록번호 (법인등록번호)
	대표자	
	주소 (법인 소재지)	
	지정 분야	지정번호

변경사항	연 월 일	변경 전	변경 후	변경 사유

「철도안전법」 [ ]제15조제5항 [ ]제16조제4항 [ ]제21조의6제4항 [ ]제21조의7제4항 [ ]제24조의4제3항 [ ]제69조제6항, 같은 법 시행령 [ ]제15조제1항 [ ]제18조제1항 [ ]제20조의3 [ ]제20조의4 [ ]제21조의5제1항 [ ]제60조의5제1항 및 같은 법 시행규칙 [ ]제18조제3항 [ ]제22조제3항 [ ]제38조의5제3항 [ ]제42조의4제3항 [ ]제92조의3제2항

에 따라 지정기관의 변경사항을 통지합니다.

년　　월　　일

통지인　　　　　　(서명 또는 인)

국토교통부장관 귀하

첨부서류	변경내용을 확인할 수 있는 서류 1부	수수료 없음

처리절차

통지서 작성 → 접 수 → 검 토 → 결 재 → 지정서 작성 → 지정서 발급

통지인 / 처리기관(국토교통부) / 처리기관(국토교통부) / 처리기관(국토교통부) / 처리기관(국토교통부)

210mm×297mm[백상지 80g/㎡(재활용품)]

[별지 제11호의3서식] 〈개정 13·3·23, 17·1·20, 17·7·25, 19·6·18〉

제 호

지정기관 행정처분서

1. 기관명:
2. 대표자:
3. 소재지:
4. 사업자등록번호(법인등록번호):
5. 지정 분야(지정번호):
6. 행정처분 내용:
7. 행정처분 사유:

「철도안전법」 [ ]제15조의2제2항 [ ]제16조제5항 [ ]제21조의6제5항 [ ]제21조의7제5항 [ ]제24조의4제5항 [ ]제38조의10제2항 [ ]제38조의13제3항 [ ]제69조제7항 및 같은 법 시행규칙 [ ]제19조제2항 [ ]제23조제2항 [ ]제38조의6제2항 [ ]제42조의6제2항 [ ]제75조의12제3항 [ ]제75조의19제2항 [ ]제92조의5제2항

에 따라 위 기관에 대한 행정처분 사항을 통지합니다.

년 월 일

국토교통부장관 직인

210㎜×297㎜[백상지(80g/㎡) 또는 중질지(80g/㎡)]

[별지 제12호서식] 〈개정 16·8·10, 19·1·4〉

증서번호: (년도) -

전문교육훈련 수료증

성명	생년월일	사 진 (모자를 쓰지 않고 배경 없이 촬영한 것) (3.5cm×4.5cm) 압 인
주소		

위 사람은 「철도안전법」 제16조·제22조 및 같은 법 시행규칙 제20조제5항·제39조제1항에 따라 전문교육훈련기관인 ○○○에서 아래의 교육훈련과정을 이수하였으므로 이 증서를 드립니다.

교육훈련 실시 결과

교육훈련과정	○○○과정
교육기간	년 월 일 ~ 년 월 일

년 월 일

○○○기관장 직인

철도차량 운전면허 교육훈련기관 코드번호 ○○-○○○○

비고: 증서 바탕에는 돋을새김한 디자인 또는 비표를 넣어 쉽게 위조할 수 없도록 합니다.

210mm×297mm[백상지 120g/㎡]

[별지 제13호서식] 〈개정 13·3·23〉

교육훈련기관 지정신청서

접수번호	접수일	처리기간 60일

신청인	성명	사업자등록번호 (법인등록번호)
	주소	전화번호

신청 내용	교육 분야	교육과정	교육 정원	
			일 간	연 간
	철도차량 운전면허교육	[ ]고속철도차량		
		[ ]제1종 전기차량		
		[ ]제2종 전기차량		
		[ ]디젤차량		
		[ ]철도장비		
	철도 관제업무종사자 교육	[ ]고속철도관제		
		[ ]일반철도관제		
		[ ]도시철도관제		

「철도안전법」 제16조제3항, 같은 법 시행령 제16조제1항 및 같은 법 시행규칙 제21조제1항에 따라 교육훈련기관으로 지정받고자 신청합니다.

년 월 일

신청인 (서명 또는 인)

국토교통부장관 귀하

신청인 제출서류	1. 교육훈련계획서(교육훈련평가계획을 포함합니다) 2. 교육훈련기관 운영규정 3. 정관이나 이에 준하는 약정(법인 그 밖의 단체의 경우만 해당합니다) 4. 교육훈련을 담당하는 강사의 자격·학력·경력 등을 증명할 수 있는 서류 및 담당업무 5. 교육훈련에 필요한 강의실 등 시설 내역서 6. 교육훈련에 필요한 철도차량 또는 모의운전연습기 등 장비 내역서 7. 교육훈련기관에서 사용하는 직인의 인영	수수료 없음
담당 공무원 확인사항	법인 등기사항증명서(법인인 경우만 해당합니다)	

처리절차

신청서 작성 (신청인) → 접수 (처리기관(국토교통부)) → 검토 (처리기관(국토교통부)) → 결재 (처리기관(국토교통부)) → 지정서 발급

210mm×297mm[백상지 80g/㎡(재활용품)]

[별지 제14호서식] 〈개정 13·3·23〉

제 호

교육훈련기관 지정서

1. 기관명:
2. 대표자:
3. 소재지:
4. 사업자등록번호:
   (법인등록번호)
5. 지정 교육훈련과정:
6. 지정조건:

「철도안전법」 제16조제3항, 같은 시행령 제16조제2항 및 같은 법 시행규칙 제21조제2항에 따라 교육훈련기관으로 지정합니다.

년 월 일

국토교통부장관 [직인]

210mm×297mm[백상지 120g/㎡]

[별지 제15호서식] 〈개정 12·12·10, 15·10·2, 16·8·10, 17·7·25, 19·1·4, 23·1·18〉 한국교통안전공단 홈페이지(www.railsafety.or.kr/web/index.jsp)에서도 신청할 수 있습니다.

철도차량 운전면허시험 응시원서

※ 뒤쪽의 작성방법을 읽고 작성하시기 바라며, [ ]에는 해당되는 곳에 √표시를 합니다. (앞쪽)

본인은 　　년도 제 　차 철도차량 운전면허시험의 필기시험/기능시험에 응시하고자 원서를 제출합니다.

※ 아래 기재사항은 사실과 일치하며, 만약 시험 합격 후에 거짓 또는 부실 기재 사실이 발견되어 합격이 취소되어도 이의를 제기하지 않을 것을 서약합니다.

년 　월 　일

응시자 　　　(서명 또는 인)

한국교통안전공단 이사장 귀하

응시자	① 성명		② 생년월일				사 진 3.5㎝×4.5㎝ (모자 벗은 상반신으로 뒤 그림 없이 6개월 이내에 촬영한 것)
	③ 전화번호 자택)		휴대전화)				
	④ 소속 기관 * 해당자만 적습니다.						
	⑤ 국적						
⑥ 응시 면허	[ ]고속철도차량 [ ]제1종 전기차량 [ ]제2종 전기차량 [ ]디젤차량 [ ]철도장비 [ ]노면전차						
⑦ 응시 과목	필기						
	기능						
⑧ 면제 사항	교육훈련	신체검사	적성검사	면허시험			
	[ ]	[ ]	[ ]	[ ]필기 [ ]기능			
⑨ 보유 면허	면허 종류	고속철도 차량	제1종 전기차량	제2종 전기차량	디젤차량	철도장비	노면전차
	면허번호						
⑩ 교육 이수 사항	교육기관	교육과정	교육기간	수료증 번호	⑪ 응시번호	접수자	확인자
					⑫ 시험일시		
					⑬ 시험장소	(인)	(인)
⑭ 신체 검사	검사병원	판정서 발급 번호	유효기간	⑮ 적성 검사	검사기관	판정서 발급 번호	유효기간

-------------------------------- 자르는 선 --------------------------------

철도차량 운전면허시험 응시표			⑪ 응시번호		
			⑫ 시험일시		
			⑬ 시험장소		
① 응시자	성명 (서명 또는 인)	생년월일			사 진 3.5㎝×4.5㎝ (모자 벗은 상반신으로 뒤 그림 없이 6개월 이내에 촬영한 것)
⑥ 응시 면허	[ ]고속철도차량 [ ]제1종 전기차량 [ ]제2종 전기차량 [ ]디젤차량 [ ]철도장비 [ ]노면전차				
⑦ 응시 과목	필기				
	기능				
년 월 일					
한국교통안전공단 이사장 [인]					

210mm×297mm[백상 지 80g/㎡(재활용품)]

(뒤쪽)

기재요령

〈응시원서〉

1. 검은색 또는 청남색으로 바르게 써야 합니다.
2. ⑥, ⑧은 해당되는 [ ]에 ∨표시를 해야 합니다.
3. ⑪, ⑫, ⑬은 응시자가 적지 않습니다.
4. 수수료는 「철도안전법」 제74조제1항에 따라 한국교통안전공단 이사장이 정한 금액을 내야 합니다.
5. 제출된 응시원서와 수수료는 반환하지 않습니다.

〈응시표〉

1. 응시표를 발급받은 후 기입란에 빠뜨린 사항이 없는지 확인해야 합니다.
2. 응시표를 가지지 아니한 사람은 응시하지 못하며 분실 또는 훼손한 경우에는 재발급을 받아야 합니다.
3. 필기시험 수험장에서는 답안지 작성에 필요한 필기도구(컴퓨터용 사인펜) 이외에는 휴대할 수 없습니다.
4. 기능시험 장소에는 기능시험에 필요한 용구를 휴대할 수 있으나 평가요원의 사전확인을 받아야 합니다.
5. 답안지를 작성할 때에는 컴퓨터용 사인펜만 사용하여야 하며 기입란 바깥에 적거나 줄을 긋거나 그 밖의 어떤 표시도 해서는 안 됩니다.
6. 응시 도중 퇴장하거나 자리를 벗어난 사람은 다시 입장할 수 없으며, 수험장 안에서는 흡연, 시험 관련 대화, 물품 대여 등을 해서는 안 됩니다.
7. 부정행위자 또는 주의사항이나 시험감독자의 지시에 따르지 않는 사람에 대해서는 즉각 퇴장을 명하고, 시험을 무효로 하며, 부정행위자는 향후 2년간 한국교통안전공단에서 시행하는 철도차량 운전면허시험의 응시자격이 정지됩니다.
8. 그 밖의 자세한 사항은 감독요원 또는 기능시험관의 지시에 따라야 합니다.

〈첨부서류〉

1. 신체검사의료기관에서 발급한 신체검사 판정서(철도차량 운전면허시험 응시원서 접수일 이전 2년 이내인 것으로 한정합니다)
2. 적성검사기관에서 발급한 적성검사 판정서(철도차량 운전면허 시험응시원서 접수일 이전 10년 이내인 것으로 한정합니다)
3. 운전교육훈련기관에서 발급한 운전교육훈련 수료증명서
4. 철도차량 운전면허증의 사본(철도차량 운전면허 소지자가 다른 철도차량 운전면허를 취득하려는 경우로 한정합니다)
5. 관제자격증명서 사본(관제자격증명 취득자만 제출합니다)
6. 운전업무 수행 경력증명서(고속철도차량 운전면허시험에 응시하는 경우로 한정합니다)

[별지 제16호서식] 〈개정 12 · 12 · 10, 15 · 10 · 2〉

철도차량 운전면허시험 응시원서 접수대장

접수		성명	생년월일	종류	필기시험 및 기능시험 상황							
연월일	번호				1회	2회	3회	4회	5회	6회	7회	8회
				필기								
				기능								
				필기								
				기능								
				필기								
				기능								
				필기								
				기능								
				필기								
				기능								
				필기								
				기능								
				필기								
				기능								
				필기								
				기능								
				필기								
				기능								
				필기								
				기능								

210mm×297mm[백상지 80g/㎡(재활용품)]

[별지 제17호서식] 〈개정 13 · 3 · 23, 15 · 10 · 2, 16 · 8 · 10, 17 · 7 · 25, 19 · 1 · 4〉

철도차량 운전면허증 [ ] 발급 [ ] 재발급 신청서

※ [ ]에는 해당되는 곳에 √표시를 합니다.

접수번호	접수일		처리기간 즉시
신청인	성명	생년월일	사 진 (모자를 쓰지 않고 배경 없이 촬영한 것) (3.5cm×4.5cm)
	소속 기관명 *해당자만 적습니다.	전화번호	
	주소		
신청종류	[ ]고속철도차량 [ ]제1종 전기차량 [ ]제2종 전기차량 [ ]디젤차량 [ ]철도장비		
(재)발급 사유	[ ]신규 [ ]분실 [ ]훼손 [ ]기타		

「철도안전법」 제18조 및 같은 법 시행규칙 제29조 [ ]제1항 [ ]제3항 에 따라 위와 같이 신청합니다.

년 월 일

신청인 (서명 또는 인)

한국교통안전공단 이사장 귀하

신청인 제출서류	발급	1. 주민등록증 2. 사진 3.5cm × 4.5cm 1장	수수료
	재발급	1. 운전면허증(헐어 못 쓰게 된 경우에만 제출합니다) 2. 분실(훼손)사유서(해당자만 적습니다) 3. 사진 3.5cm × 4.5cm 1장(정보통신망을 이용하여 신청하는 경우에는 50 킬로바이트 이하의 파일로 제출할 수 있습니다)	국토교통부장관이 고시한 금액

처리절차

신청서 작성 (신청인) → 접수 (처리기관(한국교통안전공단)) → 검토 (처리기관(한국교통안전공단)) → (재)발급 결정 (처리기관(한국교통안전공단)) → 면허증 발급

210mm×297mm[백상지 80g/㎡(재활용품)]

[별지 제18호서식] 〈개정 12 · 12 · 10, 15 · 10 · 2, 17 · 7 · 25, 19 · 1 · 4〉

(앞쪽)

<table>
<tr><td colspan="7">철도차량 운전면허증
(Rolling stock Driver License)</td></tr>
<tr><td rowspan="6">사 진
(모자를 쓰지 않고 배경 없이 촬영한 것)
(2.5cm×3.0cm)</td><td>성 명</td><td colspan="5"></td></tr>
<tr><td>생년월일</td><td colspan="5"></td></tr>
<tr><td>주 소</td><td colspan="5"></td></tr>
<tr><td>면허종류</td><td></td><td></td><td></td><td></td><td></td></tr>
<tr><td>면허번호</td><td></td><td></td><td></td><td></td><td></td></tr>
<tr><td>유효기간</td><td></td><td></td><td></td><td></td><td></td></tr>
<tr><td colspan="7">발급일자 : 한국교통안전공단이사장 ㊞</td></tr>
</table>

제조일자 : 86㎜×54㎜[PVC(비닐) 980.4g/㎡]

(뒤쪽)

<table>
<tr><td colspan="4">운전 실무수습 인증</td></tr>
<tr><td>연월일</td><td>인증구간</td><td>인증기관</td><td>평가자</td></tr>
<tr><td></td><td></td><td></td><td></td></tr>
<tr><td></td><td></td><td></td><td></td></tr>
<tr><td></td><td></td><td></td><td></td></tr>
<tr><td colspan="4">기록사항 변경</td></tr>
<tr><td>연월일</td><td colspan="2">변경내용</td><td>확인인</td></tr>
<tr><td></td><td colspan="2"></td><td></td></tr>
<tr><td></td><td colspan="2"></td><td></td></tr>
<tr><td colspan="4">*
*</td></tr>
</table>

[별지 제19호서식] 〈개정 12 · 12 · 10〉

철도차량 운전면허증 관리대장

① 일련번호	② 성명	③ 면허종류	④ 면허번호	⑤ 발급/재발급/변경 연월일	⑥ 발급/재발급/변경 사유	⑦ 비고

비고: ⑤번란은 발급/재발급/변경과 연월일을 함께 기록해야 합니다.

210mm×297mm[백상지 80g/㎡(재활용품)]

[별지 제20호서식] 〈개정 13·3·23, 15·10·2, 16·8·10, 17·7·25, 19·1·4〉

철도차량 운전면허증 갱신신청서

접수번호	접수일	처리기간 즉시

신청인	① 성명	② 생년월일	사 진 (모자를 쓰지 않고 배경 없이 촬영한 것) (3.5cm×4.5cm)
	③ 소속 기관명 *해당자만 적습니다.	④ 전화번호 자택) 휴대전화)	
	⑤ 주소		

⑥ 갱신 면허	면허 종류			
	면허번호		면허증 발급일	
	운전 실무수습 인증 *해당자만 적습니다.	인증구간	인증 연월	인증기관

⑦ 갱신 요건	운전경력기간		(년 월)
	갱신교육훈련	교육명	
		교육일시	
	같은 수준 이상이라고 인정되는 경력		

「철도안전법」 제19조제2항 및 같은 법 시행규칙 제31조제1항에 따라 위와 같이 철도차량 운전면허에 대한 갱신을 신청합니다.

년 월 일

신청인 (서명 또는 인)

한국교통안전공단 이사장 귀하

신청인 제출서류	1. 철도차량 운전면허증 2. ⑦의 갱신요건에 해당함을 증명하는 서류 3. 사진 1장(최근 6개월 이내에 촬영한 사진으로서 크기가 3.5cm×4.5cm 일 것)	수수료 국토교통부장관이 고시한 금액

처리절차

신청서 작성 → 접 수 → 검 토 → 면허 갱신 → 면허증 발급

신청서 작성	접 수	검 토	면허 갱신	면허증 발급
신청인	처리기관 (한국교통안전공단)	처리기관 (한국교통안전공단)	처리기관 (한국교통안전공단)	

210mm×297mm[백상지 80g/㎡(재활용품)]

[별지 제21호서식] 〈개정 12·12·10, 15·10·2, 19·1·4〉

제 호

철도차량 운전면허 갱신통지서

성 명		생년월일	
주 소			
면허 종류		면허번호	
갱신기간			

「철도안전법」 제19조제6항 및 같은 법 시행규칙 제33조제3항에 따라 위와 같이 철도차량 운전면허를 갱신 받을 것을 통지합니다.

년 월 일

한국교통안전공단 이사장 직인

유의사항

갱신기간에 갱신을 받지 않은 경우에는 「철도안전법」 제19조제4항에 따라 해당 운전면허의 유효기간이 만료되는 날의 다음 날부터 면허의 효력은 정지(실효)됩니다.

210mm×297mm[백상지 80g/㎡]

[별지 제22호서식] 〈개정 13·3·23, 15·10·2, 19·1·4〉

제 호

철도차량 운전면허 취소·효력정지 처분 통지서

① 성명			② 생년월일	
③ 주소				
④ 행정처분	처분면허		면허번호	
	처분내용			
	처 분 일			
	처분사유			

「철도안전법」 제20조제2항에 따라 위와 같이 철도차량 운전면허 행정처분이 결정되어, 같은 법 시행규칙 제34조제1항에 따라 통지하오니 같은 법 제20조제3항에 따라 운전면허의 취소나 효력정지 처분통지를 받은 날부터 15일 이내에 한국교통안전공단에 면허증을 반납하시기 바랍니다.

년 월 일

국토교통부장관 직인

유 의 사 항

1. 운전면허가 취소 또는 정지된 사람이 취소 또는 정지처분 통지를 받은 날부터 15일 이내에 면허증을 반납하지 않은 경우에는 「철도안전법」 제81조에 따라 1천만원 이하의 과태료 처분을 받게 됩니다.
2. 운전면허증을 반납하지 않더라도 위 ④ 행정처분란의 결정내용에 따라 취소 또는 정지 처분이 집행됩니다.
3. 운전면허 취소 또는 효력정지 처분에 대하여 이의가 있는 사람은 「행정심판법」 또는 「행정소송법」에 따라 기한 내에 행정심판 또는 행정소송을 제기할 수 있습니다.

210mm×297mm[백상지 80g/㎡]

[별지 제23호서식] 〈개정 12·12·10, 15·10·2, 16·8·10〉

철도차량 운전면허 발급대장

(앞쪽)

① 성명 (한글) (한자) (영문)	② 생년월일	사 진 (모자를 쓰지 않고 배경 없이 촬영한 것) (3.5cm×4.5cm)
③ 소속 기관 *해당자만 적습니다.	⑤ 전화번호 자택) 직장) 휴대전화)	
④ 근무부서 *해당자만 적습니다.		
⑥ 주소		

⑦ 면허 취득 사항

면허종류	면허번호	발급일	신규 갱신일	확인자

⑧ 운전 실무수습 인증사항

연월일	인증구간	인증기관	확인자

⑨ 면허 갱신 사항

면허종류	갱신 확인						
	제1차 (갱신일)	제2차 (갱신일)	제3차 (갱신일)	제4차 (갱신일)	제5차 (갱신일)	제6차 (갱신일)	제7차 (갱신일)

210mm×297mm[백상지 80g/㎡(재활용품)]

(뒤쪽)

⑩ 행정처분사항						
관련 면허		근거	처분 종류	처분 원인 (위반 종류)	처분일	확인
면허 종류	면허 번호					

210mm×297mm[백상지 80g/㎡(재활용품)]

[별지 제24호서식] 〈개정 12·12·10, 15·10·2〉

운전업무종사자(운전면허 취득자) 실무수습 관리대장

일련 번호	성명 (생년월일)	면허 종류	소속 기관	실무수습			평가자		인증
				수습구간/수습차량	교육시간	운전거리	성명	날인 (날짜)	

비고: 인증란에 실무수습을 실시한 기관의 장 실인을 날인하여야 합니다.

210mm×297mm[백상지 80g/㎡(재활용품)]

[별지 제24호의2서식] 〈신설 17·7·25, 19·1·4, 23·1·18〉

증서번호: (　　년도)　　-

관제교육훈련 수료증

성명		사 진 (모자를 쓰지 않고 배경 없이 촬영한 것) (3.5cm×4.5cm) 압 인
생년월일		

위 사람은 「철도안전법」 제21조의7 및 같은 법 시행규칙 제38조의2제3항에 따라 관제교육훈련기관인 ○○○에서 아래의 관제교육훈련과정을 이수하였으므로 이 증서를 드립니다.

관제교육훈련 실시 결과

관제교육훈련과정	[ ] 철도 관제자격증명 과정　[ ] 도시철도 관제자격증명 과정
교육기간	년　월　일 ~　년　월　일

년　　월　　일

○○○**기관장** 직인

철도교통 관제자격증명 교육훈련기관 코드번호 ○○-○○○○

비고: 증서 바탕에는 돈을새김한 디자인 또는 비표를 넣어 쉽게 위조할 수 없도록 합니다.

210mm×297mm[백상지 120g/㎡]

[별지 제24호의3서식] 〈신설 17·7·25, 23·1·18〉

관제교육훈련기관 지정신청서

접수번호	접수일	처리기간	60일

신청인	기관명 (대표자)	사업자등록번호 (법인등록번호)	
	주소(법인소재지)	전화번호	
신청내용	교육 분야	교육과정	교육 정원	
			일간	연간
	관제자격증명 교육	철도교통관제사		

「철도안전법」 제21조의7제3항, 같은 법 시행령 제20조의4, 같은 법 시행규칙 제38조의4제1항에 따라 관제교육훈련기관으로 지정받고자 신청합니다.

년　　월　　일

신청인　　　　(서명 또는 인)

국토교통부장관 귀하

신청인 제출서류	1. 관제교육훈련계획서(관제교육훈련평가계획을 포함합니다) 2. 관제교육훈련기관 운영규정 3. 정관이나 이에 준하는 약정(법인 그 밖의 단체의 경우만 해당합니다) 4. 관제교육훈련을 담당하는 강사의 자격·학력·경력 등을 증명할 수 있는 서류 및 담당업무 5. 관제교육훈련에 필요한 강의실 등 시설 내역서 6. 관제교육훈련에 필요한 모의관제시스템 등 장비 내역서 7. 관제교육훈련기관에서 사용하는 직인의 인영	수수료 없음
담당 공무원 확인사항	법인 등기사항증명서(법인인 경우만 해당합니다)	

처리절차

신청서 작성	→	접 수	→	검 토	→	결 재	→	지정서 발급
신청인		처리기관 (국토교통부)		처리기관 (국토교통부)		처리기관 (국토교통부)		

210mm×297mm[백상지 80g/㎡(재활용품)]

[별지 제24호의4서식] 〈신설 17·7·25, 23·1·18〉

제　　호

관제교육훈련기관 지정서

1. 기관명:

2. 대표자:

3. 주소(법인소재지):

4. 사업자등록번호(법인등록번호):

5. 지정 교육훈련과정:

6. 지정조건:

「철도안전법」 제21조의7제3항, 같은 법 시행령 제20조의4 및 같은 법 시행규칙 제38조의4제2항에 따라 관제교육훈련기관으로 지정합니다.

년　　월　　일

국토교통부장관 직인

210mm×297mm[백상지 120g/㎡]

[별지 제24호의5서식] 〈신설 17·7·25, 19·1·4, 23·1·18〉 한국교통안전공단 홈페이지(www.railsafety.or.kr/web/indexjsp)에서도 신청할 수 있습니다.

관제자격증명시험 응시원서

※ 뒤쪽의 작성방법을 읽고 작성하시기 바라며, [ ]에는 해당되는 곳에 √표시를 합니다. (앞쪽)

본인은　　년도 제　차 관제자격증명시험의 학과시험/실기시험에 응시하고자 원서를 제출합니다.

※ 아래 기재사항은 사실과 일치하며, 만약 시험 합격 후에 거짓 또는 부실 기재 사실이 발견되어 합격이 취소되어도 이의를 제기하지 않을 것을 서약합니다.

년　　월　　일

응시자　　(서명 또는 인)

한국교통안전공단 이사장 귀하

응시자	① 성명			② 생년월일			사 진 3.5㎝×4.5㎝ (모자 벗은 상반신으로 뒤 그림 없이 6개월 이내에 촬영한 것)
	③ 전화번호 자택)			휴대전화)			
	④ 소속 기관 * 해당자만 적습니다.						
	⑤ 국적						
⑥ 응시분야	철도교통관제사 자격증명 [ ] 철도 [ ] 도시철도						
⑦ 응시과목	학과						
	실기						
⑧ 면제사항	교육훈련	신체검사		적성검사		자격증명시험	
	[ ]	[ ]		[ ]		[ ]학과 [ ]실기	
⑨ 보유자격증	자격증 종류	철도차량운전면허		도시철도 철도교통관제사 자격증명			
	자격증번호						
⑩ 교육이수사항	교육기관	교육과정	교육기간	수료증번호	⑪ 응시번호	접수자	확인자
					⑫ 시험일시	(인)	(인)
					⑬ 시험장소		
⑭ 신체검사	검사병원	판정서 발급번호	유효기간	⑮ 적성검사	검사기관	판정서 발급번호	유효기간

--------------------------------- 자르는 선 ---------------------------------

관제자격증명시험 응시표

		⑪ 응시번호	
		⑫ 시험일시	
		⑬ 시험장소	
① 응시자	성명　(서명 또는 인)	생년월일	사 진 3.5㎝×4.5㎝ (모자 벗은 상반신으로 뒤 그림 없이 6개월 이내에 촬영한 것)
⑥ 응시분야	[ ]철도교통관제사		
⑦ 응시과목	학과		
	실기		
년　월　일			
한국교통안전공단 이사장 [인]			

210mm×297mm[백상지 80g/㎡(재활용품)]

(뒤쪽)

기재요령
〈응시원서〉
1. 검은색 또는 청남색으로 바르게 써야 합니다. 2. ⑥, ⑧은 해당되는 [ ]에 ∨표시를 해야 합니다. 3. ⑪, ⑫, ⑬은 응시자가 적지 않습니다. 4. 수수료는 「철도안전법」 제74조제1항에 따라 한국교통안전공단 이사장이 정한 금액을 내야 합니다. 5. 제출된 응시원서와 수수료는 반환하지 않습니다.
〈응시표〉
1. 응시표를 발급받은 후 기입란에 빠뜨린 사항이 없는지 확인해야 합니다. 2. 응시표를 가지지 아니한 사람은 응시하지 못하며 분실 또는 훼손한 경우에는 재발급을 받아야 합니다. 3. 학과시험 수험장에서는 답안지 작성에 필요한 필기도구(컴퓨터용 사인펜) 이외에는 휴대할 수 없습니다. 4. 실기시험 장소에는 기능시험에 필요한 용구를 휴대할 수 있으나 평가요원의 사전확인을 받아야 합니다. 5. 답안지를 작성할 때에는 컴퓨터용 사인펜만 사용하여야 하며 기입란 바깥에 적거나 줄을 긋거나 그 밖의 어떤 표시도 해서는 안 됩니다. 6. 응시 도중 퇴장하거나 자리를 벗어난 사람은 다시 입장할 수 없으며, 수험장 안에서는 흡연, 시험 관련 대화, 물품 대여 등을 해서는 안 됩니다. 7. 부정행위자 또는 주의사항이나 시험감독자의 지시에 따르지 않는 사람에 대해서는 즉각 퇴장을 명하고, 시험을 무효로 하며, 부정행위자는 향후 2년간 한국교통안전공단에서 시행하는 철도교통 관제자격증명시험의 응시자격이 정지됩니다. 8. 그 밖의 자세한 사항은 감독요원 또는 기능시험관의 지시에 따라야 합니다.
〈첨부서류〉
1. 신체검사의료기관에서 발급한 신체검사 판정서(철도교통·관제자격증명시험 응시원서 접수일 이전 2년 이내인 것으로 한정합니다) 2. 적성검사기관에서 발급한 적성검사 판정서(철도교통 관제자격증명 시험응시원서 접수일 이전 10년 이내인 것으로 한정합니다) 3. 관제교육훈련기관에서 발급한 관제교육훈련 수료증명서 4. 철도차량운전면허증의 사본(소지자만 제출합니다) 5. 도시철도 관제자격증명서의 사본(도시철도 관제자격증명 취득자만 제출합니다) 6. 관제 실무수습 이수 증명서(종전의 철도안전법 제22조의제1항에 따라 실무수습·교육을 이수한 자로서 법 시행 당시 관제업무 경력이 없거나 2년 미만인 사람이 철도교통관제사 자격시험에 응시하고자 하는 경우로 한정합니다.)

[별지 제24호의6서식] 〈신설 17·7·25〉

관제자격증명시험 응시원서 접수대장

접수		성명	생년월일	종류	학과시험 및 실기시험 상황							
연월일	번호				1회	2회	3회	4회	5회	6회	7회	8회
				학과								
				실기								
				학과								
				실기								
				학과								
				실기								
				학과								
				실기								
				학과								
				실기								
				학과								
				실기								
				학과								
				실기								
				학과								
				실기								
				학과								
				실기								
				학과								
				실기								

210mm×297mm[백상지 80g/㎡(재활용품)]

[별지 제24호의7서식] 〈신설 17·7·25, 19·1·4, 23·1·18〉

[ ] 철도 [ ] 도시철도 철도교통관제사 자격증명서 [ ] 발급 [ ] 재발급 신청서

※ [ ]에는 해당되는 곳에 √표시를 합니다.

접수번호	접수일		처리기간 즉시
신청인	성명	생년월일	사 진 (모자를 쓰지 않고 배경 없이 촬영한 것) (3.5cm×4.5cm)
	소속 기관명 *해당자만 적습니다.	전화번호	
	주소		

(재)발급 사유	[ ]신규	[ ]분실	[ ]훼손	[ ]기타

「철도안전법」 제21조의9 및 같은 법 시행규칙 제38조의12 [ ]제1항 [ ]제3항 에 따라 위와 같이 신청합니다.

년 월 일

신청인 (서명 또는 인)

한국교통안전공단 이사장 귀하

신청인 제출서류	발급	1. 주민등록증 사본 2. 사진 3.5cm × 4.5cm 1장	수수료 국토교통부장관이 고시한 금액
	재발급	1. 관제자격증명서(헐거나 훼손되어 못쓰게 된 경우만 제출합니다) 2. 분실사유서(분실한 경우만 제출합니다) 3. 사진 3.5cm × 4.5cm 1장	

처리절차

신청서 작성	→	접수	→	검토	→	(재)발급 결정	→	면허증 발급
신청인		처리기관 (한국교통안전공단)		처리기관 (한국교통안전공단)		처리기관 (한국교통안전공단)		

210mm×297mm[백상지 80g/㎡(재활용품)]

[별지 제24호의8서식] 〈신설 17·7·25, 19·1·4, 23·1·18〉

(앞쪽)

철도교통관제사 자격증명서

(Certification of Railway Traffic Controller)

사 진 (모자를 쓰지 않고 배경 없이 촬영한 것) (2.5cm×3.0cm)	성 명					
	생년월일					
	종별	[ ] 철도 [ ] 도시철도				
	자격번호					
	유효기간					

발급일자 : 한국교통안전공단이사장 (인)

86㎜×54㎜[PVC(비닐) 980.4g/㎡]

(뒤쪽)

관제 실무수습 인증

연월일	인증구간	인증기관	평가자

기록사항 변경

연월일	변경내용	확인인

*

*

[별지 제24호의9서식] 〈신설 17·7·25〉

관제자격증명서 관리대장

① 일련번호	② 성명	③ 자격증명 종류	④ 자격증명서 번호	⑤ 발급/재발급/변경 연월일	⑥ 발급/재발급/변경 사유	⑦ 비고

비고: ⑤번란은 발급/재발급/변경과 연월일을 함께 기록해야 합니다.

210mm×297mm[백상지 80g/㎡(재활용품)]

[별지 제24호의10서식] 〈신설 17·7·25, 19·1·4〉

관제자격증명 갱신신청서

접수번호	접수일		처리기간	즉시
신청인	① 성명	② 생년월일		사 진 (모자를 쓰지 않고 배경 없이 촬영한 것) (3.5cm×4.5cm)
	③ 소속 기관명 *해당자만 적습니다.	④ 전화번호 자택) 휴대전화)		
	⑤ 주소			

갱신자격	자격증명 종류			
	자격증명서번호		자격증명서 발급일	
	관제 실무수습 인증 *해당자만 적습니다.	인증구간	인증 연월	인증기관

갱신요건	관제경력기간	(년 월)	
	갱신교육훈련	교육명	
		교육일시	
	같은 수준 이상이라고 인정되는 경력		

「철도안전법」 제21조의9 및 같은 법 시행규칙 제38조의14제1항에 따라 위와 같이 관제자격증명에 대한 갱신을 신청합니다.

년 월 일

신청인 (서명 또는 인)

한국교통안전공단 이사장 귀하

신청인 제출서류	1. 철도교통 관제자격증명서 2. 갱신요건에 해당함을 증명하는 서류 3. 사진 1장(최근 6월 이내에 촬영한 가로 3.5cm × 세로 4.5cm)	수수료 국토교통부장관이 고시한 금액

처리절차

신청서 작성	→	접 수	→	검 토	→	자격증명 갱신	→	자격증명서 발급
신청인		처리기관 (한국교통안전공단)		처리기관 (한국교통안전공단)		처리기관 (한국교통안전공단)		

210mm×297mm[백상지 80g/㎡(재활용품)]

[별지 제24호의11서식] 〈신설 17·7·25, 19·1·4〉

제 호

관제자격증명 갱신통지서

성 명		생년월일	
자격증명번호			
갱 신 기 간			

「철도안전법」 제21조의9 및 같은 법 시행규칙 제38조의16에 따라 위와 같이 관제자격증명을 갱신 받을 것을 통지합니다.

년 월 일

한국교통안전공단 이사장 직인

유의사항

갱신기간에 갱신을 받지 않은 경우에는 「철도안전법」 제21조의9에서 준용하는 같은 법 제19조제4항에 따라 해당 자격증명의 유효기간이 만료되는 날의 다음 날부터 자격증명의 효력은 정지(실효)됩니다.

210mm×297mm[백상지 80g/㎡]

[별지 제24호의12서식] 〈신설 17·7·25, 19·1·4〉

제 호

관제자격증명 취소·효력정지 처분 통지서

① 성명			② 생년월일	
③ 행정처분	처분자격증명		자격증명번호	
	처분내용			
	처 분 일			
	처분사유			

「철도안전법」 제21조의11제2항에서 준용하는 같은 법 제20조제2항에 따라 위와 같이 철도교통 관제자격증명 행정처분이 결정되어, 같은 법 시행규칙 제38조의17에 따라 통지하오니 같은 법 제21조의11제2항에서 준용하는 같은 법 제20조제3항에 따라 관제자격증명의 취소나 효력정지 처분통지를 받은 날부터 15일 이내에 한국교통안전공단에 자격증명서를 반납하시기 바랍니다.

년 월 일

국토교통부장관 직인

유 의 사 항

1. 관제자격증명이 취소 또는 정지된 사람이 취소 또는 정지처분 통지를 받은 날부터 15일 이내에 관제자격증명서를 반납하지 않은 경우에는 「철도안전법」 제81조에 따라 1천만원 이하의 과태료 처분을 받게 됩니다.
2. 관제자격증명서를 반납하지 않더라도 위 ④ 행정처분란의 결정내용에 따라 취소 또는 정지처분이 집행됩니다.
3. 관제자격증명 취소 또는 효력정지 처분에 대하여 이의가 있는 사람은 「행정심판법」 또는 「행정소송법」에 따라 기한 내에 행정심판 또는 행정소송을 제기할 수 있습니다.

210mm×297mm[백상지 80g/㎡]

[별지 제24호의13서식] 〈신설 17 · 7 · 25〉

관제자격증명서 발급대장

(앞쪽)

① 성명	② 생년월일	사 진 (모자를 쓰지 않고 배경 없이 촬영한 것) (3.5cm×4.5cm)
③ 소속 기관 *해당자만 적습니다.	⑤ 전화번호 자택) 휴대전화)	
④ 근무부서 *해당자만 적습니다.		
⑥ 주소		

⑦ 자격증명 취득 사항

자격증명종류	자격증명번호	발급일	신규 갱신일	확인자

⑧ 관제 실무수습 인증사항

연월일	인증구간	인증기관	확인자

⑨ 자격증명 갱신 사항

자격증명종류	갱신 확인						
	제1차(갱신일)	제2차(갱신일)	제3차(갱신일)	제4차(갱신일)	제5차(갱신일)	제6차(갱신일)	제7차(갱신일)

210mm×297mm[백상지 80g/㎡(재활용품)]

(뒤쪽)

⑩ 행정처분사항

관련 자격증명		근거	처분 종류	처분 원인(위반 종류)	처분일	확인
자격증명 종류	자격증명 번호					

210mm×297mm[백상지 80g/㎡(재활용품)]

[별지 제25호서식] 〈개정 12・12・10, 15・10・2, 17・7・25〉

관제업무종사자 실무수습 관리대장

일련번호	성명(생년월일)	자격증명 종류	소속기관	실무수습		평가자		인증
				수습분야 / 수습구간	교육시간	성명	날인(날짜)	

비고: 인증란에 실무수습을 실시한 기관의 장의 도장을 찍어야 합니다.

210mm×297mm[백상지 80g/㎡(재활용품)]

[별지 제25호의2 서식] 〈신설 19・6・18〉

철도차량정비기술자 [ ] 인정 [ ] 등급변경 신청서

※ 뒤쪽의 작성방법을 참고하시기 바라며, 색상이 어두운 란은 신청인이 적지 않습니다. (앞쪽)

접수번호	접수일시	처리기간 7일

신청인				
신청인	성 명	[한글]	생년월일	사 진 (제출일 기준 6개월 이내에 모자를 벗은 상태에서 배경 없이 촬영된 상반신 컬러사진) (3.5cm×4.5cm)
		[한자]		
		[영문]		
	연락처	전자우편주소		
		전화번호	휴대전화번호	
		주소		
	현 근무처	상호	대표자	부서
		직위	전화번호	모사전송(fax) 번호
		소재지		

신청구분	[ ] 국가기술자격자 [ ] 철도차량 관련 학력자 [ ] 순수경력자
신청등급	[ ] 4등급 [ ] 3등급 [ ] 2등급 [ ] 1등급

학력사항	학교명	전공학과	입학 연월일	졸업 연월일	학위번호

국가기술자격	자격종목 및 등급	자격번호	합격 연월일	발급기관

교육	시작 연월일	종료 연월일	교육과정	교육기관

210㎜×297㎜[백상지(80g/㎡) 또는 중질지(80g/㎡)]

(뒤쪽)

상훈・제재	발생 연월일	종류	상훈・제재기관	근거

철도차량 정비업무 경력 (총괄기재표)	근무회사명	근무기간	근무연수	회사업종	담당업무

「철도안전법」 제24조의2제1항 및 같은 법 시행규칙 제42조에 따라 철도차량정비기술자의 [ ] 인정, [ ] 등급변경 인정을 신청합니다.

년 월 일

신청인 성명 (서명 또는 인)

한국교통안전공단 이사장 귀하

신청인 제출서류	1. 「철도안전법 시행규칙」 별지 제25호의3서식의 철도차량정비업무 경력확인서 각 1부(근무회사별로 작성) 2. 국가기술자격증 사본(해당하는 사람에 한정합니다) 1부 3. 졸업증명서 또는 학위증명서(해당하는 사람에 한정합니다) 1부 4. 사진(제출일 기준 6개월 이내에 모자를 벗은 상태에서 배경 없이 촬영된 상반신 컬러사진으로 가로 3.5센티미터, 세로 4.5센티미터) 1장 5. 철도차량정비경력증(해당하는 사람에 한정합니다) 1부 6. 정비교육훈련 수료증(해당하는 사람에 한정합니다) 1부	수수료 「철도안전법」 제74조에 따라 한국교통안전공단이 정하는 수수료
한국교통안전공단이사장 확인사항	1. 별지 제25호의3서식의 철도차량정비업무 경력확인서 2. 국가기술자격증 3. 졸업증명서 및 학위증명서	

신청인 동의서	동의 내용	동의 여부
행정정보 공동이용 동의서	본인은 이 건 업무처리와 관련하여 한국교통안전공단이사장이 「전자정부법」 제36조제1항에 따른 행정정보의 공동이용을 통하여 위의 한국교통안전공단이사장이 확인사항을 확인하는 것에 동의합니다. 다만, 이를 동의하지 않은 경우에는 신청인이 직접 관련 서류를 제출해야 합니다.	동의[ ] 동의하지 않음 [ ]
개인정보 제3자 제공동의서	본인은 이 건 업무처리와 관련하여 다음과 같이 개인정보를 제공하는 것에 동의합니다. 다만, 이를 동의하지 않은 경우에는 경력 및 학력이 불인정 될 수 있습니다. - 개인정보를 제공받는 자: 관계법령에 따라 정부로부터 지정받은 경력관리기관 및 고등교육법과 그 밖의 관계법령에 따른 해당 학교, 국가기술자격검정기관 - 이용 목적: 철도차량정비기술자 경력 및 학력, 자격조회 - 제공 항목: 신청인 성명, 생년월일, 경력, 학력, 자격 - 제공기관 보유·이용 기간: 철도차량정비기술자 인정(등급변경인정)의 심사완료시까지	동의[ ] 동의하지 않음 [ ]

신청인 성명 (서명 또는 인)

※ 제출된 모든 서류는 이미지 파일로 스캔·저장하여 전산으로만 보존·관리됩니다.

작성방법

1. 주소는 우편물 발송 및 철도차량정비경력증에 기재될 주소를 적습니다.
2. 신청구분은 본인이 확인을 받으려는 자격 및 학력으로서 해당되는 곳 모두에 "√"를 표시합니다.
3. 신청등급은 본인이 "√" 표시합니다.
4. 국가기술자격은 소지하고 있는 철도차량정비 관련 국가기술자격을 적습니다.
5. 철도차량정비업무 경력(총괄기재표)은 근무회사별로 작성한 경력확인서(「철도안전법 시행규칙」 별지 제25호의3서식)를 기준으로 하여 경력 순서로 적으며, 근무기간과 근무회사는 경력확인서의 내용과 같아야 합니다.
6. 학력사항은 고등학교 이상 학력을 적습니다.
7. 교육은 철도차량정비 관련 교육기관에서 교육 이수한 사항 및 인정(승급)교육을 이수한 사항을 적습니다.
8. 상훈·제재는 본인이 철도차량정비와 관련하여 정부, 공공기관으로부터 받은 상장, 표창 및 제재사항 등을 적습니다.

210㎜×297㎜[백상지(80g/㎡) 또는 중질지(80g/㎡)]

[별지 제25호의3서식] 〈신설 19·6·18〉

철도차량정비업무 경력확인서

※ 뒤쪽의 작성요령을 참고하시기 바라며, 색상이 어두운 란은 신청인이 적지 않습니다. (앞쪽)

접수번호	접수일자	처리기간 7일

신청인	성명(한글)	생년월일
	주소	전화번호
소속회사	회사명	사업자등록번호
	대표자	회사전화
	소재지	

정비경력	1	담당업무 [ ] 현장정비 [ ] 정비관리 [ ] 그 밖의 업무( )	
		근무기간 년 월 일 ~ 년 월 일 (년 월)	부서
	2	담당업무 [ ] 현장정비 [ ] 정비관리 [ ] 그 밖의 업무( )	
		근무기간 년 월 일 ~ 년 월 일 (년 월)	부서

「철도안전법 시행규칙」 제42조제1호에 따라 철도차량정비업무 경력 확인을 신청합니다.

년 월 일

신청인 성명 (서명 또는 인)

위의 근무경력을 확인합니다.

년 월 일

철도차량정비경력확인기관의 장 [직인]

한국교통안전공단 이사장 귀하

작 성 방 법

1. 근무한 경력이 있는 기관(업체)별로 작성합니다.
2. 정비경력 : 과거부터 현재까지 순서대로 적으며, 공간이 부족할 경우 칸을 추가하여 적습니다
3. 근무기간 : 담당 업무별 실제 근무기간을 적습니다
4. 담당업무 : 주요 담당 업무를 표시하되, 시험, 검사, 유지관리, 안전관리, 연구 업무 등은 그 밖의 업무로 적습니다.

210㎜×297㎜[백상지(80g/㎡) 또는 중질지(80g/㎡)]

[별지 제25호의4서식] 〈신설 19·6·18〉

(앞쪽)

철도차량정비경력증 (Certificate of Rolling Stock Maintenance Career)		
사 진 (모자를 쓰지 않고 배경 없이 촬영한 것) (2.5cm×3.0cm)	성명(영문)	
	생년월일	
	주 소	
	인정등급	
	인정번호	
발급일자 :	한국교통안전공단이사장 [인]	

86㎜×54㎜[PVC(비닐) 980.4g/㎡]

(뒤쪽)

유의사항

1. 철도차량정비경력증은 항상 휴대해야 하며, 관계인이 요구하는 경우에는 제시해야 합니다.
2. 철도차량정비경력증을 다른 사람에게 빌려주면 「철도안전법」 제78조제4항제5호의2에 따라 1년 이하의 징역 또는 1천만원 이하의 벌금형을 받게 됩니다.
3. 철도차량정비경력이 취소되거나 정지된 사람은 지체 없이 철도차량정비경력증을 한국교통안전공단이사장에게 반납해야 합니다.

[별지 제25호의5서식] 〈신설 19·6·18〉

철도차량정비경력증 재발급 신청서

※ 색상이 어두운 칸은 신청인이 적지 아니하며, [ ]에는 해당되는 곳에 √표를 합니다.

접수번호		접수일시		처리기간 7일	
신청인	성 명	[한글]		생년월일	사 진 (제출일 기준 6개월 이내에 모자를 벗은 상태에서 배경 없이 촬영된 상반신 컬러사진) (3.5cm×4.5cm)
		[한자]			
		[영문]			
	연락처	전자우편주소			
		전화번호		휴대전화번호	
		주소			
	현 근무처	상호	대표자	부서	
		직위	전화번호	모사전송(fax) 번호	
		소재지			
재발급사유	[ ] 분실 [ ] 훼손 [ ] 등급변경 [ ] 개명, 생년월일 정정				

「철도안전법 시행규칙」 제42조의2제3항에 따라 철도차량정비경력증 재발급을 신청합니다.

년 월 일

신청인 성명 (서명 또는 인)

한국교통안전공단 이사장 귀하

신청인 제출서류	사진(제출일 기준 6개월 이내에 모자를 벗은 상태에서 배경 없이 촬영된 상반신 컬러사진으로 가로 3.5센티미터, 세로 4.5센티미터) 1장	수수료 「철도안전법」 제74조에 따라 한국교통안전공단이 정하는 수수료

※ 제출된 모든 서류는 이미지 파일로 스캔·저장하여 전산으로만 보존·관리됩니다.

유의사항

1. 분실로 인한 재발급의 경우에는 본인이 신청해야 하며, 분실사유서를 제출해야 합니다.
2. 훼손, 등급변경, 개명이나 생년월일의 정정으로 인한 재발급을 신청하는 경우에는 철도차량정비경력증을 반드시 반납하셔야 합니다.

210㎜×297㎜[백상지(80g/㎡) 또는 중질지(80g/㎡)]

[별지 제25호의6서식] 〈신설 19·6·18〉

철도차량정비경력증 발급대장

일련번호	소속	성명	생년월일	기술등급	인정번호	(재)발급 신청일	(재)발급 사유	발급일자	비고

비고란은 신규발급 또는 재발급(분실, 훼손, 등급변경, 개명, 생년월일 정정) 사유로 구분하여 작성합니다.

210㎜×297㎜[백상지(80g/㎡) 또는 중질지(80g/㎡)]

[별지 제25호의7서식] 〈신설 19·6·18〉

철도차량정비경력증 발급 및 취소 현황

① 년도	② 반기	발급 및 취소 현황								⑪ 비고
		③ 등급	④ 신규 발급	⑤ 등급 변경	⑥ 취소	⑦ 정지	⑧ 증감	⑨ 이전 반기 등록 인원	⑩ 현재 등록 인원	
	상반기	1등급								
		2등급								
		3등급								
		4등급								
	하반기	1등급								
		2등급								
		3등급								
		4등급								
	상반기	1등급								
		2등급								
		3등급								
		4등급								
	하반기	1등급								
		2등급								
		3등급								
		4등급								
	상반기	1등급								
		2등급								
		3등급								
		4등급								
	하반기	1등급								
		2등급								
		3등급								
		4등급								
	상반기	1등급								
		2등급								
		3등급								
		4등급								
	하반기	1등급								
		2등급								
		3등급								
		4등급								

비고: ④ 번란은 해당 등급의 신규 발급 현황을 기재합니다.
⑤ 번란은 등급 상향으로 인한 등급 변경 현황을 기재합니다.
⑥ 번란은 법 제24조의5제1항의 각 호에 해당하여 인정이 취소된 현황을 기재합니다.
⑦ 번란은 법 제24조의5제2항의 각 호에 해당하여 인정이 정지된 현황을 기재합니다.
⑧ 번란은 ④~⑥번란의 증감을 합산하여 기재합니다.
⑨ 번란은 이전 반기의 해당 등급의 현황을 기재합니다.
⑩ 번란은 이전 반기의 등급 현황(⑨)과 해당 반기의 증감 현황(⑧)을 합산하여 기재합니다.

210mm×297mm[백상지 80g/㎡(재활용품)]

[별지 제25호의8서식] 〈신설 19·6·18〉

정비교육훈련기관 지정신청서

※ 색상이 어두운 칸은 신청인이 적지 아니하며, [ ]에는 해당되는 곳에 √표를 합니다.

접수번호	접수일시	처리기간 60일

신청인	기관명(대표자)	사업자등록번호(법인등록번호)
	주소(법인소재지)	전화번호

신청내용	교육 분야	교육과정	교육 정원	
			1일	1년
	철도차량정비기술 교육	[ ]고속철도차량		
		[ ]일반철도차량		
		[ ]도시철도차량		

「철도안전법」 제24조의4제2항, 같은 법 시행령 제21조의4제2항 및 같은 법 시행규칙 제42조의5제1항에 따라 정비교육훈련기관으로 지정받고자 신청합니다.

년 월 일

신청인 (서명 또는 인)

국토교통부장관 귀하

신청인 제출서류	1. 정비교육훈련계획서(정비교육훈련평가계획을 포함합니다) 2. 정비교육훈련기관 운영규정 3. 정관이나 이에 준하는 약정(법인 및 단체에 한정합니다) 4. 정비교육훈련을 담당하는 강사의 자격·학력·경력 등을 증명할 수 있는 서류 및 담당업무 5. 정비교육훈련에 필요한 강의실 등 시설 내역서 6. 정비교육훈련에 필요한 실습 시행 방법 및 절차 7. 정비교육훈련기관에서 사용하는 직인의 인영(印影: 도장 찍은 모양)	수수료 없 음
담당 공무원 확인사항	법인 등기사항증명서(법인인 경우만 해당합니다)	

처리절차

신청서 작성	→	접 수	→	검 토	→	결 재	→	지정서 발급
신청인		처리기관(국토교통부)		처리기관(국토교통부)		처리기관(국토교통부)		처리기관(국토교통부)

210㎜×297㎜[백상지(80g/㎡) 또는 중질지(80g/㎡)]

[별지 제25호의9서식] 〈신설 19·6·18〉

제 호

정비교육훈련기관 지정서

1. 기관명:

2. 대표자:

3. 주소(법인소재지):

4. 사업자등록번호(법인등록번호):

5. 지정 교육훈련과정:

6. 지정조건:

「철도안전법」 제24조의4제2항, 같은 법 시행령 제21조의4 및 같은 법 시행규칙 제42조의5제2항에 따라 정비교육훈련기관으로 지정합니다.

년 월 일

국토교통부장관 직인

210㎜×297㎜[백상지(80g/㎡) 또는 중질지(80g/㎡)]

[별지 제26호서식] 〈개정 08 · 3 · 14, 14 · 3 · 19〉

철도차량 형식승인신청서

(앞쪽)

접수번호	접수일	처리기간

구분		
신청인	회사명	법인등록번호
	대표자	생년월일
	주소 (회사 소재지)	
신청 대상	차량 종류	차량 형식
	설계자 성명 또는 명칭	설계자 주소

「철도안전법」 제26조제1항 및 같은 법 시행규칙 제46조제1항에 따라 철도차량 형식승인을 신청합니다.

년 월 일

신청인 (서명 또는 인)

국토교통부장관 귀하

첨부서류	1. 법 제26조제3항에 따른 철도차량의 기술기준(이하 "철도차량기술기준"이라 한다)에 대한 적합성 입증계획서 및 입증자료 2. 철도차량의 설계도면, 설계명세서 및 설명서(적합성 입증을 위하여 필요한 부분에 한정합니다) 3. 법 제26조제4항에 따른 형식승인검사 면제 대상에 해당하는 경우 그 입증서류 4. 제48조제1항제3호에 따른 차량형식 시험 절차서 5. 그 밖의 철도차량기술기준에 적합함을 입증하기 위하여 국토교통부장관이 필요하다고 인정하여 고시하는 서류	수수료

210mm×297mm[백상지 80g/㎡(재활용품)]

(뒤쪽)

처 리 절 차

이 신청서는 아래와 같이 처리됩니다.

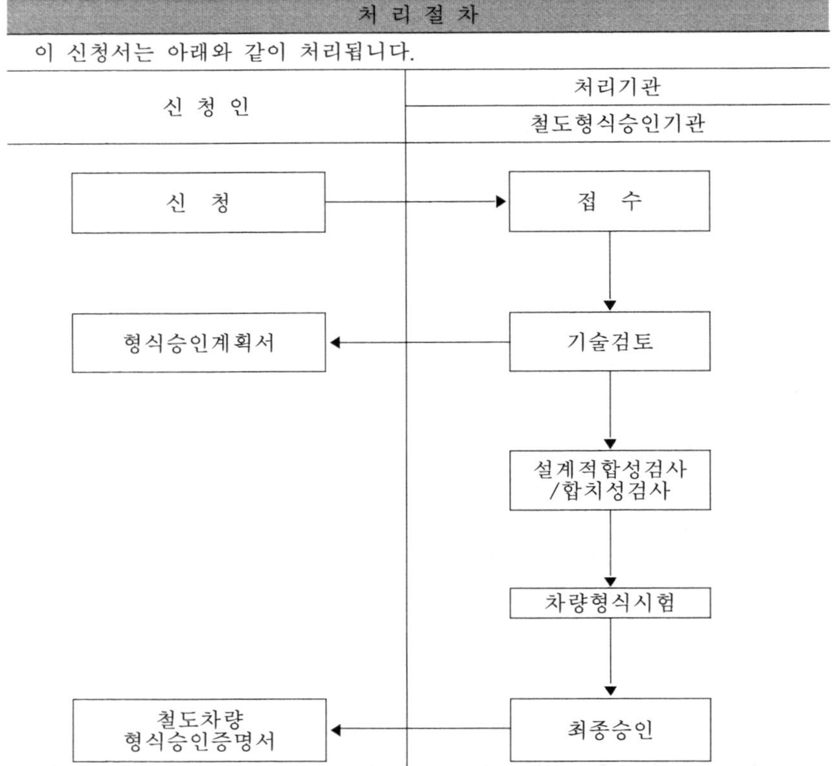

[별지 제26호의2서식] 〈신설 14·3·19〉

철도차량 형식변경승인신청서

(앞쪽)

접수번호	접수일	처리기간

신청인	회사명	법인등록번호
	대표자	생년월일
	주소 (회사 소재지)	
신청대상	차량 종류	형식승인번호
	설계자 성명 또는 명칭	설계자 주소
주요변경 내용	변경 전	변경 후

「철도안전법」 제26조제2항 본문 및 같은 법 시행규칙 제46조제2항에 따라 철도차량 형식변경승인을 신청합니다.

년 월 일

신청인 (서명 또는 날인)

국토교통부장관 귀하

첨부서류	1. 해당 철도차량의 철도차량 형식승인증명서 2. 제46조 제1항 각호의 서류(변경되는 부분 및 그와 연관되는 부분에 한정합니다) 3. 변경 전후의 대비표 및 해설서	수수료

210mm×297mm[백상지 80g/㎡(재활용품)]

(뒤쪽)

처 리 절 차

이 신청서는 아래와 같이 처리됩니다.

신청인	처리기관 철도형식승인기관
신청 →	접수
	↓
형식변경승인계획서 ←	기술검토
	↓
	설계적합성검사 /합치성검사
	↓
	차량형식시험
	↓
철도차량 형식변경승인증명서 ←	최종승인

[별지 제27호서식] 〈개정 14 · 3 · 19〉

철도차량 형식변경신고서

※ [ ]에는 해당되는 곳에 √표시를 합니다.

접수번호	접수일	처리기간

신청인	상호 또는 명칭	
	성명(대표자)	사업자등록번호(법인등록번호)
	소재지	전화번호
신청대상	차량 종류	형식승인번호
	설계자 성명 또는 명칭	설계자 주소
신고내용	[] 구조안전 및 성능에 영향을 미치지 않는 차체 형상의 변경 [] 안전에 영향을 미치지 않는 설비의 변경 [] 중량분포에 영향을 미치지 않는 장치 또는 부품의 배치 변경 [] 동일 성능으로 입증할 수 있는 부품의 규격 변경 [] 그 밖에 철도차량의 안전 및 성능에 영향을 미치지 아니한다고 국토교통부장관이 인정하는 사항의 변경	

「철도안전법」 제26조제2항 단서 및 같은 법 시행규칙 제47조제2항에 따라 위의 어느 하나의 해당하는 변경사항을 신고합니다.

년 월 일

신청인 (서명 또는 인)

국토교통부장관 귀하

첨부서류	1. 해당 철도차량의 철도차량의 철도차량 형식승인증명서 2. 제47조제1항 각 호에 해당함을 증명하는 서류 3. 변경 전후의 대비표 및 해설서 4. 변경 후의 주요 제원 5. 철도차량기술기준에 대한 적합성 입증자료(변경되는 부분 및 그와 연관되는 부분에 한정합니다)	수수료

처리절차

신청서 작성	→	접 수	→	검 토	→	승 인	→	증명서 발급
신청인		처리기관(철도형식승인기관)		처리기관(철도형식승인기관)		처리기관(철도형식승인기관)		처리기관(철도형식승인기관)

210mm×297mm[백상지 80g/㎡(재활용품)]

[별지 제27호의2서식] 〈신설 14 · 3 · 19〉

제 호

철도차량 형식변경신고확인서

1. 증명서 번호:
2. 신청회사: (법인등록번호:)
3. 대표자: (생년월일:)
4. 설계자: (법인등록번호:)
5. 차량 종류:
6. 차량 형식:
7. 형식승인 번호:
8. 주요변경내용:

「철도안전법」 제26조제2항 단서 및 같은 법 시행규칙 제47조제3항에 따라 철도차량 형식변경신고확인서를 발급합니다.

년 월 일

국토교통부장관 직인

210mm×297mm[백상지 120g/㎡]

[별지 제28호서식] 〈개정 14 · 3 · 19〉

제 호

철도차량 형식승인증명서

1. 증명서 번호:
2. 신청회사: (법인등록번호:)
3. 대표자: (생년월일:)
4. 설계자: (법인등록번호:)
5. 차량 종류:
6. 차량 형식:
7. 형식승인 번호:
8. 형식승인자료집 번호:

「철도안전법」 제26조제1항 및 같은 법 시행규칙 제48조제2항에 따라 위 철도차량의 형식승인을 증명합니다.

년 월 일

국토교통부장관 직인

210mm×297mm[백상지 120g/㎡]

[별지 제28호의2서식] 〈신설 14 · 3 · 19〉

제 호

철도차량 형식변경승인증명서

1. 증명서 번호:
2. 신청회사: (법인등록번호:)
3. 대표자: (생년월일:)
4. 설계자: (법인등록번호:)
5. 차량 종류:
6. 차량 형식:
7. 변경전 형식승인 번호:
8. 변경후 형식승인 번호:
9. 형식승인자료집 번호:

「철도안전법」 제26조제2항 본문 및 같은 법 시행규칙 제48조제2항에 따라 위 철도차량의 형식변경승인을 증명합니다.

년 월 일

국토교통부장관 직인

210mm×297mm[백상지 120g/㎡]

[별지 제29호서식] 〈개정 14 · 3 · 19〉

형식승인/제작자승인 증명서 재발급 신청서

※ [ ]에는 해당되는 곳에 √표시를 합니다.

접수번호	접수일		처리기간
신청인	회사명	법인등록번호	
	대표자	생년월일	
	주소 (회사소재지)		
신청대상	[ ]철도차량 형식승인(변경승인)증명서 [ ]철도용품 형식승인(변경승인)증명서	[ ]철도차량 제작자승인(변경승인)증명서 [ ]철도용품 제작자승인(변경승인)증명서	
	증명서 번호		
재발급 사유	[ ]분실	[ ]훼손	[ ]기타

「철도안전법」 제26조, 제26조의3, 제27조, 제27조의2 및 같은 법 시행규칙 제48조 제3항, 제53조제3항, 제62조제4항, 제66조제3항에 따라 위와 같이 신청합니다.

년 월 일

신청인 (서명 또는 인)

국토교통부장관 귀하

신청인 제출서류	재발급	1. 증명서(헐어 못 쓰게 된 경우에만 제출합니다) 2. 분실(훼손)사유서(해당자만 적습니다)	수수료 국토교통부장관이 고시한 금액

처리절차

신청서 작성 → 접수 → 검토 → 변경/재발급 결정 → 증명서 발급

신청서 작성	접수	검토	변경/재발급 결정	증명서 발급
신청인	처리기관 (철도형식승인기관)	처리기관 (철도형식승인기관)	처리기관 (철도형식승인기관)	

210mm×297mm[백상지 80g/㎡(재활용품)]

[별지 제30호서식] 〈개정 14 · 3 · 19〉

철도차량 제작자승인신청서

(앞쪽)

접수번호	접수일		처리기간
신청인	회사명	법인등록번호	
	대표자	생년월일	
	주소 (회사 소재지)		
	신청인의 자격	□ 형식승인 소지자 □ 위탁 제작자	
신청 대상	차량 종류	형식승인번호	
	형식승인 소지자	법인등록번호	
	제작자	법인등록번호	
	제작공장위치		

「철도안전법」 제26조의3제1항 및 같은 법 시행규칙 제51조제1항에 따라 철도차량 제작자승인을 신청합니다.

년 월 일

신청인 (서명 또는 날인)

철도형식승인기관의장 귀하

첨부서류	1. 법 제26조의3제2항에 따른 기술기준(이하 "철도차량제작자승인기준"이라 한다)에 대한 품질관리체계의 적합성 입증계획서 및 입증자료 2. 철도차량 품질관리체계서 및 설명서 3. 철도차량 제작 명세서 및 설명서 4. 법 제26조의3제3항에 따라 제작자승인 또는 제작자승인 검사의 면제 대상에 해당하는 경우 그 입증서류 5. 그 밖에 철도차량제작자승인기준에 대한 적합함을 입증을 위해 국토교통부장관이 필요하다고 인정하여 고시하는 서류	수수료

210mm×297mm[백상지 80g/㎡(재활용품)]

[별지 제30호의2서식] 〈신설 14·3·19〉

철도차량 제작자변경승인신청서

(앞쪽)

접수번호	접수일		처리기간
신 청 인	회사명	법인등록번호	
	대표자	생년월일	
	주소 (회사 소재지)		
신청 대상	형식승인번호	제작자승인번호	
	품질관리체계 명칭	제작공장위치	
주요변경 내용	변경 전	변경 후	

「철도안전법」 제26조의8에서 준용하는 법 제7조제3항 본문 및 같은 법 시행규칙 제51조제2항에 따라 철도차량 제작자변경승인을 신청합니다.

년 월 일

신청인 (서명 또는 날인)

국토교통부장관 귀하

첨부서류	1. 해당 철도차량의 철도차량 제작자승인증명서 2. 제51조제1항 각 호의 서류(변경되는 부분 및 그와 연견되는 부분에 한정합니다) 3. 변경 전후의 대비표 및 해설서	수수료

210mm×297mm[백상지 80g/㎡(재활용품)]

(뒤쪽)

처리절차

이 신청서는 아래와 같이 처리됩니다.

신청인	처리기관: 철도형식승인기관
신청 →	접수
	↓
제작자승인계획서 ←	기술검토
	↓
	품질관리체계 적합성검사
	↓
	제작검사
	↓
철도차량 제작자승인증명서 ←	최종승인

(뒤쪽)

처리절차

이 신청서는 아래와 같이 처리됩니다.

신청인	처리기관: 철도형식승인기관
신청 →	접수
	↓
제작자변경승인계획서 ←	기술검토
	↓
	품질관리체계 적합성검사
	↓
	제작검사
	↓
철도차량 제작자변경승인증명서 ←	최종승인

[별지 제31호서식] 〈개정 14·3·19〉

철도차량 제작자승인변경신고서

※ [ ]에는 해당되는 곳에 √표시를 합니다.

접수번호	접수일		처리기간
신청인	상호 또는 명칭		
	성명(대표자)		사업자등록번호 (법인등록번호)
	소재지		전화번호
신청대상	형식승인번호		제작자승인번호
	품질관리체계 명칭		제작공장위치
신고내용	[] 철도차량 제작자의 조직변경에 따른 품질관리조직 또는 품질관리책임자에 관한 사항의 변경 [] 법령 또는 행정구역의 변경 등으로 인한 품질관리규정의 세부내용 변경 [] 서류간 불일치 사항 및 품질관리규정의 기본방향에 영향을 미치지 않는 사항으로서 그 변경근거가 분명한 사항의 변경		

「철도안전법」 제26조의8에서 준용하는 법 제7조제3항 단서 및 같은 법 시행규칙 제52조제2항에 따라 위의 어느 하나의 해당하는 변경사항을 신고합니다.

년 월 일

신청인 (서명 또는 인)

국토교통부장관 귀하

첨부서류	1. 해당 철도차량의 철도차량 제작자승인증명서 2. 제52조제1항 각 호에 해당함을 증명하는 서류 3. 변경 전후의 대비표 및 해설서 4. 변경 후의 철도차량 품질관리체계 5. 철도차량제작자승인기준에 대한 품질관리체계의 적합성 입증자료(변경되는 부분 및 그와 연관되는 부분으로 한정합니다)	수수료

처리절차

신청서 작성 →	접 수 →	검 토 →	승 인 →	증명서 발급
신청인	처리기관 (철도형식승인기관)	처리기관 (철도형식승인기관)	처리기관 (철도형식승인기관)	처리기관 (철도형식승인기관)

210mm×297mm[백상지 80g/㎡(재활용품)]

[별지 제31호의2서식] 〈신설 14·3·19〉

제　　　호

철도차량 제작자승인변경신고확인서

1. 증명서 번호:
2. 신청회사: (법인등록번호:)
3. 대표자: (생년월일:)
4. 설계자: (법인등록번호:)
5. 차량 종류:
6. 차량 형식:
7. 형식승인 번호:
8. 주요변경내용

「철도안전법」 제26조의8에서 준용하는 법 제7조제3항 단서 및 같은 법 시행규칙 제52조제3항에 따라 철도차량 제작자승인변경신고확인서를 발급합니다.

년　　월　　일

국토교통부장관 직인

210mm×297mm[백상지 120g/㎡]

[별지 제32호서식] 〈개정 14·3·19〉

제　　　호

철도차량 제작자승인증명서

1. 증명서 번호:
2. 신청회사: (법인등록번호:)
3. 대표자: (생년월일:)
4. 제작자승인 번호:
5. 제작공장위치:
6. 품질관리체계 명칭:
7. 제작자승인지정서 번호:

「철도안전법」 제26조의3제1항 및 같은 법 시행규칙 제53조제2항에 따라 위 철도차량의 제작자승인을 증명합니다.

년　　월　　일

국토교통부장관 직인

210mm×297mm[백상지 120g/㎡]

[별지 제32호의2서식] 〈신설 14 · 3 · 19〉

제　　　호

철도차량 제작자변경승인증명서

1. 증명서 번호:
2. 신청회사:　　　　　　　(법인등록번호:　　　　　)
3. 대표자:　　　　　　　　(생년월일:　　　　　)
4. 형식승인 번호:
5. 변경전 제작자승인 번호:
6. 변경후 제작자승인 번호:
7. 품질관리체계 명칭:
8. 제작자승인지정서 번호:

「철도안전법」 제26조의8에서 준용하는 법 제7조제3항 본문 및 같은 법 시행규칙 제53조제2항에 따라 위 철도차량의 제작자변경승인을 증명합니다.

년　　월　　일

국토교통부장관 직인

210mm×297mm[백상지 120g/㎡]

[별지 제33호서식] 〈개정 14 · 3 · 19〉

철도차량 제작자승계신고서

접수번호	접수일	처리기간

승계 전	제작자명	법인등록번호
	대표자	생년월일
	차량 종류	형식승인번호
	제작공장위치	제작자승인번호
승계 후	회사명	법인등록번호
	대표자	생년월일
	그 밖의 사항	

「철도안전법」 제26조의5제2항 및 같은 법 시행규칙 제55조제1항에 따라 위와 같이 지위승계사항을 신고합니다.

년　　월　　일

신고인　　　　　　(서명 또는 날인)

국토교통부장관 귀하

첨부서류	1. 철도차량 제작자승인증명서 2. 사업 양도의 경우: 양도 · 양수계약서 사본 등 양도 사실을 입증할 수 있는 서류 3. 사업 상속의 경우: 사업을 상속받은 사실을 확인할 수 있는 서류 4. 사업 합병의 경우: 합병계약서 및 합병 후 존속하거나 합병에 따라 신설된 법인의 등기사항증명서

처리절차

신고서 작성	→	접 수	→	검 토	→	승 인	→	제작자승인증명서 발급
신청인		처리기관 (철도형식승인기관)		처리기관 (철도형식승인기관)		처리기관 (철도형식승인기관)		처리기관 (철도형식승인기관)

210mm×297mm[백상지 80g/㎡(재활용품)]

[별지 제34호서식] 〈개정 14·3·19〉

철도차량 완성검사신청서

(앞쪽)

접수번호	접수일	처리기간

신청인	회사명	법인등록번호
	대표자	생년월일
	주소 (회사 소재지)	
신청 대상	차량 종류	형식승인번호
	제작자승인번호	제작공장위치
	제작일련번호	수량

「철도안전법」 제26조의6제1항 및 같은 법 시행규칙 제56조제1항에 따라 위 철도차량에 대한 완성검사를 신청합니다.

년 월 일

신청인 (서명 또는 날인)

국토교통부장관 귀하

첨부서류	1. 철도차량 형식승인증명서 2. 철도차량 제작자승인증명서 3. 형식승인된 설계와의 형식동일성 입증계획서 및 입증서류 4. 제57조제1항제2호에 따른 주행시험 절차서 5. 그 밖에 형식동일성 입증을 위해 국토교통부장관이 필요하다고 인정하여 정하여 고시하는 서류	수수료

210mm×297mm[백상지 80g/㎡(재활용품)]

(뒤쪽)

처리절차

이 신청서는 아래와 같이 처리됩니다.

신청인	처리기관 철도형식승인기관
신청 →	접수
	↓
완성검사 계획서 ←	기술검토
	↓
	형식동등성검사
	↓
	차량완성시험
	↓
철도차량 완성검사필증 ←	최종검사

[별지 제35호서식] 〈개정 14·3·19, 20·10·7〉

제　　　호

철도차량 완성검사증명서

1. 증명서 번호:
2. 신청회사: (법인등록번호:)
3. 대표자: (생년월일:)
4. 제작사: (법인등록번호:)
5. 차량 종류:
6. 형식승인번호:
7. 제작자승인번호:
8. 제작공장위치:
9. 완성검사 수량:

「철도안전법」 제26조의6제2항 및 같은 법 시행규칙 제57조제2항에 따라 위 철도차량의 완성검사를 증명합니다.

년　　월　　일

국토교통부장관 직인

210mm×297mm[백상지 120g/㎡]

[별지 제36호서식] 〈개정 14·3·19〉

철도용품 형식승인신청서

(앞쪽)

접수번호	접수일		처리기간
신청인	회사명	법인등록번호	
	대표자	생년월일	
	주소 (회사 소재지)		
신청대상	용품 종류	용품 형식	
	설계자 성명 또는 명칭	설계자 주소	

「철도안전법」 제27조제1항 및 같은 법 시행규칙 제60조제1항에 따라 철도용품 형식승인을 신청합니다.

년　　월　　일

신청인　　　　(서명 또는 날인)

국토교통부장관 귀하

첨부서류	1. 법 제27조제2항에 따른 철도용품의 기술기준(이하 "철도용품기술기준"이라 한다)에 대한 적합성 입증계획서 및 입증자료 2. 철도용품의 설계도면, 설계명세서 및 설명서 3. 법 제27조제4항에서 준용하는 법 제26조제4항에 따른 형식승인검사의 면제 대상에 해당하는 경우 그 입증서류 4. 제61조제1항제3호에 따른 용품형식 시험 절차서 5. 그 밖에 철도용품기술기준에 적합함을 입증하기 위하여 국토교통부장관이 필요하다고 인정하여 고시하는 서류	수수료

210mm×297mm[백상지 80g/㎡(재활용품)]

[별지 제36호의2서식] 〈신설 14·3·19〉

철도용품 형식변경승인신청서

(앞쪽)

접수번호	접수일		처리기간
신청인	회사명	법인등록번호	
	대표자	생년월일	
	주소 (회사 소재지)		
신청대상	용품 종류	형식승인번호	
	설계자 성명 또는 명칭	설계자 주소	
주요변경 내용	변경 전	변경 후	

「철도안전법」 제27조제4항에서 준용하는 법 제26조제2항 본문 및 같은 법 시행규칙 제60조제2항에 따라 위 철도용품에 대한 형식변경승인을 신청합니다.

년 월 일

신청인 (서명 또는 날인)

국토교통부장관 귀하

첨부서류	1. 해당 철도용품의 철도용품 형식승인증명서 2. 제60조제1항 각 호에 해당함을 증명하는 서류 3. 변경 전후의 대비표 및 해설서 4. 변경 후의 주요 제원 5. 철도용품기술기준에 대한 적합성 입증자료(변경되는 부분 및 그와 연관되는 부분에 한정합니다)	수수료

210mm×297mm[백상지 80g/㎡(재활용품)]

(뒤쪽)

처리절차

이 신청서는 아래와 같이 처리됩니다.

신청인	처리기관 철도형식승인기관
신 청	→ 접 수
형식승인계획서	← 기술검토
	설계적합성검사/합치성검사
	용품형식시험
철도용품 형식승인증명서	← 최종승인

[별지 제37호서식] 〈개정 14 · 3 · 19〉

철도용품 형식변경신고서

※ [ ]에는 해당되는 곳에 √표시를 합니다.

접수번호	접수일	처리기간

신청인	상호 또는 명칭	
	성명(대표자)	사업자등록번호 (법인등록번호)
	소재지	전화번호
신청대상	용품 종류	형식승인번호
	설계자 성명 또는 명칭	설계자 주소
신고내용	[ ] 안전 및 성능에 영향을 미치지 않는 형상 변경 [ ] 안전에 영향을 미치지 않는 설비의 변경 [ ] 중량분포 및 크기에 영향을 미치지 않는 장치 또는 부품의 배치 변경 [ ] 동일 성능으로 입증할 수 있는 부품의 규격 변경 [ ] 그 밖에 철도용품의 안전 및 성능에 영향을 미치지 않는다고 국토교통부장관이 인정하는 사항의 변경	

「철도안전법」 제27조제4항에서 준용하는 법 제26조제2항 단서 및 같은 법 시행규칙 제61조제2항에 따라 위의 어느 하나의 해당하는 변경사항을 신고합니다.

년 월 일

신청인 (서명 또는 인)

국토교통부장관 귀하

첨부서류	1. 해당 철도용품의 철도용품 형식승인증명서 2. 제61조제1항 각 호에 해당함을 증명하는 서류 3. 변경 전후의 대비표 및 해설서 4. 변경 후의 주요 제원 5. 철도용품기술기준에 대한 적합성 입증자료(변경되는 부분 및 그와 연관되는 부분에 한정합니다)	수수료

처리절차

신청서 작성 →	접 수 →	검 토 →	승 인 →	증명서 발급
신청인	처리기관 (철도형식승인기관)	처리기관 (철도형식승인기관)	처리기관 (철도형식승인기관)	처리기관 (철도형식승인기관)

210mm×297mm[백상지 80g/㎡(재활용품)]

(뒤쪽)

처리절차

이 신청서는 아래와 같이 처리됩니다.

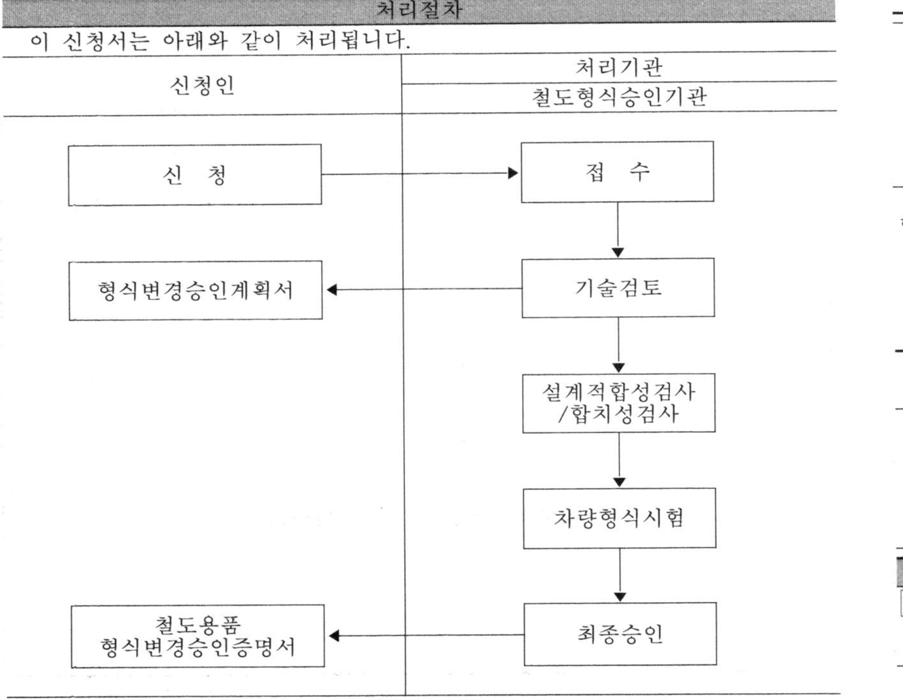

[별지 제37호의2서식] 〈신설 14·3·19〉

제 호

철도용품 형식변경신고확인서

1. 증명서 번호:
2. 신청회사: (법인등록번호:)
3. 대표자: (생년월일:)
4. 설계자: (법인등록번호:)
5. 차량 종류:
6. 차량 형식:
7. 형식승인 번호:
8. 주요변경내용

「철도안전법」 제27조제4항에서 준용하는 법 제26조제3항 단서 및 같은 법 시행규칙 제61조제3항에 따라 철도용품 형식승인신고확인서를 발급합니다.

년 월 일

국토교통부장관 직인

210mm×297mm[백상지 120g/㎡]

[별지 제38호서식] 〈개정 14·3·19〉

제 호

철도용품 형식승인증명서

1. 증명서 번호:
2. 신청회사: (법인등록번호:)
3. 대표자: (생년월일:)
4. 설계자: (법인등록번호:)
5. 용품 종류:
6. 용품 형식:
7. 형식승인 번호:
8. 형식승인자료집 번호:

「철도안전법」 제27조제1항 및 같은 법 시행규칙 제62조제2항에 따라 위 철도용품의 형식승인을 증명합니다.

년 월 일

국토교통부장관 직인

210mm×297mm[백상지 120g/㎡]

[별지 제38호의2서식] 〈신설 14·3·19〉

제　　　　호

철도용품 형식변경승인증명서

1. 증명서 번호:
2. 신청회사:　　　　　　(법인등록번호:　　　　)
3. 대표자:　　　　　　(생년월일:　　　　)
4. 설계자:　　　　　　(법인등록번호:　　　　)
5. 용품 종류:
6. 용품 형식:
7. 변경전 형식승인 번호:
8. 변경후 형식승인 번호:
9. 형식승인자료집 번호:

「철도안전법」 제27조제4항에서 준용하는 법 제26조제2항 본문 및 같은 법 시행규칙 제62조제2항에 따라 위 철도용품의 형식변경승인을 증명합니다.

년　　월　　일

국토교통부장관 직인

210mm×297mm[백상지 120g/㎡]

[별지 제39호서식] 〈개정 06·8·7, 08·3·14, 09·6·25, 14·3·19〉

철도용품 제작자승인신청서

(앞쪽)

접수번호	접수일	처리기간
신청인	회사명	법인등록번호
	대표자	생년월일
	주소 (회사 소재지)	
	신청인의 자격	□ 형식승인 소지자 □ 위탁 제작자
신청대상	용품 종류	형식승인번호
	형식승인 소지자	법인등록번호
	제작자	법인등록번호
	제작공장위치	

「철도안전법」 제27조의2제1항 및 같은 법 시행규칙 제64조제1항에 따라 위 철도용품에 대한 제작자승인을 신청합니다.

년　　월　　일

신청인　　　　　(서명 또는 날인)

국토교통부장관 귀하

첨부서류	1. 법 제27조의2제2항에 따른 철도용품의 제작관리 및 품질유지에 필요한 기술기준(이하 "철도용품제작자승인기준"이라 한다)에 대한 적합성 입증 계획서 및 입증 자료 2. 철도용품 품질관리체계서 및 설명서 3. 철도용품 제작 명세서 및 설명서 4. 법 제27조의2제4항에 준용하는 법 제26조의3제3항에 따라 제작자승인 또는 제작자승인검사의 면제 대상에 해당하는 경우 그 입증서류 5. 그 밖에 철도용품 제작자승인기준에 적합함을 입증하기 위하여 국토교통부장관이 필요하다고 인정하여 고시하는 서류	수수료

210mm×297mm[백상지 80g/㎡(재활용품)]

[별지 제39호의2서식] 〈신설 14·3·19〉

철도용품 제작자변경승인신청서

(앞쪽)

접수번호	접수일	처리기간

신청인	회사명	법인등록번호
	대표자	생년월일
	주소 (회사 소재지)	
신청대상	형식승인번호	제작자승인번호
	품질관리체계 명칭	제작공장위치
주요변경 내용	변경 전	변경 후

「철도안전법」 제27조의2제4항에서 준용하는 법 제7조제3항 본문 및 같은 법 시행규칙 제64조제2항에 따라 철도용품 제작자변경승인을 받고자 위와 같이 신청합니다.

년 월 일

신청인 (서명 또는 날인)

국토교통부장관 귀하

첨부서류	1. 해당 철도용품의 철도용품 제작자승인증명서 2. 제64조제1항 각 호의 서류(변경되는 부분 및 그와 연관되는 부분에 한정합니다) 3. 변경 전후의 대비표 및 해설서	수수료

210mm×297mm[백상지 80g/㎡(재활용품)]

(뒤쪽)

처리절차

이 신청서는 아래와 같이 처리됩니다.

신청인	처리기관: 철도형식승인기관
신 청 →	접 수
	↓
제작자승인계획서 ←	기술검토
	↓
	품질관리체계 적합성검사
	↓
	제작검사
	↓
철도차량 제작자승인증명서 ←	최종승인

[별지 제40호서식] 〈개정 14 · 3 · 19〉

철도용품 제작자변경신고서

※ [ ]에는 해당되는 곳에 √표시를 합니다.

접수번호	접수일	처리기간

신청인	상호 또는 명칭	
	성명(대표자)	사업자등록번호 (법인등록번호)
	소재지	전화번호
신청대상	형식승인번호	제작자승인번호
	품질관리체계 명칭	제작공장위치
신고내용	[] 철도용품 제작자의 조직변경에 따른 품질관리조직 또는 품질관리책임자에 관한 사항의 변경 [] 법령 또는 행정구역의 변경 등으로 인한 품질관리규정의 세부내용의 변경 [] 서류간 불일치 사항 및 품질관리규정의 기본방향에 영향을 미치지 않는 사항으로서 그 변경근거가 분명한 사항의 변경	

「철도안전법」 제27조의2제4항에서 준용하는 법 제7조제3항 단서 및 같은 법 시행규칙 제65조제2항에 따라 위의 어느 하나의 해당하는 변경사항을 신고합니다.

년 월 일

신청인 (서명 또는 인)

국토교통부장관 귀하

첨부서류	1. 해당 철도용품의 철도용품 제작자승인증명서 2. 제65조제1항의 각 호에 해당함을 증명하는 서류 3. 변경 전후의 대비표 및 해설서 4. 변경 후의 철도용품 품질관리체계 5. 철도용품제작자승인기준에 대한 적합성 입증자료(변경되는 부분 및 그와 연관되는 부분에 한정합니다)	수수료

처리절차

신청서 작성	→	접 수	→	검 토	→	승 인	→	증명서 발급
신청인		처리기관 (철도형식승인기관)		처리기관 (철도형식승인기관)		처리기관 (철도형식승인기관)		처리기관 (철도형식승인기관)

210mm×297mm[백상지 80g/㎡(재활용품)]

(뒤쪽)

처리절차

이 신청서는 아래와 같이 처리됩니다.

신 청 인	처리기관 철도형식승인기관
신 청 →	접 수
제작자변경승인계획서 ←	기술검토
	품질관리체계 적합성검사
	제작검사
철도용품 제작자변경승인증명서 ←	최종승인

[별지 제40호의2서식] 〈신설 14·3·19〉

제　　　호

철도용품 제작자승인변경신고확인서

1. 증명서 번호:
2. 신청회사: (법인등록번호:)
3. 대표자: (생년월일:)
4. 설계자: (법인등록번호:)
5. 차량 종류:
6. 차량 형식:
7. 형식승인 번호:
8. 주요변경내용

「철도안전법」 제27조의2제4항에서 준용하는 법 제7조제3항 단서 및 같은 법 시행규칙 제65조제3항에 따라 철도용품 제작자승인변경신고확인서를 발급합니다.

년　　월　　일

국토교통부장관 [직인]

210mm×297mm[백상지 120g/㎡]

[별지 제41호서식] 〈개정 14·3·19〉

제　　　호

철도용품 제작자승인증명서

1. 증명서 번호:
2. 신청회사: (법인등록번호:)
3. 대표자: (생년월일:)
4. 제작자승인 번호:
5. 제작공장위치:
6. 품질관리체계 명칭:
7. 제작자승인지정서 번호:

「철도안전법」 제27조의2제1항 및 같은 법 시행규칙 제66조제2항에 따라 위 철도용품의 제작자승인을 증명합니다.

년　　월　　일

국토교통부장관 [직인]

210mm×297mm[백상지 120g/㎡]

[별지 제41호의2서식] 〈신설 14 · 3 · 19〉

제　　　호

철도용품 제작자변경승인증명서

1. 증명서 번호:
2. 신청회사:　　　　　　　　(법인등록번호:　　　　　)
3. 대표자:　　　　　　　　　(생년월일:　　　　　　　)
4. 형식승인 번호:
5. 변경전 제작자승인 번호:
6. 변경후 제작자승인 번호:
7. 제작공장위치:
8. 품질관리체계 명칭:
9. 제작자승인지정서 번호:

「철도안전법」 제27조의2제4항에서 준용하는 법 제7조제3항 본문 및 같은 법 시행규칙 제66조제2항에 따라 위 철도용품의 제작자변경승인을 증명합니다.

년　　월　　일

국토교통부장관 직인

210mm×297mm[백상지 120g/㎡]

[별지 제42호서식] 〈개정 14 · 3 · 19〉

철도용품 제작자승계신고서

접수번호	접수일	처리기간

구분		
승계 전	제작자명	법인등록번호
	대표자	생년월일
	용품 종류	형식승인번호
	제작공장위치	제작자승인번호
승계 후	회사명	법인등록번호
	대표자	생년월일
	그 밖의 사항	

「철도안전법」 제27조의2제4항에서 준용하는 법 제26조의5제2항 및 같은 법 시행규칙 제69조제1항에 따라 위와 같이 지위승계사항을 신고합니다.

년　　월　　일

신고인　　　　　　(서명 또는 날인)

국토교통부장관 귀하

첨부서류	1. 철도용품 제작자승인증명서 2. 사업 양도의 경우: 양도 · 양수계약서 사본 등 양도 사실을 입증할 수 있는 서류 3. 사업 상속의 경우: 사업을 상속받은 사실을 확인할 수 없는 서류 4. 사업 합병의 경우: 합병계약서 및 합병 후 존속하거나 합병에 따라 신설된 법인의 등기사항증명서

처리절차

신고서 작성	→	접 수	→	검 토	→	승 인	→	제작자승인증명서 발급
신청인		처리기관 (철도형식승인기관)		처리기관 (철도형식승인기관)		처리기관 (철도형식승인기관)		처리기관 (철도형식승인기관)

210mm×297mm[백상지 80g/㎡(재활용품)]

[별지 제43호서식] 〈개정 14·3·19, 16·8·10〉

(앞쪽)

증명서번호: 제　　호

철도형식승인 사후관리 조사 공무원증

사　진
3.5㎝×4.5㎝
(모자 벗은 상반신으로 뒤 그림 없이 6개월 이내에 촬영한 것)

성　　명

국토교통부장관

55㎜×85㎜[인쇄용지(1종) 120g/㎡]
(색상: 연하늘색)

(뒤쪽)

철도형식승인 사후관리 조사 공무원증

성명:
생년월일:

위의 사람은 「철도안전법」 제31조제3항 및 같은 법 시행규칙 제72조제2항에 따라 철도형식승인 사후관리 조사 공무원임을 증명합니다.

년　　월　　일

국토교통부장관 직인

1. 이 사람은 「철도안전법」 제31조에 따라 철도형식승인 사후관리를 할 수 있는 권한이 있습니다.
2. 이 증은 다른 사람에게 대여하거나 양도할 수 없습니다.
3. 이 증을 습득한 경우에는 가까운 우체통에 넣어 주십시오.

[별지 제44호서식] 〈개정 14·3·19〉

철도표준규격 [ ] 제정 [ ] 개정 [ ] 폐지 의견서

※ [ ]에는 해당되는 곳에 √표시를 합니다.

접수번호	접수일		처리기간 90일
제출인	성명		생년월일
	기관명(단체명)		
	주소		
신청용품	품명		규격번호

「철도안전법」 제34조 및 같은 법 시행규칙 제74조제5항에 따라 위와 같이 철도표준규격의 [ ]제정 [ ]개정 [ ]폐지에 관한 의견을 제출합니다.

년　　월　　일

제출인　　　　(서명 또는 날인)

한국철도기술연구원장 귀하

첨부서류	1. 철도표준규격의 제정·개정 또는 폐지안 1부 2. 철도표준규격의 제정·개정 또는 폐지안에 대한 의견서 1부	수수료
	※ 처리기간은 규격 분석과 시험 소요기간 등에 따라 연장될 수 있습니다.	

처 리 절 차

의견서 작성 → 접수 및 검토 → 분석 및 시험 → 위원회 심의(국토교통부) → 확정(고시) → 결과 통보

제출인　　처리기관: (한국철도기술연구원)

210mm×297mm[백상지 80g/㎡(재활용품)]

[별지 제45호서식] 〈신설 18·11·9〉

철도차량 개조승인신청서

(앞쪽)

접수번호		접수일시	처리기간
신 청 인	성명(대표자)		생년월일(법인등록번호)
	주소 (전화번호:)		
신청대상	철도차량 종류(형식)		운행 노선
	해당형식 총 철도차량 수량 중 개조승인 신청 철도차량 수 (/)		개조작업수행 예정자

「철도안전법」 제38조의2제2항 본문 및 같은 법 시행규칙 제75조의3제1항에 따라 철도차량 개조승인을 신청합니다.

년 월 일

신청인 (서명 또는 인)

국토교통부장관 귀하

신청인 제출서류	1. 개조 대상 철도차량 및 수량에 관한 서류 2. 개조의 범위, 사유 및 작업 일정에 관한 서류 3. 개조 전·후 사양 대비표 4. 개조에 필요한 인력, 장비, 시설 및 부품 또는 장치에 관한 서류 5. 개조작업수행 예정자의 조직·인력 및 장비 등에 관한 현황과 개조작업수행에 필요한 부품, 구성품 및 용역의 내용에 관한 서류. 다만, 개조작업수행 예정자를 선정하기 전인 경우에는 개조작업수행 예정자 선정기준에 관한 서류로 갈음할 수 있습니다. 6. 개조 작업지시서 7. 개조하고자 하는 사항이 철도차량기술기준에 적합함을 입증하는 기술문서	수수료 「철도안전법」 제74조
담당 공무원 확인사항	1. 법인등기사항증명서(법인인 경우만 해당합니다)	

행정정보 공동이용 동의서

본인은 이 건 업무처리와 관련하여 담당 공무원이 「전자정부법」 제36조제1항에 따른 행정정보의 공동이용을 통하여 위의 담당 공무원 확인 사항을 확인하는 것에 동의합니다. * 동의하지 아니하는 경우에는 신청인이 직접 관련 서류를 제출하여야 합니다.

신청인 (서명 또는 인)

210㎜×297㎜[백상지(80g/㎡) 또는 중질지(80g/㎡)]

(뒤쪽)

처 리 절 차

이 신청서는 아래와 같이 처리됩니다.

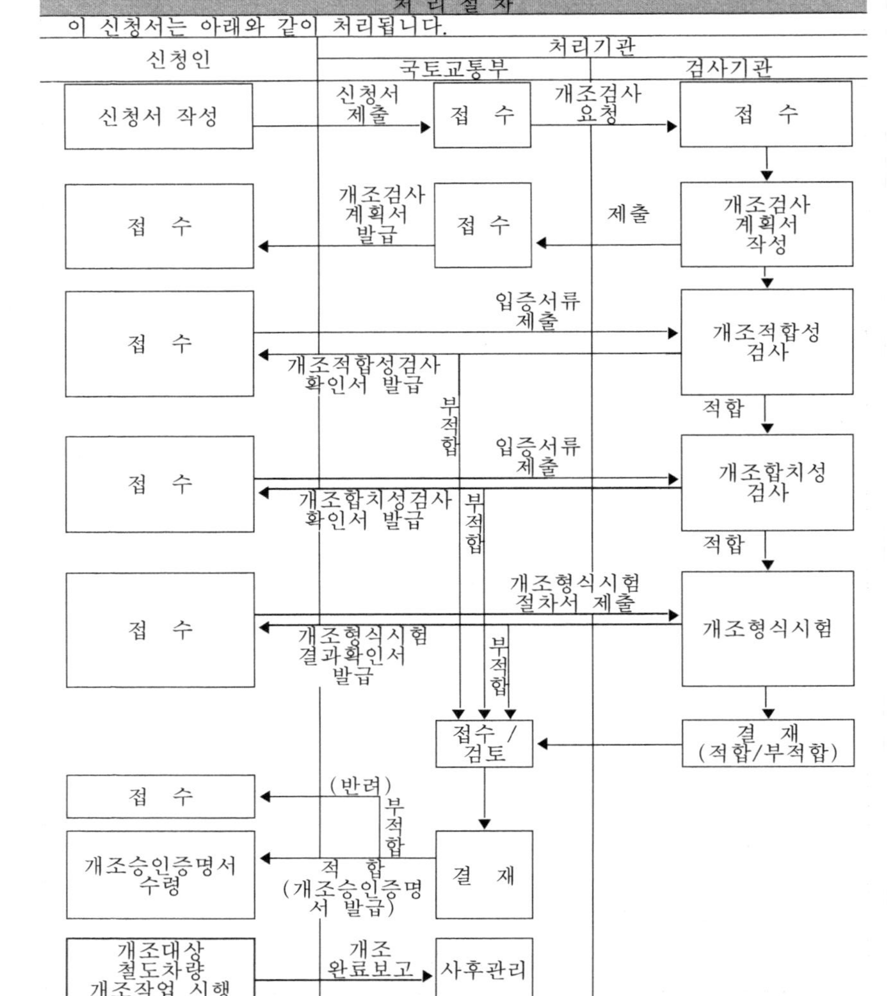

[별지 제45호의2서식] 〈신설 18 · 11 · 9〉

철도차량 개조신고서

※ 색상이 어두운 란은 신청인이 작성하지 않습니다.

접수번호	접수일시	처리기간
신 고 인	성명(대표자)	생년월일(법인등록번호)
	주소 (전화번호:)	
신고대상	철도차량 종류(형식)	운행 노선
	해당형식 총 철도차량 수량 중 개조승인 신고 철도차량 수 (/)	개조작업수행 예정자

「철도안전법」 제38조의2제2항 단서 및 같은 법 시행규칙 제75조의4제3항에 따라 위 철도차량에 대한 개조를 신고합니다.

년 월 일

신고인 (서명 또는 인)

국토교통부장관 귀하

신고인 제출서류	1. 「철도안전법 시행규칙」 제75조의4제1항 각 호의 어느 하나에 해당함을 증명하는 서류 2. 「철도안전법 시행규칙」 제75조의4제3항제1호와 관련된 제75조의3 제1항제1호부터 제6호까지의 서류 가. 개조 대상 철도차량 및 수량에 관한 서류 나. 개조의 범위, 사유 및 작업 일정에 관한 서류 다. 개조 전 · 후 사양 대비표 라. 개조에 필요한 인력, 장비, 시설 및 부품 또는 장치에 관한 서류 마. 개조작업수행 예정자의 조직 · 인력 및 장비 등에 관한 현황과 개조작업수행에 필요한 부품, 구성품 및 용역의 내용에 관한 서류. 다만, 개조작업수행 예정자를 선정하기 전인 경우에는 개조작업수행 예정자 선정기준에 관한 서류로 갈음할 수 있습니다. 바. 개조 작업지시서	수수료 없 음
담당 공무원 확인사항	1. 법인등기사항증명서(법인인 경우만 해당한다)	

행정정보 공동이용 동의서

본인은 이 건 업무처리와 관련하여 담당 공무원이 「전자정부법」 제36조제1항에 따른 행정정보의 공동이용을 통하여 위의 담당 공무원 확인 사항을 확인하는 것에 동의합니다. * 동의하지 아니하는 경우에는 신청인이 직접 관련 서류를 제출하여야 합니다.

신청인 (서명 또는 인)

처리절차

신고서 작성	→	접 수	→	검 토	→	결 재	→	신고수리 및 증명서 발급
신고인		처리기관 (국토교통부)		처리기관 (철도차량 개조검사기관)		처리기관 (국토교통부)		처리기관 (국토교통부)

210㎜×297㎜[백상지(80g/㎡) 또는 중질지(80g/㎡)

[별지 제45호의3서식] 〈신설 18 · 11 · 9〉

철도차량 개조신고확인서

(제 호)

신 고 인 (시행자)	성명(대표자)		생년월일(법인등록번호)
	주소 (전화번호:)		
개조작업 수행예정자	성명(대표자)		생년월일(법인등록번호)
	주소 (전화번호:)		
개조신고 철도차량 수		철도차량 형식	
개조신고 수리 조건			
주요 개조내용			

「철도안전법」 제38조의2제2항 단서 및 같은 법 시행규칙 제75조의4제4항에 따라 위 철도차량의 개조신고확인서를 발급합니다.

년 월 일

국토교통부장관 직인

210㎜×297㎜[백상지(150g/㎡)]

[별지 제45호의4서식] 〈신설 18 · 11 · 9〉

철도차량 개조승인증명서

(제 호)

신 청 인 (시행자)	성명(대표자)		생년월일(법인등록번호)
	주소 (전화번호:)		
개조작업 수행자	성명(대표자)		생년월일(법인등록번호)
	주소 (전화번호:)		
개조승인 철도차량 수		철도차량 형식	
개조승인 조건			
개조승인 번호		개조승인 자료집 번호	

「철도안전법」 제38조의2제2항 본문 및 같은 법 시행규칙 제75조의6제2항에 따라 위 철도차량의 개조가 적합함을 증명합니다.

붙임서류: 철도차량 개조승인 자료집 1부.

년 월 일

국토교통부장관 직인

210㎜×297㎜[백상지(150g/㎡)]

[별지 제45호의5서식] 〈신설 19 · 6 · 18〉

철도차량 정비조직인증 신청서

※ 색상이 어두운 칸은 신청인이 적지 아니하며, [ ]에는 해당되는 곳에 √표를 합니다.

접수번호	접수일시	처리기간 60일

신청인	상호 또는 명칭	
	성명(대표자)	사업자등록번호 (법인등록번호)
	소재지	전화번호
업무범위	[ ] 고속철도차량 [ ] 일반철도차량 [ ] 도시철도차량	
	[ ] 중정비(重整備) [ ] 경정비(經整備)	
	[ ] 기타 ( )	
정비범위 설정사유		

「철도안전법」 제38조7제1항 및 같은 법 시행규칙 제75조의9제2항에 따라 철도차량 정비조직인증을 신청합니다.

년 월 일

신청인 (서명 또는 인)

국토교통부장관 귀하

신청인 제출서류	1. 정비조직의 업무를 적절하게 수행할 수 있는 인력을 갖추었음을 증명하는 자료 2. 정비조직의 업무범위에 적합한 시설 · 장비 등 설비를 갖추었음을 증명하는 자료 3. 정비조직의 업무범위에 적합한 철도차량 정비메뉴얼, 검사체계 및 품질관리체계 등을 갖추었음을 증명하는 자료	수수료 없 음

처리절차

신청서 작성	→	접 수	→	검 사	→	인 증	→	정비조직운영 기준 발급
신청인		처리기관 (국토교통부)		처리기관 (철도차량 정비조직 인증검사 시행기관)		처리기관 (국토교통부)		처리기관 (국토교통부)

210㎜×297㎜[백상지(80g/㎡) 또는 중질지(80g/㎡)]

[별지 제45호의6서식] 〈신설 19·6·18〉

인증정비조직 변경인증 신청서

※ 색상이 어두운 칸은 신청인이 적지 아니하며, [ ]에는 해당되는 곳에 √표를 합니다.

접수번호	접수일시		처리기간 30일
신 청 인	상호 또는 명칭		
	성명(대표자)		사업자등록번호(법인등록번호)
	소재지		전화번호
업무범위	[ ] 고속철도차량 [ ] 일반철도차량 [ ] 도시철도차량		
	[ ] 중정비(重整備) [ ] 경정비(經整備)		
	[ ] 기타 ( )		
변경예정일			
변경사유	※ 공간이 부족할 경우에는 자료를 첨부할 수 있습니다.		

「철도안전법」 제38조의7제2항 및 같은 법 시행규칙 제75조의9제3항에 따라 철도차량 정비조직인증의 변경인증을 신청합니다.

년 월 일

신청인 (서명 또는 인)

국토교통부장관 귀하

신청인 제출서류	1. 변경하고자 하는 내용과 증명서류 2. 변경 전후의 대비표 및 설명서	수수료 없 음

처리절차

신청서 작성	→	접 수	→	검 사	→	변경 인증
신청인		처리기관 (국토교통부)		처리기관 (철도차량 정비조직 인증검사 시행기관)		처리기관 (국토교통부)

210㎜×297㎜[백상지(80g/㎡) 또는 중질지(80g/㎡)]

[별지 제45호의7서식] 〈신설 19·6·18〉

제 호

철도차량 정비조직인증서

1. 회사명:

2. 대표자:

3. 소재지:

4. 업무 범위

[ ] 고속철도차량 [ ] 일반철도차량 [ ] 도시철도차량

[ ] 중정비(重整備) [ ] 경정비(經整備)

[ ] 기타 ( )

「철도안전법」 제38조의7제1항 및 같은 법 시행규칙 제75조의10제2항에 따라 정비조직운영기준의 범위에서 인가된 정비조직을 운영하는 것을 승인합니다.

년 월 일

국토교통부장관 직인

210mm×297mm[백상지 120g/㎡]

[별지 제45호의8서식] 〈신설 19·6·18〉

인증정비조직 변경신고서

※ 색상이 어두운 칸은 신청인이 적지 아니하며, [ ]에는 해당되는 곳에 √표를 합니다.

접수번호	접수일시	처리기간 7일

신청인	상호 또는 명칭	
	성 명 (대표자)	사업자등록번호 (법인등록번호)
	소재지	전화번호

업무범위	[ ] 고속철도차량 [ ] 일반철도차량 [ ] 도시철도차량
	[ ] 중정비(重整備) [ ] 경정비(經整備)
	[ ] 기타 ( )
변경신고 사유	※ 공간이 부족할 경우에는 자료를 첨부할 수 있습니다.

「철도안전법」 제38조의7제2항 단서 및 같은 법 시행규칙 제75조의11제4항에 따라 인증정비조직의 변경을 신고합니다.

년 월 일

신청인 (서명 또는 인)

국토교통부장관 귀하

신청인 제출서류	1. 변경 예정인 내용과 증명서류 2. 변경 전후의 대비표 및 설명서	수수료 없 음

처리절차

신청서 작성	→	접 수	→	검 토	→	변경신고 확인
신청인		처리기관 (국토교통부)		처리기관 (철도차량 정비조직 인증검사 시행기관)		처리기관 (국토교통부)

210㎜×297㎜[백상지(80g/㎡) 또는 중질지(80g/㎡)]

[별지 제45호의9서식] 〈신설 19·6·18〉

제 호

인증정비조직 변경신고확인서

1. 회사명:

2. 대표자:

3. 소재지:

4. 구 분

업무범위
[ ] 고속철도차량 [ ] 일반철도차량 [ ] 도시철도차량
[ ] 중정비(重整備) [ ] 경정비(經整備)
[ ] 기타 ( )

5. 주요변경내용 :

「철도안전법」 제38조의7제2항 단서 및 같은 법 시행규칙 제75조의11제5항에 따라 위 철도차량 정비조직인증 변경신고확인서를 발급합니다.

년 월 일

국토교통부장관 직인

210mm×297mm[백상지 120g/㎡]

[별지 제45호의10서식] 〈신설 19・6・18〉

철도차량 정밀안전진단 신청서

※ 색상이 어두운 란은 신청인이 적지 않습니다.

접수번호	접수일시	처리기간 60일 (정밀안전진단 평가기간 제외)

신청인	회사명	사업자등록번호 (법인등록번호)
	대표자	생년월일
	주소(회사의 소재지) (전화번호:)	
신청대상	차량형식	차량번호
	제작사	운행개시일
	운행거리	수량
	진단실적여부	

「철도안전법」 제38조의12제1항 및 같은 법 시행규칙 제75조의14제1항에 따라 위 철도차량에 대한 정밀안전진단을 신청합니다.

년 월 일

신청인 (서명 또는 인)

철도차량 정밀안전진단기관의 장 귀하

신청인 제출서류	1. 정밀안전진단 계획서 2. 정밀안전진단 판정을 위한 제작사양, 도면 및 검사성적서 등의 기술자료 3. 철도차량의 중대한 사고 내역(해당되는 경우에 한정합니다) 4. 철도차량의 주요 부품의 교체 내역(해당되는 경우에 한정합니다) 5. 정밀안전진단 대상 항목의 개조 및 수리 내역(해당되는 경우에 한정합니다) 6. 전기특성검사 및 전선열화검사(電線劣化檢查: 전선을 대상으로 외부적・내부적 영향에 따른 화학적・물리적 변화를 측정하는 검사) 시험성적서(해당되는 경우에 한정합니다)	수수료 「철도안전법」 제74조에 따라 정밀안전진단기관이 정하는 수수료
정밀안전진단기관 확인사항	1. 법인등기사항증명서(법인인 경우만 해당합니다)	

행정정보 공동이용 동의서

본인은 이 건 업무처리와 관련하여 담당 공무원이 「전자정부법」제36조제1항에 따른 행정정보의 공동이용을 통하여 위의 담당 공무원 확인 사항을 확인하는 것에 동의합니다.
* 동의하지 아니하는 경우에는 신청인이 직접 관련 서류를 제출해야 합니다.

신청인 (서명 또는 인)

처리절차

신청서 작성 (신청인) → 접 수 (처리기관: 정밀안전진단기관) → 정밀안전진단 (처리기관: 정밀안전진단기관) → 결정 (처리기관: 정밀안전진단기관) → 정밀안전진단 결과 통지 (처리기관: 정밀안전진단기관)

210㎜×297㎜[백상지(80g/㎡) 또는 중질지(80g/㎡)]

[별지 제45호의11서식] 〈신설 19・6・18〉

철도차량 정밀안전진단기관 지정신청서

※ 색상이 어두운 칸은 신청인이 적지 아니하며, [ ]에는 해당되는 곳에 √표를 합니다.

접수번호	접수일시	처리기간 60일

신청인	기관명	사업자등록번호 (법인등록번호)
	대표자	생년월일
	주소(기관 소재지)	
설립 목적		
설립 연월일		
업무 범위	[ ]고속철도차량 [ ]일반철도차량 [ ]도시철도차량 [ ]특수차	

「철도안전법」 제38조의13제1항 및 같은 법 시행규칙 제75조의17제1항에 따라 철도차량 정밀안전진단기관의 지정을 신청합니다.

년 월 일

신청인 (서명 또는 인)

국토교통부장관 귀하

신청인 제출서류	1. 운영계획서 2. 정관이나 이에 준하는 약정(법인이나 단체의 경우만 해당합니다) 3. 정밀안전진단을 담당하는 전문인력의 보유 현황 및 기술인력의 자격・학력・경력 등을 증명할 수 있는 서류 4. 정밀안전진단업무규정 5. 정밀안전진단에 필요한 시설 및 장비 내역서 6. 정밀안전진단기관에서 사용하는 직인의 인영(印影: 도장 찍은 모양)	수수료 없 음
담당 공무원 확인사항	법인 등기사항증명서(법인인 경우만 해당합니다)	

행정정보 공동이용 동의서

본인은 이 건 업무처리와 관련하여 담당 공무원이 「전자정부법」제36조제1항에 따른 행정정보의 공동이용을 통하여 위의 담당 공무원 확인 사항을 확인하는 것에 동의합니다.
* 동의하지 아니하는 경우에는 신청인이 직접 관련 서류를 제출해야 합니다.

신청인 (서명 또는 인)

처리절차

신청서 작성 → 접수 → 요건 심사 → 결정 → 철도차량 정밀안전 진단기관 지정 → 통보

신청인 처리기관: (국토교통부)

210㎜×297㎜[백상지(80g/㎡) 또는 중질지(80g/㎡)]

[별지 제45호의12서식] 〈신설 19 · 6 · 18〉

제 호

철도차량 정밀안전진단기관 지정서

1. 기 관 명:

2. 대 표 자: (생년월일:)

3. 소 재 지:

4. 사업자등록번호:
   (법인등록번호)

5. 지정 분야:

6. 지정업무 개시일:

「철도안전법」 제38조의13제1항 및 같은 법 시행규칙 제75조의17제3항에 따라 위 기관을 철도차량 정밀안전진단기관으로 지정합니다.

년 월 일

국토교통부장관 직인

[별지 제45호의13서식] 〈신설 19 · 10 · 23〉

철도보안검색장비 성능인증 신청서

※ 색상이 어두운 난은 신청인이 작성하지 않습니다.

접수번호		접수일시
신청인 (제작자 등)	성명(대표자)	생년월일(법인등록번호)
	상호(사업자 명칭)	전자우편
	사업장 소재지 (전화번호:)	
신청 내용	종류	
	장비명(모델명)	
	제작자	제조국가
	시험기관(기재하지 않을 경우 한국철도기술연구원이 선정)	
	그 밖의 특기사항	

「철도안전법」 제48조의3제1항 및 같은 법 시행규칙 제85조의6에 따라 철도보안검색장비의 성능 인증을 신청합니다.

년 월 일

신청인 (서명 또는 인)

한국철도기술연구원장 귀하

신청인 제출서류	1. 사업자등록증 사본 2. 대리인임을 증명하는 서류(대리인이 신청하는 경우에 한정합니다) 3. 보안검색장비의 성능 제원표 및 시험용 물품(테스트 키트)에 관한 서류 4. 보안검색장비의 구조 · 외관도 5. 보안검색장비의 사용 · 운영방법 · 유지관리 등에 대한 설명서 6. 「철도안전법 시행규칙」 제85조의5에 따른 기준을 갖추었음을 증명하는 서류	수수료 「철도안전법」 제74조에 따라 한국철도기술연구원이 정하는 수수료
한국철도기술연구원 확인사항	법인 등기사항증명서(신청인이 법인인 경우만 해당합니다)	

행정정보 공동이용 동의서

본인은 이 건 업무처리와 관련해 한국철도기술연구원 담당자가 「전자정부법」 제36조제1항에 따른 행정정보의 공동이용을 통해 위 한국철도기술연구원 확인사항을 확인하는 것에 동의합니다. * 동의하지 않는 경우에는 신청인이 직접 관련 서류를 제출해야 합니다.

신청인 (서명 또는 인)

처리절차

이 신청서는 아래와 같이 처리됩니다.

신청서 작성	→	접수 및 검토	→	시험계획서 작성	→	성능평가시험	→	성능인증서 발급
신청인		한국철도기술연구원		시험기관		시험기관		인능기관

210㎜×297㎜[백상지(80g/㎡)]

[별지 제45호의14서식] 〈신설 19 · 10 · 23〉

철도보안검색장비 성능시험 결과서

시험기관		발급일
접수번호		발급번호
신청인	성명(대표자)	생년월일(법인등록번호)
	상호(사업자 명칭)	
	사업장 소재지 (전화번호:)	
시험 결과	장비 종류(모델명)	일련번호(S/N)
	제작자	제조국가
	시험수행일	발급 번호 제 호
	시험 방법	
	시험 결과 적합 [ ], 부적합 [ ]	
	그 밖의 특기사항	

「철도안전법」 제48조의3제1항 및 같은 법 시행규칙 제85조의6제3항에 따라 보안검색장비 성능평가시험 결과를 통보합니다.

년 월 일

시험기관장 [직인]

한국철도기술연구원장 귀하

210㎜×297㎜[백상지(80g/㎡)]

[별지 제45호의15서식] 〈신설 19 · 10 · 23〉

제 호

철도보안검색장비 성능인증서

1. 제작자 성명(대표자) 또는 명칭:

2. 사업장 소재지:

3. 장비 종류:

4. 장비명(모델명) 및 일련번호(S/N):

5. 성능인증 유효기간:

6. 제작자(제조국가):

7. 시험기관:

위 보안검색장비는 「철도안전법」 제48조의3제1항 및 같은 법 시행규칙 제85조의6제4항에 따라 성능인증 기준에 적합한 장비임을 증명합니다.

년 월 일

한국철도기술연구원장 [직인]

210mm×297mm[백상지(150g/㎡)]

[별지 제45호의16서식] 〈신설 19 · 10 · 23〉

철도보안검색장비 시험기관 지정 신청서

※ 색상이 어두운 난은 신청인이 작성하지 않습니다.

접수번호	접수일시	처리기간 30일

신청인	상호(법인 또는 단체)	법인등록번호
	사업장 소재지 (전화번호:)	

시험업무의 수행범위

「철도안전법」 제48조의4 및 같은 법 시행규칙 제85조의8제2항에 따라 시험기관의 지정을 위와 같이 신청합니다.

년 월 일

신청인 (서명 또는 인)

국토교통부장관 귀하

신청인 제출서류	1. 사업자등록증 및 인감증명서(법인인 경우에 한정합니다) 2. 법인의 정관 또는 단체의 규약 3. 성능시험을 수행하기 위한 조직 · 인력, 시험설비 등을 적은 사업계획서 4. 국제표준화기구(ISO) 또는 국제전기기술위원회(IEC)에서 정한 국제기준에 적합한 품질관리규정 5. 「철도안전법 시행규칙」 제85조의8제1항에 따른 시험기관 지정기준을 갖추었음을 증명하는 서류	수수료 없 음
담당 공무원 확인사항	법인 등기사항증명서(신청인이 법인인 경우만 해당합니다)	

행정정보 공동이용 동의서

본인은 이 건 업무처리와 관련해 담당 공무원이 「전자정부법」제36조제1항에 따른 행정정보의 공동이용을 통해 위 담당 공무원 확인사항을 확인하는 것에 동의합니다. * 동의하지 않는 경우에는 신청인이 직접 관련 서류를 제출해야 합니다.

신청인 (서명 또는 인)

처 리 절 차

이 신청서는 아래와 같이 처리됩니다.

신청서 작성	→	접수 및 검토	→	심사계획서 작성	→	심사 (현장심사 포함)	→	시험기관 지정서 발급
신청인		국토교통부		국토교통부		국토교통부		국토교통부

210㎜×297㎜[백상지(80g/㎡)]

[별지 제45호의17서식] 〈신설 19 · 10 · 23〉

제 호

철도보안검색장비 시험기관 지정서

1. 기 관 명: (사업자등록번호:)

2. 대 표 자: (생년월일:)

3. 소 재 지:

4. 업무 수행 범위:

「철도안전법」 제48조의4 및 같은 법 시행규칙 제85조의8제4항에 따라 위 기관을 시험기관으로 지정합니다.

년 월 일

국토교통부장관 직인

210mm×297mm[백상지(150g/㎡)]

[별지 제45호의18서식] 〈신설 20·10·7〉

고장·결함·기능장애 보고서

발생일시	년 월 일 (요일) :		
발생장소			
차량번호 (편성번호)		누적주행거리	km/
형식승인번호		완성검사번호	
정비책임자	(부서 및 성명)	정비담당자	(부서 및 성명)
발생개요			
현상 및 고장개소			
해당부품	해당 부품(장치) 명칭 및 부품번호(자재번호) 기재		
최근정비 및 개조내역	최근 정비 종류 및 개조현황, 시행일자 등		
고장원인 및 조치사항			

「철도안전법」 제61조의2 및 같은 법 시행규칙 제86조의2에 따라 고장·결함·기능장애사항을 위와 같이 보고합니다.

년 월 일

보고자 소속: 성명: (서명)
연락처:

국토교통부장관 귀하

210mm×297mm[백상지 80g/㎡]

[별지 제45호의19서식] 〈신설 20·10·7〉

철도안전 자율보고서

1. 보고 개요 (※ 필수사항)						접수번호
보고자	성명: 연락처: (소속: 직명:)					
발생일시	년 월 일 시 분			발생장소		
사건/상황 개요	※ 사건/상황의 발생 경위, 원인, 조치사항 등을 되도록 구체적으로 적어 주십시오.					

2. 보고 세부내용 (※ 선택사항)						
보고분야	[ ] 안전관리		[ ] 철도운행		[ ] 철도차량	
	[ ] 노반·궤도·건축		[ ] 전철전력·신호·통신		[ ] 기타( )	
발생장소 (세부사항)	행정구역	도(시) 시(군·구) 동(면)				
	선별구간	선(상행선/하행선) 역 ~ (역간) 기점 km지점				
	건널목	( )건널목, 제( )종		안내원	(있음, 없음)	
관계열차	종류: (제 호), 편성: 량, 운행구간:					
피해상황	차량피해	파손: 량 (대파: 중파: 소파:)				
	시설피해					
	운행지장	지연열차: 제 호 (지연시분: ~)	본선 지장	지장시간 : (복구: 월 일 시 분)		
	피해액	총계 : 백만원(사상자보상: 재산: 기타:)				
관계자	소속	직종	직급	성명	연령	기타사항

「철도안전법」 제61조의3제1항 및 같은 법 시행규칙 제86조의3제1항에 따라 철도안전 자율보고 사항을 위와 같이 보고합니다.

년 월 일

한국교통안전공단 이사장 귀하

접수번호는 ________________번입니다. 보고서 제출 증빙자료로 활용하시기 바랍니다.

보고자 성명			
보고자 주소			
연락처		이메일 주소	

210mm×297mm[백상지(80g/㎡) 또는 중질지(80g/㎡)]

[별지 제46호서식] 〈개정 12·12·10, 15·10·2, 16·8·10, 19·6·18, 23·1·18〉

철도안전 전문인력 [ ] 자격부여 / [ ] 자격증명서 재발급 신청서

※ 뒤쪽의 작성방법을 읽고 작성하시기 바라며, [ ]에는 해당되는 곳에 √표시를 합니다. (앞 쪽)

접수번호	접수일	처리기간 30일

신청인			
신청인	성명 (한글) (한자) (영문)	생년월일	사 진 (제출일 기준 6개월 이내에 모자를 벗은 상태에서 배경 없이 촬영된 상반신 컬러사진) (3.5cm×4.5cm)
	주소	연락처 자택) 휴대전화) e-mail)	

신청내용	구분 \ 분야	전기철도	철도신호	철도궤도	철도운행안전관리	구분 \ 분야	철도차량
	설계					설계	
	감리					시험검사 정밀안전진단 안전점검	
	시공					제작·개조	
	신청 등급	[ ]특급	[ ]고급	[ ]중급	[ ]초급		

현 근무처				
	상호		업종	
	소재지		전화번호	
	대표자	부서	직위	

학력사항	학교명	전공학과	입학 연월일	졸업 연월일	학위 번호

기술자격	자격 종목 및 등급	등록 번호	등록 연월일	발급 기관

교육훈련	교육기간	교육과정	수료번호	교육기관
	. . . ~ . . .			
	. . . ~ . . .			
	. . . ~ . . .			

상훈·제재	발생 연월일	종류	상훈·제재기관	근거

발급 사유	[ ] 신규	[ ] 분실	[ ] 훼손	[ ] 기타

210mm×297mm[백상지 80g/㎡(재활용품)]

(뒤 쪽)

업무경력						
일련번호	근무기간	근무연수	근무회사명	담당 업무 (직위)	참여사업명 (설비명, 발주자)	증명서류 유무
1	. . . ~ . . .					
2	. . . ~ . . .					
3	. . . ~ . . .					
4	. . . ~ . . .					
5	. . . ~ . . .					
6	. . . ~ . . .					
7	. . . ~ . . .					
8	. . . ~ . . .					

「철도안전법 시행규칙」 제92조제1항에 따라 철도운행안전관리자·철도안전전문기술자 인정(변경)신청을 합니다.

년 월 일

신청인 (본인) 성명 (서명 또는 인)

(대리인) 성명 생년월일 (서명 또는 인)

안전전문기관의 장 귀하

첨부서류			수수료
첨부서류	발급	1. 경력을 확인할 수 있는 자료(경력증명서 등) 1부 2. 교육훈련 이수증명서(해당자로 한정합니다) 1부 3. 「전기공사업법」에 따른 전기공사 기술자, 「전력기술관리법」에 따른 전력기술인, 「정보통신공사업법」에 따른 정보통신기술자 경력수첩 또는 「건설기술 진흥법」에 따른 건설기술경력증 사본(해당자로 한정합니다) 1부 4. 국가기술자격증 사본(국가기술자격자로 한정합니다) 1부 5. 이 법에 따른 철도차량정비경력증 사본(해당자로 한정합니다) 1부 6. 사진(제출일 기준 6개월 이내에 모자를 벗은 상태에서 배경 없이 촬영된 상반신 컬러사진으로 가로 3.5센티미터, 세로 4.5센티미터) 1장	수수료 17,500원
	재발급	철도안전 전문인력 자격증명서(헐거나 훼손되어 못 쓰게 된 경우만 제출합니다) 1부 분실사유서(분실한 경우만 제출합니다) 1부 증명사진(3.5센티미터×4.5센티미터) 1장	

작성방법

1. 신청내용 구분란은 본인의 기술경력으로서 해당되는 곳에 V표시를 합니다.
2. 신청등급란에 본인이 V표시를 합니다(철도운행안전관리자는 제외합니다).
3. 현 근무처란의 업종란에는 근무회사가 인가·허가를 받은 주 업종을 적습니다.
4. 학력사항란에 최종학력(대학 이상은 모두)을 적습니다.
5. 기술자격란에 소지하고 있는 국가기술자격과 민간자격증 등을 모두 적습니다.
6. 교육훈련란에 「철도안전법 시행령」 제60조와 같은 법 시행규칙 제91조에 따라 지정교육훈련기관에서 3주 이상 교육을 이수한 사항을 적습니다.
7. 상훈·제재란은 본인이 철도와 관련하여 정부, 공공기관으로부터 받은 상장·표창과 제재사항 등을 적습니다.
8. 발급신청란의 해당란에 본인이 V표시를 합니다.
9. 업무경력란에 입사 및 퇴사(퇴직) 연월일과 직위·직급을 적고, 공직자는 근무회사명에 근무지를 세부 단위까지 적습니다. 기재란이 부족할 경우에는 별첨으로 하되 인적사항(성명, 생년월일)을 적고 날인합니다.

처리절차

신청서 작성	→	접수	→	검토	→	자격부여(재발급) 결정	→	자격증명서 발급
신청인		처리기관 (안전전문기관의 장)		처리기관 (안전전문기관의 장)		처리기관 (안전전문기관의 장)		

[별지 제47호서식] 〈개정 12 · 12 · 10, 15 · 10 · 2, 16 · 8 · 10〉

(표지 앞쪽)

철도안전 전문인력 자격증명서

(안전전문기관 로고 삽입: 생략 가능)

안전전문기관 명칭

90mm×120mm(고급비닐 200g/㎡)

(표지 뒤쪽)

(제1쪽)

유의사항

1. 철도안전 전문인력 자격증명서는 항상 휴대하여야 하며, 관계인의 요구가 있을 때 보여 주어야 합니다.

2. 철도안전 전문인력 자격증명서의 갱신 및 재발급 사유(헐어 못 쓰게 된 경우나 잃어버린 경우, 철도안전전문기술자격 등급 변경 등)가 발생한 경우에는 「철도안전법 시행규칙」 제92조제3항에 따라 조속히 재발급을 받아야 합니다.

3. 철도안전 전문인력 자격증명서를 다른 사람에게 대여하여서는 안 됩니다.

4. 철도안전 전문인력은 「철도안전법」 등 관계 법령의 규정을 준수해야 합니다.

90mm×120mm(백상지 100g/㎡)

(제2쪽)

철도안전 전문인력 자격증명서

(분야)

등록번호: 제 호
구분: 등급:
성명:
생년월일: -

사진 (3.5cm×4.5cm)

주소:

「철도안전법」 제69조 및 같은 법 시행규칙 제92조제2항에 따라 철도안전 전문인력 자격증명서를 발급합니다.

발급 연월일: 년 월 일

발급자 확인

안전전문기관의 장 직인

정해진 직인, 발급자인 및 철인이 없는 것은 무효임

(제3쪽)

▲학력

학교명	학과(전공)	학위	졸업 연월일

▲국가기술자격

자격종목	등록번호	합격 연월일

▲교육훈련

기간	교육과정명	교육훈련기관

(제4쪽)

▲상훈/제재

연월일	종류	상훈기관/제재기관	근거

▲근무처 및 기술자 주소 변경

날짜	소속 회사/주소	확인자 (서명 또는 인)

비고: 근무처 및 기술자 주소 변경란은 5쪽 이후에 추가할 수 있습니다.

[별지 제47호의2서식] 〈개정 13·3·23, 19·6·18〉

철도안전 전문기관 지정신청서

접수번호	접수일		처리기간 60일
신청인	기관명	사업자등록번호 (법인등록번호)	
	대표자	전화번호	
	주 소		

신청 관련 사항	교육과정 및 점검 분야	교육 정원	
		일간	연간
철도안전 전문교육 및 점검 (　　　　　　　) 분야			

「철도안전법」 제69조 및 같은 법 시행규칙 제92조의4제1항에 따라 철도안전 전문기관으로 지정받고자 신청합니다.

년　　월　　일

신청인　　　　　　　　(서명 또는 인)

국토교통부장관 귀하

신청인 제출서류	1. 안전전문기관 운영 등에 관한 업무규정 2. 교육훈련이 포함된 운영계획서(교육훈련평가 계획을 포함합니다) 3. 정관이나 이에 준하는 약정(법인 그 밖의 단체의 경우만 해당합니다) 4. 교육훈련, 철도시설 및 철도차량의 점검 등 안전업무를 수행하는 사람의 자격·학력·경력 등을 증명할 수 있는 서류 5. 교육훈련, 철도시설 및 철도차량의 점검에 필요한 강의실 등 시설·장비 등 내역서 6. 안전전문기관에서 사용하는 직인의 인영	수수료 없음
담당 공무원 확인사항	법인 등기사항증명서(법인인 경우만 해당합니다)	

처리절차

신청서 작성	→	접수	→	검토	→	결재	→	지정서 발급
신청인		처리기관 (국토교통부)		처리기관 (국토교통부)		처리기관 (국토교통부)		

210mm×297mm[백상지 80g/㎡(재활용품)]

[별지 제47호의3서식] 〈개정 13 · 3 · 23〉

제 호

철도안전 전문기관 지정서

(분야)

1. 기관의 명칭:

2. 소재지:

3. 설립자
   가. 성명(대표자):
   나. 사업자등록번호:
   (법인등록번호)
   다. 주소:

4. 지정 교육과정:

5. 신청 구분:

6. 지정 조건:

「철도안전법」 제69조제5항 및 같은 법 시행규칙 제92조의4제2항에 따라 철도안전 전문기관으로 지정합니다.

년 월 일

국토교통부장관 직인

210mm×297mm[백상지 120g/㎡]

[별지 제47호의4서식] 〈신설 19 · 10 · 23〉

철도운행안전관리자 근무상황 일지

20 년 월 일

① 공 사 명	
② 작업내용	
③ 협의 대상자	
④ 협의내용	
⑤ 작업현장 확인점검 및 안전조치내역	

⑥ 작업원에 대한 안전교육 내용

⑦ 안전교육 참석자 (명)

소 속	성 명	서 명	소 속	성 명	서 명

철도운행안전관리자 (성명) (서명)
연 락 처 :

작 성 방 법

1. ③란은 작업 시행에 따른 열차의 운행일정에 대하여 실제 협의한 사람(관제사, 역장, 운전취급자 등)을 적습니다.
2. ④란은 작업시간, 작업인원, 작업내용 등 실제 작업 수행과 관련된 내용을 적습니다.
3. ⑤란은 「산업안전보건기준에 관한 규칙」 제407조에 따른 열차운행감시인 등 다른 법령에서 정한 의무 배치 여부, 공사알림판 등 각종 공사와 관련된 표지판 설치 여부, 작업자의 안전보호구 착용 등 확인 여부를 적습니다.

210㎜×297㎜[백상지(80g/㎡)]

[별지 제47호의5서식] 〈신설 19 · 10 · 23〉

제 호

철도운행안전관리자 자격 취소 · 효력정지 처분 통지서

성 명			생년월일	
행정처분	처분자격		자격번호	
	처분내용			
	처분일			
	처분사유			

「철도안전법」 제69조의4제2항 및 같은 법 시행규칙 제92조의8에 따라 행정처분을 통지하오니 같은 법 제69조의4제2항에서 준용하는 같은 법 제20조제3항에 따라 철도운행안전관리자 자격의 취소나 효력정지 처분통지를 받은 날부터 15일 이내에 안전전문기관에 자격증명서를 반납하시기 바랍니다.

년 월 일

국토교통부장관 [직인]

유 의 사 항

1. 철도운행안전관리자 자격증명서를 반납하지 않더라도 위 행정처분란의 결정내용에 따라 취소 또는 정지처분의 효력이 발생합니다.
2. 철도운행안전관리자 자격 취소 또는 효력정지 처분에 대하여 이의가 있는 사람은 「행정심판법」 또는 「행정소송법」에 따라 기한 내에 행정심판 또는 행정소송을 제기할 수 있습니다.

210mm×297mm[백상지 80g/㎡]

[별지 제48호서식] 〈개정 08 · 3 · 14, 13 · 3 · 23, 15 · 10 · 2, 16 · 8 · 10〉

(앞쪽)

증명서 번호: 제 호

검사 공무원증

사 진
(모자를 쓰지 않고 배경 없이 6개월 이내에 촬영한 것)
(3.5cm × 4.5cm)

홍 길 동
Hong. G. D

국토교통부장관

55㎜×85㎜[폴리염화비닐(PVC)]

(색상: 연하늘색)

(뒤 쪽)

검사 공무원증

성명(Name): 홍길동
생년월일:

위 사람은 「철도안전법」 제73조제4항 및 같은 법 시행규칙 제93조에 따라 검사 공무원임을 증명합니다.

년 월 일

국토교통부장관 [직인]

☎(044) 0000-0000

1. 이 증은 다른 사람에게 대여하거나 양도할 수 없습니다.
2. 이 증을 습득한 경우에는 가까운 우체통에 넣어 주십시오.

비고: 앞면의 바탕에는 돋을새김 디자인 또는 비표를 넣어 쉽게 위조할 수 없도록 합니다.

철도안전관리체계 기술기준

제정 2014 · 5 · 26 국토교통부고시 제2014- 132호
2015 · 7 · 6 국토교통부고시 제2015- 477호
2015 · 12 · 30 국토교통부고시 제2015-1033호
2016 · 12 · 30 국토교통부고시 제2016-1017호
2017 · 12 · 29 국토교통부고시 제2017- 945호
2019 · 1 · 10 국토교통부고시 제2019- 37호
2019 · 7 · 10 국토교통부고시 제2019- 368호

제1장 총칙

1. 목적

이 기술기준은 「철도안전법」 제7조제5항에 따른 철도안전경영, 위험관리, 사고조사 및 보고, 내부점검, 비상대응계획, 비상대응훈련, 교육훈련, 안전정보관리, 운행안전관리, 차량 및 시설의 유지관리(차량의 기대수명에 관한 사항을 포함한다) 등 철도운영 및 철도시설의 안전관리에 필요한 기준을 정하기 위한 것이다

2. 정의

이 기술기준에서 사용하는 용어의 뜻은 다음과 같다. 여기에서 정의한 용어 외에는 「철도산업발전기본법」, 「철도사업법」, 「철도안전법」, 「철도의 건설 및 철도시설 유지관리에 관한 법률」, 「도시철도법」 등 철도관련법령을 따른다.

가. "철도안전관리체계"란 철도운영자 및 철도시설관리자(이하 "철도운영자등"이라 한다)가 철도를 운영하거나 철도시설을 관리하기 위하여 갖추어야 하는 인력, 시설, 차량, 장비, 운영절차, 교육훈련 및 비상대응계획 등 안전관리에 관한 유기적 체계를 말하며, 철도안전관리시스템(SMS), 열차운행체계 및 유지관리체계로 구성된다.

나. "철도안전관리시스템(SMS : Safety Management System)"이란 명확하고 체계적으로 사전적 · 예방적인 철도안전관리 활동을 시행하기 위해 안전관리의 조직구조, 역할과 책임, 절차, 준비, 관리, 경영 및 규정 등에 대한 유기적인 체계를 말한다.

다. "열차운행체계"란 열차의 안전운행을 위해 열차운행 조직 · 인력, 열차운행 방법 · 절차 · 계획, 승무 및 역무, 철도관제, 철도보호, 질서유지 및 운영기록 등에 대한 유기적인 체계를 말한다.

라. "유지관리체계"란 철도차량 및 철도시설의 안전을 확보하기 위해 철도차량, 노반, 궤도, 건축, 전철전력, 신호, 통신 분야의 점검, 보수, 교체 및 개량 및 개조 등 유지관리에 대한 유기적인 체계를 말한다.

마. "철도안전관리시스템(SMS) 프로그램"이란 철도안전관리시스템(SMS)의 조건을 만족하는 안전관리에 필요한 모든 활동 및 절차 등을 기술한 문서를 말한다.

바. "열차운행 프로그램"이란 열차운행체계의 조건을 만족하는 철도차량 및 열차의 안전운행에 필요한 모든 활동 및 절차 등을 기술한 문서를 말한다.

사. "유지관리 프로그램"이란 유지관리체계의 조건을 만족하는 철도차량 및 철도시설의 유지관리에 필요한 모든 활동 및 절차 등을 기술한 문서를 말한다.

아. "안전관리체계 책임자"란 철도운영자등에서 안전관리 업무를 총괄관리하는 자를 말한다.

자. "철도종사자"란 철도안전법 제2조제10호 및 같은법 시행령 제3조에 해당하는 자를 말한다.

차. "안전업무수행자"란 철도종사자와 안전관리체계 책임자, 본사 및

현업의 철도 안전관리업무를 수행하는 자, 기타 철도운영자등이 안전관리에 필요하다고 결정한 자를 말한다.

카. "위험요인(Hazard)"이란 철도사고 및 장애가 발생할 수 있거나 잠재되어 있는 상태를 말하며, 위반과 오류에 의한 인적요인, 고장, 파손, 변형 등에 의한 기술적 요인, 기후조건, 불법행위에 의한 외부 환경요인 등을 말한다.

타. "위험도(Risk)"란 위험요인에 의한 발생가능성(Probability)과 심각도(Severity)에 따라 측정되는 위험의 정도를 말한다.

파. "위험도 평가(Risk Assessment)"란 위험요인을 분석하고 해당 위험요인에 의한 철도사고 및 장애 등의 발생가능성과 심각도를 평가한 후 예방대책을 수립 · 시행하는 일련의 과정을 말한다.

하. "안전정보"란 철도안전관리에 활용될 수 있는 모든 자료를 말한다.

거. "변경관리"란 철도운영자등의 안전관리체계에 영향을 주는 내 · 외부의 변화에 따라 새롭게 발생하거나 변경되는 위험을 파악하고, 통제하는 것을 말한다.

너. "적격성"이란 철도안전관리 업무수행에 적합한 지식, 경험 및 능력을 갖춘 정도를 말한다.

더. "철도관련법령"이란 「철도산업발전기본법」, 「철도사업법」, 「철도안전법」, 「철도의 건설 및 철도시설 유지관리에 관한 법률」, 「도시철도법」 등을 말한다.

러. "시정조치"란 철도안전관리체계의 부적합사항, 철도사고 및 장애 등의 발생 원인을 제거하기 위한 조치를 말한다.

머. "계약자"란 열차운행 및 시설관리 등의 업무를 철도운영자등으로부터 위탁받은 자를 말한다. 단, 철도운영자등으로부터 열차운행이나 시설관리 각 업무의 일체를 위탁받은 자는 철도운영자등의 책무를 가진 것으로 본다.

버. "개조"란 철도차량을 최초 제작 당시와 다르게 부품, 구성품 또는 차량성능 등을 개량 및 변경하는 행위를 말한다.

서. "작업책임자"란 철도차량의 운행선로 또는 그 인근에서 철도시설의 건설 또는 관리와 관련된 작업의 협의 · 지휘 · 감독 · 안전관리 등의 업무에 종사하도록 철도운영자 또는 철도시설관리자가 지정한 사람을 말한다.

어. "철도운행안전관리자"란 철도차량의 운행선로 또는 그 인근에서 철도시설의 건설 또는 관리와 관련한 작업의 일정을 조정하고 해당 선로를 운행하는 열차의 운행일정을 조정하는 사람을 말한다.

3. 해석

철도관련법령과 철도안전관리체계 기술기준의 의미가 다른 경우, 철도관련법령을 우선하여 적용한다.

4. 적용범위

가. 이 기술기준은 다음 사항의 어느 하나에 해당하는 철도를 운영하거나 시설을 관리하는 자에게 적용된다.

1) 고속철도
2) 일반철도
3) 도시철도

나. 철도운영자등이 철도안전관리체계의 승인 또는 변경승인 요청 시 철도안전관리체계 기술기준 해당항목에 만족하도록 하여야 한다.

다. 철도운영자등은 열차운행이나 유지관리 업무의 일부 또는 전부를 계약자에게 위탁하는 경우에도 안전관리체계의 이행에 대한 책임을 가져야 한다.

5. 기술기준의 구성

가. 이 기술기준은 철도안전관리시스템, 열차운행체계 및 유지관리체계로 구성된다.

나. 철도안전관리시스템은 10개 대분류, 28개의 소분류로 구성된다.
다. 열차운행체계는 10개의 소분류, 유지관리체계는 9개의 소분류로 구성된다.
라. 이 기술기준은 5단계의 분류체계로서 사용하는 기호는 다음과 같다.
1) 대분류 : 한 자리 숫자(1)
2) 소분류 : 두 자리의 숫자(1.1)
3) 소분류의 각 항목 : 세 자리의 숫자(1.1.1)
4) 소분류 항목의 내용 : '가, 나, 다' 순으로 표시
5) 소분류 항목의 상세 내용 : '1), 2), 3)' 순으로 표시

제2장 철도안전관리체계 기술기준

1. 철도안전경영

1.1 철도안전관리시스템(SMS)

1.1.1 철도안전관리시스템(SMS) 프로그램의 수립

철도운영자등은 전체 안전에 대한 지침을 전달하는 핵심수단이 되도록 문서화된 철도안전관리시스템(SMS) 프로그램을 수립, 실행 및 유지하여야 하며, 철도안전관리시스템(SMS) 프로그램에는 다음 사항을 포함하여야 한다.

가. 철도안전관리시스템(SMS) 개요
나. 철도안전경영
다. 문서화
라. 위험관리
마. 요구사항 준수
바. 사고조사 및 보고
사. 내부점검
아. 비상대응
자. 교육훈련
차. 안전정보
카. 안전문화

1.2 안전경영방침

1.2.1 안전경영방침의 수립 등

철도운영자등의 최고경영자는 문서화된 안전경영방침을 수립, 실행 및 유지하여야 하며, 안전경영방침은 다음 사항을 포함하여야 한다.

가. 철도안전에 대한 경영진의 참여
나. 안전경영을 기본가치로 하는 의사결정의 추구
다. 안전경영에 대한 임직원의 역할과 책임
라. 철도안전관리체계의 적절한 이행방법과 자원의 배분
마. 안전성과에 따른 안전경영의 지속적 개선 의지
바. 안전경영과 관련하여 적용되는 법령 요구사항 및 철도운영자등이 동의한 그 밖의 요구 사항을 준수하겠다는 의지 등

1.2.2 안전경영방침의 제공 등

철도운영자등은 수립된 안전경영방침을 직원, 이해관계자 및 일반인 등 누구나 알 수 있도록 홈페이지 게재 등의 방법으로 공개 또는 제공하여야 한다.

1.2.3 안전경영방침의 검토

최고경영자는 안전경영방침을 주기적으로 검토하여야 하며, 검토시 안전관리변화, 철도이용자 등의 요구 등을 감안하여야 한다.

1.3 안전목표

1.3.1 안전목표의 수립 등

철도운영자등은 내부 조직의 기능과 계층별로 문서화된 안전목표를

수립, 실행 및 유지하여야 하며, 안전목표는 다음 사항을 만족하여야 한다.

가. 실현 가능한 목표를 설정하되, 측정이 가능하도록 정량적인 수치로 목표 수립

나. 정량적인 수치로 목표 수립이 곤란한 경우에 정성적인 목표 수립도 가능

다. 안전목표와 관련하여 적용되는 법령 요구사항 및 철도운영자등이 동의한 그 밖의 요구사항 준수

라. 안전성과에 따른 안전경영의 지속적 개선 의지가 포함된 안전경영 방침과의 일관성 등

1.3.2 안전목표의 문서화

철도운영자등은 안전목표의 수립에 필요한 문서화된 기준 또는 절차를 마련하여야 하며, 안전목표를 수립·검토할 때에는 다음 사항을 고려하여야 한다.

가. 법령 요구사항, 철도운영자등이 동의한 그 밖의 요구사항 및 위험도

나. 철도운영자등의 기술적 대안, 재정 및 운영 측면의 요구사항과 이해관계자의 견해 등

1.4 안전계획

1.4.1 안전계획의 수립 등

철도운영자등은 안전목표의 달성과 안전관리 활동을 위해 안전계획을 수립, 실행 및 유지하여야 하며, 안전계획에는 다음 사항을 포함하여야 한다.

가. 전년도 안전목표 달성여부 및 현안사항 등에 대한 성과분석

나. 해당 연도의 안전목표 설정

다. 해당 연도의 안전목표를 달성하기 위한 구체적인 실행 절차

라. 그 밖에 안전관리에 필요한 사항 등

1.4.2 안전계획의 검토

철도운영자등은 안전목표를 달성하기 위해 안전목표와 관련된 안전성과와 안전계획을 주기적으로 검토하여야 하며, 검토결과 변경이 필요할 경우에는 안전목표를 조정하여야 한다.

1.5 안전경영의 검토

1.5.1 주기적인 안전경영의 검토

최고경영자는 철도안전관리체계의 적정성, 충족성 및 효과성을 보장하여야 하며, 지속적으로 개선하기 위하여 계획된 주기에 의해 철도안전관리체계를 검토하여야 하고, 안전경영의 검토기록을 작성 및 유지하여야 하며, 안전경영의 검토사항은 다음과 같다.

가. 안전경영의 방침결정에 관한 사항

나. 안전에 대한 주요 보고사항

1) 안전과 관련된 법령 및 요구사항의 변경을 포함한 환경여건 변화

2) 위험도 평가 결과

3) 기존 안전경영의 검토에 대한 후속조치 등

다. 안전목표를 포함한 안전계획 수립에 관한 사항

라. 안전성과 보고 사항

1) 철도운영자등의 안전성과

2) 내부 점검결과

3) 종결되지 않은 주요 시정조치 등

1.5.2 안전경영의 검토 결과

안전경영의 검토 결과에는 철도운영자등의 지속적인 개선 의지가 반영되어야 하고, 다음 사항을 포함하여야 한다.

가. 조치할 사항

나. 안전성과

다. 안전경영방침 및 목표

라. 인적·기술적·재정적 자원

마. 철도안전관리체계 기타 요소

1.5.3 안전경영 검토 결과의 제공

안전경영의 검토 결과는 관련 직원, 계약자 및 이해관계자가 알 수 있도록 홈페이지 게재 등으로 공개 또는 제공하여야 한다.

1.6 역할과 책임

1.6.1 최고경영자의 책임

최고경영자는 모든 안전문제 및 철도안전관리체계에 대한 최종 책임을 가지며, 다음 사항에 대한 역할과 책임을 갖추어야 한다.

가. 철도안전관리체계에 대한 계획 수립, 실행, 유지 및 개선하기 위해 필수적인 자원의 가용성을 보장

나. 철도안전관리체계 책임자의 지정

다. 효과적인 안전경영을 촉진하기 위한 역할, 책임, 의무 분담 및 권한 위임의 정의 등

1.6.2 안전관리 조직 및 인력

철도운영자등은 철도안전관리체계 이행을 위해 다음 사항을 고려한 안전관리 조직 및 인력을 갖추어야 한다.

가. 철도안전관리체계 이행에 적합한 안전관리 조직의 규모, 구조 및 인력 구성

나. 최고경영자에게 직접 보고할 수 있는 체계

다. 안전과 관련된 주요사항에 대한 협의·조정·심의를 위한 기구 등의 구성

1.6.3 역할과 책임의 분담

철도운영자등은 다음과 같이 안전관리에 대한 역할, 책임 및 의무가 분담되고, 권한이 위임되도록 보장하여야 한다.

가. 안전관리 업무 및 활동 등에 대한 역할, 책임 및 의무의 분담

나. 적정 역량을 갖춘 직원에게 분담된 역할, 책임 및 의무에 대한 권한 위임

다. 권한을 위임받은 직원이 역할과 책임 및 의무를 제대로 수행하기 위해 역량 있는 인적자원을 보유하도록 보장

1.6.4 철도안전관리체계 책임자의 역할과 책임

철도안전관리체계 책임자는 다음 사항에 대한 역할과 책임을 가져야 한다.

가. 철도안전관리체계의 수립, 실행 및 유지

나. 철도안전관리체계 성과의 보고

다. 외부기관, 이해관계자와의 협력 및 협의

라. 철도안전관리체계의 지속적 개선 등

1.6.5 역할과 책임의 문서화

철도운영자등은 조직 구성원의 철도안전관리에 대한 역할과 책임을 문서화하여야 하며, 주기적으로 검토하여야 한다.

1.6.6 철도운영자등의 상호 협조

동일 구간의 안전관리를 담당하는 철도운영자와 철도시설관리자가 다르거나 또는 둘 이상의 철도운영자가 있는 경우에는 다음의 사항을 협의·조정하여야 한다.

가. 해당 노선·역사에 대한 철도안전관리체계 승인 또는 변경승인

나. 새로운 노선·역사의 개통하는 경우, 시설물 인수인계 및 유지관리 정보 확인 등

다. 기타 해당 노선·역사의 철도 안전확보를 위해 필요한 사항

2. 문서화

2.1 문서화 및 관리

2.1.1 문서화 대상

철도운영자등의 철도안전관리체계 문서화 대상에는 다음 사항을 포함하여야 한다.

가. 안전경영방침 및 안전목표
나. 철도안전관리체계 적용범위
다. 철도안전관리체계의 주요 구성요소 및 상호관계, 관련 문서의 참조 사항
라. 철도운영자등의 안전관리 과정에 대한 효과적인 기획, 운영 및 관리를 보장하기 위해 철도운영자등에서 필요하다고 결정한 기록 등의 문서
마. 철도안전관리시스템(SMS) 프로그램
바. 열차운행 프로그램
사. 유지관리 프로그램

2.1.2 문서관리 절차

철도운영자등은 철도안전관리체계에서 요구하는 문서관리 절차를 수립, 실행 및 유지하여야 하며, 문서관리 절차에는 다음 사항을 포함하여야 한다.

가. 문서관리의 역할과 책임
나. 문서의 변경사항에 대한 구성, 생성, 배포, 관리
다. 모든 관련 문서의 정보에 대한 문서관리 또는 기타 등록 시스템을 활용한 수신, 수집, 배부, 담당자의 지정, 처리, 발송, 보관
라. 효력이 상실된 문서에 대한 의도되지 않은 사용을 방지하고, 어떤 목적을 위해 보유할 경우에 적절한 식별이 적용되도록 조치 등

2.1.3 기록관리 절차

철도운영자등은 철도안전관리체계의 요구사항에 대한 적합성과 달성된 결과를 실증하기 위해 필요한 기록을 읽기 쉬우면서 식별 및 추적이 가능하도록 작성·유지하여야 하고, 문서화된 기록관리 절차를 수립, 실행 및 유지하여야 하며, 기록관리 절차에는 다음 사항을 포함하여야 한다.

가. 관리하여야 할 기록의 정의
나. 기록의 식별, 보관, 보호, 검색, 보유 및 폐기 등

3. 위험관리

3.1 위험도 평가 및 관리

3.1.1 위험관리 절차

철도운영자등은 철도사고 및 장애 등을 유발하는 잠재된 위험요인을 발견하고, 이를 평가 및 관리하기 위해 문서화된 위험관리 절차를 수립, 실행 및 유지하여야 하며, 위험관리 절차에는 다음 사항이 포함되어야 한다.

가. 위험관리 조직
나. 위험도 평가를 시행하여야 하는 조건 및 시기
다. 위험도 평가 절차(위험요인의 식별, 위험도 분석, 평가 및 안전대책 등)
라. 위험도 평가관리
마. 안전관리 의사결정 절차
바. 후속조치 및 위험 재평가 등

3.1.2 위험도 평가 절차

철도운영자등은 지속적인 위험요인의 식별, 위험도 분석, 평가 및 안전대책 등에 대한 관리사항을 결정하기 위해 문서화된 절차를 수립, 실행 및 유지하여야 하며, 위험요인의 식별, 위험도 분석, 평가 및 안전대책 등을 결정하기 위한 세부적인 사항은 별표 1과 같다.

3.1.3 위험도 관리 기준

철도운영자등은 위험도를 관리하기 위해 수용가능, 경감수용가능, 수용불가 등의 기준을 수립, 실행 및 유지하여야 한다.

3.1.4 설계단계 위험도 평가의 활용

철도운영자등은 철도차량과 철도시설의 설계단계부터 식별한 위험요인, 위험도 평가 및 결정된 안전대책 등의 적정성을 확인하고, 이에 대한 결과물을 운영단계에 활용하여야 한다.

3.1.5 위험도 평가 등의 문서화

철도운영자등은 식별된 위험요인, 위험도 평가 및 결정된 안전대책 결과를 항상 최신의 것으로 문서화하고 유지하여야 한다.

3.2 안전대책

3.2.1 안전대책의 수립 등

철도운영자등은 위험도를 관리하기 위한 안전대책을 수립, 실행 및 유지하여야 한다.

3.2.2 안전대책 효과 모니터링

철도운영자등은 위험도를 관리하기 위한 안전대책의 효과를 모니터링하고 필요할 경우에 안전대책을 변경하여야 한다.

3.2.3 다른 철도운영자등의 참여

철도운영자등은 위험도를 관리하기 위한 안전대책을 시행함에 있어, 관련된 다른 철도운영자등과 차량제작자, 시설물 설치자, 유지관리자, 계약자 등을 참여시켜야 한다.

3.2.4 안전대책의 제공 등

철도운영자등은 수립된 안전대책에 대하여 각 참여 조직의 역할과 책임 및 안전대책의 실행에 필요한 정보 등을 관련 조직 및 인력에게 제공하거나 협의하여야 한다.

3.2.5 위험관리의 검증

철도운영자등은 안전대책 이행에 따른 위험도가 허용 가능한 수준으로 관리되는지를 검증하여야 한다.

3.3 변경관리

3.3.1 변경관리 절차

철도운영자등은 다음과 같은 내·외부의 변화에 따른 새로운 위험 또는 변경되는 위험을 파악하고 관리하기 위해 문서화된 변경관리 절차를 수립, 실행 및 유지하여야 한다.

가. 안전관리 조직 기능의 변화
나. 업무 규모 또는 운영방식의 중대한 변화
다. 재무 악화 및 노사관계 등 운영환경의 변화
라. 업무서비스의 외부위탁 등 계약 환경의 변화
마. 새로운 장비 도입 등 운영환경의 변화
바. 그 밖에 안전관리에 중대한 영향을 미치는 변화 등

3.3.2 변경관리 확인사항

철도운영자등은 변경관리할 경우, 변경 필요성, 기존에 시행한 위험도 평가 결과, 안전대책 우선순위 및 현재 운영절차 등의 적정성을 확인하여야 한다.

4. 요구사항 준수

4.1 요구사항 파악

4.1.1 요구사항의 파악

철도운영자등은 안전과 관련된 법령, 기술기준 및 규격 등의 요구사항(이하 "요구사항"이라 한다)을 파악하고 활용하기 위한 절차를 수립, 실행 및 유지하여야 하며, 요구사항을 항상 최신의 것으로 유지하여야 한다.

4.2 요구사항 변경관리

4.2.1 운영절차의 적정성 확인

철도운영자등은 요구사항이 변경되었을 경우에 철도운영자등의 현재 운영절차가 적정한지를 검토하여야 한다.

4.2.2 변경 요구사항의 적용

철도운영자등은 요구사항이 변경되었을 경우에 철도운영자등의 기존 운영절차가 개정되기 전에도 변경된 요구사항이 적용될 수 있도록 관리하여야 한다.

4.2.3 변경 요구사항의 제공

철도운영자등은 변경된 요구사항을 적용할 경우에 관련 직원, 계약자 및 이해관계자가 알 수 있도록 공개 및 제공하여야 한다.

4.3 요구사항 준수

4.3.1 요구사항 만족 보장

철도운영자등은 현재의 운영절차가 요구사항을 만족하고 있다는 것을 보장하여야 한다.

4.3.2 요구사항 준수 보장

철도운영자등은 관련 요구사항에 따라 운영 및 유지관리 업무 등을 수행하고, 직원, 절차, 문서, 설비, 장비, 철도차량 및 철도시설 등이 해당 목적으로 사용되도록 보장하여야 한다.

4.3.3 요구사항 준수 모니터링

철도운영자등은 요구사항의 준수여부를 모니터링 하기 위한 절차를 수립, 실행 및 유지하여야 한다.

4.3.4 요구사항 미준수시 시정조치

철도운영자등은 요구사항을 준수하지 않는 직원에게 시정조치를 하기 위한 절차를 수립, 실행 및 유지하여야 한다.

5. 사고 조사 및 보고

5.1 사고 및 장애 보고

5.1.1 사고 및 장애

철도운영자등은 사고 및 장애에 대한 보고절차를 수립, 실행 및 유지하여야 하며, 사고 및 장애의 보고절차에는 다음 사항을 포함하여야 한다.

가. 사고 및 장애의 보고, 기록, 조사, 분석

나. 철도 관련법령에 따른 국가 기관에의 보고 등

5.1.2 기타 위험사건

철도운영자등은 사고 및 장애를 제외한 기타 위험사건에 대한 보고, 기록 및 분석 등에 대한 절차를 수립, 실행 및 유지하여야 한다.

5.2 사고 및 장애 조사

5.2.1 사고 및 장애 조사 등

철도운영자등은 사고 및 장애를 조사, 분석, 기록하는 문서화된 절차를 수립, 실행 및 유지하여야 하며, 사고 및 장애 조사 등의 절차에는 다음 사항을 포함하여야 한다.

가. 사고 및 장애 조사자의 자격 및 권한 등에 대한 절차

나. 사고 및 장애 조사, 분석 및 기록 절차

다. 사고 및 장애 조사 증거자료 수집 및 관리를 위한 절차

라. 사고현장 조사 및 보존을 위한 절차

마. 사고 및 장애 조사 내용 및 결과에 대한 적정한 검증절차

바. 사고 및 장애 조사자에 대한 전문성 향상을 위한 교육프로그램 등

5.2.2 조사 결과의 문서화

철도운영자등은 사고 및 장애 조사의 결과에 다음 사항을 포함하여 문서화하고 유지하여야 한다.

가. 조사자

나. 피해사항

다. 사고 및 장애의 원인
라. 사고 및 장애와 관련된 위험관리의 적정성 여부
마. 개선이 필요한 사항 등

5.3 재발방지대책

5.3.1 재발방지

철도운영자등은 사고 및 장애 조사 결과에 따른 조치사항 및 재발방지대책 마련을 위한 절차를 수립, 실행 및 유지하여야 한다.

5.3.2 재발방지대책의 전파

철도운영자등은 사고 및 장애 조사 결과에 따른 조치사항 및 재발방지대책을 직원, 계약자 및 이해관계자가 알 수 있도록 교육 등을 통하여 전파하여야 한다. 이 경우, 다른 철도운영자등에서 발생한 동일 유형의 철도사고등에 대한 재발방지대책도 포함하여야 한다.

6. 내부점검

6.1 심사

6.1.1 심사 절차

철도운영자등은 철도안전관리체계가 효과적으로 운영되는지를 주기적으로 확인하기 위한 심사 절차를 수립, 실행 및 유지하여야 하며, 심사 내용에는 다음 사항을 포함하여야 한다.

가. 안전경영방침 및 안전관리 성과에 대한 충족성
나. 위험관리에 따른 안전대책 및 위험 경감의 효과
다. 안전업무수행자의 적격성 준수
라. 운영절차의 준수 등

6.2 점검 및 모니터링

6.2.1 점검 및 모니터링 절차

철도운영자등은 안전관리의 성과를 주기적으로 확인하기 위해 문서화된 점검 및 모니터링 절차를 수립, 실행 및 유지하여야 하며, 점검 및 모니터링의 절차에는 다음 사항을 포함하여야 한다.

가. 위험도 평가, 안전성과 모니터링 및 기존 점검 결과에 따른 주요 점검사항
나. 점검 기준, 적용범위, 주기 및 방법의 결정
다. 점검 대상선정(본사 및 현업의 표본 기준 등 포함)
라. 점검자의 자격, 점검결과 보고, 기록 유지에 대한 책임 및 기타 요구사항 등

6.2.2 장비 교정

철도운영자등은 점검 및 모니터링을 위한 장비가 필요할 경우에 장비에 대한 교정 및 유지관리 절차를 수립, 실행 및 유지하여야 한다.

6.3 심사, 점검 및 모니터링 결과관리

6.3.1 심사, 점검 및 모니터링 결과관리

철도운영자등은 심사, 점검 및 모니터링 결과를 관리하기 위해 문서화된 절차를 수립, 실행 및 유지하여야 하며, 심사, 점검 및 모니터링 결과 관리의 절차에는 다음 사항을 포함하여야 한다.

가. 심사, 점검 및 모니터링 수행자의 기록
나. 결과의 분석 및 평가, 개선사항의 통보
다. 개선사항에 대한 후속 조치 및 조치결과의 재검토 등

6.3.2 심사, 점검 및 모니터링 결과의 책임

경영진은 심사, 점검 및 모니터링 결과에 따라 철도안전관리체계가 변경될 경우, 변경사항에 대한 전반적인 책임을 가져야 한다.

7. 비상대응

7.1 비상대응계획

7.1.1 비상대응계획의 수립

철도운영자등은 철도의 운영 및 관리를 함에 있어 발생 가능한 비상상황을 식별하고, 비상상황에서 조직 또는 개인(철도운영자등의 내부 조직에서 업무를 수행하는 직원 및 승객 포함)의 비상대응절차 등에 대한 비상대응계획을 수립, 실행 및 유지하여야 하며, 비상대응계획의 수립에 대한 세부적인 사항은 별표 2와 같다.

7.1.2 비상대응계획의 문서화

비상대응계획은 다음 사항을 포함하여 문서화하여야 한다.

가. 비상대응계획 작성에 관한 기본계획(목적, 적용범위, 기본방침, 수립절차 등)
나. 비상대응 표준운영절차(SOP)
다. 비상대응 훈련절차 및 방법
라. 사이버테러 대책
마. 비상대응계획 수정·보완에 관한 이력사항 등

7.1.3 비상대응관련 이해관계자 요구사항 검토

철도운영자등은 비상대응계획을 수립할 때에는 비상대응과 관련된 이해관계자의 요구사항을 고려하여야 한다.

7.2 비상대응훈련

7.2.1 비상대응훈련 계획

철도운영자등은 철도의 운영 및 관리를 함에 있어 발생 가능한 비상상황에 대한 대비 및 대응절차를 주기적으로 검토한 후 문서화된 비상대응훈련 계획을 수립, 실행 및 유지하여야 하며, 비상대응훈련 계획에는 다음 사항을 포함하여야 한다.

가. 훈련의 종류, 주기, 대상
나. 훈련 시나리오
다. 훈련결과의 평가방법
라. 훈련 열차 및 장비의 사용 여부
마. 훈련결과에 대한 개선사항 조치계획 등

7.3 사이버 테러

7.3.1 사이버 테러 보안대책의 수립

철도운영자등은 철도운영종합관제시스템에 대한 사이버 테러에 대비하기 위하여 신호제어시스템, 통신제어시스템, 전력제어시스템 등 철도운영종합관제시스템에 영향을 줄 수 있는 요소를 사전에 통제하기 위한 보안대책을 수립, 실행 및 유지하여야 한다.

8. 교육훈련

8.1 인적자원관리 프로그램

8.1.1 적격성 보장

철도운영자등은 실무경험이 풍부하고, 적절한 교육 및 훈련을 이수한 사람을 안전업무수행자로 선정하여 적격성이 보장되도록 하여야 한다.

8.1.2 인적자원관리 프로그램의 수립

철도운영자등은 문서화된 안전업무수행자의 인적자원관리 프로그램을 수립, 실행 및 유지하여야 하며, 인적자원관리 프로그램에는 다음 사항을 포함하여야 한다.

가. 인적자원관리를 위한 조직의 구성 및 운영
나. 안전 직무의 확인
다. 안전 직무에 필요한 실무경험과 교육 및 훈련결과의 확인
라. 해당분야의 적성 및 신체 적합성 확인

마. 인적자원관리 활동의 정기적 점검 및 시정조치
바. 사고 및 사건이나 장기적인 업무결근 등의 경우 특별 조치
사. 직무내용을 감안하여 안전업무수행자를 분야별로 배정
아. 안전업무수행자에 대한 양성 및 확보 대책
자. 교육훈련계획의 수립 및 운영절차 등

8.1.3 인적자원관리 프로그램의 일관성

인적자원관리 프로그램 내 분야별 교육훈련계획의 내용 등은 일관성을 유지하여야 하며, 서로 상충되지 않아야 한다.

8.2 교육훈련

8.2.1 교육훈련 필요성 파악

철도운영자등은 인적자원관리 프로그램에 따라 안전업무수행자에 대한 교육훈련의 필요성을 파악하여야 하며, 교육훈련 대상에는 직원, 계약자 및 이해관계자를 포함하여야 한다.

8.2.2 교육훈련 계획의 수립

철도운영자등은 안전업무수행자에 대한 직무 적격성 확보를 위해 문서화된 교육훈련계획을 수립, 실행 및 유지하여야 하며, 교육훈련 계획에는 다음 사항을 포함하여야 한다.

가. 교육훈련의 시기, 과목 및 시간
나. 교육훈련을 위한 강사, 시설 및 장비
다. 교육훈련의 평가방법 및 결과의 기록 유지
라. 교육훈련을 위한 재원조달 및 목표관리 방안
마. 교육훈련 효과에 대한 평가방법
바. 계약자 및 이해관계자에 대한 교육훈련방안 마련 등

8.2.3 교육훈련 평가결과의 통보

철도운영자등은 안전업무수행자에게 교육훈련 평가결과를 적정한 방법으로 통보하여야 한다.

9. 안전정보

9.1 안전정보 관리

9.1.1 안전정보의 유형

철도운영자등은 다음과 같은 유형의 안전정보를 관리하여야 한다.

가. 철도운영자등의 안전정보 문서 및 기록
나. 법령 및 철도운영자등의 내부 규정, 절차, 지침
다. 직원의 역할과 책임을 기술한 문서
라. 공지사항(사고사례, 취약개소, 운행선로 정보, 기상상태, 선로 작업 현황 등)
마. 간행물
바. 회의록
사. 대외적인 환경 및 안전정보 등

9.1.2 안전정보 관리절차

철도운영자등은 안전정보를 이해하기 쉽고, 정확하게 전달될 수 있도록 문서화된 관리절차를 수립, 실행 및 유지하여야 하며, 안전정보 관리절차에는 다음 사항을 포함하여야 한다.

가. 최신의 안전정보 유지
나. 직원, 계약자 및 이해관계자에 대한 안전정보의 제공 및 접근성
다. 안전정보 관리절차의 주기적인 평가 및 개선 등

9.1.3 상황별 안전정보 제공

철도운영자등은 관련 직원, 계약자 및 이해관계자에 대한 상황별 안전정보 제공 절차를 수립, 실행 및 유지하여야 하며, 상황별 안전정보 제공 절차에는 다음 사항을 포함하여야 한다.

가. 평상시 및 비상시로 구분
나. 부재중인 사람에 대한 대책
다. 안전정보 시스템의 오류 등 고장이 발생되었을 때의 적기 조치방안

등에 대한 대책 등

9.2 위험보장

9.2.1 위험보장체계

철도운영자등은 승객, 직원, 일반인을 대상으로 철도운영이나 철도시설관리에 따라 발생할 수 있는 위험에 대한 안전을 보장하는 체계를 갖추어야 한다.

10. 안전문화

10.1 안전 지도력

10.1.1 경영진의 안전 지도력

철도운영자등의 내부조직에 긍정적인 안전문화의 조성 및 유지를 위해 경영진은 안전 지도력 및 책임을 갖추어야 한다.

10.2 안전문화 증진

10.2.1 안전문화 프로그램

철도운영자등은 내부조직의 안전문화 수준 측정 및 향상을 위한 안전문화 프로그램을 수립, 실행 및 유지하여야 한다.

11. 운행안전관리

11.1 열차운행체계

11.1.1 열차운행 프로그램의 수립

철도운영자등은 문서화된 열차운행 프로그램을 수립, 실행 및 유지하여야 하며, 열차운행 프로그램에는 다음 사항을 포함하여야 한다.

가. 철도운영 개요
나. 철도사업면허
다. 열차운행 조직 및 인력
라. 열차운행 방법 및 절차
마. 열차운행계획
바. 승무 및 역무
사. 철도관제
아. 철도보호 및 질서유지
자. 열차운행 기록관리
차. 위탁계약자 감독 등 위탁업무 관리에 관한 사항

11.2 철도사업면허

11.2.1 철도사업면허 취득

철도운영자등은 「철도사업법」에 따른 철도사업면허 또는 「도시철도법」에 따른 도시철도운송사업 면허를 받아야 한다.

11.3 열차운행 조직 및 인력

11.3.1 열차운행 조직

철도운영자등은 열차운행체계 이행을 위해 다음 사항을 고려한 열차운행 조직을 갖추어야 한다.

가. 열차운행 프로그램의 작성, 승인, 개정 등의 관리 및 실행
나. 운영절차의 작성, 승인, 개정 등의 관리 및 실행
다. 열차운행 인력에 대한 지도 및 감독 등

11.3.2 열차운행 인력

철도운영자등은 열차운행체계 이행을 위해 다음 사항을 고려한 열차운행 인력을 갖추어야 하며, 인력의 변경 시 적정성을 검토하고 확인하기 위한 절차를 수립, 실행 및 유지 하여야 한다.

가. 열차운행 대상의 규모
나. 열차운행 여객 또는 화물의 규모

다. 열차운행 업무, 근무형태 및 업무내용 등

11.3.3 철도종사자 자격 등

철도운영자등은 철도종사자가 철도 관련법령에서 요구하는 면허, 자격기준 등을 준수하도록 하여야 한다.

11.3.4 철도종사자 관리

철도운영자등은 철도종사자의 준수사항 위반, 인적오류, 음주, 약물 및 과로 등을 방지하기 위해 문서화된 관리절차를 수립, 실행 및 유지하여야 한다.

11.3.5 열차운행 인력의 적격성

철도운영자등은 문서화된 열차운행 인력의 적격성에 대한 기준 및 확인 절차를 수립, 실행 및 유지하여야 한다.

11.4 열차운행 방법 및 절차

11.4.1 열차운전

철도운영자등은 운영하려는 철도의 특성을 고려하여 철도차량 또는 열차를 안전하게 운행하기 위해 문서화된 열차운전 절차를 수립, 실행 및 유지하여야 한다.

11.4.2 폐색방식

철도운영자등은 운영하려는 철도의 특성을 고려하여 열차와 열차 사이의 안전을 확보하기 위해 문서화된 폐색방식 관련 절차를 수립, 실행 및 유지하여야 한다.

11.4.3 철도신호

철도운영자등은 운영하려는 철도의 특성을 고려하여 철도차량 또는 열차를 안전하게 운행하기 위해 문서화된 철도신호 관련 절차를 수립, 실행 및 유지하여야 한다.

11.4.4 사고 시 안전조치

철도운영자등은 철도차량 또는 열차 사고가 발생하였을 때 신속한 안전조치를 위해 문서화된 안전조치절차를 수립, 실행 및 유지하여야 하며, 안전조치 절차에는 다음 사항을 포함하여야 한다.

가. 열차의 방호 방식

나. 사고가 발생하였을 때의 분야별 조치사항 등

11.4.5 승객 대피

철도운영자등은 사고 및 장애가 발생하였을 때 승객의 안전을 최우선적으로 확보하기 위해 문서화된 승객대피 절차를 수립, 실행 및 유지하여야 한다.

11.4.6 화물 운송

철도운영자등은 문서화된 화물 운송절차를 수립, 실행 및 유지하여야 하며, 화물 운송절차에는 다음 사항을 포함하여야 한다.

가. 적재제한

나. 특대화물 운송

다. 위험물 운송 및 취급 관리

라. 위험물 운송용기 검사 관리 등

11.5 열차운행계획

11.5.1 열차운행계획의 수립

철도운영자등은 열차의 안전운행과 철도 이용자의 편의를 위해 문서화된 열차운행계획을 수립, 실행 및 유지하여야 하며, 열차운행계획에는 다음 사항을 포함하여야 한다.

가. 열차 운행구간(기점·종점·정차역) 및 시간계획

나. 열차 운행차량, 운행횟수 및 선로용량 사용계획

다. 철도서비스 종류(여객운송·화물운송 등)

라. 열차 운행인력(계약자 포함) 등

11.5.2 철도차량 또는 열차의 증편운행

철도운영자등은 철도차량 또는 열차를 증편운행하는 경우 열차운행, 유지관리에 대한 안전관리 사항을 검토하고, 문서화된 절차를 수립, 실행 및 유지하여야 한다.

11.6 승무 및 역무

11.6.1 승무

철도운영자등은 철도차량 또는 열차의 안전운행을 위해 문서화된 운전 및 승무 업무 종사자의 운영 및 관리 절차를 수립, 실행 및 유지하여야 한다.

11.6.2 역무

철도운영자등은 철도차량 또는 열차의 안전운행을 위해 문서화된 여객 및 화물 취급 역의 운영 및 관리 절차를 수립, 실행 및 유지하여야 한다.

11.7 철도관제

11.7.1 관제업무

철도운영자등은 철도차량 및 열차의 운행 제어, 통제, 감시를 위해 운행기준·방법·절차 및 순서를 정한 문서화된 관제업무 절차를 수립, 실행 및 유지하여야 한다.

11.7.2 관제지원

철도운영자등은 이례사항 등에 대비하기 위해 문서화된 관제지원 업무 절차를 수립, 실행 및 유지하여야 한다.

11.7.3 운행정보의 제공

철도운영자등은 철도차량 또는 열차의 안전하고 효율적인 운행을 위하여 철도시설 현황 및 철도차량 또는 열차의 운행과 관련된 정보를 철도종사자에게 제공하여야 한다.

11.7.4 운행정보의 공유

철도운영자등은 동일 선로를 운행하거나, 환승이 필요한 다른 철도운영자등의 철도차량 또는 열차의 운행과 관련된 정보를 상호 공유하여야 한다.

11.7.5 철도차량의 운행제한 또는 열차 운행의 일시중지

철도운영자등은 철도차량의 운행제한 또는 열차의 안전운행에 지장이 있다고 판단되는 경우에 철도차량 또는 열차 운행의 일시중지를 위해 문서화된 절차를 수립, 실행 및 유지하여야 한다.

11.7.6 운행선 작업 또는 공사

철도운영자등은 운행선이나 운행선 인근에서 작업 또는 공사 등을 시행할 경우에 작업자 안전과 철도운행의 안전성을 확보하기 위해 다음 각 목의 사항을 포함한 문서화된 관리 절차를 수립, 실행 및 유지하여야 한다. 이 경우 철도운영자등이 자체적으로 작업 또는 공사 등을 시행할 때에는 문서화된 관리 절차 등에 따라 자체 교육수료 등 일정한 자격을 갖춘 담당자를 지정하여 철도운행안전관리자의 업무를 수행하도록 할 수 있다.

가. 작업책임자, 철도운행안전관리자의 지정 및 세부 업무 부여

나. 작업 시행 전 작업책임자와 철도운행안전관리자 간 다음 1)부터 5)까지의 점검내용 상호 교차 확인 및 기록·유지

1) 라목의 작업 적합성 검사

2) 마목의 안전교육, 안전장비 착용상황 점검

3) 작업에 필요한 안전장비·안전시설의 점검

4) 열차접근감시인의 배치

5) 그 밖에 작업자 안전과 철도운행의 안전성을 확보하기 위해 점검이 필요한 사항

다. 작업책임자, 철도운행안전관리자의 작업 현장 이탈 금지

라. 작업 시행 전 작업 적합성 검사(음주여부, 질병유무, 피로정도, 수면시간 등을 검사하여 작업 적합성을 판정) 실시 및 기록·유지

마. 작업 시행 전 작업자를 대상으로 한 안전교육 시행, 안전장비 착용상황 점검 및 해당 조치를 사진 등의 방법으로 기록·유지

11.8 철도보호 및 질서유지

11.8.1 여객안전 및 질서유지

철도운영자등은 문서화된 철도차량과 역구역내에서의 여객안전 및 질서유지 계획을 위한 절차를 수립, 실행 및 유지하여야 하며, 여객안전 및 질서유지를 위한 절차에는 다음 사항을 포함하여야 한다.

가. 여객열차에서의 금지행위
나. 여객열차 금지행위를 한 사람에 대한 조치
다. 철도보호 및 질서유지를 위한 금지행위
라. 여객 등의 안전 및 보안을 위한 보안검색 시 안내
마. 위해물품의 휴대, 적재 등을 위한 허가 기준 및 안전조치
바. 금지행위 위반자 및 물건에 대한 퇴거조치 등
사. 철도 역구내 질서유지
아. 철도차량 및 시설물보호 보안대책
자. 화장실, 수유실 등에 대하여 카메라 또는 녹음·녹화 기능을 갖춘 기계장치의 설치여부를 1일 1회 이상 점검(점검주체·대상·방법 등 포함)

11.8.2 시설의 보호

철도운영자등은 철도시설의 보호 및 관리를 위해 다음 각 목의 장소를 포함한 일반인의 출입금지 시설을 지정·관리하여야 한다.

가. 철도차량 정비 및 주박시설
나. 위험물을 적하하거나 보관하는 장소
다. 신호·통신기기 설치장소 및 전력기기·관제설비 설치장소
라. 철도운전용 급유시설물이 있는 장소
마. 유지관리 부품 및 공구 보관 장소 등

11.9 열차운행 기록관리

11.9.1 열차운행 기록

철도운영자등은 운전, 관제, 승무, 역무 등의 열차운행 기록을 작성 및 유지하기 위해 문서화된 절차를 수립, 실행 및 유지하여야 한다.

11.9.2 열차운행 기록의 보존

철도운영자등은 문서화된 열차운행 기록의 보존에 대한 방법과 절차를 수립, 실행 및 유지하여야 한다.

11.10 위탁계약자 감독 등 위탁업무 관리에 관한 사항

11.10.1 계약자

철도운영자등은 열차운행 업무의 일부 또는 전부를 계약자에게 위탁하는 경우에도 안전관리체계의 이행에 대한 책임을 가져야 하며, 계약자가 해당 열차운행 업무에 대한 안전관리 활동을 수행할 수 있도록 다음 사항을 보장하여야 한다.

가. 안전과 관련된 법령 및 철도안전관리체계 준수 의무 부여
나. 해당 열차운행 업무와 관련된 위험관리 결과의 제공
다. 해당 열차운행 업무와 관련된 사고 및 장애의 재발방지대책의 전파
라. 해당 열차운행 업무와 관련된 교육훈련 자료의 제공
마. 해당 열차운행 업무와 관련된 안전정보의 제공
바. 해당 열차운행 업무와 관련된 계획, 절차 및 지침의 제공 등

11.10.2 계약자의 선정

철도운영자등은 문서화된 계약자 선정 절차를 수립, 실행 및 유지하여야 하며, 다음 사항을 고려하여야 한다.

가. 해당 열차운행의 역할과 책임
나. 해당 열차운행의 수행 능력
다. 해당 열차운행을 수행하기 위한 조직 구성 및 자격을 갖춘 훈련된 인력
라. 해당 열차운행을 수행하기 위한 설비 및 장비, 기술자료 등

11.10.3 계약자 시정조치

철도운영자등은 계약자의 열차운행이 안전에 지장이 있다고 판단되는 경우에 시정조치가 적기에 시행되기 위해 문서화된 절차를 수립, 실행 및 유지하여야 한다.

11.10.4 계약자의 지속적 확인

철도운영자등은 계약자의 철도 안전운행을 위한 열차운행 업무의 수행, 열차운행 기록의 유지, 차량 고장과 시설물 손상 발견 및 적기 시정조치 여부 등을 지속적으로 확인하기 위해 문서화된 절차를 수립, 실행 및 유지하여야 한다.

11.10.5 계약자에 대한 주기적 평가

철도운영자등은 계약자의 열차 운행업무에 대한 평가를 주기적으로 실시하기 위해 다음 각 목의 사항을 포함하여 문서화된 절차를 수립, 실행 및 유지하여야 한다.

가. 평가 시기(매년 1회 이상)
나. 평가 방법
다. 평가 항목
  1) 계약자의 철도안전관리체계 준수
  2) 계약자 인력의 적정성
  3) 기타 철도운영자등이 필요하다고 판단한 항목

12. 유지관리

12.1 유지관리체계

12.1.1 유지관리 프로그램의 수립

철도운영자등은 문서화된 유지관리 프로그램을 수립, 실행 및 유지하여야 하며, 유지관리 프로그램에는 다음 사항을 포함하여야 한다.

가. 유지관리 개요
나. 유지관리 조직 및 인력
다. 유지관리 방법 및 절차
라. 유지관리 이행계획
마. 유지관리 기록
바. 유지관리 설비 및 장비
사. 유지관리 부품
아. 철도차량 제작 감독
자. 위탁계약자 감독 등 위탁업무 관리에 관한 사항

12.2 유지관리 조직 및 인력

12.2.1 유지관리 조직

철도운영자등은 유지관리체계 이행을 위해 다음 사항을 고려한 유지관리 조직을 갖추어야 한다.

가. 유지관리 프로그램의 작성, 승인, 개정 등의 관리 및 실행
나. 운영절차의 작성, 승인, 개정 등의 관리 및 실행
다. 유지관리 인력에 대한 지도 및 감독
라. 유지관리 품질 관리 등

12.2.2 유지관리 인력

철도운영자등은 유지관리체계 이행을 위해 다음 사항을 고려한 유지관리 인력을 갖추어야 하며, 인력의 변경 시 적정성을 검토하고 확인하기 위한 절차를 수립, 실행 및 유지하여야 한다.

가. 유지관리 대상의 규모
나. 유지관리 종류 및 주기
다. 유지관리 업무별 근무형태
라. 유지관리 종류별 업무내용 등
마. 철도차량 및 철도시설 고장 또는 장애 발생 시 최단기간 내 장애발생 현장 도착 및 응급복구 목표시간

12.2.3 유지관리 책임자

철도운영자등은 일정 자격을 갖춘 자를 유지관리 총괄책임자, 분야별 책임자로 구분하여 선임하여야 한다. 다만, 철도차량의 점검·정비 분야에 관한 책임자 선임 시에는 다음 각 목의 어느 하나에 해당하는 자격을 갖춘 자를 선임하여야 한다.

가. 「국가기술자격법」에 의한 철도차량분야 기술사 또는 기능장 자격증 소지자로서 철도차량분야의 점검·정비에 관하여 2년 이상의 실무경험을 가진 자

나. 「국가기술자격법」에 의한 철도차량분야 기사 또는 산업기사 자격증 소지자로서 철도차량분야의 점검·정비에 관하여 5년(산업기사는 7년) 이상의 실무경험을 가진 자

다. 철도차량분야의 점검·정비에 관하여 10년 이상의 실무경험을 가진 자

12.2.4 유지관리 인력의 적격성

철도운영자등은 문서화된 유지관리 인력의 적격성에 대한 기준 및 확인 절차를 수립, 실행 및 유지하여야 한다.

12.2.5 유지관리 종사자의 소관 업무 명확화

철도운영자는 유지관리 업무 종사자에게 작업별 또는 직명별 소관 업무를 명확히 문서화하여 제공하여야 한다.

12.3 유지관리 방법 및 절차

12.3.1 안전기준의 준수

철도운영자등은 운영 또는 유지관리하려는 철도가 철도안전법령에서 요구하는 다음 사항을 만족하고 있다는 것을 보장하여야 한다.

가. 철도차량 및 철도시설의 기술기준

나. 철도용품 기술기준

다. 철도차량 형식승인 및 제작자승인

라. 철도차량 완성검사

마. 철도용품 형식승인 및 제작자승인

바. 종합시험운행

12.3.2 유지관리 기준

철도운영자등은 철도차량 및 철도시설이 관련 법령, 행정규칙 및 제작사가 제시한 기준(관련법령 및 행정규칙에 위반되지 않는 범위 내의 기준을 의미한다)에 적합하게 유지될 수 있도록 문서화된 유지관리 기준을 수립, 실행 및 유지하여야 하며, 유지관리 기준에는 다음 각 목의 사항을 포함하여야 한다. 다만, 가목 및 나목에 대하여는 운영실적 자료 또는 신뢰성 분석(RAMS) 등의 결과에 따라 제작사가 제시한 기준과 다르게 변경할 수 있다.

가. 설비(장치)별 점검항목

나. 설비(장치)별 점검 및 교체주기

다. 점검 및 개조 결과 적합/부적합 판단 기준

라. 세부점검 및 보수방법

12.3.3 유지관리 이행절차

철도운영자등은 유지관리를 적정하게 시행하고 있는지를 확인하기 위해 문서화된 유지관리 이행절차를 수립, 실행 및 유지하여야 하며, 유지관리 이행절차에는 다음 사항을 포함하여야 한다.

가. 유지관리 이행 여부 및 결과 확인(품질관리 조직 포함)

나. 유지관리 부적합사항의 조치계획 등

12.3.4 노후 철도차량 및 철도시설

철도운영자등은 노후 철도차량 및 철도시설의 정의, 평가방법, 관리방안 등을 포함한 노후 철도차량 및 철도시설의 유지관리 방법 및 절차를 수립, 실행 및 유지하여야 하며, 노후 철도차량 및 철도시설의 유지관리를 위한 세부적인 사항은 별표4와 같다. 다만, 철도차량 및 철도시설의 소유자와 운영자가 다를 경우에는 관리권을 가진 자가 실행하여야 한다.

12.3.5 운행선 구간 임시 설치시설 유지관리

철도운영자등은 철도 운행선구간에 임시설치(유지관리자에게 인계되지 않은 시설)한 선로전환기 등 운행시설에 대하여는 그 설치자가 문서화된 유지관리절차를 수립, 실행 및 유지하여야 한다.

12.3.6 철도보호지구 안에서의 행위 제한

철도운영자등은 철도보호지구 안에서의 행위 제한을 위해 문서화된 절차를 수립, 실행 및 유지하여야 한다.

12.3.7 철도차량의 개조 절차

철도운영자등은 철도차량을 개조하고자 하는 경우 차량의 근본적인 구조 변경을 하지 않는 범위에서 개조하여야 하며, 개조를 수행하는 업체의 적격성에 대한 기준 및 개조한 철도차량의 안전성을 확인하는 절차를 수립, 실행 및 유지하여야 한다.

12.3.8 취약 작업현장 안전관리

철도운영자등은 작업자 안전을 확보하기 위하여 매년 1회 이상 선로 작업, 입환 작업, 승강장안전문 작업 등 안전에 취약한 작업을 선정하고 작업환경에 대한 조사를 실시하여 작업환경을 개선하고 이를 지속적으로 관리하여야 한다. 이 경우 취약 작업 선정 및 작업환경 조사·개선·관리 과정에 현장작업자를 참여시켜야 한다.

12.4 유지관리 시행계획

12.4.1 유지관리 이행계획의 수립

철도운영자등은 철도차량 및 철도시설에 대한 정기 또는 비정기적인 점검, 보수, 교체 및 개량 등을 원활히 수행하기 위하여 유지관리 대상, 방법, 인력(계약자 포함) 및 일정 등에 대해 문서화된 유지관리 이행계획을 수립, 실행 및 유지하여야 한다. 다만, 20년이 경과한 철도차량은 안전성 확보를 위해 5년마다 별표4에 따른 철도차량 정밀안전진단 실시 등을 포함한 유지보수 관리방안을 별도 수립·실행하거나 본 이행계획에 포함하여야 한다.

12.5 유지관리 기록관리

12.5.1 유지관리 기록

철도운영자등은 유지관리를 실시한 경우, 그 대상, 내용, 인원, 일정 및 실시결과(적합여부 판정기준 및 철도차량 개조 시 개조 전·후 사양대비표 등을 포함한다) 등에 대해 참여 수행자, 확인자의 서명(전자서명을 포함한다)을 포함한 문서화된 유지관리 기록 절차를 수립, 실행·유지하여야 한다. 단, 철도차량 개조의 경우 전문기관에 개조작업을 맡긴 경우 관련 자료를 증빙자료로 대체할 수 있다.

12.5.2 유지관리 결과의 활용

철도운영자등은 유지관리 결과에 대한 신뢰성·가용성·정비성·안전성(RAMS)을 검토하여 유지관리 업무의 기본 자료로 활용하여야 하며, 활용 결과를 주기적으로 기록 유지하여야 한다.

12.5.3 유지관리 기록의 보존

철도운영자등은 유지관리 기록의 보존을 위해 문서화된 절차를 수립, 실행 및 유지하여야 하며, 유지보수 시행내용을 항상 확인할 수 있도록 근거자료(사진, 영상)를 점검부 또는 전산으로 기록·관리하여야 한다. 다만, 사진·영상으로는 유지보수 실행 전후 확인이 곤란한 경우 등 근거자료 확보가 곤란한 경우에는 유지관리 수행 내용·결과를 명확히 알 수 있는 문서를 근거자료로 대체할 수 있다.

12.5.4 철도차량의 이력관리

철도운영자 등은 보유 또는 운영하고 있는 철도차량과 관련한 제작, 운용, 철도차량정비 및 폐차 등의 이력을 관리하기 위해 문서화된 이력관리 절차를 수립, 실행 및 유지하여야 한다.

12.6 유지관리 설비 및 장비

12.6.1 설비 및 장비의 확보

철도운영자등은 다음 사항을 고려한 유지관리 설비 및 장비를 갖추어야 하며, 설비 및 장비의 확보를 위해 문서화된 절차를 수립, 실행 및 유지하여야 한다.

가. 설비 및 장비 확보에 대한 역할과 책임
나. 유지관리 대상의 규모
다. 유지관리 종류 및 주기
라. 유지관리 종류별 업무내용
마. 유지관리 부품의 저장 및 보호
바. 철도시설의 유지관리 환경(온도, 습도 포함) 등

12.6.2 설비 및 장비의 관리

철도운영자등은 유지관리 설비 및 장비에 대한 문서화된 관리절차를 수립, 실행 및 유지하여야 하며, 설비 및 장비의 관리절차에는 다음 사항을 포함하여야 한다.

가. 설비 및 장비 관리의 역할과 책임
나. 설비 및 장비 검수의 종류
다. 설비 및 장비 검수 절차
라. 설비 및 장비 운용
마. 설비 및 장비 이력관리 등

12.6.3 교체 계획

철도운영자등은 노후된 유지관리 설비 및 장비의 현대화와 검사·수선 작업 자동화를 위해 문서화된 교체 계획을 수립, 실행 및 유지하여야 하며, 다음 사항을 포함하여야 한다.

가. 교체계획 수립의 역할과 책임
나. 노후 유지관리 설비 및 장비의 교체계획

12.6.4 시험·검사 및 측정 장비의 교정

철도운영자등은 시험·검사 및 측정 장비에 대해 문서화된 교정 절차를 수립, 실행 및 유지하여야 한다.

12.7 유지관리 부품

12.7.1 유지관리 부품의 확보

철도운영자등은 유지관리 부품을 확보하고 관리하기 위해 문서화된 절차를 수립, 실행 및 유지하여야 하며, 유지관리 부품을 확보하기 위한 절차에는 다음 사항이 포함되어야 한다.

가. 유지관리 부품 관리의 역할과 책임
나. 유지관리 부품의 종류, 교체 주기, 보유 수량의 설정
다. 유지관리 부품의 조달 계획
라. 유지관리 부품 확보에 대한 중장기 계획
마. 외자 등 조달 불가능한 유지관리 부품의 종류 및 확보 방안
바. 유지관리 부품의 보관 절차 등
사. 철도안전 주요부품의 고장빈도 분석. 다만, 운영실적 자료 축적 또는 신뢰성분석 등 결과에 따라 기준의 설정은 변경할 수 있다.

12.7.2 유지관리 부품의 품질 확보

철도운영자등은 유지관리 부품의 품질을 확보하기 위해 문서화된 절차를 수립, 실행 및 유지하여야 하며, 유지관리 부품의 품질 확보를 위한 절차에는 다음 사항이 포함되어야 한다.

가. 품질검사 기준(적용 범위, 관련 규격 및 기술 자료, 시험·검사 조건, 방법 및 절차, 판정기준, 기타 품질관리 사항 등)
나. 국가 형식승인 등 인증부품 활용
다. 품질관리 조직의 역할과 책임 등

12.7.3 철도안전 주요부품 등의 관리

철도운영자등은 다음 각 목에 따른 안전과 직결되는 주요 핵심부품과 고장빈도가 높은 고장빈발부품을 선별하여 철도안전 주요부품으로 관리하고, 교체 및 정비주기를 정하는 등 안전에 영향이 최소화되도록 관리하여야 하며, 운영실적 자료 축적 또는 신뢰성분석 등

의 결과에 따라 철도안전 주요부품의 교체 및 정비주기는 변경할 수 있다.

가. 주요 핵심부품

1) 「철도안전법」에 따라 국토교통부가 형식승인 대상으로 고시하는 철도용품

2) 기타 철도운영자등이 철도 안전에 필요하다고 인정하는 부품

나. 고장빈발부품

1) 철도운영자등이 최근 3년간 고장 발생이력 등을 토대로 보유차종의 특성에 맞게 선정한 부품

2) 기타 철도운영자등이 필요하다고 인정하는 부품

다. 삭제 〈17·12·29〉

12.7.4 신뢰성기반 유지관리 적용

철도안전 주요부품은 신뢰성기반 유지보수체계를 적용하여 관리하여야 하며, 교체주기변경 등 안전에 영향이 있는 사항을 변경하기 위해서는 신뢰성 기반 유지보수체계 분석을 시행하고 그 결과를 기초로 하여야 한다.

12.8 철도차량 제작 감독

12.8.1 제작 감독

철도운영자등은 철도차량을 제작하는 동안「국가를 당사자로 하는 계약에 관한 법률」 제13조 또는「지방자치단체를 당사자로 하는 계약에 관한 법률」제16조에 따라 차량 제작자에 대한 감독의무를 수행할 수 있는 전문기관에 준한 전문성을 갖춘 인력으로 구성된 조직을 운영하거나「철도안전법 시행령」제63조제4항에 따른 전문기관으로 감독업무를 수행하도록 하여야 한다.

12.8.2 전문기관 선정

철도운영자등은 감독업무를 수행할 수 있는 전문기관을 선정하는 문서화된 절차를 수립, 실행 및 유지하여야 하며, 다음 사항을 고려하여야 한다.

가. 철도차량 제작 감독의 역할과 책임

나. 해당 철도차량 제작 감독 수행 능력

다. 해당 철도차량 제작 감독을 수행하기 위한 조직 구성 및 자격을 갖춘 훈련된 인력

라. 해당 철도차량 제작 감독을 수행하기 위한 설비 및 장비, 기술자료 등

12.8.3 제작자 시정조치

철도운영자등은 제작자의 차량 제작 과정상에 이상이 있다고 판단되는 경우에 시정조치가 적기에 시행되기 위해 문서화된 절차를 수립, 실행 및 유지하여야 한다.

12.8.4 제작자의 지속적 확인

철도운영자등은 제작자의 차량 발주 시 요구사항 및 철도안전법령상 의무 준수, 차량 제작 기록의 유지, 제작 결함 등의 발견 및 적기 시정조치 여부 등을 지속적으로 확인하기 위해 문서화된 절차를 수립, 실행 및 유지하여야 한다.

12.8.5 철도차량 발주자와 운영자가 다른 경우 업무협조

철도차량 발주자와 운영자가 다른 경우 발주자는 차량설계, 제작, 완성검사, 시운전 시 운영자 의견을 최대한 반영하여야 하며, 철도운영자등은 철도차량 제작감독 관련 사항을 협의·이행하기 위한 문서화된 절차를 수립, 실행하여야 한다.

12.9 위탁계약자 감독 등 위탁업무 관리에 관한 사항

12.9.1 계약자

철도운영자등은 유지관리 업무의 일부 또는 전부를 계약자에게 위탁하는 경우에도 안전관리체계의 이행에 대한 책임을 가져야 하며, 계약자가 해당 유지관리 업무에 대한 안전관리 활동을 수행할 수

있도록 다음 사항을 보장하여야 한다.

가. 안전과 관련된 법령 및 철도안전관리체계 준수 의무 부여
나. 해당 유지관리 업무와 관련된 위험관리 결과의 제공
다. 해당 유지관리 업무와 관련된 사고 및 장애의 재발방지대책의 전파
라. 해당 유지관리 업무와 관련된 교육훈련 자료의 제공
마. 해당 유지관리 업무와 관련된 안전정보의 제공
바. 해당 유지관리 업무와 관련된 계획, 절차 및 지침의 제공 등

12.9.2 계약자의 선정

철도운영자등은 문서화된 계약자의 선정 절차를 수립, 실행 및 유지하여야 하며, 다음 사항을 고려하여야 한다.

가. 해당 유지관리의 역할과 책임
나. 해당 유지관리의 수행 능력
다. 해당 유지관리를 수행하기 위한 조직 구성 및 자격을 갖춘 훈련된 인력
라. 해당 유지관리를 수행하기 위한 설비 및 장비, 기술자료 등

12.9.3 계약자 시정조치

철도운영자등은 계약자의 유지관리가 안전에 지장이 있다고 판단되는 경우에 시정조치가 적기에 시행되기 위해 문서화된 절차를 수립, 실행 및 유지하여야 한다.

12.9.4 계약자의 지속적 확인

철도운영자등은 계약자의 철도 안전운행을 위한 유지관리 업무의 수행, 유지관리 기록의 유지, 차량 고장과 시설물 손상 발견 및 적기 시정조치 여부 등을 지속적으로 확인하기 위해 문서화된 절차를 수립, 실행 및 유지하여야 한다.

12.9.5 계약자에 대한 주기적 평가

철도운영자등은 계약자의 유지관리 업무에 대한 평가를 주기적으로 실시하기 위해 다음 각 목의 사항을 포함하여 문서화된 절차를 수립, 실행 및 유지하여야 한다.

가. 평가 시기(매년 1회 이상)
나. 평가 방법
다. 평가 항목
  1) 계약자의 철도안전관리체계 준수
  2) 계약자 인력의 적정성
  3) 기타 철도운영자등이 필요하다고 인정하는 항목

제3장 행정사항

1. 철도운영자등의 운영절차

철도운영자등은 철도안전관리시스템(SMS) 프로그램, 열차운행 프로그램 및 유지관리 프로그램의 이행을 위해 필요한 운영절차를 따로 정할 수 있다. 이 경우 본문에 따라 운영절차를 제·개정하려는 때에는 철도안전법에 따라 안전관리체계 변경승인을 받거나 신고하여야 한다.

2. 재검토기한

국토교통부장관은「훈령·예규 등의 발령 및 관리에 관한 규정」에 따라 이 훈령에 대하여 2017년 1월 1일 기준으로 매3년이 되는 시점(매 3년째의 12월 31일까지를 말한다)마다 그 타당성을 검토하여 개선 등의 조치를 하여야 한다.

부　　칙

제1조(시행일) 이 고시는 2014년 5월 26일로부터 시행한다.
제2조(다른 고시의 폐지) 「철도 비상대응계획 수립에 관한 지침」(국토해양부고시 제2013-235호, 2013. 5.10)은 폐지한다.

부 칙 〈15 · 7 · 6〉

이 고시는 발령한 날부터 시행한다.

부 칙 〈15 · 12 · 30〉

제1조(시행일) 이 고시는 공포한날부터 시행한다. 다만, 제2장 12.4.1호 및 별표4는 공포 후 1년이 경과한 날부터 시행하고, 제2장 12.7.4호는 공포 후 3년이 경과한 날부터 적용한다.

제2조(일반적 적용례) 이 고시는 시행 후 최초로 철도안전관리체계 승인(변경승인) 신청 및 변경신고를 하는 경우부터 적용한다.

제3조(평가 중인 차량에 관한 경과조치) 이 고시 시행 당시 종전의 규정에 따라 철도차량의 평가가 진행 중에 있는 경우에는 종전의 규정에 따라 평가를 시행한다.

제4조(최초 진단 시기 등에 관한 경과조치) ① 최초 정밀안전진단 시기가 경과된 철도차량(1996년 12월 31일 이전에 제작 또는 운행된 철도차량)은 종전의 규정에 따라 철도차량을 평가한다.

② 1997년 1월 1일부터 2000년 12월 31일 이내에 제작 또는 운행된 철도차량의 정밀안전진단은 최초 정밀안전진단 시기일 부터 5년 이내에 받아야 한다.

부 칙 〈16 · 12 · 30〉

제1조(시행일) 이 고시는 발령한 날부터 시행한다.

제2조(노후 철도차량의 유지관리기준 등에 관한 적용례) 별표 4의 개정 규정은 공포 후 1년이 경과한 날부터 적용한다.

부 칙 〈17 · 12 · 29〉

이 고시는 발령 후 6개월이 경과한 날부터 시행한다.

부 칙 〈19 · 1 · 10〉

제1조(시행일) 이 고시는 공포한 날부터 시행한다. 다만, 제1장제2호 본문, 제1장제2호 더목, 별표4 14호 가목 개정사항은 「철도의 건설 및 철도시설 유지관리에 관한 법률」시행일('19.3.14)에 시행하며, 제2장 12.5.4. 철도차량의 이력관리에 관한 사항은 철도안전법 제38조의5 시행일('19.6.13)에 맞춰 시행한다.

부 칙 〈19 · 7 · 10〉

제1조(시행일) 이 고시는 발령 후 3개월이 경과한 날부터 시행한다.

[별표 1]

<u>철도 위험도 평가에 관한 세부기준</u>(제2장 3.1.2 관련)

1. 정의

이 세부기준에서 사용하는 용어의 뜻은 다음과 같다.

가. "위험요인 식별"이란 위험요인을 찾아내는 과정을 말한다.

나. "발생가능성"이란 일정기간 동안 사고나 위험사건이 발생할 수 있는 가능성으로, 연간 사고 및 장애의 발생 건수나 위험사건의 발생확률을 사용한다.

다. "심각도"란 사고 또는 장애 등의 발생으로 나타나는 인명 및 재산 피해 또는 시간의 손실 정도를 말한다.

라. "위험도 관리표"란 철도운영자 및 철도시설관리자(이하 "철도운영자등" 이라 한다)가 위험도를 관리하기 위하여 위험사건의 발생 가능성과 심각도를 조합하여 만든 표를 말한다.

마. "안전방어벽"이란 위험사건이 발생한 경우 피해의 심각도를 차단하거나 감소시키는 물리적, 절차적, 상황적 수단을 말한다.

2. 위험관리 기본원칙

가. 위험도는 대상 철도시스템의 사고·장애에 따른 여객, 직원 및 일반인의 인명 사상과 시간의 손실에 대한 위험도를 우선적으로 평가하며, 필요한 경우, 재산 피해 또는 환경적 손상을 포함하여 평가할 수 있다.

나. 위험도 평가는 정량적으로 평가함을 원칙으로 한다. 다만, 필요에 따라 위험도 관리표를 적용하여 준 정량적으로 평가를 시행할 수 있다.

다. 사고·장애의 이력이 없는 철도차량이나 철도시설의 위험도 평가를 할 때에는 정성적인 방법을 사용할 수 있다.

라. 철도운영자등이 이 세부기준에서 정한 위험도 평가 방법을 변경하거나, 다른 적절한 방법을 사용할 때에는 철도운영자등의 위험도 평가 방법이 이 세부기준에서 정한 방법과 같은 수준 이상임을 제시하여야 한다.

3. 위험관리 절차

철도운영자등은 사고·장애를 유발하는 잠재된 위험요인의 식별, 평가 및 관리하기 위한 위험관리 절차를 수립하여야 하며, 위험관리 절차의 구성요소에는 다음 사항을 포함하여야 한다.

가. 위험관리 조직

나. 위험도 평가를 시행하여야 하는 조건 및 시기

다. 위험도 평가 절차(위험요인의 식별, 위험도 분석 및 평가, 안전대책 등 포함)

라. 위험도 평가관리

마. 안전관리 의사결정 절차

바. 후속조치 및 위험 재평가 등

4. 위험관리 조직

가. 위험도 평가를 시행할 때에는 대상 철도시스템의 위험요인 및 위험사건을 식별할 수 있고, 위험도 평가를 수행할 수 있는 인력으로 위험관리 조직을 구성하여야 한다.

나. 위험도 평가를 시행할 때에는 철도운영자등은 단계별 업무 책임자 및 담당자가 참여하여야 하며, 또한 위험도 평가 대상이 다른 철도운영자등과 관련되거나 영향을 받는 경우에는 관련 업무 담당자가 참여하도록 하여야 한다.

다. 안전관리체계 책임자는 위험요인의 식별, 위험도 분석, 평가, 관리기준 및 안전대책 선정 등에 대한 절차를 개발하여야 하며, 필요한 경우에는 별도 위원회를 설치하여 이에 대한 적정성을 검토하도록 할 수 있다.

5. 위험도 평가 시행 조건 및 시기

가. 철도운영자등은 운행개시 이후 1년 이내에 초기 위험도 평가를 시행하여야 하며, 평가는 설계단계의 위험도 평가 및 종합시험운행 결과, 운행개시 전·후에 발생한 사고·장애에 따라 시행하여야 한다.

나. 이 세부기준 시행일 이전 철도운영이나 철도시설관리를 하는 철도운영자등은 시행일 이후 1년 이내에 초기 위험도 평가를 시행하여야 한다. 단, 초기 위험도 평가를 이 세부기준 시행일 이전에 이미 시행한 철도운영자 등은 초기 위험도 평가를 생략할 수 있다.

다. 철도운영자등은 정기적인 위험도 평가 주기를 정하여야 하며, 정기적인 위험도 평가를 시행하는 경우에는 이전에 시행한 위험도 평가 결과, 안전대책 우선순위 및 현재 운영절차 등의 적정성을 확인하여야 한다.

라. 철도운영자등은 내·외부의 변화에 따른 변경관리가 필요할 경우에는 17. 변경관리에 따른 위험도 평가를 시행하여야 한다.

6. 위험도 평가 절차

위험도 평가는 다음 절차에 따라 시행하여야 한다.

가. 위험도 평가 대상의 선정 등 사전준비

나. 위험요인의 식별

다. 위험요인별 위험도 분석

라. 위험도 분석결과에 대한 수용가능 여부 결정

마. 위험도 해소를 위한 안전대책의 수립 및 조치

바. 위험도 평가 내용 및 결과에 관한 기록

7. 설계단계 위험도 평가의 활용

가. 철도운영자등은 철도를 운영하거나 관리하려는 철도차량과 철도시설에 대하여 철도차량 기술기준 3.2.6(위험도분석) 및 철도시설 기술기준 제2장제1절(철도시설의 안전성 분석)에 따라 설계단계의 위험도 평가를 시행하여야 한다.

나. 철도운영자등은 설계단계에서 식별된 위험요인, 위험요인에 대한 설계 보완사항의 적정성을 확인하고, 설계단계 위험도 평가결과 및 보완사항을 운영단계에 활용하여야 한다.

다. 철도운영자등은 설계단계 위험도 평가 결과와 5.나.의 초기 위험도 평가 결과를 비교 분석하여 안전대책을 수립하여야 한다.

8. 위험도 평가 사전준비

가. 철도운영자등은 다음 안전정보를 사전에 조사하여 위험도 평가에 활용하여야 한다.

1) 사고 및 장애 정보
2) 사고 및 장애 분석 보고서
3) 안전경영 검토 보고서
4) 안전계획서 및 안전점검 보고서
5) 철도시스템의 분석(구성, 기능, 운영조건, 인터페이스 등)
6) 설계단계부터 현재까지 실시한 위험도 평가결과
7) 국가 위험도 평가 모델
8) 위험사건에서 사고 및 장애로 진행되는 과정
9) 해외 및 국내 유사 철도시스템의 위험도 평가 자료
10) 타 산업분야에서 검증된 위험도 평가 자료
11) 그 밖에 위험도 평가에 참고가 되는 자료

나. 사전 조사한 안전정보는 위험도 평가 과정에서 참고할 수 있도록 출처를 기입하여야 한다.

다. 위험도 평가범위(시간적, 공간적) 및 평가대상을 정하여야 하며, 이전 위험도 평가와 변경되는 부분이 있는 경우, 이를 확인하여야 한다.

9. 위험요인 식별

가. 철도운영자등은 사전 조사 결과를 바탕으로 위험요인을 식별하여야 하며, 위험요인을 식별할 경우에 다음 사항을 고려하여야 한다.

1) 철도시스템의 사고 및 장애를 초래할 수 있는 위험사건의 확인
2) 철도시스템의 기술적 특성과 기대수명을 고려한 위험요인의 식별
3) 위험사건의 발생과 위험사건이 사고 또는 장애로 진행하는 과정에 존재하는 안전방어벽 및 안전방어벽의 실패상황

나. 철도운영자등은 위험도 평가 과정에서 확인된 모든 위험을 체계적으로 관리하기 위하여 위험 기록대장을 작성하여야 하며, 위험 기록대장에는 위험사건 및 위험요인의 특성과 출처, 위험도, 안전대책 및 책임자 등을 확인할 수 있도록 체계적으로 구성하여야 한다.

다. 철도운영자등은 위험 기록대장을 항상 최신의 것으로 유지하여야 한다.

10. 위험도 분석

가. 철도운영자등은 위험요인을 식별하고, 위험사건의 발생가능성과 발생에 따른 심각도를 산출하여 조합한 후 위험도를 산정하여야 한다.

나. 위험사건의 발생가능성과 심각도를 결정할 때에는 사고 및 장애의 통계, 이력 등에 대한 정량적인 자료를 원칙적으로 사용하여야 한다. 단, 발생가능성과 심각도에 대한 정량적인 자료가 없는 경우에는 다음 사항을 고려하여 결정한다.

1) 전문가가 참여하는 별도 위원회에서 결정
2) 발생가능성이 명확하지는 않지만 일정한 근거가 있는 경우에는 그 근거를 기초로 추정하여 결정
3) 심각도는 최악의 상황에서 가장 큰 사망자, 중상자, 경상자를 고려하여 결정

다. 사망자, 중상자, 경상자는 공통의 척도(등가사망)를 사용하는 것이 바람직하며, 등가사망의 환산은 중상자 10명은 사망자 1명, 경상자 200명은 사망자 1명으로 한다.

라. 사망자, 중상자, 경상자에 대한 기준은 아래와 같다.

1) 사망자 : 사고로 즉시 사망하거나 30일 이내에 사망한 사람
2) 중상자 : 부상자(사고로 24시간 이상 입원 치료한 사람) 중 3주일 이상의 치료를 요하는 부상을 입은 사람과 신체활동부분을 상실하거나 혹은 그 기능을 영구적으로 상실한 사람
3) 경상자 : 중상자를 제외한 부상자

11. 위험도 관리기준

철도운영자등은 위험도 평가를 시행하기 전에 위험도 관리기준을 다음과 같이 구분・설정하여야 한다.

가. 수용가능
나. 경감수용가능
다. 수용불가

12. 위험도 평가

가. 철도운영자등은 위험도 분석 결과를 위험도 관리기준에 따라 판단하여야 한다.

나. 위험도 분석결과가 관리기준의 '수용가능'에 해당하는 경우에는 '수용가능' 내에서 관리되는지를 지속적으로 검토하여야 한다.

다. 위험도 분석결과가 관리기준의 '경감수용가능'에 해당하는 경우에는 위험요인의 발생가능성이나 심각도를 종합적으로 검토하여 위험도를 최저수준으로 경감하기 위한 합리적인 조치를 취하여야 한다.

라. 위험도 분석결과가 관리기준의 '수용불가'에 해당하는 경우에는 조속히 위험도 경감을 위한 안전대책을 수립·시행하여야 하며, 위험요인이 개선되지 않은 상태에서는 열차운행을 할 수 없다.

13. 안전대책 수립 및 시행

가. 철도운영자등은 위험도 평가 결과, 위험도가 경감수용가능 또는 수용불가에 해당되어 합리적인 안전대책을 수립 및 시행할 때에는 다음 순서를 고려하여 관련 법령에서 정하는 사항과 그 밖에 승객, 직원 및 일반인의 위험을 방지하기 위해 필요한 조치가 포함되어야 한다.

1) 위험요인의 제거
2) 위험요인 발생가능성의 경감
3) 위험요인 심각도의 경감

나. 철도운영자등이 안전대책을 수립할 때에는 다음 사항을 고려하여야 한다.

1) 설계나 계획 단계에서 위험요인을 제거 또는 경감하는 대책
2) 철도차량, 철도시설 및 운영장비의 변경·설치 등 기술적 대책
3) 현재 운영절차 변경 등 관리적 대책

다. 철도운영자등은 비용편익분석 등을 통한 합리적인 의사결정 절차에 따라 안전대책의 우선순위를 결정하여야 한다.

라. 철도운영자등은 사고 및 장애 발생 우려가 있는 위험요인에 대한 안전대책 시행에 일정기간이 필요한 경우에는 열차의 안전운행에 지장이 없도록 즉시 잠정적인 조치를 취하여야 한다.

14. 위험관리의 검증 등

가. 철도운영자등은 안전대책 시행에 따라 위험도가 수용가능한 수준으로 관리되는지와 추가적인 위험요인을 발생시키거나 위험도의 변경을 일으키지 않는다는 것을 검증하여야 하며, 필요한 경우 안전대책을 변경하여야 한다.

나. 철도운영자등은 위험도 평가의 적정성을 사고 및 장애 조사, 내부 심사 및 안전경영검토 과정에서 확인·검토하여야 한다.

15. 관련 기관의 참여 등

가. 철도운영자등은 위험도를 관리하기 위한 안전대책의 수립 및 시행 과정에 관련된 다른 철도운영자등과 차량제작자, 시설물 설치자, 유지관리자, 계약자 등을 참여하도록 하여야 한다.

나. 철도운영자등은 안전대책의 시행을 위한 역할과 책임을 관련된 다른 철도운영자등과 차량제작자, 시설물 설치자, 유지관리자, 계약자 등과 협의하여야 하며, 필요한 정보를 제공하여야 한다.

16. 위험도 평가 등의 문서화

가. 철도운영자등이 위험도 평가를 시행한 경우에는 다음 사항을 문서화하여야 한다.

1) 위험도 평가 전에 실시한 사전 조사 결과
2) 위험도 평가 범위 및 대상
3) 위험요인 식별
4) 위험도 분석 및 평가
5) 안전대책 및 우선순위
6) 안전대책 시행계획 등

나. 철도운영자등은 제1항에 따른 위험도 평가와 관련된 기록을 5년 이상 보존하여야 한다.

17. 변경관리

가. 철도운영자등은 다음과 같은 내·외부 변화에 따른 새로운 위험 또는 변경되는 위험을 파악하고 관리하기 위해 위험도 평가를 시행하여야 한다.

1) 안전관리 조직 기능의 변화
2) 업무 규모 또는 운영방식의 중대한 변화
3) 재무 악화 및 노사관계 등 운영환경의 변화
4) 업무서비스의 외부위탁 등 계약 환경의 변화
5) 새로운 장비 도입 등 시설환경의 변화
6) 그 밖에 안전관리에 중대한 영향을 미치는 변화

나. 철도운영자등은 제1항에 따른 위험도 평가를 시행할 경우에는 변경 필요성, 이전에 시행한 위험도 평가 결과, 안전대책 우선순위 및 현재 운영절차 등의 적정성을 확인하여야 한다.

[별표 2] 〈개정 17 · 12 · 29〉

철도 비상대응계획 수립에 관한 세부기준(제2장 7.1.1 관련)

1. 정의

이 세부기준에서 사용되는 용어의 뜻은 다음과 같다.

가. "철도비상사태"란 열차충돌, 탈선, 화재, 폭발, 자연재해 및 테러 등의 중대한 사고 발생으로 열차 운행이 중단되거나 인적 및 물적 피해가 발생되는 상황 또는 위험개소(터널 · 교량 등) 내 장시간 열차가 정차하는 상황을 말한다.

나. "비상대응"이란 철도비상사태가 발생하였을 경우에 열차의 조속한 정상운행과 인적 및 물적 피해를 최소화하기 위한 활동을 말한다.

다. "비상대응 시나리오"란 신속하고 효율적인 비상대응을 위해 발생 가능한 철도비상사태의 유형별로 비상상황 발생 시점부터 복구완료 및 열차 정상운행이 될 때까지 비상대응인력이 조치할 행동요령을 시간의 순서대로 전개한 것을 말한다.

라. "비상대응 유관기관(이하 "유관기관"이라 한다)"이란 철도비상사태가 발생하였을 경우에 철도운영자 및 철도시설관리자(이하 "철도운영자등"이라 한다)의 비상대응 활동을 협력하고 지원하는 기관을 말하며, 중앙행정기관, 지방자치단체, 소방서, 경찰서, 응급의료기관 및 협력업체 등을 말한다.

마. "표준운영절차"란 철도비상사태가 발생하였을 경우에 비상대응인력 및 유관기관의 기능과 역할을 유형화한 절차 또는 비상대응의 기준이 되는 표준적인 절차를 말한다.

바. "현장조치매뉴얼"이란 표준운영절차를 바탕으로 철도비상사태가 발생하였을 경우에 비상대응인력 및 유관기관이 현장에서 실제 적용하고 시행해야 할 구체적인 조치사항과 절차 등을 수록한 문서를 말한다.

사. "긴급구조"란 자연재해 또는 철도비상사태 등의 재난이 발생할 우려가 있거나 발생되었을 때에 인적 및 물적 피해를 최소화하기 위하여 긴급구조기관에 의한 인명구조, 응급처치 및 그 밖에 필요한 모든 조치를 말한다.

아. "비상대응 연습 · 훈련"이란 철도비상사태 발생에 대비하여 비상대응 능력 함양 및 유관기관 협력체계 강화 등을 위해 실시하는 연습 · 훈련을 말하며, 종합연습 · 훈련과 부분연습 · 훈련으로 구분한다.

자. "종합연습 · 훈련"이란 특정 유형의 비상대응계획이 적합한지를 평가하기 위해 실시하는 종합적인 가상의 현장 연습 · 훈련을 말한다.

차. "부분연습 · 훈련"이란 비상대응 능력 함양을 위해 분야별로 실시하는 가상의 현장 연습 · 훈련을 말한다.

카. "철도 사이버테러"란 해킹 · 바이러스 등 전자적 수단으로 철도운행제어시스템에 불법적으로 침입하여 철도 운영과 관련된 주요 정보의 유출, 위조, 변조, 훼손, 파괴하는 등 철도의 기능을 마비시키는 행위를 말한다.

2. 비상대응계획 수립

가. 철도운영자등은 비상대응 시나리오에 따른 비상대응 절차, 유관기관의 협력 및 지원 체계, 시설 및 장비의 효율적인 투입 등을 위한 문서화된 비상대응계획을 수립, 실행 및 유지하여야 하며, 비상대응계획에는 다음 사항을 포함하여야 한다.

1) 비상대응계획 작성에 관한 기본계획(목적, 적용범위, 기본방침, 수립절차 등)
2) 비상대응 표준운영절차 작성
3) 비상대응 협력 및 지원 체계
4) 비상대응 연습 · 훈련 절차 및 방법
5) 비상대응 사이버테러 대책
6) 비상대응계획 수정 · 보완에 관한 이력사항 등

나. 철도운영자등은 발생 가능한 철도비상사태의 유형별, 역, 터널, 교량 등의 사고 위치별 및 여객열차, 화물열차, 위험물 운송열차, 건물 등의 사고 대상별로 비상대응 시나리오를 개발하여야 한다.

3. 표준운영절차 수립

철도운영자등은 표준운영절차를 수립하여야 하며, 표준운영절차에는 다음 사항을 고려하여야 한다.

가. 비상대응 시나리오에 따른 비상대응절차
나. 비상대응절차도(유관기관의 협력 및 지원 절차 포함)
다. 비상대응절차에 따른 담당업무별 역할과 책임(유관기관 포함)
라. 철도비상사태에 대한 지휘체계(분야별 포함)
마. 승객 긴급 신고요령 안내
바. 승객 긴급 대피요령 안내
사. 승객 긴급 구조체계
아. 화재발생에 따른 연기확산 억제 및 배연 대책
자. 비상대응 통신망 및 안내방송체계
차. 비상연락체계 및 비상연락망(유관기관 포함)

4. 비상대응 협력 및 지원 체계

가. 철도운영자등은 다음 사항이 포함된 비상대응 협력 및 지원 체계를 구축하

여야 한다.

1) 유관기관별 역할과 책임(도시철도는 해당 지방자치단체 포함)
2) 지휘 및 보고 체계
   가) 철도비상사태 유형별 지휘 및 보고 체계(유관기관 포함)
   나) 직원 또는 사무실 명칭과 전화번호(상시 연락가능 무전 주파수와 호출 번호)
3) 화재, 테러 등에 대비한 긴급방재대책
4) 현장 접근통제 및 질서유지 대책
5) 비상대응지도 구축

나. 철도운영자등은 비상대응 협력 및 지원 체계의 적정성을 확보하기 위하여 주기적으로 유관기관과 협의하여야 하며, 협의 내용에는 다음 사항을 포함하여야 한다.

1) 유관기관별 세부 대응절차 수립방안
2) 비상대응 협력 및 지원 체계의 적정성
3) 비상대응 투입 인원과 시설 및 장비 등의 지원 능력
4) 유관기관별 관련 문서의 변경, 개정 등에 따른 협의 절차 등

5. 비상대응 연습 · 훈련 계획 수립

철도운영자등은 매년 비상대응 연습 · 훈련 계획을 수립하여야 하며, 비상대응 연습 · 훈련 계획에는 다음 사항을 포함하여야 한다.

가. 비상대응 연습 · 훈련의 목표
나. 비상대응 연습 · 훈련의 시기, 방법, 규모 및 장소
다. 연습 · 훈련 내용에 적절한 비상대응 시나리오
라. 비상대응 연습 · 훈련의 열차 및 장비의 사용 여부
마. 비상대응 연습 · 훈련의 평가 방법
바. 비상대응 연습 · 훈련 결과에 대한 개선사항 조치계획 등

6. 비상대응 연습 · 훈련 시나리오 선정

철도운영자등은 다음 절차에 따라 비상대응 연습 · 훈련 시나리오를 선정하여야 한다.

가. 연습 · 훈련 대비 철도비상사태의 유형 선정
나. 비상대응 연습 · 훈련 시나리오의 작성
다. 표준운영절차에 따른 비상대응 연습 · 훈련 절차 작성
라. 비상대응 연습 · 훈련 지휘체계 구성
마. 승객 긴급구조 및 비상대응 통신 대책 수립
바. 비상대응 협력 및 지원 체계 구성
사. 비상연락체계 및 비상연락망(유관기관 포함) 구성

7. 비상대응 연습 · 훈련 시행

철도운영자등은 다음과 같은 비상대응 연습 · 훈련을 시행하고, 연습 · 훈련 결과에 따라 적절한 조치를 취하여야 한다.

가. 종합연습 · 훈련 : 유관기관과 함께 반기별 1회 이상 실시한다. 단, 「재난 및 안전관리기본법」에 따른 재난대비 연습 · 훈련이 3. 표준운영절차 수립에 따른 철도비상사태 유형을 대상으로 시행한 경우에는 종합연습 · 훈련을 시행한 것으로 본다.

나. 부분연습 · 훈련 : 관제, 승무, 역무, 차량, 시설, 전기 등 분야별로 분기별 1회 이상 실시하여야 하며, 다음 사항을 충족하여야 한다.

1) 철도비상사태의 해당 유형별(열차충돌, 탈선, 화재, 폭발, 자연재해, 테러, 위험개소 내 장시간 열차 정차) 부분연습 · 훈련을 매년 1회 이상 실시할 것(이 경우 2개 이상의 복합유형에 대한 훈련을 실시한 경우에도 해당 유형에 대한 훈련을 실시한 것으로 본다)
2) 관련된 분야별로 통합하여 실시하는 훈련을 반기별 1회 이상 실시할 것 (관련된 분야별로 통합하여 훈련을 실시한 경우에는 1)의 해당 유형에 대한 훈련을 실시한 것으로 본다.)
3) 모든 해당 업무 종사자가 2)의 훈련에 매년 1회 이상 참여하도록 할 것

8. 비상대응 연습 · 훈련 평가

가. 철도운영자등은 비상대응 연습 · 훈련에 대하여 다음 사항을 점검하고 그 결과를 평가하여야 하며, 미비점과 취약점에 대하여는 이를 시정 · 보완하여야 한다.

1) 비상대응 연습 · 훈련 목표의 적정성
2) 비상대응계획 및 현장조치매뉴얼의 적합성
3) 승객 긴급구조 및 비상대응 통신대책의 적정성
4) 비상대응 직원의 임무 수행에 관한 사항
5) 비상대응 협력 및 지원 체계의 적정성
6) 비상대응 연습 · 훈련 지휘체계의 적정성

나. 철도운영자등은 비상대응 연습 · 훈련 및 평가에 대한 해당 연도 시행계획은 전년도 11월 말까지, 전년도 추진실적은 매년 2월 말까지 국토교통부장관에게 제출하여야 한다.

9. 비상대응 연습 · 훈련 참관 등

철도운영자등은 비상대응 연습 · 훈련에 다른 철도운영자등과 유관기관(교통안

전공단 포함)이 참관할 수 있도록 협의하고, 비상대응에 필요한 각종 정보와 의견, 연습·훈련 평가결과 등을 공개하거나 제공하여야 한다.

10. 사이버테러 대응계획

철도운영자등은 사이버테러에 대비하여 철도선로제어설비, 철도신호제어설비, 송변전설비, 전철전력설비, 통신설비 등 철도운전제어시스템에 대한 사이버테러 대응계획을 수립, 실행 및 유지하여야 하며, 사이버테러 대응계획에는 다음 사항을 포함하여야 한다.

가. 사이버테러 대책의 수립·이행 및 지속적인 유지를 위하여 책임과 권한이 부여된 책임자 지정
나. 사이버테러 대응조직의 구성 및 전문인력의 확보
다. 사이버테러로부터 보호되어야 하는 기기, 컴퓨터 또는 통신 등의 구성요소에 대한 식별
라. 사이버테러의 예방·탐지·대응 및 복구를 위한 기술적·관리적 조치의 마련 및 시행
마. 사이버테러 대응 교육훈련에 관한 사항
바. 사이버테러 대응체계에 관한 사항
사. 주기적 취약점 분석·평가 방법에 관한 사항

11. 사이버테러 보완대책

철도운영자등은 철도시스템을 안정적으로 운용하기 위하여 사이버테러에 대비한 보안대책을 마련하여야 하며, 보안대책에는 다음 사항을 포함하여야 한다.

가. 안전한 철도시스템 네트워크 구성방안 (유·무선 포함)
나. 철도 네트워크 연계구간 보호대책
다. 안전한 철도 감시정보 수집 및 제어 보안대책
라. 철도시스템(PC, 서버 등) 보안대책
마. 철도 응용프로그램 보안대책
바. 철도 제어기기 보안대책
사. 제어시스템 패치/백신 업데이트 대책
아. USB 등 이동형 저장장치 보안관리 대책
자. 유지보수 인력 보안관리 대책

[별표 4] 〈개정 17·12·29, 19·1·10〉

노후 철도차량 및 철도시설의 유지관리 세부기준(제2장 12.3.4 관련)

1. 정의

이 세부기준에서 사용하는 용어의 뜻은 다음과 같다.

가. "노후"란 철도차량 및 철도시설의 수명이 특정시기에 도래하거나 고장빈도가 증가하는 등 안전 및 운영 측면에서 정상적으로 운용할 수 없는 상태를 말한다.
나. "기대수명"이란 철도차량의 제작 및 철도시설의 설치 당시에 기대했던 기능과 성능을 유지한 상태로 사용할 수 있는 기간을 말한다.
다. "특정시기"란 최초 정밀안전진단 시기 또는 고장빈도가 증가하는 등 철도차량 정밀안전진단이 필요하다고 판단되는 시기를 말하며, 철도시설의 경우 기대수명을 말한다.
라. "철도차량 정밀안전진단"이란 노후 철도차량의 계속 사용 가능여부를 확인하기 위하여 실시하는 상태평가·안전성평가 및 성능평가를 말한다.
마. "상태 평가"란 여객 서비스적합성 확인, 철도차량의 변형 및 기타 결함의 정도를 파악하기 위하여 시행하는 평가를 말한다.
바. "안전성 평가"란 철도차량의 안전운행에 대한 적합성을 확인하기 위하여 시행하는 평가를 말한다.
사. "성능 평가"란 철도차량의 안전운행과 관련된 성능 및 안전성을 확인하기 위하여 시행하는 평가로 운행선로 시운전을 말한다.
아. "철도차량 정밀안전진단 전문기관"이란 「철도안전법」(이하 "법"이라 한다) 제7조제5항 및 철도안전관리체계 기술기준 별표 5에 따라 국토교통부장관이 정한 요건을 갖춘 전문기관을 말한다.
자. "철도차량 정밀안전진단 신청자"란 법 제7조제5항 및 철도안전관리체계 기술기준에 따라 노후 철도차량을 정밀안전진단을 받고자 하는 자를 말한다.
차. "선로"란 철도차량을 운행하기 위한 궤도와 이를 받치는 노반 또는 공작물로 구성된 시설을 말한다.

2. 적용 대상

가. 노후 철도차량 및 철도시설의 유지관리 세부기준의 적용 대상은 다음과 같다.
  1) 철도차량(철도차량에 딸리는 구성품을 포함한다)
  2) 다음 사항의 어느 하나에 해당하는 철도시설(철도시설에 딸리는 구성품을 포함한다)
    가) 철도의 선로(선로에 딸리는 부속품을 포함한다)

나) 역 시설(방재설비, 물류시설, 환승시설 및 편의시설 등을 포함한다)
다) 선로 및 철도차량을 보수·정비하기 위한 선로보수기지, 차량 정비기지 및 차량 유치시설
라) 철도의 전철전력설비, 정보통신설비, 신호 및 열차제어설비
마) 철도기술의 개발·시험 및 연구를 위한 시설
바) 철도경영연수 및 철도전문인력의 교육훈련을 위한 시설

나. 가목에 따른 적용 대상 중 신뢰성·가용성·정비성·안전성(RAMS) 관리체계에 따른 지속적인 분석활동으로 고장률이 지속적으로 유지 또는 감소하고 있다는 것이 입증될 경우에는 해당 철도차량 및 철도시설은 적용 대상에서 제외할 수 있다. 다만, 철도차량의 경우에는 정밀안전진단을 실시해야 한다.

다. 철도시설의 기술기준 제115조 및 제200조에 따라 정밀안전점검을 시행한 철도시설은 적용 대상에서 제외한다.

라. 시설물의 안전관리에 관한 특별법 시행령 제6조제1항 및 제9조제2항에 따라 정밀점검, 정밀안전진단을 시행한 철도시설은 적용 대상에서 제외한다.

3. 기대수명

가. 철도운영자등은 철도차량 및 철도시설을 신규로 제작·건설·구매하려는 경우에는 철도차량 및 철도시설에 대한 기대수명을 제작자에게 제시하여야 한다.

나. 노후 철도차량 및 철도시설의 유지관리 세부기준 시행 이전에 제작·건설·구매하여 사용 중인 철도차량 및 철도시설의 기대수명은 다음을 고려하여 정하여야 한다.

1) 「물품관리법」 제16조의2에 따라 조달청장이 고시하는 내용연수
2) 「지방공기업법 시행규칙」 제19조에 따른 내용연수
3) 철도차량 및 철도시설의 제작자가 권고하는 사용 횟수 또는 사용 가능 연수
4) 철도안전법 개정(2014.3.19일 시행) 이전에 정한 사용내구연한 (연장하지 않은 최초 내구연한)
5) 기타 일반적으로 통용되는 사용 횟수 또는 사용 가능 연수

4. 노후 철도차량 및 철도시설의 유지관리 절차

철도운영자등은 철도차량 및 철도시설의 유지관리를 위한 절차를 수립, 실행 및 유지하여야 하며, 유지관리 절차에는 다음 사항을 포함하여야 한다.

가. 노후 철도차량 및 철도시설의 적용대상
나. 노후 철도차량 및 철도시설의 적용대상별 기대수명
다. 노후 철도차량 및 철도시설의 평가(철도차량의 경우 정밀안전진단을 말한다. 이하 같다) 절차
라. 노후 철도차량 및 철도시설의 평가대상 표본 선정방법
마. 노후 철도차량 및 철도시설의 평가기준 및 방법
바. 평가 결과 계속 사용하기로 한 노후 철도차량 및 철도시설의 유지관리 방법

5. 정밀안전진단, 평가, 유지관리 및 교체계획

가. 철도운영자등은 노후 철도차량의 정밀안전진단, 개조, 유지관리 및 교체 등을 위한 중장기 유지관리계획을 수립하여야 하며, 중장기 유지관리계획에 따라 매년 노후 철도차량의 정밀안전진단계획 및 교체계획을 수립하여야 한다.

나. 가목에 따른 노후 철도차량 교체계획 수립 시 다음 사항을 고려하여야 한다. 다만, 3)에 따른 잔존수명평가는 철도운영자등이 필요하다고 인정하는 경우 실시한다.

1) 최근 5년간 정밀안전진단 결과에 따른 불합격률
2) 노후 철도차량에서 발생한 사고 및 장애 분석 결과
3) 제13호에 따른 잔존수명평가 결과

다. 철도운영자등은 노후 철도시설의 평가, 개량 및 유지관리를 위한 중장기 유지관리계획을 수립하여야 하며, 중장기 유지관리계획에 따라 매년 노후 철도시설의 평가계획을 수립하여야 한다.

6. 노후 철도차량 및 철도시설 유지관리 방법

철도운영자등은 노후 철도차량 및 철도시설의 평가 결과 계속 사용하기로 결정한 노후 철도차량 및 철도시설에 대한 문서화된 유지관리 방법을 수립하여야 하며, 유지관리 방법에는 다음 사항을 고려하여야 한다.

가. 철도안전관리체계 기술기준 12.3.2의 유지관리 기준에 따른 점검항목, 점검주기 및 점검방법
나. 노후 철도차량의 고장 통계
다. 노후 철도시설의 파손, 장애 등에 대한 통계

7. 최초 정밀안전진단 시기

가. 철도차량의 최초 정밀안전진단 시기는 차량을 제작·등록(인수·취득) 한 이후 20년을 말하며, 최초 정밀안전진단 시기가 도래하기 이전에 고장 빈발 등으로 정밀안전진단을 시행하는 경우에는 정밀안전진단을 시행한 시기를 최초 정밀안전진단 시기로 본다. 단, 철도안전법 개정(2014.3.19일 시행) 이전에 정밀진단 또는 자체안전진단을 시행한 철도차량에 대해서는 최초 정밀안전진단을 한 것으로 간주한다.

나. 철도시설의 최초 평가 시기는 철도운영자등이 고장 사례 및 운행환경 등을 고려하여 철도시설의 기대 수명 도래 이전에 정하여야 하며, 새로이 도입하는 철도시설의 설계 · 제작 · 설치 · 시험 및 시험운행 기간을 고려하여야 한다.

8. 노후 철도차량의 정밀안전진단 절차

노후 철도차량의 정밀안전진단은 다음과 같이 단계별로 구분하여 시행한다.

가. 상태 평가
나. 안전성 평가
다. 성능 평가

9. 노후 철도차량의 정밀안전진단 대상 선정

가. 상태 평가 및 안전성 평가의 결함검사는 모든 철도차량에 대하여 시행한다.

나. 안전성 평가의 전기특성검사, 전선열화검사 및 성능평가는 철도차량 중 운행노선, 제작시기, 제작사 및 제작사양서가 동일한 철도차량별로 정밀안전진단 대상을 분류하고, 분류된 정밀안전진단 대상 중 가장 상태가 불량하다고 판단되는 1편성 또는 독립차량 1량 이상을 표본으로 선정하여 시행한다. 다만, 다음에 해당하는 철도차량 또는 편성의 경우에는 모두 안전성 평가의 전기특성검사 및 전선열화검사 대상으로 선정하여야 한다.

1) 전기특성에 의한 반복적인 장애 발생으로 열차운행에 중대한 영향을 미친 철도차량 또는 편성

2) 12.3.2의 유지관리 기준에 따라 최적의 상태로 복원(시험성적서, 시험기록지 또는 부품교체를 확인한 검사기록서를 통해 주기적으로 교환되거나 유지보수 과정에서 점검, 수리 또는 교체된 상태를 철도차량 정밀안전진단 전문기관(이하 "전문기관"이라 한다)이 확인한 경우를 말한다)된 것이 확인되지 않는 경우

다. 가목 또는 나목에도 불구하고 충돌 · 탈선 · 화재 등 철도사고가 발생한 철도차량 또는 편성은 정밀안전진단 대상으로 선정하여야 한다. 다만, 사고로 인한 전기장치 및 전선에 피해가 없는 경우 전기특성검사 및 전선열화검사는 제외할 수 있다.

10. 노후 철도차량의 상태평가

가. 상태평가는 철도차량의 치수 및 외관검사(여객 이용시설 포함)로 실시한다.

나. 상태평가의 검사대상은 철도차량의 차체 및 주행장치의 대차틀과 볼스터(Bolster)를 대상으로 한다.

다. 상태평가의 검사방법 중 차체에 대한 치수검사는 다음과 같이 시행한다.

1) 정밀안전진단 신청자가 제시한 기준 도면 및 자료에 의하여 실시한다. 치수검사의 대상부위는 다음 항목 중 해당되는 사항을 선정하고 측정에 적합한 측정설비를 이용하여 검사를 실시한다. 다만, 설계 기준 도면 및 자료가 없는 특수차의 경우 전문기관과 협의하여 차체 및 대차틀, 볼스터의 상하, 좌우 대칭 구조를 확인하는 시험으로 대체할 수 있다.

① 차체틀
② 언더프레임
③ 캠버, 언더프레임 수평도 및 차체 배부름
④ 그 밖에 정밀안전진단 전문기관이 필요하다고 판단되는 주요 위치

2) 공차 상태의 차체 캠버량은 역캠버가 발생하지 않는 조건을 만족하여야 하며, 치수검사는 최대 하중을 고려하여야 한다.

라. 상태평가의 검사방법 중 대차틀 및 볼스터에 대한 치수검사는 다음과 같이 시행한다.

1) 정밀안전진단 신청자가 제시한 기준도면 및 자료에 의하여 실시한다. 치수검사의 대상부위는 다음 항목 중 해당되는 사항을 선정하고 측정에 적합한 측정설비를 이용하여 검사를 실시한다.

① 대차 고정 축거
② 저어날
③ 차축 스프링 시트
④ 트랜솜
⑤ 기타 전문기관이 정하는 주요위치

마. 상태평가의 외관 검사는 철도차량의 차체 및 주행장치의 대차틀과 볼스터에 대한 외관변형 유무와 여객 이용시설(출입문, 좌석, 비상탈출 장치 등)의 상태 등 서비스 적합성에 대해 검사한다.

바. 상태평가 검사결과의 정리는 [표 1] 부터 [표 3]까지의 서식에 의한다.

[표 1] 차체 검사결과

항　목	기준[mm]	측정치[mm]	비 고
차량단부간의 거리(밑면)			
차량단부간의 거리(윗면)			
차체폭(밑면)			
차체폭(윗면)			
차체높이			
대각선간의 차이(차체 폭 방향)			
대각선간의 차이(차체 길이 방향)			

[표 2] 언더프레임 검사결과

항 목	기준[mm]	측정치[mm]	비 고
언더프레임단부간의 거리(옆면 1)			
언더프레임단부간의 거리(옆면 2)			
대각선간의 차이(언더프레임)			
볼스터 센타간의 거리			
볼스터에서 단부까지의 거리			
볼스터에서 단부까지의 거리 차이			
언더프레임 폭			
볼스터 폭			
볼스터 높이			
센터실의 폭			
차체 캠버량			

[표 3] 대차 검사결과

항 목	기준[mm]	측정치[mm]	비 고
대차 고정 축거			
대차 고정 축거 좌우 차			
저어날 중심간 거리 및 중심간 전후 거리 차			
차축 스프링 시트 중심간 좌우 차			
차축 스프링 시트 대각거리 차			
차축 스프링 시트 내면간 거리 차			
트랜솜 중심간 거리 차			

사. 판정기준
1) 차체와 주행장치에 대한 치수 검사개소 및 허용 공차는 정밀안전진단 신청자가 제시한 기준 도면 및 자료에 의하여 판정한다.
2) 차체 및 주행장치의 대차틀과 볼스터의 외관에는 부식에 의한 훼손 및 결함 등의 변형이 없어야 한다.

11. 노후 철도차량의 안전성 평가

가. 안전성 평가는 결함검사, 전기특성 검사 및 전선열화검사로 구분한다.
나. 결함검사의 검사대상은 철도차량의 차체 및 주행장치의 대차틀과 볼스터(Bolster)를 대상으로 한다.
다. 결함검사의 검사항목은 표면결함 검사, 내부결함 검사, 부식 검사로 한다.
라. 표면결함 검사는 다음과 같이 시행한다.
1) 표면결함은 차체와 대차의 주요 부위 표면에 발생한 결함으로, 육안 검사, 자분탐상 시험 또는 침투탐상 시험 등으로 확인이 가능한 결함을 말한다.
2) 용접부 및 모재부 표면에 대한 검사는 육안 검사와 비파괴 검사로 구분한다. 육안 검사는 목측 및 측정 기구를 이용하고 비파괴 검사는 자분탐상 시험(M.T) 또는 침투탐상 시험(P.T)으로 실시한다.
3) 육안 검사결과 표면결함이 의심되는 부위는 비파괴 검사를 실시한다. 이 경우 자분탐상 시험은 KS D 0213에 의하여 실시하고, 침투탐상 시험은 KS B 0816에 의하여 실시한다.
4) 용접대차의 용접부 및 주강대차의 검사부위 및 검사기준은 검사대상 대차의 사양서 및 관계도면에 의하여 전문기관이 지정해야 하고, 비파괴 전문가가 적합한 검사 장비를 가지고 검사를 실시하여 건전성을 평가하여야 한다.
마. 내부결함 검사는 다음과 같이 시행한다.
1) 내부결함은 차체와 대차의 주요 부위 내부에 발생한 결함으로서, 방사선투과 시험이나 초음파탐상 시험 등으로 확인이 가능한 결함을 말한다.
2) 내부결함 검사는 초음파탐상 시험(U.T) 또는 방사선투과시험(R.T)으로 실시한다. 초음파탐상 시험은 KS B 0896에 의하여, 방사선투과시험은 KS B 0845, KS D 0237에 의하여 실시한다.
3) 내부결함 검사를 위한 시험은 공인된 전문검사기관에서 실시하여야 하며, 검사자는 국가기술자격에 의한 비파괴 검사기사 및 기능사 또는 이와 동등 이상의 자격이 있다고 인정되는 자이어야 한다.
4) 내부결함 검사는 다음 각 부위에 대하여 실시한다.
① 표면결함 검사에 의한 의심부위
② 결함이 생기기 쉬운 개소
③ 응력 집중부 부근의 개소
바. 전문기관은 차체 골조 및 언더프레임에 발생한 부식의 상태를 확인하여 주요 부위의 부식 정도를 검사한다.
사. 결함검사 판정기준
1) 표면결함 및 내부결함 검사결과 다음의 노후 정도에 해당하는 경우에는 '폐차'로 판정한다.
① 차체 골조 및 외판의 부식이 심하여 전반적인 보강이 필요한 경우
② 언더프레임 사이드실의 부식이 심하여 전반적인 보강이 필요한 경우
2) 주요 부위에 대하여 결함 검사결과 결함이 발생한 경우 다음과 같이 판정한다.
① 결함 검사에 대한 결과평가에서 표면결함 검사와 내부결함 검사는 관련 규격에 의하여 평가한다.

② 결함이 발생한 부위에 대하여는 제작시방서에 의하여 완전하게 보수한 후 표면결함검사와 내부결함 검사를 실시하여 이상이 없어야 한다. 다만, 길이 30mm 이하의 결함 및 군집 결함에 한해 내부결함 검사가 불가능한 부위는 표면결함 검사로만 할 수 있다.

③ 검사 결과 주요 골조의 모재에 균열이 발생한 경우, 보수가 불가능한 경우 또는 한번 이상 보수용접을 수행한 위치에 다시 균열이 발생한 경우에는 폐기처분한다.

④ 주요 골조의 모재에 균열이 발생하였거나 한번 이상 보수용접을 실시한 위치에 다시 균열이 발생하였을 경우에는 재보수를 실시할 수 없으며 폐기하여야 한다.

아. 전기특성검사 대상은 철도차량의 추진제어장치 · 보조전원장치 · 고전압장치 · 집전장치 및 외부에 노출된 차체배선을 대상으로 하며, 각각의 장치에 내장되어 있는 구성품을 포함한다. 다만, 타목에 따른 전선열화검사를 시행한 차체배선은 전기특성검사를 생략할 수 있다.

자. 전기특성 검사는 상태진단 시험과 육안 검사에 의한 상태검사로 구분하며, 육안 검사는 전기장치가 철도차량에 부착된 상태에서 시행한다.

차. 전기특성 검사의 상태진단 시험은 정차상태(부품이나 장치가 분해된 상태를 포함한다) 및 주행상태에서 다음 각 호의 시험을 실시한다.

1) 조합된 철도차량의 기능 및 동작측정 시험
2) 주요기기 온도 및 상태시험
3) 절연저항 및 내전압 시험
4) 추진제어장치 완성차 시험
5) 지상설비 연계동작 시험

카. 전기특성검사 판정기준

1) 평가기준은 해당 사양서 및 시험성적서를 기준으로 하며, 사양이 없거나 기준이 제시되지 않은 경우에는 철도차량 기술기준에 따른다. 다만, 육안검사의 경우 다음 판정기준을 적용한다.

① 전기장치는 사용상 유해한 결함이 없어야 하며, 실외에 노출된 장치는 방수, 방진 등의 기밀성이 유지되어야 한다.

② 전기장치는 장시간 사용에 따른 열화, 변색, 배부름 현상이 없어야 하며 취부개소나 통전개소 및 절연개소 등에 크랙 발생이 없어야 한다.

③ 전선은 열화, 변색, 크랙 등의 발생이 없어야 하며 심선의 절손, 압착부의 상태변화, 절연피복의 손상 등이 없어야 한다.

④ 스위치, 접촉기, 차단기 등 전기적으로 고압회로의 투입/개방 동작을 행하는 기기는 접점부에 손상이 심하지 않아야 하며 황손 및 그을림 등으로 전기적 통전에 지장을 주어서는 안 되며 아크슈트는 아크소호에 지장이 없는 상태를 유지하여야 한다.

⑤ 권선물(변압기, 리액터)은 장기간 외부 노출 환경에서 사용되므로 절연부의 오손, 크랙 발생, 열변형 등이 없어야 한다.

⑥ 반도체소자는 장기간 작동되고 열이 발생됨으로 소자의 열화, 변색, 오염 등이 없어야 한다.

2) 종합평가는 육안검사 및 계측검사에 의한 상태진단 시험 결과를 종합하여 평가한다.

3) 검사결과 노후화 및 결함정도가 심하여 상태가 불량한 경우에는 적절한 조치사항을 포함하여 수리 또는 교체 판정을 한다.

타. 전선열화검사는 차량의 고압전선과 보조전원전선을 대상으로 하며, 전기장치와 연결되어 차량 외부로 노출된 전선에 대해 실시한다.

1) 고압전선 : 직류전동차는 집전장치와 차단기, 차단기와 추진제어장치, 추진제어장치와 견인전동기, 집전장치와 보조전원장치 사이, 직교류전동차는 주변압기와 주변환장치(또는 주제어기), 주변환장치(또는 주제어기)와 견인전동기, 주변압기와 보조전원장치 사이

2) 보조전원전선 : 보조전원장치와 주공기압축기, 보조전원장치와 충전장치 사이, 보조전원장치의 3상 출력선(전차 인통선)

파. 전선열화검사는 전선의 절연체에 고압의 전압을 인가하여 전선의 상태를 진단하는 내전압시험으로 시행한다.

1) 내전압 시험을 위해 전원, 전압조정기, 시험용변압기, 전압계, 전류계 등으로 구성된 시험회로를 구성한다.
2) 시험전압은 도체와 피복사이에 인가한다.
3) 정격전압에 따른 시험 전압의 크기는 아래 표와 같다.

전선의 종류	시험전압[V]
고압전선	2×E + 1,500
보조전원전선	2×E + 1,000

* 여기서, E : 전선의 사용정격전압

4) 전압인가 방법은 처음에는 시험전압 1/2이하의 전압을 인가하여 시험전압까지 전압계 지시가 추종할 수 있는 범위 내에서 되도록 속히 상승시켜 시험전압에 도달하게 한 다음 1분 동안 유지한다. 이후 가능하면 빠르게 전압을 내린다.

하. 판정기준

1) 시험 전압 인가 시 절연이 파괴되지 않아야 한다.
2) 1)에 따른 기준에 부합하지 못하는 경우에는 적절한 조치사항을 포함하여 수리 또는 교체 판정을 한다.

12. 노후 철도차량의 성능평가

가. 성능평가의 평가대상은 치수 및 외관검사, 결함검사 및 전기특성검사를 완료한 철도차량을 대상으로 한다.

나. 차종별 성능 평가항목은 다음과 같다.

항목 \ 차종	고속철도차량	일반철도차량					도시철도차량
		동력차		객차	화차	특수차	
		기관차	동차				
역행 시험	○	○	○			○	○
제동 시험	○	○	○	○	○	○	○
진동 시험	○	○	○	○	○	○1)	○
승차감시험	○	○	○	○			○

1) 다만, 작업자 또는 화물을 운송하지 않는 특수차는 진동시험을 면제한다.

다. 성능평가는 다음의 각 목의 방법에 의한 운행선로에서의 시험으로 실시한다. 다만, 시험방법의 수행이 곤란하거나 차종의 특수성을 감안하여 추가적인 시험이 필요한 경우 또는 관련 시험방법 및 기준이 명확하지 않은 경우에는 전문기관의 판단에 따라 성능 평가를 실시할 수 있다.

1) 시험 속도는 실제 운영조건의 속도나 시험항목별 요구속도에 따른다.
2) 시험 주행거리는 시험 차량의 특성을 감안하여 성능 평가항목별로 충분한 평가가 이루어질 수 있도록 전문기관과 정밀안전진단 신청자가 협의하여 정한다.
3) 시험 구간은 시험 차량이 실제 운영되는 구간을 대상으로 철도운영자가 시험환경을 제공하고 협의하여 시행한다.

라. 성능평가의 평가기준은 해당 철도차량의 신조차 제작사양서, 운행선로 시운전 평가기준 또는 철도차량 기술기준에 따른다.

13. 노후 철도차량의 잔존수명평가

가. 노후 철도차량의 잔존수명평가는 철도운영자가 제5항가목에 따른 노후 철도차량의 교체계획 수립에 필요하다고 판단하는 경우에 실시한다.

나. 평가대상

철도차량의 차체 및 주행장치의 대차틀과 볼스터(Bolster)를 대상으로 한다.

다. 평가방법

1) 재료의 피로특성

재료의 피로특성은 전문기관이 다음 3가지 방법 중 하나를 선정하고 노후화로 인한 피로특성의 저하를 고려하여 평가하여야 한다.

가) 부품에 의한 피로시험

구조체에 이용되는 동일한 재료를 사용한 부품 시험편을 제작하여 시험을 실시한 뒤 피로선도를 구한다.

나) 시험편에 의한 시험

(1) 구조체에 이용되는 동일한 재료를 사용한 시험편을 제작하여 시험을 실시한 뒤 피로선도를 구한다.
(2) 하중, 치수, 표면 거칠기, 표면처리, 용접, 노치 및 부식의 영향 등을 고려하여야 한다.

다) 기타 시험

데이터의 신뢰성이 검증된 국·내외 규격(KS, BS, JIS 등)을 이용하여 피로선도를 구한다.

2) 구조체의 하중이력

피로강도평가에 이용하는 하중이력은 기존의 측정된 데이터를 이용하거나 측정에 의하여 얻어야 하며, 잔존수명평가대상 철도차량이 운행하는 선로조건을 반영할 수 있어야 한다.

3) 수명 산정

향후 사용할 수 있는 수명은 다음과 같이 산정된다.

$$\text{수명(년)} = \frac{\text{피로강도평가에서 계산된 잔존 주행거리}}{\text{년간 주행거리}}$$

4) 실동응력 측정

철도차량이 실제 운행선로에서 주행할 때 차체, 대차틀 또는 볼스터가 받는 응력을 측정하는 실동응력 시험을 실시한다. 이 때 응력이라 함은 nominal stress를 의미한다.

가) 시험조건

전문기관은 정밀안전진단 대상 철도차량 중에서 시험차량을 선정하여야 하며, 정밀안전진단 대상 철도차량의 운행선로에서 영업 하중 조건 및 운전상태를 고려하여 가능한 한 동일하게 실시하여야 한다.

나) 시험방법

(1) 측정방법

실동응력 측정방법은 시험차량의 주요 부위에 스트레인게이지를 설치하여 주행 중 실측한다. 이 때 스트레인게이지의 설치 위치는 주요 부위의 각 하중조건에 대하여 최대한 독립적으로 작용할 수 있는 위치로 정한다.

(2) 측정구간

잔존수명평가대상 철도차량의 영업운전구간에서 1회 이상 왕복 운행함을 원칙으로 한다. 다만, 운행조건, 시험조건에 따라 전문기관이 필요하다고 판단되는 경우 측정구간을 추가하여 측정할 수 있다.

(3) 시험장비

실동응력을 측정할 때에는 시험용도에 맞는 계측기와 그 부속기기를 사용한다. 이 외에도 시험특성에 따라 적정한 장비를 추가할 수 있다.

(4) 시험장비 사용법

(가) 스트레인게이지를 설치하는 부위는 표면을 매끈하게 처리하여 실동응력 측정에 영향을 주지 않아야 하며, 스트레인게이지는 실동응력의 방향과 크기를 정확히 측정할 수 있도록 미리 표시한 방향에 맞추어 측정 부위에 밀착 고정하고, 측정시 외부노이즈에 의한 영향을 최소화하도록 하여야 한다.

(나) 시험장비는 측정대상 진동수에 대하여 공진주파수의 영향을 받지 않는 동특성을 가진 시험 장비를 사용하여야 한다.

(라) 시험장비는 가능한 한 수평인 면에 설치하고, 시험 중 차량진동에 의해 움직이지 않도록 고정하여야 한다.

(마) 필터특성은 시험목적에 적합한 것을 사용하여야 한다.

(바) 실동응력 측정 장치의 감도는 진동파형의 판독에 알맞은 상태로 조정하여야 한다. 다만, 고주파 진동을 제거하기 위한 조정은 시험상태 등을 고려하여 전문기관이 판단한다.

(사) 실동응력 기록지 및 기록용 자기테이프에는 열차번호, 차량번호, 측정일시 및 측정구간 등을 기록해야 하며, 차량속도 및 거리지점 마크를 표시하고 기타 전철기 등 필요한 사항을 기록하여야 한다.

다) 시험기록

시험기록양식은 다음과 같은 사항을 포함하여야 한다.

(1) 측정일시 및 기후
(2) 시험차량 및 편성
(3) 측정구간
(4) 주행속도 및 거리
(5) 선로상태
(6) 측정인원
(7) 측정기의 종류, 형식, 설치위치 및 구성도
(8) 사용한 필터특성
(9) 측정항목
(10) 측정데이터
(11) 그 밖에 특이사항

라) 시험결과 분석방법

(1) 실동응력 측정데이터는 측정구간인 역과 역 사이에서 실동응력값을 응력수준별로 구분하여 누적횟수를 구한다. 최대 응력값이 발생한 위치를 속도데이터를 통하여 선로지도와 비교 검토한 후 이상신호 유무를 확인하여야 한다. 각 시험구간별 응력수준별 실동응력값을 누적 처리하여 실동응력값을 정리한다.

(2) 정리된 실동응력값은 피로수명 산출법에서 사용하는 S-N선도를 사용하며, S-N선도는 재료의 피로특성 평가에서 구하여진 피로선도를 사용한다.

(3) 운행선로 시험을 통해 얻어진 실동응력 자료는 주행거리 및 실동응력 크기별 반복횟수를 분석하고 S-N 선도를 이용하여 잔존수명을 평가한다.

마) 평 가

전문기관은 철도차량에 대한 치수 변형량, 부식 마모량 및 비파괴 검사결과를 실동응력 측정결과와 조합하여 잔존수명을 평가하여야 한다.

라. 판정기준

재료의 피로특성 평가에서 구하여진 각 용접 등급별 S-N 선도를 이용하여 잔존수명을 평가한다.

14. 노후 철도시설의 평가

철도운영자등은 노후 철도시설의 평가절차, 평가기준, 평가방법에 대한 절차를 수립하여야 하며, 다음 사항을 고려하여야 한다.

가. 「철도의 건설 및 철도시설 유지관리에 관한 법률」 제19조에 따른 철도시설의 기술기준

나. 「철도안전법」 제27조에 따른 철도용품의 형식승인

다. 「철도안전법」 제34조에 따른 표준규격

라. 그 밖의 철도시설 제작자가 제시한 치수, 성능 및 시험방법

15. 노후 철도시설의 평가대상 선정

모든 노후 철도시설에 대하여 노후 철도시설의 평가를 시행하는 것을 원칙으로 한다. 다만, 필요한 경우 노후 철도시설의 노선, 분야, 제작사 등을 고려하여 평가대상을 분류하고, 분류된 평가대상 중 가장 상태가 불량하다고 판단되는 시설물을 표본으로 선정하여 시행할 수 있다.

16. 노후 철도차량 및 철도시설의 평가 주체

노후 철도차량 및 철도시설의 평가는 전문기관에 신청하여 시행하여야 한다. 단, 평가 전문기관이 없는 노후 철도시설의 경우에는 철도운영자 등이 인력과 장비를 확보하여 자체적으로 시행할 수 있다.

17. 노후 철도차량 및 철도시설의 평가 결과

철도운영자등은 노후 철도차량 및 철도시설의 평가 결과에 따라 계속 사용여부 및 사용가능기간을 결정하여야 한다.

18. 노후 철도차량 및 철도시설의 재평가

가. 철도운영자등은 계속 사용하기로 결정한 노후 철도차량 및 철도시설을 적당한 시기에 재평가(철도차량의 경우 재정밀안전진단을 말한다. 이하 같다)하여야 한다.

나. 노후 철도차량의 재정밀안전진단 시기는 5년 이내이다. 단, 노후 철도차량으로서 운행 중 충돌·추돌·탈선·화재 등으로 사고가 발생된 차량의 재평가 주기는 3년 이내로 하며, 전장품(전기특성·기계적 특성)에 의한 반복적 장애가 연 5회 이상 발생된 차량(편성단위)에 대하여는 3년 이내에 장애특성에 따른 상태 및 안전성평가를 시행하여야 한다. 또한, 철도안전법 개정(2014.3.19일 시행) 이전에 정밀진단을 받아 사용내구연한을 연장하여 운영하고 있는 철도차량은 운영여건을 고려하여 재정밀안전진단 주기를 1회에 한하여 최대 1년까지 연장할 수 있다.

다. 노후 철도시설의 재평가 주기는 철도시설의 특성에 따라 철도운영자등이 자체적으로 정하여야 한다.

라. 철도운영자등은 철도차량 및 철도시설의 고장이 증가하거나 최초 평가와 비교하여 운행환경이 크게 변화되어 평가 결과에 영향을 줄 수 있다고 판단된 경우, 재평가 주기를 단축하여야 한다.

19. 노후 철도차량 및 철도시설의 평가 기록 유지

철도운영자등은 노후 철도차량 및 철도시설의 평가 대상, 내용, 평가자 및 결과 등을 기록 유지하여야 한다.

20. 전문기관의 자격요건

가. 전문기관이 갖추어야 할 자격요건은 다음 각 호와 같으며, 세부 자격요건은 별표 6와 같다.

1) 정밀안전진단 업무를 수행할 수 있는 상설의 전담조직을 갖출 것
2) 정밀안전진단 업무를 수행할 수 있는 전문기술인력을 보유할 것
3) 정밀안전진단 업무를 수행하기 위한 설비 및 장비를 갖출 것
4) 전문기관의 운영 등에 관한 업무규정을 갖출 것
5) 정밀안전진단 외의 업무를 수행하고 있는 경우 그 업무를 수행함으로서 정밀안전진단 업무가 불공정하게 수행될 우려가 없을 것
6) 철도차량을 직접 제조 또는 판매하거나 보유·운영하는 자가 아닐 것

21. 전문기관의 업무범위

가. 전문기관의 업무범위는 다음 각 호와 같다.

1) 당해 업무분야에 해당하는 철도차량에 대한 정밀안전진단 시행
2) 정밀안전진단의 항목 및 기준의 조사·검토
3) 정밀안전진단의 항목 및 기준의 제정·개정 요청
4) 정밀안전진단의 기록 보존 및 보호에 관한 업무
5) 그 밖에 국토교통부장관이 필요하다고 인정하는 업무

나. 전문기관의 세부업무범위는 다음 각 호와 같다.

1) 신청자가 제출한 철도차량의 정밀안전진단 입증계획서에 대한 확인·검토·승인
2) 정밀안전진단 기준 및 방법의 제정·운영
3) 정밀안전진단 절차서 및 정밀안전진단 계획서 수립
4) 해당 철도차량의 정밀안전진단 수행
5) 해당 철도차량의 정밀안전진단 보고서의 작성 및 관리
6) 신청자에게 해당 철도차량에 대한 정밀안전진단 결과통지서 교부 및 관리
7) 해당 철도차량의 정밀안전진단 진행상황 및 결과 제출
8) 그 밖에 국토교통부장관이 필요로 하는 사항

22. 정밀안전진단의 실시 등

가. 철도차량 정밀안전진단 신청자는 이 기준에서 정한 정밀안전진단 전문기관의 자격요건을 갖춘 자에게 정밀안전진단을 신청하여야 한다.

나. 철도운영자는 해당 철도차량의 정밀안전진단이 정밀안전진단 시기가 도래한 년도에 종결되도록 정밀안전진단 대상 차량 수, 자체 정비능력 등이 포함된 종합계획을 사전에 수립하고, 그 결과에 따라 별지 제1호서식의 철도차량 정밀안전진단 신청서를 작성하여 전문기관에 제출하여야 한다. 다만, 2015년 정밀안전진단 대상차량 중 정밀안전진단 기간 내에 기대수명이 경과되는 차량은 철도운영자가 당해차량의 구조 및 장치를 기술기준(법 제7조5항 및 제26조제3항)에 적합하도록 필요한 조치를 한 경우에는 정밀안전진단 기간 내에 한하여 운행할 수 있다.

다. 전문기관은 정밀안전진단 대상이 되는 철도차량이 정밀안전진단 기준에 적합한 지의 여부를 확인한 후 별지 제2호서식의 철도차량 정밀안전진단 결과통지서를 정밀안전진단 신청인에게 교부하여야 한다.

라. 정밀안전진단 신청자는 정밀안전진단 신청서에 다음 각 호의 사항을 증빙하거나 참고할 수 있는 서류를 첨부하여 전문기관에 제출하여야 한다.

1) 철도차량의 정밀안전진단 판정을 위한 제작사양, 도면 및 검사성적서 등의 기술자료

2) 철도차량의 중대한 사고 내역(해당되는 경우에 한한다)
3) 철도차량의 주요 부품 교체 내역

마. 전문기관이 정밀안전진단의 신청을 받은 때에는 제출된 서류를 검토하고 정밀안전진단 신청자와 협의하여 다음 각 호의 내용을 포함하는 정밀안전진단 계획서를 작성하여 관련서류를 제출받은 날부터 30일 이내에 정밀안전진단 신청자에게 통보하여야 한다. 다만, 자료의 보완을 요구받은 정밀안전진단 신청자는 10일 이내에 제출하여야 하며, 이 기간은 정밀안전진단 계획서 작성 기간에 포함되지 아니한다.
1) 정밀안전진단 대상항목 및 방법
2) 정밀안전진단 장비의 사용계획
3) 정밀안전진단 인력 · 소요 비용 및 일정계획
4) 안전관리계획
5) 다른 기관과의 협조체제
6) 그 밖에 정밀안전진단에 필요한 참고자료

바. 정밀안전진단 신청자는 정밀안전진단 계획서의 변경이 필요한 경우 전문기관에게 다음 각 호의 서류를 제출하여 변경을 요청할 수 있으며, 요청을 받은 전문기관은 변경되는 사항의 안전상의 영향 등을 검토하여 적합하다고 인정되는 경우에 한하여 정밀안전진단 계획서를 변경할 수 있다.
1) 변경하고자 하는 내용
2) 변경하고자 하는 사유 및 설명자료

사. 정밀안전진단 신청자는 정밀안전진단 계획서에 따라 정밀안전진단 대상차량을 정밀안전진단이 가능하도록 계획된 일정 및 장소에 준비하여야 한다.

아. 전문기관은 진단을 착수하기 전에 정밀안전진단에 필요한 설비 및 장비를 점검하고 교정상태 등을 확인하는 등의 정밀안전진단 실시에 필요한 사항을 준비하여야 하며, 필요한 경우 정밀안전진단 신청자로 하여금 정밀안전진단 준비를 하게 할 수 있다.

자. 전문기관은 정밀안전진단 계획서에 따라 정밀안전진단을 실시하여야 하며, 정밀안전진단 신청자가 진단의 참관을 요청하는 때에는 특별한 사유가 없는 한 이를 허용하여야 한다.

차. 전문기관은 정밀안전진단 신청자가 제시한 정밀안전진단 대상을 정밀안전진단이 완료될 때까지 관리하여야 한다. 다만, 전문기관과 정밀안전진단 신청자가 협의하여 관리자를 따로 정한 경우에는 그러하지 아니하다.

카. 전문기관은 최초 정밀안전진단 시기가 도래되는 철도차량(전용철도차량 중 영업선로를 운행하는 철도차량을 포함한다)에 대한 정밀안전진단에서 해당 차량의 계속 사용여부를 확인하여야 하며, 계속 사용이 가능하다고 확인되면 철도차량을 계속 사용할 수 있다.

파. 전문기관은 국토교통부(철도안전감독관 등), 제작사 등 관계전문가가 참여하는 정밀안전진단 자문위원회를 구성 · 개최하여 정밀안전진단 결과에 대한 공정성, 객관성을 검증 받아야 하며 정밀안전진단을 완료한 때에는 철도차량 정밀안전진단 결과통지서에 별지 제3호서식의 철도차량 정밀안전진단 보고서를 첨부하여 정밀안전진단 신청자에게 통보하여야 한다.

하. 전문기관은 정밀안전진단 신청자에게 제출하는 다음 각 호에 해당하는 문서를 정밀안전진단 신청자에게 제출한 30일 이내에 국토교통부장관에게 제출하여야 하며, 제9호나목 또는 다목에 따라 전기특성검사 또는 전선열화검사를 제외한 경우 철도운영자가 제시한 관련서류를 함께 제출하여야 한다.
1) 정밀안전진단 계획서
2) 정밀안전진단 보고서

23. 철도차량 정밀안전진단에 대한 이의제기 등

가. 정밀안전진단 신청자는 철도차량 정밀안전진단 결과에 대하여 이의가 있는 경우에는 정밀안전진단 결과를 통보 받은 후 2주 이내에 해당 전문기관에 제출하여야 하며, 이의제기를 받은 해당 전문기관은 제22호 파목에 따른 정밀안전진단 자문위원회에서 재검증을 받아야 한다.

나. 전문기관은 정밀안전진단을 완료한 경우 당해 철도차량의 정밀안전진단 보고서 3부를 작성하여 2부는 정밀안전진단 신청자에게 제출하고, 1부는 전문기관에서 보관하는 등 다음과 같이 기록 · 보관하여야 한다.
1) 전문기관과 정밀안전진단 신청자는 기대수명의 기간 동안 정밀안전진단 보고서를 보존하여야 한다.
2) 전문기관은 아래 서식의 철도차량 정밀안전진단 관리대장을 작성하여 관리하여야 한다.

구분	신청 일자	종료 일자	차종	신청 기관	대상 차량	진단 결과	비고

24. 정밀안전진단 수수료

가. 정밀안전진단 수수료는 종전 규정의 정밀진단 수수료 또는 「엔지니어링사업대가의 기준」을 근거로 산출한 대가를 참고할 수 있다.

[별표5]

철도차량 정밀안전진단 전문기관의 세부 자격요건

1. 정밀안전진단 인력의 구비 요건(자격기준)

등급	기술자격자	학력 및 경력자
책임 평가원	1) 철도차량기술사 또는 이와 동등한 수준 이상의 자격을 취득한 자로서 10년 이상 철도차량 분야에서 근무한 경력이 있는 자 2) 철도차량기사 자격을 취득한 자로서 15년 이상 철도차량 분야에서 근무한 경력이 있는 자 3) 철도차량산업기사 자격을 취득한 자로서 20년 이상 철도차량 분야에서 근무한 경력이 있는 자	1) 관련 분야 박사학위를 취득한 자로서 10년 이상 철도차량 분야에서 근무한 경력이 있는 자 2) 관련분야 석사학위를 취득한 자로서 15년 이상 철도차량 분야에서 근무한 경력이 있는 자 3) 관련 분야 학사학위를 취득한 자로서 20년 이상 철도차량 분야에서 근무한 경력이 있는 자 4) 전문대학을 졸업한 자로서 23년 이상 철도차량 분야에서 근무한 경력이 있는 자 5) 고등학교를 졸업한 자로서 26년 이상 철도차량 분야에서 근무한 경력이 있는 자 6) 선임평가원으로서 5년 이상 근무한 경력이 있는 자
선임 평가원	1) 철도차량기술사 또는 이와 동등한 수준 이상의 자격을 취득한 자로서 5년 이상 철도차량 분야에서 근무한 경력이 있는 자 2) 철도차량기사 자격을 취득한 자로서 10년 이상 철도차량 분야에서 근무한 경력이 있는 자 3) 철도차량산업기사 자격을 취득한 자로서 15년 이상 철도차량 분야에서 근무한 경력이 있는 자	1) 관련 분야 박사학위를 취득한 자로서 5년 이상 철도차량 분야에서 근무한 경력이 있는 자 2) 관련분야 석사학위를 취득한 자로서 10년 이상 철도차량 분야에서 근무한 경력이 있는 자 3) 관련 분야 학사학위를 취득한 자로서 15년 이상 철도차량 분야에서 근무한 경력이 있는 자 4) 전문대학을 졸업한 자로서 18년 이상 철도차량 분야에서 근무한 경력이 있는 자 5) 고등학교를 졸업한 자로서 20년 이상 철도차량 분야에서 근무한 경력이 있는 자 6) 평가원의 학력 및 경력자의 1), 2)에 해당하는 평가원으로서 5년 이상, 3), 4), 5)에 해당하는 평가원으로서 10년 이상 근무한 경력이 있는 자
평가원	1) 철도차량기술사 또는 이와 동등한 수준 이상의 자격을 취득한 자 2) 철도차량기사 자격을 취득한 자로서 2년 이상 철도차량 분야에서 근무한 경력이 있는 자 3) 철도차량산업기사 자격을 취득한 자로서 3년 이상 철도차량 분야에서 근무한 경력이 있는 자	1) 관련 분야 박사학위를 취득한 자 2) 관련분야 석사학위를 취득한 자로서 2년 이상 철도차량 분야에서 근무한 경력이 있는 자 3) 관련 분야 학사학위를 취득한 자로서 3년 이상 철도차량 분야에서 근무한 경력이 있는 자 4) 전문대학을 졸업한 자로서 5년 이상 철도차량 분야에서 근무한 경력이 있는 자 5) 고등학교를 졸업한 자로서 8년 이상 철도차량 분야에서 근무한 경력이 있는 자

※ 비고 : 1. "철도차량 분야에서 근무한 경력"이란 철도운영자·철도시설관리기관·철도연구기관·철도관련 검사기관·철도차량 제작사나 부품 제작사에서 철도차량 및 부품의 설계·제작·검사·품질관리 및 유지보수 업무에 종사한 기간을 말한다.
2. "관련분야"란 철도·기계·전기·전자·산업·품질관리 분야를 말한다.
3. 자격 및 학력 취득 전 철도차량 분야에서 근무한 경력은 80퍼센트를 인정하고, 취득 후 경력은 100퍼센트를 인정한다.

2. 정밀안전진단 인력의 보유 기준

가. 책임평가원은 3인 이상을 갖출 것
  * 기계·전기(전자)분야의 기술인력이 각각 1인 이상이 포함되어야 한다

나. 선임평가원 또는 평가원에 해당하는 기술인력은 10인 이상을 갖출 것
  * 기계·전기(전자)분야의 선임평가원이 각각 2인 이상이 포함되어야 한다

3. 철도차량 정밀안전진단 전문기관의 업무규정 기준

가. 정밀안전진단 업무규정에는 다음 사항이 포함되어야 한다.
  1) 정밀안전진단 기구의 조직 및 인원
  2) 정밀안전진단 인력의 업무 및 책임
  3) 정밀안전진단 체제 및 절차
  4) 부적합 처리절차
  5) 제증명의 발급 및 대장의 관리
  6) 정밀안전진단 인력의 교육훈련
  7) 기술도서 및 자료의 관리·유지
  8) 장비의 운용·관리
  9) 수수료의 징수 기준
  10) 그 밖에 국토교통부장관이 정밀안전진단 업무 수행에 필요하다고 인정하는 사항

4. 평가 설비 및 장비 기준

가. 각종 평가 항목을 측정할 수 있는 평가 설비 및 장비를 확보할 것. 다만, 평가 설비 및 장비는 평가 업무 범위에 따라 국토교통부장관과 협의하여 일부 조정할 수 있으며, 국토교통부장관이 정밀안전진단의 업무범위에 따라 별도의 평가 설비 및 계측장비가 필요하다고 인정하는 경우에는 그에 따른다.

나. 평가 설비 및 장비는 항상 정확도를 유지하도록 하는 관리수단을 가지고 운영하여야 한다.

다. 평가 설비 및 장비의 용도 및 확보기준은 다음과 같다.

순번	설비 및 장비명	사용 용도	확보 기준
1	강재부식도 측정기	구조체 부식량 측정	보유 또는 활용
2	자분탐상 검사장비	비파괴 검사	보유 또는 활용
3	초음파탐상 검사장비	비파괴 검사	보유 또는 활용
4	방사선투과 검사장비	비파괴 검사	보유 또는 활용
5	변위측정기	치수 검사	보유 또는 활용
6	온도계측장비	온도 측정	보유
7	3차원 측정기	차체 및 대차 치수측정	보유 또는 활용
8	구조해석 프로그램	차체 및 대차 구조해석	보유
9	다채널 데이터측정기	실동응력 측정	보유
10	승차감 측정기	승차감 측정	보유
11	소음·진동 다채널 측정기	소음 및 진동 측정	보유

※ 비고 : '보유'라 함은 정밀안전진단 전문기관에서 설비 및 장비를 필수적으로 갖추어야 하는 것을 말한다. '활용'이라 함은 정밀안전진단 전문기관에서 비파괴/부식검사 또는 치수측정 등 전문용역기관에 의뢰하여 평가를 수행하는 것을 말한다.

5. 철도차량 정밀안전진단 전문기관의 조직 관리

가. 정밀안전진단 관련 업무에 종사하는 직원의 업무분담사항이 문서화되어 있을 것

나. 정밀안전진단과 관련된 자료 및 설비를 보호하기 위한 보안규칙과 수단을 가질 것

다. 정밀안전진단 업무관리에 관한 절차가 명확하게 규정되어 있을 것

라. 정밀안전진단 업무관리에 관한 평가를 실시하고 문제점을 보완할 수 있는 수단이 있을 것

마. 정밀안전진단 인력에 대한 교육훈련이 적정하게 실시되고 있을 것

바. 정밀안전진단 인력의 부재시에도 정밀안전진단 업무에 지장을 초래하지 아니하도록 직무대행자가 있을 것

[별지 제1호서식]

철도차량 정밀안전진단 신청서

접수번호	접수일	처리기간 60일 (정밀진단평가기간 제외)

신청인	회 사 명		사업자등록번호 (법인등록번호)	
	대 표 자		생년월일	
	주 소 (회사의 소재지)	(전화번호 :)		
신청대상	차 량 형 식		차 량 번 호	
	제 작 사		운행개시일	
	운 행 거 리		수 량	
	진단실적여부			

「철도안전법」 제7조제5항 및 철도안전관리체계 기술기준 제2장 12.3.4 관련 별표4의 규정에 의하여 위 철도차량에 대한 정밀안전진단을 신청합니다.

년 월 일

신청인 (서명 또는 인)

철도차량 정밀안전진단 전문기관의 장 귀하

	수수료
※ 신청대상이 2 이상일 경우 별지에 신청대상을 작성할 것	전문기관과 신청자 간 상호 계약조건에 의함

처리절차

신청서 작성	→	접 수	→	정밀진단	→	결정	→	철도차량 정밀진단 결과통지서
신청인		처 리 기 관 (정밀진단 전문기관)		처 리 기 관 (정밀진단 전문기관)		처 리 기 관 (정밀진단 전문기관)		

210mm×297mm[백상지 80g/㎡(재활용품)]

[별지 제2호서식]

철도차량 정밀안전진단 결과통지서

신청인	회 사 명		사업자등록번호 (법인등록번호)	
	대 표 자		생년월일	
	주 소 (회사의 소재지)	(전화번호 :)		

정밀안전진단 결과

차 량 형 식	차 량 번 호	판 정	판 정 사 유	비 고
		[ ] 사용적합 [ ] 사용 부적합		
보완사항				

「철도안전법」 제7조제5항 및 철도안전관리체계 기술기준 제2장 12.3.4 관련 별표 4의 규정에 의하여 위 철도차량에 대한 정밀안전진단 결과를 통보합니다.

년 월 일

철도차량 정밀안전진단 전문기관의 장 인

210mm×297mm[백상지 80g/㎡(재활용품)]

[별지 제3호서식]

제 호

철도차량 정밀안전진단 보고서

철도차량 정밀안전진단 전문기관명

1. 서 두

보고서의 표지 다음에 정밀안전진단의 개략을 쉽게 알 수 있도록 다음의 서류를 붙인다

가. 제출문[정밀진단 전문기관의 장]
나. 참여 인원 명단
다. 정밀안전진단 결과 요약문
라. 보고서 목차

2. 정밀안전진단 개요

가. 정밀안전진단의 목적
나. 철도차량의 개요 및 이력
다. 정밀안전진단의 범위 및 내용
라. 정밀안전진단 수행일정

3. 진단결과

가. 신청서류 검토
나. 정기점검 결과 검토
다. 정밀안전진단 대상항목 선정
라. 정밀안전진단 방법 및 적용기준
마. 정밀안전진단 항목별 상태평가
바. 정밀안전진단 항목별 안전성 평가
사. 유지보수 및 교체 등 조치사항

4. 종합 결론

가. 정밀안전진단 결과의 종합적인 결론
나. 유지관리 시 특별한 관리가 요구되는 사항
다. 그밖에 필요한 사항

5. 부 록

가. 측정 및 시험 결과자료
나. 그 밖에 참고자료

210mm×297mm[백상지 80g/㎡(재활용품)]

철도시설의 기술기준

제정 2014 · 3 · 19 국토교통부고시 제2013-839호
2014 · 12 · 24 국토교통부고시 제2014-953호
2015 · 9 · 30 국토교통부고시 제2015-722호
2016 · 9 · 7 국토교통부고시 제2016-603호
2017 · 3 · 10 국토교통부고시 제2017-150호
2018 · 1 · 8 국토교통부고시 제2018- 27호
2019 · 3 · 21 국토교통부고시 제2019-132호
2020 · 12 · 9 국토교통부고시 제2020-928호

제1장 총 칙

제1조(목적) 이 기준은 「철도의 건설 및 철도시설 유지관리에 관한 법률 시행규칙」 제7조제2항에 따라 철도시설의 기술기준에 관하여 필요한 사항을 정함을 목적으로 한다.〈개정 19 · 3 · 21〉

제2조(정의) 이 기준에서 사용하는 용어의 뜻은 다음과 같다.

1. "건축한계"란 차량이 안전하게 운행될 수 있도록 궤도상에 설정한 일정한 공간을 말한다.
2. "경사갱"이란 본선 터널의 바닥면과 터널 외부의 지표면이 직접 연결되어 사람이나 차량이 이동할 수 있도록 수평 또는 일정한 경사도를 두고 설치된 터널을 말한다.
3. "고속철도"란 열차가 주요 구간을 시속 200킬로미터 이상으로 주행하는 철도로서 국토교통부장관이 그 노선을 지정 · 고시하는 철도를 말한다.
4. "광역철도"란 「대도시 광역교통관리에 관한 특별법」 제2조제2호나목에 따른 철도를 말한다.
5. "교차통로"란 다음 각 목의 어느 하나에 해당하는 대피통로를 말한다.
   가. 두 개의 본선 터널이 병렬로 설치된 경우 그 사이의 연결통로
   나. 본선 터널의 선로가 복선인 경우 선로와 선로사이에 설치한 시설물을 통과할 수 있는 통로
   다. 본선터널과 본선터널 사이에 점검 · 보수를 위한 안전터널이 설치된 경우 본선터널과 안전터널을 연결하는 통로
6. "단선병렬터널"이란 두 개의 독립된 터널에 각각 한 개의 독립된 선로를 부설할 수 있는 터널을 말한다.
7. "대피로"란 열차의 화재 등 비상시에 승객 및 승무원이 신속히 대피할 수 있도록 본선 터널에 설치한 보도를 말한다.
8. "대피통로"란 열차의 화재 등 비상시에 승객 및 승무원이 본선 터널의 외부 등 안전한 곳으로 대피할 수 있도록 본선 터널의 출입구 외에 설치한 비상통로를 말한다.
9. "도시철도"란 「도시철도법」 제2조제2호에 따른 도시철도를 말한다.
10. "배전선로"란 변전소와 전기실 간 또는 전기실 상호간에 설치된 고압전선로 및 특별고압전선로와 이에 부속된 전기시설물을 말한다.
11. "복선터널"이란 한 개의 터널에 두개의 선로를 부설할 수 있는 터널을 말한다.
12. "본선"이란 열차의 운전에 상용되는 선로(정거장 내에 있는 대피선과 반복 운전선을 포함한다)를 말한다.
13. "본선터널"이란 본선에 설치되어 열차가 주행하는 터널을 말한다.
14. "비상탈출구"란 터널에서 지상외부로 나갈 수 있는 수직갱, 경사갱, 교차통로의 본선터널 쪽 입구를 말한다.
15. "선로시설"이란 철도차량을 운행하기 위한 궤도와 이를 받치는 노반, 교량 및 터널 등의 시설물을 말한다.
16. "수전선로"란 전력공급 사업자의 전기공급설비와 변전소 간을 연결하는 특별고압 전선로 및 이와 부속된 전기시설물을 말한다.

17. "안전성 분석"이란 철도시설이 가질 수 있는 위험을 식별하고 그 원인 및 영향을 분석하여 정량화한 결과를 설계 및 시공 등에 반영하여 철도사고의 발생 가능성을 최소화하는 기법을 말한다.
18. "방호스위치"란 비상사태가 발생할 경우 보수자의 조작으로 정지신호를 전송하여 열차를 정지시킬 수 있는 스위치를 말한다.
19. "안전측 동작"이란 장치 또는 설비가 동작 중 고장이나 장애가 발생하더라도 안전한 상태를 유지하는 것을 말한다.
20. "역 시설"이란 열차의 출발·도착과 여객 및 화물의 취급을 위하여 역에 설치한 승강장, 대합실, 이용편의시설, 역 광장 및 이를 연결하는 통로 등의 시설을 말한다.
21. "연동장치"란 신호기, 선로전환기 및 궤도회로 등의 장치를 기계적, 전기적 또는 소프트웨어적으로 서로 연동하게 하는 장치를 말한다.
22. "수직갱"이란 본선터널과 본선터널 외부의 지표면이 수직으로 관통하는 터널을 말한다.
23. "열차제어장치"란 열차자동정지장치(ATS, Automatic Train Stop), 열차자동제어장치(ATC, Automatic Train Control), 열차자동방호장치(ATP, Automatic Train Protection), 열차집중제어장치(CTC, Centralized Traffic Control) 및 신호원격제어장치(RC, Remote Control) 등으로 구성되는 장치를 말한다.
24. "열차확인거리"란 건널목 앞의 도로차량운전자 또는 보행자 등이 열차의 진입상황을 확인할 수 있는 시계확보거리로서 철도경계선(가장 바깥쪽 레일의 끝선을 말한다)과 도로 중심선의 교점으로부터 도로 중심선을 따라 5미터 되는 지점의 1.4미터 되는 높이에서 철도경계선으로부터 2미터 되는 높이를 아무런 장애 없이 볼 수 있는 최대거리를 말한다.
25. "유도장해"란 전철전력설비로부터 정전유도작용 및 전자유도작용으로 발생한 전자기파가 사람에게 위험을 주거나 다른 설비에 피해를 입히는 현상을 말한다.
26. "일반철도"란 고속철도와 「도시철도법」 제3조제1호에 따른 도시철도를 제외한 철도를 말한다.
27. "자동열차감시장치"란 전방 열차의 선로 조건을 후방 열차에 전송하여 전방 구간에 열차가 있는지를 감시하는 장치를 말한다.
28. "자동열차방호장치"란 전방 열차의 위치에 따라 후방 열차의 속도를 제어하는 장치를 말한다.
29. "전자기 잡음"이란 인접한 도체 간에 서로 영향을 미쳐 정상적인 동작을 방해하는 전기자기적인 유도를 말한다.
30. "전차선로"란 동력차에 전기에너지를 공급하기 위하여 선로를 따라 설치한 전선, 지지물 및 이에 부속설비를 말한다.
31. "전철전력설비"란 열차 운행에 필요한 전원 공급 및 철도 관련 시설의 전원 공급에 필요한 설비를 말한다.
32. "차단구역"이란 본선터널과 수직갱 또는 경사갱 사이의 차단된 지역을 말한다.
33. "철도시설관리자"란 「철도안전법」 제2조제9호의 철도시설관리자를 말한다.
34. "철도신호제어설비"란 열차 및 차량의 안전운행과 수송능력 향상을 목적으로 설치하는 신호기장치, 선로전환기장치, 궤도회로장치, 폐색장치, 연동장치, 건널목보안장치, 열차제어장치 등으로 구성되는 설비를 말한다.
35. "철도정보통신설비"란 철도차량의 안전운행과 여객 편의 등을 목적으로 설치하는 통신선로설비, 전송설비, 역무용 통신설비, 열차무선설비, 역무자동화설비 및 건축통신설비 등으로 구성되는 시설을 말한다.
36. "측선"이란 본선 외의 선로를 말한다.
37. "승강장안전문설비"란 승강장안전문과 안전보호벽을 말한다.
38. "승강장안전문"이란 전동차 출입문과 연동되어 개폐되도록 승강장

에 설치하는 승·하차용 출입문을 말한다.

39. "안전보호벽"이란 승강장안전문설비 중에서 승강장안전문을 제외한 유리 벽체를 말한다.

40. "난연재료"란「건축법 시행령」 제2조제9호에 따른 난연재료를 말한다.

41. "불연재료"란「건축법 시행령」 제2조제10호에 따른 불연재료를 말한다.

42. "준불연재료"란「건축법 시행령」 제2조제11호에 따른 준불연재료를 말한다.

제3조(적용범위) 이 기준은 철도시설관리자가 철도시설을 설치 또는 점검·보수 등 유지·관리하는 경우에 대하여 적용하며, 도시철도는 직류 1천 500볼트의 전원을 공급받는 중량전철(도시전철용 전동차)의 도시철도시설에 적용한다. 다만, 고속·일반·광역철도시설 건설기준은 「철도건설규칙」 및 「철도의 건설기준에 관한 규정」, 도시철도시설 건설기준은 「도시철도 건설규칙」 을 따라야 하며, 이 기준보다 우선한다.

제2장 고속·일반·광역철도

제1절 철도시설의 안전성 분석

제4조(일반기준) ① 안전성 분석은 다음 각 호에 따라 실시하여야 한다.

1. 안전성 분석을 위한 자료를 충분히 조사하여 기술할 것
2. 정량적인 방법으로 수행할 것. 다만, 객관적인 평가방법이 확립되어 있지 아니한 경우에는 기존의 자료 또는 사례를 이용하거나 정성적인 방법을 적용할 수 있다.
3. 자료조사 및 안전성 분석은 가능한 한 최근에 확립된 방법 및 기술을 사용하여 실시하여야 하며 적용된 방법 및 기술과 인용된 자료 또는 가정은 그 출처를 명시할 것

② 철도운영자는 철도시설관리자가 안전성 분석을 원활히 수행하기 위하여 철도시설의 유지·보수 및 운영 등에 대한 지원을 요청하는 경우에 특별한 사유가 없는 한 이에 협조하여야 한다.

제5조(안전성 분석대상) ① 1킬로미터 이상의 본선 터널과 지하역 및 철도신호제어설비에 대하여 안전성 분석을 실시하여야 한다. 다만, 이미 안전성 분석을 시행한 철도시설과 규모가 같거나 환경 및 조건 등이 유사할 때에는 이를 생략할 수 있다.

② 제1항 단서조항에 따라 안전성 분석을 생략하는 경우에는 타당한 사유와 합리적인 근거를 명시하여야 한다.

③ 본선 터널의 길이가 15킬로미터 이상인 경우에는 이 기준의 방재요구조건이 미흡하다고 판단되면 해당 터널에 적합한 별도의 대책을 수립하여야 한다.

④ 다음 각 호의 터널은 별도의 대책을 수립하여야 한다.

1. 하저 및 해저의 터널
2. 화물열차 전용터널

⑤ 철도시설관리자는 터널 방재와 관련하여 이 기준에 정하지 아니한 사항은 별도로 세부사항을 정하여 시행하여야 한다.

제6조(안전성 분석 수행절차) ① 안전성 분석 절차는 다음 각 호에 따라 수행하여야 한다. 다만, 이 절차를 따르지 않는 경우에는 타당한 사유와 합리적인 근거를 명시하여야 한다.

1. 잠재위험확인 : 충돌·탈선 및 화재 등의 사고를 유발할 수 있는 잠재적인 위험을 식별하고 식별된 위험에 대하여 시나리오를 작성할 것
2. 사고발생 확률계산 : 시나리오의 단계별로 사건의 발생확률을 객관적으로 산정할 것
3. 사고영향분석 : 시나리오의 단계별로 사고결과에 따른 피해영향을 분석할 것
4. 안전성 분석 : 시나리오별 사고발생 확률과 피해정도를 산출하여

안전성을 정량적으로 평가할 것

5. 안전대책 수립 : 안전성 분석 결과에 따라 정한 안전수준에 부합하도록 안전대책을 수립할 것. 다만, 해당 안전수준을 만족하지 못할 경우에는 원인을 규명하고 요구수준에 부합하도록 안전대책을 수립할 것
6. 안전성분석 결과에 대한 검증 : 실시설계 준공 이전에 안전성 분석이 적합한 지에 대하여 철도운영자 등을 포함한 5인 이상의 해당 전문가에게 검증·확인을 받을 것

제7조(본선 터널의 안전성 분석 등) 본선 터널의 안전성 분석 및 안전대책 검증 시 다음 각 호의 사항을 고려하여 수행하여야 한다.

1. 안전대책을 수립할 때에는 철도객차의 화재규모를 10메가와트 이상 적용하여 승객 또는 승무원이 터널 외부로 안전하게 탈출할 수 있는지 시뮬레이션을 수행하여 분석할 것
2. 안전대책에는 화재가 발생할 때에 승객 또는 승무원이 안전하게 대피하기 위하여 상황별 피난시나리오와 긴급구조에 관한 사항을 포함시킬 것
3. 터널에서 화물열차와 교행하는 노선일 경우에는 가장 많이 운행되는 화물열차 1량 이상의 화재규모를 반영시킬 것
4. 10킬로미터 이상의 터널에 제연설비 또는 배연설비를 설치할 때에는 터널의 축소모형을 이용한 모의화재실험을 실시하여 제1호의 시뮬레이션 결과를 보완시킬 것
5. 제연설비 또는 배연설비를 설치하여 터널이 준공된 후에는 제연설비 또는 배연설비에 대한 성능을 시험할 것
6. 터널의 환기성능 분석을 실시하고 필요한 경우 공기질 개선을 위하여 추가설비를 설치할 것

제7조의2(화재안전성 분석) 제5조제1항에 따른 1킬로미터 이상의 본선 터널에 대한 화재안전성 분석은 국토교통부 장관이 정한 "철도터널의 화재안전성 분석 방법 매뉴얼"에 따라 시행하여야 한다.

제8조(지하역의 안전성 분석 등) 지하역의 안전성 분석 및 안전대책 검증시에는 다음 각 호의 사항을 고려하여 수행하여야 한다.

1. 잠재위험을 확인하기 위한 시나리오를 작성할 경우에는 승강장 및 피난로에서의 위험사례를 작성하고 각 사례의 상호 연관성을 고려할 것
2. 안전성 분석을 수행하는 경우에는 철도차량의 운행조건과 승강장 안전시설과의 상호관련성 등을 종합적으로 분석할 것
3. 제7조에 따른 안전대책이 화재를 포함한 비상사태에서 승객과 승무원의 안전에 적정한 지를 검증하기 위한 피난인원을 산정할 때에는 열차 대피인원과 승차대기 인원을 가산하고, 피난 대상자별 최단거리에 위치한 출구로부터 안전한 위치까지 대피에 소요되는 피난 허용 시간 등을 고려한 피난안전성 시뮬레이션을 수행할 것

제9조(철도신호제어설비의 안전성 분석 등) 철도신호제어설비의 안전성 분석 및 안전대책을 검증할 때에는 다음 각 호의 사항을 고려하여 수행하여야 한다.

1. 열차제어장치는 연동장치 등과 연계하여 정할 것
2. 전체시스템 요구사항을 바탕으로 설정하여 안전요구사항의 달성기준을 제시할 것
3. 안전성 분석을 수행할 경우에는 최소한 철도시설의 시스템운영, 환경조건, 적용조건 및 운영조건 등의 위험원을 도출할 것
4. 인적요인에 의하여 철도안전에 영향을 미칠 수 있는 위험원을 도출할 것
5. 철도신호제어설비를 구성하는 기본기능, 대상 장치의 내·외부 인터페이스, 운영시나리오 등을 대상으로 위험원을 도출할 것
6. 도출된 위험원의 원인분석 및 위험도(위험원으로 인한 사고의 심각도와 발생빈도의 조합을 말한다)를 통하여 철도신호제어설비의 안전성이 허용될 수 있는 안전수준으로 제어되고 있음을 정량적 수치 또

는 판단논리로 입증할 것

제10조(안전성 분석 결과의 기록과 활용) ① 안전성 분석의 결과를 다음 각 호와 같이 기록·보존하여야 한다.

1. 철도시설의 사업개요, 시설내용, 부지사용, 주요특성, 법적사항 및 일정계획 등 시설의 전반적인 개요를 기술할 것
2. 철도시설의 설치·운영시 고려사항, 설계특성 및 설계기준 등 철도시설 운영의 전반에 대하여 안전성을 검증·확인할 수 있도록 설계에 관한 제반내용을 상세하게 기술할 것
3. 안전성 분석결과를 토대로 해당 철도시설의 운영 및 안전관리를 위해 적용되어야 할 핵심적인 기준과 해당 근거를 제시하고, 이를 철도시설의 안전대책 시행계획 수립시 반영할 것
4. 안전성 분석에 활용한 참고자료 및 인용문헌 등을 기술할 것

② 철도시설관리자는 제1항에 따른 안전성 분석결과를 철도운영자에게 통보하여야 하고, 필요한 경우 이를 관계기관에 통보할 수 있다.

제2절 선로시설

제1관 선 로

제11조(건축한계내의 안전) 건축한계는 다음 각 호의 사항을 고려하여 정하여야 한다.

1. 직선구간의 건축한계와 차량한계의 간격은 차량이 주행할 때 발생하는 동요 등을 고려하여 차량의 주행과 여객 및 승무원의 안전에 지장을 주지 않도록 정할 것
2. 전기기관차 또는 전차가 주행하는 경우 직선구간의 건축한계와 차량한계의 간격은 차량이 주행할 때 발생하는 동요 등을 고려하여 감전 및 화재가 발생하지 않도록 정할 것
3. 곡선구간의 건축한계는 캔트(철도차량이 곡선구간을 원활하게 운행할 수 있도록 안쪽 레일을 기준으로 바깥쪽 레일을 기준으로 바깥쪽 레일을 높게 부설하는 것을 말한다)의 크기에 따른 차량의 기울기에 따라 제1호 및 제2호에 따른 건축한계보다 확대하여 정할 것
4. 건축한계 외부라 하더라도 건축한계 내로 무너질 우려가 있는 것을 두어서는 아니 된다.

제12조(탈선방지시설) ① 본선 선로의 곡선반경이 300미터 미만 또는 탈선위험이 있는 장소에는 가드레일 등을 설치하여야 한다.

② 선로의 종점에는 종점 표지를 하여야 하고, 열차가 탈선하거나 과속하는 경우에 위해를 미칠 우려가 있는 장소에는 열차의 속도, 선로의 경사 등을 고려하여 차막이 시설을 설치하여야 한다.

③ 단선구간 또는 2개 이상의 열차 또는 차량이 동시에 출발·진입하는 정거장 구내에 안전측선을 설치하여야 한다. 다만, 운전보안장치가 설치되어 있어 안전측선이 불필요한 경우에는 설치하지 아니할 수 있다.

④ 차량이 정해진 위치를 벗어나서 구르거나 열차정지 위치를 지나쳐 피해를 끼칠 위험이 있는 장소에 구름방지설비를 설치하여야 한다.

제13조(선로의 방호시설) ① 외부인이 선로에 진입할 우려가 있는 다음 각 호의 장소에는 울타리 등을 설치하여야 한다. 다만, 고속철도전용선 구간에 철도교량(이하 "교량"이라 한다), 터널 그 밖에 선로에 진입하는 것이 불가능한 장소에는 예외로 한다.

1. 궤도와 도로가 평면교차하거나 평행하는 곳 또는 근접한 구간에 통학로 및 놀이터가 설치되어 있는 장소
2. 궤도가 인가 또는 공원과 놀이터 등 사람이 모이기 쉬운 곳과 가가까이 밀집되어 있는 장소
3. 도심지를 통과하는 철도 고가 하부에 위험물 등의 적치로 인하여 화재 발생 등의 우려되는 장소
4. 야생동물 등이 선로에 진입할 우려가 있는 장소
5. 그 밖에 과거에 사고가 발생하였던 곳 또는 주변지역의 청원 등으

로 국토교통부장관이 특별히 필요하다고 인정하는 장소

② 제1항에 따라 울타리 등을 설치할 때에는 사람이 쉽게 선로를 진입할 수 없는 높이 및 구조로 하여야 한다.

제14조(선로의 안전시설) 고속철도 전용선 구간에 다음 각 호의 안전설비를 설치하여야 한다. 다만, 일반철도를 고속화하여 시간당 180킬로미터 이상으로 운행하는 선로 및 구간에도 해당 선로의 여건을 고려하여 필요한 안전설비를 설치할 수 있다.

1. 차축의 과열로 인한 탈선사고를 사전에 예방하기 위하여 주행하는 열차의 차축온도를 일정거리마다 측정하는 차축온도검지장치
2. 철도를 횡단하는 고가차도나 낙석 또는 토사붕괴가 우려되는 지역에 자동차나 낙석 등이 선로에 침범하는 것을 검지하는 지장물검지장치
3. 차량 차체의 하부 부속품이 차량에서 이탈되어 매달린 상태로 주행하는 경우 궤도 사이에 부설된 신호시설물이 파손되는 것을 방지하기 위한 끌림검지장치
4. 지진이 발생하였을 경우 지진규모에 따라 열차를 감속 운행하거나 운행을 중지시킬 수 있는 선로변 지진감시설비
5. 폭우·강풍·폭설 등 기상상태를 검지하여 기상이 악화된 경우에 열차를 감속 운행하거나 운행을 중지시킬 수 있는 기상검지장치
6. 제설작업이 곤란한 지역에서 선로전환기를 작동할 수 있도록 눈을 녹여주는 분기기 히팅장치
7. 철도시설 보수자가 지정된 장소에서 선로를 횡단하는 경우 해당 장소에 열차가 접근하는 지 여부를 확인하여 주는 보수자 횡단장치
8. 본선 터널에서 작업자 또는 순회자의 안전을 위하여 본선터널에 접근하는 열차가 있는 지 여부를 확인하여 주는 터널경보장치
9. 레일 온도상승으로 레일이 늘어날 위험이 있는 개소에 설치하는 레일온도검지장치 등

제15조(선로의 대피시설) ① 선로에는 비상시 주행하는 열차로부터 유지·관리업무 수행자와 승객이 안전하게 대피할 수 있는 공간을 확보하여야 한다.

② 제1항에 따른 대피시설 보행로는 0.7미터 이상으로 하여야 한다.

제16조(선로의 진입로) 선로의 진입로는 사고발생시 신속한 구조를 위하여 교량 또는 터널의 출입구나 산악지역 등 외부에서 진입이 가능하도록 다음 각 호에 따라 설치하여야 한다. 다만, 주변여건상 진입로 설치가 불필요하다고 판단될 경우에는 신속한 구조를 위한 별도의 계획을 수립할 수 있다.

1. 선로의 경계에는 잠금장치를 갖춘 출입구를 설치할 것
2. 선로의 출입구와 대피통로의 출구는 소방대 및 구조대의 접근이 가능하도록 할 것
3. 차량 통행이 가능할 것
4. 진입로는 방재구난지역이나 회차지역에서 끝나야 하며, 선로출입구에 최대한 근접할 것
5. 방재구난지역이 막다른 길과 이어질 경우에는 차량이 회전할 수 있도록 방재구난지역이 넓을 것
6. 도로변 진입로 입구에는 소방대 및 구조대가 선로의 출입구를 쉽게 찾을 수 있도록 이정표지판을 설치할 것

제16조의2(차량기지의 방호설비 등) ① 차량기지는 외부인의 무단 침입을 방지하기 위하여 다음 각 호의 기준에 따라 방호설비를 설치하여야 한다.

1. 외곽 출입문(정문)에는 경비인력을 배치할 수 있는 통제실 또는 경비실을 설치할 것. 다만, 정문 이외의 출입문에는 열적외선감지기 등 자동감지기를 설치하여 외부인의 무단 침입 시 통제실 또는 경비실에서 확인이 가능하도록 할 것
2. 방호울타리는 2.7미터 이상의 높이로 설치할 것. 다만, 도심지 미관

형 울타리 등 불가피한 경우 1.5미터 이상의 높이로 하되 열적외선감지기 등 자동감지기를 설치하여 외부인의 무단 침입 시 통제실 또는 경비실에서 확인이 가능하도록 하며, 차량기지가 지하에 위치한 경우에는 예외로 한다.

3. 영상감시설비는 외곽 출입문, 방호울타리에 사각지대가 발생하지 않도록 설치하고 송출되는 신호는 통제실 또는 경비실에서 감지할 수 있도록 할 것. 이 경우 영상감시설비의 카메라의 화소, 저장 및 재생기준은 제109조제1항을 준용할 것

② 제1항제1호에 따른 통제실 또는 경비실에는 경비인력을 배치하여야 한다. 다만, 경비인력은 제1항의 방호설비와 시설의 규모 및 지리적 위치 등을 종합 고려하여 탄력적으로 산정할 수 있다.

[본조신설 20·12·9]

제2관 노 반

제17조(일반기준) 노반의 흙쌓기 및 땅깎기 구간은 열차를 안전하게 지지하는 동시에 부등침하가 발생하지 않아야 하며, 충분한 내구성과 안정성을 확보할 수 있도록 적절한 재료를 사용하여야 한다.

제18조(비탈면) ① 비탈면은 완만하게 시공하여야 하며, 선로에 토사, 낙석 및 유수 등이 유입되지 않도록 예방조치를 하여야 한다.

② 낙석 및 붕괴위험 지역에는 열차의 안전 확보를 위하여 지장물 검지장치와 낙석방지울타리 등을 설치하여야 한다.

③ 지장물검지장치는 다음 각 호의 지역에 설치하여야 한다.

1. 인접한 도로 또는 산에서 낙석 위험이 있는 지역
2. 고속철도 위로 횡단하는 교량이 있는 지역
3. 토사붕괴의 위험성이 높은 지역
4. 터널 입·출구 중 낙석이 우려되는 지역

제19조(침식방지) 흙쌓기 및 땅깎기 구간의 하단에는 강우 등으로 인한 침식을 방지할 수 있도록 조치를 취하여야 한다.

제20조(배수) 흙쌓기 및 땅깎기 구간은 배수가 원활하여야 하며, 물의 흐름을 방해하는 장애물이 없어야 한다.

제21조(옹벽) 옹벽은 장기적인 안정성이 확보되도록 설치하여야 하며, 경사가 급한 비탈면이 있는 옹벽에는 유지·관리 등을 위한 계단 및(또는) 난간 등을 설치하여야 한다.

제22조(접속구간) 노반의 흙쌓기 및 땅깎기 구간과 구조물이 접하는 구간은 노반 강성의 급격한 차이로 인하여 침하가 발생되지 않아야 한다.

제23조(지반) 시설물의 기초지반은 안전한 지지력을 확보하여야 한다.

제24조(수목관리) 선로 가까이에 있는 수목은 철도안전에 지장이 없도록 다음 각 호에 따라 관리하여야 한다.

1. 철도안전운행에 방해되지 않을 것
2. 철도시설물의 화재위험으로부터 보호될 것
3. 철도표지나 철도신호제어설비의 시야에 방해되지 않을 것
4. 철도시설관리자의 작업에 방해되지 않을 것
5. 전철전력설비, 철도신호제어설비 및 철도정보통신설비의 정상기능에 방해되지 않을 것

제3관 교 량

제25조(일반기준) ① 교량은 열차가 안전하게 운행할 수 있도록 안전성 및 내구성을 갖추어야 한다.

② 교량은 홍수, 강풍 또는 지진 등의 자연재해로부터 안전하게 설치하여야 한다.

③ 도로 또는 하천을 가로지르는 교량은 도로 또는 하천을 이용하는 교통수단과 충돌하지 아니하도록 하부공간을 충분히 확보하여야 한다.

④ 하천을 가로지르는 교량의 교각과 교대에 대하여는 세굴에 대한 대책을 마련하여야 한다.

⑤ 교량은 철도시설관리자가 점검과 유지·관리업무를 쉽고 안전하게 수행할 수 있도록 설치하여야 한다.

제26조(교량의 안전시설) ① 철도시설관리자는 18미터 이상의 교량에서 열차가 탈선할 경우 피해를 최소화하기 위하여 가드레일 또는 방호벽 등의 안전시설을 설치하여야 한다.

② 자동차나 선박 등의 통행이 잦은 도로 또는 하천 위에 가설한 교량에는 자동차나 선박에 의한 충격을 방지할 수 있는 보호대 등을 설치하여야 한다.

③ 교량에는 점검 및 유지·관리시 추락을 방지할 수 있는 난간을 설치하여야 한다.

제27조(도로교량의 방호시설) ① 철도를 횡단 또는 인접한 도로교량의 난간 부분에는 방호울타리 등을 설치하여야 한다.

② 철도를 횡단하는 도로교량은 다음 각 호에 따라 설치하여야 한다.

1. 난간부분에는 사람이 열차주행을 방해하는 물체를 선로에 던지거나 집어넣을 수 없는 구조의 안전막 등을 설치하여야 하며, 전차선 등의 전철전력설비로부터 사람이 안전거리 이내에 접근할 수 없도록 할 것
2. 도로교량의 난간은 「도로의 구조·시설 기준에 관한 규칙」에서 정한 기준을 충족하여야 하며, 도로교량의 시설물이 선로에 떨어지지 아니하도록 견고하게 설치할 것

제28조(교량의 대피시설) ① 교량에는 철도사고가 발생한 경우에 승객 및 승무원이 사고열차 또는 주행하는 열차로부터 안전하게 대피할 수 있도록 교측보도, 계단(교량길이가 1킬로미터 이상인 경우에 한함) 등을 설치하여야 한다. 다만, 현장 여건 등으로 대피시설을 설치할 수 없는 경우에는 이에 준하는 안전대책을 마련하여야 한다.

② 교측보도는 작업원의 점검통로, 대피소, 작업 등의 목적으로 활용할 수 있도록 충분한 강성이 확보되어야 하며, 바닥에서부터 0.1미터 이상의 높이를 유지하는 발끝막이판을 설치하여야 한다.

제4관 터 널

제29조(일반기준) ① 터널은 열차가 안전하게 운행할 수 있도록 안전성 및 내구성을 갖추어야 한다.

② 터널에서 차량운행조건 및 기반시설 등에 대한 종합적인 안전성 분석을 하여 방재대책을 수립하여야 한다.

③ 터널의 기울기는 원활한 배수가 가능하도록 하여야 하고, 출입구, 환기구 및 비상탈출구 등으로 빗물이 유입되지 않아야 한다.

제30조(안전대책 시설물) ① 터널에서 화재 등의 안전사고를 예방하고 피해를 감소시키며, 대피·구조를 촉진하기 위한 안전대책 시설물을 설치하여야 한다.

② 터널의 시설물은 화재발생시 보호되어야 하고, 불연재료, 준불연재료 또는 난연재료를 사용하여야 한다.

③ 터널 입·출구 상부의 지장물이 선로로 떨어지지 않도록 방호시설을 설치하여야 한다.

제31조(분기기의 배치) ① 분기기 또는 선로를 제어하는 장치는 터널 또는 터널의 입구, 노반의 지지력이 서로 다른 구간에 설치하지 않아야 한다. 다만, 불가피하게 노반 지지력이 다른 구간에 분기기를 설치할 때에는 부등침하가 발생하지 않도록 별도의 보완조치를 취하여야 한다.

② 제1항에도 불구하고 불가피하게 터널 또는 터널 입구에 분기기를 설치할 때에는 터널의 폭을 넓히거나 대피시설을 설치하여야 한다.

제32조(본선 터널 및 교량의 출입구) ① 터널의 출입구 주위에는 열차의 안전운행을 위하여 외부인이나 동물 등의 출입을 통제할 수 있도록 표지판, 울타리 또는 자물쇠가 있는 출입문 등을 설치하여야 한다.

② 「통합방위법」 제21조제4항에 따라 국가중요시설로 지정된 본선 터널 또는 교량에는 실시간 감시할 수 있도록 원격감시장치를 설치하거나 감시요원을 배치하여야 한다.

③ 제2항에 따라 터널 또는 교량에 원격감시장치를 설치하거나 감시요원을 배치할 경우에는 다음 각 호와 같이 하여야 한다.

1. 본선 터널의 출입구 부분은 방호울타리와 비상진입용 대형 철책문을 4미터 이상의 폭으로 설치하여야 하며, 필요한 경우에는 자동감시장치를 설치할 것
2. 터널 또는 교량에 대한 원격 감시는 감시실 또는 인접 역에서 가능할 것
3. 일반도로와 연결된 비상진입용 대형 철책문에는 "비상출입" 표지판을 부착하여야 하고, 감시요원 또는 해당지역의 소방대에서 통제가 가능하여야 하며, 평상시에는 잠금 상태로 유지하여야 한다.

④ 본선 터널 출입구에 진입로를 설치할 경우에는 소방차량 등 긴급구조차량이 쉽게 접근할 수 있어야 한다.

제33조(비상통신장비) ① 본선 터널에는 화재 등 비상사태가 발생한 경우에 응급구조를 요청할 수 있는 비상통신장비를 설치하여야 한다.

② 터널의 출입구, 대피통로의 내부 또는 대피로에 비상통신장비를 500미터 이내의 간격으로 설치하여야 한다.

③ 제1항에 따른 유선전화는 다음 각 호에 따라 설치하여야 한다.

1. 쉽게 식별 및 사용할 수 있어야 하며, 안내표지판을 설치할 것
2. 관제실 또는 인근역 역무실과 직접 연결이 가능하여야 하며, 해당지역 소방대와 통화가 가능하도록 구축할 것

④ 제1항에 따른 무선전화 또는 휴대폰은 다음 각 호에 따라 설치하여야 한다.

1. 기관사, 승무원, 관제실 및 인근 현장역 등의 종사자 및 소방대원간에 의사통화를 할 수 있을 것
2. 터널에 휴대폰 이용에 필요한 시스템을 이동통신사업자가 구축할 수 있도록 지원할 것

제34조(방호스위치) ① 고속철도 전용선에는 터널에서 비상사태가 발생할 경우 정지신호를 전송하여 열차를 정지시킬 수 있는 방호스위치를 설치하여야 한다.

② 제1항에 따른 방호스위치는 다음 각 호에 따라 설치하여야 한다.

1. 궤도회로 경계지점 부근에 방호스위치를 식별할 수 있는 안내표지판을 부착하여 설치할 것.
2. 궤도회로 경계구간이 없는 짧은 터널의 경우에는 가까운 궤도회로 경계구간의 방호스위치를 활용할 것

제35조(터널 표지 등) ① 본선 터널에는 비상전화기의 위치, 대피통로의 위치를 나타내는 표지를 설치하여야 한다.

② 제1항에 따른 표지는 주·야간에 식별이 가능하도록 「소방시설 설치유지 및 안전관리에 관한 법률」 제9조에 따라 소방방재청이 고시하는 화재안전기준에 적합한 축광방식 표지 또는 전원 공급이 중단되지 아니하는 표시등으로 하여야 한다.

③ 피난설비인 유도등 및 유도표지에 대하여는 다음 각 호에 적합하여야 한다.

1. 조도는 「유도등 및 유도표지의 화재안전기준(NFSC 303)」에 적합할 것
2. 외부 전원공급이 차단될 때에는 60분 이상 자체적으로 전원을 공급할 수 있는 축전지가 내장되어 있을 것

④ 축광방식의 표지는 다음 각 호에 적합하여야 한다.

1. 200럭스 밝기의 광원으로 20분간 조사(照射)한 상태에서 다시 주위조도를 0럭스로 하여 60분간 발광시킨 후 직선거리 10미터 떨어진 곳에서 위치 표지를 식별할 수 있어야 하며 그 때의 휘도는 제곱미터당 7밀리 칸델라 이상일 것
2. 산소지수는 26 이상의 난연성 재료로 표면의 내마모, 내오염, 미끄럼방지가 될 수 있는 제품일 것
3. 화재가 발생한 경우 인체에 유해한 유독가스의 발생이 현저히 적을 것

4. 축광을 위한 충분한 밝기의 광원이 없을 경우에는 적절한 형태의 전원공급이 이루어 질 것

⑤ 탈출구 표지는 다음 각 호에 적합하여야 한다.

1. 탈출구 표시를 하고 양쪽 방향에서 가장 가까운 터널입구 또는 비상 탈출구까지의 거리를 명시할 것
2. 높이는 지면에서 1미터 이하이어야 하며, 설치 간격은 터널 입·출구 300미터에서부터 단선터널일 경우 대피로 방향의 벽에 100미터 이하, 복선터널일 경우 양쪽 벽에 지그재그로 50미터 이하의 간격으로 설치할 것
3. 백색바탕에 녹색문자로 표시하여야 하며, 부착물 등에 의해 가려지지 아니할 것
4. 대피통로 접속부에 설치되어 있는 표지는 접속부의 위치를 쉽게 확인할 수 있도록 녹색바탕에 백색문자로 표시하여야 하고, 대피자가 쉽게 인식할 수 있는 높이에 설치할 것

⑥ 각종 표지는 운행열차의 진동이나 풍압에 의해 탈락되지 않도록 견고하게 설치하여야 하며, 항상 쉽게 식별할 수 있도록 유지할 것

제36조(터널구조물 보호) 터널구조물을 보호하기 위하여 다음 각 호를 고려하여 수행하여야 한다.

1. 터널구조는 화재가 발생하였을 때 하중 지지력이 손상되지 않아야 하고 터널구조의 재료는 연기발생 및 인화가 최소화되도록 할 것
2. 터널 라이닝은 불연재료, 준불연재료 또는 난연재료를 사용하 여야 하며, 연기 발생에 관한 특성이 검증된 재료를 사용할 것
3. 화재가 발생하였을 때에는 추가적인 부하로 터널이 붕괴될 수 있으므로 인명피해를 막기 위해 사전에 붕괴 위험여부를 검토하여 사고를 방지할 것

제37조(전기시설물 보호) 전기시설물은 다음 각 호의 사항을 고려하여 설치하여야 한다.

1. 고압 이상의 전기회로에서 화재 등으로 손상될 우려가 있는 개소에는 불연재료, 준불연재료 또는 난연재료를 사용할 것
2. 전선 및 케이블 피복은 불연재료, 준불연재료 또는 난연재료를 사용할 것
3. 터널의 비상조명등 및 통신시스템의 전력은 이중화 전원계통에서 전원을 공급할 것. 다만, 이중화 전원계통 확보가 곤란한 단선철도 등에서는 무정전 전원장치 또는 축전지 등의 적절한 설비를 갖출 것
4. 탈선이나 건설작업으로부터 케이블이 물리적으로 보호될 수 있도록 케이블 위치를 최적화할 것
5. 독성연기 방지에 적합한 재료를 사용할 것

제38조(방재를 위한 터널의 형태) ① 복선터널 및 단선 병렬터널을 계획하는 경우에는 화재가 발생하였을 때 구조 활동이 가능하도록 하여야 한다.

② 단선 병렬터널은 화재가 발생하였을 때 한쪽 터널갱구를 통하여 외부로 배출되는 연기가 바로 인접한 다른 쪽 터널갱구 안으로 옮겨가는 현상이 최소화될 수 있도록 하여야 한다.

제39조(소화기) 터널에 소화기는 다음 각 호와 같이 비치하여야 한다.

1. 화재가 발생하였을 때 신속히 초동조치를 할 수 있도록 기자재 저장장소에 소화기를 비치할 것
2. 제1호에 따른 소화기는 ABC분말 소형 소화기(약제중량의 합이 18킬로그램 이상) 또는 상응하는 성능의 소화기 또는 청정소화약제소화기를 안내표지판과 함께 소화기함에 비치하여야 하며, 바닥이나 벽체에 견고하게 부착할 것
3. 소화기의 중량은 쉽게 사용하고 운반할 수 있도록 7킬로그램 이하일 것
4. 화재가 발생한 경우에는 소화기함에서 쉽게 꺼낼 수 있는 구조이어야 하며, 소화기함이 대피로의 승객탈출 공간을 침해하지 아니할 것

제40조(방연문 등) 안전성 분석결과에 따라 방연문, 방연셔터 및 방연용 워터커튼 등을 설치할 때에는 다음 각 호를 고려하여야 한다.

1. 방연문은 화재발생시 차단구역 내부에 연기가 침투되지 않도록 할 것
2. 방연문의 개폐작용은 자동개폐형 장치에 의해 운영되어야 하고, 대피승객이 통과할 때 쉽게 열리고 통과 후에는 자동으로 닫히는 구조일 것
3. 방연셔터는 연기차단 벽으로서 주로 경사갱 등에 화재와 같은 비상사태가 발생하는 경우에 자동차 등 차량이 쉽게 통과하고 연기침투를 방지할 목적으로 설치하는 것이며 평상시에는 개방된 형태의 기동식 셔터를 말함
4. 방연셔터 대신에 방연용 워터커튼을 사용할 수 있을 것. 이 경우에는 연기차단성능 및 누전문제 등에 대하여 별도로 검토할 것
5. 방연문, 방연셔터 및 방연용 워터커튼에 사용되는 재료는 불연재료 내화성능을 보유하여야 하며 이음부나 접합틈새로 연기가 새지 아니하도록 기밀성을 갖는 구조일 것
6. 방연셔터가 설치되는 비상통로에는 출입문(방연문)을 설치하여 차량의 통과와는 별개로 대피자가 용이하게 통과할 수 있는 구조일 것
7. 방연문, 방연셔터 및 방연용 워터커튼 등의 설비는 열차가 정상 운행할 때 발생되는 풍압에 의한 구조적 안전성을 확보할 것

제41조(화재감지기) 안정성 분석결과에 따라 화재감지기가 필요한 경우에는 다음 각 호와 같이 설치하여야 한다.

1. 화재감지기는 화재발생 초기에 열이나 연기, 불꽃 또는 연소생성물 등을 감지하여 철도운영자에게 자동으로 통보하는 기능을 갖출 것
2. 화재감지기는 온도·습도·먼지·열차바람 및 디젤기관차 주행으로 발생하는 열 및 연소생성물 등에 오동작하지 않을 것
3. 화재감지기가 연동되어 있는 방연셔터에는 감지기 오동작 여부를 확인할 수 있는 영상감시장치를 설치할 것
4. 화재감지기의 종류와 설치방법 등에 대하여 본 기준에 규정되지 않은 사항은 「자동화재탐지설비의 화재안전기준(NFSC 203)」을 준용하되 터널의 현장여건 등을 고려하여야 하고, 감지기는 감지범위 및 감지능력이 적합할 것

제42조(제연·배연설비) ① 본선 터널에 대한 안전성 분석결과에 따라 제연·배연설비가 필요한 경우에는 다음 각 호에 따라 설치하여야 한다.

1. 제연설비는 화재가 발생한 경우에 유독가스가 진입지역으로 급격히 확산되지 않도록 제어될 것
2. 배연설비는 화재가 발생한 경우에 유독가스의 배출방향·속도 등을 제어하여 유독가스가 밖으로 배출시킬 수 있을 것
3. 본선 터널 바닥면과 연결되어 있는 환기구를 대피통로로 사용하는 경우 배연설비는 비상시 승객 및 승무원이 신속히 대피할 수 있는 구조로 설치할 것
4. 배연설비의 전원은 서로 다른 두 개의 회로에서 공급되어야 하고, 역회전이 가능한 송풍기를 2대 이상 분할하여 설치할 것
5. 환기 및 제연·배연 기능이 겸용인 설비는 비상시 충분한 기능을 발휘할 수 있도록 할 것
6. 제연·배연설비는 열차가 정상 운행할 경우 열차풍압에 의한 구조적 안전성 및 성능을 확보할 것
7. 제연·배연설비 중에서 전동기, 배풍기, 배출풍도 및 배풍막(배풍기와 배출풍도를 연결하는 막을 말한다)과 관련 부품, 동력전달기구 등은 섭씨 250도에서 1시간 이상 정상적으로 기능을 유지할 것. 다만, 배풍기와 분리 설치되어 배출가스의 영향을 받지 않는 전동기는 그러하지 아니하다.

② 본선 터널 바닥과 연결되어 있는 환기구를 대피통로로 사용하는 경우에는 내화구조물로 구획되어야 하며, 배연설비는 비상시 승객 및 승무원 등이 신속히 대피할 수 있는 구조로 설치하여야 한다.

제43조(대피통로 접속부의 안전기준) ① 본선 터널과 대피통로가 접속되어 있는 부분(이하 "접속부"라 한다)에는 승객 및 승무원이 쉽게 진입할 수 있어야 하고, 유독가스가 스며드는 것을 방지할 수 있도록 제연설비 등을 설치하여야 한다.

② 병렬터널에서 터널 사이를 연결하는 교차통로가 있는 경우에는 제연설비 또는 방화문은 두 터널 사이의 통로를 통하여 연기가 한쪽 터널에서 다른 쪽으로 옮겨가는 현상이 최소화 될 수 있도록 하여야 한다.

③ 본선 터널과 수직갱 및 100미터 이상의 경사갱 사이에는 다음 각 호에 따라 차단구역을 설치하여야 한다.

1. 본선 터널로 이어지는 문 및 차단구역과 경사갱 또는 수직갱 사이에 있는 문은 연기를 차단할 수 있는 방화문이어야 할 것
2. 차단구역의 출구는 최소한 대피통로 입구와 같은 폭을 가져야 하며, 문짝의 폭은 1미터 이상일 것
3. 차단구역의 바닥 폭 및 대기인원을 고려하여 정하고, 길이는 12미터 이상으로 할 것
4. 접속부의 차단구역에 설치된 제연설비는 방화문을 열었을 때 연기가 차단구역으로 확산되는 현상을 최소화할 수 있는 구조일 것
5. 차단구역에 제연설비를 설치하는 경우에는 열차운행에 따른 공기압력 조절댐퍼 설치가 가능할 것

④ 대피통로의 본선 접속부는 차량이 대피통로 접속부에 정지하는 경우에도 대피가 원활하게 이루어 질 수 있도록 폭을 넓힐 것

⑤ 대피통로의 접속부는 화재열차가 접속부에 정지하는 경우에도 승객과 승무원이 안전하게 대피할 수 있는 구조로 할 것

제44조(대피로) ① 비상시 승객 및 승무원이 도보로 신속히 본선 터널의 양쪽 출입구 또는 대피통로의 입구로 이동할 수 있도록 대피로를 설치하여야 한다.

② 대피로는 본선 터널 바닥면의 궤도를 제외한 부분에 설치하되 단선터널은 한쪽 벽에 설치하여야 하고, 복선 터널은 양쪽 벽에 설치하여야 한다.

③ 대피로의 바닥은 견고한 재질을 사용하여야 하며, 바닥에는 승객이 대피하는 데 지장을 주는 장애물 등은 없어야 한다.

④ 대피로의 폭은 0.7미터 이상, 높이는 2.1미터 이상 확보하여야 하며, 대피로 공간에는 그 밖의 시설물이 침범할 수 없도록 하여야 한다.

제45조(안전손잡이) 안전손잡이는 다음 각 호에 따라 설치하여야 한다.

1. 대피로의 측벽에는 승객 및 승무원의 안전한 대피를 위하여 대피로 바닥면에서 1.2미터 이내의 높이에 설치할 것
2. 승객 및 승무원이 비상시 안전손잡이를 잡고 대피할 때 아무런 장애를 받지 않을 것
3. 재질은 내부식성이 크고, 열전도율이 낮을 것
4. 이용자의 안전을 위하여 접지를 할 것

제46조(대피통로) 터널의 화재발생에 대한 안전성 분석결과에 따라 대피통로가 필요한 경우에는 다음 각 호를 고려하여 설치하여야 한다.

1. 안전성 분석을 통하여 대피통로 간격의 적정성을 검증할 것
2. 대피통로에는 화재가 발생한 경우에 승객 및 승무원이 연기 등 유독가스에 질식하지 않도록 차단시설을 설치할 것
3. 수직갱의 대피통로에는 본선 터널의 수평연결구(터널 벽의 움푹 파인 곳으로 대피로와 연결된 곳을 말한다)에서 승객 및 승무원이 지표면으로 직접 탈출할 수 있을 것
4. 둘 이상의 독립된 본선 터널을 병렬로 건설하는 경우에는 교차통로가 대피통로로 사용되도록 하고, 하나의 본선 터널에 둘 이상의 선로가 있는 터널을 건설하는 경우에는 수직갱 또는 경사갱이 대피통로로 사용되도록 할 것
5. 경사갱은 소방차량 등의 긴급구조차량이 본선 터널로 진입 및 회차가 가능하도록 충분한 공간을 확보할 것

6. 제연 또는 배연 통로로만 사용되는 수직갱 및 경사갱이 지표면과 가까운 곳에 위치할 경우에는 승객탈출용 대피통로로 겸용할 수 있을 것

7. 본선 터널과 접히는 대피통로 입구에는 비상사태가 발생하는 경우를 대비하여 식별하기 쉽도록 표지판 등을 설치할 것

8. 대피통로 출구부에는 비인가자의 출입을 제한하는 개폐장치가 있는 문을 설치하되 내부의 승객이 외부로 용이하게 열 수 있는 구조일 것

제47조(수직갱) 수직갱은 다음 각 호에 따라 설치하여야 한다. 다만, 지형여건상 설치하기가 곤란한 경우에는 이에 준하는 대체 안전시설을 설치하여야 한다.

1. 내부에는 승객이 이용할 수 있는 계단과 안전난간을 설치하여 화염으로부터 보호될 수 있는 구조일 것
2. 수직갱의 높이가 30미터 이상인 경우에는 계단 이외에 엘리베이터 또는 계단 중간에 추가적인 안전공간을 설치할 것
3. 계단의 폭은 1.2미터 이상, 엘리베이터의 면적은 2.5제곱미터 이상으로 할 것
4. 터널에는 적정한 조명시설 및 통신수단을 갖출 것
5. 수직갱의 대피통로에 설치하는 방화문은 30분 이상 화염에 견딜 수 있는 성능을 확보할 것
6. 방화문은 비상시에 본선 터널에서 용이하게 열수 있는 구조로서 경보시설로 감시되어야 하고, 평상시에 수직터널 쪽에서 방화문을 열려는 경우 인가자를 제외한 자가 출입할 수 없는 구조일 것

제48조(경사갱) 경사갱은 다음 각 호에 따라 설치하여야 한다. 다만, 지형 여건상 설치하기가 곤란한 경우에는 이에 준하는 대체 안전시설을 설치하여야 한다.

1. 경사갱의 폭 및 높이는 2.25미터 이상을 원칙으로 할 것
2. 경사갱이 바로 지상 출구로 이어지지 않고 수직갱으로 이어질 경우에는 경사갱의 길이는 150미터 이하를 원칙으로 할 것
3. 경사갱의 길이가 300미터 이상인 경우에 접속부는 소방차량 등의 긴급구조차량이 회전할 수 있도록 공간이 확보되어야 하며, 이 경우 250미터 간격마다 차량이 교차 통행할 수 있도록 공간을 확보할 것
4. 경사갱이 대피와 배연기능을 겸용으로 사용할 때에는 배연통로의 연기가 대피로에 침투하지 못하도록 할 것
5. 경사갱의 경사도와 길이는 승객대피와 도로용 차량의 이동이 용이하도록 할 것
6. 승객들의 대피가 용이하도록 조명시설 및 통신수단과 100미터 간격으로 출구까지의 거리표지판을 설치할 것
7. 경사갱의 대피통로에 설치하는 방화문은 수직갱의 방화문을 준용할 것

제49조(교차통로) 교차통로는 다음 각 호에 따라 설치하여야 한다.

1. 폭 및 높이는 2.25미터 이상일 것
2. 안전대피 장소로 연기가 확산되는 것을 방지하는 구조일 것
3. 비상조명등을 설치할 것
4. 대피통로 출구에는 소방대 및 구조대가 접근할 수 있도록 진입로를 확보할 것

제50조(비상조명등) 비상조명등은 다음 각 호에 따라 설치하여야 한다.

1. 단선터널은 대피로가 설치된 벽, 복선터널은 양쪽 벽에 20미터 이내의 간격으로 설치할 것
2. 대피로 바닥의 조도가 1럭스 이상의 밝기를 유지하도록 설치할 것

제51조(단전 및 접지기구 설치) ① 전차선로 계통은 비상시에 구간별로 단전할 수 있게 설치하여야 하며, 터널 길이가 1킬로미터 이상인 터널에는 입·출구에 접지걸이를 비치하여 안전을 확보하여야 한다.

② 단전과 접지장소에는 통신수단과 조명이 확보되어야 하며, 단전작업은 작업절차와 책임소재가 명확하여야 한다.

제52조(터널 출입구의 진입로) 터널 출입구에 진입로는 다음 각 호에 따

라 설치하여야 한다.

1. 소방대 및 구조대가 접근할 수 있을 것
2. 폭은 4미터 이상이어야 하며, 최대 150미터 이내의 간격으로 차량이 교차할 수 있는 공간을 마련할 것
3. 바닥은 견고하여야 하며, 차선은 분리할 것
4. 구조·소방차량 등이 정차하고 회전할 수 있는 지역(이하 "방재구난지역"이라 한다)이나 회차지역에서 끝나게 하여야 하며, 터널 출입구에 최대한 근접할 것
5. 도로변 진입로 입구에는 소방대 및 구조대가 터널을 쉽게 찾을 수 있도록 이정표지판을 설치할 것

제53조(방재구난지역) 진입로에는 다음 각 호에 따라 방재구난지역을 확보하여야 한다.

1. 터널 출입구 및 대피통로 출구까지는 방재구난지역을 통해 진입이 가능할 것
2. 방재구난지역은 가급적 터널 출입구 및 대피통로 출구에 가깝게 위치하여야 하며 지형 여건상 부득이한 경우에는 최대 200미터 이내에 설치할 것
3. 방재구난지역의 면적은 400제곱미터 이상이어야 하며 컨테이너 등의 다른 시설물을 설치하지 아니할 것
4. 방재구난지역은 가능한 선로높이와 비슷한 높이로 설치할 것
5. 지형여건상 진입로 및 방재구난지역을 설치하기가 곤란한 경우에는 터널 입·출구부 인근에 「항공법」에 따라 헬기장을 설치할 것
6. 방재구난지역은 야간 구조 활동을 위하여 조명설비를 설치하여야 하며, 구조활동에 필요한 그 밖에 다른 장치가 필요한 경우에는 별도로 설치할 것
7. 단선 병렬터널은 구조용 차량이 터널 갱구 앞을 통과할 수 있도록 출입구 근처 바깥쪽에 구획을 정리할 것
8. 터널 출입구와 대피통로 출구의 방재구난지역 지면이 궤도높이와 표고차가 발생할 경우에는 현장여건을 고려하여 대피 및 구조가 가능하도록 할 것

제54조(연결송수관설비) 안전성 분석결과 본선 터널에 연결송수관설비가 필요한 경우에는 다음 각 호에 따라 설치하여야 한다.

1. 소방용수의 공급은 본선 터널의 출구와 입구를 연속으로 연결하는 연결송수관으로 습식 또는 건식으로 하며, 건식으로 할 경우 30분 이내 충수할 수 있는 구조로 할 것
2. 연결송수관은 저수지, 터널 근처의 소화수조 또는 그 밖의 용수공급원으로부터 물을 공급할 수 있어야 하며 겨울철 및 건조기에도 소화용수 공급이 가능할 것
3. 송수구는 사용자가 식별하기 용이한 곳에 "연결송수관설비 송수구"라고 표시한 표지를 설치할 것
4. 소화수조는 내식성과 동결방지 장치를 확보하고 용량은 터널에 설치되어 있는 건식배관을 채우고 유효수량이 100세제곱미터 이상이어야 하며 터널 출구 또는 대피통로 접속부 인근에 설치할 것
5. 배관은 선호 한쪽 측면에 설치하여 유지·관리하기 쉽게 배치할 것
6. 방수구는 가까운 곳에 보기 쉽게 "연결송수관설비 방수구" 표지판을 설치할 것
7. 연결송수관설비 표지판은 발광식 또는 축광식으로 설치하여야 하며 설치기준은「유도등 및 유도표지의 화재안전기준(NFSC 303)」에 적합할 것
8. 연결송수관설비의 배관은 구역별로 분리하여 안전한 위치에 설치할 것
9. 연결송수관이 연속적으로 설치된 경우에는 50미터 간격으로 방수구를 설치하고, 소방용수가 대피통로를 통해서만 공급되는 경우에는 본선 터널의 대피통로 입구에 방수구를 설치할 것
10. 연결송수관 배관은 압력배관용 아연도금 강관 또는 동등 이상의

재질로 하여야 하며, 관경은 150밀리미터 이상으로 할 것

11. 방수구는 개폐 가능하여야 하고, 방수구의 호스 접결구는 바닥으로부터 0.5미터 이상 1미터의 위치에 직경 65밀리미터로 설치하여야 하며, 소방대 호스와 연결 가능할 것
12. 방수기구함은 방수구와 동일한 위치에 설치하여야 하며, 방수기구함에는 구경 65밀리미터, 길이 15미터의 호스와 방사형 관창 1개를 비치하되 호스는 방수구와 연결하였을 때 그 방수구가 담당하는 구역을 충분히 소화할 수 있도록 4개의 호스를 비치할 것
13. 방수기구함에는 "방수기구함"이라고 표시된 표지를 할 것
14. 가압송수장치의 펌프 토출량은 1분당 2,400리터 이상일 것
15. 가압송수장치의 펌프 양정은 배관계통에서 압력이 최소인 방수구(가압송수장치로부터 가장 멀리 떨어진 방수구 또는 구배상 가장 높은 위치의 방수구를 말한다)의 노즐 선단 압력이 0.343메가파스칼 이상이 될 것
16. 가압송수장치는 방수구가 개방될 때 자동으로 기동되거나 수동스위치를 조작하여 기동되도록 할 것. 이 경우 수동스위치는 2개 이상 설치하여야 하고, 그 중 1개는 송수구 주변에 강판으로 수납하여 설치할 것
17. 연결송수관 설비에 의한 소화 작업은 소방활동을 전문적으로 수행할 수 있는 전문 소방대가 수행하는 시스템으로 구축하여야 하며, 소방용수의 공급은 연 1회 이상 정기적으로 점검할 것
18. 연결송수관 설비는 평상시에 터널 살수용으로 활용할 수 있으며, 사용 후 즉시 소화용수를 보충할 것

제55조(비상콘센트설비) 비상콘센트설비는 다음 각 호에 따라 설치하여야 한다.

1. 터널의 비상콘센트설비는 복선터널은 양측 250미터, 단선터널은 편측 125미터 간격으로 설치할 것
2. 터널의 전기공급시스템은 비상구조 활동에 적합할 것
3. 전선과 플러그는 사고가 발생한 경우에 파손되지 아니하도록 계획되어야 하며, 열과 물로부터 보호될 것
4. 비상콘센트는 전용 배전선로의 이중화 전원계통에서 전원을 공급하여야 하며, 접속은 일반적으로 사용하는 방식을 적용할 것
5. 노출된 전선의 길이는 안전상의 이유로 제한되어야 하며, 정기적으로 점검을 실시할 것
6. 비상콘센트설비의 전원회로는 단상 교류220볼트로서 용량은 1.5킬로바(KVA) 이상일 것.
7. 비상콘센트설비는 접지를 시킬 것

제3절 역시설

제56조(일반기준) ① 역 선로의 종점에 궤도가 있는 경우에는 열차를 안전하게 정지시키고 승객과 승강장 시설을 열차의 과주행으로 인한 피해로부터 보호할 수 있어야 한다.

② 승강장에는 선로 및 선로 인접부근의 활동사항과 연관하여 비상상황을 제어할 수 있는 시설을 마련하여야 한다.

③ 승강장과 대합실을 포함한 역사 내에는 비상상황 발생시 승객이 안전하게 대피할 수 있도록 대책을 마련하여야 한다.

④ 역 시설에는 시각 또는 청각장애인이 정보를 이용할 수 있는 안내표지 또는 안내설비를 설치하여야 한다.

⑤ 역사를 신설하는 경우에는「장애물 없는 생활환경(Barrier Free) 인증제도 시행지침」 제13조에 따른 인증의 등급 중 '우수등급'에 준하도록 하여야 한다.

⑥ 본 기준에서 정하지 않은 시설은 「교통약자 이용편의 증진법」 에서 정한 바에 따라 설치하여야 한다.

제57조(승강장) 승강장은 다음 각 호에 따라 설치하여야 한다.

1. 전동차가 운행되는 승강장에는 승객의 안전사고를 방지하기 위하여 안전펜스 또는 승강장안전문설비를 설치할 것. 다만, 광역철도(광역철도와 연계되는 철도 포함)의 승강장에는 승강장안전문설비를 설치할 것
2. 본선 터널의 출구부분, 철도교량의 양끝부분 또는 외부인의 무단침입으로 철도사고의 발생 가능성이 있는 선로 등의 철도시설에는 진입통제시설을 설치하거나 위험을 알리는 표시를 해야 하며 필요한 경우 승강장의 시점·종점 끝단에 1.5미터 높이의 방벽을 설치할 것
3. 승강장의 시점·종점 끝단에는 승객의 안전확보를 위하여 비상시 이용할 수 있는 0.9미터 이상의 통로 및 계단을 설치하여야 하고, 평상시 선로접근을 방지할 수 있는 개폐시설을 설치할 것
4. 승강장은 노대로부터 안전거리를 확보할 수 있는 경계표시를 하여야 하며, 무정차 통과 열차운행시 열차속도에 따른 추가 경계선 및 안내표시를 할 것
5. 승강장 노대에는 미끄럼 저항기준 40BPN 이상(시험방법은 KS F 2375에 따름)의 미끄럼 방지용 마감재를 사용하여야 하며, 시각장애인이 승강장 가장자리를 감지할 수 있도록 점자블록을 설치할 것
6. 승강장에 접한 선로에는 비상시 대피를 위하여 고상 승강장 아래에 적정한 크기의 여유 공간을 마련할 것
7. 전동차와 승강장 가장자리의 간격이 0.1미터가 넘는 부분에는 안전발판 등 승객의 실족을 방지하는 설비를 설치할 것
8. 화재 등 비상상황이 발생하는 경우 승강장안전문과 안전보호벽은 수동으로 개폐될 수 있도록 할 것
9. 승강장과 연결되는 계단은 미끄럼 저항 기준 40BPN 이상(시험방법은 KS F 2375에 따름)의 미끄럼 방지용 마감재를 사용할 것. 다만, 계단코에 줄눈넣기를 하거나 불연 논슬립 등의 미끄럼 방지재로 마감을 하는 경우에는 그러하지 아니하다.

제57조의2(승강장안전문설비의 안전관리책임자) ① 철도시설관리자는 승강장안전문설비의 관리에 관한 직무를 수행하기 위하여 안전관리책임자를 선임하여야 한다.

② 제1항에 따라 선임된 안전관리책임자의 직무범위는 다음 각 호와 같다.

1. 제112조에 따른 승강장안전문설비의 점검·보수 등 유지관리 계획의 수립 및 시행에 관한 사항
2. 제114조에 따른 승강장안전문설비의 점검·보수 등 유지관리에 관한 기록의 작성 및 유지에 관한 사항
3. 승강장안전문설비의 고장 및 장애 기록의 작성 및 유지에 관한 사항

제58조(대합실) 대합실은 다음 각 호에 따라 설치하여야 한다.

1. 일반 통행인과 여객 동선과는 분리할 것
2. 여객 동선을 고려하여 구조물, 매표소, 집표·개표구 등을 배치할 것
3. 장애인 및 노약자의 이용에 지장을 주는 지장물은 제거할 것
4. 여객에게 유용한 정보를 제공할 수 있는 안내표지 또는 안내설비를 설치할 것
5. 대합실에 설치되는 계단 및 경사로는 혼잡상황을 고려하여 충분한 너비를 확보하여야 하며 이동에 방해되는 장애물은 제거할 것
6. 유도점자블록은 장애인이 각 장소로 쉽게 이동할 수 있도록 연속성 있게 설치할 것
7. 안내표지의 내용은 쉽게 이해할 수 있어야 하며, 모든 환경에서 명확히 인지할 수 있을 것
8. 안내표지는 정보를 찾는 승객들이 다른 승객들의 이동 흐름을 방해하지 않도록 설치할 것
9. 역 이름이 포함된 안내판은 조명시설을 갖추어 야간에도 명확히 알아 볼 수 있을 것

10. 역사 및 승강장 내에서 공지방송 및 안내방송을 명확히 청취할 수 있도록 방송설비를 설치할 것
11. 장애인용 집표구·개표구를 최소 1개 이상 설치하여야 하며 집표구·개표구와 전면 계단은 충분히 이격될 것
12. 대합실과 연결되는 계단은 제57조제9호를 준용한다. 이 경우 "승강장과 연결되는 계단"은 "대합실과 연결되는 계단"으로 한다.

제59조(역 광장) 역 광장은 역사 내로 여객이 안전하고 편리하게 출입할 수 있어야 하며, 비상시 긴급차량이 신속하고 안전하게 접근할 수 있어야 한다.

제60조(피난로 및 피난설비) ① 피난로 및 피난설비는 다음 각 호에 따라 설치하여야 한다.
1. 비상시 역 및 승강장에서 안전한 구역으로 피난할 수 있는 통로, 출입구, 계단 등을 확보할 것
2. 승강장에서 터널로 통하는 진입로의 경우, 비상시 쉽게 대피할 수 있도록 적정한 폭을 확보하고 안전시설을 설치할 것
3. 비상시 역 및 승강장에서 안전한 피난을 위해 유도등, 비상조명등 등과 같은 적절한 피난설비를 설치할 것

② 역시설 내 비상상황이 발생할 경우 승객이 안전하게 피난할 수 있는 피난로를 다음 각 호와 같이 확보하여야 한다.
1. 피난경로는 단순 명쾌하며 2방향 이상 피난로를 확보할 수 있는 구조
2. 출입구의 자동폐쇄장치 및 제연설비가 갖추어진 안전구획 공간
3. 피난계단은 전실형태의 구조
4. 피난로는 방화 및 방연성능을 확보

③ 지하 3층 이하의 승강장에는 승강장과 지상을 계단으로 직접 연결하는 별도의 특별피난 계단을 설치하여야 한다.

④ 출입구는 비상시 이용될 수 있도록 안전지대로 연결하여야 하고, 화재와 연기로부터 보호되어야 한다.

⑤ 비상상황이 발생할 경우 승객이 안전하게 피난할 수 있도록 유도등, 비상조명등을 설치하여야 한다.

⑥ 제5항에 따른 유도등은 승강장·대합실·통로·계단 등에는 평상시에도 항상 점등되어야 하고, 비상상황 발생시 60분 이상 계속 점등되어야 한다.

⑦ 유도등 및 비상조명등의 세부 설치기준은 유도등 및 유도표지의 화재안전기준(NFSC 303) 및 비상조명등의 화재안전기준(NFSC)에서 정한 바에 따라 설치하여야 한다.

⑧ 역시설에는 화재, 사고 등 비상 대피를 할 경우 고객이 휴대할 수 있는 휴대용 비상조명등을 설치하되 어둠속에서 위치확인이 가능하여야 하며, 건전지는 20분 이상 유지할 수 있는 용량을 사용하여야 한다.

⑨ 모든 지하역사에는 층별로 2개 이상의 인명구조용 공기호흡기를 설치하여야 한다.

제61조(내화구조 및 불연재료) ① 승강장을 포함한 역사 내의 주요 구조부는 「건축물의 피난·방화구조 등의 기준에 관한 규칙」 제3조에 따른 내화구조로 하여야 한다.

② 승강장을 포함한 역사 내 구조물 등에 사용되는 마감재 등은 다음 각 호의 기준에 따라야 한다.
1. 승강장 및 대합실에 사용되는 마감재는 불연재료를 사용하여야 한다. 다만, 냉방장치 등 기계설비가 설치된 장소의 바닥에 사용되는 마감재료는 불연재료를 사용하지 않을 수 있다.
2. 복도, 계단 및 통로에 사용되는 마감재는 불연재료를 사용하여야 한다.
3. 조립식 칸막이의 외부에 사용되는 마감재는 불연재료를 사용하여야 하며, 조립식 칸막이의 내부에 사용되는 재료는 불연재료 또는 준불연재료를 사용하여야 한다.
4. 실내장식물은 불연재료, 준불연재료 또는 「소방시설 설치유지 및 안전관리에 관한 법률」 제12조제1항에 따른 방염성능기준 이상의 물

품을 사용하여야 한다.

5. 가판대, 안내소, 공중전화부스 등의 편의시설에 사용되는 마감재는 불연재료를 사용하여야 한다.

③ 제2항에 따른 마감재는 구조물의 균열, 누수 또는 노후화를 쉽게 점검할 수 있도록 설치하여야 한다.

제62조(소방시설) ① 역 및 승강장 내에 설치하는 화재경보설비는 원활히 작동될 수 있도록 유지·관리되어야 하며, 모든 경보장치는 작동과 동시에 각 역 또는 관제실에 전송되어야 한다.

② 역 및 승강장의 제연설비는 「소방시설 설치·유지 및 안전관리에 관한 법률」에 따라 설치하되 화재가 발생할 경우에 승객의 질식에 의한 사고를 방지하고 승객이 안전하게 대피할 수 있도록 하여야 한다.

제63조(역 시설) 역 시설은 폭우, 강풍 등에 대비할 수 있도록 다음 각 호에 따라 설치하여야 한다.

1. 침수방지설비 및 배수량에 따른 배수설비를 갖출 것
2. 비가 올 때 빗물이 지하 역사내로 흘러들어가지 않도록 출입구 부분을 접속되는 지면보다 충분히 높게 시공할 것
3. 환기구 등을 통해 빗물이 흘러 들어가지 아니할 것
4. 노출 급·배수관은 겨울철 동파가 되지 아니할 것

제64조(여객 이동통로) 여객의 이동통로는 다음 각 호에 따라 설치하여야 한다.

1. 비상시 혼잡상황을 고려한 예상 인원을 수용할 수 있는 폭을 확보할 것
2. 환승객, 여객 및 장애인의 동선을 분리하여 승하차 동선을 단순화하고 동선에 장애물이 없도록 할 것
3. 통로의 바닥은 미끄러지지 아니하는 재질로 마감할 것
4. 출입구는 가능하면 통로 및 역사 내 혼잡한 지역에 설치하지 아니할 것
5. 계단의 시·종점부는 「도시철도 정거장 및 환승·편의시설 설계지침」3.4.1.1 (3) 3)에 따라 계단코에 특수색깔 처리를 할 것

제65조(에스컬레이터 및 수평보행기) 에스컬레이터, 수평보행기는 다음 각 호에 따라 설치하여야 한다.

1. 적절한 폭과 충분한 대기 공간을 마련할 것
2. 인접한 벽과 적당한 간격을 두고 손잡이를 설치할 것
3. 비상정지스위치는 잘 보이는 곳에 설치할 것
4. 비상시 필요한 모든 장비들은 각 에스컬레이터 및 수평보행기 부근에 설치되어야 하며, 역무원이 쉽게 접근할 수 있을 것
5. 계획되지 아니한 운행 중단에 대한 경고음 시스템을 설치할 것

제66조(승강기) 승강기는 「교통약자의 이동편의 증진법」에서 정한 바에 따라 설치하여야 한다.

제4절 철도건널목

제67조(일반기준) 철도시설관리자는 철도건널목(이하 "건널목"이라 한다)에서 이용자에게 위험을 알리고 이용자와 철도를 보호할 수 있는 대책을 마련하여야 한다.

제68조(건널목 신설 및 폐지) ① 건널목은 다음 각 호에 따라 설치하여야 한다.

1. 인접 건널목과의 거리는 1킬로미터 이상일 것
2. 열차확인거리는 해당 선로에서 열차가 최고 운행속도로 운행할 때의 제동거리 이상을 확보할 것
3. 건널목의 폭은 3미터 이상일 것
4. 철도선로와 접속도로와의 교차각은 60도 이상일 것
5. 양쪽 접속도로는 반드시 포장되어야 하며, 철도경계선으로부터 30미터까지의 구간을 직선으로 하여 굴곡이 없어야 하고, 그 구간의 경사도는 3퍼센트 이하일 것

② 철도시설관리자는 건널목을 폐지할 경우에 폐지예정일 10일 이전에 폐지사유와 폐지연월일을 통행인이 잘 볼 수 있는 건널목 주변에 게시하여야 한다.

제69조(건널목 종류) ① 건널목은 철도 및 도로의 교통량에 따라 제1종 건널목, 제2종 건널목, 제3종 건널목으로 구분하여야 한다.

② 건널목 종류는 별표1의 철도건널목 분류기준에 따른다.

제70조(교통량 조사) ① 철도시설관리자는 건널목에 대하여 2년마다 별지 제1호서식의 철도건널목 교통량 조사표에 따라 교통량을 조사하여야 한다. 다만, 건널목 주변여건에 따라 교통량이 급격히 변동된 때에는 수시로 교통량을 조사할 수 있다.

② 제1항에 따라 교통량을 조사할 경우에 기상악화 등 일시적인 요인으로 교통량이 급격히 변할 때에는 교통량을 조사하지 않아야 한다.

③ 제1항에 따른 교통량 조사는 평일에 3일간 연속하여 실시하여야 한다. 다만, 교통량 조사기간 중 교통량이 평상시와 큰 차이가 있을 경우에는 3일을 초과하여 조사할 수 있다.

제71조(건널목 안전설비) ① 건널목 안전설비는 별표2의 건널목 종류별 안전설비 설치기준에 따라 설치하여야 한다.

② 건널목 안전설비는 정전의 경우에도 일정시간 동안 기능에 이상이 없도록 작동하여야 한다.

③ 건널목 안전설비는 낙뢰 및 이상전압이 유입될 경우 기기를 보호할 수 있는 설비를 갖추어야 한다.

④ 건널목 주변의 각종 장애물 등으로 인한 건널목 사고를 예방하기 위하여 다음 각 호의 안전설비를 필요한 개소에 설치하여야 한다.

1. 지장물 검지장치
2. 출구측 차단봉검지기
3. 정시간제어기
4. 고장검지 및 감시장치
5. 정보 분석장치
6. 그 밖에 필요하다고 판단되는 장치

제72조(차단기 설치) ① 차단기는 지형여건상 부득이한 경우를 제외하고는 도로에서 선로를 바라볼 때 우측에 설치하되, 열차운행에 지장을 주지 않아야 한다.

② 차단기는 고압전선으로부터 1.5미터 이상의 거리를 두고 설치되어야 한다.

제73조(경보기 설치 등) ① 건널목에 경보기만을 설치하는 경우에 지형여건상 부득이한 경우를 제외하고는 도로시점에서 선로를 바라볼 때 우측에 설치하되 열차운행에 지장을 주지 않아야 한다.

② 경보기를 차단기와 함께 설치하는 경우에는 차단기 바깥쪽에 차량운전자 및 보행자가 쉽게 알아볼 수 있는 위치에 설치하여야 한다.

③ 편도 2차선 이상의 도로 또는 편도 1차선의 도로 중 대형차량이 빈번하게 통행하는 건널목에 설치되는 경보기는 차량운전자 및 보행자가 쉽게 위치를 알 수 있도록 현수형 또는 가교형으로 설치하여야 한다.

제74조(건널목 보판의 여유 폭과 차량진입 금지설비) ① 건널목 보판의 양끝은 지형여건상 부득이한 경우를 제외하고는 도로보다 각각 0.5미터 이상 넓게 설치하여야 한다.

② 건널목 보판의 여유 폭을 확보하기가 어려운 곳이나 여유 폭을 확보하여도 차량이 보판 밖으로 이탈할 위험이 있는 곳에는 건널목 보판의 끝부분에 경사판을 설치하여야 한다.

③ 차량통행이 금지된 건널목은 차량이 통행할 수 없도록 일시정지선 위치에 적당한 간격으로 말뚝을 설치하여야 한다.

제75조(차단기·경보기 그 밖의 안전장치 고장시의 조치) ① 건널목 관리원 또는 보수자는 차단기·경보기 그 밖의 안전장치가 고장으로 작동하지 아니하는 경우에는 별표3의 고장표지를 그 안전장치의 전면에 게시하고 필요한 안전조치를 취한 후 즉시 관제실에 통보하여야 한다.

② 차단기·경보기 그 밖의 안전장치가 고장이 발생하였을 때에는 즉시 보수하여야 한다.

③ 철도시설관리자가 제2항에 따라 보수를 하는 경우에는 해당 안전장치의 앞쪽에 별표3의 고장표지를 게시하여야 한다. 다만, 고장으로 고장표시등이 켜지는 경우에는 고장표지를 게시하지 아니할 수 있다.

제76조(관리원 없음 표지의 게시) 관리원을 배치하지 아니한 제1종 건널목과 관리원을 배치하였으나 관리원이 근무하지 아니하는 시간대의 제1종 건널목에는 별표4의 관리원 없음 표지를 차량운전자 및 보행자가 쉽게 알 수 있는 위치에 게시하여야 한다.

제77조(관리원 배치 및 근무) ① 제1종 건널목의 관리원 배치는 철도시설관리자가 건널목의 여건과 복잡도에 따라 관리원의 배치여부를 정하여 주·야 교대근무 또는 교통량이 많은 일정한 시간을 지정하여 근무토록 할 수 있다.

② 건널목 관리원의 근무시간, 근무요령 등 필요한 사항은 철도시설관리자가 정하여야 한다.

제78조(건널목 대장 비치 등) ① 건널목은 별지 제2호서식의 건널목대장에 관련 사항을 기재하고 전산으로 관리하여야 한다.

② 제1항에 따른 기재사항이 변경된 경우에는 즉시 그 변경사항을 건널목대장에 기재하여야 한다.

제5절 전철전력설비

제79조(일반기준) ① 사람들이 접근하기 쉬운 장소에는 전철전력설비에 대한 위험 경고표지를 설치하여야 하며, 화재위험을 최소화할 수 있도록 하여야 한다.

② 전철전력설비에서 발생하는 전자파는 인체에 유해한 영향을 미치지 아니하도록 설치하여야 하고, 유지관리 하여야 한다.

③ 전철전력설비는 주변설비에서 발생되는 전자파로 인하여 오동작이 발생되지 않아야 한다.

④ 가공 전차선로의 시설은 인체의 감전 및 다른 교통수단에 지장이 없도록 높이를 유지하여야 한다.

⑤ 취급자의 부주의로 위험을 초래할 수 있는 전철전력설비에는 주의표시를 하여야 하며, 작동상태를 알 수 있는 기능을 갖추어야 한다.

제80조(인체피해예방) ① 전철변전소 및 전기실 등이 설치된 장소에는 외부인의 출입을 제한하는 조치를 하여야 한다.

② 전철전력설비는 감전 등 사람에 대한 위험을 최소화하도록 하여야 한다.

③ 건널목 및 통로 등에 설치하는 귀선로는 대지와의 전위차로 인하여 통행하는 사람 등이 감전되지 아니하도록 설치하여야 한다.

제81조(화재예방) ① 낙뢰로 인한 피해가 우려되는 전철전력설비에는 폭발을 방지하는 구조로 된 피뢰기를 설치하여야 한다.

② 터널, 역사 등의 전기설비에는 화재발생시 유독가스에 의한 인명피해가 발생하지 않도록 불연재료를 사용하여야 한다. 다만, 특성상 불연재료를 사용할 수 없는 경우에는 「건축물의 피난·방화구조 등의 기준에 관한 규칙」 제5조에 따른 난연재료를 사용할 수 있다.

제82조(전철전력설비 안전) ① 변전소의 용량은 전철 전기 공급 구간별로 장래 수송수요와 연장 급전을 고려하여 정하여야 한다.

② 변전소를 비롯한 전철 전기를 공급하는 회로(이하 "급전계통"이라 한다)에는 장애를 신속하게 발견하고 그 장애가 다른 설비로 확산되지 않도록 차단기, 단로기 등의 보호설비를 설치하여야 한다.

③ 전기설비가 설치된 장소에는 비상시 전위상승 등으로부터 설비를 보호하기 위해 접지하여야 한다. 또한 전기설비 보호를 위한 접지시설은 이상전압이 발생할 경우에 신속하게 대지로 방전시켜야 하며, 정기적으로 측정·관리되어야 한다.

④ 장력조정장치 등 전차선로의 주요 구성 시설물은 열차의 안전운행

및 유지·보수에 필요한 상호간 절연 이격거리 및 높이를 유지하여야 한다.

⑤ 전철주 등 가공 전차선로의 지지물은 그 지역의 최대 풍속, 강설, 온도, 지진 등 환경을 고려하여야 하고, 터널, 교량, 개활지 등 지형특성을 반영하여 설치하여야 한다.

제83조(사고피해 저감) ① 변압기는 예상되는 부하에 견딜 수 있어야 하고, 외부 진동, 충격 등으로부터 보호될 수 있도록 설치하여야 하며, 사고 발생 시 그 확산을 방지할 수 있는 설비를 갖추어야 한다.

② 보호계전기는 사고가 발생할 경우에 급전계통을 분리하여 인명피해 및 기기시설의 손상을 방지하도록 하여야 하며, 고장발생기록·저장장치를 갖추어야 한다.

③ 전력시스템의 안정적인 운영을 위해서 전기관제실, 변전소 등의 주요 장소에는 비상조명등과 유도등을 설치하여야 한다.

④ 전력공급을 위하여 필요한 전철전력설비는 사고 발생에 대비하여 예비설비를 갖추어야 한다.

제84조(수·배전선로) ① 가공선로는 다음 각 호에 따라 설치하여야 한다.

1. 가공선로는 풍수해, 설해 등의 피해를 받을 우려가 있는 지역은 가급적 피할 것
2. 인근 통신선에 대한 유도장해를 감안할 것
3. 가공인입선은 견고하게 설치하여야 하고, 풍수해, 설해 등의 피해우려가 없는 곳에 설치할 것
4. 낙뢰 등 외부 이상전압으로부터 시설물을 보호하여야 하고 각 전철전력설비 간 효율적인 운용을 위한 절연협조를 갖출 것

② 지중선로는 다음 각 호에 따라 설치하여야 한다.

1. 지중 시설물이 가급적 적은 지역에 설치할 것
2. 다른 지중선, 케이블 등과 근접하거나 교차할 경우 상호 이격거리를 준수하거나 내화성 격벽을 설치할 것
3. 지중인입선은 사람이 접촉할 우려가 없도록 할 것
4. 비상시를 대비하여 예비선로를 확보할 것

제85조(수·변전설비 및 배전설비) 수·변전설비 및 배전설비는 다음 각 호에 따라 설치하여야 한다.

1. 고압, 특별고압 수용장소의 인입구 등 낙뢰로 인한 피해가 우려되는 곳에는 피뢰기를 설치할 것
2. 철도의 역사, 차량기지 등에 전원을 공급하기 위한 배전설비에서 발생할 수 있는 이상전압을 방지하는 설비를 설치할 것
3. 축전지는 발화물질과 최대한 떨어져 있어야 하며, 보관시 방전되지 않도록 적절한 보호대책을 마련할 것
4. 전력용 콘덴서는 고온 다습한 장소를 피할 것
5. 배전설비는 충전부분이 노출되지 않도록 금속제 외함에 설치할 것
6. 변전실은 부하의 분포상태, 전압강하 등을 고려하여 설비 및 전선 등은 쉽게 점검할 수 있을 것
7. 변압기는 다음 각 목을 고려할 것
   가. 진동, 충격 등으로부터 내구성을 확보할 것
   나. 화재 시 폭발하지 않을 것
   다. 환기설비를 갖출 것
   라. 온도상승 여부를 확인할 수 있을 것
   마. 주변압기는 같은 장소에 배치하여야 하며, 예비용 변압기를 갖출 것

제86조(원격제어시스템) ① 원격감시제어시스템(SCADA)은 전철변전소, 수전실, 전기실 등 원격지에 설치된 전기설비를 통신망으로 연결하여 전기관제실 등에서 개폐기 등 전기기기를 감시, 제어할 수 있도록 시설하여야 한다.

② 무인기능실(변전소, 구분소, 보조구분소)에는 원격영상감시, 출입통제 및 원격방송이 가능한 설비를 설치하여야 한다.

제87조(보호장치) 급전계통의 보호장치는 다음 각 호에 따라 설치하여야

한다.

1. 개폐기가 중력 등에 의하여 자연적으로 작동될 우려가 있을 경우 자물쇠장치 또는 이를 방지할 장치가 있을 것
2. 개폐기는 개폐상태를 표시하는 장치가 있어야 하며, 개폐상태를 쉽게 확인 가능할 것
3. 조작이 간편하고 위험의 우려가 없을 것
4. 과전류차단기의 차단용량은 통과하는 단락전류를 확실하게 차단할 수 있을 것
5. 단로기는 변압기의 여자전류를 개폐할 수 있을 것
6. 보호계전기는 다음 각 목의 기능을 갖출 것
   가. 사고발생 시에 급전계통을 분리하여 전철전력설비의 손상을 방지할 것
   나. 고장 해소 시 자동으로 복귀할 수 있을 것
   다. 고장 기록을 저장할 수 있을 것

제88조(접지설비) 접지설비는 다음 각 호에 따라 설치하여야 한다.

1. 전기설비가 설치된 장소에는 비상시 전위상승 등에 의한 감전 및 화재방지, 전기설비 보호를 위해 접지를 할 것
2. 수전실, 변전실 및 배전실(전기실)은 망상 접지로 하며, 선로변에 매설된 공용접지와 연결할 것
3. 변압기, 선로보호기기, 개폐기 및 감전될 우려가 있는 철제시설물은 선로변에 매설된 공용접지와 연결하여야 한다. 다만, 지형 또는 주위 환경에 따라 공동 매설접지선에 접속이 곤란한 금속체 등은 「전기설비기술기준」에 따라 접지를 할 것

제89조(절연장치) 절연 및 절연협조는 다음 각 호에 따라 설치하여야 한다.

1. 급전 계통에 발생하는 낙뢰 이외의 전차선 지락사고 등에 의한 절연파괴가 발생하지 않도록 기기 등의 절연강도를 결정할 것
2. 전력설비의 절연물이 오염될 가능성이 있는 곳에서는 오염을 최소화하는 대책을 마련할 것
3. 전철전력설비는 부식에 따른 안전에 영향이 없도록 관리할 것

제90조(전차선로) 전차선로는 차량의 안전운행 및 원활한 유지보수를 고려하여 각 호에 따라 설치하여야 한다.

1. 설치장소의 상황, 차량운행 등에 지장이 없는 높이 이상으로 유지하여야 하고, 승객과 일반대중이 직접적으로 접촉하지 않도록 할 것
2. 유도자기에 의한 장애가 밖으로 미치지 않도록 전선 상호 이격거리를 유지할 것
3. 전차선이 지나가는 구름다리나 높은 승강장 또는 교량에는 안전설비를 할 것
4. 보호선은 사고전류를 흐를 수 있게 충분한 전류용량과 기계적 강도를 가지고 있을 것

제91조(전차선 지지설비) 전차선 지지설비는 다음 각 호에 따라 설치하여야 한다.

1. 전차선로의 지지물은 최대 풍속과 강설 및 최고·최저온도 조건 등 외부환경을 고려하여 설계할 것
2. 터널이나 교량, 개활지 등의 구간 및 지형특성 등을 반영하여 설계하여야 하며, 지진, 하중 및 적절한 안전율을 주어 시설할 것
3. 전주, 지선, 보, 지지대 등의 지지물은 견고하여야 하며, 안전율을 유지할 것
4. 지지물은 승객이나 공중이 쉽게 올라가지 못하도록 설계되어야 하며, 부득이한 경우 오름방지설비를 할 것
5. 절연체의 절연누설거리 등 절연성능은 환경조건, 운영조건 등을 반영할 것

제92조(전차선 귀선로) 전차선 귀선로는 사람이 다니는 건널목이나 통로에서 감전이 되지 않도록 설치하여야 하며, 레일로부터 땅으로 흐르는 누설전류는 최소화하여야 한다.

제93조(전차선표지) 전차선의 표지는 철도종사원 등이 식별하기 쉬운 위치에 설치하여야 한다.

제94조(방재설비) ① 비상등은 전기관제실, 무선통신실, 신호실과 변전소 등의 주기계실, 전기실, 주요 통로, 계단 및 복도에 설치하여야 한다. 다만, 지하의 비상유도등은 상용전원이 정전될 경우 60분 이상 점등되어야 한다.

② 화재발생이 우려되는 설비에 대하여는 화재 확산에 대비하기 위하여 소화설비를 설치하여야 한다.

제6절 철도신호제어설비

제95조(일반기준) ① 철도신호제어설비는 열차의 안전운행 및 수송의 효율성 향상에 적합하여야 하며, 다음 각 호의 기능을 갖추어야 한다.

1. 열차의 충돌 및 추돌방지
2. 분기구간 및 곡선구간에서의 열차탈선방지
3. 열차의 진로설정 및 열차의 진로진입승인
4. 건널목에서의 열차보호

② 철도신호제어설비는 안전성이 검증된 것을 설치하여야 하며, 다음 각 호의 사항 등을 포함한 여러 조건을 고려하여야 한다.

1. 다른 노선과의 연계운행
2. 전철전력설비 및 철도신호제어설비용 전원공급장치
3. 열차 운영의 자동화수준
4. 비상시 열차운행 취급방법
5. 철도신호제어설비와 다른 설비와의 인터페이스

③ 철도신호제어설비는 장애 또는 이상상황이 발생하면 열차의 안전을 확보하는 방향으로 작동하여야 한다.

④ 운영 중인 철도신호제어설비를 변경 또는 신설하는 경우에는 철도안전에 영향을 주지 아니하여야 한다.

제96조(철도신호제어설비의 구조) 철도신호제어설비의 주요 장치를 제작·설치할 때에는 다음 각 호의 사항을 준수하여야 한다.

1. 기능, 인터페이스 등에 대한 무결성을 스스로 진단·감시·저장되어야 하며, 장애가 발생하면 안전상태로 전환될 것
2. 장치를 설계·개발하는 과정에서 오류 등이 발생되지 않도록 소프트웨어의 분석·시험 및 검증을 수행할 것
3. 중요한 정보를 지속적으로 안전하게 전송할 것
4. 교체 및 철거가 쉬울 것

제97조(철도안전설비와의 연계) 철도신호제어설비는 선로 또는 승강장에서의 철도사고를 방지하고 그 영향을 차단할 수 있도록 다음 각 호의 철도안전설비와 연계되어야 한다.

1. 차축온도검지장치 등 선로의 안전설비
2. 비상정지버튼 등 승강장 안전설비

제98조(철도교통관제설비) 철도교통관제설비는 관제업무종사자가 철도를 안전하고 효율적으로 운영할 수 있도록 다음 각 호와 같이 설치하여야 한다.

1. 철도교통관제설비는 중앙집중제어가 가능하도록 전용 건물내에 설치하여야 하고, 정거장별로 개별취급이 가능하여야 하며, 인접지역에 사고가 발생할 경우에도 열차운행에 지장이 없어야 하며, 관제기능을 상실할 경우에 대비하여 필요시 예비 관제설비를 설치할 것
2. 철도교통관제설비의 경보장치와 다른 경보·감시설비와 명확히 구분하여 관제업무종사자가 잘못된 판단을 일으키지 않도록 할 것
3. 열차집중제어장치(CTC)는 정거장과 정거장 사이를 운행중인 열차의 운행위치 확인이 가능할 것

제99조(철도신호제어설비) ① 철도신호제어설비를 설치하기 위해서는 다음 각 호와 같이 열차에 설치되는 차내 신호제어설비와의 적합성을 확인하여야 한다.

1. 열차위치검지방법 및 성능
2. 상용제동을 포함한 여러 가지 제동성능
3. 데이터 전송방법
4. 운전석의 신호정보표시 및 조작
5. 스크린도어장치 등 승강장 안전장치와의 연계 등

② 신호기 장치는 다음 각 호를 고려하여 설치하여야 한다.

1. 설치위치는 열차진행방향 중앙 또는 좌측에 설치하는 것을 원칙으로 하고 충분한 확인거리를 확보할 것
2. 데이터 정보를 전송할 때 오류가 없도록 할 것

③ 철도신호제어설비는 설치지역의 환경조건, 작업자의 안전한 이동 및 승객의 안전한 탈출을 고려하여 설치하여야 한다.

④ 철도신호제어설비는 주변에 설치되어 있는 다른 시설물 또는 장치가 안전하게 작동되는 것을 방해하지 아니하여야 하고, 다른 시설물 또는 장치로부터 방해받지 아니하도록 충분한 간격을 두고 설치하여야 한다.

⑤ 케이블을 포함한 철도신호설비는 화재, 열차탈선 및 침입으로 인한 피해를 최소화되도록 설치하여야 한다.

⑥ 철도신호제어설비는 외부인이 임의로 취급할 수 없도록 보호장치를 설치하여야 한다.

제100조(열차위치검지장치) 열차위치검지장치는 열차의 안전한 간격 확보와 철도신호제어설비의 정확한 운용을 위해 다음 각 호를 고려하여 설치하여야 한다.

1. 정확한 열차위치정보를 제공할 것
2. 열차위치정보를 건널목제어설비, 경보시스템 또는 열차운행과 관련한 각종 설비에 제공할 것
3. 운전업무종사자 및 철도종사자 등이 열차점유상태 및 열차정보를 확인할 수 있도록 할 것

제101조(연동장치) 열차의 운전취급이나 신호제어설비의 조작 시 오동작 등이 발생하지 않도록 신호기장치, 선로전환기 등의 연동장치는 다음 각 호에 따라 설치하여야 한다.

1. 연동장치는 선로전환기가 열차진행방향으로 밀착된 것을 확인하고 신호를 현시할 것
2. 연동장치의 일시적인 고장으로 진로 쇄정 및 선로전환기 쇄정이 해정되지 않도록 할 것
3. 연동장치는 열차가 이선으로 진입하지 않도록 하고, 운전취급자가 잘못된 취급을 방지할 수 있는 시스템을 구성할 것

제102조(철도사고 관련 위험원 관리) 열차사고를 유발하는 다음 각 호의 위험원에서 철도의 신호제어설비 및 정보통신설비와 관련된 위험원을 확인하여야 하고 관리하여야 한다.

1. 열차의 충돌 및 추돌사고 위험원
   가. 신호기와 관련된 오류
   나. 열차상태정보와 관련된 오류
   다. 열차운전자 또는 운전취급자와 관련된 오류
   라. 철도신호제어설비가 설치된 선로의 환경조건 등에 의한 신호설비 오류
   마. 열차속도제어와 관련된 오류
   바. 철도제어신호제어설비를 구성하는 장치의 고장
2. 지장물에 의한 열차충돌사고의 위험원
   가. 지장물이 승강장에서 선로로 낙하
   나. 철도관련 구조물 또는 기타 시설물에서 탈락한 지장물이 운행선로로 낙하
   다. 열차에서 탈락한 차량 구성품이 운행선로 낙하
   라. 절개지 붕괴 또는 산사태로 발생된 토석의 운행선로 차단
3. 열차탈선사고의 위험원

가. 운전취급자, 건널목관리자, 현장작업자 및 입환작업자와 관련된 오류

나. 선로전환기와 관련된 오류

다. 열차과속과 관련된 오류

라. 열차충돌사고에 의한 열차탈선

마. 폭염, 폭우, 폭설, 강풍 및 지진

4. 철도시설 유지·관리업무 수행자의 열차접촉사고의 위험원

5. 철도신호제어설비의 전기회로에 의한 과열, 누전 또는 아크로 인하여 발화원 또는 폭발사고의 위험원

6. 전기 및 전자파에 의한 장애 위험원

가. 철도신호제어설비의 가용성을 높이기 위하여 예비용의 전력공급장치를 확보할 것

나. 철도신호제어설비는 전위상승 등과 같은 이상상태로부터 신호제어설비의 훼손을 방지하기 위한 보호설비를 설치할 것

다. 철도신호제어설비는 전력설비 및 열차의 추진제어장치의 유도전압 및 전자파로 인한 장애가 발생하지 않도록 할 것

제7절 철도정보통신설비

제103조(일반기준) ① 철도정보통신설비는 관제실, 정차장, 운전실, 변전소 그 밖에 보안상 필요한 장소 상호간에 음성, 부호, 데이터 및 영상 등의 중요한 정보를 지속적으로 안전하게 송수신하여 신속히 연락할 수 있는 기능을 갖추어야 한다.

② 철도정보통신설비를 구성할 때에는 다음 각 호의 조건을 고려하여야 한다.

1. 철도종사자 및 일반인이 도움과 지원을 요청할 수 있을 것
2. 비상대응 조치를 지원하도록 적합한 설비를 구축할 것

③ 철도정보통신설비를 변경하거나 신설하는 경우에는 철도안전에 영향을 주지 아니하도록 하여야 한다.

제104조(철도정보통신설비의 구조) 철도정보통신설비는 기능을 충실하게 수행하기 위하여 안전성, 신뢰성 및 유지보수가 용이하여야 하며, 주요 장치는 다음 각 호의 기준을 충족하여야 한다.

1. 주요 부분은 고장시 자동 및 수동운용에 지장이 없도록 예비시스템을 갖출 것
2. 기능 및 인터페이스 등을 자동으로 진단하고, 장애발생시 경보음이 울리도록 할 것
3. 전원장치는 전력공급이 중단되더라도 통신설비가 일정시간 계속 작동할 수 있는 시스템을 갖출 것
4. 광케이블은 이중화로 설치하여 철도통신망의 안전성을 확보할 것

제105조(관제전화) ① 관제전화는 관제업무종사자가 철도를 안전하고 효율적으로 운영할 수 있도록 일제호출, 그룹호출, 개별호출이 가능하도록 설치하여야 한다.

② 제1항에 따른 관제전화는 하나의 관제전화기에서 장애가 발생되더라도 다른 단말기의 통화 및 호출에 지장을 주지 않아야 한다.

③ 광역철도 연계 수송기관 상호간에는 직통전화를 설치하여야 한다.

제106조(비상전화) 비상전화는 철도선로 연변에서 순회점검이나 작업시 현장근무와 해당 관제실 사이의 상호업무연락을 취하기 위하여 다음 각 호의 기준을 고려하여 설치하여야 한다.

1. 현장여건과 이용자의 편의성 및 안전성을 고려하여 토목구조물에 따라 적절한 장소에 설치할 것
2. 사용자가 열차와 대향하여 전화기 개폐가 가능하도록 할 것

제107조(열차간 무선통신) 터널 연장 2킬로미터를 초과하는 터널 내에는 열차간 무선교신이 가능하도록 하여야 한다. 이 경우 무선통신방식은 지능형 철도시스템(LTE-R) 개발 등을 고려하여야 한다.

제108조(안내방송장치) 안내방송장치는 방재설비 및 소방설비와 연동될

수 있도록 다음 각 호의 기준을 고려하여 설치하여야 한다.

1. 방재설비와 연동하여 비상시 경보용 송출과 비상방송이 가능하도록 할 것
2. 화재시 다른 설비의 방송을 차단할 수 있는 구조일 것
3. 건물 전 구역에 일제방송 및 경보음 송출이 가능할 것
4. 화재시 수신반으로부터 정보를 받은 후 방송이 개시될 때까지의 소요시간은 10초 이하일 것
5. 옥내배선은 난연전선을 사용하여야 하며, 옥외배선시 차폐케이블을 사용할 것
6. 방송설비의 배관은 별도의 배관으로 할 것

제109조(영상감시설비) ① 영상감시설비는 송출되는 신호를 관제실 또는 역무실(유지관리처소)에서 감시할 수 있어야 하며, 영상감시설비의 카메라는 130만 화소 이상이어야 하고 영상은 7일 이상 저장 및 재생이 가능하여야 한다.

② 광역철도 지하역사 승강장 및 대합실의 영상감시장치는 자동화재탐지설비와 연동되어 화재지역에 자동감시가 가능하도록 설치하여야 한다.

③ 영상감시설비는 광역철도 운송기관간 경계역 승강장의 영상을 상호간에 역 또는 철도교통관제센터에서 감시가 가능하도록 설치하여야 한다.

④ 역사 및 역 시설 등에 설치하는 방범용 영상감시설비의 카메라는 130만 화소 이상이어야 하고, 서버는 영상을 30일 이상 저장할 수 있어야 하며, 서버 및 모니터 등은 철도특별사법경찰대가 운영하는 철도범죄통합수사센터에 설치 및 감시가 가능하여야 한다.

제110조(역무 자동화설비) 자동개집표기와 비상게이트는 화재발생시 자동으로 개방될 수 있도록 자동화재탐지설비와 연동하여 설치하여야 한다.

제111조(철도정보통신설비) ① 철도정보통신설비는 "방송통신기자재 등의 적합성평가에 관한 고시"에 의거 적합인증을 받은 기기로 설치되어야 한다.

② 철도정보통신설비는 "방송통신설비의 안전성 및 신뢰성에 대한 기술기준" 및 "접지설비 · 구내통신설비 · 선로설비 및 통신공동구등에 대한 기술기준"에 적합하게 설치하여야 한다.

제8절 철도시설의 유지 · 관리

제112조(일반기준) ① 철도시설관리자는 열차가 규정된 속도로 안전하게 운행되고 이 기준에 적합한 상태를 지속적으로 유지할 수 있도록 철도시설을 점검 · 보수하여야 하는 등 유지 · 관리하여야 한다.

② 철도시설관리자는 제1항에 따라 철도시설을 점검 · 보수하려는 경우에는 철도시설의 특성 등을 고려하여 시설명 및 시설기준, 점검항목, 점검주기 및 방법 등에 관한 세부사항을 정하여 시행하여야 한다.

제113조(유지 · 관리) 철도시설관리자는 「철도안전법」 제7조에 따라 철도시설을 유지 · 관리하려는 경우에는 안전관리체계를 갖추어 국토교통부장관 승인을 받은 후에 시행하여야 하며, 승인받은 안전관리체계를 지속적으로 유지하여야 한다.

제114조 및 제115조 삭제 〈19 · 3 · 21〉

제3장 도시철도

제116조(도시철도차량과의 적합성) 철도시설관리자는 도시철도차량과의 상호 연관성을 고려하여 선로시설, 전철전력설비, 신호 및 열차제어설비를 설치 · 운영하여야 한다.

제116조의2(승강장) 도시철도 승강장에는 승강장안전문설비를 설치하여야 하며, 화재 등 비상상황이 발생하는 경우 승강장안전문과 안전보호벽은 수동으로 개폐될 수 있어야 한다.

제116조의3(역시설) ① 역사를 신설하는 경우에는 「장애물 없는 생활환경(Barrier Free) 인증제도 시행지침」 제13조에 따른 인증의 등급 중 '우수 등급'에 준하도록 하여야 한다.

② 승강장 및 대합실과 연결되는 계단은 미끄럼 저항기준 40BPN 이상(시험방법은 KS F 2375에 따름)의 미끄럼 방지용 마감재를 사용하여야 한다. 다만, 계단코에 줄눈넣기를 하거나 불연 논슬립 등의 미끄럼 방지재로 마감을 하는 경우 그러하지 않을 수 있다.

제116조의4(승강장안전문설비의 안전관리책임자) 승강장안전문설비의 안전관리책임자 선임 및 직무범위에 대하여는 제57조의2를 준용한다.

제1절 선로시설

제1관 선로

제117조(일반기준) ① 선로는 열차의 축중, 통과 속도 및 무게에 적합하고, 온도 변화를 포함한 예상할 수 있는 모든 하중조건에서 구조적으로 안전하며, 열차의 주행 안전에 영향을 미치는 변형이 없도록 설계, 시공 및 유지·관리하여야 한다.

② 선로와 선로 사이 및 선로와 선로 시설물 사이에는 열차가 안전하게 통과할 수 있도록 여유 공간을 확보하여야 한다.

③ 열차의 소음과 진동에 의한 피해가 예상되는 지역의 선로에는 소음과 진동을 줄이기 위한 대책을 마련하여야 한다.

제118조(궤도) ① 궤도는 가능한 한 장대레일(길이가 200미터 이상인 레일을 말한다)로 부설하여야 한다.

② 궤도의 하부구조는 열차의 운행 하중을 효과적으로 지지하고 하부로 전달할 수 있는 지지력과 배수기능을 갖추어야 한다.

③ 궤도는 도시철도차량, 전철전력설비, 신호 및 열차제어설비의 전기적 또는 기계적 요구 조건을 충족시킬 수 있게 설계하고 시공하여야 한다.

제119조 및 제120조 삭제 〈19·3·21〉

제121조(선로변 보도 및 대피공간) ① 본선의 선로변에는 시설관리자와 승객이 비상시 주행하는 열차로부터 대피할 수 있도록 선로변 보도를 설치하여야 한다.

② 선로변 보도를 연속적으로 설치할 수 없는 경우에는 따로 대피 공간을 설치하여야 한다.

제122조(도로와의 교차) 선로는 도로와 평면에서 교차해서는 아니 된다.

제122조의2(차량기지의 방호설비 등) 차량기지의 방호설비 등에 대해서는 제16조의2를 준용한다.

[본조신설 20·12·9]

제2관 터널

제123조(일반기준) ① 터널은 충분한 내구성을 갖추어야 한다.

② 지하터널에는 역 출입구, 환기구 및 비상탈출구 등을 통하여 노면수가 유입되지 않아야 한다.

제123조의2(터널구조물의 보호) 터널구조물에 대해서는 제36조를 준용한다.

제124조(비상시 대피) ① 터널형식과 대피설비는 비상시 승객과 시설관리자가 대피할 수 있도록 열차의 종류, 열차의 이동방법, 탈출거리, 탈출하는 데 필요한 시간, 열차로부터의 탈출방법 등을 고려하여 정하여야 한다.

② 기존 선로의 연장선인 선로에는 기존 선로의 대피방법과 동일한 대피방법을 마련하여야 한다.

제125조(탈선대책) ① 터널에서는 열차의 탈선을 방지하고 열차의 탈선 시 승객과 선로의 피해를 최소화할 수 있는 대책을 마련하여야 한다.

② 전기용 케이블 등 터널의 설비들은 열차의 탈선 시 피해를 최소화할 수 있는 곳에 설치하여야 한다.

제126조(교차통로의 설치) ① 단선 병렬터널에는 터널과 터널 사이에 교차통로를 설치하여야 한다. 이 경우 교차통로의 설치 간격은 열차의 길이, 대피방법 및 구조활동의 용이성 등을 고려하여 결정하여야 한다.

② 제1항에 따른 교차통로를 설치하려는 경우에는 다음 각 호의 사항을 고려하여야 한다.

1. 연기와 열의 교차통로 내부 통과 가능성
2. 교차통로 출입문의 설치 필요성
3. 열차에서 대피한 승객 및 시설관리에게 미치는 위험요소(공기역학적 효과를 포함한다)

③ 교차통로가 설치된 터널에는 교차통로의 위치와 거리를 표시하는 표지판을 교차통로의 입구까지 일정한 간격으로 설치하여야 한다.

제127조(터널 배수설비) ① 터널의 배수설비 용량은 홍수시 예상되는 최대유량을 고려하여 정하여야 한다.

② 터널의 수직 방향 기울기 및 수평 방향 기울기는 원활한 배수가 가능하도록 정하여야 한다.

제128조(터널 조명설비) ① 본선터널과 진입로에는 인접한 역의 전기실에서 제어할 수 있는 조명설비를 설치하여야 한다.

② 조명설비는 전원장치에 고장이 발생하더라도 그 기능을 완전히 상실하지 아니하도록 하여야 한다.

③ 터널에는 비상시 승객이 대피방향을 알 수 있도록 유도등을 설치하여야 하고, 유도등은 항상 켜져 있어야 하며, 전기공급이 차단될 때에는 60분 이상 자체적으로 전기를 공급할 수 있어야 한다.

제128조의2(터널 표지 등) 터널에 설치하는 표지와 유도등에 대하여는 제35조를 준용한다.

제3관 교량

제129조(일반기준) ① 교량은 내구성이 있어야 하며, 폭우나 지진 등 자연재해로부터 안전하도록 설계하여야 한다.

② 교량은 시설관리자가 안전하게 점검과 유지·관리업무를 수행할 수 있도록 설계하여야 한다.

제130조(탈선방지) 교량은 열차의 탈선을 방지할 수 있어야 하며, 열차 탈선 시에도 교량에서 열차가 이탈하는 것을 방지하도록 설계하여야 한다.

제131조(교량 하부 공간) ① 교량에는 도로를 통과하는 자동차가 교량과 충돌하지 아니하도록 하부 공간을 확보하여야 한다. 다만, 불가피한 경우 도시철도건설자는 하부 공간의 높이를 표시하여 도로를 통과하는 자동차가 교량과 충돌하는 것을 예방할 수 있도록 하고, 「도로법」 제20조에 따른 해당 도로관리청와 협의하여 추가적인 예방수단을 마련하여야 한다.

② 도로 또는 철도를 횡단하는 교량의 교각과 교대에는 도로 또는 철도를 통과하는 자동차나 열차의 충돌에 대한 대책을 마련하여야 한다.

③ 하천을 횡단하는 교량의 교각과 교대에는 강물에 의한 세굴 및 선박의 충돌에 대한 대책을 마련하여야 한다.

제132조(교량의 방호벽 등) ① 열차의 추락을 방지하기 위하여 도로 또는 철도를 횡단하는 교량에 설치하는 방호벽은 열차가 충돌하여 일부분이 파손되더라도 그 파손된 부분이 교량 아래로 떨어지지 아니하도록 하여야 한다.

② 도로 또는 철도를 횡단하는 교량에는 사람이 교량의 난간에 오르거나 교통을 방해하는 물질을 던지지 못하도록 하는 대책을 마련하여야 하며, 교량과 전기가 흐르는 전차선 등의 장치 간에는 안전거리를 확보하여야 한다.

제133조(도로교량의 방호시설) ① 철도를 횡단 또는 인접한 도로교량의 난간 부분에는 방호울타리 등을 설치하여야 한다.

② 철도를 횡단하는 도로교량은 다음 각 호에 따라 설치하여야 한다.

1. 난간부분에는 사람이 열차주행을 방해하는 물체를 선로에 던지거나 집어 넣을 수 없는 구조의 안전막 등을 설치하여야 하며, 전차선 등의 전철전력설비로부터 사람이 안전거리 이내에 접근할 수 없도록

할 것

2. 도로교량의 난간은 「도로의 구조·시설 기준에 관한 규칙」에서 정한 기준을 충족하여야 하며, 도로교량의 시설물이 선로에 떨어지지 아니하도록 견고하게 설치할 것

제4관 흙 노반

제134조(일반기준) 흙쌓기 구간, 땅깎기 구간 등 흙 노반은 부등침하가 발생하지 아니하도록 하여야 하고, 내구성과 안정성을 확보할 수 있는 재료를 사용하여야 한다.

제135조(비탈면) ① 비탈면은 완만하게 시공되어야 하며, 경사가 급한 비탈면에는 선로에 흙, 모래, 낙석 및 유수 등이 유입되지 아니하도록 예방조치를 하여야 한다.

② 낙석 및 붕괴위험지역에는 지장물 검지장치 및 낙석 방지 설비를 설치하여야 한다.

제136조(세굴 및 침식방지) 흙쌓기 구간 또는 땅깎기 구간의 하단에는 비가 올 때 세굴 및 침식에 대한 방지수단을 마련하여야 한다.

제137조(축대 벽) 축대 벽에는 시설관리자의 접근을 위한 난간 등을 설치하여야 한다.

제138조(접속구간) 흙 노반과 구조물이 접하는 구간은 침하의 차이를 최소화하여야 하고, 노반의 강성이 급격히 변화하지 아니하여야 한다.

제3절 전철전력설비

제1관 전기안전기준

제139조(전철전력설비의 구성) ① 전철전력설비는 고장 시 고장의 범위를 한정하고 고장전류를 차단할 수 있어야 하며, 단전이 필요한 작업을 하는 경우 단전의 범위를 한정할 수 있도록 계통별 및 구간별로 분리할 수 있어야 한다.

② 열차 운행에 직접 영향을 미치는 전철전력설비에 고장이 발생한 경우에는 정상 부분으로 파급되지 아니하도록 고장 부분을 전기적으로 자동 분리할 수 있도록 하여야 하며, 예비설비를 사용하여 정상적으로 운용할 수 있어야 한다.

제140조(변전소의 위치 및 간격) ① 변전소의 위치를 선정할 때에는 다음의 각 호의 사항을 따라야 한다.

1. 급전 구간의 부하 중심에 가능한 가까울 것
2. 수전선로의 길이가 최소화될 수 있도록 전력공급사업자 변전소와 가까울 것
3. 설비의 운반 및 반입이 쉬울 것
4. 지반이 견고하고 수해나 토사 유입 등의 우려가 없을 것
5. 배기가스, 염해 및 분진의 영향이 적을 것

② 변전소의 간격은 도시철도차량의 운행을 위한 전차선 전압의 최저 한도를 유지할 수 있도록 선정하여야 한다.

제141조(변전소의 용량) ① 변전소의 용량은 부하설비의 크기, 성질 및 전압강하와 수송수요를 고려하여 결정하여야 한다.

② 변전소의 정류기는 정류기 자체의 고장 시 또는 인접 변전소의 고장시 전기를 연장하여 공급해야 하는 상황을 고려하여 상시 운영하는 2대와 예비로 운영하는 1대로 구성한다. 다만, 변전시설에 미치는 부하의 정도를 고려하여 정류설비의 계통 구성 및 정류기의 수량을 조정할 수 있다.

제142조(전차선의 가선방식 및 전압) ① 전차선의 가선방식은 가공단선식으로 하며, 전차선의 전압은 도시철도차량의 기능을 확보할 수 있도록 다음 각 호의 구분에 따른 값을 가져야 한다.

1. 표준 전압 : 직류 1천 500볼트
2. 최저 전압 : 직류 900볼트

3. 최고 전압 : 직류 1천 800볼트. 다만, 지속시간이 5분 이내의 일시적인 전압 상승은 직류 1천 950볼트까지 허용할 수 있다.

제143조(출입의 제한) 변전소와 전기실 등 전기설비가 설치된 곳에는 관계자 외의 사람의 출입을 제한하기 위한 장치를 설치하여야 하고, 관제실 또는 가까운 역 등에서 감시할 수 있어야 한다.

제144조(전기안전표시) ① 전철전력설비는 감전 및 화재발생의 위험을 방지할 수 있도록 설치하여야 한다.

② 감전 및 화재발생의 위험이 있는 전기설비에는 잘 보이는 곳에 위험을 알리는 표시를 하여야 하며, 필요한 경우 전원인가 상태를 확인할 수 있는 장치를 설치하여야 한다.

③ 보수점검 등을 위하여 송전·수전선로 및 개폐기에는 상의 구분이 가능하도록 표시를 하여야 한다.

제145조(이상전압에 대한 보호) ① 전철전력설비는 외부와 내부의 이상전압으로 인한 설비의 파손이 생기지 아니하도록 하여야 한다.

② 레일의 전위상승에 따라 사람에게 위해를 가져올 우려가 있는 곳에는 전위 상승을 억제하는 대책을 마련하여야 한다.

제146조(전선 및 전기장치의 배치) ① 전선은 적절하게 지지되고 마모나 손상으로부터 보호될 수 있는 곳에 비틀림이 없고 유지보수가 쉽도록 설치하여야 한다.

② 전선의 단자는 기계적 충격이나 진동에 의하여 풀리지 아니하는 구조여야 한다.

③ 전선, 전선의 단자 및 전기장치에는 각각 구분할 수 있도록 판별이 쉽고 지워지지 아니하는 표시를 하여야 한다.

④ 전선은 유도장해를 고려하여 사용전압 및 기능별로 분리하여 수용하는 것을 원칙으로 한다.

⑤ 전기장치는 기능의 유지 및 보수점검을 고려하여 배치하여야 하며, 전기장치 상호간 영향을 미치지 아니하도록 충분한 거리를 두어야 한다.

제147조(충전부분의 노출) 전기설비는 충전부분이 노출되지 아니하도록 하여야 한다. 다만, 충전부분이 불가피하게 노출되는 전기설비는 충전부분에 사람이 쉽게 접촉할 수 없도록 방호설비를 하여야 한다.

제148조(접지) ① 전철전력설비는 비정상적인 전위 상승 또는 고전압의 침입 등으로부터 사람이나 설비를 보호하기 위하여 접지하여야 한다.

② 접지설비를 하는 경우에는 전류가 땅으로 안전하게 흐를 수 있도록 하여야 한다.

③ 접지설비의 상태는 정기적으로 측정·관리되어야 한다.

제149조(전자파 억제) ① 전철전력설비로부터 발생할 수 있는 전자파는 도시철도차량, 지상설비 및 그 밖의 선로에 인접한 설비와 사람에게 유해한 영향을 미치지 아니하도록 설치하여야 하고, 유지관리하여야 한다.

② 유도장해에 민감한 장치는 작동 중 발생하는 전자파에 대하여 충분한 내성을 가져야 한다.

제150조(보호협조) 변전소 및 전기실에는 보호설비를 설치하여 수전단 이하의 계통에서 발생하는 장해를 신속하고 정확하게 검출하고, 설비 상호간의 정정값 및 동작시간을 조정함으로써 다른 설비 또는 구간으로 장해가 확산되지 아니하도록 하여야 한다.

제151조(전력관제) ① 전철전력설비는 중앙 집중원격감시제어방식으로 제어하여야 한다. 다만, 점검 및 시험을 위하여 해당 설비가 설치된 곳에서 조작할 필요가 있는 설비는 현장 감시제어방식으로 전환하여 제어할 수 있어야 한다.

② 전력관제실은 도시철도차량의 운영을 담당하는 관제실과의 협조가 쉬운 곳에 정하여야 한다.

③ 전력관제실, 변전소 및 전기실 등 전력관제를 수행하는 곳에는 서로 연락할 수 있는 통신설비를 설치하여야 한다.

④ 변전소 및 전기실 등 무인으로 운전되는 전기설비가 있는 곳에는 화상감시장치를 갖추어야 한다.

제152조(오조작 방지) 오조작으로 위험을 초래할 수 있는 전기설비에는 주의표시를 하여야 하고, 잠금기능과 동작상태를 알 수 있는 지시기능 또는 경보기능을 갖추어야 한다.

제153조(작업용 설비) 변전소 및 전기실 등 시설관리자의 작업이 필요한 장소에는 안전을 도모하기 위하여 작업용 접지단자를 설치하여야 하며, 검전기 등 작업에 필요한 설비를 갖추어야 한다.

제154조(절연물의 오염방지) 전철전력설비의 절연물이 오염될 수 있는 곳에는 오염을 최소화할 수 있는 대책을 마련하여야 한다.

제155조(외함) 노출된 전기설비가 외부 충격, 누수, 먼지 등으로 제 기능을 발휘할 수 없을 때에는 외함 내에 설치하여야 한다.

제2관 화재안전기준

제156조(화재예방을 위한 기준) 전기설비 등은 화재발생의 위험을 방지할 수 있도록 다음 각 호의 기준에 적합하여야 한다.

1. 전기설비에는 불연재료를 사용할 것. 다만, 전기설비의 특성상 불연재료를 사용할 수 없는 경우에는 준불연재료 또는 난연재료를 사용할 수 있다.
2. 변전소와 전기실에는 폭발 위험 및 연소 가능성을 최소화하는 방식의 설비를 선정할 것
3. 전선에는 저독성의 난연재료를 사용하고, 필요시 전선관 등으로 보호할 것. 다만, 지중관로 방식의 전선 및 지상 구간의 케이블의 경우 저독성이 아닌 난연재료를 사용할 수 있다.
4. 불꽃이나 열이 발생할 위험이 있는 장치는 일정한 간격으로 거리를 두고 설치하고, 필요한 경우 그 사이를 절연하거나 불연재료의 차단막을 설치할 것

제157조(소화설비) ① 화재발생의 위험이 있는 설비에 대해서는 화재발생 시 자동으로 작동하는 자동소화설비를 설치하여야 한다.

② 변전소와 전기실에는 소화설비 및 경보설비를 설치하여야 한다.

제3관 수·변전 및 배전설비

제158조(변압기) ① 변압기는 화재 시 폭발하지 않는 성능을 갖추어야 한다.

② 변압기는 진동, 충격 등 외부로부터의 충격이 없는 곳에 설치하여야 하고, 환기설비를 갖추어야 한다.

③ 변압기는 온도를 확인할 수 있는 장치를 갖추어야 한다.

④ 정류기용 변압기의 설계 시에는 정류기로부터 발생되는 고조파에 의한 전력 손실 및 온도 상승을 고려하여야 한다.

제159조(개폐기) ① 개폐기는 부하전류 및 고장전류를 차단할 수 있는 기능을 갖추어야 하며, 동작상태에 따라 그 상태를 표시할 수 있어야 한다.

② 부하전류를 차단하기 위한 목적이 아닌 개폐기에는 부하전류가 통하고 있을 경우 부하전류가 차단되지 아니하도록 적절한 조치를 하여야 한다.

③ 중력 등에 의하여 오작동될 우려가 있는 개폐기에는 잠금장치 등 오작동을 방지할 수 있는 장치를 설치하여야 한다.

제160조(정류기) ① 정류기의 정류소자는 정격의 부하전류, 단락전류 및 외부로부터의 이상전압 등에 대하여 충분한 내력을 가져야 한다.

② 정류기에는 정류소자의 온도를 확인할 수 있는 장치를 설치하여야 한다.

③ 정류기는 고조파로 인한 영향을 최소화할 수 있는 정류방식을 택하여야 한다.

제161조(직류 고속도차단기) 직류 고속도차단기의 내열성 구조물과 아크 발생부분 간에는 충분한 거리를 두어야 한다.

제162조(보호계전기) ① 보호계전기는 전철전력설비 중 이상전압 또는

고장전류가 발생한 부분을 계통으로부터 분리하여 공급의 지장 및 설비의 손상을 줄일 수 있어야 한다.

② 보호계전기는 전철전력설비에서 발생한 고장을 기록하고 그 기록을 일정 기간 저장할 수 있어야 한다.

③ 보호계전기는 일시적인 현상에 의한 고장 조건이 사라지고 안전한 상태가 확인되면 전철전력설비가 정상적인 동작으로 복귀하도록 하는 기능을 갖추어야 한다.

제163조(축전지) ① 축전지는 발화물질과 최대한 거리를 두고 설치・보관하여야 한다.

② 축전지함은 축전지로부터 누출되는 가스가 축적되지 아니하도록 환기장치를 설치하거나 자연 통풍으로 방출될 수 있도록 설계하여야 한다.

③ 축전지를 보관할 때에는 방전되지 아니하도록 보호 조치를 마련하여야 한다.

제164조(원격감시제어설비) ① 원격감시제어설비는 전철전력설비의 일부 계통 또는 장비에 장애가 발생하더라도 정상적으로 작동하여야 한다.

② 원격감시제어설비의 주 시스템에 장애가 발생할 때에는 예비시스템으로 자동 전환되어 본래의 기능을 유지할 수 있어야 한다.

제165조(전력케이블) ① 수전선로의 전력케이블은 전압강하, 허용전류 및 단락전류에 따라 굵기를 선정하여야 한다.

② 변전소와 변전소 간을 연결하는 연락 송전선로는 통신선로 및 배전선로와 분리하여 포설하는 것을 원칙으로 한다.

제4관 전차선로설비

제166조(전차선로 조가방식) ① 구간별 전차선로의 조가 방식은 다음 각 호와 같다.

1. 지하구간 : 강체조가(Rigid Suspension) 방식
2. 지상구간 : 헤비 심플 커티너리(Heavy Simple Catenary) 방식
3. 지상 차량기지 및 기지 인입선 구간 : 심플 커티너리(Simple Catenary) 방식
4. 지상과 지하가 연결되는 구간(이하 "이행구간"이라 한다) : 트윈 심플 커티너리(Twin Simple Catenary) 방식 또는 헤비 심플 커티너리 방식

② 지상부 전차선로에는 별도의 급전선을 설치하고, 지하부 전차선로는 강체전차선으로 한다.

제167조(전차선로 급전계통의 구성 및 구분) ① 전차선로의 본선 구간에는 상행선・하행선별 및 방면별 분리 급전방식으로 전력을 공급하여야 한다.

② 전차선과 급전선(부급전선은 제외한다)은 안전상 및 운전상 필요한 곳에서 구분하되, 전기적으로 개폐되도록 설치하여야 한다.

제168조(전차선로 이격거리의 유지) 전차선로는 사람 및 설비의 안전을 위하여 도시철도차량과 전기적 이격거리를 유지하여야 한다.

제169조(전차선의 높이) ① 전차선의 높이는 터널 높이와 도시철도차량의 제원을 고려하여 안전한 열차운행에 필요한 높이를 확보하여야 한다.

② 지하구간의 강체전차선과 지상구간의 커티너리 전차선과의 이행구간은 팬터그래프가 전차선과 원활히 접촉하여 움직일 수 있는 구조여야 한다.

제170조(전차선의 편위) 전차선의 편위는 레일 윗면에 수직인 궤도 중심으로부터 좌・우측 각각 200밀리미터를 표준으로 한다. 다만, 부득이한 경우에는 250밀리미터 이내로 할 수 있다.

제171조(피뢰기) ① 전차선로설비에는 이상전압으로부터 지상부 전차선로를 보호하기 위하여 피뢰기를 설치하여야 한다.

② 피뢰기는 폭발위험을 방지하기 위하여 내부 압력을 완화시키는 구조여야 하며, 폭발 시에도 파편이 날리는 것을 방지하는 기능을 가져야 한다.

제4절 신호 및 열차제어설비

제1관 전기안전기준

제172조(일반기준) 신호 및 열차제어설비는 다음 각 호의 안전기본원칙에 적합하도록 설계, 제작 및 설치하여야 한다.

1. 사람과 장치의 안전을 보장할 것
2. 진로제어, 속도제어 및 간격제어 등의 조치는 안전하고 정확하게 수행할 것
3. 돌발 상황이나 사람의 실수 등 비정상적인 외적 영향에서도 안전하게 동작하고, 모든 열차방호기능을 정확하게 수행할 것
4. 스스로의 상태를 지속적으로 감시하여 성능저하의 정도를 확인할 수 있을 것
5. 성능이 떨어진 상태에서도 운행 시 열차를 방호할 수 있도록 안전측 동작을 할 것
6. 주설비에 이상이 발생하더라도 예비설비를 사용하여 정상적인 동작을 할 수 있도록 이중으로 안전확보 방안을 마련할 것
7. 신호 및 열차제어설비는 전기, 기계 및 환경 등의 비정상적인 외적 영향에서도 안전하게 동작할 것
8. 지상신호설비는 차상신호설비와 연계하여 안전하게 동작할 것

제173조(전력공급기준) ① 신호기계실에는 항상 전원이 공급되어야 한다.

② 신호기계실에 공급되는 신호용 배전선의 전압 및 전기방식은 「산업표준화법」에 따른 한국산업표준에서 정하는 것으로 한다.

제174조(전기안전표시) 고압을 사용하는 전기장치에는 잘 보이는 곳에 "고전압" 및 "전기위험" 표시를 하여야 한다.

제175조(장치의 오조작 방지) 오조작으로 위험을 초래할 수 있는 전기장치는 오조작으로부터 보호될 수 있는 장소에 설치하여야 하며, 잠금장치를 설치하여야 한다.

제176조(절연확보) ① 지상신호설비에 설치된 전기회로 및 전선은 설비 고장 또는 감전 사고를 막기 위하여 절연설비를 갖추어야 한다.

② 지상신호설비는 이상전압 발생 시 설비가 파괴되지 아니하도록 하여야 한다.

제177조(전선 및 전기장치의 배치) ① 전선은 적절하게 지지되고 마모나 손상으로부터 보호될 수 있는 곳에 비틀림이 없고 유지보수가 쉽도록 설치되어야 한다.

② 전선의 단자는 기계적 충격이나 진동에 의하여 풀리지 아니하는 구조여야 한다.

③ 전선, 전선의 단자 및 전기장치에는 각각 구분할 수 있도록 판별이 쉽고 지워지지 아니하는 표시를 하여야 하며, 필요시 추가적인 표시를 할 수 있어야 한다.

④ 전선은 유도장해를 고려하여 사용전압 및 기능별로 분리하여 수용하는 것을 원칙으로 한다.

⑤ 신호기계실의 기기와 설비는 감전 및 화재발생의 위험을 방지할 수 있도록 설계·설치하여야 하고, 이에 대한 보호대책을 수립하여야 한다.

⑥ 전기장치는 기능의 유지 및 보수점검을 고려하여 배치하여야 하며, 전기장치 상호간 영향을 미치지 아니하도록 충분한 거리를 두어야 한다.

제178조(전기 차단) ① 지상신호설비에는 운전 및 유지보수 시에 전원을 차단하거나 분리시킬 수 있는 장치를 설치하여야 한다.

② 제1항에 따른 장치에는 오조작으로 인한 위험을 알리는 주의표시를 하여야 하고, 잠금기능을 갖추어야 한다.

③ 전기회로 및 전자회로는 내부회로 또는 외부회로의 합선이나 다른 전기장치의 고장이 발생하는 경우에 대비하여 회로차단기능 또는 회로보호기능을 갖추어야 한다.

④ 회로의 차단 또는 분리를 위한 장치는 그 동작 상태를 알 수 있는

지시기능 또는 경보기능을 갖추어야 한다.

제179조(접지) ① 지상신호설비는 낙뢰나 이상전압으로부터 보호하기 위하여 접지하여야 하며, 전자기적 간섭에 의한 오동작이 방지되어야 한다.

② 감전의 위험이 있는 장치나 기기는 접지하여야 한다.

제180조(유도장해의 억제) 유도장해에 민감한 장치는 운용 중 발생하는 전자기 잡음에 대하여 충분한 내성을 가져야 한다.

제2관 화재안전기준

제181조(화재예방을 위한 기준) 신호 및 열차제어설비는 화재발생의 위험을 방지할 수 있도록 다음 각 호의 기준에 적합하여야 한다.

1. 신호 및 열차제어설비에는 불연재료를 사용할 것. 다만, 설비의 특성상 불연재를 사용할 수 없는 경우에는 준불연재료 또는 난연재료를 사용할 수 있다.
2. 불꽃이나 열이 발생할 위험이 있는 장치는 일정한 간격으로 거리를 두고 설치하고, 필요한 경우 그 사이를 절연하거나 불연재료의 차단막을 설치할 것
3. 전선에는 저독성의 난연재료를 사용하여야 하고, 필요시 전선관 등으로 보호할 것.

제182조(소화설비) ① 신호기계실에는 화재발생 시 자동으로 작동하는 자동소화설비를 설치하여야 한다.

② 운영제어실에는 쉽게 발견하여 사용할 수 있는 위치에 1개 이상의 소화기를 두어야 한다.

제3관 장치의 설치 등

제183조(장치의 설치) ① 신호 및 열차제어설비를 구성하는 각 설비의 나사·볼트·너트 등의 체결부는 진동 및 충격에 의하여 느슨해지거나 풀리는 것을 방지할 수 있는 장치를 갖추어야 한다.

제184조(부식억제) ① 신호 및 열차제어설비를 구성하는 모든 설비는 기름류의 접촉이나 악천후에의 노출 등에 의하여 안전에 영향을 미치는 수준 이상으로 부식되지 아니하여야 한다.

② 화학적 성질이 다른 금속 간에 접촉이 되는 구성품에는 전기부식을 억제하기 위한 예방 조치를 마련하여야 한다.

제185조(실내설비) ① 신호기계실 내부에 설치하는 수도시설은 신호 및 열차제어설비에 영향을 주지 아니하도록 하여야 한다.

② 신호기계실에는 전자장치 운영에 적절한 냉방설비 및 환기설비를 갖추어야 한다.

제186조(고장대책) 도시철도운영자는 신호 및 열차제어설비에 고장이 발생하더라도 열차를 안전하게 운행할 수 있도록 수신호 개발 등 열차운영대책을 마련하여야 한다.

제4관 지상신호설비

제187조(신호전원장치) ① 신호전원장치는 정전 시에도 예비전원이나 축전지로부터 전원을 공급받아 지상신호설비가 동작하도록 하여야 한다.

② 신호전원장치는 이상전압이나 고장전류로부터 신호 및 열차제어설비를 보호하여야 하고, 전압의 변동이 지상신호설비의 기능에 영향을 미치지 아니하도록 하여야 한다.

③ 지상신호설비는 신호전원장치에 고장이 발생한 경우 그 고장을 기록하고, 무정전 전원장치의 상태를 감시할 수 있어야 한다.

④ 신호전원장치에 고장이 발생한 경우 예비전원이나 축전지를 사용하여 지상신호설비에 1시간 이상 전원이 공급되어야 한다. 다만, 신호관제실에는 3시간 이상 전원이 공급되어야 한다.

⑤ 신호전원장치는 일시적인 현상에 의한 고장 조건이 사라지고 안전한 상태가 확인되면 초기화 기능에 의하여 정상적인 동작으로 복귀될 수 있어야 한다.

제188조(신호전원장치용 인버터) ① 인버터의 부품 중 전원 차단 시 60볼트 이상의 충전상태가 5초 이상 유지되는 부품에는 잘 보이는 곳에 주의표시를 하여야 한다.

② 인버터의 부품 중 외부로부터 발생되는 정전기에 의하여 손상될 수 있는 부품은 점검·교체 또는 보관 시 정전기에 의한 손상으로부터 보호하여야 한다.

제189조(축전지) ① 축전지는 발화물질과 최대한 거리를 두어 설치·보관하고, 청결을 유지하여야 한다.

② 축전지함은 축전지로부터 누출되는 가스가 축적되지 아니하도록 환기장치를 설치하거나 자연 통풍으로 방출될 수 있도록 설계하여야 한다.

③ 축전지를 보관할 때에는 방전되지 아니하도록 적절한 보호 조치를 마련하여야 한다.

제190조(외함) 외부 충격, 누수, 먼지, 전기적인 손상 및 화재 등으로 인하여 제 기능을 발휘할 수 없는 신호 및 열차제어설비는 외함 내에 설치하여야 한다.

제191조(신호케이블) 신호기계실 간, 신호기계실과 신호관제실 간의 전송케이블은 철도정보통신 전송망에 이중으로 우회망을 구성하여 외부 유도잡음이나 고장으로부터 안전하도록 하여야 한다.

제192조(자동열차방호장치) ① 자동열차방호장치는 열차분리, 속도제한 등 안전운행을 위한 기능을 수행할 수 있도록 안전측 동작 기능을 가져야 한다.

② 자동열차방호장치는 자동열차감시장치와의 상호작용에 오류가 발생하지 아니하도록 장치를 구성하여야 한다.

제193조(자동열차감시장치) ① 자동열차감시장치는 열차상태감시, 열차운영제어 등 열차의 안전운행을 위한 기능을 가져야 한다.

② 자동열차감시장치는 자동열차방호장치 및 다른 자동열차감시장치와의 상호작용에 오류가 없도록 장치를 구성하여야 한다.

제194조(연동장치) 연동장치는 열차진로를 제어할 때 선로전환기를 설정하고 잠금장치를 하며 신호취급을 확인하는 동작을 수행하여 열차의 안전운행을 확보할 수 있어야 한다.

제195조(무선통신장치) ① 열차 분리, 속도 제한 및 열차상태 감시 등 열차의 안전운행을 위하여 자동열차방호장치와 자동열차감시장치 간의 상호작용에 오류가 없도록 무선통신장치를 구성하여야 한다.

② 무선통신장치는 자동열차방호장치와 자동열차감시장치 간의 무선통신 시에 열차제어정보가 전송될 수 있도록 설비를 구성하여야 한다.

제196조(출입의 제한) 신호기계실에는 출입문 열림 검지장치, 출입문 감시장치 및 출입제한표지를 설치하여야 하며, 운영제어실과 기지제어실에는 출입제한표지를 설치하여야 한다.

제5절 도시철도시설의 유지·관리

제197조(일반기준) 도시철도시설의 일반기준에 대하여는 제112조를 준용한다.

제198조(유지·관리) 도시철도시설의 유지·관리에 대하여는 제113조를 준용한다.

제199조 및 **제200조** 삭제 〈19·3·21〉

제4장 행정사항

제201조(재검토기한) 국토교통부장관은 「훈령·예규 등의 발령 및 관리에 관한 규정」에 따라 이 고시에 대하여 2017년 7월 1일을 기준으로 매 3년이 되는 시점(매 3년째의 6월 30일까지를 말한다)마다 그 타당성을 검토하여 개선 등의 조치를 하여야 한다.

부　칙 〈14·3·19〉

제1조(시행일) 이 기준은 2014. 3. 19일부터 시행한다.

제2조(재검토기한) 「훈령 · 예규 등의 발령 및 관리에 관한 규정」(대통령훈령 제248호)에 따라 이 고시 발령 후의 법령이나 현실 여건의 변화 등을 검토하여 이 고시의 폐지, 개정 등의 조치를 하여야 하는 기한은 2017년 3월 18일까지로 한다.

제3조(다른 규정의 폐지) 건널목 설치 및 설비기준지침(안)(건설교통부 훈령, 2005. 1.1)과 철도시설 안전세부기준(국토해양부고시 제2013-186호, 2013. 4. 24)은 폐지한다.

제4조(경과조치) 이 고시 시행 당시 종전의 「철도시설 안전기준에 관한 규칙」과 「철도시설 안전세부기준」 및「도시철도시설 안전기준에 관한 규칙」에 따라 적합하게 설치된 철도시설은 제정 규정에 따른 기술기준에 적합하게 설치된 것으로 본다.

부 칙 〈14 · 12 · 24〉

제1조(시행일) 이 고시는 발령한 날부터 시행한다.

제2조(도시철도 터널구조물 보호에 관한 적용례) 제123조의2의 개정 규정은 이 고시 시행일 이후 기본설계에 착수하는 터널부터 적용한다.

제3조(도시철도 터널 조명설비 설치에 관한 적용례) 제128조제3항의 개정 규정은 이 고시 시행일 이후 기본설계에 착수하는 터널부터 적용한다.

제4조(화재안전성 분석에 관한 경과조치) 이 기준 시행 당시 종전의 기술기준에 따라 시행한 철도시설의 안전성 분석은 제7조의2의 개정 규정에 따른 기술기준에 적합한 것으로 본다.

제5조(도시철도 터널 조명설비 설치에 관한 경과조치) 이 기준 시행 당시 종전의 도시철도 건설규칙에 따라 설치된 유도등은 제128조제3항의 개정 규정에 따른 기술기준에 적합한 것으로 본다.

부 칙 〈15 · 9 · 30〉

제1조(시행일) 이 고시는 발령한 날부터 시행한다.

제2조(승강장에 관한 적용례) 제57조 제1호 단서 및 제8호와 제116조의2의 개정 규정은 이 고시 시행일 이후 기본계획이 고시된 노선과 승강장안전문설비를 신설 또는 개량하는 경우에 적용하며, 제57조 제1호 단서 규정을 적용함에 있어서 일반철도 차량 혼용 운행 등으로 승강장안전문설비 설치가 곤란하다고 인정되는 경우에는 예외적으로 별도의 안전시설을 설치할 수 있다.

부 칙 〈16 · 9 · 7〉

제1조(시행일) 이 고시는 발령한 날부터 시행한다.

제2조(적용례) 제56조제5항 및 제116조의3제1항의 개정 규정은 이 고시 시행일 이후 토목분야 또는 건축분야 실시설계에 착수하는 시설부터 적용하고, 제57조제5호 및 제9호, 제58조제12호 및 제116조의3제2항은 이 고시 시행일이후 관련되는 시설을 신설 또는 개량하는 경우에 발주되는 시설부터 적용한다.

부 칙 〈17 · 3 · 10〉

이 고시는 발령한 날부터 시행한다.

부 칙 〈18 · 1 · 8〉

이 고시는 발령한 날부터 시행한다.

부 칙 〈19 · 3 · 21〉

제1조(시행일) 이 고시는 발령한 날부터 시행한다.

제2조(다른 고시 · 훈령의 개정) ① 건설공사 사후평가 시행지침 일부를 다음과 같이 개정한다.

제8조제3항제2호 중 "「철도건설법」"을 "「철도의 건설 및 철도시설 유지관리에 관한 법률」"로 한다.

② 건설공사 타당성 조사 지침 일부를 다음과 같이 개정한다.

제3조제1항제2호 중 "「철도건설법」"을 "「철도의 건설 및 철도시설 유지관리에 관한 법률」"로 한다.

③ 연계교통체계지침 일부를 다음과 같이 개정한다.

제5조제1항제8호 중 "「철도건설법」"을 "「철도의 건설 및 철도시설 유지관리에 관한 법률」"로 한다.

④ 철도 노선 및 역의 명칭 관리지침 일부를 다음과 같이 개정한다.

제2조제6호 중 "「철도건설법」"을 "「철도의 건설 및 철도시설 유지관리에 관한 법률」"로 한다.

⑤ 철도건설사업 시행지침 일부를 다음과 같이 개정한다.

제2조 중 "「철도건설법」"을 "「철도의 건설 및 철도시설 유지관리에 관한 법률」"로 한다.

제3조제1호 중 "「철도건설법」 제2조제1호"를 "「철도의 건설 및 철도시설 유지관리에 관한 법률」 제2조제1호"로 하고, 같은 조 제2호 중 "「철도건설법」 제2조제6호"를 "「철도의 건설 및 철도시설 유지관리에 관한 법률」 제2조제6호"로 하며, 같은 조 제3호 중 "「철도건설법」제7조제1항"을 "「철도의 건설 및 철도시설 유지관리에 관한 법률」제7조제1항"으로 하고, 같은 조 제8호 중 "「철도건설법」제2조제7호"를 "「철도의 건설 및 철도시설 유지관리에 관한 법률」제2조제7호"로 하며, 같은 조 제9호 중 "「철도건설법」제8조"를 "「철도의 건설 및 철도시설 유지관리에 관한 법률」제8조"로 한다.

제30조제3항 중 "「철도건설법 시행규칙」"을 "「철도의 건설 및 철도시설 유지관리에 관한 법률 시행규칙」"으로 한다.

⑥ 철도건설을 위한 지하부분 토지사용 보상기준 일부를 다음과 같이 개정한다.

제1조 중 "「철도건설법」"을 "「철도의 건설 및 철도시설 유지관리에 관한 법률」"로 한다.

⑦ 철도노선 및 역의 명칭 관리지침 중 일부를 다음과 같이 개정한다.

제2조제8호 중 "「철도건설법」"을 "「철도의 건설 및 철도시설 유지관리에 관한 법률」"로 한다.

제4조제1항 중 "「철도건설법」"을 "「철도의 건설 및 철도시설 유지관리에 관한 법률」"로 한다.

⑧ 철도시설의점용료산정기준 중 일부를 다음과 같이 개정한다.

제2조제2호 중 "철도건설법"을 "철도의 건설 및 철도시설 유지관리에 관한 법률"로 한다.

⑨ 철도안전관리체계 승인 및 검사 시행지침 중 일부를 다음과 같이 개정한다.

제2조제21호 중 "「철도건설법」"을 "「철도의 건설 및 철도시설 유지관리에 관한 법률」"로 한다.

⑩ 철도 유휴부지 활용지침 중 일부를 다음과 같이 개정한다.

제12조제1항제3호 중 "「철도건설법」"을 "「철도의 건설 및 철도시설 유지관리에 관한 법률」"로 한다.

제20조제1항 중 "「철도건설법」"을 "「철도의 건설 및 철도시설 유지관리에 관한 법률」"로 한다.

⑪ 철도의 건설기준에 관한 규정 중 일부를 다음과 같이 개정한다.

제2조제37호 중 "「철도건설법」"을 "「철도의 건설 및 철도시설 유지관리에 관한 법률」"로 한다.

⑫ 철도종합시험운행 시행지침 중 일부를 다음과 같이 개정한다.

제2조제3호 중 "「철도건설법」"을 "「철도의 건설 및 철도시설 유지관리에 관한 법률」"로 한다.

제2조제4호 중 "「철도건설법」"을 "「철도의 건설 및 철도시설 유지관리에 관한 법률」"로 한다.

부 칙 〈20 · 12 · 9〉

이 고시는 발령 후 2년이 경과한 날부터 시행한다.

[별표 1]

철도건널목 분류기준(제69조 관련)

구분	총교통량(철도교통량 × 도로교통량)
제1종 건널목	500,000회이상
제2종 건널목	300,000회 이상 500,000회 미만
제3종 건널목	300,000회 미만

비고 :

1. 제2종 또는 제3종 건널목 기준에 적합한 건널목이 사고다발지역이거나 고속철도 운행구간이어서 위험도가 높다고 인정되는 때에는 위 표의 기준에 의한 건널목 분류기준보다 상위 등급으로 분류할 수 있다.
2. "총교통량"이라 함은 철도교통량에 도로교통량을 곱한 것을 말한다.
3. "철도교통량"이라 함은 평일에 건널목을 통과하는 1일 평균 열차 통과횟수에 다음에 정한 환산율을 곱한 수치의 합계를 말한다.
4. "도로교통량" 이라 함은 평일에 건널목을 횡단하는 1일 평균 보행자 통과횟수 및 차량 통과횟수에 다음에 정한 환산율을 곱한 수치의 합계를 말한다.

철도교통량 환산율

종 별	환 산 율
열 차	1.0
철도차량	0.5

도로교통량 환산율

종 별		환산율	대 상
보행자		1	
자전거*		2	
손수레*		3	
** 자동차	이륜	4	원동기 달린 자전거, 오토바이, 경운기, 전동휠체어 등
	소형	8	승용자동차, 소형 승합자동차(15인 이하), 소형화물자동차(1톤이하)
	중형	10	중형 승합자동차(16인 이상 35인 이하), 중형 화물자동차(1톤 초과 10톤 미만), 소형 특수자동차(3.5톤 이하)
	대형	12	대형 승합자동차(36인 이상), 대형 화물자동차(10톤 이상), 중형 특수자동차(3.5톤 초과), 그 밖의 중장비

* 자전거 · 손수레 환산율은 타는 사람 또는 끄는 사람이 포함되었음
** 자동차 환산율은 운전자 및 탑승자가 포함되었음

[별표 2]

건널목 종류별 안전설비 설치기준(제71조제1항관련)

종류별	세부종별	차단기	건널목경보기	고장표시장치	전철 또는 구간빔 스펜션	교통안전표지	관리원없음표지	기적표	조명장치	고장검지장치	전동차단기 수동취급 장치 및 사용안내문
1종	자동	○	○	△	○	○	△	△	△	△	△
	수동	○	○	△	○	○	△	△	△	△	
2종	자동		○	△	○	○		△			
3종	수동				○	○		△			

주

1. ○표는 반드시 설치하여야 하는 설비를 말한다.
2. △표는 사정에 따라 설치를 하지 아니할 수 있는 설비를 말한다.

[별표 3]

고장표지(제75조제1항 및 제3항관련)

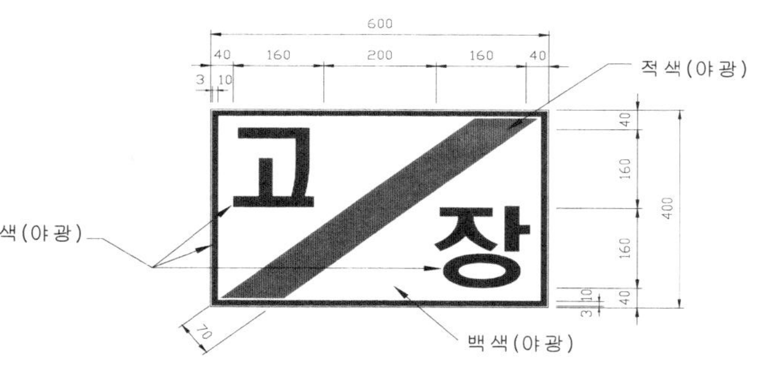

[별표 4]

관리원 없음 표지(제76조관련)

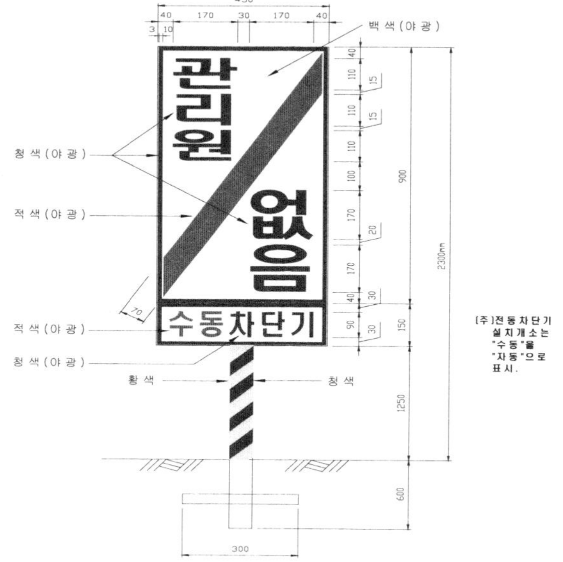

[별지 제1호서식]

건널목교통량조사표

제 종건널목 작성년월일 20 . . . 소속 : 성명 :												
1. 위 치 : 선 역~ 역간 기 km 지점												
2. 조사일(월/일)										평 균	환산율	환산교통량
3. 열차회수	입환차량	06:00~19:00 19:00~06:00									0.5	
	일반열차	06:00~19:00 19:00~06:00									1.0	
4. 통행량	보행자	06:00~19:00 19:00~06:00									1	
	자전거	06:00~19:00 19:00~06:00									2	
	손수레	06:00~19:00 19:00~06:00									3	
	이륜자동차	06:00~19:00 19:00~06:00									4	
	자동차(소형)	06:00~19:00 19:00~06:00									8	
	자동차(중형)	06:00~19:00 19:00~06:00									10	
	자동차(대형)	06:00~19:00 19:00~06:00									12	
계		06:00~19:00 19:00~06:00										

비고 : 1. 환산교통량은 3일간 조사한 것을 평균한 값에 환산율을 곱하여 기재한다.
2. 3일을 초과하여 교통량조사를 실시한 경우에는 평균교통량에 비하여 현저히 교통량이 많거나 적은 날의 교통량을 제외한 값을 평균값으로 기재하고 평균값에 환산율을 곱하여 환산교통량을 산정한다.

[별지 제2호서식]

000 선

건 널 목 대 장

(앞 쪽)

No. (　　　　　)건널목

항목	세부	내용
① 위 치	역 역간 기점 . km지점	
② 행정구역	시 구 읍 리 도 군 면	
③ 도로종별	1. 일반국도(호) 2. 특별광역시도 3. 지 방 도(520 호) 4. 시군도(호) 5. 기타	
④ 도로규모 및 안전시설	건널목폭	m (보판폭 m)
	도 로 폭	좌 ( )m, 우 ( )m
	인 도 폭	좌 ( )m, 우 ( )m
	차 로 수	차로
	안전시설	1. 과속방지턱 2. 미끄럼방지시설 3. 중앙분리대 4. 차선규제봉 5. 일시정지표시(614호) 6. 노면표지병 7. 기타
⑤ 열차투시거리	좌측 기점쪽 m / 종점쪽 m	우측 기점쪽 m / 종점쪽 m
⑥ 건널목투시거리	좌측 m , 우측 m	
⑦ 교차각	도	
⑧ 도로구배	좌측 (상,하)구배 /100 우측 (상,하)구배 /100	
⑨ 포장상태	건널목 보판	1. 목침목 2. 철재 3. 고무 4.아스콘
	건널목 선로상간(복선)	1. 아스콘 2. 콘크리트 3. 콘크리트침목 4. 기타
	도로 좌	1. 아스콘 2. 콘크리트 3. 기타 4. 비포장
	도로 우	1. 아스콘 2. 콘크리트 3. 기타 4. 비포장
	인도 좌	1. 아스콘 2. 콘크리트 3. 블럭 4. 기타
	인도 우	1. 아스콘 2. 콘크리트 3. 블럭 4. 기타
⑩ 건널목환경	1. 주택 2. 농어촌 3. 학교 4. 공장 5. 상가 6. 임항 7. 기타	
	1. 초등학교,유치원 좌 m, 우 m 2. 도로교차점 좌 m, 우 m	
⑪ 선로상태	1. 단선, 복선, 2복선, 3복선 기타( ) 2. 횡단선수 본선 개선 측선 개선, 전용선 개선	
⑫ 건널목통과 열차 최고속도 (km/h)	1. 25 이하 2. 60 이하 3. 90 이하 4. 100 이하 5. 120 이하 6. 140 이하 7. 140 초과	
⑬ 교통규제	1. 있음 ( ) 2. 없음	
⑭ 폐색구간	1. 자동 2. 연동 3. 통표 4. 기타	
⑮ 전철화구간	1. 전철화 2. 비전철화	

항목	세부	내용
⑯ 건널목 종별	1종 2종 3종	
⑰ 관리소속 및 안내원 배치	소속 역 소 별	1.( )역 2.( )지역본부
	소속 관리구분	1.시설관리자 2. 청원 3. 기타( )
	관리원 정원(현원)	명 ( )명
	관리원 구 분	1. 관리원 명 2. 청경 명 3. 용역 명 4. 공익요원 명 5. 청원자 명
	관리원 근무방식	1. 일근 2. 3조2교대 3. 일주야교대 4. 특수일근(: ~ :) 5. 기타
⑱ 차 단 기	제 어 방 식	1. 자동 2. 반자동 3. 수동
	차 단 방 식	1. 전차단 2. 반차단
	종류 및 형별	1. 장대형 2. 일반형 / 1. 단방향 2. 양방향
	차단봉 길이	1. 도로용: 입구측 좌 m 우 m 출구측 좌 m 우 m 2. 인도용: 좌 m 우 m
	동 작 상 태	1. 하강예고시분 초 2. 하강시분 초 3. 상승시분 초 4.수동취급장치 및 사용안내문(유·무)
⑲ 경보기 및 기타보안 설비	경보장치 세부사항	1. 경보기 종류 : 일반형 현수형 2. 제어거리 : 기점쪽 m, 종점쪽 m 3. 경보시분 : 기점쪽 초 ~ 초 종점쪽 초 ~ 초 4. 제어방식 : ST, SC, DC, DT, 전자식, 기타 5. 경보방식 : 경보종, 혼스피커, 경보종·혼스피커 겸용, 기타 6. 경보등 수량 : 일반형 개, 현수형 개 7. 열차진행방향표시기 : 유 무 8. 공급전원 : AC V DC V
	기타 안전설비	1. 고장감시장치(유 . 무) 2. 지장물검지장치(유. 무) 3. 지장물비상버튼(유 . 무) 4. 신호정보분석장치(유 . 무) 5. 정시간제어기 유 . 무) 6. 원격감시장치(유 . 무) 7. 출구측차단검지기(유 . 무) 8. 영상감시장치(유 . 무) 9. 회전식 경광등(유 . 무) 10. 고장표시등(유 . 무) 11. 긴급신고전화(유 . 무) 12. 조명설비(유 . 무) 13. 도로 연동화 (유 . 무) 14. 차선규제봉(유 . 무) 15. 기 타 (유 . 무)
⑳ 건널목표지	1. 철도건널목표지(110호) 2. 일시정지표지(227호) 3. 진입금지표지(211호) 4. 일시정지표지(521호) 5. 관리원 없음 표지판 6. 기타	
㉑건널목 방호 울타리	1. 있음 (H= m, L= m) 2. 없음	
㉒기타설비	1. 전화 2. 인터폰 3. 경고장치 4. 관리동 5. 기타(화장실, 수도, 비상연락처 표지)	

㉓사고통계

년 월 일	사고원인	사고차량 종별	인명피해	피해시설물
. . .				
. . .				
. . .				
. . .				
. . .				
. . .				
. . .				
. . .				
. . .				
. . .				
. . .				
. . .				
. . .				
. . .				
. . .				
. . .				
. . .				
. . .				
. . .				

㉔종별변경

년 월 일 종으로 설치
년 월 일 종에서 종으로
년 월 일 종에서 종으로
년 월 일 종에서 종으로
년 월 일 종에서 종으로

㉕교통량

구분	항목	20 년 월	20 년 월	20 년 월	20 년 월
조사년월일					
열차회수	일반열차				
	입환차량				
	환 산 계				
통행량	보행자(인)				
	자전거(대)				
	손 수 레				
	2륜자동차				
	소형자동차				
	중형자동차				
	대형자동차				
	환 산 계				
환산총계					

작성자 (서명) 확인자 (서명)

(뒷 쪽)

<table>
<tr><th>건 널 목 약 도(상 세 하 게 기 록)</th><th>(건널목대장기재요령)</th></tr>
<tr><td></td><td>1. 건널목대장은 건널목마다 1장씩 작성하고 일련번호에 따라 적당한 두께로 합본 보관하며 기입은 펜 또는 볼펜으로 하되 수시변동이 예상되는 사항은 연필로 기입한다.
선 No. 건널목
No.에는 사무소별로 건널목 종별에 관계없이 주요선구별로 기점쪽부터 일련번호를 붙이도록 하여 최종번호가 그 선구의 전 건널목 수를 의미하도록 한다.
그후 건널목이 신설될 경우에는 인접 건널목 중 기점에 가까운 번호를 이용하여 「 의 1」「 의 2」 등으로 정리하고 폐지할 경우에는 결번으로 정리한다.
2. 건널목 대장 내용 중「좌우」구분은 기점에서 종점으로 향하여 선로 좌측은 「좌」, 우측은 「우」로 한다.
③ 차로수는 전체 차로수, 즉 왕복 단차선인 경우 1차로 , 편도 1차선인 경우 2차로, 편도2차선인 경우 4차로 등으로 기입한다.
④ 단위는 m로(4m30Cm일 경우 4.3m로) 표기한다. 도로폭은 도로의 전체 폭을 기입하며 ( )에는 포장폭을 기입한다. 인도폭은 인도가 별도 설치된 경우에 기입한다.
⑤의 열차투시거리(선로의 최외측 궤도 중심선과 도로중심선의 교점으로부터 도로중심선을 따라 5m지점에서 1.4m높이에서 열차진입 방향의 선로를 내다 보았을 때 그 선로의 중심선상 2m높이를 연속해서 내다 볼 수 있는 최대거리)는 선로의 「좌측도로에서 기점쪽 m, 종점쪽 m」, 「우측도로에서 기점쪽 m, 종점쪽 m」로 한다.
⑥의 건널목 투시거리는 도로상의 차량이 건널목에 접근할 때 건널목을 연속해서 확인할 수 있는 최대거리를 기입한다.
⑦의 교차각은 선로를 중심하여 시계방향(우회전)의 각도를 기입한다.
⑧의 도로구배는 철도와 같이 1000분율이 아니고 100분율임에 주의하고 도로중심선을 따라 건널목으로부터 30m거리에 대한 변화를 측정 산출하며 도로가 건널목으로부터 하구배이면 하구배에, 상구배이면 상구배에 ○를 표시함.
⑨~⑯, ⑳~㉒는 해당하는 번호에 ○표하고, 특히 ⑩의 건널목환경란 조사는 주택, 학교 등이 누락되지 않도록 주의하여 초등학교 및 유치원은 건널목에서 500m이내, 도로교차점은 100m이내의 개소를 조사하고 거리를 기입한다.
⑪의 횡단선수는 건널목을 횡단하는 선로수를 기입한다.(예 : 복선이면 2, 복복선이면 4)
⑫의 열차최고속도는 건널목 제어구간 열차최고속도를 말한다.
⑬은 교통규제가 있을 경우 규제내용을 ( )란에 기입한다.
⑰의 관리구분에서 청원일 경우( )안에 청원자명을 기입하고, 안내원 구분은 자세히 기입한다.
⑱의 제어방식 중 반자동이란 안내원이 있는 건널목으로서 차단기 수동취급이 가능한 개소를 말하며, 차단봉 길이의 도로용 입구측은 차량이 건널목을 향해 진입하는 쪽의 차단기를 말하고, 출구측은 건널목에서 도로쪽으로 진출하는 쪽의 차단기를 말한다
⑲의 기타안전설비 괄호안에는 설치년월(년,월)을 기입한다.
㉔의 종별변경은 종별승격(예 : 2종에서 1종으로)또는 도로 노선변경으로 인한 종별 격하 등을 기입한다.</td></tr>
<tr><td>※건널목약도 도시요령 : 건널목의 주변약도를 그리되, 차단기, 경보기, 처소, 건널목표지등 설치위치, 지형, 투시장애물, 선로의 곡선상태, 건널목으로부터 도로의 직선거리 및 폭, 인근의 교차설비 거리 등을 상세히 기입하여야 하며, 선로의 기점, 종점표시 및 도로의 양 방향을 기입하여야 한다.</td><td>건널목대장 기재요량란에 건널목전경사진을 부착한다. 이 경우 선로종방향으로 건널목 전경을 포함하여 촬영한 것을 상단에 부착하고, 선로횡방향으로 건널목전경을 포함하여 촬영한 것을 하단에 부착한다.</td></tr>
</table>

철도차량운전규칙 [2005·7·6 건설교통부령 제454호 제정]

2010·10·18 국토해양부령 제296호
2018· 7·18 국토교통부령 제535호
2019· 1· 2 국토교통부령 제575호
2021· 8·27 국토교통부령 제882호
2021·10·26 국토교통부령 제907호

제1장 총 칙

제1조(목적) 이 규칙은 「철도안전법」 제39조의 규정에 의하여 열차의 편성, 철도차량의 운전 및 신호방식 등 철도차량의 안전운행에 관하여 필요한 사항을 정함을 목적으로 한다.

제2조(정의) 이 규칙에서 사용하는 용어의 정의는 다음과 같다. 〈개정 10·10·18, 21·10·26〉

1. "정거장"이라 함은 여객의 승강(여객 이용시설 및 편의시설을 포함한다), 화물의 적하(積下), 열차의 조성(組成, 철도차량을 연결하거나 분리하는 작업을 말한다), 열차의 교행(交行) 또는 대피를 목적으로 사용되는 장소를 말한다.
2. "본선"이라 함은 열차의 운전에 상용하는 선로를 말한다.
3. "측선"이라 함은 본선이 아닌 선로를 말한다.
4. 및 5. 삭제 〈21·10·26〉
6. "차량"이라 함은 열차의 구성부분이 되는 1량의 철도차량을 말한다.
7. "전차선로"라 함은 전차선 및 이를 지지하는 공작물을 말한다.
8. "완급차(緩急車)"라 함은 관통제동기용 제동통·압력계·차장변(車掌弁) 및 수(手)제동기를 장치한 차량으로서 열차승무원이 집무할 수 있는 차실이 설비된 객차 또는 화차를 말한다.
9. "철도신호"라 함은 제76조의 규정에 의한 신호·전호(傳號) 및 표지를 말한다.
10. "진행지시신호"라 함은 진행신호·감속신호·주의신호·경계신호·유도신호 및 차내신호(정지신호를 제외한다) 등 차량의 진행을 지시하는 신호를 말한다.
11. "폐색"이라 함은 일정 구간에 동시에 2 이상의 열차를 운전시키지 아니하기 위하여 그 구간을 하나의 열차의 운전에만 점용시키는 것을 말한다.
12. "구내운전"이라 함은 정거장내 또는 차량기지 내에서 입환신호에 의하여 열차 또는 차량을 운전하는 것을 말한다.
13. "입환(入換)"이라 함은 사람의 힘에 의하거나 동력차를 사용하여 차량을 이동·연결 또는 분리하는 작업을 말한다.
14. "조차장(操車場)"이라 함은 차량의 입환 또는 열차의 조성을 위하여 사용되는 장소를 말한다.
15. "신호소"라 함은 상치신호기 등 열차제어시스템을 조작·취급하기 위하여 설치한 장소를 말한다.
16. "동력차"라 함은 기관차(機關車), 전동차(電動車), 동차(動車) 등 동력발생장치에 의하여 선로를 이동하는 것을 목적으로 제조한 철도차량을 말한다.
17. "위험물"이라 함은 「철도안전법」 제44조제1항의 규정에 의한 위험물을 말한다.
18. "무인운전"이란 사람이 열차 안에서 직접 운전하지 아니하고 관제실에서의 원격조종에 따라 열차가 자동으로 운행되는 방식을 말한다.
19. "운전취급담당자"란 철도 신호기·선로전환기 또는 조작판을 취급하는 사람을 말한다.

제3조(적용범위) 철도에서의 철도차량의 운행에 관하여는 다른 법령에 특별한 규정이 있는 경우를 제외하고는 이 규칙이 정하는 바에 의한다.

제4조(업무규정의 제정·개정 등〈개정 21·10·26〉) ①철도운영자 및 철도

시설관리자(이하 "철도운영자등"이라 한다)는 이 규칙에서 정하지 아니한 사항이나 지역별로 상이한 사항 등 열차운행의 안전관리 및 운영에 필요한 세부기준 및 절차(이하 이 조에서 "업무규정"이라 한다)를 이 규칙의 범위 안에서 따로 정할 수 있다. 〈개정 21 · 10 · 26〉

② 철도운영자등은 다음 각 호의 경우에는 이와 관련된 다른 철도운영자등과 사전에 협의해야 한다. 〈개정 21 · 10 · 26〉

1. 다른 철도운영자등이 관리하는 구간에서 열차를 운행하려는 경우
2. 제1호에 따른 열차 운행과 관련하여 업무규정을 제정 · 개정하는 경우

제5조(철도운영자등의 책무) 철도운영자등은 열차 또는 차량을 운행함에 있어 철도사고를 예방하고 여객과 화물을 안전하고 원활하게 운송할 수 있도록 필요한 조치를 하여야 한다.

제2장 철도종사자 등 〈개정 21 · 10 · 26〉

제6조(교육 및 훈련 등) ① 철도운영자등은 다음 각 호의 어느 하나에 해당하는 사람에게 「철도안전법」 등 관계 법령에 따라 필요한 교육을 실시해야 하고, 해당 철도종사자 등이 업무 수행에 필요한 지식과 기능을 보유한 것을 확인한 후 업무를 수행하도록 해야 한다. 〈개정 10 · 10 · 18, 21 · 10 · 26〉

1. 「철도안전법」 제2조제10호가목에 따른 철도차량의 운전업무에 종사하는 사람(이하 "운전업무종사자"라 한다)
2. 철도차량운전업무를 보조하는 사람(이하 "운전업무보조자"라 한다)
3. 「철도안전법」 제2조제10호나목에 따라 철도차량의 운행을 집중 제어 · 통제 · 감시하는 업무에 종사하는 사람(이하 "관제업무종사자"라 한다)
4. 「철도안전법」 제2조제10호다목에 따른 여객에게 승무 서비스를 제공하는 사람(이하 "여객승무원"이라 한다)
5. 운전취급담당자
6. 철도차량을 연결 · 분리하는 업무를 수행하는 사람
7. 원격제어가 가능한 장치로 입환 작업을 수행하는 사람

②철도운영자등은 운전업무종사자, 운전업무보조자 및 여객승무원이 철도차량에 탑승하기 전 또는 철도차량의 운행중에 필요한 사항에 대한 보고 · 지시 또는 감독 등을 적절히 수행할 수 있도록 안전관리체계를 갖추어야 한다. 〈개정 21 · 10 · 26〉

③철도운영자등은 제2항의 규정에 의한 업무를 수행하는 자가 과로 등으로 인하여 당해 업무를 적절히 수행하기 어렵다고 판단되는 경우에는 그 업무를 수행하도록 하여서는 아니된다.

제7조(열차에 탑승하여야 하는 철도종사자) ①열차에는 운전업무종사자와 여객승무원을 탑승시켜야 한다. 다만, 해당 선로의 상태, 열차에 연결되는 차량의 종류, 철도차량의 구조 및 장치의 수준 등을 고려하여 열차운행의 안전에 지장이 없다고 인정되는 경우에는 운전업무종사자 외의 다른 철도종사자를 탑승시키지 않거나 인원을 조정할 수 있다. 〈개정 10 · 10 · 18, 21 · 10 · 26〉

② 제1항에도 불구하고 무인운전의 경우에는 운전업무종사자를 탑승시키지 않을 수 있다. 〈신설 10 · 10 · 18, 21 · 10 · 26〉

제3장 적재제한 등

제8조(차량의 적재 제한 등) ①차량에 화물을 적재할 경우에는 차량의 구조와 설계강도 등을 고려하여 허용할 수 있는 최대적재량을 초과하지 않도록 해야 한다. 〈개정 21 · 10 · 26〉

②차량에 화물을 적재할 경우에는 중량의 부담을 균등히 해야 하며, 운전 중의 흔들림으로 인하여 무너지거나 넘어질 우려가 없도록 해야 한다. 〈개정 21 · 10 · 26〉

③차량에는 차량한계(차량의 길이, 너비 및 높이의 한계를 말한다. 이하

이 조에서 같다)를 초과하여 화물을 적재·운송해서는 안 된다. 다만, 열차의 안전운행에 필요한 조치를 하는 경우에는 차량한계를 초과하는 화물(이하 "특대화물"이라 한다)을 운송할 수 있다. 〈개정 21·10·26〉

④ 제1항부터 제3항까지의 규정에 따른 차량의 화물 적재 제한 등에 필요한 세부사항은 국토교통부장관이 정하여 고시한다. 〈신설 21·10·26〉

제9조(특대화물의 수송) 철도운영자등은 제8조제3항 단서에 따라 특대화물을 운송하려는 경우에는 사전에 해당 구간에 열차운행에 지장을 초래하는 장애물이 있는지 등을 조사·검토한 후 운송해야 한다. 〈개정 21·10·26〉

제4장 열차의 운전

제1절 열차의 조성

제10조(열차의 최대연결차량수 등) 열차의 최대연결차량수는 이를 조성하는 동력차의 견인력, 차량의 성능·차체(Frame) 등 차량의 구조 및 연결장치의 강도와 운행선로의 시설현황에 따라 이를 정하여야 한다.

제11조(동력차의 연결위치) 열차의 운전에 사용하는 동력차는 열차의 맨 앞에 연결하여야 한다. 다만, 다음 각 호의 어느 하나에 해당하는 경우에는 그러하지 아니하다.

1. 기관차를 2 이상 연결한 경우로서 열차의 맨 앞에 위치한 기관차에서 열차를 제어하는 경우
2. 보조기관차를 사용하는 경우
3. 선로 또는 열차에 고장이 있는 경우
4. 구원열차·제설열차·공사열차 또는 시험운전열차를 운전하는 경우
5. 정거장과 그 정거장 외의 본선 도중에서 분기하는 측선과의 사이를 운전하는 경우
6. 그 밖에 특별한 사유가 있는 경우

제12조(여객열차의 연결제한) ①여객열차에는 화차를 연결할 수 없다. 다만, 회송의 경우와 그 밖에 특별한 사유가 있는 경우에는 그러하지 아니하다.

②제1항 단서의 규정에 의하여 화차를 연결하는 경우에는 화차를 객차의 중간에 연결하여서는 아니된다.

③파손차량, 동력을 사용하지 아니하는 기관차 또는 2차량 이상에 무게를 부담시킨 화물을 적재한 화차는 이를 여객열차에 연결하여서는 아니된다.

제13조(열차의 운전위치) ①열차는 운전방향 맨 앞 차량의 운전실에서 운전하여야 한다.

②제1항에도 불구하고 다음 각 호의 어느 하나에 해당하는 경우에는 운전방향 맨 앞 차량의 운전실 외에서도 열차를 운전할 수 있다. 〈개정 10·10·18〉

1. 철도종사자가 차량의 맨 앞에서 전호를 하는 경우로서 그 전호에 의하여 열차를 운전하는 경우
2. 선로·전차선로 또는 차량에 고장이 있는 경우
3. 공사열차·구원열차 또는 제설열차를 운전하는 경우
4. 정거장과 그 정거장 외의 본선 도중에서 분기하는 측선과의 사이를 운전하는 경우
5. 철도시설 또는 철도차량을 시험하기 위하여 운전하는 경우
6. 사전에 정한 특정한 구간을 운전하는 경우

6의2. 무인운전을 하는 경우

7. 그 밖에 부득이한 경우로서 운전방향 맨 앞 차량의 운전실에서 운전하지 아니하여도 열차의 안전한 운전에 지장이 없는 경우

제14조(열차의 제동장치) 2량 이상의 차량으로 조성하는 열차에는 모든 차량에 연동하여 작용하고 차량이 분리되었을 때 자동으로 차량을 정차시킬 수 있는 제동장치를 구비하여야 한다. 다만, 다음 각 호의 어느

하나에 해당하는 경우에는 그러하지 아니하다.

1. 정거장에서 차량을 연결·분리하는 작업을 하는 경우
2. 차량을 정지시킬 수 있는 인력을 배치한 구원열차 및 공사열차의 경우
3. 그 밖에 차량이 분리된 경우에도 다른 차량에 충격을 주지 아니하도록 안전조치를 취한 경우

제15조(열차의 제동력) ①열차는 선로의 굴곡정도 및 운전속도에 따라 충분한 제동능력을 갖추어야 한다.

②철도운영자등은 연결축수(연결된 차량의 차축 총수를 말한다)에 대한 제동축수(소요 제동력을 작용시킬 수 있는 차축의 총수를 말한다)의 비율(이하 "제동축비율"이라 한다)이 100이 되도록 열차를 조성하여야 한다. 다만, 긴급상황 발생 등으로 인하여 열차를 조성하는 경우 등 부득이한 사유가 있는 경우에는 그러하지 아니하다.

③열차를 조성하는 경우에는 모든 차량의 제동력이 균등하도록 차량을 배치하여야 한다. 다만, 고장 등으로 인하여 일부 차량의 제동력이 작용하지 아니하는 경우에는 제동축비율에 따라 운전속도를 감속하여야 한다.

제16조(완급차의 연결) ①관통제동기를 사용하는 열차의 맨 뒤(추진운전의 경우에는 맨 앞)에는 완급차를 연결하여야 한다. 다만, 화물열차에는 완급차를 연결하지 아니할 수 있다.

②제1항 단서의 규정에 불구하고 군전용열차 또는 위험물을 운송하는 열차 등 열차승무원이 반드시 탑승하여야 할 필요가 있는 열차에는 완급차를 연결하여야 한다.

제17조(제동장치의 시험) 열차를 조성하거나 열차의 조성을 변경한 경우에는 당해 열차를 운행하기 전에 제동장치를 시험하여 정상작동여부를 확인하여야 한다.

제2절 열차의 운전

제18조(철도신호와 운전의 관계) 철도차량은 신호·전호 및 표지가 표시하는 조건에 따라 운전하여야 한다.

제19조(정거장의 경계) 철도운영자등은 정거장 내·외에서 운전취급을 달리하는 경우 이를 내·외로 구분하여 운영하고 그 경계지점과 표시방식을 지정하여야 한다.

제20조(열차의 운전방향 지정 등) ①철도운영자등은 상행선·하행선 등으로 노선이 구분되는 선로의 경우에는 열차의 운행방향을 미리 지정하여야 한다.

②다음 각 호의 어느 하나에 해당되는 경우에는 제1항의 규정에 의하여 지정된 선로의 반대선로로 열차를 운행할 수 있다.

1. 제4조제2항의 규정에 의하여 철도운영자등과 상호 협의된 방법에 따라 열차를 운행하는 경우
2. 정거장내의 선로를 운전하는 경우
3. 공사열차·구원열차 또는 제설열차를 운전하는 경우
4. 정거장과 그 정거장 외의 본선 도중에서 분기하는 측선과의 사이를 운전하는 경우
5. 입환운전을 하는 경우
6. 선로 또는 열차의 시험을 위하여 운전하는 경우
7. 퇴행(退行)운전을 하는 경우
8. 양방향 신호설비가 설치된 구간에서 열차를 운전하는 경우
9. 철도사고 또는 운행장애(이하 "철도사고등"이라 한다)의 수습 또는 선로보수공사 등으로 인하여 부득이하게 지정된 선로방향을 운행할 수 없는 경우

③철도운영자등은 제2항의 규정에 의하여 반대선로로 운전하는 열차가 있는 경우 후속 열차에 대한 운행통제 등 필요한 안전조치를 하여야

한다.

제21조(정거장외 본선의 운전) 차량은 이를 열차로 하지 아니하면 정거장외의 본선을 운전할 수 없다. 다만, 입환작업을 하는 경우에는 그러하지 아니하다.

제22조(열차의 정거장외 정차금지) 열차는 정거장외에서는 정차하여서는 아니된다. 다만, 다음 각 호의 어느 하나에 해당하는 경우에는 그러하지 아니하다.

1. 경사도가 1000분의 30 이상인 급경사 구간에 진입하기 전의 경우
2. 정지신호의 현시(現示)가 있는 경우
3. 철도사고등이 발생하거나 철도사고등의 발생 우려가 있는 경우
4. 그 밖에 철도안전을 위하여 부득이 정차하여야 하는 경우

제23조(열차의 운행시각) 철도운영자등은 정거장에서의 열차의 출발·통과 및 도착의 시각을 정하고 이에 따라 열차를 운행하여야 한다. 다만, 긴급하게 임시열차를 편성하여 운행하는 경우 등 부득이한 경우에는 그러하지 아니하다.

제24조(운전정리) 철도사고등의 발생 등으로 인하여 열차가 지연되어 열차의 운행일정의 변경이 발생하여 열차운행상 혼란이 발생한 때에는 열차의 종류·등급·목적지 및 연계수송 등을 고려하여 운전정리를 행하고, 정상운전으로 복귀되도록 하여야 한다. 〈개정 19·1·2〉

제25조(열차 출발시의 사고방지) 철도운영자등은 열차를 출발시키는 경우 여객이 객차의 출입문에 끼었는지의 여부, 출입문의 닫힘 상태 등을 확인하는 등 여객의 안전을 확보할 수 있는 조치를 하여야 한다.

제26조(열차의 퇴행 운전) ①열차는 퇴행하여서는 아니된다. 다만, 다음 각 호의 어느 하나에 해당하는 경우에는 그러하지 아니하다.

1. 선로·전차선로 또는 차량에 고장이 있는 경우
2. 공사열차·구원열차 또는 제설열차가 작업상 퇴행할 필요가 있는 경우
3. 뒤의 보조기관차를 활용하여 퇴행하는 경우
4. 철도사고등의 발생 등 특별한 사유가 있는 경우

②제1항 단서의 규정에 의하여 퇴행하는 경우에는 다른 열차 또는 차량의 운전에 지장이 없도록 조치를 취하여야 한다.

제27조(열차의 재난방지) 철도운영자등은 폭풍우·폭설·홍수·지진·해일 등으로 열차에 재난 또는 위험이 발생할 우려가 있는 경우에는 그 상황을 고려하여 열차운전을 일시 중지하거나 운전속도를 제한하는 등의 재난·위험방지 조치를 강구해야 한다. 〈개정 21·10·26〉

제28조(열차의 동시 진출·입 금지) 2 이상의 열차가 정거장에 진입하거나 정거장으로부터 진출하는 경우로서 열차 상호간 그 진로에 지장을 줄 염려가 있는 경우에는 2 이상의 열차를 동시에 정거장에 진입시키거나 진출시킬 수 없다. 다만, 다음 각 호의 어느 하나에 해당하는 경우에는 그러하지 아니하다.

1. 안전측선·탈선선로전환기·탈선기가 설치되어 있는 경우
2. 열차를 유도하여 서행으로 진입시키는 경우
3. 단행기관차로 운행하는 열차를 진입시키는 경우
4. 다른 방향에서 진입하는 열차들이 출발신호기 또는 정차위치로부터 200미터(동차·전동차의 경우에는 150미터) 이상의 여유거리가 있는 경우
5. 동일방향에서 진입하는 열차들이 각 정차위치에서 100미터 이상의 여유거리가 있는 경우

제29조(열차의 긴급정지 등) 철도사고등이 발생하여 열차를 급히 정지시킬 필요가 있는 경우에는 지체없이 정지신호를 표시하는 등 열차정지에 필요한 조치를 취하여야 한다.

제30조(선로의 일시 사용중지) ①선로의 개량 또는 보수 등으로 열차의 운행에 지장을 주는 작업이나 공사가 진행 중인 구간에는 작업이나 공사 관계 차량 외의 열차 또는 철도차량을 진입시켜서는 안 된다. 〈개정

21·10·26〉

②제1항의 규정에 의한 작업 또는 공사가 완료된 경우에는 열차의 운행에 지장이 없는 지를 확인하고 열차를 운행시켜야 한다.

제31조(구원열차 요구 후 이동금지) ①철도사고등의 발생으로 인하여 정거장외에서 열차가 정차하여 구원열차를 요구하였거나 구원열차 운전의 통보가 있는 경우에는 당해 열차를 이동하여서는 아니된다. 다만, 다음 각 호의 어느 하나에 해당하는 경우에는 그러하지 아니하다.

1. 철도사고등이 확대될 염려가 있는 경우
2. 응급작업을 수행하기 위하여 다른 장소로 이동이 필요한 경우

② 철도종사자는 제1항 단서에 따라 열차나 철도차량을 이동시키는 경우에는 지체없이 구원열차의 운전업무종사자와 관제업무종사자 또는 운전취급담당자에게 그 이동 내용과 이동 사유를 통보하고, 열차의 방호를 위한 정지수신호 등 안전조치를 취해야 한다. 〈개정 21·10·26〉

제32조(화재발생시의 운전) ①열차에 화재가 발생한 경우에는 조속히 소화의 조치를 하고 여객을 대피시키거나 화재가 발생한 차량을 다른 차량에서 격리시키는 등의 필요한 조치를 하여야 한다.

②열차에 화재가 발생한 장소가 교량 또는 터널 안인 경우에는 우선 철도차량을 교량 또는 터널 밖으로 운전하는 것을 원칙으로 하고, 지하구간인 경우에는 가장 가까운 역 또는 지하구간 밖으로 운전하는 것을 원칙으로 한다.

제32조의2(무인운전 시의 안전확보 등) 열차를 무인운전하는 경우에는 다음 각 호의 사항을 준수해야 한다. 〈개정 21·10·26〉

1. 철도운영자등이 지정한 철도종사자는 차량을 차고에서 출고하기 전 또는 무인운전 구간으로 진입하기 전에 운전방식을 무인운전 모드(mode)로 전환하고, 관제업무종사자로부터 무인운전 기능을 확인받을 것
2. 관제업무종사자는 열차의 운행상태를 실시간으로 감시하고 필요한 조치를 할 것
3. 관제업무종사자는 열차가 정거장의 정지선을 지나쳐서 정차한 경우 다음 각 목의 조치를 할 것
   가. 후속 열차의 해당 정거장 진입 차단
   나. 철도운영자등이 지정한 철도종사자를 해당 열차에 탑승시켜 수동으로 열차를 정지선으로 이동
   다. 나목의 조치가 어려운 경우 해당 열차를 다음 정거장으로 재출발
4. 철도운영자등은 여객의 승하차 시 안전을 확보하고 시스템 고장 등 긴급상황에 신속하게 대처하기 위하여 정거장 등에 안전요원을 배치하거나 순회하도록 할 것

[본조신설 10·10·18]

제33조(특수목적열차의 운전) 철도운영자등은 특수한 목적으로 열차의 운행이 필요한 경우에는 당해 특수목적열차의 운행계획을 수립·시행하여야 한다.

제3절 열차의 운전속도

제34조(열차의 운전 속도) ①열차는 선로 및 전차선로의 상태, 차량의 성능, 운전방법, 신호의 조건 등에 따라 안전한 속도로 운전하여야 한다.

②철도운영자등은 다음 각 호를 고려하여 선로의 노선별 및 차량의 종류별로 열차의 최고속도를 정하여 운용하여야 한다.

1. 선로에 대하여는 선로의 굴곡의 정도 및 선로전환기의 종류와 구조
2. 전차선에 대하여는 가설방법별 제한속도

제35조(운전방법 등에 의한 속도제한) 철도운영자등은 다음 각 호의 어느 하나에 해당하는 경우에는 열차 또는 차량의 운전제한속도를 따로 정하여 시행하여야 한다. 〈개정 21·10·26〉

1. 서행신호 현시구간을 운전하는 경우

2. 추진운전을 하는 경우(총괄제어법에 따라 열차의 맨 앞에서 제어하는 경우를 제외한다)
3. 열차를 퇴행운전을 하는 경우
4. 쇄정(鎖錠)되지 않은 선로전환기를 대향(對向)으로 운전하는 경우
5. 입환운전을 하는 경우
6. 제74조에 따른 전령법(傳令法)에 의하여 열차를 운전하는 경우
7. 수신호 현시구간을 운전하는 경우
8. 지령운전을 하는 경우
9. 무인운전 구간에서 운전업무종사자가 탑승하여 운전하는 경우
10. 그 밖에 철도안전을 위하여 필요하다고 인정되는 경우

제36조(열차 또는 차량의 정지) ①열차 또는 차량은 정지신호가 현시된 경우에는 그 현시지점을 넘어서 진행할 수 없다. 다만, 다음 각 호의 어느 하나에 해당하는 경우에는 그러하지 아니하다.
1. 삭제 〈21·10·26〉
2. 수신호에 의하여 정지신호의 현시가 있는 경우
3. 신호기 고장 등으로 인하여 정지가 불가능한 거리에서 정지신호의 현시가 있는 경우

②제1항의 규정에 불구하고 자동폐색신호기의 정지신호에 의하여 일단 정지한 열차 또는 차량은 정지신호 현시중이라도 운전속도의 제한 등 안전조치에 따라 서행하여 그 현시지점을 넘어서 진행할 수 있다.

③서행허용표지를 추가하여 부설한 자동폐색신호기가 정지신호를 현시하는 때에는 정지신호 현시중이라도 정지하지 아니하고 운전속도의 제한 등 안전조치에 따라 서행하여 그 현시지점을 넘어서 진행할 수 있다.

제37조(열차 또는 차량의 진행) 열차 또는 차량은 진행을 지시하는 신호가 현시된 때에는 신호종류별 지시에 따라 지정속도 이하로 그 지점을 지나 다음 신호가 있는 지점까지 진행할 수 있다.

제38조(열차 또는 차량의 서행) ①열차 또는 차량은 서행신호의 현시가 있을 때에는 그 속도를 감속하여야 한다.

②열차 또는 차량이 서행해제신호가 있는 지점을 통과한 때에는 정상속도로 운전할 수 있다.

제4절 입환

제39조(입환) ① 철도운영자등은 입환작업을 하려면 다음 각 호의 사항을 포함한 입환작업계획서를 작성하여 기관사, 운전취급담당자, 입환작업자에게 배부하고 입환작업에 대한 교육을 실시하여야 한다. 다만, 단순히 선로를 변경하기 위하여 이동하는 입환의 경우에는 입환작업계획서를 작성하지 아니할 수 있다.
1. 작업 내용
2. 대상 차량
3. 입환 작업 순서
4. 작업자별 역할
5. 입환전호 방식
6. 입환 시 사용할 무선채널의 지정
7. 그 밖에 안전조치사항

② 입환작업자(기관사를 포함한다)는 차량과 열차를 입환하는 경우 다음 각 호의 기준에 따라야 한다.
1. 차량과 열차가 이동하는 때에는 차량을 분리하는 입환작업을 하지 말 것
2. 입환 시 다른 열차의 운행에 지장을 주지 않도록 할 것
3. 여객이 승차한 차량이나 화약류 등 위험물을 적재한 차량에 대하여는 충격을 주지 않도록 할 것

[전문개정 18·7·18]

제40조(선로전환기의 쇄정 및 정위치 유지) ①본선의 선로전환기는 이와 관계된 신호기와 그 진로내의 선로전환기를 연동쇄정하여 사용하여야

한다. 다만, 상시 쇄정되어 있는 선로전환기 또는 취급회수가 극히 적은 배향(背向)의 선로전환기의 경우에는 그러하지 아니하다.

②쇄정되지 아니한 선로전환기를 대향으로 통과할 때에는 쇄정기구를 사용하여 텅레일(Tongue Rail)을 쇄정하여야 한다.

③선로전환기를 사용한 후에는 지체없이 미리 정하여진 위치에 두어야 한다.

제41조(차량의 정차시 조치) 차량을 측선 등에 정차시켜 두는 경우에는 차량이 움직이지 아니하도록 필요한 조치를 하여야 한다.

제42조(열차의 진입과 입환) ①다른 열차가 정거장에 진입할 시각이 임박한 때에는 다른 열차에 지장을 줄 수 있는 입환을 할 수 없다. 다만, 다른 열차가 진입할 수 없는 경우 등 긴급하거나 부득이한 경우에는 그러하지 아니하다.

②열차의 도착 시각이 임박한 때에는 그 열차가 정차 예정인 선로에서는 입환을 할 수 없다. 다만, 열차의 운전에 지장을 주지 아니하도록 안전조치를 한 후에는 그러하지 아니하다.

제43조(정거장외 입환) 다른 열차가 인접정거장 또는 신호소를 출발한 후에는 그 열차에 대한 장내신호기의 바깥쪽에 걸친 입환을 할 수 없다. 다만, 특별한 사유가 있는 경우로서 충분한 안전조치를 한 때에는 그러하지 아니하다.

제44조 삭제 〈18 · 7 · 18〉

제45조(인력입환) 본선을 이용하는 입력입환은 관제업무종사자 또는 운전취급담당자의 승인을 받아야 하며, 운전취급담당자는 그 작업을 감시해야 한다.

[전문개정 21 · 10 · 26]

제5장 열차간의 안전확보

제1절 총칙

제46조(열차 간의 안전 확보〈개정 21 · 10 · 26〉**)** ①열차는 열차 간의 안전을 확보할 수 있도록 다음 각 호의 어느 하나의 방법으로 운전해야 한다. 다만, 정거장 내에서 철도신호의 현시 · 표시 또는 그 정거장의 운전을 관리하는 사람의 지시에 따라 운전하는 경우에는 그렇지 않다. 〈개정 21 · 10 · 26〉

1. 폐색에 의한 방법
2. 열차 간의 간격을 확보하는 장치(이하 "열차제어장치"라 한다)에 의한 방법
3. 시계(視界)운전에 의한 방법

②단선(單線)구간에서 폐색을 한 경우 상대역의 열차가 동시에 당해 구간에 진입하도록 하여서는 아니된다.

③구원열차를 운전하는 경우 또는 공사열차가 있는 구간에서 다른 공사열차를 운전하는 등의 특수한 경우로서 열차운행의 안전을 확보할 수 있는 조치를 취한 경우에는 제1항 및 제2항의 규정에 의하지 아니할 수 있다.

제47조(진행지시신호의 금지) 열차 또는 차량의 진로에 지장이 있는 경우에는 이에 대하여 진행을 지시하는 신호를 현시할 수 없다.

제47조의2(열차의 방호) ① 철도운영자등은 철도사고등이 발생하여 인접 선로의 열차 운행에 지장을 주는 등 다른 열차의 정차가 필요한 경우에는 방호 조치를 해야 한다.

② 운전업무종사자는 다른 열차의 방호 조치를 확인한 경우 즉시 열차를 정차해야 한다.

[본조신설 21 · 10 · 26]

제2절 폐색에 의한 방법

제48조(폐색에 의한 방법) 폐색에 의한 방법을 사용하는 경우에는 당해 열차의 진로상에 있는 폐색구간의 조건에 따라 신호를 현시하거나 다

른 열차의 진입을 방지할 수 있어야 한다.

제49조(폐색에 의한 열차 운행) ①폐색에 의한 방법으로 열차를 운행하는 경우에는 본선을 폐색구간으로 분할하여야 한다. 다만, 정거장내의 본선은 이를 폐색구간으로 하지 아니할 수 있다.

②하나의 폐색구간에는 둘 이상의 열차를 동시에 운행할 수 없다. 다만, 다음 각 호에 해당하는 경우에는 그렇지 않다. 〈개정 21 · 10 · 26〉

1. 제36조제2항 및 제3항에 따라 열차를 진입시키려는 경우
2. 고장열차가 있는 폐색구간에 구원열차를 운전하는 경우
3. 선로가 불통된 구간에 공사열차를 운전하는 경우
4. 폐색구간에서 뒤의 보조기관차를 열차로부터 떼었을 경우
5. 열차가 정차되어 있는 폐색구간으로 다른 열차를 유도하는 경우
6. 폐색에 의한 방법으로 운전을 하고 있는 열차를 열차제어장치로 운전하거나 시계운전이 가능한 노선에서 열차를 서행하여 운전하는 경우
7. 그 밖에 특별한 사유가 있는 경우

제50조(폐색방식의 구분) 폐색방식은 각 호와 같이 구분한다. 〈개정 21 · 8 · 27, 21 · 10 · 26〉

1. 상용(常用)폐색방식 : 자동폐색식 · 연동폐색식 · 차내신호폐색식 · 통표폐색식
2. 대용(代用)폐색방식: 통신식 · 지도통신식 · 지도식 · 지령식

제51조(자동폐색장치의 기능〈개정 21 · 10 · 26〉**)** 자동폐색식을 시행하는 폐색구간의 폐색신호기 · 장내신호기 및 출발신호기는 다음 각 호의 기능을 갖추어야 한다. 〈개정 21 · 10 · 26〉

1. 폐색구간에 열차 또는 차량이 있을 때에는 자동으로 정지신호를 현시할 것
2. 폐색구간에 있는 선로전환기가 정당한 방향으로 개통되지 아니한 때 또는 분기선 및 교차점에 있는 차량이 폐색구간에 지장을 줄 때에는 자동으로 정지신호를 현시할 것
3. 폐색장치에 고장이 있을 때에는 자동으로 정지신호를 현시할 것
4. 단선구간에 있어서는 하나의 방향에 대하여 진행을 지시하는 신호를 현시한 때에는 그 반대방향의 신호기는 자동으로 정지신호를 현시할 것

제52조(연동폐색장치의 구비조건) 연동폐색식을 시행하는 폐색구간 양끝의 정거장 또는 신호소에는 다음 각 호의 기능을 갖춘 연동폐색기를 설치해야 한다. 〈개정 21 · 10 · 26〉

1. 신호기와 연동하여 자동으로 다음 각 목의 표시를 할 수 있을 것
   가. 폐색구간에 열차 있음
   나. 폐색구간에 열차 없음
2. 열차가 폐색구간에 있을 때에는 그 구간의 신호기에 진행을 지시하는 신호를 현시할 수 없을 것
3. 폐색구간에 진입한 열차가 그 구간을 통과한 후가 아니면 제1호가목의 표시를 변경할 수 없을 것
4. 단선구간에 있어서 하나의 방향에 대하여 폐색이 이루어지면 그 반대방향의 신호기는 자동으로 정지신호를 현시할 것

제53조(열차를 연동폐색구간에 진입시킬 경우의 취급) ①열차를 폐색구간에 진입시키려는 경우에는 제52조제1호나목의 표시를 확인하고 전방의 정거장 또는 신호소의 승인을 받아야 한다. 〈개정 21 · 10 · 26〉

② 제1항에 따른 승인은 제52조제1호가목의 표시로 해야 한다. 〈개정 21 · 10 · 26〉

③폐색구간에 열차 또는 차량이 있을 때에는 제1항의 규정에 의한 승인을 할 수 없다.

제54조(차내신호폐색장치의 기능〈개정 21 · 10 · 26〉**)** 차내신호폐색식을 시행하는 구간의 차내신호는 다음 각 호의 경우에는 자동으로 정지신호를 현시하는 기능을 갖추어야 한다. 〈개정 21 · 10 · 26〉

1. 폐색구간에 열차 또는 다른 차량이 있는 경우

2. 폐색구간에 있는 선로전환기가 정당한 방향에 있지 아니한 경우
3. 다른 선로에 있는 열차 또는 차량이 폐색구간을 진입하고 있는 경우
4. 열차제어장치의 지상장치에 고장이 있는 경우
5. 열차 정상운행선로의 방향이 다른 경우

제55조(통표폐색장치의 기능 등〈개정 21·10·26〉**)** ①통표폐색식을 시행하는 폐색구간 양끝의 정거장 또는 신호소에는 다음 각 호의 기능을 갖춘 통표폐색장치를 설치해야 한다. 〈개정 21·10·26〉

1. 통표는 폐색구간 양끝의 정거장 또는 신호소에서 협동하여 취급하지 아니하면 이를 꺼낼 수 없을 것
2. 폐색구간 양끝에 있는 통표폐색기에 넣은 통표는 1개에 한하여 꺼낼 수 있으며, 꺼낸 통표를 통표폐색기에 넣은 후가 아니면 다른 통표를 꺼내지 못하는 것일 것
3. 인접 폐색구간의 통표는 넣을 수 없는 것일 것

②제1항의 규정에 의한 통표폐색기에는 그 구간 전용의 통표만을 넣어야 한다.

③인접폐색구간의 통표는 그 모양을 달리하여야 한다.

④열차는 당해 구간의 통표를 휴대하지 아니하면 그 구간을 운전할 수 없다. 다만, 특별한 사유가 있는 경우에는 그러하지 아니하다.

제56조(열차를 통표폐색구간에 진입시킬 경우의 취급) ①열차를 통표폐색구간에 진입시키려는 경우에는 폐색구간에 열차가 없는 것을 확인하고 운행하려는 방향의 정거장 또는 신호소 운전취급담당자의 승인을 받아야 한다. 〈개정 21·10·26〉

②열차의 운전에 사용하는 통표는 통표폐색기에 넣은 후가 아니면 이를 다른 열차의 운전에 사용할 수 없다. 다만, 고장열차가 있는 폐색구간에 구원열차를 운전하는 경우 등 특별한 사유가 있는 경우에는 그러하지 아니하다.

제57조(통신식 대용폐색 방식의 통신장치) 통신식을 시행하는 구간에는 전용의 통신설비를 설치하여야 한다. 다만, 다음 각 호의 어느 하나에 해당하는 경우에는 다른 통신설비로서 이를 대신할 수 있다.

1. 운전이 한산한 구간인 경우
2. 전용의 통신설비에 고장이 있는 경우
3. 철도사고등의 발생 그 밖에 부득이한 사유로 인하여 전용의 통신설비를 설치할 수 없는 경우

제58조(열차를 통신식 폐색구간에 진입시킬 경우의 취급) ①열차를 통신식 폐색구간에 진입시키려는 경우에는 관제업무종사자 또는 운전취급담당자의 승인을 받아야 한다. 〈개정 21·10·26〉

②관제업무종사자 또는 운전취급담당자는 폐색구간에 열차 또는 차량이 없음을 확인한 경우에만 열차의 진입을 승인할 수 있다. 〈개정 21·10·26〉

제59조(지도통신식의 시행) ①지도통신식을 시행하는 구간에는 폐색구간 양끝의 정거장 또는 신호소의 통신설비를 사용하여 서로 협의한 후 시행한다.

②지도통신식을 시행하는 경우 폐색구간 양끝의 정거장 또는 신호소가 서로 협의한 후 지도표를 발행하여야 한다.

③제2항의 규정에 의한 지도표는 1폐색구간에 1매로 한다.

제60조(지도표와 지도권의 사용구별) ①지도통신식을 시행하는 구간에서 동일방향의 폐색구간으로 진입시키고자 하는 열차가 하나뿐인 경우에는 지도표를 교부하고, 연속하여 2 이상의 열차를 동일방향의 폐색구간으로 진입시키고자 하는 경우에는 최후의 열차에 대하여는 지도표를, 나머지 열차에 대하여는 지도권을 교부한다.

②지도권은 지도표를 가지고 있는 정거장 또는 신호소에서 서로 협의를 한 후 발행하여야 한다.

제61조(열차를 지도통신식 폐색구간에 진입시킬 경우의 취급) 열차는 당해구간의 지도표 또는 지도권을 휴대하지 아니하면 그 구간을 운전할

수 없다. 다만, 고장열차가 있는 폐색구간에 구원열차를 운전하는 경우 등 특별한 사유가 있는 경우에는 그러하지 아니하다.

제62조(지도표·지도권의 기입사항) ①지도표에는 그 구간 양끝의 정거장명·발행일자 및 사용열차번호를 기입하여야 한다.

②지도권에는 사용구간·사용열차·발행일자 및 지도표 번호를 기입하여야 한다.

제63조(지도식의 시행) 지도식은 철도사고등의 수습 또는 선로보수공사 등으로 현장과 가장 가까운 정거장 또는 신호소간을 1폐색구간으로 하여 열차를 운전하는 경우에 후속열차를 운전할 필요가 없을 때에 한하여 시행한다.

제64조(지도표의 발행) ①지도식을 시행하는 구간에는 지도표를 발행하여야 한다.

②지도표는 1폐색구간에 1매로 하며, 열차는 당해구간의 지도표를 휴대하지 아니하면 그 구간을 운전할 수 없다.

제64조의2(지령식의 시행) ① 지령식은 폐색 구간이 다음 각 호의 요건을 모두 갖춘 경우 관제업무종사자의 승인에 따라 시행한다.

1. 관제업무종사자가 열차 운행을 감시할 수 있을 것
2. 운전용 통신장치 기능이 정상일 것

② 관제업무종사자는 지령식을 시행하는 경우 다음 각 호의 사항을 준수해야 한다.

1. 지령식을 시행할 폐색구간의 경계를 정할 것
2. 지령식을 시행할 폐색구간에 열차나 철도차량이 없음을 확인할 것
3. 지령식을 시행하는 폐색구간에 진입하는 열차의 기관사에게 승인번호, 시행구간, 운전속도 등 주의사항을 통보할 것

[본조신설 21·10·26]

제3절 열차제어장치에 의한 방법 〈개정 21·10·26〉

제65조(열차제어장치에 의한 방법〈개정 21·10·26〉) 열차 간의 간격을 자동으로 확보하는 열차제어장치는 운행하는 열차와 동일 진로상의 다른 열차와의 간격 및 선로 등의 조건에 따라 자동으로 해당 열차를 감속시키거나 정지시킬 수 있어야 한다. 〈개정 21·10·26〉

제66조(열차제어장치의 종류) 열차제어장치는 다음 각 호와 같이 구분한다.

1. 열차자동정지장치(ATS, Automatic Train Stop)
2. 열차자동제어장치(ATC, Automatic Train Control)
3. 열차자동방호장치(ATP, Automatic Train Protection)

[전문개정 21·10·26]

제67조(열차제어장치의 기능) ① 열차자동정지장치는 열차의 속도가 지상에 설치된 신호기의 현시 속도를 초과하는 경우 열차를 자동으로 정지시킬 수 있어야 한다.

② 열차자동제어장치 및 열차자동방호장치는 다음 각 호의 기능을 갖추어야 한다.

1. 운행 중인 열차를 선행열차와의 간격, 선로의 굴곡, 선로전환기 등 운행 조건에 따라 제어정보가 지시하는 속도로 자동으로 감속시키거나 정지시킬 수 있을 것
2. 장치의 조작 화면에 열차제어정보에 따른 운전 속도와 열차의 실제 속도를 실시간으로 나타내 줄 것
3. 열차를 정지시켜야 하는 경우 자동으로 제동장치를 작동하여 정지목표에 정지할 수 있을 것

[전문개정 21·10·26]

제68조 및 제69조 삭제 〈21·10·26〉

제4절 시계운전에 의한 방법

제70조(시계운전에 의한 방법) ①시계운전에 의한 방법은 신호기 또는 통신장치의 고장 등으로 제50조제1호 및 제2호 외의 방법으로 열차를

운전할 필요가 있는 경우에 한하여 시행하여야 한다.

②철도차량의 운전속도는 전방 가시거리 범위 내에서 열차를 정지시킬 수 있는 속도 이하로 운전하여야 한다.

③동일 방향으로 운전하는 열차는 선행 열차와 충분한 간격을 두고 운전하여야 한다.

제71조(단선구간에서의 시계운전) 단선구간에서는 하나의 방향으로 열차를 운전하는 때에 반대방향의 열차를 운전시키지 아니하는 등 사고예방을 위한 안전조치를 하여야 한다.

제72조(시계운전에 의한 열차의 운전) 시계운전에 의한 열차운전은 다음 각 호의 어느 하나의 방법으로 시행해야 한다. 다만, 협의용 단행기관차의 운행 등 철도운영자등이 특별히 따로 정한 경우에는 그렇지 않다. 〈개정 21·8·27〉

1. 복선운전을 하는 경우
   가. 격시법
   나. 전령법
2. 단선운전을 하는 경우
   가. 지도격시법(指導隔時法)
   나. 전령법

제73조(격시법 또는 지도격시법의 시행) ①격시법 또는 지도격시법을 시행하는 경우에는 최초의 열차를 운전시키기 전에 폐색구간에 열차 또는 차량이 없음을 확인하여야 한다.

②격시법은 폐색구간의 한끝에 있는 정거장 또는 신호소의 운전취급담당자가 시행한다. 〈개정 21·10·26〉

③지도격시법은 폐색구간의 한끝에 있는 정거장 또는 신호소의 운전취급담당자가 적임자를 파견하여 상대의 정거장 또는 신호소 운전취급담당자와 협의한 후 시행해야 한다. 다만, 지도통신식을 시행 중인 구간에서 통신두절이 된 경우 지도표를 가지고 있는 정거장 또는 신호소에서 출발하는 최초의 열차에 대해서는 적임자를 파견하지 않고 시행할 수 있다. 〈개정 21·10·26〉

제74조(전령법의 시행) ①열차 또는 차량이 정차되어 있는 폐색구간에 다른 열차를 진입시킬 때에는 전령법에 의하여 운전하여야 한다.

②전령법은 그 폐색구간 양끝에 있는 정거장 또는 신호소의 운전취급담당자가 협의하여 이를 시행해야 한다. 다만, 다음 각 호의 어느 하나에 해당하는 경우에는 협의하지 않고 시행할 수 있다. 〈개정 21·10·26〉

1. 선로고장 등으로 지도식을 시행하는 폐색구간에 전령법을 시행하는 경우
2. 제1호 외의 경우로서 전화불통으로 협의를 할 수 없는 경우

③제2항제2호에 해당하는 경우에는 당해 열차 또는 차량이 정차되어 있는 곳을 넘어서 열차 또는 차량을 운전할 수 없다.

제75조(전령자) ①전령법을 시행하는 구간에는 전령자를 선정하여야 한다.

②제1항의 규정에 의한 전령자는 1폐색구간 1인에 한한다.

③ 삭제 〈21·10·26〉

④전령법을 시행하는 구간에서는 당해구간의 전령자가 동승하지 아니하고는 열차를 운전할 수 없다.

제6장 철도신호

제1절 총칙

제76조(철도신호) 철도의 신호는 다음 각 호와 같이 구분하여 시행한다.

1. 신호는 모양·색 또는 소리 등으로 열차나 차량에 대하여 운행의 조건을 지시하는 것으로 할 것
2. 전호는 모양·색 또는 소리 등으로 관계직원 상호간에 의사를 표시하는 것으로 할 것
3. 표지는 모양 또는 색 등으로 물체의 위치·방향·조건 등을 표시하

는 것으로 할 것

제77조(주간 또는 야간의 신호 등) 주간과 야간의 현시방식을 달리하는 신호·전호 및 표지의 경우 일출 후부터 일몰 전까지는 주간 방식으로, 일몰 후부터 다음 날 일출 전까지는 야간 방식으로 한다. 다만, 일출 후부터 일몰 전까지의 경우에도 주간 방식에 따른 신호·전호 또는 표지를 확인하기 곤란한 경우에는 야간 방식에 따른다.
[전문개정 21·10·26]

제78조(지하구간 및 터널 안의 신호) 지하구간 및 터널 안의 신호·전호 및 표지는 야간의 방식에 의하여야 한다. 다만, 길이가 짧아 빛이 통하는 지하구간 또는 조명시설이 설치된 터널 안 또는 지하 정거장 구내의 경우에는 그러하지 아니하다.

제79조(제한신호의 추정) ①신호를 현시할 소정의 장소에 신호의 현시가 없거나 그 현시가 정확하지 아니할 때에는 정지신호의 현시가 있는 것으로 본다.
②상치신호기 또는 임시신호기와 수신호가 각각 다른 신호를 현시한 때에는 그 운전을 최대로 제한하는 신호의 현시에 의하여야 한다. 다만, 사전에 통보가 있을 때에는 통보된 신호에 의한다.

제80조(신호의 겸용금지) 하나의 신호는 하나의 선로에서 하나의 목적으로 사용되어야 한다. 다만, 진로표시기를 부설한 신호기는 그러하지 아니하다.

제2절 상치신호기

제81조(상치신호기) 상치신호기는 일정한 장소에서 색등(色燈) 또는 등열(燈列)에 의하여 열차 또는 차량의 운전조건을 지시하는 신호기를 말한다.

제82조(상치신호기의 종류) 상치신호기의 종류와 용도는 다음 각 호와 같다. 〈개정 21·10·26〉

1. 주신호기
   가. 장내신호기 : 정거장에 진입하려는 열차에 대하여 신호를 현시하는 것
   나. 출발신호기 : 정거장을 진출하려는 열차에 대하여 신호를 현시하는 것
   다. 폐색신호기 : 폐색구간에 진입하려는 열차에 대하여 신호를 현시하는 것
   라. 엄호신호기 : 특히 방호를 요하는 지점을 통과하려는 열차에 대하여 신호를 현시하는 것
   마. 유도신호기 : 장내신호기에 정지신호의 현시가 있는 경우 유도를 받을 열차에 대하여 신호를 현시하는 것
   바. 입환신호기 : 입환차량 또는 차내신호폐색식을 시행하는 구간의 열차에 대하여 신호를 현시하는 것
2. 종속신호기
   가. 원방신호기: 장내신호기·출발신호기·폐색신호기 및 엄호신호기에 종속하여 열차에 주 신호기가 현시하는 신호의 예고신호를 현시하는 것
   나. 통과신호기: 출발신호기에 종속하여 정거장에 진입하는 열차에 신호기가 현시하는 신호를 예고하며, 정거장을 통과할 수 있는지에 대한 신호를 현시하는 것
   다. 중계신호기: 장내신호기·출발신호기·폐색신호기 및 엄호신호기에 종속하여 열차에 주 신호기가 현시하는 신호의 중계신호를 현시하는 것
3. 신호부속기
   가. 진로표시기 : 장내신호기·출발신호기·진로개통표시기 및 입환신호기에 부속하여 열차 또는 차량에 대하여 그 진로를 표시하는 것
   나. 진로예고기 : 장내신호기·출발신호기에 종속하여 다음 장내신

호기 또는 출발신호기에 현시하는 진로를 열차에 대하여 예고하는 것

다. 진로개통표시기: 차내신호를 사용하는 열차가 운행하는 본선의 분기부에 설치하여 진로의 개통 상태를 표시하는 것

4. 차내신호: 동력차 내에 설치하여 신호를 현시하는 것

제83조(차내신호) 차내신호의 종류 및 그 제한속도는 다음 각 호와 같다.

1. 정지신호 : 열차운행에 지장이 있는 구간으로 운행하는 열차에 대하여 정지하도록 하는 것
2. 15신호 : 정지신호에 의하여 정지한 열차에 대한 신호로서 1시간에 15킬로미터 이하의 속도로 운전하게 하는 것
3. 야드신호 : 입환차량에 대한 신호로서 1시간에 25킬로미터 이하의 속도로 운전하게 하는 것
4. 진행신호 : 열차를 지정된 속도 이하로 운전하게 하는 것

제84조(신호현시방식) 상치신호기의 현시방식은 다음 각 호와 같다. 〈개정 21·10·26〉

1. 장내신호기·출발신호기·폐색신호기 및 엄호신호기

종류	신호현시방식					
	5현시	4현시	3현시	2현시		
	색등식	색등식	색등식	색등식	완목식	
					주간	야간
정지신호	적색등	적색등	적색등	적색등	완·수평	적색등
경계신호	상위:등황색등 하위:등황색등					
주의신호	등황색등	등황색등	등황색등			
감속신호	상위:등황색등 하위:녹색등	상위:등황색등 하위:녹색등				
진행신호	녹색등	녹색등	녹색등	녹색등	완·좌하향 45도	녹색등

2. 유도신호기(등열식) : 백색등열 좌·하향 45도
3. 입환신호기

종 류	신호현시방식		
	등열식	색등식	
		차내신호폐색구간	그 밖의 구간
정지신호	백색등열 수평 무유도등 소등	적색등	적색등
진행신호	백색 등열 좌하향 45도 무유도등 점등	등황색등	청색등 무유도등 점등

4. 원방신호기(통과신호기를 포함한다)

종 류		신호현시방식		
		색등식	완목식	
			주간	야간
주신호기가 정지신호를 할 경우	주의신호	등황색등	완·수평	등황색등
주신호기가 진행을 지시하는 신호를 할 경우	진행신호	녹색등	완·좌하향 45도	녹색등

5. 중계신호기

종류	등열식		색등식
주신호기가 정지신호를 할 경우	정지중계	백색등열(3등)수평	적색등
주신호기가 진행을 지시하는 신호를 할 경우	제한중계	백색등열(3등) 좌하향 45도	주신호기가 진행을 지시하는 색등
	진행중계	백색등열(3등) 수직	

6. 차내신호

종 류	신 호 현 시 방 식
정 지 신 호	적색사각형등 점등
15 신 호	적색원형등 점등("15" 지시)
야 드 신 호	노란색 직사각형등과 적색원형등(25등신호) 점등
진 행 신 호	적색원형등(해당신호등)점등

제85조(신호현시의 기본원칙〈개정 21 · 10 · 26〉**)** ①별도의 작동이 없는 상태에서의 상치신호기의 기본원칙은 다음 각 호와 같다. 〈개정 21 · 10 · 26〉

1. 장내신호기 : 정지신호
2. 출발신호기 : 정지신호
3. 폐색신호기(자동폐색신호기를 제외한다) : 정지신호
4. 엄호신호기 : 정지신호
5. 유도신호기 : 신호를 현시하지 아니한다.
6. 입환신호기 : 정지신호
7. 원방신호기 : 주의신호

②자동폐색신호기 및 반자동폐색신호기는 진행을 지시하는 신호를 현시함을 기본으로 한다. 다만, 단선구간의 경우에는 정지신호를 현시함을 기본으로 한다. 〈개정 21 · 10 · 26〉

③차내신호는 진행신호를 현시함을 기본으로 한다. 〈개정 21 · 10 · 26〉

제86조(배면광 설비) 상치신호기의 현시를 후면에서 식별할 필요가 있는 경우에는 배면광(背面光)을 설비하여야 한다.

제87조(신호의 배열) 기둥 하나에 같은 종류의 신호 2 이상을 현시할 때에는 맨 위에 있는 것을 맨 왼쪽의 선로에 대한 것으로 하고, 순차적으로 오른쪽의 선로에 대한 것으로 한다.

제88조(신호현시의 순위) 원방신호기는 그 주된 신호기가 진행신호를 현시하거나, 3위식 신호기는 그 신호기의 배면쪽 제1의 신호기에 주의 또는 진행신호를 현시하기 전에 이에 앞서 진행신호를 현시할 수 없다.

제89조(신호의 복위) 열차가 상치신호기의 설치지점을 통과한 때에는 그 지점을 통과한 때마다 유도신호기는 신호를 현시하지 아니하며 원방신호기는 주의신호를, 그 밖의 신호기는 정지신호를 현시하여야 한다.

제3절 임시신호기

제90조(임시신호기) 선로의 상태가 일시 정상운전을 할 수 없는 상태인 경우에는 그 구역의 바깥쪽에 임시신호기를 설치하여야 한다.

제91조(임시신호기의 종류) 임시신호기의 종류와 용도는 다음 각 호와 같다. 〈개정 21 · 10 · 26〉

1. 서행신호기 : 서행운전할 필요가 있는 구간에 진입하려는 열차 또는 차량에 대하여 당해구간을 서행할 것을 지시하는 것
2. 서행예고신호기 : 서행신호기를 향하여 진행하려는 열차에 대하여 그 전방에 서행신호의 현시 있음을 예고하는 것
3. 서행해제신호기 : 서행구역을 진출하려는 열차에 대하여 서행을 해제할 것을 지시하는 것
4. 서행발리스(Balise) : 서행운전할 필요가 있는 구간의 전방에 설치하는 송 · 수신용 안테나로 지상 정보를 열차로 보내 자동으로 열차의 감속을 유도하는 것

제92조(신호현시방식) ①임시신호기의 신호현시방식은 다음과 같다. 〈개정 21 · 10 · 26〉

종 류	신 호 현 시 방 식	
	주 간	야 간
서행신호	백색테두리를 한 등황색 원판	등황색등 또는 반사재
서행예고신호	흑색삼각형 3개를 그린 백색삼각형	흑색삼각형 3개를 그린 백색등 또는 반사재
서행해제신호	백색테두리를 한 녹색원판	녹색등 또는 반사재

②서행신호기 및 서행예고신호기에는 서행속도를 표시하여야 한다.

제4절 수신호

제93조(수신호의 현시방법) 신호기를 설치하지 아니하거나 이를 사용하지 못하는 경우에 사용하는 수신호는 다음 각 호와 같이 현시한다.

1. 정지신호
   가. 주간 : 적색기. 다만, 적색기가 없을 때에는 양팔을 높이 들거나 또는 녹색기외의 것을 급히 흔든다.
   나. 야간 : 적색등. 다만, 적색등이 없을 때에는 녹색등 외의 것을 급히 흔든다.
2. 서행신호
   가. 주간 : 적색기와 녹색기를 모아쥐고 머리 위에 높이 교차한다.
   나. 야간 : 깜박이는 녹색등
3. 진행신호
   가. 주간 : 녹색기. 다만, 녹색기가 없을 때는 한 팔을 높이 든다.
   나. 야간 : 녹색등

제94조(선로에서 정상 운행이 어려운 경우의 조치) 선로에서 정상적인 운행이 어려워 열차를 정지하거나 서행시켜야 하는 경우로서 임시신호기를 설치할 수 없는 경우에는 다음 각 호의 구분에 따른 조치를 해야 한다. 다만, 열차의 무선전화로 열차를 정지하거나 서행시키는 조치를 한 경우에는 다음 각 호의 구분에 따른 조치를 생략할 수 있다.

1. 열차를 정지시켜야 하는 경우: 철도사고등이 발생한 지점으로부터 200미터 이상의 앞 지점에서 정지 수신호를 현시할 것
2. 열차를 서행시켜야 하는 경우: 서행구역의 시작지점에서 서행수신호를 현시하고 서행구역이 끝나는 지점에서 진행수신호를 현시할 것

[전문개정 21 · 10 · 26]

제5절 삭제 〈21 · 10 · 26〉

제95조부터 제97조 삭제 〈21 · 10 · 26〉

제6절 전호

제98조(전호현시) 열차 또는 차량에 대한 전호는 전호기로 현시하여야 한다. 다만, 전호기가 설치되어 있지 아니하거나 고장이 난 경우에는 수전호 또는 무선전화기로 현시할 수 있다.

제99조(출발전호) 열차를 출발시키고자 할 때에는 출발전호를 하여야 한다.

제100조(기적전호) 다음 각 호의 어느 하나에 해당하는 경우에는 기관사는 기적전호를 하여야 한다.

1. 위험을 경고하는 경우
2. 비상사태가 발생한 경우

제101조(입환전호 방법) ① 입환작업자(기관사를 포함한다)는 서로 맨눈으로 확인할 수 있도록 다음 각 호의 방법으로 입환전호해야 한다. 〈개정 21 · 8 · 27〉

1. 오너라전호
   가. 주간: 녹색기를 좌우로 흔든다. 다만, 부득이한 경우에는 한 팔을 좌우로 움직임으로써 이를 대신할 수 있다.
   나. 야간: 녹색등을 좌우로 흔든다.
2. 가거라전호
   가. 주간: 녹색기를 위 · 아래로 흔든다. 다만, 부득이 한 경우에는 한 팔을 위 · 아래로 움직임으로써 이를 대신할 수 있다.
   나. 야간: 녹색등을 위 · 아래로 흔든다.
3. 정지전호
   가. 주간: 적색기. 다만, 부득이한 경우에는 두 팔을 높이 들어 이를 대신할 수 있다.
   나. 야간: 적색등

② 제1항에도 불구하고 다음 각 호의 어느 하나에 해당하는 경우에는 무선전화를 사용하여 입환전호를 할 수 있다. 〈개정 21·10·26〉

1. 무인역 또는 1인이 근무하는 역에서 입환하는 경우
2. 1인이 승무하는 동력차로 입환하는 경우
3. 신호를 원격으로 제어하여 단순히 선로를 변경하기 위하여 입환하는 경우
4. 지형 및 선로여건 등을 고려할 때 입환전호하는 작업자를 배치하기가 어려운 경우
5. 원격제어가 가능한 장치를 사용하여 입환하는 경우

[전문개정 18·7·18]

제102조(작업전호) 다음 각 호의 어느 하나에 해당하는 때에는 전호의 방식을 정하여 그 전호에 따라 작업을 하여야 한다.

1. 여객 또는 화물의 취급을 위하여 정지위치를 지시할 때
2. 퇴행 또는 추진운전시 열차의 맨 앞 차량에 승무한 직원이 철도차량운전자에 대하여 운전상 필요한 연락을 할 때
3. 검사·수선연결 또는 해방을 하는 경우에 당해 차량의 이동을 금지시킬 때
4. 신호기 취급직원 또는 입환전호를 하는 직원과 선로전환기취급 직원간에 선로전환기의 취급에 관한 연락을 할 때
5. 열차의 관통제동기의 시험을 할 때

제7절 표지

제103조(열차의 표지) 열차 또는 입환 중인 동력차는 표지를 게시하여야 한다.

제104조(안전표지) 열차 또는 차량의 안전운전을 위하여 안전표지를 설치하여야 한다.

부 칙

①(시행일) 이 규칙은 공포한 날부터 시행한다.

②(다른 법령의 폐지) 국유철도운전규칙은 이를 폐지한다.

부 칙 〈10·10·18〉

이 규칙은 공포한 날부터 시행한다.

부 칙 〈18·7·18〉

이 규칙은 공포한 날부터 시행한다. 다만, 제39조제1항의 개정규정은 2018년 10월 25일부터 시행하고, 제39조제2항제1호의 개정규정은 2019년 1월 1일부터 시행한다.

부 칙 〈19·1·2〉

이 규칙은 공포한 날부터 시행한다.

부 칙 〈21·8·27〉

이 규칙은 공포한 날부터 시행한다. 〈단서 생략〉

부 칙 〈21·10·26〉

이 규칙은 공포한 날부터 시행한다.

위험물철도운송규칙

2013・3・23 국토교통부령 제1호
2021・8・27 국토교통부령 제882호

제1조(목적) 이 규칙은 「철도안전법」 제44조 및 동법 시행령 제45조의 규정에 의하여 철도에 의한 위험물의 운송에 관하여 필요한 사항을 규정함을 목적으로 한다.

제2조(운송취급주의 위험물의 범위) 「철도안전법 시행령」 제45조에서 "국토교통부령이 정하는 것"이란 별표와 같다. 〈개정 13・3・23〉
[전문개정 11・1・17]

제3조(위험물 운송일반) ① 철도운영자는 제2조의 규정에 의한 운송취급주의 위험물(이하 "위험물"이라 한다)을 철도로 운송하고자 하는 때에는 운송을 의뢰하는 자(이하 "탁송인"이라 한다) 또는 당해 위험물을 도착역에서 받는 자(이하 "수화인"이라 한다)의 신분을 확인하여야 한다.

②위험물을 정거장으로 반입(搬入)하여 적재(積載)하거나, 위험물을 반출(搬出)하기 위하여 화차에서 내리는 작업을 할 때에는 철도운영자가 지정하는 위험물취급담당자와 탁송인・수화인 또는 그 대리인이 참관해야 한다.〈개정 21・8・27〉

③위험물중 화약류를 반입하거나 반출하는 경우에는 작업의 일시・장소 및 방법 등에 관하여 철도운영자의 지시에 따라야 한다.

제4조(일출전・일몰후의 화약류취급) 화약류는 관할 경찰관서의 승인을 얻지 않고는 일출 전이나 일몰 후에는 탁송을 받거나 적하(積下)하지 못한다. 다만, 다음 각 호의 어느 하나에 해당하는 경우에는 관할 경찰관서에 신고한 후 일출 전이나 일몰 후에도 탁송을 받거나 적하할 수 있다.〈개정 21・8・27〉

1. 총용화약 5킬로그램 이내
2. 총용실포 1,000개 이내
3. 총용공포 1,000개 이내
4. 총용의 뇌관 또는 뇌관부 화약통 각 20개 이내

제5조(위험물의 탁송) ① 철도운영자는 위험물의 안전한 운송을 위하여 탁송인이 운송을 의뢰한 내용과 운송하는 내용이 일치하는지의 여부, 위험물이 제6조의 규정에 의한 포장의 방법 등에 적합하게 포장되었는지의 여부를 확인하여야 한다.

②철도운영자는 제1항의 규정에 의한 확인을 위하여 필요한 경우에는 탁송인에게 위험물운반과 관련된 관계증명서류, 위험물 포장방법 설명서 그 밖의 관계 서류 또는 자료 등의 제출을 요구할 수 있다.

③철도운영자는 제1항 및 제2항의 규정에 의하여 위험물의 포장상태 등을 확인한 결과 위험물의 안전한 운송에 부적합하다고 판단한 경우에는 이의 보완을 요구하여야 한다.

④철도운영자는 당해 위험물을 운송하기 전에 반출・반입의 일시・장소 및 취급방법 등을 탁송인에게 알려주어야 한다.

⑤위험물중 화약류의 탁송인이 「총포・도검・화약류 등 단속법」 제26조의 규정에 의하여 관할 경찰서장의 화약류운반신고필증을 교부받은 경우에는 탁송 4시간 전에 운송장에 화약류운반신고필증을 첨부하여 발송정거장의 역장에게 제출하여 철도로의 운송여부에 대한 승낙을 얻어야 한다.

제6조(위험물의 포장방법) ① 위험물의 용기 및 포장은 다음 각 호의 기준에 적합하여야 한다. 〈개정 11・1・17〉

1. 누출(漏出) 또는 손상될 위험이 없을 것
2. 위험물과 접촉하여 발열, 가스발생, 부식 등 위험한 물리적・화학적 반응을 일으키지 아니할 것
3. 위험물의 품질을 저하시키지 아니할 것

②염소산염류 또는 액체의 폭발성분을 포함한 화약류의 용기 또는 포

장에 사용한 것은 위험물의 용기 또는 포장에 사용하여서는 아니된다.

③ 액상의 위험물이 든 용기를 포장하는 경우, 흡수재나 완충재의 사용 및 배치는 다음 각 호의 기준에 적합하여야 한다. 다만, 용기의 구조상 포장이 필요 없는 조차(조차, 액체·분말 또는 가스 등을 수송하기 위하여 설계된 둥근 탱크형의 화차를 말한다)의 경우는 제외한다. 〈개정 11·1·17〉

1. 용기가 파손된 경우 그 위험물을 충분히 흡수할 수 있는 양이 사용될 것
2. 용기의 이동을 방지하며 항상 용기를 에워싸도록 배치될 것

④위험물중 화약류의 포장은 「총포·도검·화약류 등 단속법」 제34조제1항의 규정에 의한 포장기준에 의한다. 다만, 수입한 화약류로서 그 포장의 안전도가 「총포·도검·화약류 등 단속법」 제34조제1항의 규정에 의한 포장기준에 적합하다고 인정되는 경우에는 그 포장기준에 의할 수 있다.

⑤제1항 내지 제4항의 규정에 의한 위험물의 포장방법 등에 관한 세부적인 사항은 국토교통부장관이 정하여 고시한다. 〈개정 08·3·14, 13·3·23〉

제7조(위험물의 표시) ① 탁송인은 위험물의 포장, 화차 및 탱크 외부의 보기 쉬운 곳에 별표의 분류에 따라 별지 도식의 표찰을 부착하고, 해당 위험물의 양 및 취급주의사항 등을 명시하여야 한다. 〈개정 11·1·17〉

②철도운영자는 위험물을 적재한 화차에 대하여는 위험물의 취급에 필요한 사항을 표시한 표지(標識)를 보기 쉬운 곳에 부착하여야 한다.

제8조(위험물의 적재) ① 위험물을 적재할 때는 다음 각 호의 사항을 지켜야 한다.

1. 위험물이 마찰 또는 충돌하지 아니하도록 할 것
2. 위험물이 흔들리거나 굴러 떨어지지 아니하도록 할 것
3. 화약류[초유(硝油)폭약, 실포와 공포를 제외한다]의 적재중량이 화차 적재적량의 80퍼센트에 상당하는 중량(외장의 중량을 포함한다)을 초과하지 아니하도록 할 것

②2종 이상의 화약류를 동일한 화차에 적재할 때에는 다음 각 호의 화약류 마다 상당한 간격을 두고 나무판·가죽·헝겊 또는 거적류 등으로 10센티미터 이상의 간격막을 설치하여야 한다.

1. 유연(有煙)화약을 장전한 총용실포·총용공포, 유연화약만을 장전한 그 밖의 화공품, 질산염·염소·산염(酸鹽) 또는 과염소염산(過鹽素鹽酸)을 주성분으로 한 폭약으로서 유기초화물(有機硝化物)을 함유하지 아니하는 것
2. 무연(無煙)화약을 장전한 총용실포·총용공포, 무연화약만을 장전한 화공품
3. 폭약(제1호의 폭약을 포함한다)
4. 화공품(제1호 및 제2호의 화공품을 포함한다)

제9조(위험물 운송) ① 철도운영자는 위험물을 위험물운송전용화차 또는 유개(有蓋)화차로 운송하여야 한다. 다만, 위험물의 성질·길이·중량 또는 형상 등의 사유로 인하여 위험물운송전용화차 또는 유개화차에 적재할 수 없다고 판단하는 경우에는 내화성 덮개를 설치하는 등 적정한 안전조치를 한 후 무개(無蓋)화차로 운송할 수 있다.

②위험물은 도착 정거장까지 직통하는 열차로 운송하여야 한다. 다만, 직통열차가 없는 경우에는 운행시간이 이르거나 중간정차역이 적은 열차로 운송하여야 한다.

③철도운영자는 위험물을 운송하기 전에 안전한 운송에 지장이 없는지에 대하여 위험물을 적재한 화차를 철저하게 검사하여야 하며, 필요하다고 인정되는 경우에는 당해 화차 안의 위험물에 나무판·가죽·헝겊 또는 거적류 등을 덮는 등의 보호조치를 하여야 한다.

제10조(혼재제한) ① 위험물은 이를 다른 화물과 혼재(混載)하여 운송하여서는 아니된다.

②종류가 다른 위험물은 혼재하여 운송하여서는 아니된다. 다만 「총포·도검·화약류 등 단속법 시행령」 제49조제3항 단서의 규정에 의한 화약류는 그러하지 아니하다.

제11조(위험물의 취급) 위험물을 취급하는 때에는 다음 각 호의 사항을 준수하여야 한다.

1. 위험물을 취급함에 있어 갈고리를 쓰거나 던지지 말 것
2. 소형의 화공품인 위험물은 이를 굴리지 말 것
3. 대형의 화공품인 위험물을 굴릴 때에는 충돌을 예방할 수 있는 가죽·헝겊 또는 거적류 등으로 이동할 장소를 덮을 것
4. 위험물을 취급하는 장소 또는 화차 안에서는 안전등(安全燈) 외의 등화를 사용하지 말 것
5. 성냥 등 발화하기 쉬운 물품을 소지하거나 흡연하지 말 것
6. 인화성이나 폭발성이 강한 위험물을 취급하는 경우 신발의 바닥에 징을 박은 신발류를 신지 아니하는 등 위험물의 취급에 부적합한 의복과 신발류를 착용하지 말 것
7. 위험물을 취급하기 전이나 취급한 후에는 그 장소와 차내를 청소하도록 할 것

제12조(여객 승강장에서의 위험물 취급금지) ① 위험물은 여객 승강장에서 취급하여서는 아니된다. 다만, 여객 또는 여객이 탄 객차가 부근에 없는 때에는 그러하지 아니하다.

②위험물은 역 구내에서 포장하거나 포장을 풀지 못한다.

제13조(철도차량의 연결 등) ① 위험물을 적재한 화차는 여객이 승차한 차량에 연결하여서는 아니된다.

②위험물을 적재한 화차는 동력을 가진 기관차 또는 이를 호송하는 사람이 승차한 화차의 바로 앞 또는 바로 다음에 연결하여서는 아니된다.

③화물열차를 운행하지 아니하는 노선 또는 운송상 특별한 사유가 있는 경우에는 제1항의 규정에 불구하고 화약류를 적재한 화차는 1량에 한하여 이를 객차에 연결할 수 있다. 이 경우 객차로부터 3량 이상의 빈차를 그 사이에 연결하여 객차와 격리하는 등의 필요한 안전조치를 하여야 한다.

④제1항 및 제2항의 규정에 불구하고 군사적인 목적으로 운행하는 군용열차에 위험물을 적재한 화차를 연결하는 경우에는 다른 철도차량과 격리하지 아니할 수 있다. 이 경우 화약류를 적재한 화차를 동력차 또는 발전차와 연결하는 경우에는 적어도 1량 이상의 빈차를 그 사이에 연결하여야 한다.

⑤위험물을 적재한 화차와 다른 철도차량을 연결하여 열차를 조성(組成)하는 경우에는 다음 각 호에 의한다.

1. 동력차 또는 발전차에 위험물을 적재한 화차를 연결하는 때에는 3량 이상의 빈차를 그 사이에 연결하여야 한다.
2. 발화 또는 폭발의 염려가 있는 화물을 적재한 화차에 위험물을 적재한 화차를 연결하는 때에는 3량 이상의 빈차를 그 사이에 연결하여야 한다.
3. 제1호 및 제2호 외의 철도차량에 위험물을 적재한 화차를 연결하는 때에는 1량 이상의 빈차를 그 사이에 연결하여야 한다.

⑥제3항 내지 제5항의 경우 위험물을 적재한 화차에 충격을 줄 염려가 없는 불연성(不燃性) 화물을 적재한 무개화차와 발화 또는 폭발의 위험이 없는 화물을 적재한 유개화차는 이를 빈차에 갈음할 수 있다.

⑦화공품을 적재한 화차와 화약 또는 폭약을 적재한 화차는 이를 동일한 열차에 연결하여서는 아니된다.

⑧위험물을 적재한 화차를 다른 철도차량과 연결하거나 분리하는 때에는 위험물을 적재한 화차에 충격을 주지 아니하도록 주의하여야 한다.

제14조(적재차량의 제한) 하나의 열차에는 화약류만을 적재한 화차를 5량을 초과하여 연결하여서는 아니된다.

제15조(위험물 운송시 안전조치) ① 철도운영자는 위험물을 적재한 철도

차량을 도중역에서 정차시키는 경우에는 철저하게 차량점검을 하여야 하고 위험이 있다고 인정하는 때에는 즉시 그 화차를 격리된 선로에 이동하여 위험방지에 필요한 조치를 하여야 한다.

②철도운영자는 위험물을 적재한 철도차량을 운행하는 도중 차축(車軸)의 발열, 제동장치의 풀림 등을 발견한 때에는 그 진행을 중지하여 발열부를 냉각시키거나 제동장치에 대한 긴급수리 등을 행하고 관계부서에 통보하는 등의 안전조치를 하여야 한다.

제16조(위험물의 도착후 조치 등) ① 철도운영자는 화약류의 탁송신청을 받은 때와 화약류를 적재한 화차가 도중역에 체류·정류하는 때 및 도착역에 도착하는 때에는 지체없이 관할경찰관서에 그 사실을 신고하여야 한다.

②위험물의 수화인은 위험물이 도착하면 지체없이 이를 역외에 반출하여야 한다. 다만, 도착역에 특별한 설비를 갖춘 경우에는 그러하지 아니하다.

③화약류의 수화인이 화약류 도착 후 5시간이 경과하여도 화약류를 반출하지 아니하는 때에는 철도운영자는 관할경찰관서에 그 사실을 신고하고, 당해 그 화약류를 적재한 화차를 격리된 선로로 이동시킨 후 위험방지에 필요한 조치를 하여야 한다.

제17조(호송인의 동승 요구 등) ① 철도운영자는 1개 화차를 전용하여 적재할 화약류의 운송을 수탁한 때에는 탁송인에게 호송인을 동일열차에 동승시킬 것을 요구할 수 있다.

②철도운영자는 위험물을 철도로 운송함에 있어 필요하다고 인정하는 경우에는 탁송인에게 해당 위험물에 대한 안전관리자의 동승을 요구할 수 있다.

③제1항 및 제2항의 규정에 의하여 호송인 또는 안전관리자가 동일열차에 동승하는 경우에는 호송인 또는 안전관리자는 해당 위험물을 적재한 화차에 승차하여서는 아니된다.

제18조(적용특례) 제4조부터 제10조까지의 규정, 제13조 및 제14조는 군사적 목적으로 화약류를 운송하는 경우에는 이를 적용하지 아니하며, 이에 대한 세부적인 사항은 국방부장관과 철도운영자가 체결한 협약에 따른다. 〈개정 11·1·17〉

제19조(위험물 운송에 관한 세부사항) 철도운영자는 이 규칙에서 정한 위험물 운송에 관한 세부기준 및 절차를 이 규칙의 범위 안에서 따로 정하여 시행할 수 있다.

부 칙 〈건설교통부령 제452호, 05·7·1〉

이 규칙은 공포한 날부터 시행한다.

부 칙 〈국토해양부령 제4호, 08·3·14〉

이 규칙은 공포한 날부터 시행한다.

부 칙 〈국토해양부령 제325호, 11·1·17〉

이 규칙은 공포한 날부터 시행한다.

부 칙 〈국토교통부령 제1호, 13·3·23〉

제1조(시행일) 이 규칙은 공포한 날부터 시행한다. 〈단서 생략〉

제2조부터 제5조까지 생략

부 칙 〈국토교통부령 제882호, 21·8·27〉

이 규칙은 공포한 날부터 시행한다. 〈단서 생략〉

[별표] 〈개정 13 · 3 · 23〉

운송취급주의 위험물(제2조 관련)

제1류 화약류 1. 제1.1급: 대폭발위험성이 있는 폭발성 물질 및 폭발성 제품(발화 시 해당 폭발성 물질 또는 폭발성 제품의 대부분이 동시에 폭발하는 것) 2. 제1.2급: 대폭발위험성은 없으나 분사위험성이 있는 폭발성 물질 및 폭발성 제품(발화 시 해당 폭발성 물질 또는 폭발성 제품이 연소되면서 빠른 속도로 가스를 내뿜는 것) 3. 제1.3급: 대폭발위험성은 없으나 화재위험성, 폭발위험성 또는 분사위험성이 있는 폭발성 물질 및 폭발성 제품 4. 제1.4급: 폭발위험성과 분사위험성이 낮은 폭발성 물질 및 폭발성 제품(운송 중 발화하는 경우 폭발위험성이 포장에 국한되거나 분사위험성이 감지되지 않을 정도의 것) 5. 제1.5급: 대폭발위험성이 있는 둔감한 폭발성 물질(통상의 운송조건에서는 발화하기 어렵고 화재의 경우에도 폭발하기 어려운 물질) 6. 제1.6급: 대폭발위험성이 없는 둔감한 폭발성 제품(둔감한 폭발성 물질을 주성분으로 하여 만들어진 폭발성 제품)
제2류 가스류 1. 제2.1급: 인화성가스 2. 제2.2급: 비인화성 · 비독성가스 3. 제2.3급: 독성가스
제3류 인화성액체류
제4류 가연성 고체, 자연 발화성 물질, 물과 접촉 시 인화성 가스를 방출하는 물질 1. 제4.1급: 가연성 고체, 자기 반응성 물질 및 둔감한 화약류 2. 제4.2급: 자연 발화성 물질 3. 제4.3급: 물과 접촉 시 인화성 가스를 방출하는 물질
제5류 산화성 물질 및 유기과산화물 1. 제5.1급: 산화성물질 2. 제5.2급: 유기과산화물
제6류 독물 및 전염성 물질 1. 제6.1급: 독물 2. 제6.2급: 전염성 물질
제7류 방사능 물질
제8류 부식성 물질
제9류 철도운송 중 나타나는 유해성이 제1류부터 제8류까지에 속하지 아니하는 물질이나 제품으로 국토교통부장관이 정하여 고시하는 물질이나 제품

[별지 도식] 〈신설 11 · 1 · 17〉

표찰(제7조제1항 관련)

제1류

제1.1, 1.2, 1.3급

구분	색상
바탕	주황색
그림	흑색
숫자	흑색
문자	흑색

★★는 등급을, ★는 격리구분을 표시

제1.4급

구분	색상
바탕	주황색
숫자	흑색
문자	흑색

★는 격리구분을 표시

제1.5급

구분	색상
바탕	주황색
숫자	흑색
문자	흑색

★는 격리구분을 표시

제1.6급

구분	색상
바탕	주황색
숫자	흑색
문자	흑색

★는 격리구분을 표시

제2류

제2.1급

구분	색상
바탕	적색
그림	흑색 또는 백색
숫자	흑색 또는 백색

제2.2급

구분	색상
바탕	초록색
그림	흑색 또는 백색
숫자	흑색 또는 백색

제2.3급

구분	색상
바탕	백색
그림	흑색
숫자	흑색

제3류

구분	색상
바탕	적색
그림	흑색 또는 백색
숫자	흑색 또는 백색

제4류

제4.1급

구분	색상
바탕	적색
띠	백색
그림	흑색
숫자	흑색

제4.2급

구분		색상
바탕	위	백색
	아래	적색
그림		흑색
숫자		흑색

제4.3급

구분	색상
바탕	청색
그림	흑색 또는 백색
숫자	흑색 또는 백색

제5류

제5.1급

구분	색상
바탕	노랑색
그림	흑색
숫자	흑색

제5류

제5.2급

구분		색상
바탕	위	적색
	아래	노랑색
그림		흑색 또는 백색
숫자		흑색

제6류

제6.1급

구분	색상
바탕	백색
그림	흑색
숫자	흑색

제6.2급

구분	색상
바탕	백색
그림	흑색
숫자	흑색

제8류

구분		색상
바탕	위	백색
	아래	흑색
그림		흑색
숫자		흑색

제9류

구분	색상
바탕	백색
띠	흑색
숫자	흑색

철도보호지구에서의 행위제한에 관한 업무지침

제정 2010 · 4 · 21 국토해양부고시 제2010-230호
2013 · 4 · 24 국토교통부고시 제2013-185호
2013 · 6 · 20 국토교통부고시 제2013-327호
2014 · 5 · 30 국토교통부고시 제2014-335호
2018 · 6 · 7 국토교통부고시 제2018-331호

제1조(목적) 이 지침은 「철도안전법시행령」제46조제4항에 따른 철도보호지구 에서의 행위제한에 관한 세부적인 사항을 규정함을 목적으로 한다.

제2조(정의) 이 지침에서 사용하는 용어의 뜻은 다음과 같다.

1. "철도"란 「철도안전법」 제2조제1호 따른 철도를 말한다
2. "철도보호지구관리자"란 국토교통부장관으로부터 철도안전법(이하 "법"이라 한다) 제45조제1항에 따른 철도보호지구에서의 행위의 신고수리 및 같은 조 제2항에 따른 행위의 금지·제한 또는 필요한 안전조치 명령을 「철도안전법 시행령」 제63조에 따라 위탁받은 자와 시·도지사를 말한다.
3. "신고인"이란 법 제45조제1항 각 호의 행위를 신고한 자를 말한다.
4. "관제업무종사자"란 철도교통의 안전과 질서를 유지하기 위하여 철도차량의 운행을 감시·통제·집중제어하는 업무에 종사하는 자를 말한다.
5. "행위"란 법 제45조 제1항 각 호의 행위를 말한다.

제3조(적용범위) 철도보호지구에서의 행위제한에 대하여 다른 법령이나 규정에서 특별히 정한 것을 제외하고는 이 지침에 따른다.

제4조(세부기준) 철도보호지구관리자는 이 지침에서 정한 사항의 시행에 필요한 세부기준 및 절차를 정할 수 있다.

제5조(행위신고) ① 철도보호지구에서의 행위를 신고하거나 신고한 내용을 변경하고자 하는 자는 별지 제1호서식의 철도보호지구에서의 행위신고서(이하 "신고서"라 한다)에 다음 각 호의 서류를 첨부하여 철도보호지구관리자에게 제출하여야 한다.

1. 건축허가 신청서 또는 실시계획승인 신청서(해당되는 경우에 한한다)
2. 다음 각 목의 사항이 포함된 설계도(해당되는 경우에 한한다)
   가. 철도와 공사예정지 상황을 표현한 배치도
   나. 설치시설의 평면도
   다. 철도와 시설물 사이의 표고차가 표시된 종,횡단면도
   라. 그 밖에 안전성 검토에 필요한 사항
3. 신고된 행위가 다음 각 호의 어느 하나에 해당하는 경우에는 별표3에 따른 철도보호지구 안전관리계획서(단, 사호에 해당하는 행위의 경우에는 신고서를 제출한 이후 첨부할 수 있다)
   가. 주유소, LPG 충전소 등 폭발물 또는 인화물질을 제조·저장·전시하는 행위 또는 제조·저장·전시하는 시설을 설치하는 행위
   나. 3층 이상 건축물의 신축·증축·개축 또는 공작물의 설치 행위
   다. 선로 및 노반의 침하가 우려되는 굴착 또는 자갈·모래 등의 채취 행위
   라. 타워크레인 설치 또는 파일 항타(杭打)·천공 등 대형건설장비를 이용하는 작업이 예정되어 있는 행위
   마. 가공전선로(架空電線路) 또는 전신주 설치 등 전차선로와 접촉될 우려가 있는 작업이 예정되어 있는 행위
   바. 열차운행에 지장을 줄 우려가 있는 수목의 식재 행위
   사. 그 밖에 철도차량의 안전운행 및 철도시설의 보호를 저해할 우려가 있다고 철도보호지구관리자가 판단되는 행위

②철도보호지구관리자는 제1항에 따라 제출된 신고서가 행위내용의 확인이나 필요한 사항을 갖추지 못한 경우 신고자에게 상당한 기간을 정

하여 그 보완을 요구할 수 있다. 이 경우 보완에 소요된 기간은 철도안전법 시행령(이하 "영"이라 한다) 제46조제3항에 따른 통보기간에 포함하지 않는다.

제6조(행위수리) ① 철도보호지구관리자는 신고서를 접수한 때에는 다음 각 호에 대하여 검토하여야 한다.

1. 법 제45조제2항에 따른 행위의 금지 또는 제한명령의 필요성
2. 영 제49조에 따른 안전조치의 필요성
3. 제2항에 따른 현장 확인결과 안전조치가 필요한 사항
4. 그 밖에 알림판 설치·안전원 배치·위험물 보관 등 철도시설의 보호 또는 철도차량의 안전운행을 위하여 필요한 사항
5. 철도 이용자들의 정거장 진·출입 지장여부

②철도보호지구관리자는 제5조제1항제3호에 해당하는 행위 신고를 접수한 경우 철도시설 관리자와 철도운영자에게 검토를 요청하여야 하며, 필요하다고 판단될 경우에는 철도시설관리자 및 철도운영자와 함께 현장을 확인하여야 한다.

③철도시설관리자와 철도운영자는 제2항에 따라 검토요청을 받은 때에는 검토요청을 받은 날부터 15일 이내에 행위의 금지·제한 또는 안전조치(이하 "안전조치등"이라 한다)의 필요성 여부와 그 이유를 명시한 검토결과를 철도보호지구관리자에게 제출하여야 한다

④철도보호지구관리자는 제2항에 따른 현장 확인 및 제3항에 따라 제출받은 검토결과 등을 종합 검토하여 타당할 경우에는 제5조제1항에 따른 신고를 수리하거나 영 제46조제3항에 따른 안전조치등을 신고인에게 명하고 조치가 완료되면 신고 수리해야 한다.

⑤철도보호지구관리자는 제4항에 따라 신고를 수리하거나 안전조치등을 명하였을 때에는 그 내용을 철도시설관리자, 철도운영자 및 관제업무 종사자에게 통보하여야 한다.

⑥철도시설관리자는 제5항에 따른 통보를 받은 때에는 제4항에 따라 명령한 안전조치등의 이행여부를 확인하여야 하며, 별지 제2호서식(또는 도시철도 자체 기준)에 따라 철도보호지구 관리카드에 그 결과를 기록·유지하여야 한다.

제7조(안전교육) ① 철도보호지구관리자는 영 제49조제9호의 안전조치를 위해 철도보호지구에서 지켜야 할 안전수칙 등을 포함한 안전교육 매뉴얼을 마련하여 신고인이 작업자 안전교육에 사용할 수 있도록 신고인에게 안전교육 매뉴얼을 배포하여야 한다.

②철도보호지구관리자는 제1항에 따른 매뉴얼의 이해를 돕기 위해 제5조제1항제3호에 해당하는 행위를 시작하기 전에 신고인에게 안전교육을 시행할 수 있다.

③철도보호지구관리자는 신고인으로 하여금 제1항에 따른 교육내용을 매일 해당 작업 시작 전 작업자에게 철저히 교육시키고 교육 내용을 기록, 유지하도록 할 수 있다.

제8조(안전점검) ① 철도보호지구관리자는 영 제49조제9호의 안전조치를 위해 철도보호지구에서의 안전점검(이하 "안전점검"이라 한다)을 위한 매뉴얼을 마련하여야 하며, 안전점검을 할 때에는 안전점검 매뉴얼에 따라 시행하여야 한다.

②철도시설관리자가 제6조제5항에 따른 통보를 받은 때에는 별지 제3호서식의 철도보호지구관리대장에 통보받은 내용을 등재하고, 신고인의 행위를 별표 2의 기준에 따라 등급별로 구분하여 주기적으로 안전점검을 시행하고 그 결과를 별지 제2호서식의 철도보호지구관리카드에 기록·유지하여야 한다.

③철도보호지구관리자는 제1항에 따라 안전점검을 시행한 결과, 철도시설의 보호 및 철도차량의 안전운행을 위하여 필요한 경우 신고인에게 그 사유를 설명하고 안전조치등을 요구하여야 하며, 안전교육을 실시하여야 한다.

④철도운영자는 안전점검을 시행해야 하며 안전점검 시 철도차량의 안

전운행 및 철도시설의 보호에 지장이 우려되는 행위를 발견하였을 때에는 신고인에게 안전조치등을 요구 후 법 제45조제3항에 따라 철도보호지구관리자에게 해당 행위의 금지제한 또는 필요한 조치를 명할 것을 요청하고 그 내용을 철도시설관리자에게 통보하여야 한다.

⑤철도보호지구관리자가 철도운영자로부터 제4항에 따른 통보를 받은 때에는 철도운영자가 요구한 안전조치등이 이행되었는지 확인하고 해당 행위의 금지제한을 명령하거나 필요한 조치를 하고 그 결과를 철도운영자에게 통보하여야 한다.

⑥철도보호지구관리자는 매년 2월에 철도보호지구 관리실태에 대한 특별안전점검계획을 수립하고, 매 분기마다 특별안전점검을 실시하여야 하며, 그 결과를 국토교통부장관에게 보고하여야 한다.

제9조(비상연락체계 구성) ① 철도보호지구관리자는 영 제49조제9호의 안전조치를 위해 긴급상황 발생 등 비상시에 즉각 대응할 수 있도록 철도운영자, 관제업무종사자, 철도시설관리자, 철도보호지구관리자, 인접역, 신고인 간 비상연락체계를 구성하여야 한다.

제10조(열차감시인 배치 등) ① 신고인은 제5조제1항제3호에 해당하는 작업을 할 때에는 그 사실을 철도보호지구관리자에게 사전 통보하여야 한다.

②철도보호지구관리자가 제1항에 따른 통보를 받은 때에는 작업의 범위·성격 등을 검토하여 열차안전운행에 필요한 경우 작업시 철도시설관리자 또는 철도운영자를 입회시키거나 신고인에게 열차감시인의 배치를 요구할 수 있다.

③철도보호지구관리자는 제2항에 따른 철도종사자 입회 또는 열차감시인을 배치한 때에는 그 사실을 관제업무종사자에게 통보하여 상호 정보교류를 할 수 있도록 하여야 한다.

제11조(긴급상황시 열차안전운행 확보) ① 신고인은 건설장비 전도(顚倒) 등 열차 운행에 위험을 초래할 긴급상황이 발생하였을 때에는 즉시 가까운 역에 열차운행중지를 요청함과 동시에 철도보호지구관리자, 철도운영자 및 관제업무종사자에게 그 사실을 알려야 한다.

②제1항에 따른 연락을 받은 철도보호지구관리자, 철도운영자 또는 관제업무종사자는 제9조에 따른 비상연락망 체계에 따라 상황을 전파하고 열차운행계획 변경 및 서행운전 등 방호조치, 긴급복구 작업시행 및 승인 등 필요한 소관업무를 협의 조치 하여야 한다.

제12조(행위완료의 확인) ① 신고인은 영 제46조제3항에 따라 행위가 완료되기 7일 전에 철도보호지구관리자에게 그 사실을 통보하여야 한다.

②철도보호지구관리자는 제1항에 따른 통보를 받은 때에는 신고인의 행위가 완료되기 전에 철도시설관리자에게 통보하여 철도시설의 보호 및 철도차량의 안전운행에 대한 지장여부를 현장점검을 통하여 확인하여야 한다.

③철도시설관리자는 제2항에 따른 현장 점검결과, 철도시설의 보호 및 철도차량의 안전운행에 지장이 예상될 경우에는 신고인에게 지장이 예상되는 행위 또는 시설에 대하여 보완을 요구할 수 있으며, 그 내용을 철도보호지구관리자에게 통보하여야 한다.

④철도보호지구관리자는 제5조제1항제3호에 해당되는 행위에 대하여 제1항에 따른 통보를 받으면 행위 완료 전까지 철도운영자에게 통보하여야 하며 철도운영자는 제6조 제3항의 검토 결과에 따라 제출한 내용과 같이 이행하지 않았거나 조치가 미흡하여 철도차량의 안전운행 및 철도시설의 보호에 지장이 예상될 경우 철도시설관리자에게 보완을 요구할 수 있고 철도시설관리자는 보완요구에 대하여 조치계획 등을 철도운영자에게 통보하여야 한다.

⑤철도보호지구관리자는 제5조에 따라 신고된 행위가 완료되면 철도운영자에게 통보하여야 한다.

제13조(사고예방 활동) 철도보호지구관리자는 철도보호지구의 사고예방을 위해 행위 제한 등에 대해 대국민 홍보 등의 활동을 할 수 있다.

제14조(재검토기한) 국토교통부장관은 「훈령·예규 등의 발령 및 관리에 관한 규정」에 따라 이 고시에 대하여 2018년 7월 1일을 기준으로 매 3년이 되는 시점(매 3년째의 6월 30일까지를 말한다)마다 그 타당성을 검토하여 개선 등의 조치를 하여야 한다.

부 칙 〈제2010-230호, 10·4·21〉

제1조(시행일) 이 지침은 고시한 날부터 시행한다.
제2조(행위제한에 관한 경과조치) 이 지침 시행 전에 종전의 규정에 따라 시행중인 행위는 이 지침에 따른 행위로 본다.

부 칙 〈제2013-185호, 13·4·24〉

제1조(시행일) 이 고시는 발령한 날부터 시행한다.

부 칙 〈제2013-327호, 13·6·20〉

제1조(시행일) 이 지침은 고시한 날부터 시행한다.
제2조(행위제한에 관한 경과조치) 이 지침 시행 전에 종전의 규정에 따라 시행중인 행위는 이 지침에 따른 행위로 본다.

부 칙 〈제2014-335호, 14·5·30〉

제1조(시행일) 이 지침은 고시한 날부터 시행한다.
제2조(행위제한에 관한 경과조치) 이 지침 시행 전에 종전의 규정에 따라 시행중인 행위는 이 지침에 따른 행위로 본다.

부 칙 〈제2018-331호, 18·6·7〉

이 고시는 발령한 날부터 시행한다.

[별표 1]

철도 보호지구 업무절차 흐름도

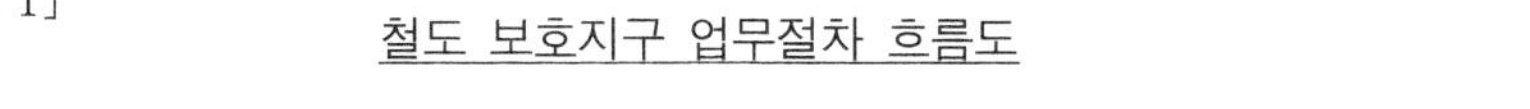

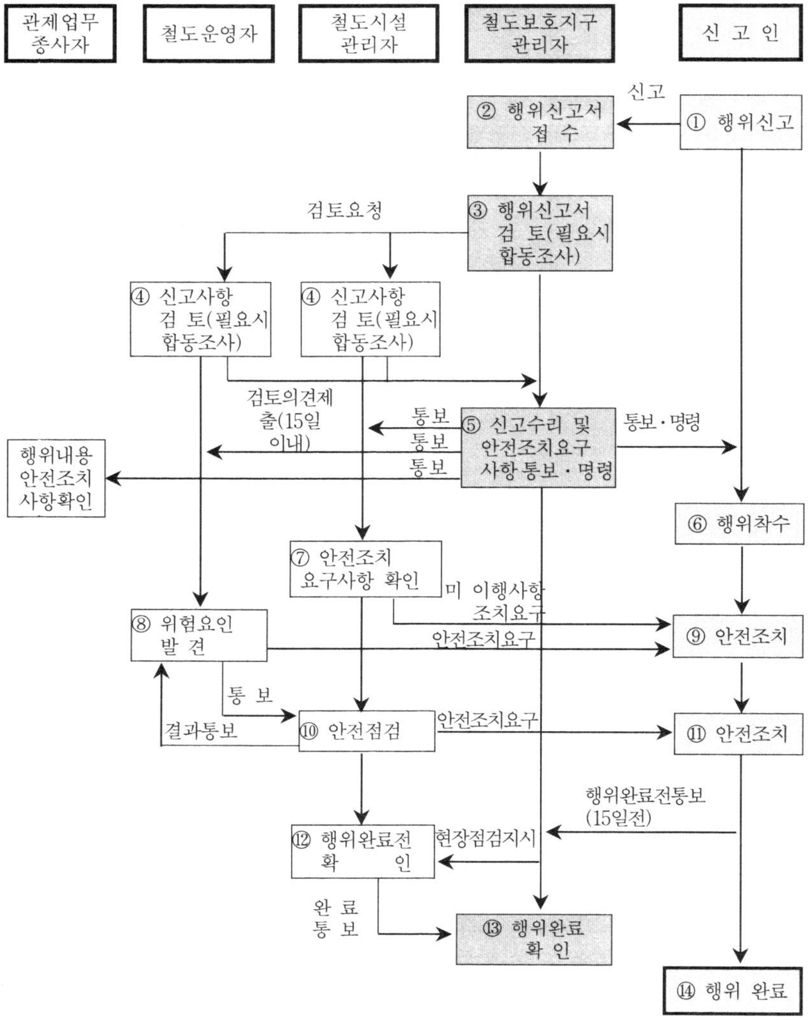

[별표 2]

철도보호지구내 건설현장의 위험 등급별 점검기준

구 분	등급 분류기준	점검주기
A 등급	ㅇ 철도시설물에 직접변형을 가져오거나, 직접 접촉하여 철도 안전에 직접 영향을 줄 수 있는 작업 - 철도횡단공사(과선도로교, 지하차보도, 하수박스, 상하수도관, 가스관, 전력통신관, 架空電線路 등) - 방음벽 설치공사 등	1회/주
B 등급	ㅇ 철도시설 및 열차운행에 지장을 줄 수 있다고 판단되는 공사 - 선로 및 노반의 침하가 우려되는 터파기 행위 - 파일항타(천공작업), 타워크레인, 백호우 등 대형장비 투입이 계획되어 있는 작업 - 3층 이상의 건축물 신축 · 증축 · 개축 행위 - 절개지 상부 건축행위, 선로변 도로개설, - 철도교량 하부 하천준설공사 등	1회/월
C 등급	ㅇ 철도시설 및 열차운행에 지장이 경미하다고 판단되는 공사 - 소규모 건축물 신축 · 증축 · 개축 행위 등 - 장기간 공사 중지중인 행위 등	1회/월
주) 기타사항 - 철도 운 행선에 위험요소가 많은 건설현장은 행위 신고 시 철도운영자에게 안전 관리자 입회를 위 · 수탁할 수 있음을 고지 - 도시철도는 자체 기준에 따름		

[별표 3]

철도보호지구 안전관리계획서 작성기준

주요내용	세부내용	비고
가. 공사의 개요	- 공사현장 위치도	
	- 공사개요	
	- 공정표	
나. 안전관리조직	- 안전관리 조직	안전 관리자, 안전보건총괄책임자, 분야별안전관리책임자, 안전관리담당자 배치 및 업무분장
다. 철도보호지구내 공정별 안전점검 계획	- 자체점검	일일, 주간, 월간, 연간 안전점검표 및 자체안전점검 계획
	- 특별점검	
	- 정밀안전점검	
라. 철도보호지구내 공사장 주변 안전 안전관리계획	- 공사중 인접매설물 방호	위험발생 우려개소
	- 인접 시설물보호	
	- 공사알림판 설치(열차접근 방향 200m와 500m지점)	철도에 직접 접촉하여 철도 안전에 직접영향을 줄 수 있는 작업에 해당할 경우
마. 안전교육계획	- 안전교육 계획표	
	- 교육종류, 내용	
	- 교육(기록)관리 사항	
바. 비상시 긴급조치 계획	- 비상연락망	
	- 비상동원조직	
	- 응급조치 및 복구계획	
사. 열차운행선 지장 공사 안전관리 계획	- 운행선 안전관리원 배치	해당시 작성
	- 열차운행선 보호대책	
	- 열차운행선 지장공사 계획수립	
	- 차단공사 협의를 위한 업무담당자 지정	
아. 철도보호지구내 취약개소 안전관리	- 취약개소 지정 및 등록 관리	
자. 위험공종 안전관리	- 굴착, 발파, 성토, 절토 공사 안전관리	해당시 작성
차. 가시설물 안전관리 계획	- 안전설계 검토서 - 가시설 변위측정계획	해당시 작성
카. 대형 건설장비 안전관리	- 작업반경의 철도침범 방지 계획	해당시 작성
	- 투입장비의 적정성 검토서	
	- 관련법에 의한 점검계획	
	- 장비운전원, 교육계획	
	- 장비 신호수 배치계획	
타. 사고보고 및 처리 계획	- 사고보고 계획	- 사고발생 즉시 초기보고 계획 - 사상자 구호등 응급조치
	- 응급조치 및 대응교육	

[별지 제1호서식]

철도보호지구에서의 행위신고서

접수번호	접수일	발급일	처리기간 30일
신 고 인	성 명		생년월일
	기관명		대표자
	주 소		법인등록번호
신고사항	행위위치		
	행위목적		
	공사기간		
	착공예정일		준공예정일
	시공사(상호명) 현장관리자(성명)	전화번호 전화번호	

「철도안전법」 제45조 및 같은 법 시행령 제46조에 따라 철도보호지구에서의 행위를 신고합니다.

년 월 일

신청인 (서명 또는 인)

○○○○○○○ 귀하

첨부서류	[ ] 1. 건축허가 신청서 또는 실시계획승인 신청서(해당시) 2. 설계도(해당시) [ ] 배치도(철도와 공사예정지 상황을 표현한 도면) [ ] 평면도(설치시설을 표현한 도면) [ ] 철도와 시설물 사이의 표고차가 표시된 종,횡단면도(해당시) [ ] 우수 및 오·폐수 배출 계획 (해당시) [ ] 3. 안전계획서(제5조제1항제3호에 해당하는 경우) - 별표 3에 따라 작성

유의사항

1. 공사 또는 시설을 설치하는 장소(대지)를 도로명(번지)까지 기입합니다.
2. 구체적으로 기재 (기입예 ☞ 단독주택 신축, 제2종 근린생활시설 신축 등)
3. 시공사의 상호와 전화번호, 현장관리자의 성명과 전화번호 기재.
4. 제출서류에 표시합니다. (기입예 ☞ [√] 1. 건축허가신청서)

210mm×297mm[백상지 80g/㎡(재활용품)]

[별지 제2호 서식]

철도보호지구 관리카드

관리번호			
신 고 인		신 고 일	
주소(연락처)			
행위위치			
행위내용			
행위신고 수 리 일		철도시설관리자, 철도운영자 통보일	
착공예정일		완료예정일	
착 공 일		완 료 일	
위험등급		철도이격거리	
안전점검 결과			
제○회	점 검 일		
	점 검 자		
	점검내용		
	안전교육내용		
	지적사항 조치결과		
제○회	점 검 일		
	점 검 자		
	점검내용		
	안전교육내용		
	지적사항 조치결과		
제○회	점 검 일		
	점 검 자		
	점검내용		
	안전교육내용		
	지적사항 조치결과		

[별지 제3호서식]

철도보호지구 관리대장

관리번호	신고내역					처리내역						비고
	신고일자	신고인	신고인 주소(연락처)	행위위치	행위내용	처리일자 / 문서번호	처리내용	시설관리자 운영자 통보일	위험등급	착공예정일 / 착 공 일	완료예정일 / 완 료 일	

주) 도시철도는 자체서식에 따름

철도사고 · 장애, 철도차량고장 등에 따른 의무보고 및 철도안전 자율보고에 관한 지침

〈제명개정 2021 · 3 · 9〉

2015 · 11 · 23 국토교통부고시 제2015-857호
2019 · 1 · 28 국토교통부고시 제2019- 57호
2021 · 3 · 9 국토교통부고시 제2021-350호

제1장 총칙

제1조(목적) 이 지침은 다음 각 호의 보고의 절차 및 방법 등의 세부사항을 정하는 것을 목적으로 한다.〈개정 21 · 3 · 9〉

1. 「철도안전법 시행규칙」(이하 "규칙"이라 한다.) 제86조제3항에 따른 철도사고등 의무보고
2. 규칙 제87조제3항 및 제5항에 따른 철도차량에 발생한 고장, 결함 또는 기능장애 보고
3. 규칙 제88조제1항 및 제3항에 따른 철도안전 자율보고

제2조(정의) ① 이 지침에서 사용하는 "철도사고"라 함은 「철도안전법」(이하 "법"이라 한다.) 제2조 제11호에 따른 철도사고를 말하며(단 전용철도에서 발생한 사고는 제외한다.), 규칙 제1조의2에서 별도로 정하지 않은 세부분류기준은 다음 각 호와 같다.〈개정 21 · 3 · 9〉

1. 규칙 제1조의2 제1호 라목의 "기타철도교통사고"란 다음 각 목의 어느 하나에 해당하는 것을 말한다.
   가. 위험물사고 : 열차에서 위험물(「철도안전법」 시행령 제45조에 따른 위험물을 말한다. 이하 같다) 또는 위해물품(규칙 제78조제1항에 따른 위해물품을 말한다. 이하 같다)이 누출되거나 폭발하는 등으로 사상자 또는 재산피해가 발생한 사고
   나. 건널목사고 : 건널목사고 : 「건널목개량촉진법」 제2조에 따른 건널목에서 열차 또는 철도차량과 도로를 통행하는 차마(「도로교통법」 제2조제17호에 따른 차마를 말한다), 사람 또는 기타 이동수단으로 사용하는 기계기구와 충돌하거나 접촉한 사고
   다. 철도교통사상사고 : 규칙 제1조의2의 "충돌사고", "탈선사고", "열차화재사고"를 동반하지 않고, 위 가목, 나목을 동반하지 않고 열차 또는 철도차량의 운행으로 여객(이하 철도를 이용하여 여행할 목적으로 역구내에 들어온 사람이나 열차를 이용 중인 사람을 말한다.), 공중(公衆), 직원(이하 계약을 체결하여 철도운영자등의 업무를 수행하는 사람을 포함한다.)이 사망하거나 부상을 당한 사고
2. 규칙 제1조의2 제2호 다목의 "기타철도안전사고"란 다음 각 목의 어느 하나에 해당하는 것을 말한다.
   가. 철도안전사상사고 : 규칙 제1조의2의 "철도화재사고", "철도시설파손사고"를 동반하지 않고 대합실, 승강장, 선로 등 철도시설에서 추락, 감전, 충격 등으로 여객, 공중(公衆), 직원이 사망하거나 부상을 당한 사고
   나. 기타안전사고 : 위 가목의 사고에 해당되지 않는 기타철도안전사고

② 이 지침에서 사용하는 "철도준사고"라 함은 법 제2조제12호에 따른 철도준사고를 말한다.

③ 이 지침에서 사용하는 "운행장애"라 함은 법 제2조제13호에 따른 운행장애를 말한다.

④ 이 지침에서 사용하는 "사상자"라 함은 다음 각 호의 인명피해를 말한다.

1. 사망자 : 사고로 즉시 사망하거나 30일 이내에 사망한 사람

2. 부상자 : 사고로 24시간 이상 입원 치료한 사람
3. 삭제

⑤ 이 지침에서 사용하는 "철도안전정보관리시스템"이라 함은 「철도안전법 시행령」(이하 "영"이라 한다) 제63조제1항제7호에 따라 구축되는 정보시스템을 말한다.

제3조(적용범위) ① 법 제61조에 따른 철도사고·준사고 및 운행장애(이하 "철도사고등"이라 한다)의 보고절차 및 방법<신설 21·3·9>

② 법 제61조의2에 따른 철도차량 등에 발생한 고장 등의 보고(이하 "고장보고"라 한다.)와 관련하여 보고절차 및 방법<신설 21·3·9>

③ 법 제61조의3에 따른 철도안전 자율보고(이하 "자율보고"라 한다.)의 접수·분석 및 전파에 필요한 절차와 방법

제2장 철도사고등의 의무보고

제4조(철도사고등의 즉시보고) ① 철도운영자등 (법 제4조에 따른 철도운영자 및 철도시설관리자를 말한다. 전용철도의 운영자는 제외한다. 이하 같다)이 규칙 제86조제1항의 즉시보고를 할 때에는 별표 1의 보고계통에 따라 전화 등 가능한 통신수단을 이용하여 구두로 다음 각 호와 같이 보고하여야 한다.

1. 일과시간 : 국토교통부(관련과) 및 항공·철도사고조사위원회
2. 일과시간 이외 : 국토교통부 당직실

② 제1항의 즉시보고는 사고발생 후 30분 이내에 하여야 한다.

③ 제1항의 즉시보고를 접수한 때에는 지체 없이 사고관련 부서(팀) 및 항공·철도사고조사위원회에 그 사실을 통보하여야 한다.

④ 철도운영자등은 제1항의 사고 보고 후 제5조제4항제1호 및 제2호에 따라 국토교통부장관에게 보고하여야 한다.

⑤ 제4항의 보고 중 종결보고는 철도안전정보관리시스템을 통하여 보고할 수 있다.

⑥ 철도운영자등은 제1항의 즉시보고를 신속하게 할 수 있도록 비상연락망을 비치하여야 한다.

제5조(철도사고등의 조사보고) ① 철도운영자등이 법 제61조제2항에 따라 사고내용을 조사하여 그 결과를 보고하여야 할 철도사고등은 영 제57조에 따른 철도사고등을 제외한다.

② 철도운영자등은 제1항의 조사보고 대상 가운데 다음 각 호의 사항에 대한 규칙 제86조제2항제1호의 초기보고는 철도사고등이 발생한 후 또는 사고발생 신고(여객 또는 공중(公衆)이 사고발생 신고를 하여야 알 수 있는 열차와 승강장사이 발빠짐, 승하차시 넘어짐, 대합실에서 추락·넘어짐 등의 사고를 말한다)를 접수한 후 1시간 이내에 사고발생현황을 별표 1의 보고계통에 따라 전화 등 가능한 통신수단을 이용하여 국토교통부(관련과)에 보고하여야 한다.

1. 영 제57조에 따른 철도사고등을 제외한 철도사고
2. 철도준사고
3. 규칙 제1조의4 제2호에 따른 지연운행으로 인하여 열차운행이 고속열차 및 전동열차는 40분, 일반여객열차는 1시간 이상 지연이 예상되는 사건
4. 그 밖에 언론보도가 예상되는 등 사회적 파장이 큰 사건

③ 철도운영자등은 제2항 각 호에 해당하지 않는 제1항에 따른 조사보고 대상에 대하여는 철도사고등이 발생한 후 또는 사고발생 신고를 접수한 후 72시간 이내(해당 기간에 포함된 토요일 및 법정공휴일에 해당하는 시간은 제외한다)에 규칙 제86조제2항제1호에 따른 초기보고를 별표 1의 보고계통에 따라 전화 등 가능한 통신수단을 이용하여 국토교통부(관련과)에 보고하여야 한다.

④ 철도운영자등은 제2항 또는 제3항에 따른 보고 후에 규칙 제86조제2항제2호와 제3호에 따라 중간보고 및 종결보고를 다음 각 호와 같이 하여야 한다.

1. 중간보고는 제1항의 철도사고등이 발생한 후 별지 제1호서식의 철도사고보고서에 사고수습 및 복구사항 등을 작성하여 사고수습·복구기간 중에 1일 2회 또는 수습상황 변동시 등 수시로 보고할 것. (다만 사고수습 및 복구상황의 신속한 보고를 위해 필요한 경우에는 전화 등 가능한 통신수단으로 보고 가능)
2. 종결보고는 발생한 철도사고등의 수습·복구(임시복구 포함)가 끝나 열차가 정상 운행하는 시점을 기준으로 다음달 15일 이전에 다음 각 목의 사항이 포함된 조사결과 보고서와 별표 2의 사고현장상황 및 사고발생원인 조사표를 작성하여 보고 할 것.
   가. 철도사고등의 조사 경위
   나. 철도사고등과 관련하여 확인된 사실
   다. 철도사고등의 원인 분석
   라. 철도사고등에 대한 대책 등
3. 규칙 제1조의2 제2호의 자연재난이 발생한 경우에는 「재난 및 안전관리 기본법」제20조제4항과 같은 법 시행규칙 별지 제1호서식의 재난상황 보고서를 작성하여 보고할 것.

⑤ 제3항의 초기보고 및 제4항제2호의 종결보고는 철도안전정보관리시스템을 통하여 할 수 있다.

제6조 삭제

제7조(철도운영자의 사고보고에 대한 조치) ① 국토교통부장관은 제4조 또는 제5조의 규정에 따라 철도운영자등이 보고한 철도사고보고서의 내용이 미흡하다고 인정되는 경우에는 당해 내용을 보완 할 것을 지시하거나 철도안전감독관 등 관계전문가로 하여금 미흡한 내용을 조사토록 할 수 있다.

② 국토교통부장관은 제4조 또는 제5조의 규정에 의하여 철도운영자등이 보고한 내용이 철도사고등의 재발을 방지하기 위하여 필요한 경우 그 내용을 발표할 수 있다. 다만, 관련내용이 공개됨으로써 당해 또는 장래의 정확한 사고조사에 영향을 줄 수 있거나 개인의 사생활이 침해될 우려가 있는 다음 각 호의 내용은 공개하지 아니할 수 있다.
1. 사고조사과정에서 관계인들로부터 청취한 진술
2. 열차운행과 관계된 자들 사이에 행하여진 통신기록
3. 철도사고등과 관계된 자들에 대한 의학적인 정보 또는 사생활 정보
4. 열차운전실 등의 음성자료 및 기록물과 그 번역물
5. 열차운행관련 기록장치 등의 정보와 그 정보에 대한 분석 및 제시된 의견
6. 철도사고등과 관련된 영상 기록물

제8조 삭제

제9조(둘 이상의 기관과 관련된 사고의 처리) 둘 이상의 철도운영자등이 관련된 철도사고등이 발생된 경우 해당 철도운영자등은 공동으로 조사를 시행할 수 있으며, 다음 각 호의 구분에 따라 보고하여야 한다.
1. 제4조 및 제5조에 따른 최초 보고: 사고 발생 구간을 관리하는 철도운영자등
2. 제1호의 보고 이후 조사 보고 등
   가. 보고 기한일 이전에 사고원인이 명확하게 밝혀진 경우 : 철도차량 관련 사고 등은 해당 철도차량 운영자, 철도시설 관련 사고 등은 철도시설 관리자.
   나. 보고 기한일 이전에 사고원인이 명확하게 밝혀지지 않은 경우 : 사고와 관련된 모든 철도차량 운영자 및 철도시설 관리자

제3장 철도차량 등에 발생한 고장 등의 의무 보고

제10조(고장보고 방법) 고장보고를 할 때에는 관련서식에 따라 국토교통부장관(철도운행안전과장) 공문과 fax를 통해 보고하여야 한다.

제11조(고장보고의 기한) 법 제61조의2에 따른 고장보고는 보고자가 관련사실을 인지한 후 7일 이내로 한다.

제12조(고장보고 내용의 전파 및 조치) ① 제10조 및 제11조에 따라 고장보고를 접수한 국토교통부장관은 필요한 경우 관련 부서(철도운영기관, 한국철도기술연구원, 한국교통안전공단 등)에 그 사실을 통보하여야 한다.

② 제10조 및 제11조에 따라 보고를 받은 국토교통부장관은 필요하다고 판단하는 경우, 법 제31조 제1항 제5호 및 규칙 제72조 제1항 제3호에 따른 철도차량 또는 철도용품에 결함이 있는 여부에 대한 조사를 실시할 수 있다.

제4장 철도안전 자율보고

제13조(자율보고 방법) 자율보고의 보고자는 다음 각 호의 방법에 따라 보고할 수 있다.

1. 유선전화 : 054)459-7323
2. 전자우편 : krails@kotsa.or.kr
3. 인터넷 웹사이트 : www.railsafety.or.kr

제14조(자율보고 매뉴얼 작성 등) ① 한국교통안전공단(이하 "공단"이라 한다) 이사장은 자율보고 접수·분석 및 전파에 필요한 세부 방법·절차 등을 규정한 철도안전 자율보고 매뉴얼(이하 "자율보고 매뉴얼"이라 한다)을 제정하여야 한다.

② 공단 이사장은 자율보고 매뉴얼을 제정하거나 변경할 때에는 국토교통부장관에게 사전 승인을 받아야 한다.

③ 공단 이사장은 자율보고 매뉴얼 중 업무처리절차 등 주요 내용에 대하여는 보고자가 인터넷 등 온라인을 통해 쉽게 열람할 수 있도록 조치하여야 한다.

제15조(조치 등) ① 국토교통부장관은 철도안전 자율보고의 접수 및 처리업무에 관하여 필요한 지시를 하거나 조치를 명할 수 있다.

제16조(업무담당자 지정 등) ① 공단 이사장은 자율보고 접수·분석 및 전파에 관한 업무를 담당할 내부 부서 및 임직원을 지정하고, 직무범위와 책임을 부여하여야 한다.

② 공단 이사장은 제1항에 따라 지정한 담당 임직원이 해당업무를 수행하기 전에 자율보고 업무와 관련한 법령, 지침 및 제4조제1항에 따른 자율보고 매뉴얼에 대한 초기교육을 시행하여야 한다.

제17조(자율보고 등의 접수) ① 공단 이사장은 자율보고를 접수한 경우 보고자에게 접수번호를 제공하여야 한다.

② 공단 이사장은 제1항에 따른 자율보고 내용을 파악한 후 누락 또는 부족한 내용이 있는 경우 보고자에게 추가 정보 제공 등을 요청하거나 관련 현장을 방문할 수 있다.

③ 공단 이사장은 보고내용이 긴급히 철도안전에 영향을 미칠 수 있다고 판단되는 경우 지체 없이 철도운영자등에게 통보하여 조치를 취하도록 하여야 한다.

④ 철도운영자등은 통보받은 보고내용의 진위여부, 조치 필요성 등을 확인하고, 필요한 경우 조치를 취하여야 한다.

⑤ 철도운영자등은 보고내용에 대한 조치가 완료된 이후 10일 이내에 해당 조치결과를 공단 이사장에게 통보하여야 한다.

제18조(보고자 개인정보 보호) ① 공단 이사장은 보고자의 의사에 반하여 보고자의 개인정보를 공개하여서는 아니 된다.

② 공단 이사장은 제1항에 따라 보고자의 의사에 반하여 개인정보가 공개되지 않도록 업무처리절차를 마련하여 시행하여야 하며, 관계 임직원이 이를 준수하도록 하여야 한다.

제19조(자율보고 분석) ① 공단 이사장은 제7조에 따라 접수한 자율보고에 대하여 초도 분석을 실시하고 분석결과를 월 1회(전월 접수된 건에 대한 초도 분석결과를 토요일 및 공휴일을 제외한 업무일 기준 10일 내에) 국토교통부장관에게 제출하여야 한다.

② 공단 이사장은 제1항에 따른 초도분석에 이어 위험요인(Hazard)

분석, 위험도(Safety Risk) 평가, 경감조치(관계기관 협의, 전파) 등 해당 발생 건에 대한 위험도를 관리하기 위해 심층분석을 실시하여야 한다. 필요한 경우 분석회의를 구성 및 운영할 수 있다.

③ 공단 이사장은 제2항에 따른 심층분석 결과를 분기 1회(전 분기 접수된 건에 대한 심층분석 결과를 다음 분기까지) 국토교통부장관에게 제출하여야 한다.

제20조(위험요인 등록) 공단 이사장은 제9조에 따른 자율보고 분석을 통해 식별한 위험요인, 위험도, 후속조치 등을 체계적으로 관리하기 위하여 철도안전위험요인 등록부(Hazard Register)를 작성하고 관리하여야 한다.

제21조(자율보고 연간 분석 등) 공단 이사장은 매년 2월말까지 전년도 자율보고 접수, 분석결과 및 경향 등을 포함하는 자율보고 연간 분석결과를 국토교통부장관에게 보고하여야 한다.

제22조(안전정보 전파) 공단 이사장은 제9조에 따른 자율보고 분석 결과 중 철도안전 증진에 기여할 수 있을 것으로 판단되는 안전정보는 철도운영자등 및 철도종사자와 공유하여야 한다.

제23조(전자시스템 구축 등) 공단 이사장은 제7조에 따른 자율보고의 접수단계부터 제10조에 따른 자율보고의 분석단계 업무를 효과적으로 처리 및 기록·관리하기 위한 전자시스템을 구축·관리하여야 한다.

제24조(자율보고제도 개선 등) ① 공단 이사장은 자율보고의 편의성을 제고하고 안전정보 공유 체계를 개선하기 위해 지속적으로 노력하여야 한다.

② 공단 이사장은 자율보고제도를 운영하고 있는 국내 타 분야 및 해외 철도사례 연구 등을 통해 자율보고제도를 보다 효과적이고 효율적으로 운영할 수 있는 방안을 지속 연구하고, 이를 국토교통부장관에게 건의할 수 있다.

제5장 보칙

제25조(재검토기한) 국토교통부장관은 「훈령·예규 등의 발령 및 관리에 관한 규정」에 따라 이 고시에 대하여 2021년 1월 1일 기준으로 매3년이 되는 시점(매 3년째의 12월 31일까지를 말한다)마다 그 타당성을 검토하여 개선 등의 조치를 하여야 한다.

부 칙 〈제2009-637호, 2009·8·21〉

제1조(시행일) 이 지침은 고시한 날부터 시행한다.

부 칙 〈제2012-517호, 2012·8·10〉

제1조(시행일) 이 고시는 발령한 날부터 시행한다.

부 칙 〈제2013-164호, 2013·4·19〉

제1조(시행일) 이 고시는 고시한 날부터 시행한다.

부 칙 〈제2013-663호, 2013·11·6〉

제1조(시행일) 이 고시는 고시한 날부터 시행한다.

부 칙 〈제2014-552호, 2014·9·17〉

제1조(시행일) 이 고시는 고시한 날부터 시행한다.

부 칙 〈제2015-260호, 2015·4·17〉

제1조(시행일) 이 고시는 고시한 날부터 시행한다.

부 칙 〈제2015-595호, 2015·8·17〉

제1조(시행일) 이 고시는 고시한 날부터 시행한다.

부 칙 〈제2015-857호, 2015 · 11 · 23〉

제1조(시행일) 이 고시는 2016년 1월 1일부터 시행한다.

부 칙 〈제2019-57호, 19 · 1 · 28〉

이 고시는 고시한 날부터 시행한다.

부 칙 〈제2021-350호, 21 · 3 · 9〉

제1조(시행일) 이 고시는 발령한 날부터 시행한다.

[별표 1] 〈개정 21·3·9〉

철 도 사 고 등 의 보 고 계 통

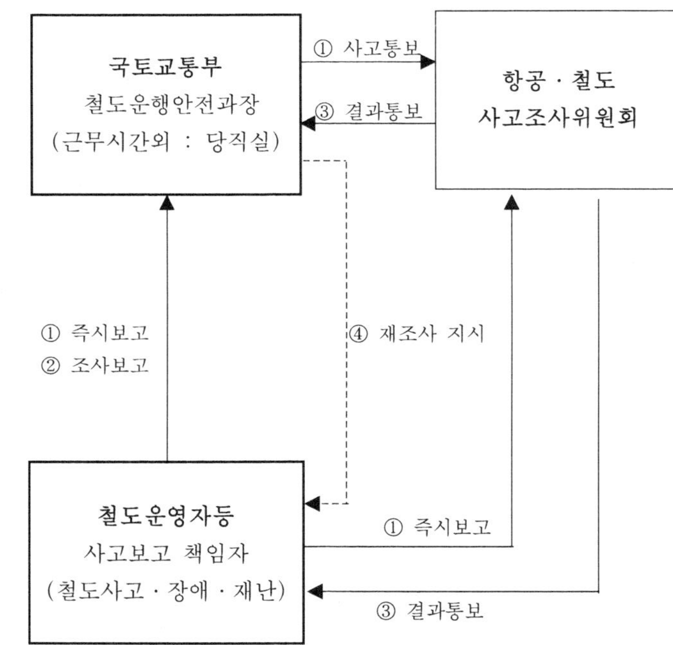

① 철도운영자등이 제4조에 따라 즉시보고(통보)

② 철도운영자등이 제5조에 따라 사고원인에 대한 자체조사결과보고

③ 항공·철도사고조사위원회에서 사고원인에 대한 조사결과 통보(개선권고 등)

④ 국토교통부장관이 제7조에 따라 자체조사결과에 대한 재조사 지시

[별표 2] 〈개정 19·1·28, 21·3·9〉

사고현장상황 및 사고발생원인 조사표

1 사고현장상황

기상상태	철도종류	열차종류	장소유형	
□ 온도(　　℃) □ 강우(　　mm) □ 적설(　　cm) □ 안개 (가시거리　　m) □ 지진(강도　　) □ 바람(조속　　m)	□ 고속철도 □ 일반철도 □ 도시철도 □ 기타(　　)	□ 여객열차 □ 도시전동열차 □ 화물열차 □ 혼합열차 □ 단행기관차 □ 시운전열차 □ 입환차량 □ 작업차량 □ 기타	□ 건널목 □ 역(승강장, 대합실, 역구내 선로, 작업장, 기타) □ 역간 □ 조차장 □ 본선 □ 측선 □ 대피선 □ 기타(　)	□ 분기부 □ 교량 □ 고가교 □ 과선교 □ 터널/지하 □ 기타

제한 및 운행속도 등		선로유형		신호시스템유형	
제한속도	km/h	□ 단선궤도 □ 복선궤도 □ 2복선궤도 □ 3복선궤도		교통통제	□ 중앙집중제어 □ 역단위 제어
사고속도	1열차　　km/h 2열차　　km/h	곡선	□ 좌 (반경　　m) □ 우 (반경　　m)	신호방식	□ 지상신호 □ 차상신호
선행교통장애	□ 공사(작업)중 □ 차량고장 □ 선로고장 □ 전기고장 □ 신호고장 □ 기타고장	기울기	□ 오르막(　　‰) □ 내리막(　　‰)	열차제어	□ ATO □ ATC □ ABS □ ATS □ 수동제어 □ 기타/불명

건널목 관련		직원사상사고 관련		위험물 관련	
□ 일반국도 □ 광역시도 □ 지방도 □ 시군구도 □ 농어촌도 □ 기타	□ 대형버스 □ 승합차 □ 승용차 □ 화물차 □ 2륜차 □ 기타	□ 직원 □ 외주	□ 입환 □ 선로 □ 스크린도어 □ 전철 □ 차량 □ 기타	□적재 □누출 □폭발	□ 유류 □ 폭약류 □ 압축가스류 □ 액화가스류 □ 산류 □ 화학류 □ 화공품류 □ 가연성물질 □ 산화부식제류 □ 방사능물질 □ 휘산성독물류 □ 기타(　　)

안전설비현황			
철 도 시설측	□ 안전펜스(울타리) □ 지장물검지장치 □ 레일온도검지장치 □ 선로밀착검지장치 □ 끌림검지장치 □ 분기기융설장치 □ 차축온도검지장치 □ 지진감시장치 □ 기상감시장치 □ 기타(　　　)	철 도 차량측	□ 운전정보기록장치 □ 운전자감시장치 □ 화재감시장치 □ 충돌안전설비 □ 탈선방지 장치 □ 기타 (　　　)
		건널목	□ 경보장치 □ 차단장치 □ 검지장치 □ 기타(　　　)

2 사고발생원인(1 주원인, 2 부원인)

충돌·탈선·열차화재 및 위험물사고

요인	구분	세부원인
인적요인	12 운전자 12 관제사 12 운전취급자 12 역·승무원 12 기타( )	12 신호위반 12 과속운행 12 제동실패 12 신호취급잘못 12 운전지시잘못 12 폐색취급잘못 12 선로전환잘못 12 열차방호잘못 12 운전취급잘못 12 기타( )
	12 유지보수자	12 미승인작업 12 작업부주의 12 유지보수미비 12 검사미비 12 기타( )
외부환경적요인	□ 자연재해	12 강우 12 강설 12 강풍 12 지진 12 낙뢰 12 안개 12 낙석 12 한파 12 폭염 12 기타
	□ 외부요인	12 선로변무단작업 12 선로변화재폭발 12 선로(역)점거 12 위험물누출 12 테러 12 방화 12 기타( )

요인	구분	세부원인
기술적요인	선로 및 구조물	12 레일파손 12 궤도틀림 12 분기기결함 12 노반침하 12 경사면붕괴 12 터널붕괴 12 교량붕괴/변형 12 기타( )
	철도차량	12 주행장치고장 12 제동장치고장 12 운전제어장치고장 12 안전(보호)장치고장 12 전원공급장치고장 12 집전장치고장 12 연결장치파손/풀림 12 기타( )
	전철설비	12 전차선로고장 12 배전선로고장 12 변전설비고장 12 원격제어장치고장 12 기타( )
	신호통신설비	12 폐색장치고장 12 선로전환장치고장 12 신호제어장치고장 12 열차보호장치고장 12 정보전송장치고장 12 열차무선고장 12 기타( )
	기타설비	12 차량/신호간 상호작용 12 차량/선로간 상호작용 12 차량/전철설비간 상호작용 12 화재검지/대응설비고장 12 선로변 안전장치고장 12 기타( )

건널목사고

요인	구분	세부원인		요인	세부원인
인적요인	12 안내원	12 안전설비조작 잘못 12 열차방호실패	12 차량출입통제 소홀 12 기타( )	기술적요인	12 경보장치고장 12 차단장치고장 12 검지장치고장 12 기타( )
	12 통행자	12 일단정지 무시횡단 12 건널목안 자동차고장 12 건널목 통과지체 12 기 타( )	12 차단기 돌파/우회 12 건널목 보판이탈 12 열차에 뛰어듦(자살)		

사상사고

구분	12 교통사상사고	12 안전사상사고
12 여객 12 공중(公衆) 12 직원	12 선로무단침입/통행 12 선로근접통행 12 열차에 뛰어듦(자살) 12 열차와 승강장사이 빠짐 12 승강장 넘어짐 12 승강장 추락 12 승하차시 넘어짐 12 출입문에 끼임 12 승강장안전문에 끼임 12 열차 등에서 넘어짐 12 비산/낙하물 충격 12 시설/설비결함 12 미승인작업 12 열차방호소홀 12 부주의한 행동 12 기타( )	12 승강장(역) 추락 12 승강장(역) 넘어짐 12 전기감전 12 엘리베이터 추락/넘어짐 12 에스컬레이터 추락/넘어짐 12 화상 12 비산/낙화물 충격 12 작업장 추락/전도 12 작업장비에 끼임 12 시설설비 결함 12 부주의한 행동 12 기타( )

화재사고

구분	세부원인
12 건물 12 설비 12 차량	12 전기화재 12 가스화재 12 유류화재 12 방화 12 설비과열 12 기관과열 12 기 타

철도시설파손사고

12 부적절한 사용
12 유지보수 소홀
12 재질불량/노후
12 외부환경/기후
12 인접공사(작업)
12 기타

[별표 3] 〈개정 19·1·28, 21·3·9〉

철도사고등의 분류기준

<table>
<tr><td rowspan="11">철도사고</td><td rowspan="6">철도교통사고</td><td colspan="3">충돌사고</td></tr>
<tr><td colspan="3">탈선사고</td></tr>
<tr><td colspan="3">열차화재사고</td></tr>
<tr><td rowspan="3">기타철도 교통사고</td><td colspan="2">위험물사고</td></tr>
<tr><td colspan="2">건널목사고</td></tr>
<tr><td>철도교통사상사고</td><td>여객
공중(公衆)
직원</td></tr>
<tr><td rowspan="5">철도안전사고</td><td colspan="3">철도화재사고</td></tr>
<tr><td colspan="3">철도시설파손사고</td></tr>
<tr><td rowspan="2">기타철도 안전사고</td><td>철도안전사상사고</td><td>여객
공중(公衆)
직원</td></tr>
<tr><td colspan="2">기타안전사고</td></tr>
<tr><td colspan="3"></td></tr>
<tr><td>철도준사고</td><td colspan="4">철도준사고</td></tr>
<tr><td>운행장애</td><td colspan="4">무정차통과, 운행지연</td></tr>
<tr><td colspan="5">철도재난</td></tr>
</table>

주) 1. 하나의 철도사고로 인하여 다른 철도사고가 유발된 경우에는 최초에 발생한 사고로 분류함(단, 충돌·탈선·열차화재사고 이외의 철도사고로 인하여 충돌·탈선·열차화재사고가 유발된 경우에는 충돌·탈선·열차화재사고로 분류함)

2. 철도사고등이 재난으로 인하여 발생한 경우에는 재난과 철도사고, 철도준사고, 또는 운행장애로 각각으로 분류함

3. 철도준사고 또는 운행장애가 철도사고로 인하여 발생한 경우에는 철도사고로 분류함

4. 삭제

[별지 제1호 서식]

철도사고보고서

작성기관 :

제출일자 :　　년　월　일

<table>
<tr><td>① 발생일시</td><td colspan="4">년　　월　　일(　요일)　　　:</td><td>일련번호</td><td></td></tr>
<tr><td>② 사고유형</td><td colspan="3">(탈선량수:　　량)</td><td>③기상상태</td><td colspan="2">(　℃)</td></tr>
<tr><td rowspan="3">④ 발생장소</td><td>행정구역</td><td colspan="5">도(시)　　시(군·구)　　동(면)</td></tr>
<tr><td>선별구간</td><td colspan="5">선(상행선/하행선)
역 ~ (　　역간)　　기점　　km지점</td></tr>
<tr><td>건널목</td><td colspan="2">(　　)건널목, 제(　)종</td><td>안내원</td><td colspan="2">(있음, 없음)</td></tr>
<tr><td>⑤ 관계열차</td><td colspan="6">종류:　　(제　　호), 편성:　　량, 운행구간:</td></tr>
<tr><td rowspan="6">⑥ 피해상황</td><td rowspan="2">인명피해</td><td rowspan="2">총　명</td><td colspan="4">사망자　명 (여객:　명, 공중(公衆):　명, 직원:　명)</td></tr>
<tr><td colspan="4">부상자　명 (여객:　명, 공중(公衆):　명, 직원:　명)</td></tr>
<tr><td>차량피해</td><td colspan="5">파손:　　량　(대파 :　　중파 :　　소파　)</td></tr>
<tr><td>시설피해</td><td colspan="5"></td></tr>
<tr><td>운행지장</td><td colspan="2">운휴 :　　지연열차:
(지연시분:　　~　　)</td><td>본선지장</td><td colspan="2">지장시간 :
(복구:　월　일　시　분)</td></tr>
<tr><td>피해액</td><td colspan="5">총계 :　백만원(사상자보상:　　재산:　　기타:　)</td></tr>
<tr><td rowspan="2">⑦ 관계자</td><td>소속</td><td>직종</td><td>직급</td><td>성명</td><td>연령</td><td>기타사항</td></tr>
<tr><td></td><td></td><td></td><td></td><td></td><td></td></tr>
<tr><td>⑧ 사고개요</td><td colspan="6"></td></tr>
<tr><td>⑨ 보고자</td><td colspan="6">소속:　　　직명:　　　성명:　　　(Tel.　　　)</td></tr>
</table>

210mm×297mm

(뒤)

⑩ 발생경위 및 조치내용	※ *필요한 경우 별도서식으로 작성*
⑪ 사고원인	※ *필요한 경우 별도서식으로 작성*
⑫ 예방대책	※ *필요한 경우 별도서식으로 작성*

210mm×297mm

※ 붙임 : 1. 별표 2의 사고현장상황 및 사고발생원인조사표
　　　　2. 현장약도 등 사고원인을 파악하는데 필요한 서류

〈작성요령〉

1. 일련번호는 연도 구분하여 발생순서에 따라 순차 적용
2. ②사고유형은 별표 3의 철도사고등의 분류기준에 따라 기재
3. ③기상상태의 날씨는 맑음, 구름, 비, 눈으로 구분하고 안개의 유무를 기재
4. ④발생장소의 건널목 종류는 "철도시설의 기술기준" 제69조에 따라 분류된 건널목의 종류를 기재
5. ⑤관계열차는 아래 표의 구분에 따라 기재

종류	고속여객열차, 일반여객열차, 도시전동열차, 화물열차, 혼합열차, 기관차, 단행열차, 시운전열차, 입환차량, 시험차량, 작업차량, 기타
열차번호	각 운영기관에서 사용하는 고유번호

6. ⑥인명피해의 사상자는 제2조제4항에 따라 기재하고, 차량피해는 파손된 차량과 파손의 정도를 대파, 중파, 소파로 구분하여 기재하며, 시설피해는 피해시설물과 피해정도를 대파, 중파, 소파로 기재
7. ⑥의 피해액은 사상자보상, 시설피해액, 차량피해액, 운임환불 등 직접손실액을 기재
8. ⑦관계자는 운전자, 관제사, 운전취급자, 승무원 등 직/간접적으로 사고와 관련된 사람을 기재
9. ⑧사고의 내용을 쉽게 이해할 수 있도록 육하원칙에 따라 기술
10. ⑩발생경위 및 조치사항은 사고발생 배경과 초기대응 상황을 파악하는데 필요한 내용을 상세하게 기술하고 필요한 경우 도면, 사진 등 참고자료 첨부
11. ⑪사고원인은 해당사고의 원인을 정확히 파악할 수 있도록 직접원인뿐아니라 배경원인을 상세하게 기술하고 필요한 경우 도면, 사진 등 참고자료 첨부
12. ⑫예방대책은 동종의 사고를 예방할 수 있는 대책을 현실성 있게 수립하여 기재

[별지 제2호 서식] 〈개정 21·3·9〉

철 도 사 고 통 계 보 고

작성기관 :

1 발생건수

철도종류 :

(단위 : 건)

구분 / 월(분기)				0000년												누계(ㅇ~ㅇ월)		
				1월	2월	3월	4월	5월	6월	7월	8월	9월	10월	11월	12월	00년	00년	증감
합계																		
철도교통사고	충돌																	
	탈선																	
	열차화재																	
	기타철도교통사고	위험물사고																
		건널목사고																
		철도교통사상사고	여객															
			공중(公衆)															
			직원															
			소계															
	소계																	
철도안전사고	철도화재사고																	
	철도시설파손사고																	
	기타철도안전사고	철도안전사상사고	여객															
			공중(公衆)															
			직원															
			소계															
		기타안전사고																
	소계																	
피해현황	인명피해(명)	사망																
		부상																
		소계																
	재산피해(백만원)																	
선로연장(km)																		
열차운행거리(km)	여객																	
	화물																	
	소계																	
수송실적	여객(인·km)																	
	화물(톤·km)																	

210㎜×297㎜[백상지(80g/㎡)]

2 사고원인

철도종류 : (단위 : 건)

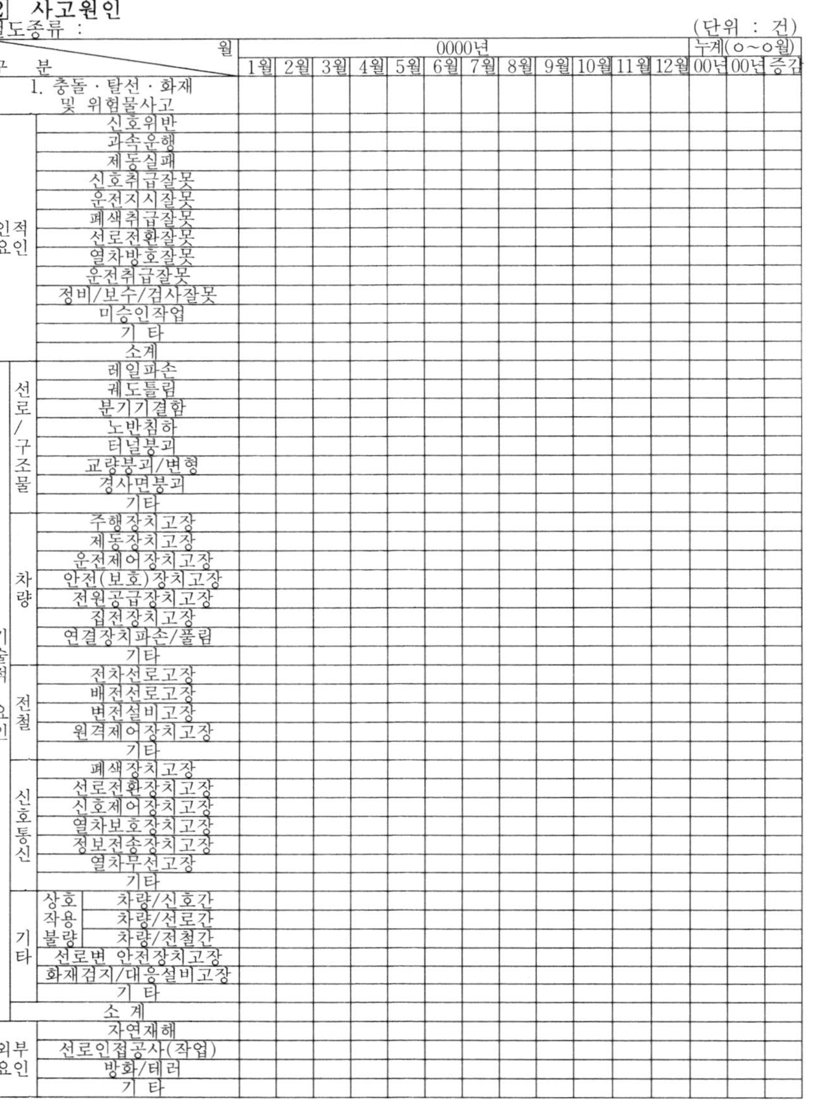

구분			0000년												누계(ㅇ~ㅇ월)		
		월	1월	2월	3월	4월	5월	6월	7월	8월	9월	10월	11월	12월	00년	00년	증감
1. 충돌·탈선·화재 및 위험물사고																	
인적요인		신호위반															
		과속운행															
		제동실패															
		신호취급잘못															
		운전지시잘못															
		폐색취급잘못															
		선로전환잘못															
		열차방호잘못															
		운전취급잘못															
		정비/보수/검사잘못															
		미승인작업															
		기 타															
		소계															
기술적 요인	선로/구조물	레일파손															
		궤도틀림															
		분기기결함															
		노반침하															
		터널붕괴															
		교량붕괴/변형															
		경사면붕괴															
		기타															
	차량	주행장치고장															
		제동장치고장															
		운전제어장치고장															
		안전(보호)장치고장															
		전원공급장치고장															
		집전장치고장															
		연결장치파손/풀림															
		기타															
	전철	전차선로고장															
		배전선로고장															
		변전설비고장															
		원격제어장치고장															
		기타															
	신호통신	폐색장치고장															
		선로전환장치고장															
		신호제어장치고장															
		열차보호장치고장															
		정보전송장치고장															
		열차무선고장															
		기타															
	기타	상호작용불량 차량/신호간															
		상호작용불량 차량/선로간															
		상호작용불량 차량/전철간															
		선로변 안전장치고장															
		화재검지/대응설비고장															
		기 타															
		소 계															
외부요인		자연재해															
		선로인접공사(작업)															
		방화/테러															
		기 타															

구분		0000년												누계(ㅇ~ㅇ월)		
	월	1월	2월	3월	4월	5월	6월	7월	8월	9월	10월	11월	12월	00년	00년	증감
2. 건널목사고																
안내원	안전설비조작 잘못															
	차량출입통제 소홀															
	열차방호실패															
	기 타															
통행자	일단정지 무시횡단															
	차단기 돌파/우회															
	건널목안 자동차 고장															
	건널목 보판이탈															
	건널목 통과지체															
	열차에 뛰어듦(자살)															
	기 타															
안전장치	경보장치고장															
	차단장치고장															
	검지장치고장															
	기 타															
3. 철도교통사상사고																
여객	선로무단침입/통행															
	선로근접통행															
	열차에 뛰어듦(자살추정)															
	열차와 승강장사이 빠짐															
	승강장 넘어짐															
	승강장 추락															
	승하차시 넘어짐															
	출입문에 끼임															
	승강장안전문에 끼임															
	열차 내에서 넘어짐 등															
	비산/낙하물 충격															
	시설/설비결함															
	기 타															
공중(公衆)	선로무단침입/통행															
	선로근접통행															
	열차에 뛰어듦(자살추정)															
	열차와 승강장사이 빠짐															
	비산/낙하물 충격															
	기 타															
직원	미승인작업															
	열차방호소홀															
	부주의한 행동															
	시설/설비결함															
	기 타															

구분		1월	2월	3월	4월	5월	6월	7월	8월	9월	10월	11월	12월	누계(○~○월) 00년	00년	증감
		0000년														
4. 철도화재사고																
건물	전기화재															
	가스/유류화재															
	방화															
	기타															
설비	전기화재															
	방화															
	설비과열															
	기타															
차량	전기화재															
	방화															
	기관과열															
	기타															
5. 철도시설파손사고																
부적절한 사용																
유지보수 소홀																
재질불량/노후																
외부요인	기후/환경															
	인접공사															
	기타															
기 타																
6. 철도안전사상사고																
여객	승강장(역) 추락															
	승강장(역) 넘어짐															
	전기감전															
	엘리베이터 추락/넘어짐															
	에스컬레이터 추락/넘어짐															
	화상															
	비산/낙하물 충격															
	기 타															
공중(公衆)	추락/넘어짐															
	비산/낙하물 충격															
	전기감전															
	기 타															
직원	작업장 추락/넘어짐															
	비산/낙하물 충격															
	작업장비에 끼임															
	시설설비결함															
	전기감전															
	부주의한 행동															
	기 타															

3 피해현황

철도종류 :

(단위 : 건)

구분				1월	2월	3월	4월	5월	6월	7월	8월	9월	10월	11월	12월	누계(○~○월) 00년	00년	증감
				0000년														
1. 인명피해(명)																		
철도사고전체	합계		소 계															
			남 성															
			여 성															
	사망		소 계															
			남 성															
			여 성															
	부상		소 계															
			남 성															
			여 성															
충돌 탈선 열차 화재 위험물 사고	합계		소 계															
			남 성															
			여 성															
	사망		소 계															
			남 성															
			여 성															
	부상		소 계															
			남 성															
			여 성															
건널목사고	합계		소 계															
			남 성															
			여 성															
	사망		소 계															
			남 성															
			여 성															
	부상		소 계															
			남 성															
			여 성															
교통사상사고	여객	합계	소 계															
			남 성															
			여 성															
		사망	소 계															
			남 성															
			여 성															
		부상	소 계															
			남 성															
			여 성															

구분			월	0000년												누계(○~○월)		
				1월	2월	3월	4월	5월	6월	7월	8월	9월	10월	11월	12월	00년	00년	증감
	공중(公衆)	합계	소계															
			남성															
			여성															
		사망	소계															
			남성															
			여성															
		부상	소계															
			남성															
			여성															
	직원	합계	소계															
			남성															
			여성															
		사망	소계															
			남성															
			여성															
		부상	소계															
			남성															
			여성															
화재사고	합계		소계															
			남성															
			여성															
	사망		소계															
			남성															
			여성															
	부상		소계															
			남성															
			여성															
안전사상사고	여객	합계	소계															
			남성															
			여성															
		사망	소계															
			남성															
			여성															
		부상	소계															
			남성															
			여성															
	공중(公衆)	합계	소계															
			남성															
			여성															

구분			월	0000년												누계(○~○월)		
				1월	2월	3월	4월	5월	6월	7월	8월	9월	10월	11월	12월	00년	00년	증감
		사망	소계															
			남성															
			여성															
		부상	소계															
			남성															
			여성															
	직원	합계	소계															
			남성															
			여성															
		사망	소계															
			남성															
			여성															
		부상	소계															
			남성															
			여성															
기타사고	합계		소계															
			남성															
			여성															
	사망		소계															
			남성															
			여성															
	부상		소계															
			남성															
			여성															
2. 재산피해(백만원)																		
충돌 · 탈선 · 열차화재사고																		
건널목사고																		
화재사고																		
시설물파손사고																		
기타																		

4 운행장애 현황

철도종류 :

(단위 : 건)

구분			월	0000년												누계(ㅇ~ㅇ월)		
				1월	2월	3월	4월	5월	6월	7월	8월	9월	10월	11월	12월	00년	00년	증감
합 계																		
1. 철도준사고																		
발생현황	무허가 구간 열차운행																	
	진행신호 잘못현시																	
	정지신호 위반운전																	
	정거장 밖으로 차량구름																	
	작업/공사구간 열차운행																	
	본선지장 차량탈선																	
	안전운행에 지장을 주는 시설고장																	
	안전운행에 지장을 주는 차량고장																	
	위험물 누출사건																	
	기타 사고위험이 있는 사건																	
발생원인	취급(관리) 부주의	신호위반																
		과속운행																
		제동실패																
		신호취급잘못																
		운전지시잘못																
		폐색취급잘못																
		선로전환잘못																
		열차방호잘못																
		운전취급잘못																
		정비/보수/검사잘못																
		미승인작업																
		기 타																
	시설 장비 결함	차량	주행장치고장															
			제동장치고장															
			운전제어장치고장															
			안전(보호)장치고장															
			전원공급장치고장															
			집전장치고장															
			연결장치파손/풀림															
			기타															
		시설	레일파손															
			궤도틀림															
			분기기결함															
			노반침하															
			터널붕괴															
			교량붕괴/변형															
			경사면붕괴															
			기타															
		전철	전차선로고장															
			배전선로고장															
			변전설비고장															
			원격제어장치고장															
			기타															
		신호	폐색장치고장															
			선로전환장치고장															
			신호제어장치고장															
			열차보호장치고장															
			정보전송장치고장															
			열차무선고장															
			기타															
		상호 작용 불량	차량/시설 간															
			차량/전철 간															
			차량/신호 간															
		기타																
	외부 요인	자연 재해	강우															
			강설															
			강풍															
			지진															
			낙뢰															
			한파															
			폭염															
			기타															
		동물 접촉																
		이물질 접촉																
		선로인접공사(작업)																
		방화/테러																
		기타																
	기타																	
2. 운행장애																		
발생현황	열 차 분 리																	
	차 량 구 름																	
	규 정 위 반																	
	선 로 장 애																	

구분			월	0000년												누계(○~○월)		
				1월	2월	3월	4월	5월	6월	7월	8월	9월	10월	11월	12월	00년	00년	증감
	급 전 장 애																	
	신 호 장 애																	
	차 량 고 장																	
	열 차 방 해																	
	기 타																	
발생원인	취급(관리)부주의	신호위반																
		과속운행																
		제동실패																
		신호취급잘못																
		운전지시잘못																
		폐색취급잘못																
		선로전환잘못																
		열차방호잘못																
		운전취급잘못																
		정비/보수/검사잘못																
		미승인작업																
		기 타																
	시설장비결함	차량	주행장치고장															
			제동장치고장															
			운전제어장치고장															
			안전(보호)장치고장															
			전원공급장치고장															
			집전장치고장															
			연결장치파손/풀림															
			기타															
		시설	레일파손															
			궤도틀림															
			분기기결함															
			노반침하															
			터널붕괴															
			교량붕괴/변형															
			경사면붕괴															
			기타															
		전철	전차선로고장															
			배전선로고장															
			변전설비고장															
			원격제어장치고장															
			기타															
		신호	폐색장치고장															
			선로전환장치고장															
			신호제어장치고장															
			열차보호장치고장															
			정보전송장치고장															
			열차무선고장															
			기타															
		상호작용불량	차량/시설 간															
			차량/전철 간															
			차량/신호 간															
		기타																
	외부요인	자연재해	강우															
			강설															
			강풍															
			지진															
			낙뢰															
			한파															
			폭염															
			기타															
		동물 접촉																
		이물질 접촉																
		선로인접공사(작업)																
		방화/테러																
		기타																
	기타																	

〈철도준사고 · 운행장애 작성요령〉

1. 운행장애는 인명사상이나 재산피해가 발생하지 않고 열차운행에 지장을 초래한 것을 말함

예) KTX 열차의 부품이 탈락하여 지나가던 공중(公衆)이 부상을 당했다면 "교통사상사고(공중)"임

2. 「철도안전법 시행규칙」 제1조의3의 철도준사고와 다음 각 호의 운행지연으로 구분하여 작성

가. 열차분리 : 열차운행 중 열차의 조성작업과 관련 없이 열차를 구성하는 철도차량간의 연결이 분리되었을 때

나. 차량구름 : 열차 또는 철도차량이 주 · 정차하는 정거장(신호장 · 신호소 · 간이

역 · 기지를 포함한다)에서 열차 또는 철도차량이 정거장 바깥으로 굴렀을 때

다. 규정위반 : 신호 · 폐색취급위반, 이선진입, 정지위치어김 등 안전운행을 해치는 규정위반의 취급을 하여 열차운행에 지장이 초래되었을 때

라. 선로장애 : 선로시설의 고장, 파손 및 변형 등의 결함이나 선로상의 장애물로 인하여 열차운행에 지장이 초래되었을 때

마. 급전장애 : 전기설비의 고장, 파손 및 변형 등의 결함이나 외부충격 및 이물질 접촉 등으로 정전 또는 전압강하 등의 급전지장이 발생되어 열차운행에 지장이 초래되었을 때

바. 신호장애 : 신호장치의 고장, 파손 및 변형 등의 결함으로 인하여 열차운행에 지장이 초래되었을 때

사. 차량고장 : 철도차량의 고장으로 열차운행에 지장이 초래되었을 때

아. 열차방해 : 선로점거 등 고의적으로 열차운행을 방해하여 열차운행에 지장이 초래되었을 때

자. 기타장애 : 전 각 호에 해당되지 않은 장애

궤도운송법 · 시행령 · 시행규칙

궤도운송법 · 시행령 · 시행규칙 목차

법	시 행 령	시 행 규 칙
궤도운송법 (1961 · 12 · 30 법률 제915호 제정) 전부개정 2009 · 4 · 22 법률 제9636호 2011 · 9 · 16 제11060호(도시공원 및 녹지 등에 관한 법률 일부개정법률) 2013 · 3 · 22 법률 제11647호 2013 · 3 · 23 법률 제11690호(정부조직법 전부개정법률) 2013 · 8 · 6 법률 제11998호(지방세외수입금의 징수 등에 관한 법률) 2014 · 1 · 14 법률 제12247호 2015 · 8 · 11 법률 제13476호 2016 · 1 · 6 법률 제13729호(광산보안법 일부개정법률) 2016 · 3 · 22 법률 제14088호 2017 · 11 · 28 법률 제15114호 2017 · 12 · 26 법률 제15315호 2018 · 3 · 27 법률 제15526호(승강기시설 안전관리법 전부개정법률) 2018 · 6 · 12 법률 제15672호 2020 · 3 · 24 법률 제17091호(지방세외수입금의 징수 등에 관한 법률 일부개정법률) 2021 · 5 · 18 법률 제18185호	**궤도운송법 시행령** (1962 · 3 · 29 각령 제610호 제정) 전부개정 2009 · 11 · 2 대통령령 제21807호 2013 · 3 · 23 대통령령 제24443호(국토교통부와 그 소속기관 직제) 2016 · 6 · 23 국토교통부령 제320호 2017 · 3 · 22 대통령령 제27950호 2017 · 3 · 27 대통령령 제27960호(주민등록번호 등의 처리 제한을 위한 세무사법 시행령 등 일부개정령) 2018 · 11 · 27 대통령령 제29316호 2019 · 2 · 8 대통령령 제29518호(교통안전공단법 시행령 일부개정령) 2021 · 9 · 24 대통령령 제32014호(행정기본법 시행령)	**궤도운송법 시행규칙** (1978 · 9 · 15 교통부령 제604호 제정) 전부개정 2010 · 1 · 11 국토해양부 제208호 2013 · 3 · 23 국토교통부 제 1호(국토교통부와 그 소속기관 직제 시행규칙) 2013 · 12 · 30 국토교통부 제 54호(행정규제기본법 개정에 따른 규제 재검토기한 설정을 위한 개발이익환수에 관한 법률 시행규칙 등 일부개정령) 2014 · 4 · 14 국토교통부 제 87호 2014 · 8 · 7 국토교통부령 제120호(개인정보 보호를 위한 건설산업기본법 시행규칙 등 일부개정령) 2014 · 12 · 31 국토교통부령 제169호(규제 재검토기한 설정 등을 위한 건축물의 분양에 관한 법률 시행규칙 등 일부개정령) 2016 · 6 · 23 국토교통부령 제320호 2016 · 12 · 30 국토교통부령 제382호(규제 재검토기한 설정 등을 위한 감정평가 및 감정평가사에 관한 법률 시행규칙 등 일부개정령) 2017 · 3 · 24 국토교통부령 제408호 2019 · 2 · 7 국토교통부령 제591호 2021 · 8 · 27 국토교통부령 제882호(어려운 법령용어 정비를 위한 80개 국토교통부령 일부개정령) 2021 · 12 · 15 국토교통부령 제923호

법	시행령	시행규칙
제1장 총칙	**제1장 총칙**	**제1장 총칙**
제1조(목적) 이 법은 궤도시설(軌道施設)의 안전을 확보하고, 궤도운송과 궤도사업의 능률적인 운영 및 발전을 도모하여 공공복리(公共福利)를 증진함을 목적으로 한다.	제1조(목적) 이 영은 「궤도운송법」에서 위임된 사항과 그 시행에 필요한 사항을 정함을 목적으로 한다.	제1조(목적) 이 규칙은 「궤도운송법」 및 같은 법 시행령에서 위임된 사항과 그 시행에 필요한 사항을 정함을 목적으로 한다.
제2조(정의) 이 법에서 사용하는 용어의 뜻은 다음과 같다.〈개정 16·3·22, 18·6·12, 21·5·18〉 1. "궤도"란 사람이나 화물을 운송하는 데에 필요한 궤도시설과 궤도차량 및 이와 관련된 운영·지원 체계가 유기적으로 구성된 케이블철도, 노면전차, 모노레일 및 자기부상열차 등 국토교통부령으로 정하는 운송 체계를 말하며, 삭도(索道)를 포함한다. 2. "궤도운송"이란 궤도를 이용하여 한 지점에서 다른 지점으로 사람이나 화물을 운송하는 것을 말한다. 3. "궤도시설"이란 다음 각 목의 어느 하나에 해당하는 것(부지를 포함한다)을 말한다. 가. 선로(線路), 정거장(환승시설 및 편의시설을 포함한다), 그 밖에 궤도운송에 필요한 건축물이나 건축설비 나. 궤도차량 다. 선로 및 궤도차량을 보수·정비하기 위한 보수기지, 정비기지 및 창고 등 라. 전력설비, 정보통신설비, 피뢰장치, 신호설비 및 제어설비 등		제2조(궤도의 종류) 법 제2조제1호에서 "케이블철도, 노면전차, 모노레일 및 자기부상열차 등 국토교통부령으로 정하는 운송 체계"란 다음 각 호의 운송 체계를 말한다. 1. 왕복식 삭도: 공중에 설치한 와이어로프에 궤도차량을 매달아 정류장 사이를 반대 방향으로 왕복시켜 사람이나 화물을 운송하는 삭도 2. 자동순환식 삭도: 공중에 설치한 와이어로프에 자동식 연결장치를 사용하여 궤도차량을 매달아 한쪽 방향으로 순환시켜 사람이나 화물을 운송하는 삭도 3. 고정순환식 삭도: 공중에 설치한 와이어로프에 고정식 연결장치를 사용하여 궤도차량을 매달아 한쪽 방향으로 순환시켜 사람이나 화물을 운송하는 삭도 4. 견인식 삭도: 공중에 설치한 와이어로프에 자동식 연결장치 또는 고정식 연결장치를 사용하여 사람이나 화물을 견인하거나 활주시키는 삭도 5. 케이블철도(funicular): 궤도 중 경사지 등에서 레일을 따라 움직이는 궤도차량을 와

법	시행령	시행규칙
마. 동력장치 등 각종 기계장치 4. "선로"란 와이어로프, 레일 또는 콘크리트 구조물 등으로 이루어진 주행로[선로를 받치는 노반(路盤)이나 지주(支柱), 그 밖의 인공 구조물 등의 부대시설을 포함한다]로서 궤도차량의 독립된 주행로를 말한다. 5. "삭도"란 공중에 설치한 와이어로프에 궤도차량을 매달아 운행하여 사람이나 화물을 운송하는 것을 말한다. 6. "궤도차량"이란 선로에서 운행할 목적으로 선로의 특성에 맞게 제작된 여러 가지 탈 것을 말한다. 7. "궤도사업"이란 궤도(전용궤도는 제외한다)를 이용하여 사람이나 화물을 운송하고, 그 대가로 수익을 얻는 사업을 말한다. 8. "궤도사업자"란 제4조에 따라 궤도사업의 허가를 받은 자를 말한다. 9. "전용궤도"란 다른 법령에 따라 면허 · 허가 · 등록 · 승인 · 신고의 대상이 되는 사업 등의 부대시설로 설치된 궤도로서, 해당 사업에 사용하기 위한 것을 말한다. 10. "전용궤도운영자"란 제5조에 따라 전용궤도의 승인을 받거나 신고를 한 자를 말한다. 11. "궤도운송종사자"란 궤도차량의 운전자, 이용객 탑승 보조자, 안전관리 및 점검 · 정비자, 매표 업무 종사자 등 궤도운송과 관련하여 서비스를 제공하는 사람을 말한다.		이어로프를 이용하여 견인함으로써 사람이나 화물을 운송하는 체계 6. 노면전차(tram): 궤도 중 도로 등에 설치한 두 줄의 레일을 따라 궤도차량을 움직여 사람이나 화물을 운송하는 체계 7. 모노레일(monorail): 궤도 중 고가(高架)에 설치한 단일 선로를 따라 궤도차량을 움직여 사람이나 화물을 운송하는 체계 8. 자기부상열차: 궤도 중 자기력을 이용하여 궤도차량을 선로 위에 띄워 움직임으로써 사람이나 화물을 운송하는 체계 9. 철제차륜형 경전철: 궤도 중 제3레일(레일과 평행하게 설치되어 차량의 옆면이나 밑면에서 차량에 전기를 공급하는 시설물을 말한다. 이하 이 조에서 같다)을 통해 집전(集電)받는 전기동력으로 전용선에 설치한 두 줄의 레일을 따라 철제바퀴가 장착된 궤도차량을 움직여 사람이나 화물을 운송하는 체계 10. 고무차륜형 경전철: 궤도 중 제3레일을 통해 집전받는 전기동력으로 전용선에 설치한 자동안내궤도를 따라 고무바퀴가 장착된 궤도차량을 움직여 사람이나 화물을 운송하는 체계 11. 선형유도전동기형 경전철: 궤도 중 제3레일을 통해 집전받는 전기동력으로 전용선에 설치한 두 줄의 레일을 따라 선형유도전동기와 리액션플레이트(reaction plate) 사이의

법	시 행 령	시 행 규 칙
12. "궤도운송사고"란 궤도운송과 관련하여 사람의 사상(死傷) 또는 물건이나 시설의 손괴(損壞)를 초래하는 사고를 말한다. 13. "산악벽지형 궤도"란 산악벽지(산악지역에 위치하고 있으면서 지리적·경제적·문화적·사회적 혜택을 받지 못하는 국토교통부령으로 정하는 지역을 말한다)의 급경사에서 운행이 가능한 궤도로서 교통편의 및 관광 증진을 위하여 친환경 동력원의 사용, 기존 도로의 활용 등 국토교통부령으로 정하는 요건에 따라 환경 친화적으로 건설·운영되는 궤도를 말한다. 14. "시험운행"이란 궤도사업자 또는 전용궤도운영자가 준공검사 전까지 궤도시설의 안전성 및 운영관리체계 등을 점검하기 위하여 승객을 탑승시키지 않고 궤도를 운행하는 것을 말한다. 제3조(적용 범위) 다음 각 호의 어느 하나에 해당하는 궤도 및 궤도사업에 대하여는 이 법을 적용하지 아니한다.〈개정 16·1·6, 18·3·27〉 1. 「도시철도법」을 적용받는 도시철도 및 도시철도사업		공극(孔隙: 빈 공간)을 유지하며 궤도차량을 움직여 사람이나 화물을 운송하는 체계 [전문개정 21·12·15] 제2조의2(산악벽지형 궤도의 요건) ① 「궤도운송법」(이하 "법"이라 한다) 제2조제13호에서 "국토교통부령으로 정하는 지역"이란 재정자립도가 전국 시·군의 평균 재정자립도 이하인 시·군에 속한 읍·면·동으로서 「산림기본법 시행령」 제2조 각 호의 요건에 모두 해당하는 읍·면·동을 말한다. ② 법 제2조제13호에서 "친환경 동력원의 사용, 기존 도로의 활용 등 국토교통부령으로 정하는 요건"이란 다음 각 호의 모두를 충족하는 것을 말한다. 1. 전기, 태양광 등 친환경 동력원을 사용할 것 2. 선로의 3분의 2 이상이 기존 도로를 활용하여 건설될 것 3. 선로의 3분의 2 이상이 법 제2조제13호에 따른 산악벽지에 위치할 것 [본조신설 17·3·24]

법	시 행 령	시 행 규 칙
2. 「철도사업법」을 적용받는 철도 및 철도사업 3. 「관광진흥법」을 적용받는 유기시설(遊技施設) · 유기기구(遊技機具) 및 유기시설업 4. 「광산안전법」을 적용받는 운반시설 5. 「승강기 안전관리법」을 적용받는 승강기 6. 군사 목적이나 연구개발 등의 목적으로 설치 · 운영하는 궤도 7. 개인 또는 법인의 사유지에서 적재량 500킬로그램 미만(삭도의 경우에는 200킬로그램 미만)의 화물만을 운송하는 궤도		
제2장 궤도사업 및 전용궤도	**제2장 궤도사업 및 전용궤도**	**제2장 궤도사업 및 전용궤도**
제4조(궤도사업의 허가) ① 궤도사업을 경영하려는 자는 특별자치시장 · 특별자치도지사 · 시장 · 군수 또는 자치구의 구청장(이하 "시장 · 군수 · 구청장"이라 한다)의 허가를 받아야 한다. 다만, 궤도가 둘 이상의 특별자치시 · 특별자치도 · 시 · 군 또는 자치구(이하 "시 · 군 · 구"라 한다)의 행정구역에 걸쳐 있는 경우에는 주된 사무소의 소재지를 관할하는 시장 · 군수 · 구청장이 관계 시장 · 군수 · 구청장과 협의하여 허가한다. 〈개정 13 · 3 · 22〉 ② 제1항에도 불구하고 궤도의 전부 또는 일부가 특별시 또는 광역시의 행정구역 내에 있는 「자연공원법」 제2조제2호에 따른 국립공원 또는 같은 조 제3호에 따른 도립공원, 「도시공		제3조(궤도사업의 허가 신청) ① 법 제4조제1항 및 같은 조 제2항에 따라 궤도사업의 허가를 받으려는 자는 성명 · 주민등록번호 등 본인의 기록사항이 작성된 별지 제1호서식의 궤도사업허가신청서(전자문서로 된 신청서를 포함한다)에 다음 각 호의 서류를 첨부하여 특별자치시장 · 특별자치도지사 · 시장 · 군수 또는 자치구의 구청장(이하 "시장 · 군수 · 구청장"이라 한다) 또는 특별시장 또는 광역시장(이하 "특별시장 · 광역시장"이라 한다)에게 제출하여야 한다.〈개정 16 · 6 · 23, 17 · 3 · 24〉 1. 사업계획서 2. 기본설계도서 3. 공사설명서

법	시 행 령	시 행 규 칙
원 및 녹지 등에 관한 법률」 제2조제3호나목에 따른 도시자연공원(이하 "국립공원등"이라 한다)에 건설되는 경우에는 특별시장 또는 광역시장(이하 "특별시장·광역시장"이라 한다)의 허가를 받아야 한다. 다만, 국립공원등이 둘 이상의 특별시 또는 광역시의 행정구역을 포함하고 있고 국립공원등에 건설되는 궤도가 둘 이상의 특별시 또는 광역시의 행정구역에 걸쳐 있는 경우에는 주된 사무소의 소재지를 관할하는 특별시장·광역시장이 관계 특별시장·광역시장과 협의하여 허가한다. 〈개정 11·9·16, 13·3·22〉 ③ 제1항 및 제2항에 따른 궤도사업의 허가기준은 다음 각 호와 같다. 1. 궤도시설의 건설 및 설비가 제15조에 따른 궤도시설의 건설·설비기준에 적합할 것. 다만, 제16조에 따른 특별건설승인을 받은 경우에는 그러하지 아니하다. 2. 도로·하천·농지·산림·공원·문화재보호구역 등을 점용하는 경우에는 관할 행정기관의 장 또는 관리자의 허가나 승인 등을 받을 것		4. 법 제20조에 따른 안전검사전문기관의 안전에 관한 검토의견서 5. 도로·하천·농지·산림·공원·문화재보호구역 등을 관할하는 행정기관 등의 허가나 승인이 필요한 지역 안에서 운영하는 궤도시설인 경우에는 관할 행정기관 등의 허가나 승인을 증명하는 서류 6. 환경·교통·재해 등에 관한 영향평가를 실시한 경우에는 그 영향평가 결과서 ② 제1항에 따른 신청서를 제출받은 담당 공무원은 「전자정부법」 제36조제1항에 따른 행정정보의 공동이용을 통하여 법인등기부 등본(법인의 경우만 해당한다)을 확인하여야 한다. 다만, 법인설립이 예정인 경우에는 신청인으로 하여금 직접 법인설립계획서를 첨부하도록 해야 한다.〈개정 16·6·23〉 ③ 제1항제1호의 사업계획서에는 다음 각 호의 사항이 포함되어야 한다. 1. 주사무소 및 영업소의 명칭과 위치 2. 궤도시설의 운영 목적 3. 궤도시설의 종류·방식 및 특징 4. 운행계획 5. 필요한 자금의 명세와 조달 방법 6. 연간 추정 수송량 및 추정 수지계산서 7. 사업타당성에 대한 용역을 실시한 경우에는 그 용역 결과물

법	시 행 령	시 행 규 칙
		④ 제1항제2호의 기본설계도서에는 다음 각 호의 사항을 포함하여야 한다. 1. 축척 500분의 1 또는 2,000분의 1의 용지(用地)를 표시한 도면(행정구역 경계선, 축척 · 방위 및 용지의 경계를 포함한다) 및 선로배치도 2. 축척 2,000분의 1 이상의 실측평면도(정류장 및 선로 등 궤도시설의 명칭 및 위치, 선로 중심선 좌우 40미터 이내에 설치된 건물 · 위험물저장소 · 전신전화선 · 동력선 등을 포함) 3. 축척 2,000분의 1 이상의 실측종단도(선로 중심선의 지반높이 · 선로경사 및 수평거리, 정류장의 명칭 · 위치, 지주(支柱)의 명칭 · 위치, 선로가 횡단하게 되는 지물(地物)의 위치 및 높이를 포함한다) ⑤ 제1항제3호의 공사설명서에는 다음 각 호의 사항을 포함하여야 한다. 1. 궤도시설 공사계획(착공 예정시기, 공사기간 및 공사일정표를 포함한다) 2. 다음 각 목 중 해당하는 사항에 대한 설명서, 계산서 및 도면 가. 선로를 지지하는 지주의 종류, 기초, 간격 및 강도계산서 나. 와이어로프나 레일 등의 종류, 규격, 무게, 설치방법, 설치높이, 기울기 및 강도

법	시 행 령	시 행 규 칙
		계산서 다. 궤도차량의 최고운전속도, 대수, 정원, 적재량 및 구조 라. 동력설비의 종류, 방식, 능력 및 원동기의 소요출력계산서 마. 제동방식, 제동거리 및 제동력 계산서 바. 구동활차(驅動滑車) 및 차축(車軸)의 강도계산서 사. 선로주변 보호설비의 내용 및 그 위치 아. 보안통신설비와 피뢰장치의 내용 자. 전선로·변전소 및 배전소의 내용 차. 정류장에서의 기계설치 내용 카. 그 밖의 관련 설비 등에 관한 내용 3. 사람을 운송하는 삭도의 경우에는 제2호에 해당하는 사항 외에 다음 각 목의 사항을 추가로 포함시켜야 한다. 가. 궤도차량의 이동방법 나. 와이어로프 및 궤도차량의 보안설비, 기계의 제동장치, 궤도차량 및 원동기의 설치장소와 신호방법 다. 와이어로프의 구조, 유효단면적, 파단력(破斷力), 평균 인장강도(引張強度), 접속방식 및 긴장방식 라. 주원동기 및 예비원동기의 구조 및 구동방법 마. 승강장에서 승강대와 차량 간의 간격 및

법	시 행 령	시 행 규 칙
④ 궤도사업자는 제1항 및 제2항에 따라 허가받은 사항 중 대통령령으로 정하는 사항을 변경하려면 대통령령으로 정하는 구분에 따라 변경허가를 받거나 변경신고를 하여야 한다. ⑤ 시장 · 군수 · 구청장 또는 특별시장 · 광역시장은 제1항 · 제2항 또는 제4항에 따라 허가 또는 변경허가를 할 때에는 이용자의 안전과 편의 증진, 재해 방지, 환경 보전 및 주변 교통에 미치는 영향 최소화 등을 위하여 필요한 조건을 붙일 수 있다.	제2조(궤도사업의 변경허가 및 변경신고) ① 「궤도운송법」(이하 "법"이라 한다) 제4조제4항에 따라 변경허가를 받아야 하는 사항은 다음 각 호와 같다. 1. 원래 계획보다 궤도시설의 공사기간이 6개월 이상 지연될 것으로 예상되는 경우 2. 궤도시설의 종류를 변경하려는 경우 3. 다음 각 목에 대한 설계 내용이 변경된 경우 가. 궤도차량의 대수 · 용량의 증가 나. 동력설비의 구조 또는 종류의 변경 다. 동력의 감소 라. 와이어로프, 레일 등 선로의 종류 또는 규격의 변경 마. 선로의 위치 · 길이 또는 경사도의 변경 바. 운전속도의 증가 사. 정류장의 신설 또는 폐지 4. 궤도사업자가 기존 시설의 2분의 1 이상을 교체하거나 기존시설의 규모를 2분의 1 이상 변경하는 경우 ② 법 제4조제4항에 따라 변경신고를 하여야 하는 사항은 다음 각 호와 같다. 1. 궤도사업자의 성명(법인의 경우에는 명칭을 말한다)의 변경	높이 바. 지표면 또는 이를 대신하는 구조물 표면의 구축방식

법	시 행 령	시 행 규 칙
	2. 법인인 궤도사업자의 대표자의 변경 3. 법인인 궤도사업자의 임원의 변경 4. 법인인 궤도사업자의 상호의 변경 5. 법인인 궤도사업자의 주사무소 소재지의 변경	
⑥ 제1항 · 제2항 및 제4항에 따른 허가 · 변경허가 및 변경신고의 절차 등에 관하여 필요한 사항은 국토교통부령으로 정한다. 〈개정 13 · 3 · 23〉		**제4조(궤도사업의 변경허가 · 변경신고의 절차 등)** ① 법 제4조제6항에 따라 궤도사업자가 허가받은 사항을 변경하려는 때에는 별지 제2호서식의 변경허가신청서 또는 변경신고서(전자문서로 된 신청서 · 신고서를 포함한다)에 다음 각 호의 서류를 첨부하여 시장 · 군수 · 구청장 또는 특별시장 · 광역시장에게 제출하여야 한다. 1. 사업허가증(사업허가증을 분실한 경우에는 그 사유서로 대체할 수 있다) 2. 변경사유서(변경사유를 증명하는 서류를 포함한다) 3. 제3조제1항 각 호의 서류 중 변경되는 사항이 포함된 서류(변경허가신청의 경우에만 해당한다) ② 「궤도운송법 시행령」(이하 "영"이라 한다) 제2조제2항에 해당하는 변경의 경우 담당 공무원은 법인 등기부등본의 내용을 「전자정부법」 제36조제1항에 따른 행정정보의 공동이용을 통하여 확인하여야 한다.〈개정 16 · 6 · 23〉
제4조의2(산악벽지형 궤도에 대한 궤도사업의	**제2조의2(산악벽지형 궤도에 대한 궤도사업의**	**제4조의2(산악벽지형 궤도에 대한 궤도사업의**

법	시　행　령	시 행 규 칙
승인) ① 산악벽지형 궤도에 대한 궤도사업을 경영하려는 자는 제4조제1항 및 제2항에 따른 궤도사업의 허가를 신청하기 전에 시장·군수·구청장 또는 특별시장·광역시장을 거쳐 국토교통부장관의 승인을 받아야 한다. 승인을 받은 사항을 변경하려는 경우에도 또한 같다. ② 국토교통부장관은 제1항에 따른 승인을 할 때에는 관계 전문가 등의 의견을 들어 승인 여부를 결정하여야 하며, 공공의 안전 등을 위하여 필요한 조건을 붙일 수 있다.	**승인 절차)** ① 법 제4조의2제1항에 따라 산악벽지형 궤도에 대한 궤도사업의 승인(변경승인을 포함한다. 이하 이 조에서 같다)을 받으려는 자는 국토교통부령으로 정하는 승인신청서에 다음 각 호의 서류를 첨부하여 특별자치시장·특별자치도지사·시장·군수 또는 자치구의 구청장(이하 "시장·군수·구청장"이라 한다) 또는 특별시장·광역시장에게 제출하여야 한다. 1. 다음 각 목의 사항이 포함된 사업계획서 가. 주사무소 및 영업소의 명칭과 위치 나. 궤도시설의 운영 목적 다. 궤도시설의 종류·방식 및 특징 라. 운행계획 마. 필요한 자금의 명세와 조달 방법 바. 연간 추정 수송량 및 추정 수지계산서 사. 사업타당성에 대한 용역을 실시한 경우에는 그 용역 결과물 2. 산악벽지형 궤도에 해당함을 증빙하는 서류 3. 산악벽지의 급경사 운행에 따른 안전성 검토 보고서 ② 제1항에 따른 승인신청서를 받은 시장·군수·구청장 또는 특별시장·광역시장은 다음 각 호의 서류를 국토교통부장관에게 제출하여야 한다. 1. 승인신청서 및 제1항 각 호에 따른 서류 2. 시장·군수·구청장 또는 특별시장·광역	**승인 절차)** ① 영 제2조의2제1항 각 호 외의 부분에서 "국토교통부령으로 정하는 승인신청서"란 별지 제2호의2서식의 산악벽지형 궤도사업 승인·변경승인 신청서를 말한다. ② 국토교통부장관은 영 제2조의2제3항 전단에 따라 제15조의2에 따른 궤도건설심의회의 심의를 거쳐 승인 또는 변경승인 여부를 결정하여야 한다. [본조신설 17·3·24]

법	시 행 령	시 행 규 칙
③ 제1항에 따른 승인의 절차 등에 필요한 사항은 대통령령으로 정한다. [본조신설 15·1·7]	시장의 검토의견서 3. 법 제4조제1항 단서 또는 같은 조 제2항 단서에 따라 관계 시장·군수·구청장 또는 관계 특별시장·광역시장과 협의를 하여야 하는 궤도의 경우에는 관계 시장·군수·구청장 또는 관계 특별시장·광역시장과 협의한 결과 ③ 국토교통부장관은 제2항에 따라 시장·군수·구청장 또는 특별시장·광역시장으로부터 같은 항 각 호의 서류를 제출받은 경우 국토교통부령으로 정하는 바에 따라 관계 전문가 등의 의견을 들어 승인 여부를 결정하여야 한다. 이 경우 그 결과를 시장·군수·구청장 또는 특별시장·광역시장 및 법 제4조제1항 단서 또는 같은 조 제2항 단서에 따라 협의하여야 하는 관계 시장·군수·구청장 또는 관계 특별시장·광역시장에게 통보하여야 한다. [본조신설 17·3·22]	
제5조(전용궤도의 승인 등) ① 전용궤도를 운영하려는 자는 시장·군수·구청장의 승인을 받아야 한다. 다만, 대통령령으로 정하는 전용궤도의 경우에는 시장·군수·구청장에게 신고하여야 한다. ② 제1항에도 불구하고 전용궤도의 전부 또는	**제3조(전용궤도의 운영신고 등)** ① 법 제5조제1항 단서에서 "대통령령으로 정하는 전용궤도"란 산악경사지 등에서 화물수송용으로 설치한 궤도(가설용을 포함한다)를 말한다. ② 제1항에 따른 전용궤도의 경우 제2조제1항 각 호에 해당하는 변경사항이 발생하였거나	**제5조(전용궤도의 승인 및 변경승인 신청 등)** ① 법 제5조제1항 본문 및 같은 조 제2항에 따라 전용궤도를 운영하려는 자는 성명·주민등록번호 등 본인의 기록사항이 작성된 별지 제3호서식의 전용궤도승인신청서(전자문서로 된 신청서를 포함한다)에 다음 각 호의 서류를 첨부

법	시 행 령	시 행 규 칙
일부가 특별시 또는 광역시의 행정구역 내에 있는 국립공원등에 건설되는 경우에는 특별시장·광역시장의 승인을 받아야 한다. 다만, 국립공원등이 둘 이상의 특별시 또는 광역시의 행정구역을 포함하고 있고 국립공원등에 건설되는 전용궤도가 둘 이상의 특별시 또는 광역시의 행정구역에 걸쳐 있는 경우에는 주된 사무소의 소재지를 관할하는 특별시장·광역시장이 관계 특별시장·광역시장과 협의하여 승인한다. 〈신설 13·3·22〉 ③ 제1항 본문 및 제2항에 따라 승인을 받은 전용궤도운영자는 승인받은 사항 중 대통령령으로 정하는 사항을 변경하려면 대통령령으로 정하는 구분에 따라 변경승인을 받거나 변경신고를 하여야 하며, 제1항 단서에 따라 신고를 한 전용궤도운영자는 신고한 사항 중 대통령령으로 정하는 사항을 변경하려면 변경신고를 하여야 한다. 〈개정 13·3·22〉 ④ 제1항 본문 및 제2항에 따른 전용궤도의 승인기준에 관하여는 제4조제3항을 준용하고, 제1항 본문 및 제2항에 따른 승인 또는 제3항에 따른 변경승인의 조건에 관하여는 제4조제5항을 준용한다. 이 경우 "궤도사업"은 "전용궤도"로, "궤도사업자"는 "전용궤도운영자"로, "허가"는 "승인"으로, "변경허가"는 "변경승인"으로 본다. 〈개정 13·3·22〉 ⑤ 제1항부터 제3항까지에 따른 승인·신고·	운영기간을 연장(가설용 전용궤도에만 해당한다)하는 경우에는 국토교통부령으로 정하는 바에 따라 변경신고를 하여야 한다. 〈개정 13·3·23〉 ③ 법 제5조제1항 본문에 따라 전용궤도의 승인을 받은 자가 같은 조 제2항에 따라 하여야 하는 변경승인에 대해서는 제2조제1항을 준용하고, 변경신고에 대해서는 제2조제2항을 준용한다.	하여 시장·군수·구청장 또는 특별시장·광역시장에게 제출하여야 한다.〈개정 16·6·23〉 1. 다음 각 목의 사항이 포함된 시설운영계획서 가. 주사무소 및 영업소의 명칭·위치 나. 전용궤도시설의 운영 목적 다. 전용궤도시설의 종류·방식 라. 다른 법령에 따라 허가·등록·승인·신고의 대상이 되는 사업 등의 부대시설임을 증명하는 서류 2. 제3조제1항제2호부터 제6호까지의 서류 중 해당하는 서류 ② 전용궤도운영자가 승인을 받은 사항에 대하여 변경승인을 받거나 또는 변경신고를 하려는 때에는 별지 제4호서식의 전용궤도 운영변경승인신청서 또는 변경신고서(전자문서로 된 신청서·신고서를 포함한다)에 다음 각 호의 서류를 첨부하여 시장·군수·구청장 또는 특별시장·광역시장에게 제출하여야 한다.〈개정 16·6·23〉 1. 전용궤도 운영 승인증(전용궤도 운영 승인증을 분실한 경우에는 그 사유서로 대체할 수 있다) 2. 변경사유서(변경사유를 증명하는 서류를 포함한다) 3. 제1항 각 호의 사항 중 변경된 사항이 포함된 서류(변경승인신청의 경우에만 해당한다) ③ 제1항 및 제2항에 따른 신청 또는 신고를 받은 경우 담당공무원은 법인등기부등본의 내

법	시 행 령	시 행 규 칙
변경승인 및 변경신고의 절차 등에 관하여 필요한 사항은 국토교통부령으로 정한다. 〈개정 13·3·22, 13·3·23〉		용을 「전자정부법」 제36조제1항에 따른 행정정보의 공동이용을 통하여 확인하여야 한다. 〈개정 16·6·23〉 **제6조(화물용 전용궤도의 신고 등)** ① 법 제5조제1항 단서에 따라 화물용(가설용을 포함한다. 이하 같다) 전용궤도의 신고를 하려는 자는 성명·주민등록번호 등 본인의 기록사항이 작성된 별지 제5호서식의 전용궤도 운영신고서(전자문서로 된 신고서를 포함한다)에 다음 각 호의 서류를 첨부하여 시장·군수·구청장에게 제출하여야 한다.〈개정 16·6·23〉 1. 다음 각 목의 사항이 포함된 시설운영계획서 가. 전용궤도의 운영 목적 나. 궤도시설의 종류·방식 및 특징 다. 운영기간 2. 제3조제1항제2호 및 제3호에 해당하는 서류 ② 법 제5조제1항 단서에 따라 신고를 한 자가 화물용 전용궤도의 변경신고를 하려는 때에는 별지 제6호서식의 화물용 전용궤도 운영변경신고서(전자문서로 된 신고서를 포함한다)에 제1항 각 호 중 변경된 사항이 포함된 서류를 첨부하여 시장·군수·구청장에게 제출하여야 한다. ③ 제1항 및 제2항에 따른 신고 또는 변경신고를 받은 경우 담당공무원은 법인등기부등본의 내용을 「전자정부법」 제36조제1항에 따른 행정정보의 공동이용을 통하여 확인하여야 한

법	시 행 령	시 행 규 칙
제6조(결격사유) 다음 각 호의 어느 하나에 해당하는 자는 궤도사업의 허가 또는 전용궤도의 승인을 받을 수 없다.〈개정 15 · 8 · 11, 17 · 12 · 26〉 1. 피성년후견인 또는 피한정후견인 2. 파산선고를 받고 복권되지 아니한 사람 3. 이 법에 따라 궤도사업의 허가 또는 전용궤도의 승인이 취소된 후 2년이 지나지 아니한 사람. 다만, 제1호 또는 제2호에 해당하여 제12조제1항제6호에 따라 궤도사업의		다.〈신설 16 · 6 · 23〉 제7조(허가증 · 승인증 발급 및 결과 통지 등) ① 시장 · 군수 · 구청장 또는 특별시장 · 광역시장은 제3조제1항, 제5조제1항 또는 제6조제1항에 따라 궤도사업의 허가 또는 전용궤도 운영의 승인을 하거나 전용궤도운영의 신고를 받은 경우 신청인에게 별지 제7호서식의 허가증, 승인증 또는 신고확인증을 발급하여야 한다. ② 시장 · 군수 · 구청장 또는 특별시장 · 광역시장은 제4조제1항 및 제5조제2항에 따른 변경허가 및 변경승인 신청을 받은 경우에는 해당 변경내용이 법 제4조제3항에 따른 허가기준에 적합한지를 종합적으로 검토하여 별지 제7호서식의 허가증 및 승인증을 발급하여야 한다. ③ 시장 · 군수 · 구청장은 제6조제2항에 따른 변경신고 신청을 받은 경우에는 별지 제7호서식의 신고확인증을 발급하여야 한다.〈개정 16 · 6 · 23〉

법	시 행 령	시 행 규 칙
허가 또는 전용궤도의 승인이 취소된 경우는 제외한다. 4. 이 법을 위반하여 징역 이상의 형을 선고받고 그 집행이 끝난(집행이 끝난 것으로 보는 경우를 포함한다) 날 또는 집행을 받지 아니하기로 확정된 날부터 2년이 지나지 아니한 사람 5. 이 법을 위반하여 징역 이상의 형의 집행유예를 선고받고 그 유예기간 중에 있는 사람 6. 임원 중에 제1호부터 제5호까지의 규정 중 어느 하나에 해당하는 사람이 있는 법인		
제7조(공사의 시행) ① 궤도사업자는 궤도사업의 허가를 받은 날부터 2년 이내에 궤도시설의 공사에 착수하여야 한다. ② 천재지변이나 그 밖의 부득이한 사유로 제1항의 기간 내에 궤도시설의 공사에 착수할 수 없는 경우에는 시장·군수·구청장 또는 특별시장·광역시장의 승인을 받아 그 기간을 연장할 수 있다. ③ 제2항에 따른 기간 연장의 신청 절차 및 그 밖에 필요한 사항은 국토교통부령으로 정한다. 〈개정 13·3·23〉		제8조(착수기간의 연장 신청) ① 법 제7조제2항에 따라 궤도사업자가 공사의 착수기간을 연장하려면 별지 제8호서식의 공사의 착수기간 연장신청서(전자문서로 된 신청서를 포함한다)에 연장사유를 적은 서류를 첨부하여 시장·군수·구청장 또는 특별시장·광역시장에게 제출하여야 한다. ② 시장·군수·구청장 또는 특별시장·광역시장은 착수기간 연장신청의 사유가 타당하다고 인정되는 때에는 지체없이 공사의 착수기간을 연장하여야 한다.〈개정 16·12·30〉
제7조의2(시험운행) ① 궤도사업자 또는 전용궤도운영자는 궤도사업의 허가 또는 변경허가를 받아 사업을 경영하거나, 전용궤도 승인 또는 변경승인을 받아 궤도를 운영하려는 경우에는 제8조에 따른 준공검사 전까지 궤도시설의 안		제8조의2(시험운행의 절차 및 방법 등) ① 궤도사업자 또는 전용궤도운영자는 법 제7조의2에 따라 시험운행을 실시하기 전에 다음 각 호의 사항이 포함된 시험운행계획을 수립해야 한다. 1. 시험운행의 일정

법	시 행 령	시 행 규 칙
전성을 확인하고 운영관리체계 등을 점검하기 위하여 시험운행을 실시하여야 한다. ② 제1항에 따른 시험운행의 절차, 방법, 시험기간, 안전기준 등에 필요한 사항은 국토교통부령으로 정한다. [본조신설 18 · 6 · 12]		2. 시험운행의 절차 및 방법 3. 평가항목 및 평가기준 4. 시험운행 실시 조직 및 인력 5. 시험운행에 사용되는 시험기기 및 장비 6. 안전관리계획 및 그 실행 조직 7. 비상대응계획 8. 그 밖에 시험운행의 효율적인 실시와 안전 확보를 위해 필요한 사항 ② 궤도사업자 또는 전용궤도운영자는 40시간 이상 시험운행을 실시해야 한다. ③ 궤도사업자 또는 전용궤도운영자는 시험운행을 실시하는 때에는 법 제22조제4항에 따른 안전관리책임자를 지정해 다음 각 호의 업무를 수행하도록 해야 한다. 1. 산업안전보건법령 등 안전관련 법령에서 정한 안전조치사항 등의 점검 · 확인 2. 시험운행 중 안전관리에 관한 감독 3. 시험운행에 사용되는 궤도차량에 대한 통제 4. 시험운행에 사용되는 시험기기 및 장비, 안전장비의 점검 · 확인 5. 궤도차량의 운전자, 시험자 등 시험운행 참여자에 대한 안전교육 ④ 궤도사업자 또는 전용궤도운영자는 시험운행을 실시하는 때에는 시험운행의 실시내용, 실시결과 및 조치내용 등을 기록해야 한다. ⑤ 시장 · 군수 · 구청장 또는 특별시장 · 광역시장은 법 제30조제1항에 따라 궤도사업자 또

법	시 행 령	시 행 규 칙
		는 전용궤도운영자에게 제1항에 따른 시험운행계획 및 제4항에 따른 실시 결과를 제출하게 해서 시험운행의 적정성을 검토한 후 개선·보완이 필요한 경우에는 개선·보완을 권고할 수 있다. ⑥ 시장·군수·구청장 또는 특별시장·광역시장은 법 제20조에 따른 안전검사전문기관에 제1항에 따른 시험운행계획 및 제4항에 따른 실시결과에 대한 검토를 요청할 수 있다. [본조신설 19·2·7]
제8조(준공검사) ① 궤도사업자 또는 전용궤도운영자는 궤도시설의 공사를 마치면 시장·군수·구청장 또는 특별시장·광역시장이 실시하는 준공검사를 받아야 한다. ② 시장·군수·구청장 또는 특별시장·광역시장은 제1항에 따른 준공검사를 제20조에 따른 안전검사전문기관에 의뢰할 수 있다. ③ 제1항에 따른 준공검사의 시행에 필요한 사항은 대통령령으로 정한다.	**제4조(준공검사의 시행 및 시설 운행)** ① 법 제8조제1항에 따라 준공검사를 받으려는 자는 국토교통부령으로 정하는 바에 따라 시장·군수·구청장 또는 특별시장·광역시장에게 준공검사를 신청하여야 한다 〈개정 13·3·23, 17·3·22〉 ② 시장·군수·구청장 또는 특별시장·광역시장은 준공검사를 한 결과 다음 각 호의 사항을 충족한다고 인정되면 국토교통부령으로 정하는 바에 따라 준공검사 신청인에게 준공검사증을 발급하여야 한다. 〈개정 13·3·23, 18·11·27〉 1. 법 제4조 또는 제5조에 따라 허가·승인을 받거나 신고한 내용대로 공사가 되었을 것 1의2. 법 제7조의2에 따른 시험운행을 통하여 궤도시설의 안전성 및 운영관리체계 등을 적정하게 점검하였을 것 2. 법 제16조에 따라 특별건설승인을 받은 궤도시설의 경우 자체 안전관리규정에 적합할 것	**제9조(준공검사 신청절차 등)** ① 영 제4조제1항에 따라 궤도사업자 또는 전용궤도운영자가 궤도시설의 준공검사를 신청하려는 때에는 별지 제9호서식의 준공검사신청서(전자문서로 된 신청서를 포함한다)를 시장·군수·구청장 또는 특별시장·광역시장에게 제출해야 한다. ② 영 제4조제2항제4호에서 "주요부품의 시험성적서"란 다음 각 호와 같다. 1. 삭도 및 케이블철도 가. 전동기 방식: 와이어로프·감속기·전동기 시험성적서 나. 내연기관 방식: 와이어로프 시험성적서 2. 삭도 및 케이블철도 외의 궤도시설(화물수송용 전용궤도시설은 제외한다)의 경우 건설회사 또는 궤도차량 제작사 등에서 작성한 궤도차량 성능시험성적서 ③ 영 제4조제2항제5호의 안전관리계획에는

법	시 행 령	시 행 규 칙
	3. 궤도시설이 법 제19조제2항의 안전검사기준에 적합할 것 4. 건설회사, 궤도차량 제작사 등이 제공하는 주요 부품의 시험성적서, 취급 · 유지 · 보수 매뉴얼, 설치도면 등의 자료를 갖춰두고 있을 것 5. 궤도시설의 안전관리계획이 수립되어 있을 것	다음 각 호의 내용이 포함되어야 한다. 1. 자체 점검 · 정비계획 2. 부품관리계획 3. 운전 및 점검 · 정비 등 안전관련 분야 종사자의 인력운영계획 및 교육에 관한 사항 4. 화재 · 정전 · 고장 등으로 인한 비상시 조치 매뉴얼 5. 그 밖에 안전과 관련하여 필요한 사항 ④ 영 제4조제2항의 준공검사증은 별지 제10호서식과 같다.
제9조(궤도사업자의 지위 승계) ① 다음 각 호의 어느 하나에 해당하는 자는 종전의 궤도사업자의 지위를 승계한다. 1. 궤도사업자가 그 사업을 양도한 경우 그 양수인 2. 궤도사업자가 사망한 경우 그 상속인 3. 법인인 궤도사업자가 합병한 경우 합병 후 존속하는 법인이나 합병으로 설립되는 법인 ② 제1항에 따라 궤도사업자의 지위를 승계한 자는 1개월 이내(상속으로 승계한 자는 피상속인의 사망 후 60일 이내)에 국토교통부령으로 정하는 바에 따라 시장 · 군수 · 구청장 또는 특별시장 · 광역시장에게 신고를 하여야 한다. 〈개정 13 · 3 · 23〉 ③ 제6조 각 호의 어느 하나에 해당하는 자는 제1항에 따라 궤도사업자의 지위를 승계할 수 없다.		제10조(양도 · 양수의 신고) ① 법 제9조제1항제1호에 따라 궤도사업자의 지위를 승계한 양수인이 양도 · 양수의 신고를 하려는 때에는 성명 · 주민등록번호 등 본인의 기록사항이 작성된 별지 제11호서식의 양도 · 양수 신고서(전자문서로 된 신고서를 포함한다)에 다음 각 호의 서류(전자문서를 포함한다)를 첨부하여 시장 · 군수 · 구청장 또는 특별시장 · 광역시장에게 제출하여야 한다.〈개정 16 · 6 · 23〉 1. 양도 · 양수 계약서 사본 2. 양도인 또는 양수인이 법인인 경우에는 사업의 양도나 양수에 관한 법인의 의사결정을 증명하는 서류 ② 제1항에 따른 신고를 받은 담당 공무원은 법인등기부등본(양수인이 법인인 경우에 해당한다)의 내용을 「전자정부법」 제36조제1항에 따른 행정정보의 공동이용을 통하여 확인하여

법	시 행 령	시 행 규 칙
		야 한다.〈개정 16·6·23〉 **제11조(상속의 신고)** 법 제9조제1항제2호에 따른 궤도사업의 상속을 신고하려는 자는 성명·주민등록번호 등 본인의 기록사항이 작성된 별지 제12호서식의 상속신고서(전자문서로 된 신고서를 포함한다)에 상속사실을 증명하는 서류(전자문서를 포함한다)를 첨부하여 시장·군수·구청장 또는 특별시장·광역시장에게 제출하여야 한다.〈개정 16·6·23〉 **제12조(법인의 합병 신고)** ① 합병 후 존속하는 법인이나 합병으로 설립되는 법인이 법 제9조제1항제3호에 따른 합병을 신고하려는 때에는 별지 제13호서식의 법인합병신고서(전자문서로 된 신고서를 포함한다)에 다음 각 호의 서류(전자문서를 포함한다)를 첨부하여 시장·군수·구청장 또는 특별시장·광역시장에게 제출하여야 한다. 1. 합병계약서 사본 2. 합병 후 존속하는 법인의 법인등기부등본 또는 합병으로 설립되는 법인의 발기인 등 설립인의 명단 3. 합병의 방법 및 조건설명서 4. 합병에 관한 법인의 의사결정을 증명하는 서류 ② 제1항에 따른 신고를 받은 담당 공무원은 제1항제2호의 법인등기부등본을 제출받는 것을 갈음하여 법인등기부등본의 내용을 「전자정부

법	시 행 령	시 행 규 칙
		법」 제36조제1항에 따른 행정정보의 공동이용을 통하여 확인하여야 한다.〈개정 16 · 6 · 23〉
제10조(궤도사업 경영 등의 위탁 등) ① 궤도사업자 또는 전용궤도운영자가 궤도사업의 경영 또는 전용궤도의 운영을 다른 사람이나 법인에 위탁하려면 국토교통부령으로 정하는 바에 따라 시장 · 군수 · 구청장 또는 특별시장 · 광역시장에게 신고하여야 한다. 〈개정 13 · 3 · 23〉 ② 제6조 각 호의 어느 하나에 해당하는 자는 제1항에 따라 궤도사업의 경영 또는 전용궤도의 운영을 위탁받을 수 없다. ③ 제1항에 따라 궤도사업의 경영 또는 전용궤도의 운영을 위탁받은 자는 그 경영 또는 운영에 관하여 위탁을 한 자와 함께 책임을 진다.		제13조(경영 등의 위탁 · 수탁신고) ① 법 제10조제1항에 따라 궤도사업자 또는 전용궤도운영자가 궤도사업의 경영 또는 전용궤도의 운영을 위탁하려는 때에는 성명 · 주민등록번호 등 본인의 기록사항이 작성된 별지 제14호서식의 위탁 · 수탁신고서(전자문서로 된 신고서를 포함한다)에 다음 각 호의 서류(전자문서를 포함한다)를 첨부하여 시장 · 군수 · 구청장 또는 특별시장 · 광역시장에게 제출해야 한다. 〈개정 16 · 6 · 23, 21 · 8 · 27〉 1. 위탁 · 수탁 계약서 사본 2. 위탁자 또는 수탁자가 법인인 경우에는 위탁 또는 수탁에 관한 의사결정을 증명하는 서류 3. 수탁자가 법인인 경우에는 최근 사업연도의 재산목록 · 재무상태표 및 손익계산서 4. 위탁 · 수탁을 하려는 구간의 도면 ② 제1항에 따른 신고를 받은 담당 공무원은 법인등기부등본(수탁자가 법인인 경우에만 해당한다)의 내용을 「전자정부법」 제36조제1항에 따른 행정정보의 공동이용을 통하여 확인하여야 한다.〈개정 16 · 6 · 23〉
제11조(휴지 또는 폐지) ① 궤도사업자 또는 전용궤도운영자(제5조제1항 단서에 따라 신고를 한 전용궤도운영자는 제외한다. 이하 이 조에		제14조(휴지 · 폐지 신고) 궤도사업자 또는 전용궤도운영자가 법 제11조제1항에 따라 휴지(休止) 또는 폐지(閉止)나 휴지기간 변경신고를

법	시 행 령	시 행 규 칙
서 같다)가 궤도사업의 경영 또는 전용궤도의 운영의 전부 또는 일부를 휴지 또는 폐지하려는 경우에는 국토교통부령으로 정하는 바에 따라 시장·군수·구청장 또는 특별시장·광역시장에게 미리 신고하여야 하며, 신고된 휴지기간을 변경하려는 경우에도 또한 같다. 다만, 궤도시설의 파괴, 그 밖의 부득이한 사유가 있어 휴지 또는 폐지하게 된 경우에는 휴지 또는 폐지하는 날부터 10일 이내에 신고하여야 한다. 〈개정 13·3·23〉 ② 제1항에 따른 휴지기간은 1년을 초과할 수 없다. 다만, 시장·군수·구청장 또는 특별시장·광역시장이 인정하는 부득이한 사유가 있는 경우에는 그러하지 아니하다. ③ 궤도사업자 또는 전용궤도운영자는 제1항에 따른 휴지 또는 폐지를 하려는 경우에는 미리 휴지 또는 폐지하려는 내용과 그 기간 등을 정거장, 영업소, 그 밖에 일반 공중이 보기 쉬운 곳에 게시하여야 한다.		하려는 경우에는 별지 제15호서식의 휴지·폐지 신고서(전자문서로 된 신고서를 포함한다) 또는 휴지기간 변경신고서에 다음 각 호의 서류(전자문서를 포함한다) 중 해당하는 것을 첨부하여 시장·군수·구청장 또는 특별시장·광역시장에게 제출하여야 한다. 1. 선로의 일부를 휴지 또는 폐지하려는 경우에는 그 선로도 2. 휴지의 경우에는 그 기간·사유 및 운영재개를 위한 계획 등이 포함된 서류 3. 휴지기간 변경의 경우에는 휴지기간 변경사유서 4. 폐지하려는 자가 법인인 경우에는 폐지에 관한 법인의 의사결정을 증명하는 서류
제12조(허가·승인의 취소 등) ① 시장·군수·구청장 또는 특별시장·광역시장은 궤도사업자 또는 전용궤도운영자(제5조제1항 단서에 따라 신고를 한 전용궤도운영자는 제외한다. 이하 이 항에서 같다)가 다음 각 호의 어느 하나에 해당하는 경우에는 그 허가 또는 승인을 취소하거나 6개월 이내의 기간을 정하여 궤도사업 경영 또는 전용궤도 운영의 전부 또는	**제5조(행정처분의 기준)** ① 법 제12조제1항에 따른 궤도사업자 또는 전용궤도운영자에 대한 행정처분 기준은 별표 1과 같다. ② 법 제12조제2항에 따른 전용궤도운영자에 대한 행정처분 기준은 별표 2와 같다.	

법	시 행 령	시 행 규 칙
일부의 정지를 명할 수 있다. 다만, 제1호, 제2호 및 제4호부터 제6호까지의 규정 중 어느 하나에 해당하는 경우에는 그 허가 또는 승인을 취소하여야 한다. 〈개정 13·3·22, 16·3·22〉 1. 거짓이나 그 밖의 부정한 방법으로 제4조에 따른 허가 또는 변경허가를 받거나 제5조에 따른 승인 또는 변경승인을 받은 경우 2. 제4조제3항(제5조제4항에서 준용하는 경우를 포함한다)에 따른 허가기준 또는 승인기준에 미달하게 된 경우. 다만, 3개월 이내에 그 기준을 충족시킨 경우에는 그러하지 아니하다. 3. 제4조제4항에 따른 변경허가 또는 제5조제3항에 따른 변경승인을 받지 아니하고 허가 또는 승인받은 사항을 변경한 경우 4. 정당한 사유 없이 제4조제5항(제5조제4항에서 준용하는 경우를 포함한다)에 따른 허가 또는 승인의 조건, 제4조의2제2항에 따른 승인의 조건 및 제16조제3항에 따른 특별건설승인의 조건을 위반한 경우 5. 정당한 사유 없이 제7조제1항에 따른 공사의 착수기간을 위반한 경우(궤도사업자만 해당한다) 6. 제6조 각 호의 결격사유 중 어느 하나에 해당하게 된 경우. 다만, 임원 중 결격사유에 해당하는 사람이 있는 법인으로서 3개월 이내에 그 임원을 결격사유가 없는 임원으		

법	시 행 령	시 행 규 칙
로 바꾸어 임명한 법인은 제외한다. 7. 제8조에 따른 준공검사를 받지 아니하고 궤도사업을 경영하거나 전용궤도를 운영한 경우 8. 제11조제1항을 위반하여 신고를 하지 아니하고 휴지하거나 신고한 휴지기간을 변경한 경우 9. 제19조제1항제2호에 따른 임시검사를 받지 아니하고 궤도사업을 경영하거나 전용궤도를 운영한 경우 10. 제19조제4항에 따른 통지를 받고도 같은 조 제1항제1호에 따른 정기검사를 받지 아니하고 궤도사업을 경영하거나 전용궤도를 운영한 경우 11. 제21조에 따른 안전수칙을 위반한 경우 12. 제22조제2항 또는 제3항에 따른 안전관리 의무를 위반한 경우 13. 제23조제1항에 따른 시설개선명령 또는 같은 조 제2항에 따른 사용정지명령을 위반한 경우 14. 고의 또는 중대한 과실로 제25조제1항에 따른 중대한 궤도운송사고를 일으킨 경우 15. 제30조에 따른 보고명령에 따르지 아니하거나 거짓으로 보고한 경우 또는 검사를 거부·방해·기피한 경우 16. 궤도사업 경영 또는 전용궤도 운영의 정지처분기간 중에 궤도사업을 경영하거나 전		

법	시 행 령	시 행 규 칙
용궤도를 운영한 경우 ② 시장 · 군수 · 구청장은 제5조제1항 단서에 따라 신고를 한 전용궤도운영자가 다음 각 호의 어느 하나에 해당하는 경우에는 6개월 이내의 기간을 정하여 전용궤도 운영의 전부 또는 일부의 정지를 명할 수 있다. 1. 거짓이나 그 밖의 부정한 방법으로 제5조제1항 단서에 따른 신고를 한 경우 2. 제8조에 따른 준공검사를 받지 아니하고 전용궤도를 운영한 경우 3. 제19조제1항제2호에 따른 임시검사를 받지 아니하고 전용궤도를 운영한 경우 4. 제19조제4항에 따른 통지를 받고도 같은 조 제1항제1호에 따른 정기검사를 받지 아니하고 전용궤도를 운영한 경우 5. 제21조에 따른 안전수칙을 위반한 경우 6. 제22조제2항 또는 제3항에 따른 안전관리 의무를 위반한 경우 7. 제23조제1항에 따른 시설개선명령 또는 같은 조 제2항에 따른 사용정지명령을 위반한 경우 8. 고의 또는 중대한 과실로 제25조제1항에 따른 중대한 궤도운송사고를 일으킨 경우 9. 제30조에 따른 보고명령에 따르지 아니하거나 거짓으로 보고한 경우 또는 검사를 거부 · 방해 · 기피한 경우 10. 전용궤도 운영의 정지처분기간 중에 전용궤도를 운영한 경우		

법	시 행 령	시 행 규 칙
③ 제1항 및 제2항에 따른 처분의 기준 및 절차와 그 밖에 필요한 사항은 대통령령으로 정한다. 제13조(과징금) ① 시장·군수·구청장 또는 특별시장·광역시장은 궤도사업자 또는 전용궤도운영자가 제12조제1항 각 호의 어느 하나에 해당하여 궤도사업 경영 또는 전용궤도 운영의 정지를 명하여야 하는 경우로서 그 정지가 해당 이용객 등에게 심한 불편을 주거나 공익을 해칠 우려가 있는 경우에는 정지처분을 갈음하여 1천만원 이하의 과징금을 부과할 수 있다.		
② 제1항에 따른 과징금을 부과하는 위반행위의 종류와 위반 정도에 따른 과징금의 금액과 그 밖에 필요한 사항은 대통령령으로 정한다.	제6조(과징금을 부과하는 위반행위와 과징금의 금액 등) ① 법 제13조제2항에 따라 과징금을 부과하는 위반행위의 종류와 과징금의 금액은 별표 3과 같다. ② 시장·군수·구청장 또는 특별시장·광역시장은 사업 또는 시설운영의 규모, 해당 지역의 특수성, 위반행위의 정도 및 횟수 등을 고려하여 제1항에 따른 과징금 금액을 2분의 1의 범위에서 늘리거나 줄일 수 있다. 이 경우 과징금 금액을 늘릴 때에도 과징금의 총액은 1천만원을 초과할 수 없다. 제7조(과징금의 부과 및 납부) ① 시장·군수·구청장 또는 특별시장·광역시장은 법 제13조제2항에 따른 과징금을 부과하려면 그 위반행위의 종류와 해당 과징금의 금액을 적은 서면	

법	시 행 령	시 행 규 칙
	으로 과징금 부과대상자에게 통지하여야 한다. ② 제1항에 따른 통지를 받은 자는 그 통지를 받은 날부터 20일 이내에 시장 · 군수 · 구청장 또는 특별시장 · 광역시장이 정하는 수납기관에 과징금을 내야 한다. 다만, 천재지변이나 그 밖의 부득이한 사유로 그 기간에 과징금을 낼 수 없는 경우에는 그 사유가 없어진 날부터 7일 이내에 내야 한다. ③ 제2항에 따라 과징금을 받은 수납기관은 그 납부자에게 영수증을 발급하여야 한다. ④ 과징금 수납기관은 제2항에 따라 과징금을 받으면 지체 없이 그 사실을 시장 · 군수 · 구청장 또는 특별시장 · 광역시장에게 통보하여야 한다. ⑤ 삭제 〈21 · 9 · 24〉	
③ 시장 · 군수 · 구청장 또는 특별시장 · 광역시장은 제1항에 따른 과징금을 내야 할 자가 납부기한까지 과징금을 내지 아니하면 「지방행정제재 · 부과금의 징수 등에 관한 법률」에 따라 징수한다. 〈개정 13 · 8 · 6, 20 · 3 · 24〉 제14조(청문) 시장 · 군수 · 구청장 또는 특별시장 · 광역시장은 제12조제1항에 따라 궤도사업의 허가를 취소하거나 전용궤도의 승인을 취소하려면 청문을 하여야 한다.	제8조(과징금의 독촉) 시장 · 군수 · 구청장 또는 특별시장 · 광역시장은 법 제13조제3항에 따라 과징금의 납부를 통지받은 자가 납부기한까지 과징금을 내지 아니하면 납부기한이 지난 날부터 7일 이내에 독촉장을 발급하여야 한다. 이 경우 납부기한은 독촉장 발급일부터 10일 이내로 하여야 한다.	

법	시 행 령	시 행 규 칙
제3장 건설	제3장 건설	제3장 건설
제15조(궤도시설의 건설·설비기준) ① 궤도시설을 건설하려는 자는 국토교통부장관이 정하여 고시하는 궤도시설의 건설에 관한 설비기준(이하 "건설·설비기준"이라 한다)에 따라 궤도시설을 건설하여야 한다. 〈개정 13·3·23, 16·3·22〉 ② 국토교통부장관은 건설·설비기준을 정하는 경우에는 관계 전문가 등의 의견을 들어야 한다.〈신설 16·3·22〉		
제16조(특별건설승인) ① 건설·설비기준에 규정되지 아니한 궤도시설을 건설하거나 지형의 특성 등 대통령령으로 정하는 사유로 인하여 건설·설비기준에 따르기 어려운 궤도시설을 건설하려는 자는 궤도사업의 허가 또는 전용궤도의 승인을 신청하기 전에 시장·군수·구청장 또는 특별시장·광역시장을 거쳐 국토교통부장관의 승인(이하 "특별건설승인"이라 한다)을 받아야 한다. 특별건설승인을 받은 사항을 변경하려는 경우에도 또한 같다. 〈개정 13·3·23〉 ② 특별건설승인을 받으려는 자는 해당 궤도시설의 건설·설비 내용 및 자체 안전관리규정을 작성하여 시장·군수·구청장 또는 특별시장·광역시장에게 제출하여야 한다. ③ 국토교통부장관은 특별건설승인을 할 때에	제9조(특별건설승인의 대상) 법 제16조제1항에서 "지형의 특성 등 대통령령으로 정하는 사유"란 다음 각 호의 경우를 말한다. 1. 법 제15조제1항에 따라 국토교통부장관이 정하여 고시하는 궤도시설의 건설에 관한 설비기준(이하 "건설·설비기준"이라 한다)에 따라 궤도시설을 건설하는 것이 지형 또는 주변 구조물의 특성상 곤란하거나 안전관리에 위험을 가져올 우려가 있는 경우 2. 해당 궤도시설의 용도 및 주변여건에 비추어 건설·설비기준을 완화하여 적용하는 것이 적합하다고 인정되는 경우 3. 신기술 등의 적용으로 건설·설비기준보다 안전하고 편리한 대안을 제시하는 경우 [전문개정 16·6·21]	제15조(특별건설승인의 신청 등〈개정 16·6·23〉) ① 법 제16조제1항에 따른 특별건설승인이 필요한 궤도시설로서 궤도사업의 허가 또는 전용궤도의 승인을 받으려는 자는 별지 제16호서식의 특별건설 승인신청서 또는 변경승인신청서(전자문서로 된 신고서를 포함한다)에 다음 각 호의 사항이 포함된 특별건설계획서(변경승인을 받으려는 경우 변경된 사항이 포함된 서류로 전자문서를 포함한다)를 첨부하여 시장·군수·구청장 또는 특별시장·광역시장에게 제출하여야 한다. 1. 특별건설승인 신청의 사유 및 내용 2. 시설의 제원(諸元) 및 시스템의 구체적 특징 3. 국내외 설치 사례 및 관련 사진이나 도면 4. 법 제20조에 따른 안전검사전문기관의 안

법	시 행 령	시 행 규 칙
는 관계 전문가 등의 의견을 들어 승인 여부를 결정하여야 하며, 공공의 안전을 위하여 필요한 조건을 붙일 수 있다. 〈개정 13·3·23, 16·3·22〉 ④ 특별건설승인의 절차와 그 밖에 필요한 사항은 국토교통부령으로 정한다. 제17조 삭제 〈16·3·22〉	제10조 〈삭제 16·6·21〉	전에 관한 검토의견서 5. 건설하려는 궤도시설의 설비기준 6. 다음 각 목의 사항을 포함한 안전검사기준 가. 안전검사가 필요한 세부 항목별 안전기준 나. 검사 항목별 검사내용 및 방법 다. 검사결과기록표 등 7. 다음 각 목의 사항을 포함한 자체 안전관리규정 가. 운전에 관한 사항 나. 자체 점검·정비에 관한 사항 다. 화재·정전·고장 등으로 인한 비상정지 시 이용객 구조방법 라. 안전관련 종사자의 교육에 관한 사항 마. 그 밖에 안전과 관련하여 필요한 사항 등 ② 시장·군수·구청장 또는 특별시장·광역시장은 특별건설승인 신청을 받은 경우 국토교통부장관에게 다음 각 호의 서류를 제출하여야 한다. 〈개정 13·3·23〉 1. 제1항의 특별건설계획서 2. 시장·군수·구청장 또는 특별시장·광역시장의 검토의견서 ③ 국토교통부장관은 제15조의2에 따른 궤도건설심의회의 심의를 거쳐 승인 여부를 결정하고 시장·군수·구청장 또는 특별시장·광역시장에게 통보하여야 한다. 〈개정 13·3·23, 16·6·23〉

법	시 행 령	시 행 규 칙
		④ 법 제16조제1항에 따른 특별건설승인을 받으려는 자는 다음 각 호의 요건을 모두 갖춰야 한다.〈신설 16·6·23〉 1. 해당 궤도시설이 그 기능상 사람이나 화물의 안전한 운송에 적합할 것 2. 특별건설승인의 신청자가 제출한 자체 안전관리규정이 해당 궤도시설의 안전한 관리에 적합할 것 제15조의2(궤도건설심의회의 설치 등) ① 다음 각 호의 사항을 심의하기 위하여 국토교통부장관 소속으로 궤도건설심의회(이하 "심의회"라 한다)를 둔다.〈개정 17·3·24〉 1. 법 제4조의2제1항에 따른 산악벽지형 궤도에 대한 궤도사업의 승인 또는 변경승인에 관한 사항 2. 법 제15조제1항에 따른 건설·설비기준의 제정·개정에 관한 사항 3. 법 제16조제1항에 따른 특별건설승인에 관한 사항 4. 그 밖에 궤도시설 건설에 관한 사항으로서 국토교통부장관이 필요하다고 인정하는 사항 ② 심의회는 위원장 1명을 포함하여 20명 이내의 위원으로 구성한다. ③ 심의회의 위원은 다음 각 호의 어느 하나에 해당하는 사람 중에서 국토교통부장관이 임명하거나 위촉한다.

법	시 행 령	시 행 규 칙
		1. 궤도와 관련된 업무를 담당하는 4급 이상 공무원 또는 고위공무원단에 속하는 일반직 공무원 2. 궤도 관련 공공단체 및 연구기관의 임원 3. 궤도와 관련된 토목 · 건축 · 기계 · 전력 등에 관하여 전문적 학식과 경험이 풍부한 사람 ④ 심의회의 위원장은 심의회의 위원 중에서 국토교통부장관이 임명한다. ⑤ 제3항제2호 또는 제3호에 따라 위촉된 위원의 임기는 2년으로 한다. ⑥ 국토교통부장관은 제3항제2호 또는 같은 항 제3호에 따라 위촉된 위원이 다음 각 호의 어느 하나에 해당하는 경우에는 해당 위원을 해촉(解囑)할 수 있다. 1. 심신장애로 인하여 직무를 수행할 수 없게 된 경우 2. 직무와 관련된 비위사실이 있는 경우 3. 직무태만, 품위손상이나 그 밖의 사유로 인하여 위원으로 적합하지 아니하다고 인정되는 경우 4. 위원 스스로 직무를 수행하는 것이 곤란하다고 의사를 밝히는 경우 [본조신설 16 · 6 · 23] 제15조의3(궤도건설심의회의 운영 등) ① 위원장은 심의회를 대표하고, 심의회의 업무를 총괄한다.

법	시행령	시행규칙
		② 위원장이 부득이한 사유로 직무를 수행할 수 없을 때에는 위원장이 미리 지명한 위원이 그 직무를 대행한다. ③ 위원장은 심의회의 회의를 소집하고, 그 의장이 된다. ④ 심의회의 회의는 재적위원 과반수의 출석으로 개의(開議)하고 출석위원 과반수의 찬성으로 의결한다. ⑤ 심의회에 심의회의 사무를 처리할 간사 1명을 두며, 간사는 국토교통부장관이 소속 공무원 중에서 지명한다. ⑥ 이 규칙에서 규정한 사항 외에 심의회의 운영에 필요한 사항은 심의회의 의결을 거쳐 위원장이 정한다. [본조신설 16·6·23]
제18조(도로와 궤도시설의 관계 등) 다음 각 호에 관한 사항은 대통령령으로 정한다. 1. 「도로법」에 따른 도로에 궤도시설을 건설하는 경우의 도로 점용료 및 공사 비용의 부담 등 2. 「도로법」에 따른 도로에 건설된 궤도시설을 폐지하는 경우 도로의 원상회복, 보상 및 유지·보수 등	**제11조(도로에 부설하는 궤도시설의 부지)** 법 제18조제1호에 따라 도로에 궤도시설을 건설하는 경우 궤도시설을 위한 부지로 사용되는 도로의 점용료, 공사비용 및 시행 등에 대해서는 「도로법」에서 정하는 바에 따른다. **제12조(도로의 원상회복)** ① 궤도사업자 또는 전용궤도운영자가 법 제18조제2호에 따라 도로에 건설한 궤도시설의 사용을 폐지할 때에는 시장·군수·구청장 또는 특별시장·광역시장의 지시에 따라 도로를 원상으로 회복하여야 한다.	

법	시 행 령	시 행 규 칙
	② 제1항에 따른 도로의 원상회복에 필요한 공사에 대해서는 궤도사업자 또는 전용궤도운영자가 도로 관리청과 협의하여 정한다.	
제4장 안전관리	**제4장 안전관리**	**제4장 안전관리**
제19조(안전검사) ① 궤도사업자 또는 전용궤도운영자는 해당 궤도시설에 대하여 시장·군수·구청장 또는 특별시장·광역시장이 실시하는 다음 각 호의 안전검사를 받아야 한다. 1. 정기검사: 매년 실시하는 검사. 이 경우 그 유효기간은 정기검사일부터 1년으로 하며, 최초 정기검사는 준공검사일부터 1년 이내에 받아야 한다. 2. 임시검사: 운행 중에 궤도운송사고가 발생하였거나 발생할 우려가 있는 경우로서 시장·군수·구청장 또는 특별시장·광역시장이 필요하다고 인정할 때 실시하는 검사 ② 시장·군수·구청장 또는 특별시장·광역시장은 제1항에 따른 안전검사를 할 때에는 해당 궤도시설이 국토교통부장관이 정하여 고시하는 안전검사기준에 적합한지 여부를 확인하여야 한다. 〈개정 13·3·23〉	제13조(안전검사의 시행 등) ① 궤도사업자 또는 전용궤도운영자는 법 제19조제1항제1호에 따른 정기검사를 받으려면 국토교통부령으로 정하는 바에 따라 시장·군수·구청장 또는 특별시장·광역시장에게 안전검사를 신청하여야 한다. 〈개정 13·3·23〉 ② 법 제19조제1항제1호에 따른 정기검사기간은 검사유효기간 만료일(법 제19조제3항에 따라 안전검사의 실시를 유예받거나 안전검사의 유효기간이 연장된 경우에는 그 만료일을 말한다) 전후 각각 30일 이내로 하며, 이 기간 내에 검사를 받은 경우에는 검사유효기간 만료일에 정기검사를 받은 것으로 본다. ③ 법 제19조제1항제1호의 정기검사를 할 때에는 제4조제2항제5호의 안전관리계획에 따른 안전관리 시행 여부 등을 함께 검토하여야 한다.	제16조(안전검사의 신청) ① 영 제13조제1항에 따른 안전검사를 받으려는 자는 별지 제17호서식의 안전검사신청서(전자문서로 된 신고서를 포함한다)에 다음 각 호의 서류(전자문서를 포함한다)를 첨부하여 시장·군수·구청장 또는 특별시장·광역시장(시장·군수·구청장 또는 특별시장·광역시장이 안전검사업무를 위탁한 경우에는 그 위탁을 받은 자를 말한다. 이하 이 조에서 같다)에게 제출하여야 한다. 1. 가장 최근에 받은 안전검사증 사본 2. 안전검사명령서(임시검사명령을 받고 검사를 신청하는 경우에만 해당한다) ② 시장·군수·구청장 또는 특별시장·광역시장은 안전검사를 실시하여 검사 결과가 적합하다고 인정되는 때에는 별지 제10호서식의 안전검사증을 신청인에게 발급하여야 한다.
③ 시장·군수·구청장 또는 특별시장·광역시장은 궤도사업자 또는 전용궤도운영자가 천재지변이나 그 밖의 부득이한 사유로 제1항에 따른 안전검사를 받을 수 없다고 인정되는 경	제14조(검사유효기간의 연장 등) ① 법 제19조제3항에서 안전검사를 받을 수 없다고 인정되는 경우는 다음 각 호의 어느 하나에 해당하는 경우로 한다.	제17조(검사유효기간의 연장신청) 영 제14조제3항에 따라 궤도사업자 또는 전용궤도운영자가 검사의 유효기간을 연장하려면 별지 제8호서식의 검사유효기간연장신청서(전자문서로 된

법	시 행 령	시 행 규 칙
우에는 대통령령으로 정하는 바에 따라 안전검사의 유효기간을 연장하거나 안전검사의 실시를 유예할 수 있다.	1. 천재지변, 전시·사변 또는 이에 준하는 비상사태의 경우 2. 궤도시설이 고장 나거나 궤도운송사고가 발생하거나 휴지 등으로 검사유효기간 내에 검사를 받을 수 없는 경우 ② 시장·군수·구청장 또는 특별시장·광역시장은 제1항제1호의 사유로 안전검사를 받을 수 없다고 인정하는 경우에는 그 사유가 소멸할 때까지 안전검사를 유예하여야 한다. 이 경우 시장·군수·구청장 또는 특별시장·광역시장은 유예기간 및 대상지역 등을 지체 없이 공고하여야 한다. ③ 궤도사업자 또는 전용궤도운영자는 제1항제2호의 사유로 검사유효기간 내에 안전검사를 받을 수 없을 때에는 안전검사의 유효기간이 끝나기 전에 국토교통부령으로 정하는 바에 따라 시장·군수·구청장 또는 특별시장·광역시장에게 안전검사 유효기간의 연장을 신청하여야 한다. 〈개정 13·3·23〉	신고서를 포함한다)에 다음 각 호의 서류(전자문서를 포함한다)를 첨부하여 시장·군수·구청장 또는 특별시장·광역시장에게 제출하여야 한다. 1. 제16조제2항에 따라 발급된 안전검사증 사본 2. 연장사유를 증명하는 서류
④ 시장·군수·구청장 또는 특별시장·광역시장은 제1항제1호에 따른 정기검사를 받지 아니한 궤도사업자 또는 전용궤도운영자에 대하여는 대통령령으로 정하는 바에 따라 검사를 받을 것을 통지하여야 한다. ⑤ 제1항에 따른 안전검사의 시행에 필요한 사항은 대통령령으로 정한다.	第15조(검사의 통지 등) 시장·군수·구청장 또는 특별시장·광역시장은 법 제19조제4항에 따라 검사를 통지하는 경우에는 검사유효기간이 끝난 후 30일이 지난 날부터 10일 이내에 7일 이상 15일 이하의 기간을 정하여 그 기간 내에 검사를 받을 것을 통지하여야 한다.	

법	시행령	시행규칙
제20조(안전검사업무의 위탁) 시장 · 군수 · 구청장 또는 특별시장 · 광역시장은 제19조제1항에 따른 안전검사업무를 대통령령으로 정하는 안전검사전문기관에 위탁할 수 있다.	제16조(안전검사업무의 위탁) 법 제20조에서 "대통령령으로 정하는 안전검사전문기관"이란 다음 각 호의 기관 등을 말한다. 〈개정 13 · 3 · 23, 19 · 2 · 8〉 1. 「한국교통안전공단법」에 따른 한국교통안전공단 2. 「과학기술분야 정부출연연구기관 등의 설립 · 운영 및 육성에 관한 법률」에 따라 설립된 한국철도기술연구원 또는 한국기계연구원 3. 그 밖에 다른 법령에 따라 설립된 시험 · 검사기관으로서 국토교통부령으로 정하는 기술인력과 시설을 보유한 법인 또는 기관	제18조(안전검사업무의 위탁 등) ① 영 제16조제3호에 따라 안전검사업무를 위탁받기 위하여 갖추어야 하는 기술인력 및 시설 기준은 별표 1과 같다. ② 시장 · 군수 · 구청장 또는 특별시장 · 광역시장은 법 제20조에 따라 안전검사업무를 위탁한 경우에는 위탁받은 자와 위탁기간 등을 미리 공고하여야 한다.
제21조(안전수칙) 궤도사업자 또는 전용궤도운영자는 이용객이 궤도시설을 안전하고 쾌적하게 이용할 수 있도록 국토교통부령으로 정하는 안전수칙을 지켜야 한다. 〈개정 13 · 3 · 23〉		제19조(안전수칙 등) 법 제21조에 따른 안전수칙은 별표 2와 같다.
제22조(안전관리) ① 국토교통부장관은 궤도시설에 대하여 「재난 및 안전관리기본법」 제30조에 따른 긴급안전점검을 할 수 있다. 〈개정 13 · 3 · 23〉 ② 궤도사업자 또는 전용궤도운영자는 궤도시설의 기능 및 안전성 유지를 위하여 대통령령으로 정하는 바에 따라 안전점검과 시설정비를 정기적으로 한 후 그 결과를 기록하고, 이를 시장 · 군수 · 구청장 또는 특별시장 · 광역시장에게 보고하여야 한다. ③ 궤도사업자 또는 전용궤도운영자는 궤도시설	제17조(자체 안전관리) ① 법 제22조제2항에 따라 궤도사업자 또는 전용궤도운영자는 다음 각 호에 해당하는 안전점검과 시설정비를 하여야 한다. 1. 일상점검: 매일 궤도시설을 운행하기 전 시험운전 및 점검. 다만, 휴지 및 계절적 요인 등으로 매일 운행하지 아니하는 궤도시설의 경우 운행하지 아니하는 기간에 한정하여 일상점검을 2주에 1회 이상 실시할 수 있다. 2. 정기점검: 3개월마다 실시 ② 제1항에 따른 일상점검과 정기점검의 항목	

<table>
<tr><th>법</th><th>시행령</th><th>시행규칙</th></tr>
<tr><td>의 안전사고 예방 등을 위하여 안전점검, 시설정비, 안전관리책임자 선임 등 대통령령으로 정하는 필요한 조치를 하여야 한다.〈개정 17·12·26〉
④ 제3항에 따른 안전관리책임자의 자격·직무, 그 밖에 필요한 사항은 대통령령으로 정한다.〈신설 17·12·26〉</td><td>및 절차에 관한 세부적인 사항은 국토교통부장관이 정하여 고시하여야 한다. 〈개정 13·3·23〉
③ 궤도사업자 또는 전용궤도운영자는 제1항 및 제2항에 따른 안전점검과 시설정비 결과를 기록하고 이를 1년간 유지·관리하여야 하며, 제1항제2호에 따른 정기점검 결과를 6개월마다 시장·군수·구청장 또는 특별시장·광역시장에게 보고하여야 한다.</td><td></td></tr>
<tr><td></td><td>제18조(안전관리책임자) ① 법 제22조제3항에 따라 궤도사업자 또는 전용궤도운영자는 다음 각 호의 어느 하나에 해당하는 자격을 가진 사람 중에서 안전관리책임자(이하 "안전관리책임자"라 한다)를 선임(選任)하여야 한다.〈개정 18·11·27〉
1. 「교통안전법」에 따른 삭도교통안전관리자 자격 소지자 또는 철도교통안전관리자 자격 소지자
2. 「국가기술자격법」에 따른 산업안전산업기사 이상 자격 소지자
3. 10년 이상 궤도사업의 안전관리업무에 종사한 경력이 있는 사람
② 안전관리책임자의 직무는 다음 각 호와 같다.〈신설 18·11·27〉
1. 법 제7조의2에 따른 시험운행의 안전관리에 관한 사항
2. 제4조제2항제5호에 따른 안전관리계획의 수립</td><td>제20조(안전관리책임자) 영 제18조에 따라 안전관리책임자를 선임·해임하거나 안전관리책임자가 퇴직하는 경우에는 별지 제18호서식의 안전관리책임자 선임·해임·퇴직신고서(전자문서로 된 신고서를 포함한다)에 다음 각 호 중 해당하는 서류(전자문서를 포함한다)를 첨부하여 시장·군수·구청장 또는 특별시장·광역시장에게 제출하여야 한다.
1. 선임 신고: 자격증명서(증명자료를 포함한다)
2. 해임 신고: 해임사유서</td></tr>
</table>

법	시 행 령	시 행 규 칙
제23조(시설개선명령) ① 국토교통부장관, 시장 · 군수 · 구청장 또는 특별시장 · 광역시장은 궤도시설이 다음 각 호의 어느 하나에 해당하게 된 경우에는 궤도사업자 또는 전용궤도운영자에게 시설개선명령을 할 수 있다. 〈개정 13 · 3 · 23〉 1. 제19조제1항에 따른 안전검사 결과 안전검사기준에 적합하지 아니한 경우 2. 제22조제1항에 따른 긴급안전점검 결과 안전운행에 지장이 있다고 인정되는 경우 ② 국토교통부장관, 시장 · 군수 · 구청장 또는 특별시장 · 광역시장은 제1항에 따라 시설개선명령을 하는 경우에는 기간을 정하여 해당 궤도시설의 사용정지를 함께 명할 수 있다. 〈개정 13 · 3 · 23〉	3. 제17조제1항에 따른 안전점검과 시설정비에 관한 사항 4. 제17조제3항에 따른 안전점검과 시설정비 결과의 기록 및 해당 기록의 유지·관리에 관한 사항 5. 궤도운송사고의 예방을 위한 궤도운송 중단 여부에 관한 사항 6. 그 밖에 궤도운송사고 예방 등을 위하여 필요한 사항으로서 궤도사업자 또는 전용궤도운영자가 정한 사항 ③ 안전관리책임자의 선임 등의 절차는 국토교통부령으로 정한다. 〈개정 13 · 3 · 23, 18 · 11 · 27〉	

법	시 행 령	시 행 규 칙
제24조(사고 시 조치) 궤도사업자 또는 전용궤도운영자는 운송 중 기계의 결함·고장 또는 천재지변 등의 사유로 궤도의 운행을 중단하게 되거나, 궤도운송사고가 발생한 경우에는 국토교통부령으로 정하는 바에 따라 이용객의 안전을 확보하기 위한 조치를 하여야 한다. 〈개정 13·3·23〉		제21조(사고 시 조치) ① 법 제24조에 따른 운송 중단이 발생한 경우 궤도사업자 또는 전용궤도운영자는 즉시 운행 중단과 관련한 내용을 이용객에게 안내방송으로 알려야 한다. ② 궤도사업자 또는 전용궤도운영자는 제1항에 따른 안내방송 이후 이용객을 도착지 또는 출발지까지 안전하게 운송하여 하차시켜야 하며, 다시 운행을 시작하기 전에 1회 이상의 시험운전을 하여야 한다. ③ 궤도사업자 또는 전용궤도운영자는 궤도운송사고 발생 직후 시설의 결함으로 제2항과 같이 이용객을 도착지 또는 출발지로 안전하게 운송하기가 곤란하다고 판단되는 경우에는 영 제4조제2항제5호에 따른 안전관리계획 및 영 제9조제4항제2호에 따른 자체 안전관리 규정에 따라 궤도차량 밖으로 이용객이 신속히 탈출할 수 있도록 조치를 하여야 한다.
제25조(궤도운송사고 등의 보고 및 조사〈개정 14·1·14〉) ① 궤도사업자 또는 전용궤도운영자는 부상자가 발생한 경우, 운송 중 기계의 결함·고장 또는 천재지변 등의 사유로 사람을 태운 채 궤도의 운행이 중단된 경우 등 국토교통부령으로 정하는 궤도운송사고가 발생한 경우에는 즉시 시장·군수·구청장 또는 특별시장·광역시장에게 보고하여야 한다. 〈개정 13·3·23, 14·1·14〉		제22조(궤도운송사고 등의 보고 및 조사〈개정 14·4·14〉) ① 법 제25조제1항에서 "부상자가 발생한 경우, 운송 중 기계의 결함·고장 또는 천재지변 등의 사유로 사람을 태운 채 궤도의 운행이 중단된 경우 등 국토교통부령으로 정하는 궤도운송사고"란 다음 각 호의 어느 하나에 해당하는 사고를 말한다. 〈개정 14·4·14〉 1. 사망자 또는 부상자가 발생한 사고 2. 궤도차량의 추락·충돌 또는 화재 사고

법	시행령	시행규칙
② 제1항에 따라 보고를 받은 시장 · 군수 · 구청장 또는 특별시장 · 광역시장은 국토교통부령으로 정하는 바에 따라 해당 궤도운송사고를 조사할 수 있다. 〈개정 13 · 3 · 23〉		3. 운송 중 기계의 결함 · 고장 또는 천재지변 등의 사유로 사람을 태운 채 30분 이상 궤도의 운행이 중단된 사고 ② 법 제25조제1항에 따라 보고를 받은 시장 · 군수 · 구청장 및 특별시장 · 광역시장은 영 제16조에 따른 안전검사전문기관과 함께 사고조사반을 구성하여 조사를 실시할 수 있다.
제5장 보칙		**제5장 보칙**
제26조(보험 가입) 궤도사업자 또는 전용궤도운영자는 국토교통부령으로 정하는 바에 따라 궤도운송사고가 발생한 경우 피해자에게 보험금을 지급할 것을 내용으로 하는 보험에 가입하여야 한다. 〈개정 13 · 3 · 23〉		제23조(보험의 종류 등) ① 법 제26조에 따른 보험의 종류는 궤도운송 사고배상책임보험 또는 그 보험과 같은 내용이 포함된 보험으로 한다. ② 제1항에 따른 보험은 보험금액이 다음 각 호의 기준에 해당하는 것이어야 한다. 1. 궤도운송사고 당 배상 한도액이 2억원 이상일 것 2. 1인당 배상 한도액이 2억원 이상일 것 3. 연간 배상 한도액이 4억원 이상일 것 ③ 제1항에 따른 보험은 궤도시설을 운행하기 전에 가입하여야 한다.
제27조(궤도운송종사자 등의 의무) ① 궤도운송종사자는 운송의 안전과 이용객의 편익을 도모하여야 한다. ② 궤도사업자 또는 전용궤도운영자는 궤도시설의 안전사고 예방 등을 위하여 안전업무와		제23조의2(안전교육의 대상 및 과내용 등) ① 법 제27조제2항에 따른 안전교육(이하 "안전교육"이라 한다)의 대상은 다음 각 호와 같다. 1. 궤도운송종사자 중 궤도차량의 운전자, 이용객 탑승 보조자, 안전관리 및 점검 · 정비자

법	시 행 령	시 행 규 칙
관련된 궤도운송종사자를 대상으로 하는 교육(이하 "안전교육"이라 한다)을 실시하여야 한다.〈개정 17·12·26〉 ③ 안전교육의 대상, 과정, 내용, 방법, 시기, 그 밖에 필요한 사항은 국토교통부령으로 정한다.〈신설 17·12·26〉 ④ 궤도사업자 또는 전용궤도운영자는 안전교육을 효율적으로 실시하기 위하여 국토교통부령으로 정하는 바에 따라 안전교육을 전문교육기관에 위탁하여 실시할 수 있다.〈신설 17·12·26〉 ⑤ 궤도사업자 또는 전용궤도운영자는 궤도운행의 안전을 확보하기 위하여 운행 상황에 관한 사항을 기록하여야 한다.〈개정 17·12·26〉 **제28조(이용객의 금지행위)** 궤도차량 이용객은 다음 각 호의 행위를 하여서는 아니 된다. 1. 다른 이용객에게 위해(危害) 또는 불쾌감을 줄 수 있는 화약류·동물 등을 궤도차량 내에 들여놓는 행위 2. 운행 중 궤도차량 내에서 운전을 방해하는 행위 3. 신체를 궤도차량 밖으로 내놓는 행위 4. 그 밖에 궤도차량 내의 질서를 문란하게 하는 행위 **제29조(벌칙 적용 시 공무원 의제)** 제8조제2항 및 제20조에 따라 준공검사나 안전검사 업무에 종사하는 안전검사전문기관의 임직원은 「형		2. 법 제22조제3항에 따라 선임된 안전관리책임자 ② 안전교육의 교육내용 및 교육방법 등은 별표 3과 같다. ③ 궤도사업자 또는 전용궤도운영자는 법 제27조제4항에 따라 영 제16조 각 호에 따른 기관에 안전교육을 위탁해서 실시할 수 있다. [본조신설 19·2·7]

법	시 행 령	시 행 규 칙
법」 제129조부터 제132조까지의 규정을 적용할 때에는 공무원으로 본다. **제30조(보고 · 검사)** ① 시장 · 군수 · 구청장 또는 특별시장 · 광역시장은 궤도의 건설 및 안전 관련 규정의 준수 등과 관련하여 궤도사업자 및 전용궤도운영자에게 필요한 사항의 보고를 명하거나, 소속 공무원에게 해당 궤도시설을 검사하게 할 수 있다. ② 제1항에 따라 검사를 할 때에는 검사일 7일 전까지 검사 일시, 검사 이유 및 검사 내용 등을 포함한 검사계획을 해당 궤도사업자 또는 전용궤도운영자에게 알려야 한다. 다만, 긴급한 경우나 사전에 알리면 증거인멸 등으로 검사의 목적을 달성할 수 없다고 인정하는 경우에는 그러하지 아니하다. ③ 제1항에 따라 검사를 하는 공무원은 그 권한을 표시하는 증표를 지니고 이를 관계인에게 내보여야 한다. ④ 제3항에 따른 증표에 관하여 필요한 사항은 국토교통부령으로 정한다. 〈개정 13 · 3 · 23〉		**제24조(검사공무원의 권한을 표시하는 증표)** 법 제30조제4항에 따른 검사공무원의 증표는 별지 제19호서식과 같다.
제31조(수수료) 이 법에 따라 허가 · 승인 또는 검사를 신청할 때에는 국토교통부령으로 정하는 바에 따라 수수료를 내야 한다. 〈개정 13 · 3 · 23〉		**제25조(수수료)** ① 법 제31조에 따라 궤도사업의 허가 · 변경허가, 전용궤도의 승인 · 신고, 준공검사 등을 신청하려는 자는 각각 2만원의 수수료를 시장 · 군수 · 구청장 또는 특별시장 · 광역시장에게 납부하여야 한다. ② 궤도시설에 대한 안전검사를 신청하려는

법	시 행 령	시 행 규 칙
		자는「엔지니어링산업 진흥법」 제31조제2항에 따른 엔지니어링사업에 대한 적정한 대가의 기준에 따라 시장·군수·구청장 또는 특별시장·광역시장(시장·군수·구청장 또는 특별시장·광역시 장이 안전검사업무를 위탁한 경우에는 그 위탁을 받은 자를 말한다)이 정하는 수수료를 내야 한다.〈개정 16·6·23〉 제26조(규제의 재검토) 국토교통부장관은 다음 각 호의 사항에 대하여 2017년 1월 1일을 기준으로 3년마다(매 3년이 되는 해의 1월 1일 전까지를 말한다) 그 타당성을 검토하여 개선 등의 조치를 하여야 한다. 1. 제4조에 따른 궤도사업의 변경허가·변경신고의 절차 등 2. 제8조에 따른 착수기간의 연장 신청 3. 제10조에 따른 양도·양수의 신고 4. 제11조에 따른 상속의 신고 5. 제12조에 따른 법인의 합병 신고 6. 제13조에 따른 경영 등의 위탁·수탁신고 7. 제14조에 따른 휴지·폐지 신고 8. 제23조에 따른 보험의 종류 등 [전문개정 16·12·30]
제31조의2(산악벽지형 궤도사업자에 대한 지원) 국가는 산악벽지 주민의 교통편의 제공을 위하여 관계 중앙행정기관의 장과 협의하여 정	제18조의2(산악벽지형 궤도 건설에 대한 지원) ① 법 제31조의2에 따라 지원을 받아 산악벽지형 궤도를 건설하려는 자는 다음 각 호의	

법	시 행 령	시 행 규 칙
하는 산악벽지형 궤도를 건설하는 자에 대하여 재정적, 행정적, 기술적 지원을 할 수 있다. 이 경우 지원 대상, 방법, 절차 등에 필요한 사항은 대통령령으로 정한다. [본조신설 16 · 3 · 22]	사항을 적은 사업계획서를 국토교통부장관에게 제출하여야 한다. 1. 사업 목적 2. 사업의 내용 3. 필요한 자금의 명세와 조달 방법 4. 사업의 타당성 검토보고서 5. 산악벽지 주민의 교통편의 제공 방안 및 연간 추정 수송량 ② 제1항에 따른 사업계획서를 제출받은 국토교통부장관은 관계 중앙행정기관의 장과 협의를 거쳐 지원 여부를 결정하여야 한다. [본조신설 17 · 3 · 22] **제18조의3(고유식별정보의 처리)** 특별시장 · 광역시장 또는 시장 · 군수 · 구청장(해당 권한이 위임 · 위탁된 경우에는 그 권한을 위임 · 위탁받은 자를 포함한다)은 다음 각 호의 사무를 수행하기 위하여 불가피한 경우 「개인정보 보호법 시행령」 제19조에 따른 주민등록번호 또는 외국인등록번호가 포함된 자료를 처리할 수 있다. 1. 법 제4조에 따른 궤도사업의 허가에 관한 사무 2. 법 제5조에 따른 전용궤도의 승인 및 신고에 관한 사무 3. 법 제9조에 따른 궤도사업자의 지위 승계 신고에 관한 사무 4. 법 제10조에 따른 궤도사업의 경영 또는	

법	시행령	시행규칙
	전용궤도 운영의 위탁 신고에 관한 사무 [본조신설 17·3·22]	
제6장 벌칙	**제5장 벌칙**	
제32조(벌칙) ① 다음 각 호의 어느 하나에 해당하는 자는 1년 이하의 징역 또는 1천만원 이하의 벌금에 처한다. 이 경우 징역과 벌금은 병과(倂科)할 수 있다. 1. 제4조제1항 및 제2항에 따른 궤도사업의 허가를 받지 아니하고 궤도사업을 경영한 자 2. 거짓이나 그 밖의 부정한 방법으로 제4조에 따른 허가 또는 변경허가를 받은 자 3. 제8조제1항에 따른 준공검사를 받지 아니하고 궤도사업을 경영하거나 전용궤도를 운영한 자 4. 거짓이나 그 밖의 부정한 방법으로 제8조에 따른 준공검사나 제19조에 따른 안전검사를 수행한 자(검사업무를 위탁받은 자 또는 그 종사자를 포함한다) 5. 거짓이나 그 밖의 부정한 방법으로 제8조에 따른 준공검사나 제19조에 따른 안전검사를 받은 자 ② 다음 각 호의 어느 하나에 해당하는 자는 500만원 이하의 벌금에 처한다.〈개정 17·11·28〉 1. 제4조제4항에 따른 변경허가를 받지 아니하고 허가받은 사항을 변경한 자		

법	시 행 령	시 행 규 칙
2. 제5조제1항에 따른 승인을 받지 아니하거나 신고를 하지 아니하고 전용궤도를 운영한 자 3. 거짓이나 그 밖의 부정한 방법으로 제5조제1항에 따른 승인을 받거나 신고를 한 자 또는 같은 조 제2항에 따라 변경승인을 받은 자 4. 제12조제1항에 따른 정지처분기간 중에 궤도사업을 경영하거나 전용궤도를 운영한 자 5. 제19조제1항제2호에 따른 임시검사를 거부 · 방해 · 기피한 자 6. 제19조제4항에 따른 통지를 받고도 같은 조 제1항제1호에 따른 정기검사를 받지 아니하고 궤도사업을 경영하거나 전용궤도를 운영한 자 7. 제22조제1항에 따른 긴급안전점검을 거부 · 방해 · 기피한 자 8. 제23조제1항에 따른 시설개선명령 또는 같은 조 제2항에 따른 사용정지명령을 위반한 자 8의2. 제24조를 위반하여 이용객의 안전을 확보하기 위한 조치를 하지 아니한 자 8의3. 제28조제2호를 위반하여 운행 중 궤도차량 내에서 운전을 방해한 자 9. 제30조제1항에 따른 보고를 거짓으로 한 자 또는 검사를 거부 · 방해 · 기피한 자 **제33조(양벌규정)** 법인의 대표자나 법인 또는 개인의 대리인, 사용인, 그 밖의 종업원이 그 법인 또는 개인의 업무에 관하여 제32조의 위반행위를 하면 그 행위자를 벌하는 외에 그		

법	시 행 령	시 행 규 칙
법인 또는 개인에게도 해당 조문의 벌금형을 과(科)한다. 다만, 법인 또는 개인이 그 위반행위를 방지하기 위하여 해당 업무에 관하여 상당한 주의와 감독을 게을리하지 아니한 경우에는 그러하지 아니하다.		
제34조(과태료) ① 제27조제2항을 위반하여 안전교육을 실시하지 아니한 궤도사업자 또는 전용궤도운영자에게는 500만원 이하의 과태료를 부과한다. 〈신설 17·12·26〉 ② 다음 각 호의 어느 하나에 해당하는 자에게는 200만원 이하의 과태료를 부과한다. 〈개정 13·3·22, 17·11·28, 17·12·26〉 1. 제4조제4항에 따른 변경신고를 하지 아니하고 허가받은 사항을 변경한 자 2. 제5조제3항에 따른 변경신고를 하지 아니하고 승인을 받은 사항 또는 신고한 사항을 변경한 자 3. 제10조에 따른 위탁신고를 하지 아니한 자 4. 제11조제2항에 따른 휴지기간을 초과한 자 5. 제25조제1항에 따른 보고를 하지 아니하거나 거짓으로 한 자 6. 제26조에 따른 보험에 가입하지 아니한 자 7. 제28조제1호 또는 제3호에 따른 이용객의 금지행위를 한 자 ③ 제1항에 따른 과태료는 대통령령으로 정하는 바에 따라 시장·군수·구청장 또는 특별시장·광역시장이 부과·징수한다.〈개정 17·12·26〉	**제19조(과태료의 부과기준)** ① 법 제34조에 따른 과태료의 부과기준은 별표 4와 같다. ② 시장·군수·구청장 또는 특별시장·광역시장은 위반행위의 정도, 위반횟수, 위반행위의 동기와 그 결과 등을 고려하여 별표 4에 따른 과태료 금액을 2분의 1의 범위에서 늘리거나 줄일 수 있다. 이 경우 과태료 금액을 늘릴 때에도 그 총액은 법 제34조제1항 및 제2항에 따른 과태료 상한을 초과할 수 없다.〈개정 18·11·27〉	

법	시 행 령	시 행 규 칙
부 칙 제1조(시행일) 이 법은 공포 후 6개월이 경과한 날부터 시행한다. 제2조(일반적 경과조치) 이 법 시행 당시 종전의 규정에 따라 행정기관이 한 처분 · 행위 또는 행정기관에 대한 각종 신고, 그 밖의 행위는 그에 해당하는 이 법에 따른 행정기관의 행위 또는 행정기관에 대한 행위로 본다. 제3조(삭도사업 · 궤도사업의 허가 및 전용삭도 · 전용궤도의 신고에 관한 경과조치) 이 법 시행 당시 종전의 규정에 따라 삭도사업 또는 궤도사업의 허가를 받거나 전용삭도 또는 전용궤도의 신고를 한 자는 그에 해당하는 이 법에 따른 궤도사업의 허가 또는 전용궤도의 승인을 받거나 전용궤도의 신고를 한 것으로 본다. 제4조(건설 · 설비기준 등에 관한 경과조치) ① 이 법 시행 당시 종전의 규정에 따라 건설된 삭도 및 궤도는 이 법에 따른 궤도의 건설 · 설비기준 등에 적합하게 건설된 것으로 본다. ② 이 법 시행 당시 종전의 「삭도 · 궤도법」에 따라 건설 중인 삭도 및 궤도의 건설 · 설비기준 등에 관하여는 종전의 규정에 따른다. 제5조(삭도사업 등의 휴지신고에 관한 경과조치) 이 법 시행 당시 종전의 규정에 따라 삭	부 칙 제1조(시행일) 이 영은 공포한 날부터 시행한다. 제2조(다른 법령의 개정) ① 개발제한구역의 지정 및 관리에 관한 특별조치법 시행령 일부를 다음과 같이 개정한다. 별표 1의 제2호나목 중 "궤도 및 삭도"를 "궤도"로 한다. ② 관광진흥법 시행령 일부를 다음과 같이 개정한다. 제2조제1항제6호자목을 다음과 같이 한다. 자. 관광궤도업: 「궤도운송법」에 따른 궤도사업의 허가를 받은 자가 주변 관람과 운송에 적합한 시설을 갖추어 관광객에게 이용하게 하는 업 ③ 교통안전법 시행령 일부를 다음과 같이 개정한다. 제29조제1항제1호라목을 다음과 같이 한다. 라. 궤도사업자 또는 전용궤도운영자: 「궤도운송법」 제19조제1항제2호에 따라 임시검사의 대상이 되는 사고 별표 1 제2호의 나목란을 다음과 같이 한다. [나. 궤도 | 「궤도운송법」 제4조에 따라 궤도사업의 허가를 받은 자 또는 제5조에 따라 전용궤도의 승인을 받은 전용궤도운영자]	부 칙 제1조(시행일) 이 규칙은 공포한 날부터 시행한다. 제2조(궤도시설에 대한 경과조치) 이 규칙 시행 당시 제2조제5호부터 제11호까지의 궤도시설을 설치 · 운영하고 있는 자는 이 규칙 시행 후 6개월 이내에 법 제4조 또는 제5조에 따른 궤도사업의 허가 또는 전용궤도의 승인을 받거나 전용궤도의 신고를 하여야 한다. 제3조(다른 법령의 개정) ① 교통안전법 시행규칙 일부를 다음과 같이 개정한다. 제4조제2호 중 "「삭도 · 궤도법」에 따라 삭도사업의 허가를 받은 자"를 "「궤도운송법」에 따라 궤도사업의 허가를 받은 자 및 전용궤도의 승인을 받은 자"로 한다. ② 국토해양부와 그 소속기관 직제 시행규칙 일부를 다음과 같이 개정한다. 제9조제19항제15호 중 "삭도 · 궤도"를 "궤도"로 한다. ③ 도시계획시설의 결정 · 구조 및 설치기준에 관한 규칙 일부를 다음과 같이 개정한다. 제34조 중 "「삭도 · 궤도법」 제3조제2항"을 "「궤도운송법」 제2조제7항"으로 한다. 제36조 중 "「삭도 · 궤도법」"을 "「궤도운송법」"으로 한다. 제37조 중 "「삭도 · 궤도법」 제3조제1항"을 "「궤

법

도사업, 궤도사업, 전용삭도 또는 전용궤도의 전부 또는 일부의 휴지를 신고한 자는 제11조제1항 본문의 개정규정에 따른 휴지신고를 한 것으로 보며, 그 휴지기간은 이 법 시행일부터 계산한다.

제6조(벌칙 등에 관한 경과조치) 이 법 시행 전의 위반행위에 대하여 벌칙 및 과태료 규정을 적용할 때에는 종전의 규정에 따른다.

제7조(다른 법률의 개정) ① 골재채취법 일부를 다음과 같이 개정한다.

제36조제1항 중 "궤도·삭도"를 "궤도"로 한다.

② 광업법 일부를 다음과 같이 개정한다.

제70조제6호 중 "궤도·삭도(索道)"를 "궤도"로 하고, 제71조제4호 중 "궤도·삭도"를 "궤도"로 한다.

③ 교통안전법 일부를 다음과 같이 개정한다.

제2조제1호가목 중 "「삭도·궤도법」에 의한 삭도·궤도"를 "「궤도운송법」에 따른 궤도"로 한다.

④ 법률 제9607호 도시철도법 일부개정법률 일부를 다음과 같이 개정한다.

제23조제3항 단서 중 "「삭도·궤도법」"을 "「궤도운송법」"으로 한다.

⑤ 물류시설의 개발 및 운영에 관한 법률 일부를 다음과 같이 개정한다.

제2조제7호라목 중 "「삭도·궤도법」에 따른

시 행 령

별표 6의 제5호란을 다음과 같이 한다.

5. 삭도교통안전관리자	가. 교통법규 1) 「교통안전법」 2) 「궤도운송법」 나. 교통안전관리론 다. 삭도구조	전자 및 제어공학·기계공학·전기공학 중 택일

5. 삭도교통안전관리자	가. 「궤도운송법」에 따른 궤도사업자, 전용궤도운영자 또는 관련 사업체에서 3년 이상 안전업무를 담당한 경력이 자 나. 삭도·궤도교통분야에서 3년 이상 근무한 경력이 있는 일반직 공무원 다. 삭도교통안전 관련 교육기관 또는 연구기관에서 교원이나 연구원으로 3년 이상 근무한 경력이 있는 자 라. 삭도교통안전 관련 공공기관에서 3년 이상 교통안전업무에 담당한 경력이 있는 자 마. 그 밖에 가목부터 라목까지의 규정과 같은 경력이 있다고 국토해양부장관이 인정하는 자

별표 8의 제5호란을 다음과 같이 한다.

④ 국유림의 경영 및 관리에 관한 법률 시행령 일부를 다음과 같이 개정한다.

제11조제2항제2호 중 "삭도·궤도"를 "궤도"로 한다.

⑤ 국토의 계획 및 이용에 관한 법률 시행령 일부를 다음과 같이 개정한다.

제2조제1항제1호, 제21조제2항제11호라목(2) 및 제35조제1항제2호나목 중 "궤도·삭도"를 각각 "궤도"로 한다.

시 행 규 칙

궤도운송법」 제2조제7항"으로 한다.

제39조 중 "「삭도·궤도법」"을 "「궤도운송법」"으로 한다.

④ 도시공원 및 녹지 등에 관한 법률 시행규칙 일부를 다음과 같이 개정한다.

별표 1 제3호란 중 "모노레일·삭도"를 "궤도"로 한다.

제4조(다른 법령과의 관계) 이 규칙 시행 당시 다른 법령에서 종전의 「삭도·궤도법 시행규칙」 또는 그 규정을 인용한 경우에 이 규칙 가운데 그에 해당하는 규정이 있으면 종전의 규정을 갈음하여 이 규칙 또는 이 규칙의 해당 규정을 인용한 것으로 본다.

부 칙 〈13·3·23〉

제1조(시행일) 이 규칙은 공포한 날부터 시행한다. 〈단서 생략〉

제2조부터 제6조까지 생략

부 칙 〈13·12·30〉

이 규칙은 2014년 1월 1일부터 시행한다.

부 칙 〈14·4·14〉

이 규칙은 2014년 4월 15일부터 시행한다.

법	시　행　령	시 행 규 칙
삭도 · 궤도사업"을 "「궤도운송법」에 따른 궤도사업"으로 한다. ⑥ 옥외광고물 등 관리법 일부를 다음과 같이 개정한다. 제3조제1항제5호 중 "궤도 · 삭도"를 "궤도"로 한다. ⑦ 우편법 일부를 다음과 같이 개정한다. 제3조의2제1항제1호 중 "궤도와 삭도"를 "궤도"로 한다. ⑧ 자연재해대책법 일부를 다음과 같이 개정한다. 제20조제1항제5호를 다음과 같이 한다. 5. 「궤도운송법」에 따른 삭도시설 제26조의4제1항제6호를 다음과 같이 한다. 6. 「궤도운송법」에 따른 삭도시설 ⑨ 제주특별자치도 설치 및 국제자유도시 조성을 위한 특별법 일부를 다음과 같이 개정한다. 제325조의4를 다음과 같이 한다. 제325조의4(궤도에 관한 특례) 「궤도운송법」 제4조제4항 · 제6항, 제5조제1항 · 제2항 · 제4항, 제9조제2항, 제10조제1항, 제11조제1항, 제12조제3항, 제13조제2항 및 제34조제2항에서 대통령령 또는 국토해양부령으로 정하도록 한 사항은 도조례로 정할 수 있다. ⑩ 지방세법 일부를 다음과 같이 개정한다. 제104조제2호 중 "궤도나 삭도"를 "궤도"로	⑥ 국토해양부와 그 소속기관 직제 일부를 다음과 같이 개정한다. 제13조제3항제211호 중 "삭도 · 궤도"를 "궤도"로 한다. ⑦ 군사기지 및 군사시설 보호법 시행령 일부를 다음과 같이 개정한다. 별표 4의 제3호사목 중 "궤도, 삭도"를 "궤도"로 한다. ⑧ 기업활동 규제완화에 관한 특별조치법 시행령 일부를 다음과 같이 개정한다. 제10조의2제6호를 다음과 같이 한다. 6. 「철도사업법」에 따른 철도사업자 또는 「궤도운송법」에 따른 궤도사업을 경영하는 자가 그 사업을 영위하기 위하여 또는 전용궤도운영자가 전용궤도 운영을 위하여 설치하는 화물 운송 · 하역 및 보관을 위한 시설 ⑨ 도로법 시행령 일부를 다음과 같이 개정한다. 제3조제1호를 다음과 같이 한다. 1. 궤도 ⑩ 동 · 서 · 남해안권발전 특별법 시행령 일부를 다음과 같이 개정한다. 제33조제1항제6호를 다음과 같이 한다. 6. 「궤도운송법」 제2조제7호에 따른 궤도사업 ⑪ 백두대간보호에 관한 법률 시행령 일부를 다음과 같이 개정한다. 제8조제1항제1호 중 "삭도(索道) · 궤도(軌道)	**부　칙** 〈14 · 8 · 7〉 **제1조(시행일)** 이 규칙은 공포한 날부터 시행한다. **제2조(서식에 관한 경과조치)** 이 규칙 시행 당시 종전의 규정에 따라 사용 중인 서식은 계속 사용하되, 이 규칙에 따라 주민등록번호가 삭제되거나 생년월일로 개정된 부분은 삭제하거나 수정하여 사용한다. **부　칙** 〈14 · 12 · 31〉 이 규칙은 2015년 1월 1일부터 시행한다. **부　칙** 〈16 · 6 · 23〉 **제1조(시행일)** 이 규칙은 2016년 6월 23일부터 시행한다. **제2조(궤도건설심의위원회의 명칭 변경에 관한 경과조치)** ① 이 규칙 시행 당시 종전의 법 제17조제1항에 따른 궤도건설심의위원회는 제15조의2제1항의 개정규정에 따른 심의회로 본다. ② 이 규칙 시행 당시 종전의 법 제17조제3항에 따라 임명되거나 위촉된 궤도건설심의위원회의 위원은 제15조의2제2항의 개정규정에 따라 심의회의 위원으로 임명되거나 위촉된 것으로 본다. 이 경우 위촉된 위원의 임기는 남은 기간으로 한다. **제3조(다른 법령의 개정)** 국토교통부와 그 소속

법	시행령	시행규칙
한다. ⑪ 지진재해대책법 일부를 다음과 같이 개정한다. 제14조제1항제26호를 다음과 같이 한다. 26. 「궤도운송법」에 따른 궤도 **제8조(다른 법령과의 관계)** 이 법 시행 당시 다른 법령에서 종전의 「삭도·궤도법」 또는 그 규정을 인용한 경우에 이 법 가운데 그에 해당하는 규정이 있으면 종전의 규정을 갈음하여 이 법 또는 이 법의 해당 규정을 인용한 것으로 본다. **부 칙** 〈11·9·16〉 **제1조(시행일)** 이 법은 공포한 날부터 시행한다. 〈단서 생략〉 **제2조** 생략 **부 칙** 〈13·3·22〉 이 법은 공포 후 3개월이 경과한 날부터 시행한다. **부 칙** 〈13·3·23〉 **제1조(시행일)** ① 이 법은 공포한 날부터 시행한다. ② 생략 **제2조부터 제7조까지** 생략	시설"을 "궤도시설"로 한다. ⑫ 산림자원의 조성 및 관리에 관한 법률 시행령 일부를 다음과 같이 개정한다. 제51조제2항제4호 중 "삭도 또는 궤도시설"을 "궤도시설"로 한다. ⑬ 산지관리법 시행령 일부를 다음과 같이 개정한다. 제10조제1항제1호 "삭도 또는 궤도시설"을 "궤도시설"로 한다. 제12조제1항제4호를 다음과 같이 한다. 4. 「궤도운송법」에 따른 궤도 제32조의2제1항제2호나목을 다음과 같이 한다. 나. 「궤도운송법」 제2조제1호에 따른 궤도 ⑭ 아시아문화중심도시 조성에 관한 특별법 시행령 일부를 다음과 같이 개정한다. 제31조제7호를 다음과 같이 한다. 7. 「궤도운송법」 제2조제7호에 따른 궤도사업 ⑮ 옥외광고물 등 관리법 시행령 일부를 다음과 같이 개정한다. 제6조제1항 중 "궤도·삭도"를 "궤도"로 한다. ⑯ 자연공원법 시행령 일부를 다음과 같이 개정한다. 제2조제5호 중 "궤도·삭도"를 "궤도"로 한다. ⑰ 자연재해대책법 시행령 일부를 다음과 같이 개정한다. 제17조제5호를 다음과 같이 한다.	기관 직제 시행규칙 일부를 다음과 같이 개정한다. 제14조제11항제14호 중 "궤도건설심의위원회"를 "궤도건설심의회"로 한다. **부 칙** 〈16·12·30〉 **제1조(시행일)** 이 규칙은 공포한 날부터 시행한다. 〈단서 생략〉 **제2조부터 제4조까지** 생략 **부 칙** 〈17·3·24〉 이 규칙은 공포한 날부터 시행한다. **부 칙** 〈19·2·7〉 이 규칙은 공포한 날부터 시행한다. **부 칙** 〈21·8·27〉 이 규칙은 공포한 날부터 시행한다. 〈단서 생략〉 **부 칙** 〈21·12·15〉 이 규칙은 공포한 날부터 시행한다.

법	시　행　령	시 행 규 칙
부　칙 〈14 · 1 · 14〉 이 법은 공포 후 3개월이 경과한 날부터 시행한다. **부　칙** 〈15 · 8 · 11〉 **제1조(시행일)** 이 법은 공포한 날부터 시행한다. **제2조(금치산자 등에 대한 경과조치)** 제6조제1호의 개정규정에도 불구하고 법률 제10429호 민법 일부개정법률 부칙 제2조에 따라 금치산 또는 한정치산 선고의 효력이 유지되는 사람에 대하여는 종전의 규정을 적용한다. **부　칙** 〈16 · 1 · 6〉 **제1조(시행일)** 이 법은 공포 후 1년이 경과한 날부터 시행한다. **제2조부터 제7조까지** 생략 **부　칙** 〈16 · 3 · 22〉 **제1조(시행일)** 이 법은 공포 후 3개월이 경과한 날부터 시행한다. 다만, 제2조제13호, 제4조의2, 제12조제1항제4호 및 제31조의2의 개정규정은 공포 후 1년이 경과한 날부터 시행한다. **제2조(국가지원에 관한 적용례)** 제31조의2의 개정규정은 같은 개정규정 시행 후 최초로 산악벽지형 궤도에 대한 궤도사업의 허가를 받은 경우부터 적용한다.	5. 「궤도운송법」 제2조제3호에 따른 궤도시설 ⑱ 자연환경보전법 시행령 일부를 다음과 같이 개정한다. 별표 2의 제2호사목(3)을 다음과 같이 한다. (3) 「궤도운송법」 제2조에 따른 궤도의 건설 ⑲ 전파법 시행령 일부를 다음과 같이 개정한다. 제71조제1항제1호마목을 다음과 같이 한다. 마. 철도 및 궤도 ⑳ 제주특별자치도 설치 및 국제자유도시 조성을 위한 특별법 시행령 일부를 다음과 같이 개정한다. 제36조제1항제5호를 다음과 같이 한다. 5. 「궤도운송법」 제2조제7호에 따른 궤도사업 ㉑ 조세특례제한법 시행령 일부를 다음과 같이 개정한다. 제116조의15제1항제5호를 다음과 같이 한다. 5. 「궤도운송법」 제2조제7호에 따른 궤도사업 ㉒ 지방세법 시행령 일부를 다음과 같이 개정한다. 제73조의2 중 "궤도와 삭도"를 "궤도"로 한다. 별표의 〈제1종〉의 제112호를 다음과 같이 한다. 112. 궤도사업 ㉓ 지진재해대책법 시행령 일부를 다음과 같이 개정한다. 제10조제25호를 다음과 같이 한다. 25. 「궤도운송법」에 따른 궤도	

법	시 행 령	시 행 규 칙

법

부 칙 〈17·11·28〉

제1조(시행일) 이 법은 공포 후 1년이 경과한 날부터 시행한다.

제2조(벌칙 및 과태료에 관한 적용례) 제32조제2항제8호의2 및 제8호의3, 제34조제1항제5호부터 제7호까지의 개정규정은 이 법 시행 후 최초의 위반행위부터 적용한다.

부 칙 〈17·12·26〉

제1조(시행일) 이 법은 2018년 11월 29일부터 시행한다.

제2조(과태료에 관한 적용례) 법률 제15114호 궤도운송법 일부개정법률 제34조제1항의 개정규정은 이 법 시행 후 최초의 위반행위부터 적용한다.

부 칙 〈18·3·27〉

제1조(시행일) 이 법은 공포 후 1년이 경과한 날부터 시행한다.

제2조부터 제24조까지 생략

부 칙 〈18·6·12〉

제1조(시행일) 이 법은 공포 후 6개월이 경과한 날부터 시행한다.

제2조(시험운행에 관한 적용례) 제7조의2의 개

시 행 령

㉔ 측량법 시행령 일부를 다음과 같이 개정한다.

별표 1의5 제6호다목을 다음과 같이 한다.

다. 「궤도운송법」 제2조제7호에 따른 궤도사업 또는 같은 조 제9호의 전용궤도의 길이가 5㎞ 이상 또는 궤도용지(궤도시설의 면적을 포함한다)의 면적이 10만㎡ 이상인 것

㉕ 환경영향평가법 시행령 일부를 다음과 같이 개정한다.

별표 1 제7호의 다목란을 다음과 같이 한다.

다. 「궤도운송법」 제2조제7호의 궤도사업(같은 조 제9호에 따른 전용궤도를 포함한다)으로서 다음의 어느 하나에 해당하는 사업 1) 삭도의 길이가 2킬로미터 이상인 경우 2) 「궤도운송법」 제2조제1호에 따른 궤도(삭도는 제외한다)의 길이가 4킬로미터 이상인 경우 3) 궤도용지(궤도시설의 면적을 포함한다)의 면적이 10만제곱미터 이상 인 경우	「궤도운송법」 제4조에 따른 사업허가 또는 제5조에 따른 운영 승인 전

제3조(다른 법령과의 관계) 이 영 시행 당시 다른 법령에서 종전의 「삭도·궤도법 시행령」 또는 그 규정을 인용한 경우에 이 영 가운데 그에 해당하는 규정이 있으면 종전의 「삭도·

법	시 행 령	시 행 규 칙
정규정은 이 법 시행 이후 궤도사업 허가(변경허가를 포함한다) 또는 승인(변경승인을 포함한다)을 받은 자부터 적용한다. 부 칙 〈20 · 3 · 24〉 제1조(시행일) 이 법은 공포한 날부터 시행한다. 〈단서 생략〉 제2조부터 제5조까지 생략 부 칙 〈21 · 5 · 18〉 이 법은 공포 후 6개월이 경과한 날부터 시행한다.	궤도법 시행령」 또는 그 규정을 갈음하여 이 영 또는 이 영의 해당 규정을 인용한 것으로 본다. 부 칙 〈13 · 3 · 23〉 제1조(시행일) 이 영은 공포한 날부터 시행한다. 〈단서 생략〉 제2조부터 제6조까지 생략 부 칙 〈16 · 6 · 21〉 이 영은 2016년 6월 23일부터 시행한다. 부 칙 〈17 · 3 · 22〉 이 영은 2017년 3월 23일부터 시행한다. 부 칙 〈17 · 3 · 27〉 이 영은 2017년 3월 30일부터 시행한다. 〈단서 생략〉 부 칙 〈18 · 11 · 27〉 제1조(시행일) 이 영은 2018년 11월 29일부터 시행한다. 다만, 제4조제2항제1호의2 및 제18조제2항제1호의 개정규정은 2018년 12월 13일부터 시행한다. 제2조(과징금 부과에 관한 경과조치) 이 영 시행 전의 위반행위에 대한 과징금의 부과에 관하여는 별표 3 비고의 개정규정에도 불구하고 종전의 규정에 따른다.	

법	시 행 령	시 행 규 칙
	부 칙 〈19 · 2 · 8〉 제1조(시행일) 이 영은 공포한 날부터 시행한다. 제2조 및 제3조 생략 **부 칙** 〈21 · 9 · 24〉 제1조(시행일) 이 영은 공포한 날부터 시행한다. 〈단서 생략〉 제2조 생략	

궤도운송법 시행령 [별표] · 시행규칙 [별표 · 별지]

【시행령 별표】

[별표 1] 〈개정 17·3·22〉

행정처분의 기준(제5조제1항 관련)

Ⅰ. 일반기준

1. 위반행위가 둘 이상인 경우에는 그 중 무거운 처분기준을 적용하며, 처분기준이 모두 사업정지인 경우에는 각각의 처분기준을 합산한 기간을 넘지 않는 범위에서 무거운 처분기준의 2분의 1의 범위에서 가중할 수 있다.
2. 위반행위의 횟수에 따른 행정처분의 가중된 부과기준은 최근 1년간 같은 위반행위로 행정처분을 받은 경우에 적용한다. 이 경우 기간의 계산은 위반행위에 대하여 행정처분을 받은 날과 그 처분 후 다시 같은 위반행위를 하여 적발된 날을 기준으로 한다.
3. 제2호에 따라 가중된 행정처분을 하는 경우 가중처분의 적용 차수는 그 위반행위 전 부과처분 차수(제2호에 따른 기간 내에 행정처분이 둘 이상 있었던 경우에는 높은 차수를 말한다)의 다음 차수로 한다.
4. 5차 이상 위반한 경우에 4차 위반의 처분기준이 법 제12조제1항 본문에 따른 궤도사업 경영 또는 전용궤도 운영의 전부 또는 일부의 정지(이하 이 표에서 "사업정지"라 한다)인 경우에는 허가 또는 승인 취소 처분을 한다.
5. 처분권자는 다음 각 목의 어느 하나에 해당하는 경우에는 그 처분을 감경할 수 있다. 이 경우 그 처분이 사업정지인 경우에는 그 처분기준의 2분의 1 범위에서 감경할 수 있고, 허가 또는 승인의 취소인 경우(법 제12조제1항제1호, 제2호 및 제4호부터 제6호까지의 규정 중 어느 하나에 해당하는 경우는 제외한다)에는 90일의 사업정지 처분으로 감경할 수 있다.
   가. 위반행위가 고의나 중대한 과실이 아닌 사소한 부주의나 오류로 인한 것으로 인정되는 경우
   나. 위반의 내용·정도가 경미하여 궤도 이용자에게 미치는 피해가 적다고 인정되는 경우
   다. 위반 행위자가 처음 해당 위반행위를 한 경우로서, 3년 이상 궤도사업의 경영 또는 전용궤도의 운영을 모범적으로 해온 사실이 인정되는 경우
   라. 그 밖에 공익을 위하여 처분을 감경할 필요가 있다고 인정되는 경우

Ⅱ. 위반행위별 세부처분 기준

위반행위	해당 법 조문	처분기준			
		1차	2차	3차	4차
1. 거짓이나 그 밖의 부정한 방법으로 법 제4조에 따른 허가 또는 변경허가를 받거나 법 제5조에 따른 승인 또는 변경승인을 받은 경우	법 제12조제1항제1호	허가 또는 승인 취소			
2. 법 제4조제3항(법 제5조제4항에서 준용하는 경우를 포함한다)에 따른 허가기준 또는 승인기준에 미달하게 된 경우(3개월 이내에 그 기준을 충족시킨 경우는 제외한다)	법 제12조제1항제2호	허가 또는 승인 취소			
3. 법 제4조제4항에 따른 변경허가 또는 법 제5조제2항에 따른 변경승인을 받지 않고 허가 또는 승인받은 사항을 변경한 경우	법 제12조제1항제3호	사업정지 10일	사업 정지 30일	사업 정지 90일	허가 또는 승인 취소
4. 정당한 사유 없이 법 제4조제5항(법 제5조제4항에서 준용하는 경우를 포함한다)에 따른 허가 또는 승인의 조건, 법 제4조의2 제2항에 따른 승인의 조건 및 법 제16조제3항에 따른 특별건설승인의 조건을 위반한 경우	법 제12조제1항제4호	허가 또는 승인 취소			
5. 법 제6조 각 호의 결격사유 중 어느 하나에 해당하게 된 경우(임원 중 결격사유에 해당하는 사람이 있는 법인으로서 3개월 이내에 그 임원을 결격사유가 없는 임원으로 바꾸어 임명한 법인은 제외한다)	법 제12조제1항제6호	허가 또는 승인 취소			
6. 정당한 사유 없이 법 제7조제1항에 따른 공사의 착수기간을 위반한 경우(궤도사업자만 해당한다)	법 제12조제1항제5호	허가 또는 승인 취소			
7. 법 제8조에 따른 준공검사를 받지 않고 궤도사업을 경영하거나 전용궤도를 운영한 경우	법 제12조제1항제7호	사업정지 10일	사업 정지 30일	사업 정지 90일	허가 또는 승인 취소

위반행위	해당 법 조문	처분기준			
		1차	2차	3차	4차
8. 법 제11조제1항을 위반하여 신고를 하지 않고 휴지를 하거나 신고한 휴지기간을 변경한 경우	법 제12조제1항제8호	경고	사업정지 10일	사업정지 30일	사업정지 60일
9. 법 제19조제1항제2호에 따른 임시검사를 받지 않고 궤도사업을 경영하거나 전용궤도를 운영한 경우	법 제12조제1항제9호	사업정지 10일	사업정지 30일	사업정지 90일	
10. 법 제19조제4항에 따른 통지를 받고도 같은 조 제1항제1호에 따른 정기검사를 받지 않고 궤도사업을 경영하거나 전용궤도를 운영한 경우	법 제12조제1항제10호	사업정지 10일	사업정지 30일	사업정지 90일	허가 또는 승인 취소
11. 법 제21조에 따른 안전수칙을 위반한 경우	법 제12조제1항제11호	사업정지 10일	사업정지 30일	사업정지 60일	사업정지 90일
12. 법 제22조제2항 또는 제3항에 따른 안전관리의무를 위반한 경우	법 제12조제1항제12호	사업정지 10일	사업정지 30일	사업정지 60일	허가 또는 승인 취소
13. 법 제23조제1항에 따른 시설개선명령 또는 같은 조 제2항에 따른 사용정지명령을 위반한 경우	법 제12조제1항제13호	사업정지 10일	사업정지 30일	사업정지 90일	허가 또는 승인 취소
14. 고의 또는 중대한 과실로 법 제25조제1항에 따른 중대한 궤도운송사고를 일으킨 경우	법 제12조제1항제14호	사업정지 30일	사업정지 60일	허가 또는 승인 취소	
15. 법 제30조에 따른 보고명령에 따르지 않거나 거짓으로 보고한 경우 또는 검사를 거부·방해·기피한 경우	법 제12조제1항제15호	경고	사업정지 30일	사업정지 60일	사업정지 90일
16. 궤도사업 경영 또는 전용궤도 운영의 정지처분기간 중에 궤도사업을 경영하거나 전용궤도를 운영한 경우	법 제12조제1항제16호	사업정지 10일	사업정지 30일	사업정지 90일	허가 또는 승인 취소

[별표 2]

행정처분의 기준(제5조제2항 관련)

Ⅰ. 일반기준

1. 위반행위가 둘 이상인 경우에는 그 중 무거운 처분기준을 적용하며, 처분기준이 모두 운영정지인 경우에는 각각의 처분기준을 합산한 기간을 넘지 않는 범위에서 무거운 처분기준의 2분의 1의 범위에서 가중할 수 있다.
2. 위반행위의 차수에 따른 처분기준은 최근 1년간 같은 위반행위로 처분을 받은 경우에 적용하며, 기준 적용일은 위반행위에 대한 행정처분일과 그 처분 후의 재적발일을 기준으로 한다.
3. 처분권자는 다음 각 목에 해당하는 사유를 고려하여 그 처분을 감경할 수 있다. 이 경우 그 처분이 운영정지인 경우에는 그 처분기준의 2분의 1의 범위에서 감경할 수 있다.
   가. 위반행위가 고의나 중대한 과실이 아닌 사소한 부주의나 오류로 인한 것으로 인정되는 경우
   나. 위반의 내용·정도가 경미하여 궤도 이용자에게 미치는 피해가 적다고 인정되는 경우
   다. 위반행위자가 처음 해당 위반행위를 한 경우로서, 3년 이상 전용궤도의 운영을 모범적으로 해 온 사실이 인정되는 경우
   라. 그 밖에 공익을 위하여 처분을 감경할 필요가 있다고 인정되는 경우

Ⅱ. 위반행위별 세부처분 기준

위반행위	해당 법 조문	처분기준			
		1차	2차	3차	4차
1. 거짓이나 그 밖의 부정한 방법으로 법 제5조제1항 단서에 따른 신고를 한 경우	법 제12조제2항제1호	운영정지 10일	운영정지 30일	운영정지 90일	
2. 법 제8조에 따른 준공검사를 받지 않고 전용궤도를 운영한 경우	법 제12조제2항제2호	운영정지 10일	운영정지 30일	운영정지 90일	
3. 법 제19조제1항제2호에 따른 임시검사를 받지 않고	법 제12조제2항제3호	운영정지 10일	운영정지 30일	운영정지 90일	

전용궤도를 운영한 경우					
4. 법 제19조제4항에 따른 통지를 받고도 같은 조 제1항제1호에 따른 정기검사를 받지 않고 전용궤도를 운영한 경우	법 제12조 제2항제4호	운영정지 10일	운영정지 30일	운영정지 90일	
5. 법 제21조에 따른 안전수칙을 위반한 경우	법 제12조 제2항제5호	운영정지 10일	운영정지 30일	운영정지 60일	운영정지 90일
6. 법 제22조제2항 또는 제3항에 따른 안전관리의무를 위반한 경우	법 제12조 제2항제6호	운영정지 10일	운영정지 30일	운영정지 60일	
7. 법 제23조제1항에 따른 시설개선명령 또는 같은 조 제2항에 따른 사용정지명령을 위반한 경우	법 제12조 제2항제7호	운영정지 10일	운영정지 30일	운영정지 90일	
8. 고의 또는 중대한 과실로 법 제25조제1항에 따른 중대한 궤도운송사고를 일으킨 경우	법 제12조 제2항제8호	운영정지 30일	운영정지 60일		
9. 법 제30조에 따른 보고명령에 따르지 않거나 거짓으로 보고한 경우 또는 검사를 거부·방해·기피한 경우	법 제12조 제2항제9호	경고	운영정지 30일	운영정지 60일	운영정지 90일
10. 전용궤도 운영의 정지처분기간 중에 전용궤도를 운영한 경우	법 제12조제2항제10호	운영정지 10일	운영정지 30일	운영정지 90일	

[별표 3] 〈개정 18·11·27〉

위반행위의 종류별 과징금의 금액(제6조제1항 관련)

(단위: 만원)

위반행위	근거 법조문	과징금의 금액
1. 법 제4조제4항에 따른 변경허가 또는 법 제5조제2항에 따른 변경승인을 받지 않고 허가 또는 승인받은 사항을 변경한 경우	법 제12조제1항제3호	500
2. 법 제8조에 따른 준공검사를 받지 않고 궤도사업을 경영하거나 전용궤도를 운영한 경우	법 제12조제1항제7호	500
3. 법 제11조제1항을 위반하여 신고를 하지 않고 휴지하거나 신고한 휴지기간을 변경한 경우	법 제12조제1항제8호	200
4. 법 제19조제1항제2호에 따른 임시검사를 받지 않고 궤도사업을 경영하거나 전용궤도를 운영한 경우	법 제12조제1항제9호	400
5. 법 제19조제4항에 따른 통지를 받고도 같은 조 제1항제1호에 따른 정기검사를 받지 않고 궤도사업을 경영하거나 전용궤도를 운영한 경우	법 제12조제1항제10호	500
6. 법 제21조에 따른 안전수칙을 위반한 경우	법 제12조제1항제11호	400
7. 법 제22조제2항 또는 제3항에 따른 안전관리의무를 위반한 경우	법 제12조제1항제12호	400
8. 법 제23조제1항에 따른 시설개선명령 또는 같은 조 제2항에 따른 사용정지명령을 위반한 경우	법 제12조제1항제13호	500
9. 고의 또는 중대한 과실로 법 제25조제1항에 따른 중대한 궤도운송사고를 일으킨 경우	법 제12조제1항제14호	1000
10. 법 제30조에 따른 보고명령에 따르지 않거나 거짓으로 보고한 경우 또는 검사를 거부·방해·기피한 경우	법 제12조제1항제15호	300
11. 궤도사업 경영 또는 전용궤도 운영의 정지처분기간 중에 궤도사업을 경영하거나 전용궤도를 운영한 경우	법 제12조제1항제16호	500

※ 비고

1. 별표 1에서 위반행위의 횟수에 따른 행정처분의 가중된 부과기준이 있는 경우에 2차 이상 위반행위에 대한 과징금의 금액은 다음의 계산식에 따라 결정한다. 다만, 과징금의 총액은 1천만원을 초과할 수 없다.

$$\text{위 표에서 정한 과징금의 금액} \times \frac{\text{2차 이상 위반 시 행정처분에 따른 정지 기간}}{\text{1차 위반 시 행정처분에 따른 정지 기간}}$$

2. 제1호에 따른 계산식을 적용할 때 1차 위반이 경고인 경우 2차 위반을 1차 위반으로 본다.

[별표 4]

과태료의 부과기준(제19조제1항 관련)

(단위: 만원)

위반행위	근거 법조문	과태료의 금액
1. 법 제4조제4항에 따른 변경신고를 하지 않고 허가받은 사항을 변경한 경우	법 제34조제2항 제1호	150
2. 법 제5조제2항에 따른 변경신고를 하지 않고 승인을 받은 사항 또는 신고한 사항을 변경한 경우	법 제34조제2항 제2호	150
3. 법 제10조에 따른 위탁신고를 하지 않은 경우	법 제34조제2항 제3호	100
4. 법 제11조제2항에 따른 휴지기간을 초과한 경우	법 제34조제2항 제4호	100
5. 법 제25조제1항에 따른 보고를 하지 않거나 거짓으로 한 경우	법 제34조제2항 제5호	200
6. 법 제26조에 따른 보험에 가입하지 않은 경우	법 제34조제2항 제6호	200
7. 궤도사업자 또는 전용궤도운영자가 법 제27조제2항을 위반하여 안전교육을 실시하지 않은 경우	법 제34조제1항	300
8. 법 제28조제1호 또는 제3호에 따른 이용객의 금지행위를 한 경우	법 제34조제2항 제7호	5

【시행규칙 별표 · 별지】

[별표 1]

안전검사전문기관의 기술인력 및 시설기준(제18조 관련)

구분		자격기준		
기술 인력 기준	검사 책임자 (1명)	1. 「국가기술자격법」에 따른 기계 · 전기 또는 전자분야의 기사 이상의 자격을 사람으로서 궤도시설의 공사 · 유지 또는 운영에 관한 업무에 5년 이상 종사한 경력이 있는 사람 2. 「국가기술자격법」에 따른 기계 · 전기 또는 전자분야의 산업기사 이상의 자격을 가진 사람 또는 「교통안전법」에 따른 삭도교통안전관리자 또는 철도교통안전관리자의 자격을 가진 사람으로서 궤도시설의 공사 · 유지 또는 운영에 관한 업무에 7년 이상 종사한 경력이 있는 자		
	검사원 (2명 이상)	1. 「국가기술자격법」에 따른 기계 · 전기 또는 전자분야의 산업기사 이상의 자격을 가진 사람 2. 「교통안전법」에 따른 삭도교통안전관리자 또는 철도교통안전관리자의 자격을 가진 사람으로서 궤도시설의 공사 · 유지 또는 운영에 관한 업무에 3년 이상 종사한 경력이 있는 사람		
시설 기준	품 명		규 격	보유기준
	버니어캘리퍼스		150㎜ 이상 300㎜ 이상	각 1개 이상
	각도측정기		정밀급	1개 이상
	스톱워치		1/10초 이상	1개 이상
	접지저항계			1개 이상
	절연저항계		500V/1000MΩ 1000V/2000MΩ	각 1개 이상
	전류계		600A 이상	1개 이상
	줄자		10m 이상 50m 이상	각 1개 이상
	멀티테스터			1개 이상
	광파거리측정기		측정거리 1km 이상	1개 이상

[별표 2]

안전수칙(제19조 관련)

구분	안전수칙
선로	선로와 그 밖의 시설물은 항상 안전하고 정확하게 운전할 수 있는 상태로 유지해야 한다.
속도의 제한	1. 왕복식 삭도의 속도는 초당 5미터를 넘지 않아야 한다. 다만, 지주(支柱)를 통과하는 경우에 작동하는 감속장치를 갖춘 때에는 그 속도를 초당 10미터 이하로 할 수 있다. 2. 자동순환식 삭도는 그 속도가 초당 5미터를 넘지 않아야 한다. 다만, 탑승정원, 승강장의 길이 · 너비, 탑승보조원의 상주 및 안내원의 동승의 여건 등을 고려하여 시장 · 군수 · 구청장 또는 특별시장 · 광역시장이 안전하다고 인정하는 경우에는 초당 8미터 이하로 할 수 있다. 3. 고정순환식 삭도는 그 속도가 2인승 이하인 경우에는 초당 1.5미터를, 3인승 이상인 경우에는 초당 1.3미터를 넘지 않아야 하며, 궤도차량이 그룹형 폐쇄식으로서 정류장에서 승차 · 하차가 쉽도록 자동으로 속도가 가속 · 감속되는 경우에는 초당 6미터를 넘지 않아야 한다. 다만, 스키장에 설치하는 삭도로서 2인승 이하인 경우에는 초당 2.3미터 이하로, 3인승 이상인 경우에는 초당 2미터 이하로 할 수 있다. 4. 고정순환식 삭도 중 승객을 이동시켜 궤도차량에 쉽게 승차하도록 하기 위한 장치를 갖춘 경우에는 그 장치의 이동속도가 초당 1미터를 넘지 아니하여야 하며, 그 탑승 상대속도는 초당 2미터를 넘지 아니하여야 한다. 5. 견인식 삭도는 그 속도가 매초 4미터를 넘지 않아야 한다.
최대 승차인원	1. 여객이나 화물을 운송하는 궤도차량에는 최대승차인원 또는 최대적재량을 초과하여 여객을 태우고 내리거나 짐을 싣고 내려서는 아니 된다. 2. 제1항의 경우 최대 승차인원이 표시된 차량에 12세 미만의 어린이를 태우거나 화물을 실을 때에는 다음 각 호의 인원 또는 무게마다 승차인원 1명으로 환산한다. 가. 12세 미만 어린이의 경우에는 1.5명 나. 화물의 경우에는 그 무게 65킬로그램
운전자의 자격, 배치 등	1. 여객수송용 삭도 운전에 종사하는 직원은 기계 · 전기 · 전자 또는 안전관리 분야의 기능사 이상의 국가기술자격이나 「교통

	안전법」에 따른 삭도교통안전관리자의 자격을 갖춰야 한다. 2. 여객수송용 삭도 운전에 종사하는 직원은 선로당 1명 이상 있어야 하며, 삭도는 운전 중에는 정해진 위치를 떠나서는 안 된다. 3. 여객수송용 궤도사업자는 궤도 운전에 필요한 지식 및 기능을 충분히 발휘할 수 있는 심신의 상태에 있지 않은 사람을 궤도의 운전에 관계되는 직무에 종사시켜서는 안 된다..
차장의 탑승	왕복식 삭도사업자는 다음 각 호의 요건을 모두 갖춘 경우를 제외하고는 해당 차량에 차장이 탑승하여 직무를 수행하도록 하여야 한다. 가. 궤도차량의 최대승차인원이 15명 이내인 경우 나. 여객이 쉽고 안전하게 다룰 수 있는 탈출 장치를 갖춘 경우 다. 궤도차량의 출입구가 직원만이 외부에서 열고 닫을 수 있는 구조로 되어 있는 경우 라. 궤도차량의 하단이 지표면에서 30미터 이하의 높이인 경우 마. 궤도차량에 여객이 쉽게 조작할 수 있는 비상용 전화장치, 통보장치 및 수기(手旗)를 갖춘 경우 바. 평상시 및 비상시의 주의사항이 정류장 및 차량 안에 게시되어 있는 경우 사. 12세 미만 또는 60세 이상의 사람만을 승차시키지 않은 경우
출발시 조치	1. 궤도차량을 출발시킬 때에는 여객 또는 화물이 굴러 떨어지는 것을 방지하기 위하여 출입문을 닫고 잠가야 한다. 2. 삭도를 운전할 때에는 정해진 방법에 따라 출발신호를 해야 한다.
악천후 및 야간시 조치	1. 바람·눈·비 또는 안개 등으로 궤도의 안전운전이 곤란할 때에는 궤도의 운행중지 등 위험을 피하기 위한 조치를 하여야 한다. 2. 야간 또는 악천후로 궤도차량을 식별하기 곤란한 때에 운전하는 여객수송용 궤도의 경우에는 궤도차량의 앞부분 및 뒷부분의 표지등을 켜야 한다. 다만, 자동순환식 삭도, 고정순환식 삭도, 견인식 삭도는 제외한다.
차량의 안전거리 확보	1. 운행 중에 있는 궤도차량은 궤도차량 간 안전거리를 유지해야 한다. 2. 선로에서는 인접 정류장 간에 차량을 마주보게 한 상태로 동시에 운전해서는 아니 된다. 다만, 본선(本線)에서 나누어진 선로가 있는 경우는 그러하지 아니한다. 3. 정류장에는 동시 운전을 방지하기 위하여 필요한 통신시설을 설치하고, 통신방법을 미리 정해 두어야 한다.
정류장 외의 장소에서의 승강 금지	정류장이 아닌 장소에서는 여객을 승강시키거나 화물을 싣고 내리는 행위를 해서는 안 된다.
위험지대의 안전	자동차·사람·마차 등이 자주 왕래하는 장소 또는 건널목에는 감시원을 두고 궤도차량 속도를 줄여 안전운행을 하도록 해야 한다.
상호연락	삭도의 정류장·감시소 및 운전실에서는 정해진 신호와 그 밖의 방법을 이용하여 서로 긴밀하게 연락해야 한다.
신호의 원칙	신호기를 사용하는 궤도로서 신호기의 고장 등으로 사용하지 못하는 경우에 사용하는 수신호(手信號)의 방식과 그에 따른 운전수칙은 다음 각 호와 같다. 1. 정지신호 가. 방식 1) 주간: 붉은색 깃발. 다만, 붉은색 깃발이 없을 때에는 양팔을 높이 들거나 녹색 깃발이 아닌 것을 급히 흔든다. 2) 야간: 적색등. 다만, 적색등이 없을 때에는 녹색등이 아닌 것을 흔든다. 나. 운전수칙: 정지신호가 있으면 즉시 궤도차량의 운전을 중지하고 다음 지시가 있을 때까지 진행해서는 안 된다. 2. 서행신호 가. 방식 1) 주간: 녹색 깃발. 다만, 녹색 깃발이 없을 때에는 한 팔을 높이 든다. 2) 야간: 녹색등 나. 운전수칙: 진행신호가 있을 때에는 정상 운전해야 한다.

[별지 제1호서식] 〈개정 16·6·23〉

궤도사업 허가신청서

(앞쪽)

접수번호	접수일자		처리기간 15일
신청인 - 성명(법인의 경우 그 명칭 및 대표자)		주민등록번호 (법인의 경우 법인등록번호)	
신청인 - 주소	(전화번호:)		
신청인 - 상호			
궤도시설의 종류	[ ]삭도([ ]왕복식 [ ]자동순환식 [ ]고정순환식 [ ]견인식) [ ]노면전차 [ ]모노레일 [ ]케이블철도 [ ]자기부상열차		[ ]철제차륜형 경전철 [ ]고무차륜형 경전철 [ ]선형유도전동기형 경전철 [ ]기타( )
특별건설승인 여부	[ ]승인		[ ]해당 없음
사업장의 위치			
예정일	기공	준공	

「궤도운송법」 제4조제1항 및 같은 조 제2항, 같은 법 시행규칙 제3조제1항에 따라 위와 같이 신청합니다.

년 월 일

신청인 (서명 또는 인)

특별시장·광역시장
특별자치시장·특별자치도지사 귀하
시장·군수·구청장

신청인 제출서류	1. 사업계획서 2. 기본설계도서 3. 공사설명서 4. 「궤도운송법」 제20조 및 같은 법 시행령 제16조에 따른 안전검사 전문기관 등의 안전에 관한 검토의견서 5. 도로·하천·농지·산림·공원·문화재보호구역 등을 관할하는 행정기관 등의 허가나 승인이 필요한 지역 안에서 운영하는 궤도시설인 경우에는 관할 행정기관 등의 허가나 승인을 증명하는 서류 6. 환경·교통·재해 등에 관한 영향평가를 실시한 경우에는 그 영향평가결과서 7. 법인설립이 예정인 경우에는 법인설립계획서	수수료 2만 원
담당 공무원 확인사항	1. 법인등기사항증명서(법인의 경우만 해당합니다)	

행정정보 공동이용 동의서

본인은 이 건 업무처리와 관련하여 담당 공무원이 「전자정부법」 제36조제1항에 따른 행정정보의 공동이용을 통하여 위의 담당 공무원 확인 사항을 확인하는 것에 동의합니다.
*동의하지 아니하는 경우에는 신청인이 직접 관련 서류를 제출하여야 합니다.

신청인(대표자) (서명 또는 인)

210mm×297mm[백상지 80g/㎡]

(뒤쪽)

처리절차

이 신청서는 아래와 같이 처리됩니다.

신청인	처리기관 특별시·광역시·특별자치시·특별자치도·시·군·구
신 청	→ 접 수
허가 조건 검토 및 서류 보완	← (허가조건이 있는 경우) → 제출 서류 검토 — 관계 지자체 협의(둘 이상의 행정구역에 궤도가 걸쳐 있는 경우)
	결 재
허가증	← (증서 발급) 허 가

210mm×297mm[백상지 80g/㎡]

[별지 제2호서식] 〈개정 16·6·23〉

궤도사업 [ ]변경허가신청서 [ ]변경신고서

※ [ ]에는 해당되는 곳에 √표를 합니다. (앞쪽)

접수번호		접수일자		처리기간 3일	
신청인(신고인)	성명(법인의 경우 그 명칭 및 대표자)		생년월일(법인의 경우 법인등록번호)		
	주소	(전화번호:)			
	상호				
변경 내용	현행				
	변경				
	변경일				

「궤도운송법」 제4조제4항 및 같은 법 시행령 제2조, 같은 법 시행규칙 제4조제1항에 따라 위와 같이 신청(신고)합니다.

년 월 일

신청인(신고인) (서명 또는 인)

특별시장·광역시장
특별자치시장·특별자치도지사 귀하
시장·군수·구청장

신청인(신고인) 제출서류	1. 사업허가증(사업허가증을 분실한 경우에는 그 사유서로 대체할 수 있습니다) 2. 변경사유서(변경사유를 입증하는 서류를 포함합니다) 3. 다음 각 목의 서류 중 변경되는 사항이 포함된 서류 가. 사업계획서 나. 기본설계도서 다. 공사설명서 라. 「궤도운송법」 제20조 및 같은 법 시행령 제16조에 따른 안전검사전문기관 등의 안전에 관한 검토의견서 마. 도로·하천·농지·산림·공원·문화재보호구역 등을 관할하는 행정기관 등의 허가나 승인이 필요한 지역 안에서 운영는 궤도시설인 경우에는 관할 행정기관 등의 허가나 승인을 증명하는 서류 바. 환경·교통·재해 등에 관한 영향평가를 실시한 경우에는 그 영향평가결과서	수수료 변경허가 2만 원 변경신고 없음
담당 공무원 확인사항	1. 법인등기사항증명서(법인의 경우만 해당합니다)	

행정정보 공동이용 동의서

본인은 이 건 업무처리와 관련하여 담당 공무원이 「전자정부법」 제36조제1항에 따른 행정정보의 공동이용을 통하여 위의 담당 공무원 확인 사항을 확인하는 것에 동의합니다. *동의하지 아니하는 경우에는 신청인이 직접 관련 서류를 제출하여야 합니다.

신청인(신고인) (서명 또는 인)

210mm×297mm[백상지 80g/㎡]

(뒤쪽)

처리절차

이 신청서는 아래와 같이 처리됩니다.

신청인(신고인)	처리기관: 특별시·광역시·특별자치시·특별자치도·시·군·구	
신청 →	접수	
허가 조건 검토 및 서류 보완 *신고는 해당 없음	↔ (허가조건이 있는 경우) 제출 서류 검토	관계 지자체 협의(둘 이상의 행정구역에 궤도가 걸쳐 있는 경우) *신고는 해당 없음
	결재	
허가증(신고확인증) ← (증서 발급)	변경허가(변경신고확인)	

[별지 제2호의2서식] 〈신설 17·3·24〉

산악벽지형 궤도사업 [ ]승인 [ ]변경승인 신청서

※ 색상이 어두운 난은 신청인이 작성하지 않습니다.

접수번호	접수일시	처리기간 90일	
신청인	성명(법인의 경우 그 명칭 및 대표자)		생년월일(법인의 경우 법인등록번호)
	주 소	(전화번호:)	
	상 호		
승인(변경승인) 신청사유			

「궤도운송법」 제4조의2제1항, 같은 법 시행령 제2조의2제1항 및 같은 법 시행규칙 제4조의2제1항에 따라 위와 같이 신청합니다.

년 월 일

신청인 (서명 또는 인)

특별시장·광역시장
특별자치시장·특별자치도지사] 귀하
시장·군수·구청장

첨부서류	1. 사업계획서 2. 산악벽지형 궤도에 해당함을 증빙하는 서류 3. 산악벽지의 급경사 운행에 따른 안전성 검토 보고서	수수료 없음

처 리 절 차

신청서 작성 (신청인) → 접수 → 제출서류 검토 (특별시·광역시·특별자치시·특별자치도·시·군·구) → 관계 지방자치단체 협의(필요시) → 궤도건설심의회 심의 (국토교통부) → 승인결정 통보 → 결과 통보 (특별시·광역시·특별자치시·특별자치도·시·군·구) → 승인 결과 확인 (신청인)

210mm×297mm[백상지(80g/㎡) 또는 중질지(80g/㎡)]

[별지 제3호서식] 〈개정 16·6·23〉

전용궤도 운영승인신청서

(앞쪽)

접수번호	접수일자	처리기간 15일	
신청인 성명(법인의 경우 그 명칭 및 대표자)		주민등록번호(법인의 경우 법인등록번호)	
주소	(전화번호:)		
상호			
궤도시설의 종류	[ ]삭도([ ]왕복식 [ ]자동순환식 [ ]고정순환식 [ ]견인식) [ ]노면전차 [ ]모노레일 [ ]케이블철도 [ ]자기부상열차	[ ]철제차륜형 경전철 [ ]고무차륜형 경전철 [ ]선형유도전동기형 경전철 [ ]기타( )	
특별건설승인 여부	[ ]승인	[ ]해당 없음	
사업장의 위치			
예정일	기공	준공	

「궤도운송법」 제5조제1항 본문 및 같은 조 제2항, 같은 법 시행규칙 제5조제1항에 따라 위와 같이 신청합니다.

년 월 일

신청인 (서명 또는 인)

특별시장·광역시장
특별자치시장·특별자치도지사] 귀하
시장·군수·구청장

신청인 제출서류	1. 시설운영계획서 2. 다음 각 목의 서류 중 해당서류 가. 기본설계도서 나. 공사설명서 다. 「궤도운송법」 제20조 및 같은 법 시행령 제16조에 따른 안전검사전문기관 등의 안전에 관한 검토의견서 라. 도로·하천·농지·산림·공원·문화재보호구역 등을 관할하는 행정기관 등의 허가나 승인이 필요한 지역 안에서 운영하는 궤도시설인 경우에는 관할 행정기관 등의 허가나 승인을 증명하는 서류 마. 환경·교통·재해 등에 관한 영향평가를 실시한 경우에는 그 영향평가결과서	수수료 2만 원
담당 공무원 확인사항	1. 법인등기사항증명서(법인의 경우만 해당합니다)	

행정정보 공동이용 동의서

본인은 이 건 업무처리와 관련하여 담당 공무원이 「전자정부법」 제36조제1항에 따른 행정정보의 공동이용을 통하여 위의 담당 공무원 확인 사항을 확인하는 것에 동의합니다. ＊동의하지 아니하는 경우에는 신청인이 직접 관련 서류를 제출하여야 합니다.

신청인(대표자) (서명 또는 인)

210mm×297mm[백상지 80g/㎡]

(뒤쪽)

처리절차

이 신청서는 아래와 같이 처리됩니다.

신 청 인	처리기관: 특별시 · 광역시 · 특별자치시 · 특별자치도 · 시 · 군 · 구
신 청	→ 접 수
	↓ 제출 서류 검토 — 관계 지자체 협의(둘 이상의 행정구역에 궤도가 걸쳐 있는 경우)
	↓ 결 재
승인증 ← (증서 발급)	↓ 승 인

210mm×297mm[백상지 80g/㎡]

[별지 제4호서식] 〈개정 16·6·23〉

전용궤도 운영 [ ]변경승인신청서 / [ ]변경신고서

※ [ ]에는 해당되는 곳에 √표를 합니다. (앞쪽)

접수번호	접수일자	처리기간 3일	
신청인(신고인)	성명(법인의 경우 그 명칭 및 대표자)		생년월일(법인의 경우 법인등록번호)
	주소	(전화번호:)	
	상호		
변경내용	현행		
	변경		
	변경일		
	변경사유		

「궤도운송법」 제5조제3항 및 같은 법 시행령 제3조제3항, 같은 법 시행규칙 제5조제2항에 따라 위와 같이 신청(신고)합니다.

년 월 일

신청인(신고인) (서명 또는 인)

특별시장 · 광역시장
특별자치시장 · 특별자치도지사 귀하
시장 · 군수 · 구청장

신청인(신고인) 제출서류	1. 전용궤도운영 승인증(전용궤도운영승인증을 분실한 경우에는 그 사유서로 대체할 수 있습니다) 2. 변경사유서(변경신고 시에는 변경사유를 입증하는 서류를 포함합니다) 3. 다음 각 목의 서류 중 변경되는 사항이 포함된 서류 가. 시설운영계획서 나. 기본설계도서 다. 공사설명서 라. 「궤도운송법」 제20조 및 같은 법 시행령 제16조에 따른 안전검사전문기관 등의 안전에 관한 검토의견서 마. 도로 · 하천 · 농지 · 산림 · 공원 · 문화재보호구역 등을 관할하는 행정기관 등의 허가나 승인이 필요한 지역 안에서 운영하는 궤도시설인 경우에는 관할행정기관 등의 허가나 승인을 증명하는 서류 바. 환경 · 교통 · 재해 등에 관한 영향평가를 실시한 경우에는 그 영향평가결과서	수수료 변경허가 2만 원 변경신고 없음
담당 공무원 확인사항	1. 법인등기사항증명서(법인의 경우만 해당합니다)	

행정정보 공동이용 동의서

본인은 이 건 업무처리와 관련하여 담당 공무원이 「전자정부법」 제36조제1항에 따른 행정정보의 공동이용을 통하여 위의 담당 공무원 확인 사항을 확인하는 것에 동의합니다. *동의하지 아니하는 경우에는 신청인이 직접 관련 서류를 제출하여야 합니다.

신청인(신고인) (서명 또는 인)

210mm×297mm[백상지 80g/㎡]

(뒤쪽)

처리절차

이 신청서는 아래와 같이 처리됩니다.

신 청 인(신고인)	처리기관: 특별시 · 광역시 · 특별자치시 · 특별자치도 · 시 · 군 · 구
신 청 →	접 수 → 제출 서류 검토 (관계 지자체 협의(둘 이상의 행정구역에 궤도가 걸쳐 있는 경우)) → 결 재 → 승 인(신고확인)
승인증(신고확인증)	← 증서 발급

210mm×297mm[백상지 80g/㎡]

[별지 제5호서식] 〈개정 16 · 6 · 23〉

화물용 전용궤도 운영신고서

(앞쪽)

접수번호	접수일자		처리기간 5일
신고인: 성명(법인의 경우 그 명칭 및 대표자)		주민등록번호(법인의 경우 법인등록번호)	
신고인: 주소	(전화번호:)		
신고인: 상호			
궤도시설의 종류	[ ]삭도([ ]왕복식 [ ]자동순환식 [ ]고정순환식 [ ]견인식) [ ]노면전차 [ ]모노레일 [ ]케이블철도 [ ]자기부상열차 [ ]철제차륜형 경전철 [ ]고무차륜형 경전철 [ ]선형유도전동기형 경전철 [ ]기타( )		
특별건설승인 여부	[ ]승인	[ ]해당 없음	
사업장의 위치			
예정일	기공	준공	

「궤도운송법」 제5조제1항 단서, 같은 법 시행령 제3조제1항, 같은 법 시행규칙 제6조제1항에 따라 위와 같이 신고합니다.

년 월 일

신고인 (서명 또는 인)

특별자치시장 · 특별자치도지사
시장 · 군수 · 구청장 귀하

신고인 제출서류	1. 시설운영계획서 2. 기본설계도서 3. 공사설명서	수수료 2만 원
담당 공무원 확인사항	1. 법인등기사항증명서(법인의 경우만 해당합니다)	

행정정보 공동이용 동의서
본인은 이 건 업무처리와 관련하여 담당 공무원이 「전자정부법」 제36조제1항에 따른 행정정보의 공동이용을 통하여 위의 담당 공무원 확인 사항을 확인하는 것에 동의합니다. *동의하지 아니하는 경우에는 신청인이 직접 관련 서류를 제출하여야 합니다.
신고인(대표자) (서명 또는 인)

210mm×297mm[백상지 80g/㎡]

(뒤쪽)

처리절차		
이 신청서는 아래와 같이 처리됩니다.		
신 고 인	처리기관	
	특별자치시 · 특별자치도 · 시 · 군 · 구	
신 청 →	접 수 ↓	
신고확인증 ←	증서 발급	제출 서류 검토 및 결재

210mm×297mm[백상지 80g/㎡]

[별지 제6호서식] 〈개정 16 · 6 · 23〉

화물용 전용궤도 운영변경신고서

(앞쪽)

접수번호		접수일자	처리기간 3일
신고인	성명(법인의 경우 그 명칭 및 대표자)		생년월일(법인의 경우 법인등록번호)	
	주소	(전화번호:)		
	상호			
변경 내용	현행			
	변경			
	변경일			

「궤도운송법」 제5조제1항 단서 및 같은 조 제3항, 같은 법 시행령 제3조제2항, 같은 법 시행규칙 제6조제2항에 따라 위와 같이 신고합니다.

년 월 일

신고인 (서명 또는 인)

특별자치시장 · 특별자치도지사
시장 · 군수 · 구청장 귀하

신고인 제출서류	다음 각 호의 서류 중 변경된 사항이 포함된 서류 1. 시설운영계획서 2. 기본설계도서 3. 공사설명서	수수료 없음
담당 공무원 확인사항	1. 법인등기사항증명서(법인의 경우만 해당합니다)	

행정정보 공동이용 동의서
본인은 이 건 업무처리와 관련하여 담당 공무원이 「전자정부법」 제36조제1항에 따른 행정정보의 공동이용을 통하여 위의 담당 공무원 확인 사항을 확인하는 것에 동의합니다. *동의하지 아니하는 경우에는 신청인이 직접 관련 서류를 제출하여야 합니다.
신고인(대표자) (서명 또는 인)

처리절차			
신 청 →	접 수 →	검토 및 결재 →	신고확인증 발급
신고인	특별자치시 · 특별자치도 · 시 · 군 · 구	특별자치시 · 특별자치도 · 시 · 군 · 구	특별자치시 · 특별자치도 · 시 · 군 · 구

210㎜×297㎜[백상지 80g/㎡]

[별지 제7호서식] 〈개정 16·6·23〉

제　　　호

- □ 허 가 증
- □ 승 인 증
- □ 신고확인증

1. 성명(법인인 경우에는 그 명칭 및 대표자의 성명) :

2. 주소(주사무소 소재지) :

3. 상호 :

4. 사업의 종류 :

5. 허가·승인·신고의 내용 :

6. 허가·승인·신고연월일 :

「궤도운송법 시행규칙」 제7조에 따라 위와 같이

- □ 궤도사업을 허가합니다.
- □ 전용궤도 운영을 승인합니다.
- □ 신고하였음을 증명합니다.

년　　월　　일

특별시장·광역시장
특별자치시장·특별자치도지사　[인]
시장·군수·구청장

210mm×297mm[백상지 80g/㎡]

[별지 제8호서식] 〈개정 14·8·7〉

[ ]공사의 착수기간 [ ]검사유효기간 연장신청서

※ [ ]에는 해당하는 곳에 √ 표시를 합니다.

접수번호	접수일	처리기간 3일

신청인	성명(법인명 및 대표자 성명)	생년월일(법인등록번호)
	주소	전화번호

상　　호	
시설의 종류	
공사의 착수기간 (검사유효기간)	기간 . .부터 . .까지
연장 신청 기간	기간 . .부터 . .까지(　　일간)

「궤도운송법」 제7조제2항 및 같은 법 시행규칙 제8조제1항(「궤도운송법」 제19조제3항, 같은 법 시행령 제14조 및 같은 법 시행규칙 제17조)에 따라 공사의 착수기간(검사유효기간) 연장을 신청합니다.

년　　월　　일

신청인　　　　(서명 또는 인)

특별시장·광역시장
특별자치시장·특별자치도지사 귀하
시장·군수·구청장

첨부서류	1. 연장사유를 증명하는 서류 2. 최근에 받은 안전검사증의 사본(검사유효기간 연장을 신청하는 경우에만 해당합니다)	수수료 없음

처리절차

신청서 작성	→	접 수	→	검 토	→	결 재	→	통보
신청인		담당부서		담당부서		담당부서		담당부서

210mm×297mm[백상지 80g/㎡(재활용품)]

[별지 제9호서식] 〈개정 14·8·7〉

[ ]궤도사업 [ ]전용궤도 준공검사신청서

※ [ ]에는 해당하는 곳에 √ 표시를 합니다.

접수번호	접수일	처리기간 5일

신청인	성명(법인명 및 대표자 성명)	생년월일(법인등록번호)
	주소	전화번호
신청내용	상 호	
	사업 허가일	
	준공 연월일	
	공사준공사항	

「궤도운송법」 제8조제1항, 같은 법 시행령 제4조제1항 및 같은 법 시행규칙 제9조제1항에 따라 위와 같이 준공검사를 신청합니다.

년 월 일

신청인 (서명 또는 인)

특별시장·광역시장
특별자치시장·특별자치도지사 귀하
시장·군수·구청장

첨부서류	1. 삭도 및 케이블철도 가. 전동기 방식: 와이어로프·감속기·전동기 시험성적서 나. 내연기관 방식: 와이어로프 시험성적서 2. 삭도 및 케이블철도 외의 궤도시설(화물수송용 전용궤도시설은 제외합니다)의 경우: 건설회사 또는 궤도차량 제작사 등에서 작성한 궤도차량 성능시험성적서 3. 다음 각 목의 서류가 포함된 안전관리계획: 가. 자체 점검·정비계획 나. 부품관리계획 다. 운전 및 점검·정비 등 안전관련 분야 종사자의 인력운영계획 및 교육에 관한 사항 라. 화재·정전·고장 등으로 인한 비상시 조치 매뉴얼 마. 그 밖에 안전과 관련하여 필요한 사항	수수료 2만원

210mm×297mm[백상지 80g/㎡(재활용품)]

(뒤 쪽)

처리절차

이 신청서는 아래와 같이 처리됩니다.

신 청 인	처 리 기 관 특별시·광역시·특별자치시·특별자치도 및 시·군·구(담당부서)	협 조 기 관 안전검사전문기관
신청서 제출 →	접 수	
	검 토	검사 협조 → 안전검사전문기관 ← 검사 결과 제출
← 준공검사증 발급	결 재	

[별지 제10호서식] 〈개정 16·6·23〉

[ ]준공 [ ]안전 검 사 증

성명(법인의 경우 그 명칭 및 대표자)	
사업장 주소	
허가(승인·신고)번호 및 연월일	
검사일	
검사유효기간 (정기검사의 경우에만 적음)	

[ ] 「궤도운송법」 제8조제1항 및 같은 법 시행령 제4조제2항, 같은 법 시행규칙 제9조제4항에 따른 준공

[ ] 「궤도운송법」 제19조제1항 및 같은 법 시행령 제13조제1항, 같은 법 시행규칙 제16조제2항에 따른 안전

검사결과 [ ] 준공검사기준 / [ ] 안전검사기준 에 적합하므로

이 검사증을 발급합니다.

년 월 일

특별시장·광역시장
특별자치시장·특별자치도지사
시장·군수·구청장
검사수탁자

직인

210mm×297mm[백상지 80g/㎡]

[별지 제11호서식] 〈개정 16·6·23〉

양도·양수 신고서

(앞쪽)

접수번호	접수일자	처리기간 2일	
양도인 - 성명(법인의 경우 그 명칭 및 대표자)		주민등록번호(법인의 경우 법인등록번호)	
양도인 - 주소	(전화번호:)		
양도인 - 상호			
양수인 - 성명(법인의 경우 그 명칭 및 대표자)		주민등록번호(법인의 경우 법인등록번호)	
양수인 - 주소	(전화번호:)		
양수인 - 상호			
양도·양수하려는 사업의 종류			
양도·양수 시기			

「궤도운송법」 제9조제1항제1호 및 같은 법 시행규칙 제10조제1항에 따라 위와 같이 신고합니다.

년 월 일

신고인 양도인 (서명 또는 인)
양수인 (서명 또는 인)

특별시장·광역시장
특별자치시장·특별자치도지사
시장·군수·구청장
귀하

신고인 제출서류	1. 양도·양수 계약서 사본 2. 양도인 또는 양수인이 법인인 경우에는 사업의 양도 또는 양수에 관한 법인의 의사결정을 증명하는 서류	수수료 없음
담당 공무원 확인사항	1. 법인등기사항증명서(법인의 경우만 해당합니다)	

행정정보 공동이용 동의서

본인은 이 건 업무처리와 관련하여 담당 공무원이 「전자정부법」 제36조제1항에 따른 행정정보의 공동이용을 통하여 위의 담당 공무원 확인 사항을 확인하는 것에 동의합니다.
*동의하지 아니하는 경우에는 신청인이 직접 관련 서류를 제출하여야 합니다.

신고인(대표자) 양도인 (서명 또는 인)
양수인 (서명 또는 인)

처리절차

신 청 (신고서 작성)	→	접수	→	검토	→	결재	→	통보
신고인		해당지자체		해당지자체		해당지자체		해당지자체

210mm×297mm[백상지 80g/㎡]

[별지 제12호서식] 〈개정 16·6·23〉

상속신고서

(앞쪽)

접수번호	접수일자		처리기간 2일
신고인 (상속인)	성명		주민등록번호
	주소	(전화번호:)	
피상속인이 경영하던 사업	종류		
	상호		
	소재지		
피상속인과의 관계	의		

「궤도운송법」 제9조제1항제2호 및 같은 법 시행규칙 제11조에 따라 위와 같이 신고합니다.

년 월 일

신고인(상속인) (서명 또는 인)

특별시장·광역시장
특별자치시장·특별자치도지사 귀하
시장·군수·구청장

신고인 제출서류	상속 사실을 증명하는 서류	수수료 없음

처리절차

신 청 (신고서 작성)	→	접수	→	검토	→	결재	→	통보
신고인		해당지자체		해당지자체		해당지자체		해당지자체

210mm×297mm[백상지 80g/㎡]

[별지 제13호서식] 〈개정 16·6·23〉

법인 합병신고서

(앞쪽)

접수번호		접수일자		처리기간 2일	
합병되는 법인	갑	법인의 명칭			
		주소	(전화번호:)		
		대표자 성명		생년월일	
	을	법인의 명칭			
		주소	(전화번호:)		
		대표자 성명		생년월일	
합병 후 존속하거나 합병으로 설립되는 법인		법인의 명칭			
		주소	(전화번호:)		
		대표자 성명		생년월일	
시설의 종류					
합병사유					
합병의 방법 및 조건					
합병시기					

「궤도운송법」 제9조제1항제3호 및 같은 법 시행규칙 제12조제1항에 따라 위와 같이 신고합니다.

년 월 일

신고인 피합병법인 대표자(갑) (서명 또는 인)
피합병법인 대표자(을) (서명 또는 인)
합병 후 존속(설립)법인 대표자 (서명 또는 인)

특별시장·광역시장
특별자치시장·특별자치도지사 귀하
시장·군수·구청장

신고인 제출서류	1. 합병계약서 사본 2. 합병 후 존속하는 법인의 법인등기부등본 또는 합병으로 설립되는 법인의 발기인 등 설립인의 명단 3. 합병의 방법 및 조건설명서 4. 합병에 관한 법인의 의사결정을 증명하는 서류	수수료 없음
담당 공무원 확인사항	1. 법인등기사항증명서(법인의 경우만 해당합니다)	

행정정보 공동이용 동의서

본인은 이 건 업무처리와 관련하여 담당 공무원이 「전자정부법」 제36조제1항에 따른 행정정보의 공동이용을 통하여 위의 담당 공무원 확인 사항을 확인하는 것에 동의합니다.
*동의하지 아니하는 경우에는 신청인이 직접 관련 서류를 제출하여야 합니다.

신고인 피합병법인 대표자(갑) (서명 또는 인)
피합병법인 대표자(을) (서명 또는 인)
합병 후 존속(설립)법인 대표자 (서명 또는 인)

210mm×297mm[백상지 80g/㎡]

(뒤쪽)

처리절차	
이 신청서는 아래와 같이 처리됩니다.	
신 청 인	처리기관 특별시 · 광역시 · 특별자치시 · 특별자치도 · 시 · 군 · 구
신고서 작성 →	접 수 → 제출 서류 검토 → 결 재
통 보	← 결 재

210mm×297mm[백상지 80g/㎡]

[별지 제14호서식] 〈개정 16 · 6 · 23, 21 · 8 · 27〉

[ ]궤도사업 [ ]전용궤도 관리 위탁 · 수탁 신고서

(앞쪽)

접수번호	접수일자		처리기간 2일
위탁자	성명(법인의 경우 그 명칭 및 대표자)		주민등록번호(법인의 경우 법인등록번호)
	주 소		(전화번호:)
	상 호		
수탁자	성명(법인의 경우 그 명칭 및 대표자)		주민등록번호(법인의 경우 법인등록번호)
	주 소		(전화번호:)
	상 호		
위탁 내용	시설의 종류		
	위탁구간		
위탁 · 수탁 기간			
위탁 · 수탁 사유			

「궤도운송법」 제10조제1항 및 같은 법 시행규칙 제13조제1항에 따라 위와 같이 신고합니다.

년 월 일

신고인 위탁자 (서명 또는 인)
수탁자 (서명 또는 인)

특별시장 · 광역시장
특별자치시장 · 특별자치도지사 귀하
시장 · 군수 · 구청장

신고인 제출서류	1. 위탁 · 수탁 계약서 사본 2. 위탁자 또는 수탁자가 법인인 경우에는 위탁 또는 수탁에 관한 의사결정을 증명하는 서류 3. 수탁자가 법인인 경우에는 최근 사업연도의 재산목록 · 재무상태표 및 손익계산서 4. 위탁 · 수탁을 하려는 구간의 도면	수수료 없음
담당 공무원 확인사항	1. 법인등기사항증명서(법인의 경우만 해당합니다)	

행정정보 공동이용 동의서

본인은 이 건 업무처리와 관련하여 담당 공무원이 「전자정부법」 제36조제1항에 따른 행정정보의 공동이용을 통하여 위의 담당 공무원 확인 사항을 확인하는 것에 동의합니다. * 동의하지 아니하는 경우에는 신청인이 직접 관련 서류를 제출하여야 합니다.

신고인(대표자) 위탁자 (서명 또는 인)
수탁자 (서명 또는 인)

처리절차

신 청 (신고서 작성)	→	접수	→	검토	→	결재	→	통보
신고인		해당지자체		해당지자체		해당지자체		해당지자체

210mm×297mm[백상지 80g/㎡]

[별지 제15호서식] 〈개정 14·8·7〉

[ ]궤도사업경영 [ ]전용궤도운영 [ ]휴지 [ ]휴지기간 변경 [ ]폐지 신고서

※ [ ]에는 해당하는 곳에 √ 표시를 합니다.

접수번호	접수일	처리기간 2일
신청인	성명(법인명 및 대표자 성명)	생년월일(법인등록번호)
	주소	전화번호
휴지기간 변경 또는 폐지	구간	
	기간 . .부터 . .까지	
휴지(폐지) 사유		
휴지기간 변경 사유		

「궤도운송법」 제11조제1항 및 같은 법 시행규칙 제14조제1항에 따라 위와 같이 신고합니다.

년 월 일

신고인 (서명 또는 인)

특별시장·광역시장
특별자치시장·특별자치도지사 귀하
시장·군수·구청장

첨부서류	1. 선로의 일부를 휴지 또는 폐지하려는 경우에는 그 선로도 2. 휴지의 경우에는 기간·사유 및 운영재개를 위한 계획이 포함된 서류 3. 휴지기간 변경신고의 경우에는 휴지기간 변경사유서 4. 폐지하려는 자가 법인인 경우에는 폐지에 관한 법인의 의사결정을 증명하는 서류	수수료 없음

처리절차

신고서 작성	→	접 수	→	검 토	→	결 재	→	통보
신고인		담당부서		담당부서		담당부서		담당부서

6210mm×297mm[백상지 80g/㎡(재활용품)]

[별지 제16호서식] 〈개정 16·6·23〉

특별건설 [ ]승인신청서 [ ]변경승인신청서

(앞쪽)

접수번호		접수일자	처리기간 30일
신청인	성명(법인의 경우 그 명칭 및 대표자)		생년월일(법인의 경우 법인등록번호)
	주 소	(전화번호:)	
	상 호		
시설의 종류			
승인(변경승인)신청사유			

「궤도운송법」 제16조제1항 및 같은 법 시행령 제9조, 같은 법 시행규칙 제15조제1항에 따라 위와 같이 신청합니다.

년 월 일

신청인 (서명 또는 인)

특별시장·광역시장
특별자치시장·특별자치도지사 귀하
시장·군수·구청장

신청인 제출서류	다음 각 호의 사항이 포함된 특별건설계획서(변경승인을 받으려는 경우에는 변경된 사항이 포함된 서류를 말합니다) 1. 특별건설승인 신청의 사유 및 내용 2. 시설의 제원(諸元) 및 시스템의 구체적 특징 3. 국내외 설치 사례 및 관련 사진이나 도면 4. 안전검사전문기관 등의 안전에 관한 검토의견서 5. 건설하려는 궤도시설의 설비기준 6. 다음 각 목의 사항을 포함한 안전검사기준 가. 안전검사가 필요한 세부 항목별 안전기준 나. 검사 항목별 검사 내용 및 방법 다. 검사결과기록표 등 7. 다음 각 목의 사항을 포함한 자체 안전관리규정 가. 운전에 관한 사항 나. 자체 점검·정비에 관한 사항 다. 화재·정전·고장 등으로 인한 비상정지 시 이용객 구조방법 라. 안전 관련 종사자의 교육에 관한 사항 마. 그 밖에 안전과 관련하여 필요한 사항 등	수수료 없음

210mm×297mm[백상지 80g/㎡]

(뒤쪽)

처리절차		
이 신청서는 아래와 같이 처리됩니다.		
신 청 인	처리기관: 특별시 · 광역시 · 특별자치시 · 특별자치도 · 시 · 군 · 구	처리기관: 국토교통부
신 청	→ 접 수	
	제출 서류 검토	→ 검토의견서 등 서류 제출 → 궤도건설심의회 심의
승인 결과 ←	결과 통보	← 승인결정 통보

210mm×297mm[백상지 80g/㎡]

[별지 제17호서식] 〈개정 14 · 8 · 7〉

[ ] 궤도시설 [ ] 전용궤도시설 안전검사신청서

※ [ ]에는 해당하는 곳에 √ 표시를 합니다.

접수번호	접수일	처리기간 5일
신청인	성명(법인명 및 대표자 성명)	생년월일(법인등록번호)
	주소	전화번호
상 호		
시설의 종류		
검사의 구분	[ ]정기검사 [ ]임시검사 ※ [ ]에는 해당하는 곳에 √ 표시를 합니다.	
검사수검 희망일		

「궤도운송법」 제19조제1항제1호, 같은 법 시행령 제13조제1항 및 같은 법 시행규칙 제16조제1항에 따라 위와 같이 안전검사를 신청합니다.

년 월 일

신청인 (서명 또는 인)

특별시장 · 광역시장
특별자치시장 · 특별자치도지사
시장 · 군수 · 구청장
검사수탁자 **귀하**

첨부서류	1. 가장 최근에 받은 안전검사증의 사본 2. 안전검사명령서(임시검사명령을 받고 검사를 신청하는 경우에만 해당합니다)	수수료 「궤도운송법 시행규칙」 제25조제2항에 따라 시장·군수·구청장 또는 특별시장·광역시장(시장·군수·구청장 또는 특별시장·광역시장이 안전검사업무를 위탁한 경우에는 그 위탁을 받은 자)이 정한 금액

처리절차

신청서 작성 → 접 수 → 검토 및 검사시행 → 결 재 → 안전검사증 발급

신청인 / 처리기관 : 특별시 · 광역시 · 특별자치시 · 특별자치도 · 시 · 군 · 구 및 검사수탁자(담당부서)

6210mm×297mm[백상지 80g/㎡(재활용품)]

[별지 제18호서식] 〈개정 16·6·23〉

안전관리책임자 [ ]선임 [ ]해임 [ ]퇴직 신고서

※ [ ]에는 해당되는 곳에 √표를 합니다. (앞쪽)

접수번호	접수일자		처리기간 즉시
신고인	성명(법인의 경우 그 명칭 및 대표자)		생년월일(법인의 경우 법인등록번호)
	주소	(전화번호:)	
	상호		

구분	성명	생년월일	선임(예정) 해임(퇴직) 연월일	취업 동의(인)
선임				
해임(퇴직)				

「궤도운송법」 제22조제3항 및 같은 법 시행령 제18조, 같은 법 시행규칙 제20조에 따라 위와 같이 신고합니다.

년 월 일

신고인 (서명 또는 인)

특별시장·광역시장
특별자치시장·특별자치도지사 귀하
시장·군수·구청장

신고인 제출서류	1. 선임 신고: 자격증명서(증명자료를 포함합니다) 2. 해임 신고: 해임사유서	수수료 없음

처리절차

신 청 (신고서 작성) → 접수 → 검토 → 결재 → 통보

신고인 / 해당지자체 / 해당지자체 / 해당지자체 / 해당지자체

210mm×297mm[백상지 80g/㎡]

[별지 제19호서식] 〈개정 16·6·23〉

(앞쪽)

증명서 번호: 제 호

검사공무원증

사 진
3.5㎝×4.5㎝
(모자 벗은 상반신으로 뒤 그림 없이 6개월 이내에 촬영한 것)

홍 길 동
Hong. G. D
00시장

55㎜×85㎜[백상지 80g/㎡]

(색상: 연하늘색)

(뒤 쪽)

검사 공무원증

소속 :
성명(Name):
생년월일:
위의 사람은 「궤도운송법」 제30조제3항, 제4항 및 같은 법 시행규칙 제24조에 따라 검사공무원임을 증명합니다.
유효기간 년 월 일부터
년 월 일까지

00시장 직인

☎(02) 0000-0000

1. 이 증은 다른 사람에게 대여하거나 양도할 수 없습니다.
2. 이 증을 습득한 경우에는 가까운 우체통에 넣어 주십시오.

비고: 앞면의 바탕에는 돋을새김 디자인 또는 비표를 넣어 쉽게 위조할 수 없도록 합니다.

건널목 개량촉진법 · 시행령

건널목 개량촉진법 · 시행령 목차

법	시행령
건널목 개량촉진법	**건널목 개량촉진법 시행령**
〔1973 · 2 · 5 법률 제2462호〕	〔1973 · 10 · 11 대통령령 제 6902호〕
개정 1997 · 12 · 13 법률 제 5454호 2003 · 7 · 29 법률 제 6955호(철도산업발전기본법) 2006 · 3 · 24 법률 제 7925호 2008 · 2 · 29 법률 제 8852호(정부조직법) 2008 · 3 · 21 법률 제 8976호(도로법 전부개정법률) 2013 · 3 · 23 법률 제11690호(정부조직법 전부개정법률) 전부개정 2013 · 5 · 22 법률 제11793호 2014 · 1 · 14 법률 제12248호(도로법 전부개정법률) 2014 · 11 · 19 법률 제12844호(정부조직법 일부개정법률 2017 · 7 · 26 법률 제14839호(정부조직법 일부개정법률)	개정 1994 · 12 · 23 대통령령 제14447호(건설교통부와그소속기관직제) 2008 · 2 · 29 대통령령 제20722호(국토해양부와 그 소속기관 직제) 2013 · 3 · 23 대통령령 제24443호 (국토교통부와 그 소속기관 직제) 2003 · 11 · 4 대통령령 제18118호(철도산업발전기본법시행령) 전부개정 2014 · 5 · 9 대통령령 제25350호 2014 · 12 · 9 대통령령 제25840호 (규제 재검토기한 설정 등 규제정비를 위한 건축법 시행령 등 일부개정령) 2020 · 3 · 3 대통령령 제30509호 (규제 재검토기한 해제 등을 위한 144개 대통령령의 일부개정에 관한 대통령령)
제1조(목적) 이 법은 기존 건널목의 입체교차화나 구조개량을 촉진하고, 철도 또는 도로를 신설하거나 노선을 개량할 경우 철도와 도로가 교차하게 되는 곳을 입체교차화함으로써 교통사고를 예방하고 교통 소통을 원활하게 함을 목적으로 한다.	제1조(목적) 이 영은 「건널목 개량촉진법」에서 위임된 사항과 그 시행에 필요한 사항을 규정함을 목적으로 한다.
제2조(정의) 이 법에서 사용하는 용어의 뜻은 다음과 같다. 〈개정 14 · 1 · 14〉 1. "철도"란 「철도산업발전기본법」 제3조제1호에 따른 철도를 말한다. 2. "도로"란 다음 각 목에 해당하는 도로를 말한다.	제2조(정의) 이 영에서 사용하는 용어의 뜻은 다음과 같다. 1. "건널목 시설물"이란 건널목의 차단기 · 경보기 · 제어기 · 교통안전표지 및 관리원 처소(處所) 등을 말한다.

법	시 행 령
가. 「도로법」 제2조제1항제1호에 따른 도로(「도로법」 제108조에 따른 준용도로를 포함한다) 나. 「농어촌도로 정비법」 제2조제1항에 따른 농어촌도로(이하 "농어촌도로"라 한다) 3. "건널목"이란 철도와 도로가 평면교차되는 곳을 말한다. 4. "철도시설관리자"란 「철도산업발전기본법」 제3조제9호에 따른 철도시설관리자를 말한다. 5. "도로관리청"이란 「도로법」 제20조에 따라 도로를 관리하거나 「농어촌도로 정비법」 제5조에 따라 농어촌도로를 정비하는 자를 말한다. 6. "입체교차화"란 건널목 구간에 지하도 또는 철도 위를 통과하기 위한 도로를 설치하는 것을 말한다. 7. "구조"란 건널목 통로의 노면재료, 건널목 전·후의 도로 및 철도의 기울기, 곡선, 열차 투시상태 등을 말한다.	2. "철도차량"이란 「철도산업발전 기본법」 제3조제4호에 따른 철도차량을 말한다. 3. "열차"란 「철도안전법」 제2조제6호에 따른 열차를 말한다. 4. "선로"란 「철도산업발전 기본법」 제3조제5호에 따른 선로를 말한다. 5. "철도교통량"이란 철도차량 중 열차 및 선로를 운행하는 동력차·특수차가 건널목을 통과한 일평균 횟수(평일에 3일간 계속 조사한 것을 평균하여 산출한다)에 별표 1에서 정한 철도교통량 환산율을 곱한 수치의 합계를 말한다. 6. "도로교통량"이란 보행자 및 「도로교통법」 제2조제17호에 따른 차마(車馬)가 건널목을 횡단한 일평균 횟수(평일에 3일간 계속 조사한 것을 평균하여 산출한다)에 별표 2에서 정한 도로교통량 환산율을 곱한 수치의 합계를 말한다.
제3조(건널목의 관리) ① 제8조에 따라 비용을 부담한 자는 그 건널목의 유지·보수 및 관리에 관한 책임을 진다. 다만, 1973년 2월 5일 이전에 설치된 건널목은 철도시설관리자가 관리한다. ② 건널목 시설물의 관리 등에 관하여 필요한 사항은 대통령령으로 정한다.	제3조(건널목 시설물의 관리 등) 「건널목 개량촉진법」(이하 "법"이라 한다) 제3조제1항에 따라 건널목의 유지·보수 및 관리에 관한 책임을 지는 자(이하 "건널목관리자"라 한다)는 법 제3조제2항에 따라 해당 건널목 시설물의 유지·보수 및 관리에 관한 책임을 진다. 제4조(건널목 시설물의 보수에 관한 협의 및 업무의 위탁) ① 건널목관리자가 해당 건널목 시설물을 보수할 때에는 그 건널목관리자가 철도시설관리자인 경우에는 도로관리청과, 도로관리청인 경우에는 철도시설관리자와 미리 협의하여야 한다. ② 건널목관리자가 도로관리청인 경우에는 건널목 시설물의 유지·보수 및 관리에 관한 업무를 철도시설관리자에게 위탁할 수 있다. 이 경우 철도시설관리자가 건널목 시설물을 보수할 때에는 미리 해당 도로관리청에 통보하여야 한다.
제4조(개량건널목의 지정) ① 국토교통부장관 또는 특별시장·광역시장·	제5조(개량건널목의 지정기준) ① 국토교통부장관 또는 특별시장·광역시

법	시 행 령
특별자치시장 · 도지사(이하 "시 · 도지사"라 한다)는 건널목에서 교통사고를 예방하고, 교통 소통을 원활하게 하기 위하여 기존 건널목의 입체교차화나 구조를 개량하는 것이 필요하다고 인정할 때에는 관계 행정기관과 협의를 거쳐 개량건널목으로 지정하여야 한다. 이 경우 시 · 도지사는 제8조제1항에 따라 비용의 전부를 시 · 도지사 또는 시장 · 군수 · 구청장(자치구의 구청장을 말한다)이 부담하는 경우에만 개량건널목을 지정할 수 있다. ② 국토교통부장관 또는 시 · 도지사는 제1항에 따라 개량건널목을 지정하였을 때에는 철도시설관리자와 도로관리청에 통보하고 그 사실을 고시하여야 한다. ③ 개량건널목의 지정기준에 관하여 필요한 사항은 대통령령으로 정한다.	장 · 특별자치시장 · 도지사(이하 "시 · 도지사"라 한다)는 법 제4조제1항에 따라 다음 각 호의 어느 하나에 해당하는 요건을 충족하는 건널목을 개량건널목으로 지정한다. 1. 철도교통량이 50 미만인 경우: 도로교통량이 30,000 이상일 것 2. 철도교통량이 50 이상 100 미만인 경우: 도로교통량이 20,000 이상일 것 3. 철도교통량이 100 이상인 경우: 도로교통량이 10,000 이상일 것 4. 그 밖에 교통사고의 위험이 높거나 교통 소통을 원활하게 하기 위하여 필요하다고 인정되는 건널목일 것 ② 국토교통부장관 또는 시 · 도지사는 제1항에 따른 개량건널목을 2년마다 우선순위를 정하여 지정하여야 한다.
제5조(건널목개량계획의 수립) ① 철도시설관리자와 도로관리청은 제4조제2항에 따라 개량건널목의 지정을 통보받은 경우에는 해당 건널목의 입체교차화 또는 구조개량에 관한 계획(이하 "건널목개량계획"이라 한다)을 세워 제4조제1항에 따라 해당 개량건널목을 지정한 국토교통부장관 또는 시 · 도지사의 승인을 받아야 한다. 승인받은 사항을 변경하는 경우에도 또한 같다. ② 국토교통부장관 또는 시 · 도지사는 제1항에 따라 건널목개량계획을 승인할 때에는 미리 관계 행정기관과 협의하여야 한다. ③ 제1항 및 제2항에서 규정한 사항 외에 건널목개량계획의 수립에 필요한 사항은 대통령령으로 정한다.	**제6조(건널목개량계획의 수립 등)** ① 철도시설관리자와 도로관리청은 법 제5조제1항 전단에 따른 건널목의 입체교차화 또는 구조개량에 관한 계획(이하 "건널목개량계획"이라 한다)을 법 제4조제2항에 따라 개량건널목의 지정을 통보받은 날부터 2년 이내에 수립하여야 한다. ② 철도시설관리자와 도로관리청은 제1항에 따라 건널목개량계획을 수립하여 건널목을 개량할 때에는 예산의 범위에서 연차적으로 시공할 수 있다.
제6조(건널목 개량의 실시) 철도시설관리자 또는 도로관리청은 국토교통부장관 또는 시 · 도지사의 승인을 받은 건널목개량계획에 따라 기존 건널목을 입체교차화하거나 구조를 개량하여야 한다.	
제7조(철도 등의 신설과 노선의 개량 시의 입체교차화) ① 기존 철도 또는 도로를 횡단하여 철도 또는 도로를 신설하거나 노선을 개량하는 경	**제7조(철도 등의 신설과 노선의 개량 시의 입체교차화 기준)** 법 제7조제1항 본문에 따라 다음 각 호의 어느 하나에 해당하는 경우에는 철도와

법	시 행 령
우에 철도와 도로가 교차하는 부분은 입체교차화하여야 한다. 다만, 대통령령으로 정하는 기준 이하인 경우에는 그러하지 아니하다. ② 제1항에 따라 철도 또는 도로를 신설하거나 노선을 개량하는 경우에 필요한 입체교차화의 기준 및 교차부분의 시공 등에 관하여 필요한 사항은 대통령령으로 정한다.	도로가 교차하는 부분을 입체교차화하여야 한다. 다만, 지형조건으로 입체교차화가 곤란하거나 관계 행정기관과의 협의에 따라 입체교차화가 불필요하다고 인정되는 경우에는 입체교차화하지 아니할 수 있다. 1. 기존 도로를 횡단하여 철도를 신설하거나 노선을 개량하는 경우에는 선로의 조건 및 도로의 폭이 다음 각 목의 구분에 따른 기준을 충족하는 경우 가. 선로가 단선인 경우: 도로의 폭이 6미터 이상일 것 나. 선로가 복선 이상인 경우: 도로의 폭이 4미터 이상일 것 2. 기존 철도를 횡단하여 도로를 신설하거나 노선을 개량하는 경우에는 철도교통량 및 도로의 폭이 다음 각 목의 구분에 따른 기준을 충족하는 경우 가. 철도교통량이 30 미만인 경우: 도로의 폭이 10미터 이상일 것 나. 철도교통량이 30 이상 60 미만인 경우: 도로의 폭이 6미터 이상일 것 다. 철도교통량이 60 이상인 경우: 도로의 폭이 4미터 이상일 것 **제8조(교차부분의 시공)** ① 법 제6조에 따라 기존 건널목을 입체교차화하거나 법 제7조제1항 본문에 따라 철도 등의 신설과 노선의 개량 시에 입체교차화하는 경우에 해당 철도와 도로가 교차하는 부분은 다음 각 호의 구분에 따른 자가 시공하여야 한다. 1. 가도교(가도교, 도로가 철도 밑으로 통과하는 경우 철도를 위한 교량을 말한다. 이하 같다)의 경우: 철도시설관리자 2. 과선교(과선교, 도로가 철도 위로 통과하는 경우 도로를 위한 교량을 말한다. 이하 같다)의 경우: 법 제8조에 따라 비용을 부담하는 자. 이 경우 도로관리청이 비용의 전부를 부담하는 경우에는 철도시설관리자에게 위탁하여 시공하게 할 수 있다. 3. 건널목 시설물의 경우: 철도시설관리자. 다만, 법 제8조에 따라 도로

법	시 행 령
제8조(비용의 부담) ① 건널목개량계획에 따라 기존 건널목을 입체교차화하거나 기존 건널목의 구조를 개량하는 경우에 드는 비용은 다음 각 호의 구분에 따른 자가 부담한다.〈개정 14·11·19, 17·7·26〉 1. 입체교차화하는 경우 가. 고속국도·일반국도·특별시도·광역시도일 때: 도로관리청 나. 가목 외의 도로일 때: 행정안전부와 국토교통부의 공동부령으로 정하는 자 2. 구조를 개량하는 경우 가. 접속 철도일 때: 철도시설관리자 나. 접속 도로일 때: 도로관리청 ② 기존 철도 또는 도로를 횡단하여 철도 또는 도로를 신설하거나 노선을 개량하는 경우에 입체교차화를 위하여 드는 비용은 다음 각 호의 구	관리청이 비용의 전부를 부담하는 경우에는 철도시설관리자와 협의하여 도로관리청이 시공할 수 있다. ② 제1항에 따라 철도와 도로가 교차하는 부분을 시공하는 자는 착공 전에 공사설계도(정면도·평면도·종단도를 포함한다)·공사시방서 및 공정표에 대하여 그 시공자가 철도시설관리자인 경우에는 도로관리청과, 도로관리청인 경우에는 철도시설관리자와 미리 협의하여야 한다. 제9조(입체교차화 시설물의 관리 등) 다음 각 호의 구분에 따른 자는 입체교차화 시설물의 유지·보수 및 관리에 관한 책임을 진다. 1. 가도교 가. 교량구조물[빔·교각 및 교대(橋臺)를 말한다] 및 선로용지(線路用地) 내의 외벽: 철도시설관리자 나. 가목 외의 시설물: 도로관리청 2. 과선교: 도로관리청 제10조 삭제 〈20·3·3〉

법	시 행 령
분에 따른 자가 부담한다. 1. 기존 도로를 횡단하여 철도를 신설하거나 철도의 노선을 개량하는 경우: 철도시설관리자 2. 기존 철도를 횡단하여 도로를 신설하거나 도로의 노선을 개량하는 경우: 도로관리청	
부 칙	**부 칙**
이 법은 공포한 날로부터 시행한다	이 영은 공포한 날로부터 시행한다.
부 칙 〈97·12·13〉	**부 칙** 〈94·12·23〉
이 법은 1998년 1월 1일부터 시행한다.〈단서 생략〉	제1조(시행일) 이 영은 공포한 날로부터 시행한다.〈단서 생략〉 제2조부터 제5조까지 생략
부 칙 〈03·7·29〉	**부 칙** 〈03·11·4〉
제1조 (시행일) 이 법은 공포후 3월이 경과한 날부터 시행한다. 제2조부터 제5조까지 생략	제1조(시행일) 이 영은 공포한 날부터 시행한다.〈단서 생략〉 제2조부터 제12조까지 생략
부 칙 〈06·3·24〉	**부 칙** 〈08·2·29〉
이 법은 공포한 날부터 시행한다.	제1조(시행일) 이 영은 공포한 날부터 시행한다. 다만, 부칙 제6조에 따라 개정되는 대통령령 중 이 영의 시행 전에 공포되었으나 시행일이 도래
부 칙 〈08·2·29〉	

법	시 행 령
제1조(시행일) 이 법은 공포한 날부터 시행한다. 다만, …〈생략〉… 부칙 제6조에 따라 개정되는 법률 중 이 법의 시행 전에 공포되었으나 시행일이 도래하지 아니한 법률을 개정한 부분은 각각 해당 법률의 시행일부터 시행한다. 제2조부터 제7조까지 생략 부 칙 〈08 · 3 · 21〉 제1조(시행일) 이 법은 공포한 날부터 시행한다. 〈단서 생략〉 제2조부터 제10조까지 생략 부 칙 〈13 · 3 · 23〉 제1조(시행일) ① 이 법은 공포한 날부터 시행한다. ② 생략 제2조부터 제7조까지 생략 부 칙 〈13 · 5 · 22〉 이 법은 공포한 날부터 시행한다. 부 칙 〈14 · 1 · 14〉 제1조(시행일) 이 법은 공포 후 6개월이 경과한 날부터 시행한다. 제2조부터 제25조까지 생략 부 칙 〈14 · 11 · 19〉 제1조(시행일) 이 법은 공포한 날부터 시행한다. 다만, 부칙 제6조에 따라 개정되는 법률 중 이 법 시행 전에 공포되었으나 시행일이 도래하지 아니한 법률을 개정한 부분은 각각 해당 법률의 시행일부터 시행한다. 제2조부터 제7조까지 생략	하지 아니한 대통령령을 개정한 부분은 각각 해당 대통령령의 시행일부터 시행한다. 제2조부터 제6조까지 생략 부 칙 〈13 · 3 · 23〉 제1조(시행일) 이 영은 공포한 날부터 시행한다. 〈단서 생략〉 제2조부터 제6조까지 생략 부 칙 〈14 · 5 · 9〉 이 영은 공포한 날부터 시행한다. 부 칙 〈14 · 12 · 9〉 제1조(시행일) 이 영은 2015년 1월 1일부터 시행한다. 제2조부터 제16조까지 생략 부 칙 〈20 · 3 · 3〉 이 영은 공포한 날부터 시행한다.

법	시 행 령
부 칙 〈17 · 7 · 26〉 제1조(시행일) ① 이 법은 공포한 날부터 시행한다. 다만, 부칙 제5조에 따라 개정되는 법률 중 이 법 시행 전에 공포되었으나 시행일이 도래하지 아니한 법률을 개정한 부분은 각각 해당 법률의 시행일부터 시행한다. 제2조부터 제6조까지 생략	

[별표 1]

철도교통량 환산율(제2조제5호 관련)

철도차량 종류	환산율
1. 열차	1.0
2. 선로를 운행하는 동력차 · 특수차	0.5

[별표 2]

도로교통량 환산율(제2조제6호 관련)

구분		환산율	대상
1. 보행자		1	
2. 자전거		2	
3. 우마차(牛馬車) 등 사람 또는 가축의 힘으로 도로에서 운전되는 것		3	
4. 자동차	이륜	4	원동기장치자전거, 경운기, 전동휠체어 등
	소형	8	승용자동차, 소형 승합자동차(15인승 이하), 소형 화물자동차(총중량 3.5톤 이하)
	중형	10	중형 승합자동차(16인승 이상 35인승 이하), 중형 화물자동차(총중량 3.5톤 초과 10톤 미만), 소형 특수자동차(총중량 3.5톤 이하), 건설기계(총중량 3.5톤 이하)
	대형	12	대형 승합자동차(36인승 이상), 대형 화물자동차(총중량 10톤 이상), 중대형 특수자동차(총중량 3.5톤 초과), 건설기계(총중량 3.5톤 초과)

비고: 제2호 및 제3호의 경우 타는 사람 또는 끄는 사람 등이 포함되었으므로 그 사람을 별도로 보행자로 계산하지 않는다.

건널목 입체교차화 비용부담에 관한 규칙

제정 1974 · 6 · 10 교통부령 제481호
개정 2002 · 7 · 16 행정자치부령 제176호
2006 · 8 · 3 건설교통부령 제529호
2006 · 8 · 3 행정자치부령 제340호

제1조(목적) 이 규칙은 「건널목개량촉진법 시행령」 제8조에 따라 건널목의 입체교차화에 따른 비용부담에 관하여 필요한 사항을 규정함을 목적으로 한다. 〈개정 06 · 8 · 3〉

제2조(적용범위) 기존 건널목을 입체교차화하는 경우에 해당 도로가 「도로법」에 따른 지방도 · 시도 · 군도 · 구도 또는 「농어촌 도로정비법」에 따른 면도 · 리도 · 농도일 때의 도로관리청과 철도시설관리자 간의 비용부담은 이 규칙이 정하는 바에 따른다.
[전문개정 06 · 8 · 3]

제3조 (비용부담의 기준) 건널목의 입체교차화에 소요되는 공사비 및 보상비 등 일체의 비용은 당해 도로가 지방도일 경우에는 도로관리청과 철도시설관리자가 각각 50퍼센트씩을 부담하고, 시도 · 군도 · 구도 · 면도 · 리도 및 농도인 경우에는 도로관리청이 25퍼센트를, 철도시설관리자가 75퍼센트를 각각 부담한다. 〈개정 06 · 8 · 3〉
[전문개정 02 · 7 · 16]

부 칙

이 영은 공포한 날로부터 시행한다.

부 칙 〈02 · 7 · 16〉

이 규칙은 공포한 날부터 시행한다.

부 칙 〈06 · 8 · 3〉

이 규칙은 공포한 날부터 시행한다.

항공 · 철도 사고조사에 관한 법률 · 시행령 · 시행규칙

항공 · 철도 사고조사에 관한 법률 · 시행령 · 시행규칙 목차

법	시행령	시행규칙
항공·철도 사고조사에 관한 법률	**항공·철도 사고조사에 관한 법률 시행령**	**항공·철도 사고조사에 관한 법률 시행규칙**
〔 2005·11·8 법률 제7692호 〕	〔 2006·6·15 대통령령 제19531호 〕	〔 2006·6·21 건설교통부 제522호 〕
개정 2008·2·29 법률 제8852호 (정부조직법) 2009·6·9 법률 제9780호 (항공법 일부개정법률) 2009·6·9 법률 제9781호 2013·3·22 법률 제11646호 2013·3·23 법률 제11690호 (정부조직법 전부개정법률) 2014·5·21 법률 제12653호 2016·3·29 법률 제14116호 (항공안전법) 2017·3·21 법률 제14723호 2020·6·9 법률 제17453호 (법률용어 정비를 위한 국토교통위원회 소관 78개 법률 일부개정을 위한 법률) 2021·5·18 법률 제18188호	개정 2008·2·29 대통령령 제20722호(국토해양부와 그 소속기관 직제) 2011·4·4 대통령령 제22829호(경제활성화 및 친서민 국민불편해소 등을 위한 개발제한구역의 지정 및 관리에 관한 특별조치법 시행령 등 일부개정령) 2013·2·22 대통령령 제24395호 2021·11·16 대통령령 제32125호	전부개정 2009·12·10 국토해양부 제190호 개정 2013·2·28 국토해양부 제571호 2021·8·27 국토교통부령 제882호 (어려운 법령용어 정비를 위한 80개 국토교통부령 일부개정령)
제1장 총칙		
제1조(목적) 이 법은 항공·철도사고조사위원회를 설치하여 항공사고 및 철도사고 등에 대한 독립적이고 공정한 조사를 통하여 사고 원인을 정확하게 규명함으로써 항공사고 및 철도	제1조(목적) 이 영은 「항공·철도 사고조사에 관한 법률」에서 위임된 사항과 그 시행에 필요한 사항을 규정함을 목적으로 한다. 〈개정 13·2·22〉	제1조(목적) 이 규칙은 「항공·철도 사고조사에 관한 법률」 및 같은 법 시행령에서 위임된 사항과 그 시행에 필요한 사항을 규정함을 목적으로 한다. 〈개정 13·2·28〉

<table>
<tr><th>법</th><th>시 행 령</th><th>시 행 규 칙</th></tr>
<tr><td>사고 등의 예방과 안전 확보에 이바지함을 목적으로 한다.
제2조(정의) ① 이 법에서 사용하는 용어의 뜻은 다음과 같다. 〈개정 09 · 6 · 9, 13 · 3 · 22, 16 · 3 · 29, 20 · 6 · 9〉
1. “항공사고”란 「항공안전법」 제2조제6호에 따른 항공기사고, 같은 조 제7호에 따른 경량항공기사고 및 같은 조 제8호에 따른 초경량비행장치사고를 말한다.
2. “항공기준사고”란 「항공안전법」 제2조제9호에 따른 항공기준사고를 말한다.
3. “항공사고등”이라 함은 제1호에 따른 항공사고 및 제2호에 따른 항공기준사고를 말한다.
4. 및 5. 삭제 〈09 · 6 · 9〉
6. “철도사고”란 철도(도시철도를 포함한다. 이하 같다)에서 철도차량 또는 열차의 운행 중에 사람의 사상이나 물자의 파손이 발생한 사고로서 다음 각 호의 어느 하나에 해당하는 사고를 말한다.
가. 열차의 충돌 또는 탈선사고
나. 철도차량 또는 열차에서 화재가 발생하여 운행을 중지시킨 사고
다. 철도차량 또는 열차의 운행과 관련하여 3명 이상의 사상자가 발생한 사고
라. 철도차량 또는 열차의 운행과 관련하여</td><td></td><td></td></tr>
</table>

법	시 행 령	시 행 규 칙
5천만원 이상의 재산피해가 발생한 사고 7. "사고조사"란 항공사고등 및 철도사고(이하 "항공·철도사고등"이라 한다)와 관련된 정보·자료 등의 수집·분석 및 원인규명과 항공·철도안전에 관한 안전권고 등 항공·철도사고등의 예방을 목적으로 제4조에 따른 항공·철도사고조사위원회가 수행하는 과정 및 활동을 말한다. ②이 법에서 사용하는 용어 외에는 「항공사업법」·「항공안전법」·「공항시설법」 및 「철도안전법」에서 정하는 바에 따른다. 〈개정 16·3·29〉 **제3조(적용범위 등**〈개정 13·3·22〉**)** ① 이 법은 다음 각 호의 어느 하나에 해당하는 항공·철도사고등에 대한 사고조사에 관하여 적용한다. 1. 대한민국 영역 안에서 발생한 항공·철도사고등 2. 대한민국 영역 밖에서 발생한 항공사고등으로서 「국제민간항공조약」에 의하여 대한민국을 관할권으로 하는 항공사고등 ②제1항에도 불구하고 「항공안전법」 제2조제4호에 따른 국가기관등항공기에 대한 항공사고조사는 다음 각 호의 어느 하나에 해당하는 경우 외에는 이 법을 적용하지 아니한다. 〈개정 09·6·9, 16·3·29, 20·6·9〉 1. 사람이 사망 또는 행방불명된 경우 2. 국가기관등항공기의 수리·개조가 불가능		

법	시 행 령	시 행 규 칙
하게 파손된 경우 3. 국가기관등항공기의 위치를 확인할 수 없거나 국가기관등항공기에 접근이 불가능한 경우 ③제1항에도 불구하고 「항공안전법」 제3조에 따른 항공기의 항공사고조사는 이 법을 적용하지 아니한다. 〈개정 16·3·29, 20·6·9〉 ④ 항공사고등에 대한 조사와 관련하여 이 법에서 규정하지 아니한 사항은 「국제민간항공조약」과 같은 조약의 부속서(附屬書)에서 채택된 표준과 방식에 따라 실시한다. 〈신설 13·3·22〉		
제2장 항공·철도사고조사위원회		
제4조(항공·철도사고조사위원회의 설치) ① 항공·철도사고등의 원인규명과 예방을 위한 사고조사를 독립적으로 수행하기 위하여 국토교통부에 항공·철도사고조사위원회(이하 "위원회"라 한다)를 둔다. 〈개정 08·2·29, 13·3·23〉 ②국토교통부장관은 일반적인 행정사항에 대하여는 위원회를 지휘·감독하되, 사고조사에 대하여는 관여하지 못한다. 〈개정 08·2·29, 13·3·23〉	제2조(분과위원회의 구성 등) ① 「항공·철도사고조사에 관한 법률」(이하 "법"이라 한다) 제4조에 따른 항공·철도사고조사위원회(이하 "위원회"라 한다)에 두는 분과위원회는 다음 각 호와 같다. 1. 항공분과위원회 2. 철도분과위원회 ②제1항제1호에 따른 항공분과위원회는 항공사고등에 대한 다음 각 호의 사항을 심의·의결한다. 1. 법 제25조제1항에 따른 사고조사보고서의 작성 등에 관한 사항 2. 법 제26조제1항에 따른 안전권고 등에 관	

법	시 행 령	시 행 규 칙
	한 사항 3. 그 밖에 항공사고등에 관한 사항으로서 위원회에서 심의를 위임한 사항 ③제1항제2호에 따른 철도분과위원회는 철도사고에 대한 다음 각 호의 사항을 심의·의결한다. 〈개정 13·2·22〉 1. 법 제25조제1항에 따른 사고조사보고서의 작성 등에 관한 사항 2. 법 제26조제1항에 따른 안전권고 등에 관한 사항 3. 그 밖에 철도사고에 관한 사항으로서 위원회에서 심의를 위임한 사항 ④제1항 각 호에 따른 분과위원회(이하 "분과위원회"라 한다)는 분과위원회의 위원장(이하 "분과위원장"이라 한다)과 분과위원회의 상임위원(이하 "분과상임위원"이라 한다) 각 1명을 포함한 7명 이내의 위원으로 구성한다. 〈개정 13·2·22〉 ⑤각 분과위원장과 분과상임위원은 위원회의 위원장(이하 "위원장"이라 한다)과 상임위원이 각각 겸임하고, 분과위원회의 위원은 위원장이 위원회의 위원 중에서 지명한 사람으로 한다. 〈개정 13·2·22〉 ⑥분과위원장은 분과위원회를 대표하고, 분과위원회의 업무를 총괄한다. 제3조(분과위원회의 회의) ① 분과위원장은 분	

법	시 행 령	시 행 규 칙
제5조(위원회의 업무) 위원회는 다음 각 호의 업무를 수행한다.〈개정 20 · 6 · 9〉 1. 사고조사 2. 제25조에 따른 사고조사보고서의 작성 · 의결 및 공표 3. 제26조에 따른 안전권고 등 4. 사고조사에 필요한 조사 · 연구 5. 사고조사 관련 연구 · 교육기관의 지정 6. 그 밖에 항공사고조사에 관하여 규정하고 있는 「국제민간항공조약」 및 동 조약부속서에서 정한 사항 제6조(위원회의 구성) ① 위원회는 위원장 1인을 포함한 12인 이내의 위원으로 구성하되, 위원 중 대통령령으로 정하는 수의 위원은 상임으로 한다.〈개정 20 · 6 · 9〉 ②위원장 및 상임위원은 대통령이 임명하며, 비상임위원은 국토교통부장관이 위촉한다. 〈개정 08 · 2 · 29, 13 · 3 · 23〉 ③상임위원의 직급에 관하여는 대통령령으로 정한다. 제7조(위원의 자격요건) 위원이 될 수 있는 자	과위원회의 회의를 소집하며, 그 의장이 된다. ②분과위원회의 회의는 분과위원회 재적위원 과반수의 찬성으로 의결한다. ③이 영에서 정한 것 외에 분과위원회의 운영 등에 관하여 필요한 사항은 위원장이 정한다.	

법	시 행 령	시 행 규 칙
는 항공·철도관련 전문지식이나 경험을 가진 자로서 다음 각 호의 어느 하나에 해당하는 자로 한다. 1. 변호사의 자격을 취득한 후 10년 이상 된 자 2. 대학에서 항공·철도 또는 안전관리분야 과목을 가르치는 부교수 이상의 직에 5년 이상 있거나 있었던 자 3. 행정기관의 4급 이상 공무원으로 2년 이상 있었던 자 4. 항공·철도 또는 의료 분야 전문기관에서 10년 이상 근무한 박사학위 소지자 5. 항공종사자 자격증명을 취득하여 항공운송사업체에서 10년 이상 근무한 경력이 있는 자로서 임명·위촉일 3년 이전에 항공운송사업체에서 퇴직한 자 6. 철도시설 또는 철도운영관련 업무분야에서 10년 이상 근무한 경력이 있는 자로서 임명·위촉일 3년 이전에 퇴직한 자 7. 국가기관등항공기 또는 군·경찰·세관용 항공기와 관련된 항공업무에 10년 이상 종사한 경력이 있는 자 **제8조(위원의 결격사유)** 다음 각 호의 어느 하나에 해당하는 자는 위원이 될 수 없다.<개정 17·3·21, 20·6·9> 1. 피성년후견인·피한정후견인 또는 파산자로서 복권되지 아니한 자		

법	시 행 령	시 행 규 칙
2. 금고 이상의 실형을 선고 받고 그 집행이 종료(집행이 종료된 것으로 보는 경우를 포함한다)되거나 집행이 면제된 날부터 3년이 지나지 아니한 자 3. 금고 이상의 형의 집행유예를 선고받고 그 유예기간 중에 있는 자 4. 법원의 판결 또는 법률에 의하여 자격이 상실 또는 정지된 자 5. 항공운송사업자, 항공기 또는 초경량비행장치와 그 장비품의 제조 · 개조 · 정비 및 판매사업 그 밖에 항공관련 사업을 운영하는 자 또는 그 임직원 6. 철도운영자 및 철도시설관리자, 철도차량을 제작 · 조립 또는 수입하는 자, 철도건설관련 시공업자 또는 철도용품 · 장비 판매사업자 그 밖의 철도관련 사업을 운영하는 자 및 그 임직원 **제9조(위원의 신분보장)** ① 위원은 임기 중 직무와 관련하여 독립적으로 권한을 행사 한다. ②위원은 다음 각 호의 어느 하나에 해당하는 경우를 제외하고는 그 의사에 반하여 해임 또는 해촉되지 아니한다. 1. 제8조 각 호의 어느 하나에 해당하는 경우 2. 심신장애로 인하여 직무를 수행할 수 없다고 인정되는 경우 3. 이 법에 의한 직무상의 의무를 위반하여 위		

법	시 행 령	시 행 규 칙
원으로서의 직무수행이 부적당하게 된 경우 **제10조(위원장의 직무 등)** ① 위원장은 위원회를 대표하며 위원회의 업무를 통할한다. ②위원장이 부득이한 사유로 인하여 직무를 수행할 수 없는 때에는 위원장이 미리 지명한 위원, 상임위원, 위원 중 연장자 순으로 그 직무를 대행한다. **제11조(위원의 임기)** 위원의 임기는 3년으로 하되, 연임할 수 있다. **제12조(회의 및 의결)** ① 위원회의 회의는 위원장이 소집하고, 위원장은 의장이 된다. ②위원회의 의사는 재적위원 과반수로 결정한다. **제13조(분과위원회)** ① 위원회는 사고조사 내용을 효율적으로 심의하기 위하여 분과위원회를 둘 수 있다. ②제1항에 따른 분과위원회의 의결은 위원회의 의결로 본다.〈개정 20·6·9〉 ③분과위원회의 조직 및 운영에 관하여 필요한 사항은 대통령령으로 정한다.		
제14조(자문위원) 위원회는 사고조사에 관련된 자문을 얻기 위하여 필요한 경우 항공 및 철도분야의 전문지식과 경험을 갖춘 전문가를 대통령령으로 정하는 바에 따라 자문위원으로 위촉할 수 있다.〈개정 20·6·9〉	**제4조(자문위원의 위촉 등)** ① 법 제14조에 따라 위원장은 해당 분야에 관하여 학식과 경험이 풍부한 사람을 자문위원으로 위촉할 수 있다. 〈개정 13·2·22〉 ②위원장은 자문위원으로 하여금 사고조사에 관하여 의견을 진술하게 하거나 서면으로 의견을 제출할 것을 요청할 수 있다.	

법	시 행 령	시 행 규 칙
제15조(직무종사의 제한) ① 위원회는 항공 · 철도사고등의 원인과 관계가 있거나 있었던 자와 밀접한 관계를 갖고 있다고 인정되는 위원에 대하여는 해당 항공 · 철도사고등과 관련된 회의에 참석시켜서는 아니된다.〈개정 20 · 6 · 9〉 ②제1항의 규정에 해당되는 위원은 해당 항공 · 철도사고등과 관련한 위원회의 회의를 회피할 수 있다.〈개정 20 · 6 · 9〉 제16조(사무국) ① 위원회의 사무를 처리하기 위하여 위원회에 사무국을 둔다. ②사무국은 사무국장 · 사고조사관 그 밖의 직원으로 구성한다. ③사무국장은 위원장의 명을 받아 사무국 업무를 처리한다. ④사무국의 조직 및 운영 등에 관하여 필요한 사항은 대통령령으로 정한다.	③자문위원의 임기는 5년으로 하되, 연임할 수 있다.	
제3장 사고조사		
제17조(항공 · 철도사고등의 발생 통보) ① 항공 · 철도사고등이 발생한 것을 알게 된 항공기의 기장, 「항공안전법」 제62조제5항 단서에 따른 그 항공기의 소유자등, 「철도안전법」 제61조제1항에 따른 철도운영자등, 항공 · 철도종사자, 그 밖의 관계인(이하 "항공 · 철도종사자		제2조(항공 · 철도종사자와 관계인의 범위) 「항공 · 철도 사고조사에 관한 법률」(이하 "법"이라 한다) 제17조제1항에 따라 항공 · 철도사고등의 발생사실을 법 제4조제1항에 따른 항공 · 철도사고조사위원회(이하 "위원회"라 한다)에 통보해야 하는 항공 · 철도종사자와 관

법	시 행 령	시 행 규 칙
등"이라 한다)은 지체 없이 그 사실을 위원회에 통보하여야 한다. 다만, 「항공안전법」 제2조제4호에 따른 국가기관등항공기의 경우에는 그와 관련된 항공업무에 종사하는 사람은 소관 행정기관의 장에게 보고하여야 하며, 그 보고를 받은 소관 행정기관의 장은 위원회에 통보하여야 한다. 〈개정 16·3·29〉 ② 제1항에 따른 항공·철도종사자와 관계인의 범위, 통보에 포함되어야 할 사항, 통보시기, 통보방법 및 절차 등은 국토교통부령으로 정한다. 〈개정 13·3·23〉 ③ 위원회는 제1항에 따라 항공·철도사고등을 통보한 자의 의사에 반하여 해당 통보자의 신분을 공개하여서는 아니 된다. [전문개정 09·6·9]		계인의 범위는 다음 각 호와 같다. 〈개정 13·2·28〉 1. 경량항공기 조종사(조종사가 통보할 수 없는 경우에는 그 경량항공기의 소유자) 2. 초경량비행장치의 조종자(조종자가 통보할 수 없는 경우에는 그 초경량비행장치의 소유자) **제3조(통보사항)** 법 제17조제1항에 따라 항공·철도사고등의 발생 통보 시 포함되어야 할 사항은 다음 각 호와 같다. 1. 항공사고등 가. 항공기사고등의 유형 나. 발생 일시 및 장소 다. 기종(통보자가 알고 있는 경우만 해당한다) 라. 발생 경위(통보자가 알고 있는 경우만 해당한다) 마. 사상자 등 피해상황(통보자가 알고 있는 경우만 해당한다) 바. 통보자의 성명 및 연락처 사. 가목부터 바목까지에서 규정한 사항 외에 사고조사에 필요한 사항 2. 철도사고 가. 철도사고의 유형 나. 발생 일시 및 장소 다. 발생 경위(통보자가 알고 있는 경우만

법	시 행 령	시 행 규 칙
		해당한다) 라. 사상자, 재산피해 등 피해상황(통보자가 알고 있는 경우만 해당한다) 마. 사고수습 및 복구계획(통보자가 알고 있는 경우만 해당한다) 바. 통보자의 성명 및 연락처 사. 가목부터 바목까지에서 규정한 사항 외에 사고조사에 필요한 사항 **제4조(통보시기)** 법 제17조제1항에 따른 통보의무자는 항공·철도사고등이 발생한 사실을 알게 된 때에는 지체 없이 통보하여야 하며, 제3조에 따른 통보사항의 부족을 이유로 통보를 지연시켜서는 아니 된다. 〈개정 13·2·28〉 **제5조(통보방법 및 절차)** ① 법 제17조제1항에 따른 항공·철도사고등의 발생통보는 구두, 전화, 팩스, 인터넷 홈페이지 등의 방법 중 가장 신속한 방법을 이용해야 한다. 〈개정 13·2·28, 21·8·27〉 ② 제1항의 통보에 필요한 전화번호, 팩스번호, 인터넷 홈페이지 주소 등은 위원회가 정하여 고시한다.〈개정 21·8·27〉 **제6조(국가기관등항공기 사고발생 통보)** 법 제17조제1항 단서에 따라 소관 행정기관의 장이 국가기관등항공기의 사고 발생 사실을 위원회에 통보할 경우에는 제3조부터 제5조까지를 준용한다.

법	시 행 령	시 행 규 칙
제18조(사고조사의 개시 등) 위원회는 제17조제1항에 따라 항공·철도사고등을 통보 받거나 발생한 사실을 알게 된 때에는 지체 없이 사고조사를 개시하여야 한다. 다만, 대한민국에서 발생한 외국항공기의 항공사고등에 대한 원활한 사고조사를 위하여 필요한 경우 해당 항공기의 소속 국가 또는 지역사고조사기구(Regional Accident Investigation Organization)와의 합의나 협정에 따라 사고조사를 그 국가 또는 지역사고조사기구에 위임할 수 있다. 〈개정 09·6·9, 13·3·22〉		
제19조(사고조사의 수행 등) ① 위원회는 사고조사를 위하여 필요하다고 인정되는 때에는 위원 또는 사무국 직원으로 하여금 다음 각 호의 사항을 조치하게 할 수 있다. 〈개정 09·6·9〉 1. 항공기 또는 초경량비행장치의 소유자, 제작자, 탑승자, 항공사고등의 현장에서 구조활동을 한 자 그 밖의 관계인(이하 "항공사고등 관계인"이라 한다)에 대한 항공사고등 관련 보고 또는 자료의 제출 요구 2. 철도사고와 관련된 철도운영 및 철도시설 관리자, 종사자, 사고현장에서 구조활동을 하는 자, 그 밖의 관계인(이하 "철도사고 관계인"이라 한다)에 대한 철도사고와 관련한 보고 또는 자료의 제출 요구 3. 사고현장 및 그밖에 필요하다고 인정되는		제7조(증표) 법 제19조제4항에 따른 증표는 별지 서식과 같다.

법	시 행 령	시 행 규 칙
장소에 출입하여 항공기 및 철도 시설 · 차량 그 밖의 항공 · 철도사고등과 관련이 있는 장부 · 서류 또는 물건(이하 "관계물건"이라 한다)의 검사 4. 항공사고등 관계인 및 철도사고 관계인(이하 "관계인"이라 한다)의 출석 요구 및 질문 5. 관계 물건의 소유자 · 소지자 또는 보관자에 대한 해당 물건의 보존 · 제출 요구 또는 제출한 물건의 유치 6. 사고현장 및 사고와 관련 있는 장소에 대한 출입통제 ②제1항제5호에 따른 보존의 요구를 받은 자는 해당 물건을 이동시키거나 변경 · 훼손하여서는 아니된다. 다만, 공공의 이익에 중대한 영향을 미친다고 판단되거나 인명구조 등 긴급한 사유가 있는 경우에는 그러하지 아니하다.〈개정 20 · 6 · 9〉 ③위원회는 제1항제5호에 따라 유치한 관련물건이 사고조사에 더 이상 필요하지 아니할 때에는 가능한 한 조속히 유치를 해제하여야 한다.〈개정 20 · 6 · 9〉 ④제1항에 따른 조치를 하는 자는 그 권한을 표시하는 증표를 가지고 있어야 하며, 관계인의 요구가 있는 때에는 이를 제시하여야 한다.〈개정 20 · 6 · 9〉		
제20조(항공 · 철도사고조사단의 구성 · 운영) ① 위원회는 사고조사를 위하여 필요하다고 인정	제5조(항공 · 철도사고조사단의 구성 등) ① 법 제20조제1항에 따른 항공 · 철도사고조사단(이	

<table>
<tr><th>법</th><th>시 행 령</th><th>시 행 규 칙</th></tr>
<tr><td>되는 때에는 분야별 관계 전문가를 포함한 항공·철도사고조사단을 구성·운영할 수 있다.
②항공·철도사고조사단의 구성·운영에 관하여 필요한 사항은 대통령령으로 정한다.

제21조(국토교통부장관의 지원〈개정 08·2·29, 13·3·23〉) ① 위원회는 사고조사를 수행하기 위하여 필요하다고 인정하는 때에는 국토교통부장관에게 사실의 조사 또는 관련 공무원의 파견, 물건의 지원 등 사고조사에 필요한 지원을 요청할 수 있다. 〈개정 08·2·29, 13·3·23〉
②국토교통부장관은 제1항의 규정에 따라 사고조사의 지원을 요청받은 때에는 사고조사가 원활하게 진행될 수 있도록 필요한 지원을 하</td><td>하 "조사단"이라 한다)의 단장은 법 제16조제2항에 따른 사고조사관 또는 사고조사와 관련된 업무를 수행하는 직원 중에서 위원장이 임명한다.
②조사단의 단장은 조사단에 관한 사무를 총괄하고, 조사단의 구성원을 지휘·감독한다.
③위원회는 항공사고등이 군용항공기 또는 군항공업무[항공기에 탑승하여 행하는 항공기의 운항(항공기의 조종연습은 제외한다), 항공교통관제 및 운항관리에 한정한다]와 관련되거나 군용항공기지 안에서 발생한 경우로서 이에 대한 조사를 위하여 조사단을 구성하는 경우에는 그 사고와 관련된 분야의 전문가 중에서 국방부장관이 추천하는 사람을 조사단에 참여시켜야 한다. 〈개정 13·2·22〉
④이 영에서 정한 것 외에 조사단의 구성 및 운영에 관하여 필요한 사항은 위원장이 정한다.</td><td></td></tr>
</table>

법	시 행 령	시 행 규 칙
여야 한다. 〈개정 08 · 2 · 29, 13 · 3 · 23〉 ③국토교통부장관은 제2항의 규정에 따라 사실의 조사를 지원하기 위하여 필요하다고 인정하는 때에는 소속 공무원으로 하여금 제19조제1항 각 호의 사항을 조치하게 할 수 있다. 이 경우 제19조제4항의 규정을 준용한다. 〈개정 08 · 2 · 29, 13 · 3 · 23〉 제22조(관계 행정기관 등의 협조) 위원회는 신속하고 정확한 조사를 수행하기 위하여 관계 행정기관의 장, 관계 지방자치단체의 장 그 밖의 공 · 사 단체의 장(이하 "관계기관의 장"이라 한다)에게 항공 · 철도사고등과 관련된 자료 · 정보의 제공, 관계 물건의 보존 등 그 밖의 필요한 협조를 요청할 수 있다. 이 경우 관계기관의 장은 정당한 사유가 없으면 협조하여야 한다.〈개정 20 · 6 · 9〉 제23조(시험 및 의학적 검사) ① 위원회는 사고조사와 관련하여 사상자에 대한 검시, 생존한 승무원 등에 대한 의학적 검사, 항공기 · 철도차량 등의 구성품 등에 대하여 검사 · 분석 · 시험 등을 할 수 있다. ②위원회는 필요하다고 인정하는 경우에는 제1항에 따른 검시 · 검사 · 분석 · 시험 등의 업무를 관계 전문가 · 전문기관 등에 의뢰할 수 있다.〈개정 20 · 6 · 9〉 제24조(관계인 등의 의견청취) ① 위원회는 사	제6조(의견청취) ① 위원회는 법 제24조제1항에	

법	시 행 령	시 행 규 칙
고조사를 종결하기 전에 해당 항공·철도사고 등과 관련된 관계인에게 대통령령으로 정하는 바에 따라 의견을 진술할 기회를 부여하여야 한다.〈개정 20·6·9〉 ②위원회는 사고조사를 위하여 필요하다고 인정되는 경우에는 공청회를 개최하여 관계인 또는 전문가로부터 의견을 들을 수 있다.	따라 관계인의 의견을 들으려는 때에는 일시 및 장소를 정하여 의견청취 7일 전까지 서면으로 통지하여야 한다. ②제1항에 따른 통지를 받은 관계인은 위원회에 출석할 수 없는 부득이한 사유가 있는 경우에는 미리 서면(전자문서를 포함한다)으로 의견을 제출할 수 있다. ③제1항에 따른 통지를 받은 관계인이 정당한 사유 없이 위원회에 출석하지 아니하고 서면으로도 의견을 제출하지 아니한 때에는 의견진술의 기회를 포기한 것으로 본다.	
제25조(사고조사보고서의 작성 등) ① 위원회는 사고조사를 종결한 때에는 다음 각 호의 사항이 포함된 사고조사보고서를 작성하여야 한다.〈개정 20·6·9〉 1. 개요 2. 사실정보 3. 원인분석 4. 사고조사결과 5. 제26조에 따른 권고 및 건의사항 ②위원회는 대통령령으로 정하는 바에 따라 제1항에 따라 작성된 사고조사보고서를 공표하고 관계기관의 장에게 송부하여야 한다.〈개정 20·6·9〉	제7조(사고조사보고서의 공표) 위원회는 법 제25조제2항에 따른 사고조사보고서를 언론기관에 발표하거나 위원회의 인터넷 홈페이지 게재 또는 인쇄물의 발간 등 일반인이 쉽게 알 수 있는 방법으로 공표하여야 한다.	
제26조(안전권고 등) ① 위원회는 제29조제2항에 따른 조사 및 연구활동 결과 필요하다고 인정되는 경우와 사고조사과정 중 또는 사고		

법	시 행 령	시 행 규 칙
조사결과 필요하다고 인정되는 경우에는 항공·철도사고등의 재발방지를 위한 대책을 관계 기관의 장에게 안전권고 또는 건의할 수 있다. 〈개정 13·3·22〉 ②관계 기관의 장은 제1항에 따른 위원회의 안전권고 또는 건의에 대하여 조치계획 및 결과를 위원회에 통보하여야 한다.〈개정 20·6·9〉 제27조(사고조사의 재개) 위원회는 사고조사가 종결된 이후에 사고조사 결과가 변경될 만한 중요한 증거가 발견된 경우에는 사고조사를 다시 할 수 있다.		
제28조(정보의 공개금지) ① 위원회는 사고조사 과정에서 얻은 정보가 공개됨으로써 해당 또는 장래의 정확한 사고조사에 영향을 줄 수 있거나, 국가의 안전보장 및 개인의 사생활이 침해될 우려가 있는 경우에는 이를 공개하지 아니할 수 있다. 이 경우 항공·철도사고등과 관계된 사람의 이름을 공개하여서는 아니 된다. 〈개정 13·3·22, 20·6·9〉 ②제1항에 따라 공개하지 아니할 수 있는 정보의 범위는 대통령령으로 정한다.〈개정 20·6·9〉	제8조(공개를 금지할 수 있는 정보의 범위) 법 제28조제2항에 따라 공개하지 아니할 수 있는 정보의 범위는 다음 각 호와 같다. 다만, 해당 정보가 사고분석에 관계된 경우에는 법 제25조제1항에 따른 사고조사보고서에 그 내용을 포함시킬 수 있다. 〈개정 13·2·22〉 1. 사고조사과정에서 관계인들로부터 청취한 진술 2. 항공기운항 또는 열차운행과 관계된 자들 사이에 행하여진 통신기록 3. 항공사고등 또는 철도사고와 관계된 자들에 대한 의학적인 정보 또는 사생활 정보 4. 조종실 및 열차기관실의 음성기록 및 그 녹취록 5. 조종실의 영상기록 및 그 녹취록 6. 항공교통관제실의 기록물 및 그 녹취록	

법	시 행 령	시 행 규 칙
제29조(사고조사에 관한 연구 등) ① 위원회는 국내외 항공·철도사고등과 관련된 자료를 수집·분석·전파하기 위한 정보관리 체제를 구축하여 필요한 정보를 공유할 수 있도록 하여야 한다. ②위원회는 사고조사 기법의 개발 및 항공·철도사고등의 예방을 위하여 조사 및 연구활동을 할 수 있다. **제4장 보칙** 제30조(다른 절차와의 분리) 사고조사는 민·형사상 책임과 관련된 사법절차, 행정처분절차 또는 행정쟁송절차와 분리·수행되어야 한다. 제31조(비밀누설의 금지) 위원회의 위원·자문위원 또는 사무국 직원, 그 직에 있었던 자 및 위원회에 파견되거나 위원회의 위촉에 의하여 위원회의 업무를 수행하거나 수행하였던 자는 그 직무상 알게 된 비밀을 누설하여서는 아니된다. 제32조(불이익의 금지) 이 법에 의하여 위원회에 진술·증언·자료 등의 제출 또는 답변을 한 사람은 이를 이유로 해고·전보·징계·부당한 대우 또는 그 밖에 신분이나 처우와 관련하여 불이익을 받지 아니한다.	7. 비행기록장치 및 열차운행기록장치 등의 정보 분석과정에서 제시된 의견	

법	시 행 령	시 행 규 칙
제33조(위원회의 운영 등) ① 이 법에서 정하지 아니한 위원회의 운영 및 사고조사에 필요한 사항 등은 위원장이 따로 정한다. ②위원회는 국토교통부령으로 정하는 바에 따라 위원회에 출석하여 발언하는 위원장·위원·자문위원 및 관계인에 대하여 수당 또는 여비를 지급할 수 있다.〈개정 08·2·29, 13·3·23, 20·6·9〉 제34조(벌칙적용에서의 공무원 의제) 위원회의 위원, 자문위원, 제20조제1항에 따른 분야별 관계전문가, 제23조제2항에 따른 관계전문가 또는 전문기관의 임직원 중 공무원이 아닌 자는 「형법」 제129조부터 제132조까지의 규정을 적용할 때에는 공무원으로 본다.〈개정 20·6·9〉 **제5장 벌칙** 제35조(사고조사방해의 죄) 다음 각 호의 어느 하나에 해당하는 자는 3년 이하의 징역 또는 3천만원 이하의 벌금에 처한다. 1. 제19조제1항제1호 및 제2호의 규정을 위반하여 항공·철도사고등에 관하여 보고를 하지 아니하거나 허위로 보고를 한 자 또는 정당한 사유없이 자료의 제출을 거부 또는 방해한 자 2. 제19조제1항제3호의 규정을 위반하여 사고현장 및 그 밖에 필요하다고 인정되는 장소의 출입 또는 관계 물건의 검사를 거부 또		제8조(수당 등의 지급) 법 제33조제2항에 따라 위원회에 출석하는 위원장·위원·자문위원 및 관계인에 대하여 예산의 범위에서 수당 및 여비를 지급할 수 있다. 다만, 공무원이 그 소관업무와 직접적으로 관련되어 위원회에 출석하는 경우에는 그러하지 아니하다.

법	시 행 령	시 행 규 칙
는 방해한 자 3. 제19조제1항제5호의 규정을 위반하여 관계 물건의 보존·제출 및 유치를 거부 또는 방해한 자 4. 제19조제2항의 규정을 위반하여 관계 물건을 정당한 사유 없이 보존하지 아니하거나 이를 이동·변경 또는 훼손시킨 자 **제36조(비밀누설의 죄)** 제31조의 규정을 위반하여 직무상 알게 된 비밀을 누설한 자는 2년 이하의 징역, 5년 이하의 자격정지 또는 2천만원 이하의 벌금에 처한다. 〈개정 14·5·21〉 **제36조의2(사고발생 통보 위반의 죄)** 제17조제1항 본문을 위반하여 항공·철도사고등이 발생한 것을 알고도 정당한 사유 없이 통보를 하지 아니하거나 거짓으로 통보한 항공·철도종사자등은 500만원 이하의 벌금에 처한다. [본조신설 09·6·9] **제37조(양벌규정)** 법인의 대표자나 법인 또는 개인의 대리인, 사용인, 그 밖의 종업원이 그 법인 또는 개인의 업무에 관하여 제35조 또는 제36조의2의 어느 하나에 해당하는 위반행위를 하면 그 행위자를 벌하는 외에 그 법인 또는 개인에게도 해당 조문의 벌금형을 과(科)한다. 다만, 법인 또는 개인이 그 위반행위를방지하기 위하여 해당 업무에 관하여 상당한 주의와 감독을 게을리하지 아니한 경우에는 그러하지 아니하다. [전문개정 09·6·9]		

법	시 행 령	시 행 규 칙
제38조(과태료) ① 제32조를 위반하여 이 법에 따라 위원회에 진술, 증언, 자료 등의 제출 또는 답변을 한 자에 대하여 이를 이유로 해고, 전보, 징계, 부당한 대우 또는 그 밖에 신분이나 처우와 관련하여 불이익을 준 자에게는 1천만원 이하의 과태료를 부과한다. ② 다음 각 호의 어느 하나에 해당하는 자에게는 500만원 이하의 과태료를 부과한다. 1. 제19조제1항제1호 또는 제2호를 위반하여 항공·철도사고등과 관련이 있는 자료의 제출을 정당한 사유 없이 기피하거나 지연시킨 자 2. 제19조제1항제4호를 위반하여 정당한 사유 없이 출석을 거부하거나 질문에 대하여 거짓으로 진술한 자 ③ 다음 각 호의 어느 하나에 해당하는 자에게는 300만원 이하의 과태료를 부과한다. 1. 제19조제1항제3호를 위반하여 항공·철도사고등과 관련이 있는 관계물건의 검사를 기피한 자 2. 제19조제1항제5호를 위반하여 관계물건의 제출 및 유치를 기피하거나 지연시킨 자 3. 제19조제1항제6호를 위반하여 출입통제에 따르지 아니한 자 ④ 제1항부터 제3항까지의 규정에 따른 과태료는 대통령령으로 정하는 바에 따라 국토교통부장관이 부과·징수한다. [전문개정 21·5·18]	제9조(과태료의 부과기준) 법 제38조제1항부터 제3항까지의 규정에 따른 과태료의 부과기준은 별표와 같다.〈개정 21·11·16〉 [전문개정 11·4·4]	

법	시 행 령	시 행 규 칙
부 칙 〈05·11·8〉 제1조(시행일) 이 법은 공포 후 8월이 경과한 날부터 시행한다. 다만, 제3조제2항의 규정은 2008년 1월 1일부터 시행한다. 제2조(위원회 설치 등에 관한 경과조치) ①이 법 시행 당시 종전의 「항공법」 및 「철도안전법」의 규정에 의하여 설치된 항공사고조사위원회와 철도사고조사위원회는 이 법에 의하여 설치된 항공·철도사고조사위원회로 본다. ②이 법 시행 당시 종전의 「항공법」 및 「철도안전법」의 규정에 의하여 항공사고조사위원회와 철도사고조사위원회의 위원장 및 상임위원으로 임명된 자는 종전의 규정에 불구하고 이 법 시행일에 임기가 만료된 것으로 본다. ③이 법 시행 당시 종전의 「항공법」 및 「철도안전법」의 규정에 의하여 항공사고조사위원회와 철도사고조사위원회의 비상임위원으로 각각 임명 또는 위촉된 자는 이 법에 의하여 임명 또는 위촉된 것으로 본다. 다만, 그 임기는 종전 임기의 잔여기간으로 한다. ④이 법 시행 당시 종전의 「항공법」의 규정에 의하여 항공사고조사위원회에 설치된 사무국 및 그 직원과 「철도안전법」의 규정에 의하여 철도사고조사위원회의 사고조사를 수행하는 사고조사관은 이 법에 의하여 위원회에 설치	부 칙 〈06·6·15〉 ①(시행일) 이 영은 2006년 7월 9일부터 시행한다. ②(다른 법령의 개정) 철도안전법 시행령 일부를 다음과 같이 개정한다. 제53조 내지 제55조 및 제58조를 각각 삭제한다. 부 칙 〈08·2·29〉 제1조(시행일) 이 영은 공포한 날부터 시행한다. 다만, 부칙 제6조에 따라 개정되는 대통령령 중 이 영의 시행 전에 공포되었으나 시행일이 도래하지 아니한 대통령령을 개정한 부분은 각각 해당 대통령령의 시행일부터 시행한다. 제2조부터 제6조까지 생략 부 칙 〈11·4·4〉 제1조(시행일) 이 영은 공포한 날부터 시행한다. 부 칙 〈06·6·15〉 ①(시행일) 이 영은 2006년 7월 9일부터 시행한다. ②(다른 법령의 개정) 철도안전법 시행령 일부를 다음과 같이 개정한다. 제53조 내지 제55조 및 제58조를 각각 삭제한다. 부 칙 〈08·2·29〉 제1조(시행일) 이 영은 공포한 날부터 시행한다.	부 칙 〈09·12·10〉 이 규칙은 2009년 12월 10일부터 시행한다. 부 칙 〈13·2·28〉 이 영은 공포한 날부터 시행한다.

법	시 행 령	시 행 규 칙
된 사무국 및 그 직원으로 본다. ⑤이 법 시행 당시 종전의 「항공법」 및 「철도안전법」의 규정에 의하여 행하여진 항공사고조사위원회 및 철도사고조사위원회의 행위 또는 항공사고조사위원회 및 철도사고조사위원회에 대한 행위는 그에 해당하는 이 법에 의한 위원회의 행위 또는 위원회에 대한 행위로 본다. 제3조(벌칙 등에 관한 경과조치) 이 법 시행 전의 행위에 대한 벌칙 및 과태료의 적용에 있어서는 종전의 「항공법」 및 「철도안전법」의 규정에 의한다. 제4조(다른 법률의 개정) 철도안전법 일부를 다음과 같이 개정한다. 제51조 내지 제59조, 제61조제2항 및 제62조 내지 제67조를 각각 삭제한다. 제61조제3항을 제2항으로 한다. 제76조제7호 및 제78조제2항제4호 내지 제7호를 각각 삭제한다. 제81조제1항제12호 중 "제61조제1항 및 제3항"을 "제61조제1항 및 제2항"으로 한다. 제81조제1항제13호를 삭제한다. 부 칙 〈08·2·29〉 제1조(시행일) 이 법은 공포한 날부터 시행한다. 다만, · · ·〈생략〉· · ·, 부칙 제6조에 따라	다만, 부칙 제6조에 따라 개정되는 대통령령중 이 영의 시행 전에 공포되었으나 시행일이 도래하지 아니한 대통령령을 개정한 부분은 각각 해당 대통령령의 시행일부터 시행한다. 제2조부터 제6조까지 생략 부 칙 〈11·4·4〉 제1조(시행일) 이 영은 공포한 날부터 시행한다. 제2조(「건축법 시행령」의 개정에 따른 용적률 산정에 관한 적용례) 「건축법 시행령」 제119조제1항제4호라목의 개정규정은 이 영 시행 후 최초로 건축허가를 받는 것부터 적용한다. 제3조(「도시 및 주거환경정비법 시행령」의 개정에 따른 변경인가에 관한 적용례) 「도시 및 주거환경정비법 시행령」 제27조제3호의 개정규정은 이 영 시행 후 최초로 조합설립인가의 내용을 변경하는 것부터 적용한다. 제4조(과징금 또는 과태료에 관한 경과조치) ① 이 영 시행 전의 위반행위에 대하여 과징금 또는 과태료의 부과기준을 적용할 때에는 종전의 규정에 따른다. ② 이 영 시행 전의 위반행위로 받은 과징금 또는 과태료 부과처분은 이 영의 개정규정에 따른 위반행위의 횟수 산정에 포함하지 아니한다.	

법	시 행 령	시 행 규 칙
개정되는 법률 중 이 법의 시행 전에 공포되었으나 시행일이 도래하지 아니한 법률을 개정한 부분은 각각 해당 법률의 시행일부터 시행한다. 제2조부터 제7조까지 생략 부 칙 〈09·6·9〉 제1조(시행일) 이 법은 공포 후 3개월이 경과한 날부터 시행한다. 〈단서 생략〉 제2조부터 제12조까지 생략 부 칙 〈09·6·9〉 이 법은 공포 후 6개월이 경과한 날부터 시행한다. 다만, 제37조 단서의 개정규정은 공포한 날부터 시행한다. 부 칙 〈13·3·22〉 이 법은 공포한 날부터 시행한다. 부 칙 〈13·3·23〉 제1조(시행일) ① 이 법은 공포한 날부터 시행한다. ② 생략 제2조부터 제7조까지 생략 부 칙 〈14·5·21〉 이 법은 공포한 날부터 시행한다.	부 칙 〈13·2·22〉 제1조(시행일) 이 영은 공포한 날부터 시행한다. 제2조(공개하지 아니할 수 있는 정보의 범위에 관한 적용례) 제8조제4호부터 제7호까지의 개정규정은 이 영 시행 후 발생하는 항공사고등 및 철도사고부터 적용한다. 부 칙 〈21·11·16〉 이 영은 2021년 11월 19일부터 시행한다.	

법	시 행 령	시 행 규 칙
부 칙 〈16·3·29〉 제1조(시행일) 이 법은 공포 후 1년이 경과한 날부터 시행한다. 〈단서 생략〉 제2조부터 제55조까지 생략 부 칙 〈17·3·21〉 제1조(시행일) 이 법은 공포한 날부터 시행한다. 제2조(금치산자 등의 결격사유에 관한 경과조치) 제8조제1호의 개정규정에도 불구하고 같은 개정규정 시행 당시 법률 제10429호 민법 일부개정법률 부칙 제2조에 따라 금치산 또는 한정치산 선고의 효력이 유지되는 사람에 대하여는 종전의 규정에 따른다. 부 칙 〈20·6·9〉 이 법은 공포한 날부터 시행한다. 〈단서 생략〉 부 칙 〈21·5·18〉 이 법은 공포 후 6개월이 경과한 날부터 시행한다.		

항공 · 철도 사고조사에 관한 법률 시행령 · 시행규칙 [별표]

【시행령 별표】

[별표] 〈개정 11 · 4 · 4, 21 · 11 · 16〉

과태료의 부과기준(제9조 관련)

1. 일반기준
   가. 하나의 위반행위가 둘 이상의 과태료 부과기준에 해당하는 경우에는 그 중 금액이 큰 과태료 부과기준을 적용한다.
   나. 위반행위의 횟수에 따른 과태료의 가중된 부과기준은 최근 5년간 같은 위반행위로 과태료 부과처분을 받은 경우에 적용한다. 이 경우 기간의 계산은 위반행위에 대하여 과태료 부과처분을 받은 날과 그 처분 후 다시 같은 위반행위를 하여 적발된 날을 기준으로 한다.
   다. 나목에 따라 가중된 부과처분을 하는 경우 가중처분의 적용 차수는 그 위반행위 전 부과처분 차수(나목에 따른 기간 내에 과태료 부과처분이 둘 이상 있었던 경우에는 높은 차수를 말한다)의 다음 차수로 한다.

2. 개별기준

(단위: 만원)

위반행위	근거 법조문	과태료		
		1차 위반	2차 위반	3차 이상 위반
가. 법 제19조제1항제1호 또는 제2호를 위반하여 항공사고등 및 철도사고(이하 "항공·철도사고등"이라 한다)와 관련이 있는 자료의 제출을 정당한 사유 없이 기피하거나 지연시킨 경우	법 제38조제2항제1호	250	375	500
나. 법 제19조제1항제3호를 위반하여 항공·철도사고등과 관련이 있는 관계물건의 검사를 기피한 경우	법 제38조제3항제1호	150	225	300
다. 법 제19조제1항제4호를 위반하여 정당한 사유 없이 출석을 거부하거나 질문에 대하여 거짓으로 진술한 경우	법 제38조제2항제2호	250	375	500
라. 법 제19조제1항제5호를 위반하여 관계물건의 제출 및 유치를 기피하거나 지연시킨 경우	법 제38조제3항제2호	150	225	300
마. 법 제19조제1항제6호를 위반하여 출입통제에 따르지 아니한 경우	법 제38조제3항제3호	150	225	300
바. 법 제32조를 위반하여 법에 따라 위원회에 진술, 증언, 자료 등의 제출 또는 답변을 한 자에 대하여 이를 이유로 해고, 전보, 징계, 부당한 대우 또는 그 밖에 신분이나 처우와 관련하여 불이익을 준 경우	법 제38조제1항	500	750	1,000

【시행규칙 별표】

[별지 서식] 〈개정 13 · 2 · 28〉 (앞 쪽)

항공 · 철도 사고조사관증

Aviation · Railway Accident Investigator Certificate

사 진 3㎝ × 4㎝	성명(Name) :
	성별(Sex) :
	생년월일(Date of Birth) : 년(y) 월(m) 일(d)
	소속(Employed by) :
	증명서 번호(Certi. No.) :
	발행 일자(Issue Date) : 년(y) 월(m) 일(d)
	유효 기한(Date of Expiry) : 년(y) 월(m) 일(d)
	서명(Signature of Bearer) :

국토해양부 항공 · 철도사고조사위원회

(뒤 쪽)

항공 · 철도 사고조사관증

Aviation · Railway Accident Investigator Certificate

이 사람은 「항공 · 철도 사고조사에 관한 법률」 제19조에 따라 사고현장에서 관계인에 대한 항공 · 철도사고등과 관련된 보고 또는 자료의 제출 요구, 관계인의 출석 요구 및 질문, 관계 물건의 소유자 · 소지자 또는 보관자에 대한 해당 물건의 보존 · 제출 요구 또는 제출한 물건의 유치, 사고현장 및 그 밖에 필요하다고 인정되는 장소에 출입하여 항공기 및 철도 시설 · 차량과 항공 · 철도사고등과 관련이 있는 장부 · 서류 또는 물건의 검사, 사고현장 및 사고와 관련 있는 장소에 대한 출입을 통제할 수 있는 항공 · 철도사고조사관임을 증명합니다.

This is to certify that the bearer of this certificate is an aviation/railway accident investigator empowered, pursuant to the Article 19 of the Aviation and Railway Accident Investigation Act, Republic of Korea, to demand relevant information or document to peoples who are related to the aviation or the railway accident and to summon and question them, to ask the holder of relevant objects to preserve and/or submit them or to detain the submitted objects, to have uninterrupted access to the accident site or any other places deemed necessary to investigate and to control access to the accident site and any places related to the accident.

국토해양부 항공 · 철도사고조사위원회 위원장 (인)

Chairman of the Aviation and Railway Accident Investigation Board

Ministry of Land, Transport and Maritime Affairs, Republic of Korea

90㎜×60㎜[보존용지(1종) 120g/㎡]

판 권
소 유

철 도 법 령 집(Ⅱ)

2021년 1월 20일 인 쇄
2021년 1월 25일 발 행
2022년 2월 11일 2판 발행
2023년 2월 21일 3판 발행

편 저 자 편 집 부 편
발 행 인 황 증 진
발 행 처 노 해 출 판 사
서울 · 중구 퇴계로49길 25(충무로5가)
전 화 (02)2274-4999
F A X (02)2265-6774
등 록 일 1988. 2. 15
등록번호 제 2 - 486 호

값 42,000원

ISBN 978-89-6342-187-2 93360